RHEL 7.4 & CentOS 7.4 网络操作系统详解

（第2版）

杨　云／著

清华大学出版社
北　京

内容简介

本书以目前被广泛应用的 Red Hat Enterprise Linux 服务器发行版 7.4 为主，兼容 CentOS 7.4，采用教、学、做相结合的模式，着眼应用，全面系统地介绍了 Linux 的应用、开发及网络服务器配置与管理的方法与技巧。全书共分五部分：安装系统与软件、系统配置与管理、编程与调试、网络安全、网络服务器配置与管理。

本书结构合理，知识全面且实例丰富，语言通俗易懂。本书采用"任务驱动、项目导向"的方式，注重知识的实用性和可操作性，强调职业技能训练。每个项目后面有"项目实录""实践习题""超链接"等结合实践应用的内容，使用大量翔实的企业应用实例，配以知识点微课和项目实训慕课，使教、学、做融为一体，实现理论与实践的完美统一。

本书是广大 Linux 爱好者不可多得的一本学习宝典。适合 Linux 初级和中级用户、开源软件爱好者、网络系统管理员、大中专院校的学生、社会培训人员、Linux 开发人员学习使用。

图书在版编目(CIP)数据

RHEL 7.4 & CentOS 7.4 网络操作系统详解/杨云著. —2 版. —北京：清华大学出版社，2019
ISBN 978-7-302-52778-7

Ⅰ. ①R…　Ⅱ. ①杨…　Ⅲ. ①Linux 操作系统－网络服务器　Ⅳ. ①TP316.89

中国版本图书馆 CIP 数据核字(2019)第 077003 号

责任编辑：张龙卿
封面设计：范春燕
责任校对：李　梅
责任印制：李红英

出版发行：清华大学出版社
网　　址：http://www.tup.com.cn，http://www.wqbook.com
地　　址：北京清华大学学研大厦 A 座　　**邮　　编**：100084
社 总 机：010-62770175　　**邮　　购**：010-62786544
投稿与读者服务：010-62776969，c-service@tup.tsinghua.edu.cn
质量反馈：010-62772015，zhiliang@tup.tsinghua.edu.cn
课件下载：http://www.tup.com.cn，010-62770175-4278
印 装 者：清华大学印刷厂
经　　销：全国新华书店
开　　本：185mm×260mm　　**印　　张**：38.75　　**字　　数**：936 千字
版　　次：2017 年 3 月第 1 版　2019 年 9 月第 2 版　　**印　　次**：2019 年 9 月第 1 次印刷
定　　价：118.00 元

产品编号：082026-01

前　言

一、编写背景

据较新的数据显示，世界超级计算机前500名排行榜中有485台运行Linux操作系统，也就是说97%的超级计算机运行Linux操作系统。

Linux是一种自由和开放源码的类UNIX操作系统。目前存在着许多不同类型的Linux，但它们都使用了Linux内核。Linux可安装在手机、平板电脑、路由器、视频游戏控制台、台式计算机、大型机和超级计算机等各种计算机硬件设备中。

本书试图向读者传递这样一个信号：无论是企业还是个人用户，Linux都是一个足够可靠的选择。这不是一本参考大全，也不是命令手册，希望它能帮助初学者从零开始部署和使用Linux，也能与管理员和开发人员分享一些解决问题的思路和技巧。

二、本书的特点

(1) 零基础教程，入门门槛低，较容易上手。

(2) 基于工作过程导向的“教、学、做”一体化的编写方式。本书按照“项目导入”→“职业能力目标和要求”→“项目实施”→“项目实录”→“练习题”→“实践习题”→“超链接”的梯次进行内容的组织。理实一体，“教、学、做”一体化，强化能力培养，容易深入学习。

(3) 实训内容源于企业实际应用，“微课＋慕课”体现“教、学、做”完美统一。本书在专业技能的培养中，突出实战化要求，贴近市场，贴近技术。所有实训项目都源于真实的企业应用案例。实训内容重在培养读者分析实际问题和解决实际问题的能力。每章后面有“项目实录”。知识点微课、项目实训慕课互相配合，读者可以随时进行工程项目的学习与实践。

(4) 与本书配套的国家精品课程和国家精品资源课程提供了丰富的学习资源。网站上教学资源丰富，所有教学录像和实验视频全部放在精品课程网站上，供大家下载学习和在线收看。另外，Shell Script脚本文件、VPN等RPM软件包、yum源文件、服务器配置的参考配置文件、C语言程序源代码、习题答案、项目实录的PPT、实训指导书、课程标准、题库、教师手册、学习指南、学习论坛、教材补充材料等内容也都在课程网站上，也可直接向作者索要。

国家精品资源共享课程网站地址为http：//www. icourses. cn/scourse/course_ 2843. html。

(5) 提供大量实例,实践性强。全书列举的所有示例和实例,以企业实际案例为主,读者都可以在自己的实验环境中完整实现。

(6) 涵盖 Linux 应用的各个方面。桌面用户可以从中了解如何在 Linux 上进行日常的办公和娱乐;系统管理员可以学习服务器配置、系统管理、Shell 编程等方面的内容;对于开发人员,本书还对 Linux 中的 C 语言编程、调试器、正则表达式进行了详细介绍。

三、本书的章节安排

全书共分五个部分,各部分内容如下。

第一部分　安装系统与软件

该部分包括项目一至项目三。主要内容包括安装与基本配置 Linux 操作系统、熟练使用 Linux 常用命令、安装与管理软件包。

第二部分　系统配置与管理

该部分包括项目四至项目七。主要内容包括管理 Linux 服务器的用户和组、配置与管理文件系统、配置与管理磁盘、配置网络和使用 ssh 服务。

第三部分　编程与调试

该部分包括项目八至项目十一。主要内容包括熟练使用 vim 程序编辑器与 shell、学习 shell script、使用 gcc 和 make 调试程序、Linux 下 C 语言程序设计入门。

第四部分　网络安全

该部分包括项目十二至项目十五。主要内容包括配置与管理防火墙、配置与管理代理服务器、配置与管理 VPN 服务器、Linux 系统监视与进程管理。

第五部分　网络服务器配置与管理

该部分包括项目十六至项目二十二。主要内容包括配置与管理 NFS 服务器、配置与管理 samba 服务器、DHCP 服务器配置与管理、配置与管理 DNS 服务器、配置与管理 Apache 服务器、配置与管理 FTP 服务器、配置与管理 Postfix 邮件服务器。

四、本书适合的读者

- Linux 初、中级用户;
- 开源软件爱好者;
- 大中专院校的学生;
- 社会培训人员;
- Linux 开发人员;
- 网络系统管理员。

五、其他

本书由杨云著。杨昊龙、张晖、王世存、杨翠玲、付强、王瑞、唐柱斌、杨秀玲、王春身等也参加了相关章节的编写。

由于水平有限,书中难免存在不足之处,恳请广大读者批评指正。索要资料请致电 68433059@qq. com。

杨　云

2019 年 4 月

目　录

第一部分　安装系统与软件

第二部分 系统配置与管理

第三部分　编程与调试

第四部分　网络安全

第五部分 网络服务器配置与管理

第一部分

安装系统与软件

项目一　安装与基本配置 Linux 操作系统

项目背景

某高校组建了校园网，需要架设一台具有 Web、FTP、DNS、DHCP、samba、VPN 等功能的服务器来为校园网用户提供服务，现需要选择一种既安全又易于管理的网络操作系统，正确搭建服务器并进行测试。

职业能力目标和要求

- 理解 Linux 操作系统的体系结构。
- 掌握如何搭建 Red Hat Enterprise Linux 7 服务器。
- 掌握如何删除 Linux 服务器。
- 掌握如何登录、退出 Linux 服务器。
- 理解 Linux 的启动过程和运行级别。
- 掌握如何排除 Linux 服务器的安装故障。

1.1　任务 1　认识 Linux 操作系统

1.1.1　子任务 1　认识 Linux 的前世与今生

1. Linux 系统的历史

Linux 系统是一个类似 UNIX 的操作系统，Linux 系统是 UNIX 在计算机上的完整实现，它的标志是一个名为 Tux 的可爱的小企鹅，如图 1-1 所示。UNIX 操作系统是 1969 年由 K. Thompson 和 D. M. Richie 在美国贝尔实验室开发的一个操作系统。由于良好且稳定的性能，迅速在计算机中得到广泛的应用，在随后的几十年中又进行了不断的改进。

图 1-1　Linux 的标志 Tux

1990 年，芬兰人 Linus Torvalds 接触了为教学而设计的 Minix 系统后，开始着手研究编写一个开放的与 Minix 系统兼容的操作系统。1991 年 10 月 5 日，Linus Torvalds 在赫尔辛基技术大学的一台 FTP 服务器上公布了第一个 Linux 的内核版本 0.02 版，标志着 Linux 系统的诞生。最开始时，Linus Torvalds 的兴趣在于了解操作系统运行原理，因此 Linux 早期的版本并没有考虑最终用户的使用，只是提供了最核心的框架，使 Linux 编程人员可以享受编制内核的乐趣，但这样也保证了 Linux 系统内核的强大与稳定。Internet 的兴起，使得 Linux 系统也能十分迅速地发展，很快就有更多的程序员加入了 Linux 系统的编写行列之中。

随着编程小组的扩大和完整的操作系统基础软件的出现，Linux 开发人员认识到，Linux 已经逐渐变成一个成熟的操作系统。1992 年 3 月，内核 1.0 版本的推出，标志着 Linux 第一个正式版本的诞生。这时能在 Linux 上运行的软件已经十分广泛了，从编译器到网络软件以及 X-Window 都有。现在，Linux 凭借优秀的设计、不凡的性能，加上 IBM、Intel、AMD、Dell、Oracle、Sybase 等国际知名企业的大力支持，市场份额逐步扩大，逐渐成为主流操作系统之一。

2. Linux 的版权问题

Linux 是基于 Copyleft(无版权)的软件模式进行发布的，其实 Copyleft 是与 Copyright(版权所有)相对立的新名称，它是 GNU 项目制定的通用公共许可证(General Public License，GPL)。GNU 项目是由 Richard Stallman 于 1984 年提出的，他建立了自由软件基金会(FSF)并提出 GNU 计划的目的是开发一个完全自由的、与 UNIX 类似但功能更强大的操作系统，以便为所有的计算机使用者提供一个功能齐全、性能良好的基本系统，它的标志是角马，如图 1-2 所示。

图 1-2 GNU 的标志角马

GPL 是由自由软件基金会发行的用于计算机软件的协议证书，使用证书的软件称为自由软件[后来改名为开放源代码软件(Open Source Software)]。大多数的 GNU 程序和超过半数的自由软件都使用它，GPL 保证任何人都有权使用、复制和修改该软件。任何人都有权取得、修改和重新发布自由软件的源代码，并且规定在不增加附加费用的条件下可以得到自由软件的源代码。同时还规定自由软件的衍生作品必须以 GPL 作为重新发布的许可协议。Copyleft 软件的组成非常透明，当出现问题时，可以准确地查明故障原因，及时采取相应对策，同时用户不用再担心有“后门”的威胁。

小资料：GNU 这个名字使用了有趣的递归缩写，它是 GNU's Not UNIX 的缩写形式。由于递归缩写是一种在全称中递归引用它自身的缩写，因此无法精确地解释出它的真正全称。

3. Linux 系统的特点

Linux 操作系统作为一个免费、自由、开放的操作系统，它的发展势不可挡，它拥有如下一些特点。

(1) 完全免费。由于 Linux 遵循通用公共许可证 GPL，因此任何人都有使用、复制和修改 Linux 的自由，可以放心地使用 Linux 而不必担心成为“盗版”用户。

(2) 高效、安全、稳定。UNIX 操作系统的稳定性是众所周知的，Linux 继承了 UNIX 核心的设计思想，具有执行效率高、安全性高和稳定性好的特点。Linux 系统的连续运行时间通常以年作单位，能连续运行 3 年以上的 Linux 服务器并不少见。

(3) 支持多种硬件平台。Linux 能在笔记本电脑、PC、工作站甚至大型机上运行，并能在 x86、MIPS、PowerPC、SPARC、Alpha 等主流的体系结构上运行，可以说 Linux 是目前支持硬件平台最多的操作系统。

(4) 友好的用户界面。Linux 提供了类似 Windows 图形界面的 X-Window 系统，用户可以使用鼠标方便、直观和快捷地进行操作。经过多年的发展，Linux 的图形界面技术已经非常成熟,其强大的功能和灵活的配置界面让一向以用户界面友好著称的 Windows 也黯然失色。

(5) 强大的网络功能。网络就是 Linux 的生命,完善的网络支持是 Linux 与生俱来的能力,所以 Linux 在通信和网络功能方面优于其他操作系统。其他操作系统不具备如此紧密地和内核结合在一起的连接网络的能力,也没有内置这些网络特性的灵活性。

(6) 支持多任务、多用户。Linux 是多任务、多用户的操作系统,可以支持多个使用者同时使用并共享系统的磁盘、外设、处理器等系统资源。Linux 的保护机制使每个应用程序和用户互不干扰,一个任务崩溃,其他任务仍然照常运行。

1.1.2 子任务 2 理解 Linux 体系结构

Linux 一般有 3 个主要部分: 内核(Kernel)、命令解释层(shell 或其他操作环境)、实用工具。

1. 内核

内核是系统的心脏,是运行程序和管理磁盘及打印机等硬件设备的核心程序。操作环境向用户提供一个操作界面,它从用户那里接受命令,并且把命令送给内核去执行。由于内核提供的都是操作系统最基本的功能,如果内核发生问题,整个计算机系统就可能会崩溃。

Linux 内核的源代码主要用 C 语言编写,只有部分与驱动相关的用汇编语言 Assembly 编写。Linux 内核采用模块化的结构,其主要模块包括存储管理、CPU 和进程管理、文件系统管理、设备管理和驱动、网络通信以及系统的引导、系统调用等。Linux 内核的源代码通常安装在/usr/src 目录,可供用户查看和修改。

当 Linux 安装完毕,一个通用的内核就被安装到计算机中。这个通用内核能满足绝大部分用户的需求,但也正因为内核的这种普遍适用性,使得很多对具体的某一台计算机来说可能并不需要的内核程序(如一些硬件驱动程序)都被安装并运行。Linux 允许用户根据自己机器的实际配置定制 Linux 的内核,从而有效地简化了 Linux 内核,提高了系统启动速度,并释放了更多的内存资源。

在 Linus Torvalds 领导的内核开发小组的不懈努力下,Linux 内核的更新速度非常快。用户在安装 Linux 后可以下载最新版本的 Linux 内核,进行内核编译后升级计算机的内核,就可以使用到内核最新的功能。由于内核定制和升级的成败关系到整个计算机系统能否正常运行,因此用户对此必须非常谨慎。

2. 命令解释层

shell 是系统的用户界面,提供了用户与内核进行交互操作的一种接口。它接受用户输入的命令,并且把它送入内核去执行。

操作环境在操作系统内核与用户之间提供操作界面,它可以描述为一个解释器。操作系统对用户输入的命令进行解释,再将其发送到内核。Linux 存在几种操作环境,分别是:桌面(desktop)、窗口管理器(window manager)和命令行 shell(command line shell)。Linux 系统中的每个用户都可以拥有自己的用户操作界面,根据自己的要求进行定制。

shell 是一个命令解释器,它解释由用户输入的命令,并且把它们送到内核。不仅如此,shell 还有自己的编程语言用于对命令的编辑,它允许用户编写由 shell 命令组成的程序。

shell 编程语言具有普通编程语言的很多特点,如它也有循环结构和分支控制结构等,用这种编程语言编写的 shell 程序与其他应用程序具有同样的效果。

同 Linux 一样,shell 也有多种不同的版本,目前,主要有以下几种版本。

- Bourne shell:贝尔实验室开发的版本。
- BASH:GNU 的 Bourne Again shell,是 GNU 操作系统上默认的 shell。
- Korn shell:这是对 Bourne shell 版本的发展,在大部分情况下与 Bourne shell 兼容。
- C shell:这是 SUN 公司 shell 的 BSD 版本。

shell 不仅是一种交互式命令解释程序,而且是一种程序设计语言,它和 MS-DOS 中的批处理命令类似,但比批处理命令功能更强大。在 shell 脚本程序中可以定义和使用变量,进行参数传递、流程控制、函数调用等。

shell 脚本程序是解释型的,也就是说 shell 脚本程序不需要进行编译,就能直接逐条解释,逐条执行脚本程序的源语句。shell 脚本程序的处理对象只能是文件、字符串或者命令语句,而不像其他的高级语言有丰富的数据类型和数据结构。

作为命令行操作界面的替代选择,Linux 还提供了像 Microsoft Windows 那样的可视化界面——X-Window 的图形用户界面(GUI)。它提供了很多窗口管理器,其操作就像 Windows 一样,有窗口、图标和菜单,所有的管理都通过鼠标控制。现在比较流行的窗口管理器是 KDE 和 Gnome(其中 Gnome 是 Red Hat Linux 默认使用的界面),两种桌面都能够免费获得。

3. 实用工具

标准的 Linux 系统都有一套叫作实用工具的程序,它们是专门的程序,如编辑器、执行标准的计算操作等。用户也可以生成自己的工具。

实用工具可分为以下 3 类。

- 编辑器:用于编辑文件。
- 过滤器:用于接收数据并过滤数据。
- 交互程序:允许用户发送信息或接收来自其他用户的信息。

Linux 的编辑器主要有:Ed、Ex、vi、vim 和 Emacs。Ed 和 Ex 是行编辑器,vi、vim 和 Emacs 是全屏幕编辑器。

Linux 的过滤器(filter)读取用户文件或其他设备输入数据,检查和处理数据,然后输出结果。从这个意义上说,它们过滤了经过它们的数据。Linux 有不同类型的过滤器,一些过滤器用行编辑命令输出一个被编辑的文件;另外一些过滤器是按模式寻找文件并以这种模式输出部分数据;还有一些执行字处理操作,检测一个文件中的格式,输出一个格式化的文件。过滤器的输入可以是一个文件,也可以是用户从键盘输入的数据,还可以是另一个过滤器的输出。过滤器可以相互连接,因此,一个过滤器的输出可能是另一个过滤器的输入。在有些情况下,用户可以编写自己的过滤器程序。

交互程序是用户与机器的信息接口。Linux 是一个多用户系统,它必须和所有用户保持联系。信息可以由系统上的不同用户发送或接收。信息的发送有两种方式:一种方式是与其他用户一对一地链接进行对话;另一种方式是一个用户对多个用户同时链接进行通信,即所谓广播式通信。

1.1.3　子任务 3　认识 Linux 的版本

Linux 的版本分为内核版本和发行版本两种。

1. 内核版本

内核是系统的心脏，是运行程序和管理磁盘及打印机等硬件设备的核心程序，它提供了一个在裸设备与应用程序间的抽象层。例如，程序本身不需要了解用户的主板芯片集或磁盘控制器的细节就能在高层次上读写磁盘。

内核的开发和规范一直由 Linus 领导的开发小组控制，版本也是唯一的。开发小组每隔一段时间公布新的版本或其修订版，从 1991 年 10 月 Linus 向世界公开发布的内核 0.0.2 版本(0.0.1 版本功能相当简陋，所以没有公开发布)到目前最新的内核 4.16.6 版本，Linux 的功能越来越强大。

Linux 内核的版本号命名是有一定规则的，版本号的格式通常为“主版本号.次版本号.修正号”。主版本号和次版本号标志着重要的功能变动，修正号表示较小的功能变更。以 2.6.12 版本为例，2 代表主版本号，6 代表次版本号，12 代表修正号。其中次版本号还有特定的意义：如果是偶数数字，就表示该内核是一个可放心使用的稳定版；如果是奇数数字，则表示该内核加入了某些测试的新功能，是一个内部可能存在着 BUG 的测试版。如 2.5.74 表示是一个测试版的内核，2.6.12 表示是一个稳定版的内核。读者可以到 Linux 内核官方网站 http://www.kernel.org/下载最新的内核代码，如图 1-3 所示。

图 1-3　Linux 内核官方网站

2. 发行版本

仅有内核而没有应用软件的操作系统是无法使用的，所以许多公司或社团将内核、源代码及相关的应用程序组织构成一个完整的操作系统，让一般的用户可以简便地安装和使用 Linux，这就是所谓的发行版本(Distribution)，一般谈论的 Linux 系统都是针对这些发行版本的。目前各种发行版本超过 300 种，它们的发行版本号各不相同，使用的内核版本号也可能不一样，现在最流行的套件有 Red Hat(红帽)、CentOS、Fedora、openSUSE、Debian、Ubuntu、红旗 Linux 等。

(1) 红帽企业版 Linux(Red Hat Enterprise Linux，RHEL)：红帽公司是全球最大的开源技术厂商，RHEL 是全世界使用最广泛的 Linux 系统。RHEL 系统具有极强的性能与稳定性，并且在全球范围内拥有完善的技术支持。RHEL 系统也是本书、红帽认证以及众多生产环境中使用的系统。网址：http://www.redhat.com。

(2) 社区企业操作系统(Community Enterprise Operating System,CentOS):通过把RHEL系统重新编译并发布给用户免费使用的Linux系统,具有广泛的使用人群。CentOS当前已归属红帽公司。

(3) Fedora:由红帽公司发布的桌面版系统套件(目前已经不限于桌面版)。用户可免费体验到最新的技术或工具,这些技术或工具在成熟后会被加入RHEL系统中,因此Fedora也称为RHEL系统的"试验田"。运维人员如果想时刻保持自己的技术领先,就应该多关注此类Linux系统的发展变化及新特性,不断改变自己的学习方向。

(4) openSUSE:源自德国的一款著名的Linux系统,在全球范围有着不错的声誉及市场占有率。网址:http://www.novell.com/linux。

(5) Debian:稳定性、安全性强,提供了免费的基础支持,可以很好地支持各种硬件架构,以及提供近十万种不同的开源软件,在国外拥有很高的认可度和使用率。

(6) Ubuntu:是一款派生自Debian的操作系统,对新款硬件具有极强的兼容能力。Ubuntu与Fedora都是极为出色的Linux桌面系统,而且Ubuntu也可用于服务器领域。

(7) 红旗Linux:红旗Linux是国内比较成熟的一款Linux发行套件,它的界面十分美观,操作起来也十分简单,仿Windows的操作界面让用户使用起来更感亲切。网址:http://www.redflag-linux.com/。

现在国内大多数Linux相关的图书都是围绕CentOS系统编写的,作者大多也会给出围绕CentOS进行写作的一系列理由,但是都没有剖析到CentOS系统与RHEL系统的本质关系。CentOS系统是通过把RHEL系统释放出的程序源代码经过二次编译之后生成的一种Linux系统,其命令操作和服务配置方法与RHEL完全相同,但是去掉了很多收费的服务套件功能,而且不提供任何形式的技术支持,出现问题后只能由运维人员自己解决,所以选择CentOS的理由就是因为免费。根据GNU GPL许可协议,我们同样也可以免费使用RHEL系统,甚至是修改其代码创建衍生产品。开源系统在自由程度上没有任何差异,更无关道德问题。

本书是基于最新的RHEL 7系统编写的,书中内容及实验完全与CentOS、Fedora等系统通用。更重要的是,本书配套资料中的ISO镜像与红帽RHCSA及RHCE考试基本保持一致,因此更适合备考红帽认证的考生使用。

1.1.4 Red Hat Enterprise Linux 7

2014年年末,RedHat公司推出了当前最新的企业版Linux系统——RHEL 7。

RHEL 7系统创新地集成了Docker虚拟化技术,支持XFS文件系统,兼容微软的身份管理,并采用systemd作为系统初始化进程,其性能和兼容性相较于之前版本都有了很大的改善,是一款非常优秀的操作系统。

RHEL 7系统的改变非常大,最重要的是它采用了systemd作为初始化进程。这样一来,几乎之前所有的运维自动化脚本都需要修改,虽然会给用户造成一些不便,但是老版本可能会有更大的概率存在安全漏洞或者功能缺陷,而新版本不仅出现漏洞的概率小,而且即便出现漏洞,也会快速得到众多开源社区和企业的响应并更快地修复,所以建议大家尽快升级到RHEL 7。

1.1.5　核高基与国产操作系统

Linux 系统非常优秀，开源精神仅仅是锦上添花而已。那么中国的"核高基"是怎么回事呢？核高基就是"核心电子器件、高端通用芯片及基础软件产品"的简称，是 2006 年国务院发布的《国家中长期科学和技术发展规划纲要(2006—2020 年)》中与载人航天、探月工程并列的 16 个重大科技专项之一。核高基重大专项将持续至 2020 年，中央财政为此安排预算 328 亿元，加上地方财政以及其他配套资金，预计总投入将超过 1000 亿元。其中，众所周知的基础软件是对操作系统、数据库和中间件的统称。经过 20 多年的发展，近年来国产基础软件的发展形势已有所好转，尤其一批国产基础软件领军企业的发展势头无异于给中国软件市场打了一支强心针，增添了几许信心，而核高基的适时出现犹如助推器，给予基础软件更强劲的力量支持。

从 2008 年 10 月 21 日起，微软公司对盗版 Windows 和 Office 用户进行"黑屏"警告性提示。自该黑屏事件发生之后，我国大量的计算机用户将目光转移到 Linux 操作系统和国产 Office 办公软件上来，国产操作系统和办公软件的下载量一时间以几倍的速度增长，国产 Linux 和 Office 的发展也引起了大家的关注。

据各个国产软件厂商提供的数据显示，国产 Linux 操作系统和 Office(for Linux)办公软件个人版的总下载量已突破百万次，这足以说明在微软公司打击盗版软件的时候，我国 Linux 操作系统和 Office 办公软件的开发商已经在技术上具备了代替微软公司操作系统和办公软件的能力；同时，中国用户也已经由过去对国产操作系统和办公软件持质疑的态度开始转向逐渐接受，国产操作系统和办公软件已经成为用户更换操作系统的一个重要选择。

总之，中国国产软件尤其是基础软件的最好时代已经来临，我们期望未来不会再受类似"黑屏事件"的制约，也希望我国所有的信息化建设都能建立在安全、可靠、可信的国产基础软件平台上！

1.2　任务 2　设计与准备搭建 Linux 服务器

中小型企业在选择网络操作系统时，首先推荐企业版 Linux 网络操作系统，一是由于其开源的优势；另一个是考虑到其安全性较高。

要想成功安装 Linux，首先必须要对硬件的基本要求、硬件的兼容性、多重引导、磁盘分区和安装方式等进行充分准备，获取发行版本，查看硬件是否兼容，选择适合的安装方式。做好这些准备工作，Linux 安装之旅才会一帆风顺。

Red Hat Enterprise Linux 7 支持目前绝大多数主流的硬件设备，不过由于硬件配置、规格更新极快，若想知道自己的硬件设备是否被 Red Hat Enterprise Linux 7 支持，最好先访问硬件认证网页(https://hardware.RedHat.com/)，查看哪些硬件通过了 Red Hat Enterprise Linux 7 的认证。

1. 多重引导

Linux 和 Windows 的多系统共存有多种实现方式，最常用的有以下 3 种。

- 先安装 Windows，再安装 Linux，最后用 Linux 内置的 GRUB 或者 LILO 来实现多系统引导。这种方式实现起来最简单。
- 先安装 Windows 还是 Linux 均可以，最后经过特殊的操作，使用 Windows 内置的 OS Loader 来实现多系统引导。这种方式实现起来稍显复杂。
- 同样先安装 Windows 还是 Linux 均可以，最后使用第三方软件来实现 Windows 和 Linux 的多系统引导。这种实现方式最为灵活，操作也不算复杂。

在这 3 种实现方式中，目前用户使用最多的是通过 Linux 的 GRUB 或者 LILO 实现 Windows、Linux 多系统引导。

LILO 是最早出现的 Linux 引导装载程序之一，其全称为 Linux Loader。早期的 Linux 发行版本中都以 LILO 作为引导装载程序。GRUB 比 LILO 稍晚出现，其全称是 GRand Unified Bootloader。GRUB 不仅具有 LILO 的绝大部分功能，并且还拥有漂亮的图形化交互界面和方便的操作模式。因此，包括 Red Hat 在内的越来越多的 Linux 发行版本转而将 GRUB 作为默认安装的引导装载程序。

GRUB 为用户提供了交互式的图形界面，还允许用户定制个性化的图形界面，而 LILO 的旧版本只提供文字界面，在其最新版本中虽然已经有了图形界面，但对图形界面的支持还比较有限。

LILO 通过读取硬盘上的绝对扇区来装入操作系统，因此每次改变分区后都必须重新配置 LILO。如果调整了分区的大小或者分区的分配，那么 LILO 在重新配置之前就不能引导这个分区的操作系统。而 GRUB 是通过文件系统直接把内核读取到内存，因此只要操作系统内核的路径没有改变，GRUB 就可以引导操作系统。

GRUB 不但可以通过配置文件进行系统引导，还可以在引导前动态改变引导参数，动态加载各种设备。例如，刚编译出 Linux 的新内核，却不能确定其能否正常工作时，就可以在引导时动态改变 GRUB 的参数，尝试装载新内核。LILO 只能根据配置文件进行系统引导。

GRUB 提供强大的命令行交互功能，方便用户灵活地使用各种参数来引导操作系统和收集系统信息。GRUB 的命令行模式甚至支持历史记录功能，用户使用上下键就能寻找到以前的命令，非常高效易用，而 LILO 不提供这种功能。

2. 安装方式

任何硬盘在使用前都要进行分区。硬盘的分区首先有两种类型：主分区和扩展分区。一个 Red Hat Enterprise Linux 7 提供了多达 4 种安装方式支持，可以从 CD-ROM/DVD 启动安装、从硬盘安装、从 NFS 服务器安装或者从 FTP/HTTP 服务器安装。

(1) 从 DVD 安装

对于绝大多数场合来说，最简单、快捷的安装方式就是从 CD-ROM/DVD 进行安装。只要设置启动顺序为光驱优先，然后将 Red Hat Enterprise Linux 7 DVD 放入光驱启动即可进入安装向导。

(2) 从硬盘安装

如果是从网上下载的光盘镜像，并且没有刻录机去刻盘，从硬盘安装也是一个不错的选择。需要进行的准备活动也很简单，将下载的 ISO 镜像文件复制到 FAT32 或者 ext2 分区中，在安装时选择硬盘安装，然后选择镜像文件位置即可。

(3) 从网络服务器安装

对于网络速度较快的用户来说，通过网络安装也是不错的选择。Red Hat Enterprise Linux 7 目前的网络安装支持 NFS、FTP 和 HTTP 3 种方式。

注意： 在通过网络安装 Red Hat Enterprise Linux 7 时，一定要保证光驱中不能有安装光盘，否则有可能会出现不可预料的错误。

3. 物理设备的命名规则

在 Linux 系统中一切都是文件，硬件设备也不例外，既然是文件，就必须有文件名称。系统内核中的 udev 设备管理器会自动把硬件名称规范起来，目的是让用户通过设备文件的名字可以猜出设备大致的属性以及分区信息等，这对于陌生的设备来说特别方便。另外，udev 设备管理器会一直以守护进程的形式运行并侦听内核发出的信号来管理/dev 目录下的设备文件。Linux 系统中常见的硬件设备的文件名称如表 1-1 所示。

表 1-1　常见的硬件设备及其文件名称

硬件设备	文件名称
IDE 设备	/dev/hd[a-d]
SCSI/SATA/U 盘	/dev/sd[a-p]
软驱	/dev/fd[0-1]
打印机	/dev/lp[0-15]
光驱	/dev/cdrom
鼠标	/dev/mouse
磁带机	/dev/st0 或/dev/ht0

由于现在的 IDE 设备已经很少见了，所以一般的硬盘设备都会以"/dev/sd"开始。而一台主机上可以有多块硬盘，因此系统采用 a～p 来代表 16 块不同的硬盘(默认从 a 开始分配)，而且硬盘的分区编号也有规定：

- 主分区或扩展分区的编号从 1 开始，到 4 结束；
- 逻辑分区从编号 5 开始。

注意： ①/dev 目录中 sda 设备之所以是 a，并不是由插槽决定的，而是由系统内核的识别顺序来决定的。读者在使用 iSCSI 网络存储设备时会发现，虽然主板上第二个插槽是空着的，但系统却能识别到/dev/sdb 这个设备就是这个道理。②sda3 表示编号为 3 的分区，而不能判断 sda 设备上已经存在了 3 个分区。

/dev/sda5 设备文件名称包含的信息如图 1-4 所示。首先，/dev/目录中保存的是硬件

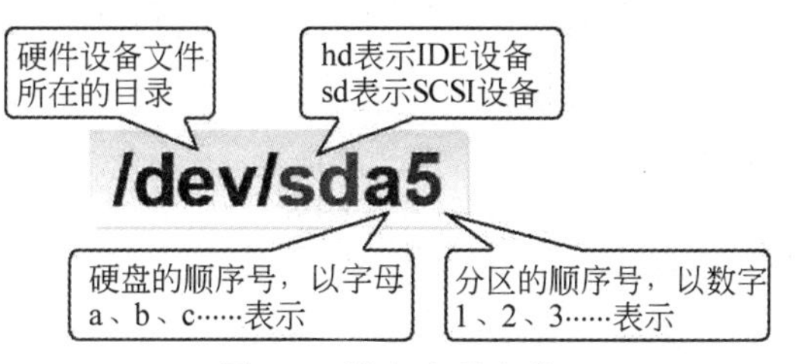

图 1-4　设备文件名称

设备文件;其次,sd 表示是存储设备,a 表示系统中同类接口中第一个被识别到的设备;最后,5 表示这个设备是一个逻辑分区。一言以蔽之,“/dev/sda5”表示的就是“这是系统中第一块被识别到的硬件设备中分区编号为 5 的逻辑分区的设备文件”。

4. 硬盘相关知识

硬盘设备是由大量的扇区组成的,每个扇区的容量为 512 字节。其中第一个扇区最重要,它里面保存着主引导记录与分区表信息。就第一个扇区来讲,主引导记录需要占用 446 字节,分区表为 64 字节,结束符占用 2 字节;其中分区表中每记录一个分区信息就需要 16 字节,这样一来最多只有 4 个分区信息可以写到第一个扇区中,这 4 个分区就是 4 个主分区。第一个扇区中的数据信息如图 1-5 所示。

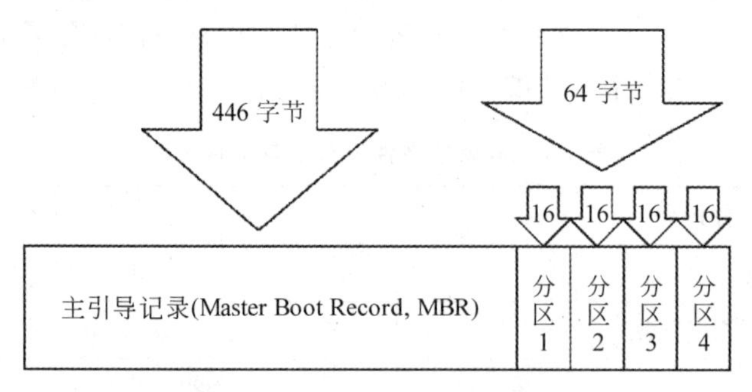

图 1-5　第一个扇区中的数据信息

第一个扇区最多只能创建出 4 个分区,于是为了解决分区个数不够的问题,可以将第一个扇区的分区表中 16 字节(原本要写入主分区信息)的空间(称为扩展分区)拿出来指向另外一个分区。也就是说,扩展分区其实并不是一个真正的分区,而更像是一个占用 16 字节分区表空间的指针——一个指向另外一个分区的指针。这样一来,用户一般会选择使用 3 个主分区加 1 个扩展分区的方法,然后在扩展分区中创建出数个逻辑分区,从而满足多分区(大于 4 个)的需求。主分区、扩展分区、逻辑分区可以像图 1-6 一样规划。

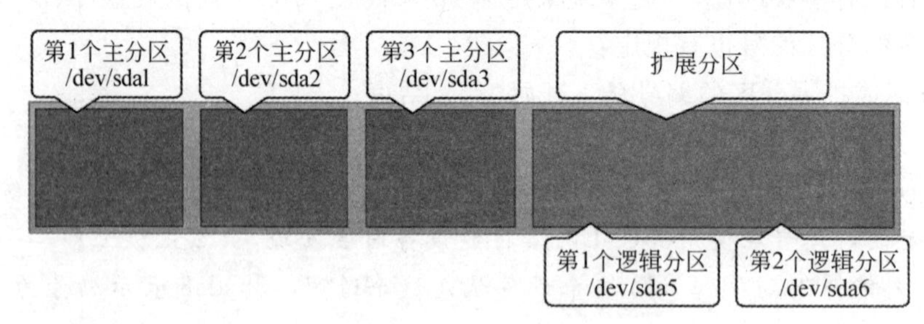

图 1-6　硬盘分区的规划

注意:所谓扩展分区,严格来讲不是一个实际意义的分区,它仅仅是一个指向下一个分区的指针,这种指针结构将形成一个单向链表。

思考:/dev/sdb8 是什么意思?

5. 规划分区

Red Hat Enterprise Linux 7 安装程序的启动,根据实际情况的不同,准备 Red Hat Enterprise Linux 7 的 DVD 镜像,同时要进行分区规划。

对于初次接触 Linux 的用户来说，分区方案越简单越好，所以最好的选择就是为 Linux 装备两个分区，一个是用户保存系统和数据的根分区(/)，另一个是交换分区。其中交换分区不用太大，与物理内存同样大小即可；根分区则需要根据 Linux 系统安装后占用资源的大小和所需要保存数据的多少来调整大小(一般情况下，划分 15～20GB 就足够了)。

当然，对于有经验的 Linux 人员，或者要安装服务器的管理员来说，这种分区方案就不太适合了。此时，一般还会单独创建一个/boot 分区，用于保存系统启动时所需要的文件；再创建一个/usr 分区，操作系统基本都在这个分区中；还需要创建一个/home 分区，所有的用户信息都在这个分区下；还有/var 分区，服务器的登录文件、邮件、Web 服务器的数据文件都会放在这个分区中，如图 1-7 所示。

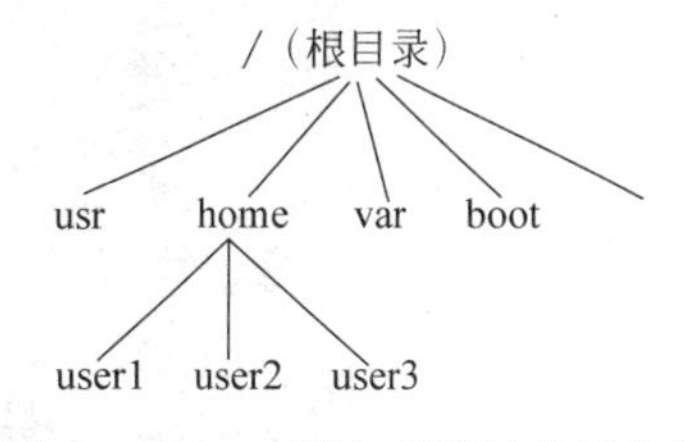

图 1-7　Linux 服务器常见分区方案

至于分区操作，由于 Windows 并不支持 Linux 下的 ext2、ext3、ext4 和 swap 分区，所以只有借助于 Linux 的安装程序进行分区。当然，绝大多数第三方分区软件也支持 Linux 的分区，也可以借助它们来完成这项工作。

下面就通过 Red Hat Enterprise Linux 7 DVD 来启动计算机，并逐步安装程序。

1.3　任务 3　安装配置 VM 虚拟机

(1) 成功安装 VMware Workstation 后的界面如图 1-8 所示。

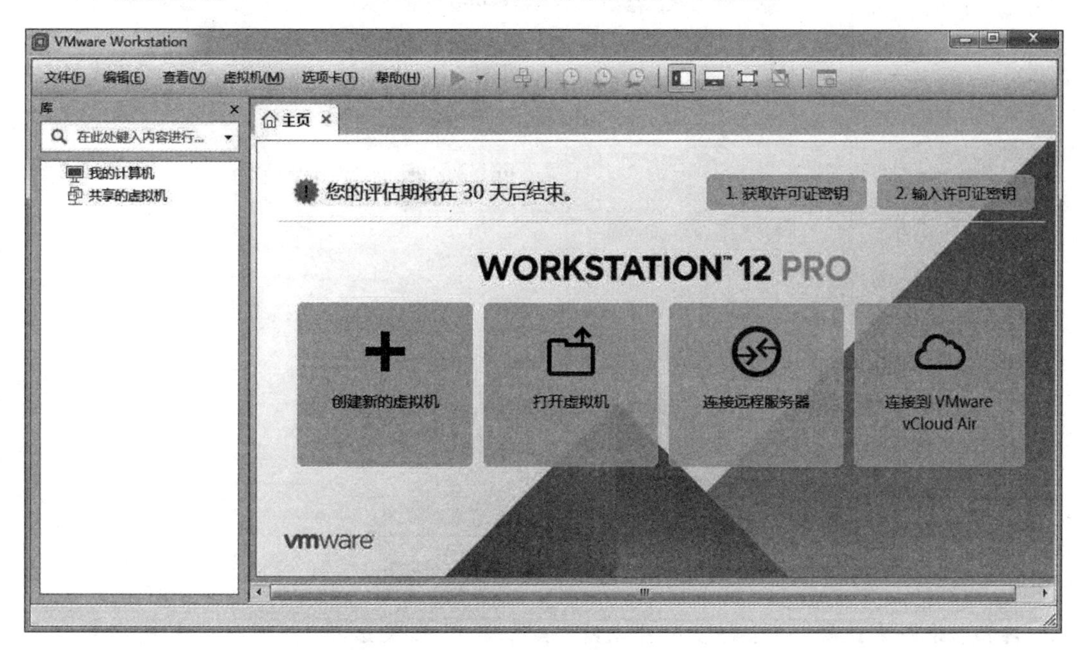

图 1-8　虚拟机软件的管理界面

(2) 在图 1-8 中，单击“创建新的虚拟机”选项，并在弹出的“新建虚拟机向导”界面中选择"典型"单选按钮,如图 1-9 所示,然后单击"下一步"按钮。

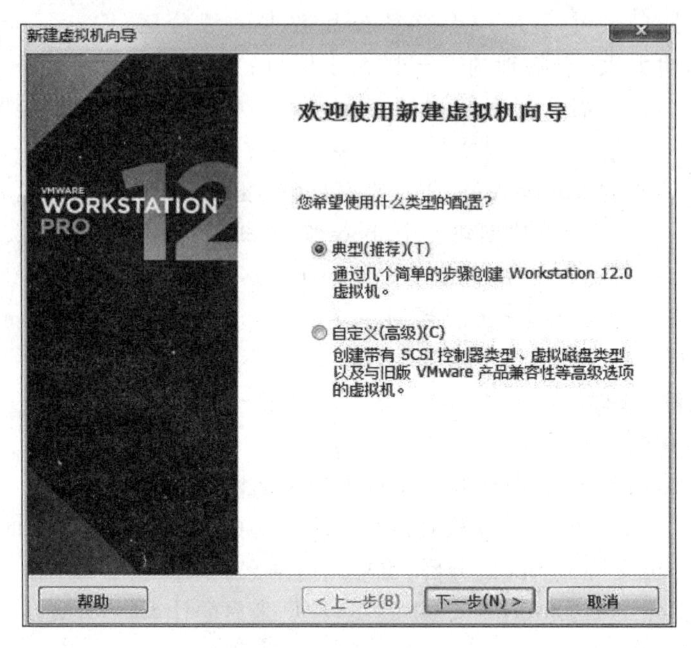

图 1-9 新建虚拟机向导

(3) 选中"稍后安装操作系统"单选按钮,如图 1-10 所示,然后单击"下一步"按钮。

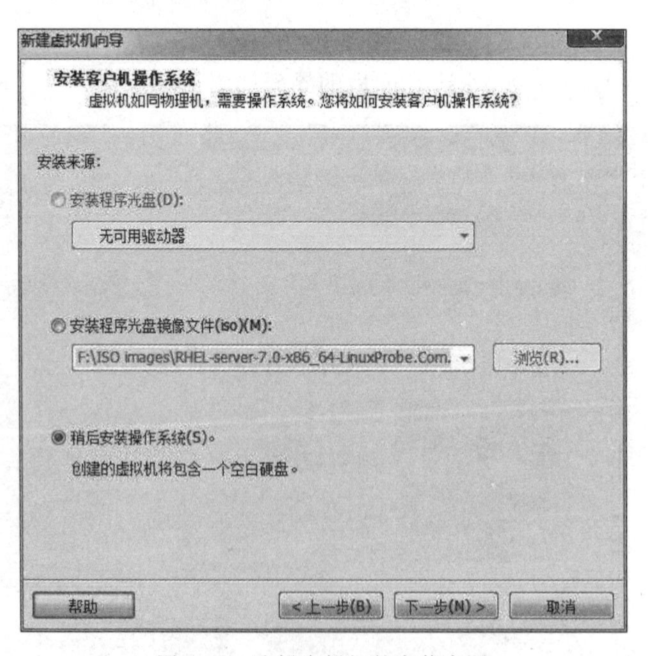

图 1-10 选择虚拟机的安装来源

注意:请一定选择"稍后安装操作系统"单选按钮,如果选择"安装程序光盘镜像文件"单选按钮,并把下载好的 RHEL 7 系统的镜像选中,虚拟机会通过默认的安装策略部署最精简的 Linux 系统,而不会再向你询问安装设置的选项。

(4) 在图 1-11 中,将客户机操作系统的类型选择为“Linux”,版本为“Red Hat Enterprise Linux 7 64 位”,然后单击“下一步”按钮。

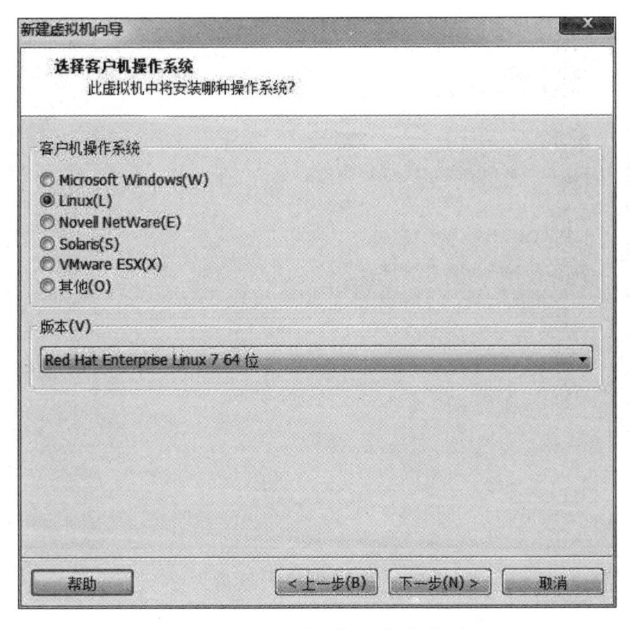

图 1-11　选择操作系统的版本

(5) 填写“虚拟机名称”字段,并在选择安装位置之后单击“下一步”按钮,如图 1-12 所示。

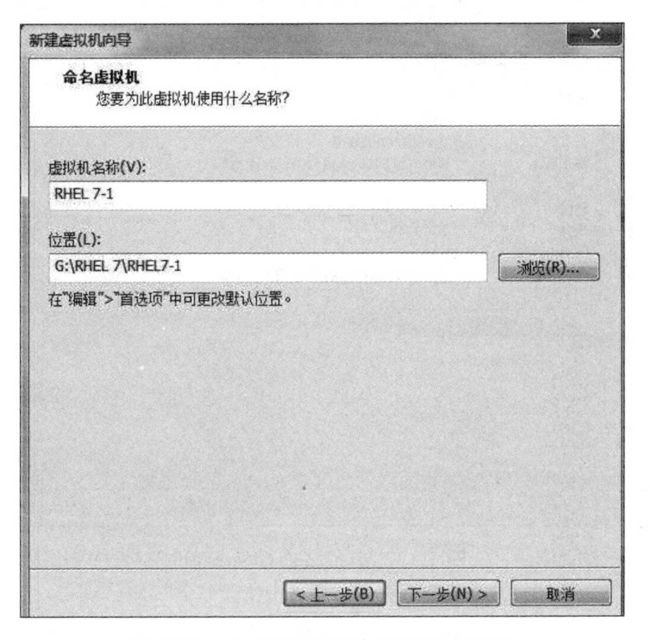

图 1-12　命名虚拟机及设置安装路径

(6) 将虚拟机系统的“最大磁盘大小”设置为 40.0GB(默认即可),如图 1-13 所示,然后单击“下一步”按钮。

(7) 单击“自定义硬件”按钮,如图 1-14 所示。

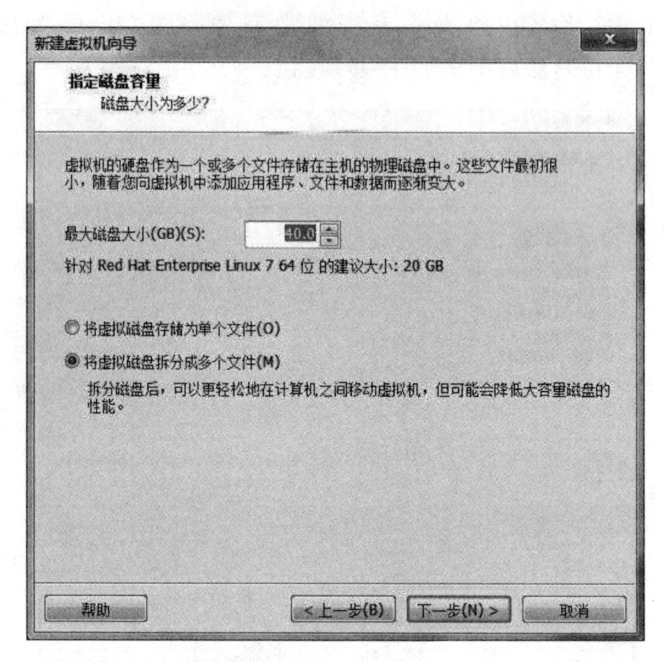

图 1-13　虚拟机最大磁盘大小

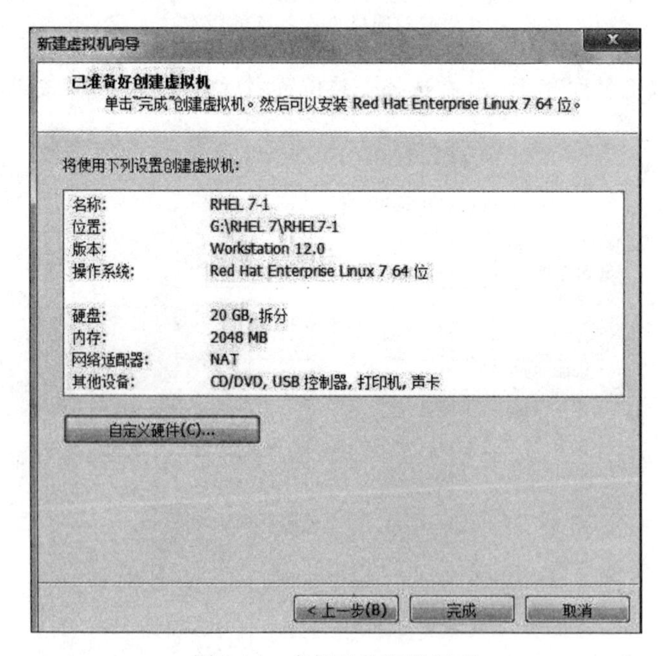

图 1-14　虚拟机的配置界面

(8) 在出现的图 1-15 所示的界面中，建议将虚拟机系统内存的可用量设置为 2GB，最低不应低于 1GB。根据宿主机的性能设置 CPU 处理器的数量以及每个处理器的核心数量，并开启虚拟化功能，如图 1-16 所示。

(9) 光驱设备此时应在"使用 ISO 镜像文件"中选中了下载好的 RHEL 系统镜像文件，如图 1-17 所示。

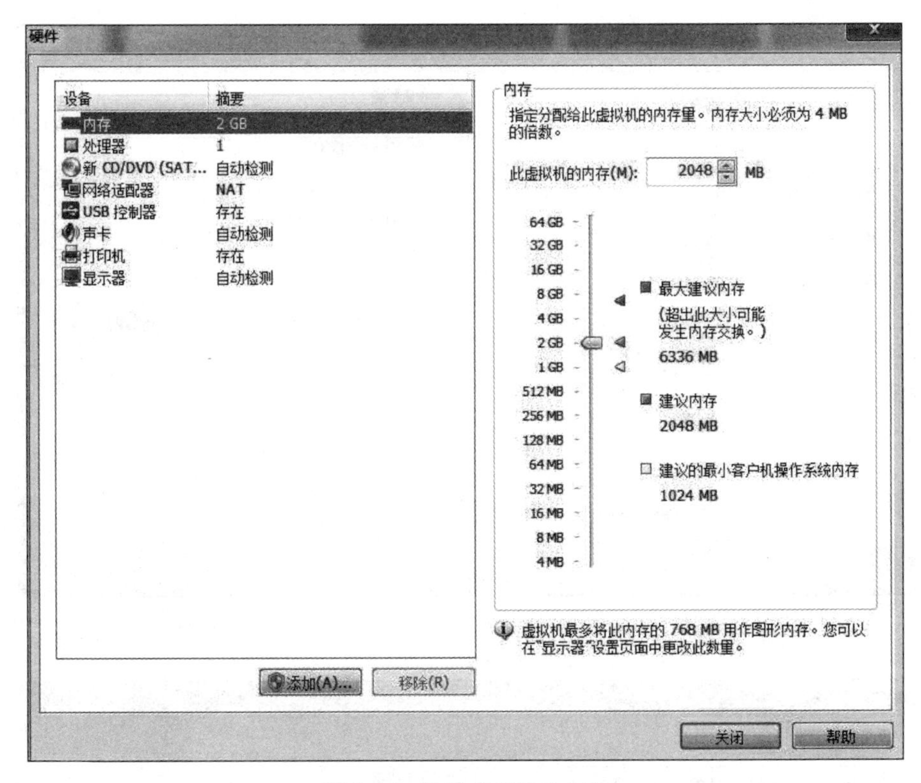

图 1-15　设置虚拟机的内存

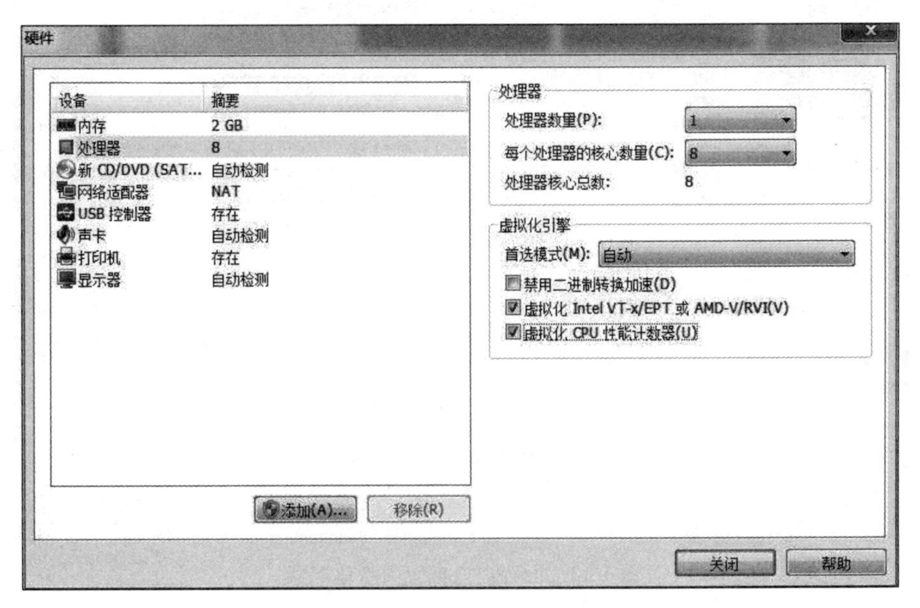

图 1-16　设置虚拟机的处理器参数

(10) VM 虚拟机软件为用户提供了 3 种可选的网络模式，分别为桥接模式、NAT 模式与仅主机模式。这里选择"仅主机模式"，如图 1-18 所示。

- 桥接模式：相当于在物理主机与虚拟机网卡之间架设了一座桥梁，从而可以通过物理主机的网卡访问外网。

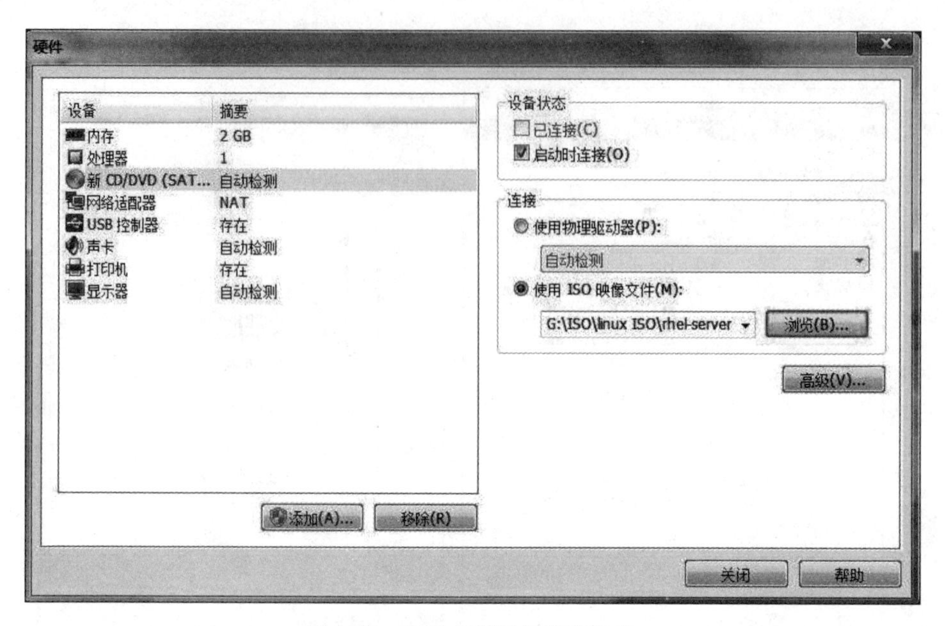

图 1-17　设置虚拟机的光驱设备

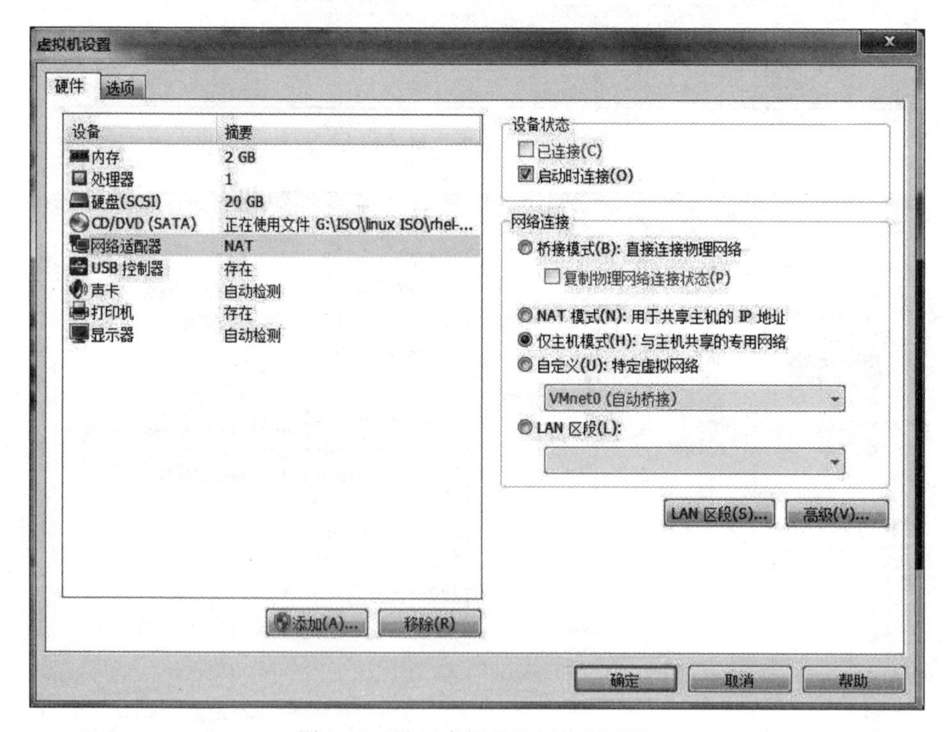

图 1-18　设置虚拟机的网络适配器

- NAT 模式：让 VM 虚拟机的网络服务发挥路由器的作用，使得通过虚拟机软件模拟的主机可以通过物理主机访问外网，在实际计算机中 NAT 虚拟机网卡对应的物理网卡是 VMnet8。
- 仅主机模式：仅让虚拟机内的主机与物理主机通信，不能访问外网，在实际计算机中仅主机模式模拟网卡对应的物理网卡是 VMnet1。

（11）移除 USB 控制器、声卡、打印机设备等不需要的设备。移掉声卡后可以避免在输入错误后发出提示声音，确保自己在今后实验中思绪不被打扰。再单击“取消”按钮，如图 1-19 所示。

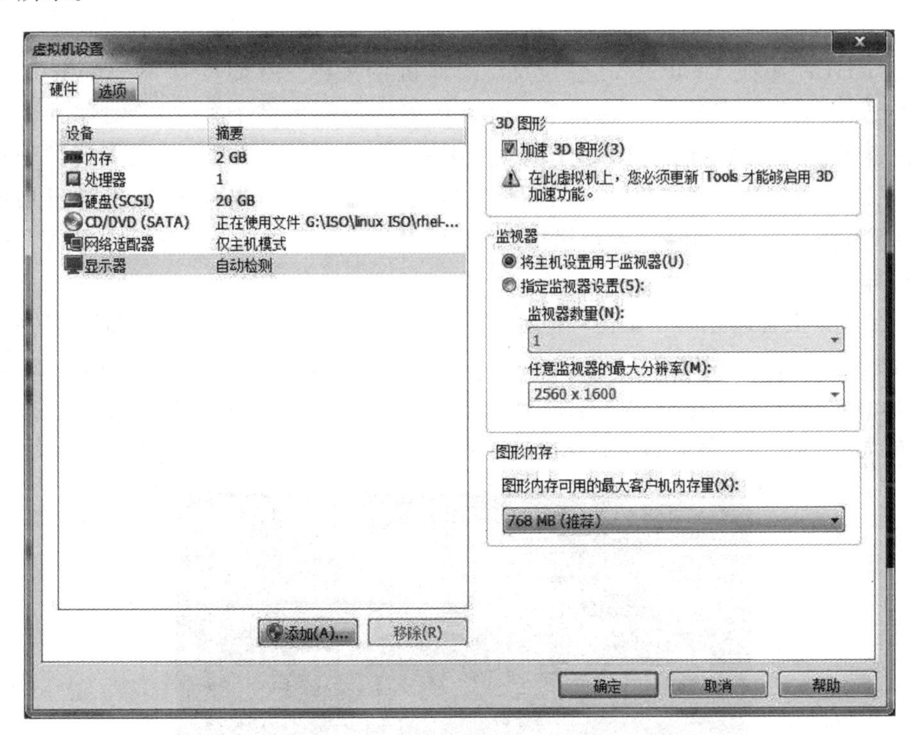

图 1-19　最终的虚拟机配置情况

（12）返回虚拟机配置向导界面后单击“完成”按钮，虚拟机的安装和配置顺利完成。当看到如图 1-20 所示的界面时，就说明虚拟机已经被配置成功了。

图 1-20　虚拟机配置成功界面

1.4 任务 4 安装 Red Hat Enterprise Linux 7

安装 RHEL 7 或 CentOS 7 系统时，计算机的 CPU 需要支持 VT(Virtualization Technology，虚拟化技术)。VT 指让单台计算机能够分割出多个独立资源区，并让每个资源区按照需要模拟出系统的一项技术，其本质就是通过中间层实现计算机资源的管理和再分配，让系统资源的利用率最大化。目前计算机的 CPU 一般都支持 VT。如果开启虚拟机后提示“CPU 不支持 VT 技术”等报错信息，重新启动计算机并进入 BIOS 中把 VT 虚拟化功能开启即可。

(1) 在虚拟机管理界面中单击“开启此虚拟机”按钮后数秒就可看到 RHEL 7 系统安装界面，如图 1-21 所示。在界面中，Test this media & install Red Hat Enterprise Linux 7.4 和 Troubleshooting 的作用分别是校验光盘完整性后再安装以及启动救援模式。此时通过键盘的方向键选择 Install Red Hat Enterprise Linux 7.4 选项直接安装 Linux 系统。

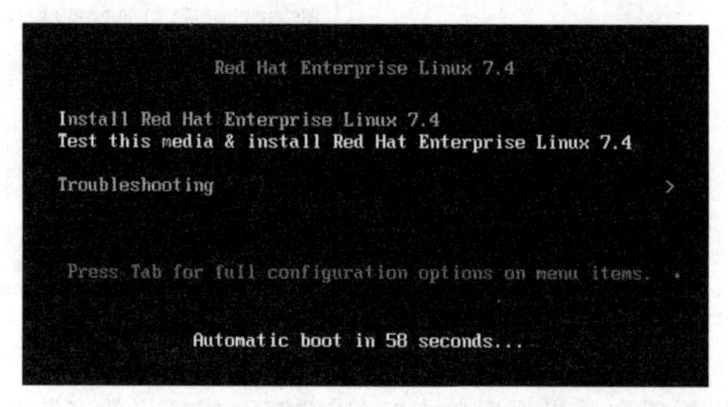

图 1-21 RHEL 7 系统安装界面

(2) 单击回车键开始加载安装镜像，所需时间 30～60 秒。选择系统的安装语言为“简体中文(中国)”后单击“继续”按钮，如图 1-22 所示。

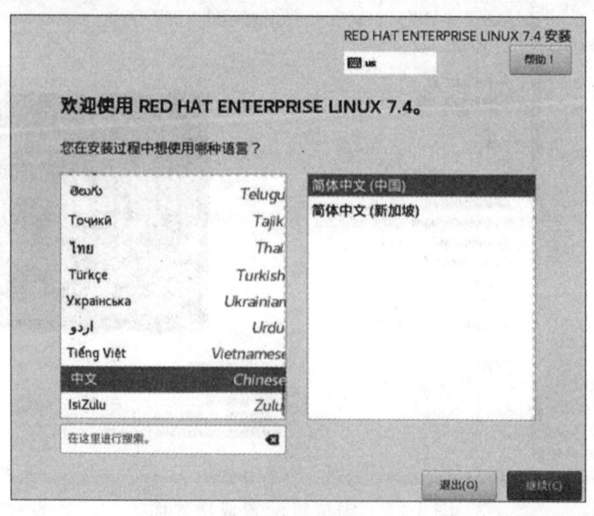

图 1-22 选择系统的安装语言

(3) 在如图 1-23 所示安装主界面中单击“软件选择”选项。

图 1-23　安装系统主界面

(4) RHEL 7 系统的软件定制界面可以根据用户的需求调整系统的基本环境，例如把 Linux 系统用作基础服务器、文件服务器、Web 服务器或工作站等。此时只需在界面中单击选中“带 GUI 的服务器”单选按钮(注意：如果不选此项，则无法进入图形界面)，然后单击左上角的“完成”按钮即可，如图 1-24 所示。

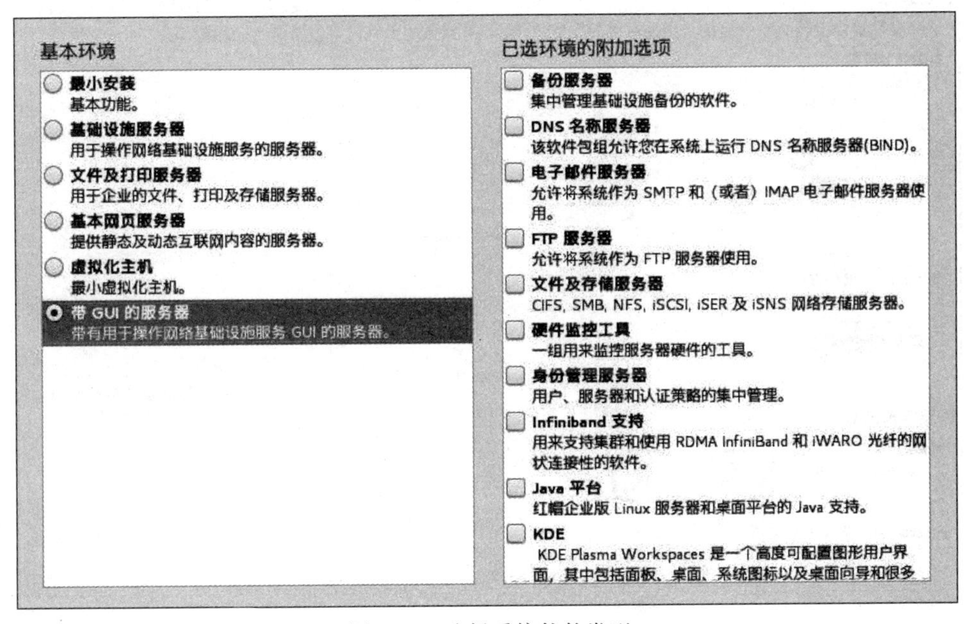

图 1-24　选择系统软件类型

(5) 返回 RHEL 7 系统安装主界面,单击“网络和主机名”选项后,将“主机名”字段设置为 RHEL7-1,然后单击左上角的“完成”按钮,如图 1-25 所示。

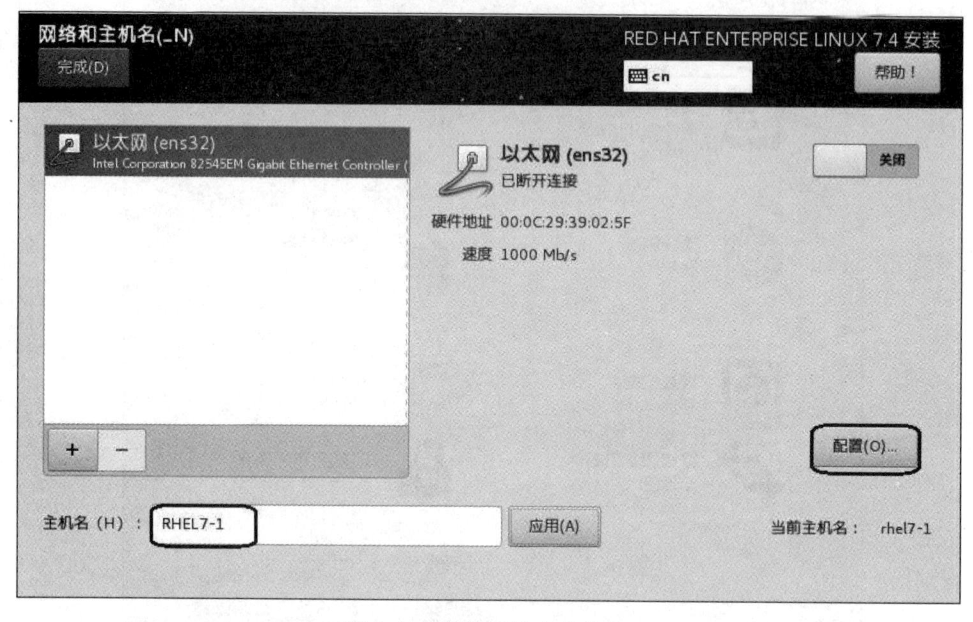

图 1-25 配置网络和主机名

(6) 返回 RHEL 7 系统安装主界面,单击“安装位置”选项后打开“安装目标位置”对话框,选中“我要配置分区”单选按钮,然后单击左上角的“完成”按钮,如图 1-26 所示。

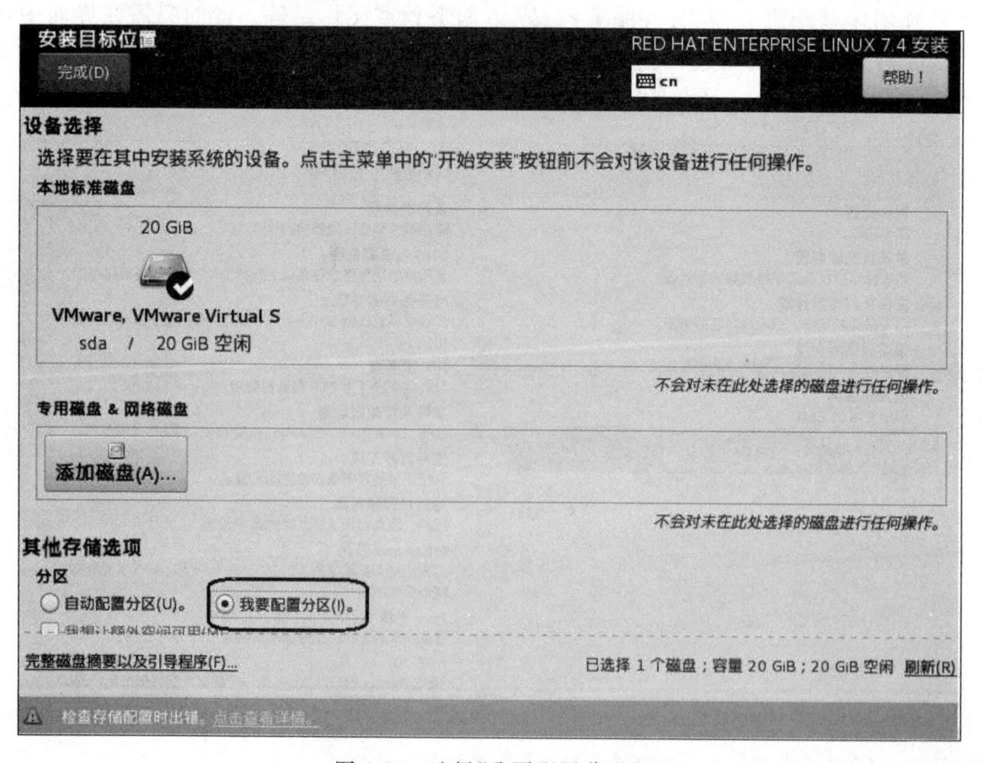

图 1-26 选择“我要配置分区”

（7）开始配置分区。磁盘分区允许用户将一个磁盘划分成几个单独的部分，每一部分有自己的盘符。在分区之前，首先规划分区，以20GB硬盘为例，做如下规划：

- /boot分区大小为300MB；
- swap分区大小为4GB；
- /分区大小为10GB；
- /usr分区大小为8GB；
- /home分区大小为8GB；
- /var分区大小为8GB；
- /tmp分区大小为1GB。

下面进行具体的分区操作。

① 创建boot分区（启动分区）。在“新挂载点将使用以下分区方案”中选中“标准分区”。单击“+”按钮，如图1-27所示。选择挂载点为“/boot”（也可以直接输入挂载点），容量大小设置为300MB，然后单击“添加挂载点”按钮。在图1-28所示的界面中设置文件系统类型为ext4，默认文件系统xfs也可以。

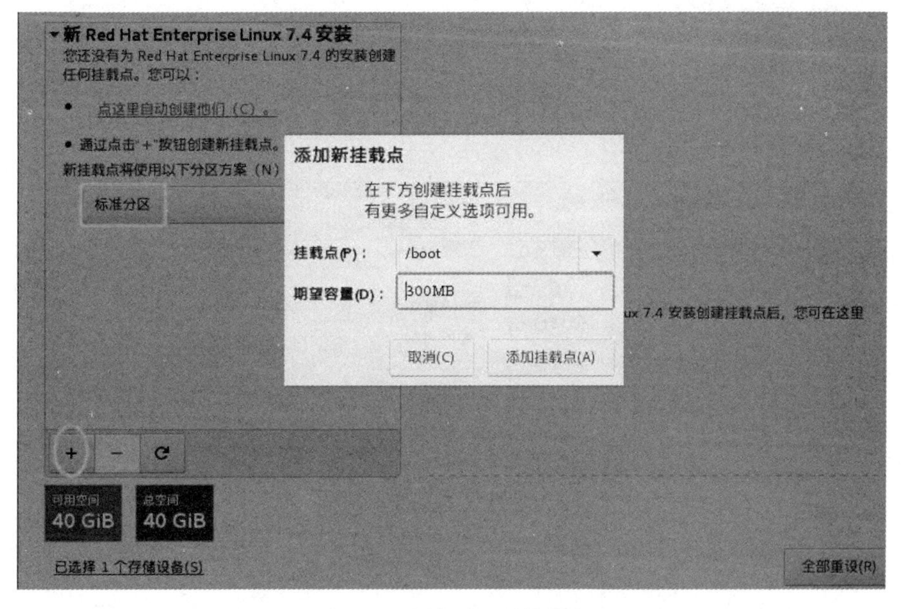

图1-27　添加/boot挂载点

注意：一定选中标准分区。保证/home为单独分区，为后面做配额实训做必要的准备。

② 创建交换分区。单击“+”按钮创建交换分区。在“文件系统”类型中选择swap，大小一般设置为物理内存的2倍即可。比如，计算机物理内存大小为2GB，设置的swap分区大小就是4096MB(4GB)。

说明：什么是swap分区？简单来说，swap就是虚拟内存分区，它类似于Windows的PageFile.sys页面交换文件。就是当计算机的物理内存不够时，作为后备军利用硬盘上的指定空间动态扩充内存的大小。

③ 用同样方法创建“/”分区大小为10GB，“/usr”分区大小为8GB，“/home”分区大小为8GB，“/var”分区大小为8GB，“/tmp”分区大小为1GB。文件系统类型全部设置为ext4。

设置完成后如图 1-29 所示。

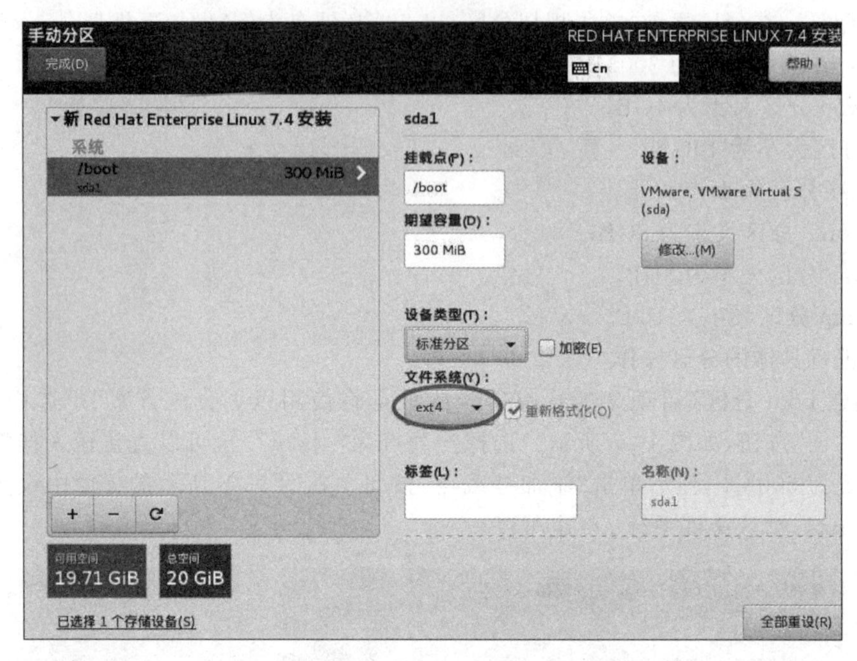

图 1-28　设置/boot 挂载点的文件类型

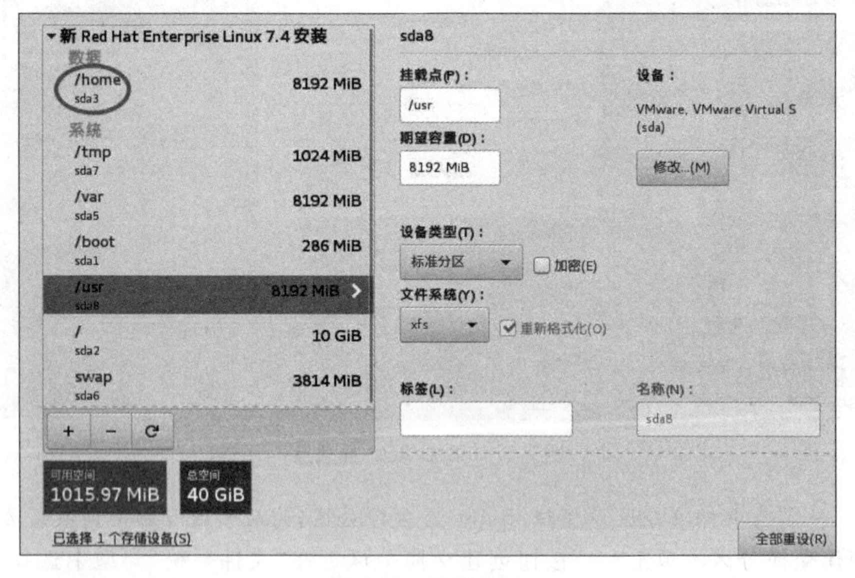

图 1-29　手动分区

注意：不可与 root 分区分开的目录是：/dev、/etc、/sbin、/bin 和/lib。系统启动时，核心只载入“/”一个分区，核心启动要加载/dev、/etc、/sbin、/bin 和/lib 五个目录的程序，所以以上几个目录必须和根目录在一起。

最好单独分区的目录是/home、/usr、/var 和/tmp。出于安全和方便管理的目的，以上四个目录最好独立出来，比如在 samba 服务中，/home 目录可以配置磁盘配额 quota；在

sendmail 服务中，/var 目录可以配置磁盘配额 quota。

④ 单击左上角的“完成”按钮，如图 1-30 所示。单击“接受更改”按钮完成分区。

更改摘要

您的自定义更改将产生以下变更，这些变更将会在您返回到主菜单并开始安装时生效：

顺序	操作	类型	设备名称	挂载点
1	销毁格式	Unknown	sda	
2	创建格式	分区表 (MSDOS)	sda	
3	创建设备	partition	sda1	
4	创建设备	partition	sda2	
5	创建设备	partition	sda3	
6	创建设备	partition	sda5	
7	创建格式	ext4	sda5	/var
8	创建设备	partition	sda6	
9	创建设备	partition	sda7	
10	创建设备	partition	sda8	
11	创建格式	xfs	sda8	/usr
12	创建格式	ext4	sda7	/tmp

取消并返回到自定义分区(C)　接受更改(A)

图 1-30　完成分区后的结果

(8) 返回到如图 1-31 所示安装主界面，单击“开始安装”按钮后即可看到安装进度。

图 1-31　RHEL 7 安装主界面

(9) 在如图 1-32 所示安装界面选择“ROOT 密码”设置 Root 管理员的密码。若坚持用弱口令的密码，则需要单击 2 次左上角的“完成”按钮才可以确认，如图 1-33 所示。这里需要强调一下，当在虚拟机中做实验时，密码无所谓强弱，但在生产环境中一定要让 Root 管理员的密码足够复杂，否则系统将面临严重的安全问题。

图 1-32　RHEL 7 系统的安装界面

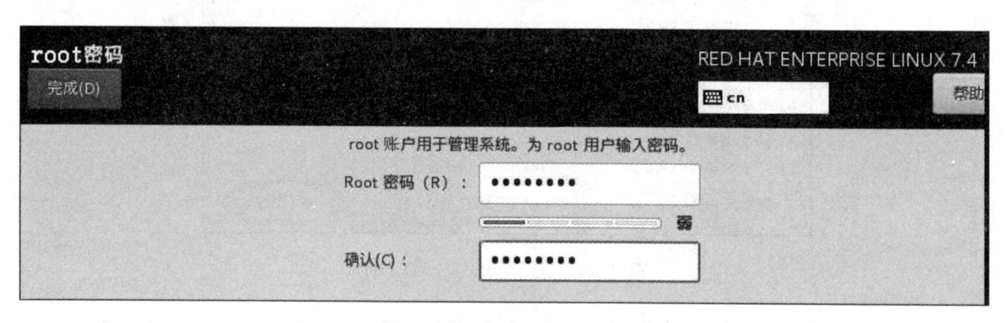

图 1-33　设置 Root 管理员的密码

(10) Linux 系统安装过程一般在 30～60 分钟。安装完成后单击“重启”按钮。

(11) 重启系统后将看到系统的初始化界面，单击 LICENSE INFORMATION 选项，如图 1-34 所示。

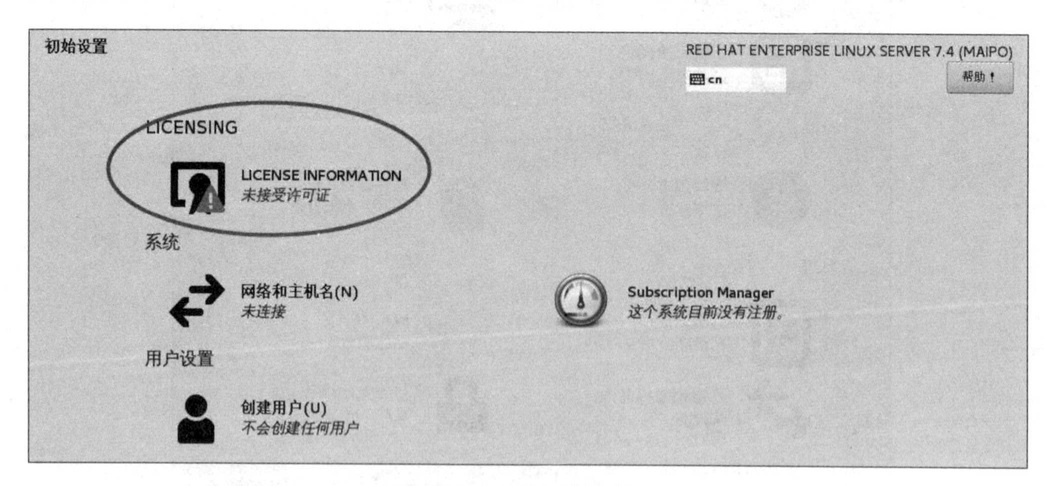

图 1-34　系统初始化界面

(12) 选中“我同意许可协议”复选框，然后单击左上角的“完成”按钮。

(13) 返回到初始化界面后单击“完成配置”选项。

(14) 虚拟机软件中的 RHEL 7 系统经过又一次的重新启动后，终于可以看到系统的欢迎界面，如图 1-35 所示。在界面中选择默认的语言“汉语”(中文)，然后单击“前进”按钮。

(15) 将系统的键盘布局或输入方式选择为 English (Australian)，然后单击“前进”按

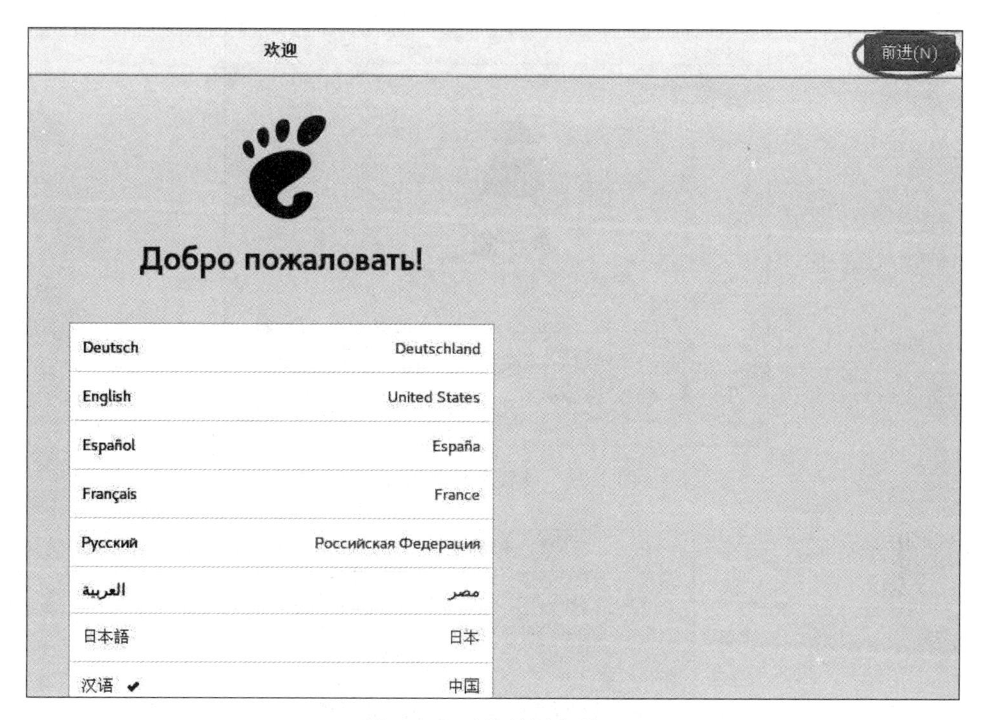

图 1-35　系统的语言设置

图 1-36　设置系统的输入来源类型

钮，如图 1-36 所示。

(16) 按照提示设置系统的时区(上海，中国)，然后单击“前进”按钮。

(17)为 RHEL 7 系统创建一个本地的普通用户，该账户的用户名为 yangyun，密码为 redhat，如图 1-37 所示，然后单击“前进”按钮。

(18) 在图 1-38 所示的界面中单击“开始使用 Red Hat Enterprise Linux Server”按钮，出现如图 1-39 所示的界面。至此，RHEL 7 系统完成了全部的安装和部署工作，我们终于可以感受到 Linux 的风采了。

图 1-37　设置本地普通用户

图 1-38　系统初始化结束界面

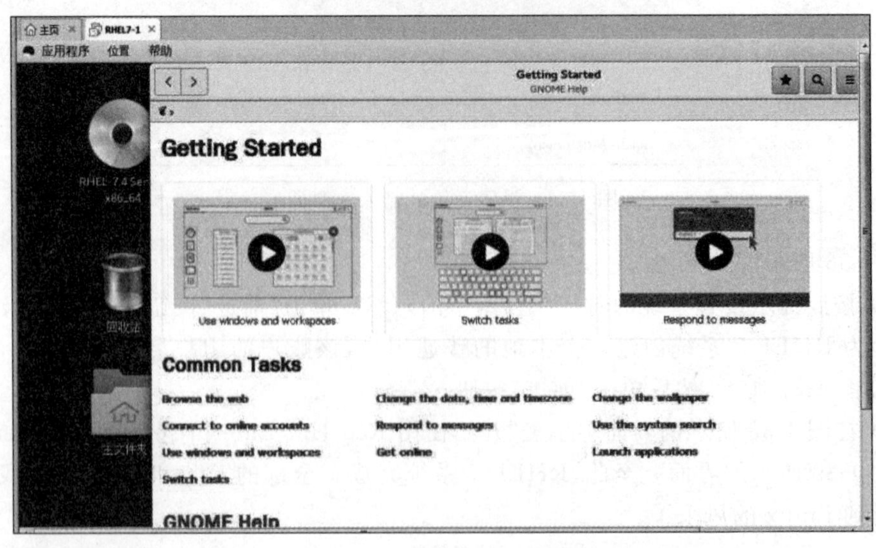

图 1-39　系统的欢迎界面

1.5　重置 root 管理员密码

平时让运维人员头疼的事情已经很多了，偶尔把 Linux 系统的密码忘记了也不用着急，只需简单几步就可以完成密码的重置工作。如果刚刚接手了一台 Linux 系统，要先确定是否为 RHEL 7 系统，如果是，再进行下面的操作。

(1) 如图 1-40 所示，先在空白处右击，选择“打开终端”命令，然后在打开的终端中输入如下命令。

```
[root@localhost ~]# cat /etc/redhat-release
Red Hat Enterprise Linux Server release 7.4 (Maipo)
[root@localhost ~]#
```

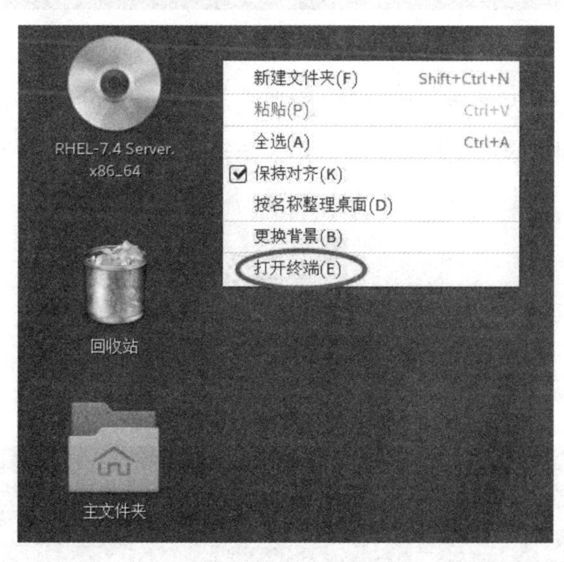

图 1-40　打开终端

(2) 在终端中输入 reboot，或者单击右上角的“关机”按钮，选择“重启”按钮，重启 Linux 系统主机并出现引导界面时，按下键盘上的 e 键进入内核编辑界面，如图 1-41 所示。

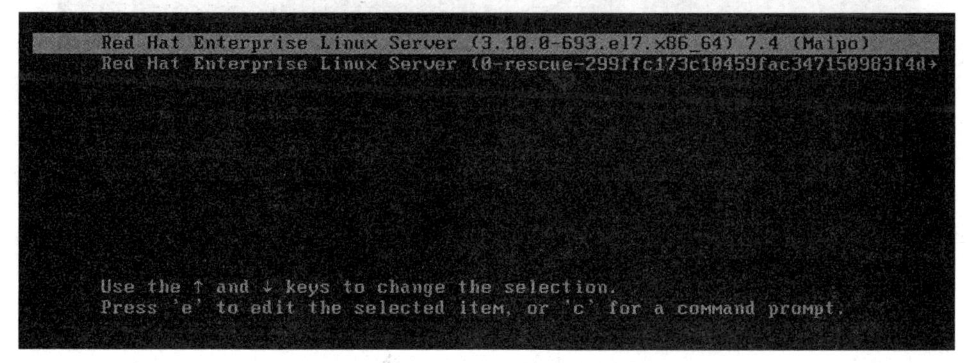

图 1-41　Linux 系统的引导界面

(3) 在 linux16 这行参数的最后添加“rd. break”参数,然后按下 Ctrl+X 组合键运行修改过的内核程序,如图 1-42 所示。

```
        insmod ext2
        set root='hd0,msdos1'
        if [ x$feature_platform_search_hint = xy ]; then
          search --no-floppy --fs-uuid --set=root --hint-bios=hd0,msdos1 --hin\
t-efi=hd0,msdos1 --hint-baremetal=ahci0,msdos1 --hint='hd0,msdos1'  bda3add8-d\
4d6-4b59-9d1e-bca664150906
        else
          search --no-floppy --fs-uuid --set=root bda3add8-d4d6-4b59-9d1e-bca6\
64150906
        fi
        linux16 /vmlinuz-3.10.0-693.el7.x86_64 root=/dev/mapper/rhel-root ro c\
rashkernel=auto rd.lvm.lv=rhel/root rd.lvm.lv=rhel/swap rd.lvm.lv=rhel/usr rhg\
b quiet LANG=zh_CN.UTF-8 rd.break
        initrd16 /initramfs-3.10.0-693.el7.x86_64.img

      Press Ctrl-x to start, Ctrl-c for a command prompt or Escape to
      discard edits and return to the menu. Pressing Tab lists
      possible completions.
```

图 1-42 内核信息的编辑界面

(4) 大约 30 秒后,进入系统的紧急求援模式。依次输入以下命令,等待系统重启操作完毕,就可以使用新密码 newredhat 登录 Linux 系统了。命令行执行效果如图 1-43 所示。

```
mount -o remount,rw /sysroot
chroot /sysroot
passwd
touch /.autorelabel
exit
reboot
```

```
Entering emergency mode. Exit the shell to continue.
Type "journalctl" to view system logs.
You might want to save "/run/initramfs/rdsosreport.txt" to a USB stick or /boot
after mounting them and attach it to a bug report.


switch_root:/# mount -o remount,rw /sysroot
switch_root:/# chroot /sysroot
sh-4.2# passwd
■■■■ root ■■■■
■■ ■■■
■■■■■■■ ■■■■ 8 ■■■
■■■■■■■ ■■■
passwd■ ■■■■■■■■■■■■■■■■■
sh-4.2# touch /.autorelabel
sh-4.2# exit
exit
switch_root:/# reboot
```

图 1-43 重置 Linux 系统的 root 管理员密码

注意:输入 passwd 后,输入密码和确认密码是不显示的。

1.6　任务 6　RPM(红帽软件包管理器)

在 RPM(红帽软件包管理器)公布之前,要想在 Linux 系统中安装软件只能采取源码包的方式。早期在 Linux 系统中安装程序是一件非常困难、耗费耐心的事情,而且大多数的服务程序仅提供源代码,需要运维人员自行编译代码并解决许多的软件依赖关系,因此要安装完成一个服务程序,运维人员需要具备丰富的知识、高超的技能,甚至良好的耐心。而且在安装、升级、卸载服务程序时还要考虑与其他程序、库的依赖关系,所以在进行校验、安装、卸载、查询、升级等管理软件操作时难度非常大。

RPM 机制则是为解决这些问题而设计的。RPM 就像 Windows 系统中的控制面板,会建立统一的数据库文件,详细记录软件信息并能够自动分析依赖关系。目前 RPM 的优势已经被公众所认可,使用范围也已不局限在红帽系统中了。表 1-2 是一些常用的 RPM 软件包命令。

表 1-2　常用的 RPM 软件包命令

安装软件的命令格式	rpm -ivh filename. rpm
升级软件的命令格式	rpm -uvh filename. rpm
卸载软件的命令格式	rpm -e filename. rpm
查询软件描述信息的命令格式	rpm -qpi filename. rpm
列出软件文件信息的命令格式	rpm -qpl filename. rpm
查询文件属于哪个 RPM 的命令格式	rpm -qf filename

1.7　任务 7　yum 软件仓库

尽管 RPM 能够帮助用户查询软件相互的依赖关系,但问题还是要运维人员自己来解决。有些大型软件可能与数十个程序都有依赖关系,yum 软件仓库便是用来进一步降低软件安装难度和复杂度的。

常见的 yum 命令如表 1-3 所示。

表 1-3　常见的 yum 命令

命　　令	作　　用
yum repolist all	列出所有仓库
yum list all	列出仓库中所有软件包
yum info 软件包名称	查看软件包信息
yum install 软件包名称	安装软件包
yum reinstall 软件包名称	重新安装软件包
yum update 软件包名称	升级软件包
yum remove 软件包名称	移除软件包

续表

命　令	作　用
yum clean all	清除所有仓库缓存
yum check-update	检查可更新的软件包
yum grouplist	查看系统中已经安装的软件包组
yum groupinstall 软件包组	安装指定的软件包组
yum groupremove 软件包组	移除指定的软件包组
yum groupinfo 软件包组	查询指定的软件包组信息

1.8 任务 8 systemd 初始化进程

Linux 操作系统的开机过程是这样的，即从 BIOS 开始，然后进入 Boot Loader，再加载系统内核，然后内核进行初始化，最后启动初始化进程。初始化进程作为 Linux 系统的第一个进程，需要完成 Linux 系统中相关的初始化工作，为用户提供合适的工作环境。红帽 RHEL 7 系统已经替换了熟悉的初始化进程服务 System V init，正式采用全新的 systemd 初始化进程服务。systemd 初始化进程服务采用了并发启动机制，开机速度得到了不小的提升。

RHEL 7 系统选择 systemd 初始化进程服务已经是一个既定事实，因此也没有了“运行级别”这个概念。Linux 系统在启动时要进行大量的初始化工作，比如挂载文件系统和交换分区、启动各类进程服务等，这些都可以看作是一个一个的单元(Unit)，systemd 用目标(Target)代替了 System V init 中运行级别的概念，这两者的区别如表 1-4 所示。

表 1-4　systemd 与 System V init 的区别以及作用

System V init 运行级别	systemd 目标名称	作　用
0	runlevel0. target, poweroff. target	关机
1	runlevel1. target, rescue. target	单用户模式
2	runlevel2. target, multi-user. target	等同于级别 3
3	runlevel3. target, multi-user. target	多用户的文本界面
4	runlevel4. target, multi-user. target	等同于级别 3
5	runlevel5. target, graphical. target	多用户的图形界面
6	runlevel6. target, reboot. target	重启
emergency	emergency. target	紧急 shell

如果想要将系统默认的运行目标修改为“多用户，无图形”模式，可直接用 ln 命令把多用户模式目标文件连接到/etc/systemd/system/目录。

```
[root@linuxprobe ~]# ln -sf /lib/systemd/system/multi-user.target /etc/systemd/
system/default.target
```

在 RHEL 6 系统中使用 service、chkconfig 等命令来管理系统服务，而在 RHEL 7 系统中是使用 systemctl 命令来管理服务的。表 1-5 和表 1-6 是 RHEL 6 系统中 System V init 命令与 RHEL 7 系统中 systemctl 命令的对比，后续章节中会经常用到它们。

表 1-5　systemctl 管理服务的启动、重启、停止、重载、查看状态等常用命令

System V init 命令（RHEL 6 系统）	systemctl 命令（RHEL 7 系统）	作　用
service foo start	systemctl start foo. service	启动服务
service foo restart	systemctl restart foo. service	重启服务
service foo stop	systemctl stop foo. service	停止服务
service foo reload	systemctl reload foo. service	重新加载配置文件（不终止服务）
service foo status	systemctl status foo. service	查看服务状态

表 1-6　systemctl 设置服务开机启动、不启动、查看各级别下服务启动状态等常用命令

System V init 命令（RHEL 6 系统）	systemctl 命令（RHEL 7 系统）	作　用
chkconfig foo on	systemctl enable foo. service	开机自动启动
chkconfig foo off	systemctl disable foo. service	开机不自动启动
chkconfig foo	systemctl is-enabled foo. service	查看特定服务是否为开机自动启动
chkconfig --list	systemctl list-unit-files --type=service	查看各个级别下服务的启动与禁用情况

1.9　任务 9　启动 shell

操作系统的核心功能就是管理和控制计算机硬件、软件资源，以尽量合理、有效的方法组织多个用户共享多种资源，而 shell 则是介于使用者和操作系统核心程序（Kernel）之间的一个接口。在各种 Linux 发行套件中，目前虽然已经提供了丰富的图形化接口，但是 shell 仍旧是一种非常方便、灵活的途径。

Linux 中的 shell 又被称为命令行，在这个命令行窗口中，用户输入指令，操作系统执行并将结果回显在屏幕上。

1. 使用 Linux 系统的终端窗口

现在的 Red Hat Enterprise Linux 7 操作系统默认采用的都是图形界面的 Gnome 或者 KDE 操作方式。要想使用 shell 功能，就必须像在 Windows 中那样打开一个命令行窗口。一般用户可以执行“应用程序”→“系统工具”→“终端”命令来打开终端窗口（或者直接右击桌面，选择“在终端中打开”命令），如图 1-44 所示。如果是英文系统，对应的是 Applications→System Tools→Terminal 命令。由于中英文之间都是比较常用的单词，在本书的后面不再单独说明。

执行以上命令后，就打开了一个白底黑字的命令行窗口，在这里我们可以使用 Red Hat Enterprise Linux 7 支持的所有命令行指令。

2. 使用 shell 提示符

登录之后，普通用户的命令行提示符以“＄”号结尾，超级用户的命令以“＃”号结尾。

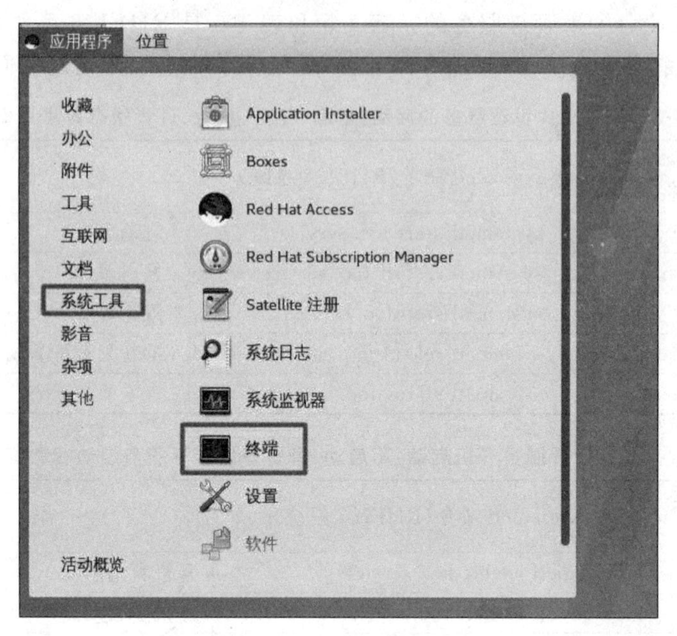

图 1-44　从这里打开终端

```
[yangyun@localhost~]$                              //一般用户以“$”号结尾
[yangyun@localhost~]$su root                       //切换到 root 账号
Password:
[root@localhost~]#                                 //命令行提示符变成以“#”号结尾
```

3. 退出系统

在终端中输入 shutdown-P now,或者单击右上角的按钮⏻并选择“关机”,可以退出系统。

4. 再次登录

如果再次登录,为了后面的实训顺利进行,请选择 root 用户。在图 1-45 中,单击“Not listed?”按钮,输入 root 用户及密码,以 root 身份登录计算机。

图 1-45　选择用户登录

5. 制作系统快照

安装成功后,请一定使用 VM 的快照功能进行快照备份,一旦需要可立即恢复到系统的初始状态。提醒读者,对于重要实训节点,也可以进行快照备份,以便后续可以恢复到适当断点。

1.10　项目实录　Linux 系统安装与基本配置

1. 观看录像

实训前请扫描二维码观看录像。

2. 项目背景

某计算机已经安装了 Windows 7/8 操作系统，该计算机的磁盘分区情况如图 1-46 所示，要求增加安装 RHEL 7/CentOS 7，并保证原来的 Windows 7/8 仍可使用。

3. 项目分析

从图 1-47 所示可知，此硬盘约有 300GB，分为 C、D、E 三个分区。对于此类硬盘比较简便的操作方法是将 E 盘上的数据转移到 C 盘或者 D 盘，而利用 E 盘的硬盘空间来安装 Linux。

对于要安装的 Linux 操作系统，需要进行磁盘分区规划。

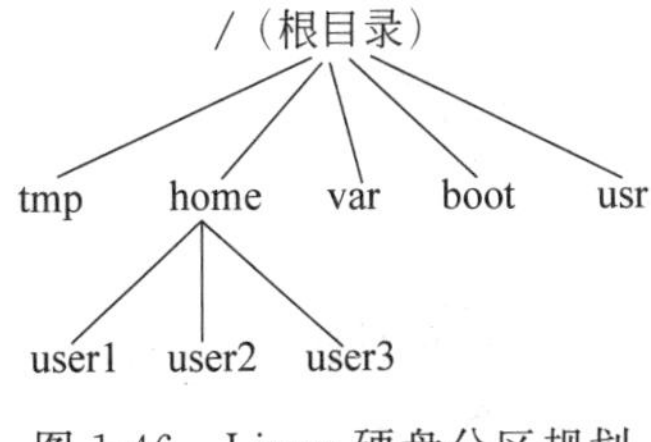

图 1-46　Linux 硬盘分区规划

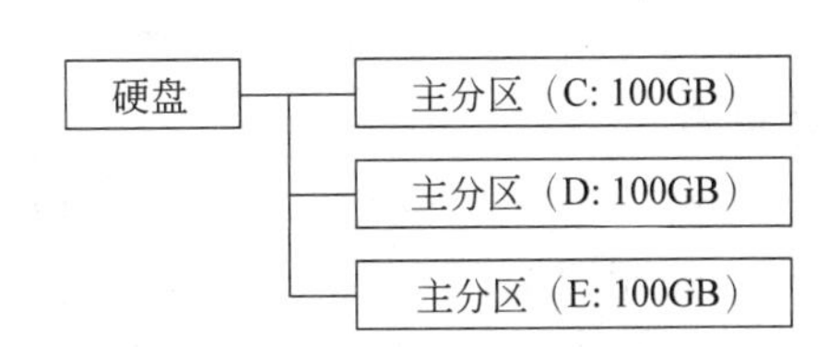

图 1-47　Linux 安装硬盘分区

硬盘大小为 100GB，分区规划如下：

- /boot 分区大小为 1GB；
- swap 分区大小为 4GB；
- /分区大小为 10GB；
- /usr 分区大小为 8GB；
- /home 分区大小为 8GB；
- /var 分区大小为 8GB；
- /tmp 分区大小为 6GB；
- 预留 55GB 不进行分区。

4. 深度思考

在观看录像时思考以下几个问题。

(1) 如何进行双启动安装？

(2) 分区规划为什么必须要慎之又慎？

(3) 安装系统前，对 E 盘是如何处理的？

(4) 第一个系统的虚拟内存设置至少多大？为什么？

5. 做一做

根据项目要求及录像内容，将项目完整地做一遍。

1.11 练习题

一、填空题

1. GNU 的含义是________。

2. Linux 一般有________、________、________3个主要部分。

3. 目前被称为正统的 UNIX 指的就是________和________这两套操作系统。

4. Linux 是基于________的软件模式进行发布的,它是 GNU 项目制定的通用公共许可证,英文是________。

5. Stallman 成立了自由软件基金会,基金会的英文名称是________。

6. POSIX 是________的缩写,重点在规范核心与应用程序之间的接口,这是由美国电气与电子工程师学会(IEEE)发布的一项标准。

7. 当前的 Linux 常见的应用可分为________与________两个方面。

8. Linux 的版本分为________和________两种。

9. 安装 Linux 最少需要两个分区,分别是________。

10. Linux 默认的系统管理员账号是________。

二、选择题

1. Linux 最早是由计算机爱好者(　　)开发的。

A. Richard Petersen　　B. Linus Torvalds
C. Rob Pick　　D. Linux Sarwar

2. (　　)是自由软件。

A. Windows XP　　B. UNIX　　C. Linux　　D. Windows 2008

3. (　　)不是 Linux 的特点。

A. 多任务　　B. 单用户　　C. 设备独立性　　D. 开放性

4. Linux 的内核版本 2.3.20 是(　　)的版本。

A. 不稳定　　B. 稳定的　　C. 第三次修订　　D. 第二次修订

5. Linux 安装过程中的硬盘分区工具是(　　)。

A. PQmagic　　B. FDISK　　C. FIPS　　D. Disk Druid

6. Linux 的根分区系统类型可以设置成(　　)。

A. FAT16　　B. FAT32　　C. ext4　　D. NTFS

三、简答题

1. 简述 Linux 的体系结构。

2. 使用虚拟机安装 Linux 系统时,为什么要先选择稍后安装操作系统,而不是选择 RHEL 7 系统镜像光盘?

3. 简述 RPM 与 yum 软件仓库的作用。

4. 安装 Red Hat Linux 系统的基本磁盘分区有哪些?

5. Red Hat Linux 系统支持的文件类型有哪些?

6. 丢失 root 口令如何解决?

7. RHEL 7 系统采用了 systemd 作为初始化进程，那么如何查看某个服务的运行状态？

1.12　实践习题

使用虚拟机和安装光盘安装和配置 Red Hat Enterprise Linux 7.4，试着在安装过程中对 IPv4 进行配置。

1.13　超链接

单击 http：//www.icourses.cn/scourse/course_2843.html，访问并学习国家精品资源共享课程网站中学习情境的相关内容。

项目二　熟练使用 Linux 常用命令

项目背景

在文本模式和终端模式下，经常使用 Linux 命令查看系统的状态和监视系统的操作，如对文件和目录进行浏览、操作等。在 Linux 较早的版本中，由于不支持图形化操作，用户基本都是使用命令行方式对系统进行操作，所以掌握常用的 Linux 命令是必要的，本项目将对 Linux 的常用命令进行分类介绍。

职业能力目标和要求

- 熟悉 Linux 系统的终端窗口和命令基础。
- 掌握文件目录类命令。
- 掌握系统信息类命令。
- 掌握进程管理类命令及其他常用命令。

2.1　任务 1　熟悉 Linux 命令基础

掌握 Linux 命令对于管理 Linux 网络操作系统是非常必要的。

2.1.1　子任务 1　了解 Linux 命令特点

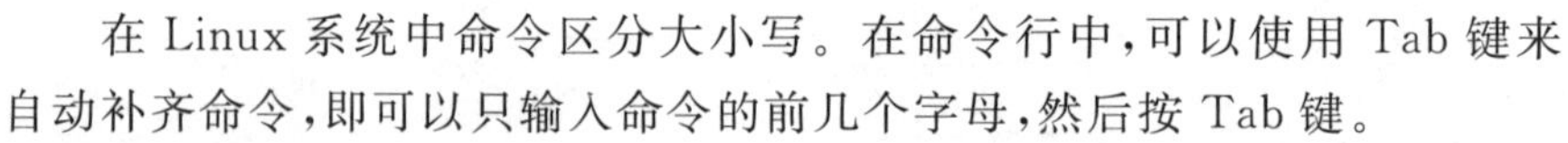

在 Linux 系统中命令区分大小写。在命令行中，可以使用 Tab 键来自动补齐命令，即可以只输入命令的前几个字母，然后按 Tab 键。

按 Tab 键时，如果系统只找到一个和输入字符相匹配的目录或文件，则自动补齐；如果没有匹配的内容或有多个相匹配的名字，系统将发出警鸣声，再按一下 Tab 键将列出所有相匹配的内容(如果有)，以供用户选择。例如，在命令提示符后输入 mou，然后按 Tab 键，系统将自动补全该命令为 mount；如果在命令提示符后只输入 mo，然后按 Tab 键，此时将警鸣一声，再次按 Tab 键，系统将显示所有以 mo 开头的命令。

另外，利用向上或向下的光标键，可以翻查曾经执行过的历史命令，并可以再次执行。

如果要在一个命令行中输入和执行多条命令，可以使用分号来分隔命令。例如：cd /;ls。

断开一个长命令行，可以使用反斜杠“\”，可以将一个较长的命令分成多行表达，增强命令的可读性。执行后，shell 自动显示提示符“>”，表示正在输入一个长命令，此时可继续在新行上输入命令的后续部分。

2.1.2　子任务 2　后台运行程序

一个文本控制台或一个仿真终端在同一时刻只能运行一个程序或命令，在未执行结束前，一般不能进行其他操作，此时可采用将程序在后台执行的方式，以释放控制台或终端，使其仍能进行其他操作。要使程序以后台方式执行，只需在要执行的命令后加上符号“&”即可，例如 find -name httpd.conf&。

2.2　任务 2　熟练使用文件目录类命令

文件目录类命令是对文件和目录进行各种操作的命令。

2.2.1　子任务 1　熟练使用浏览目录类命令

1. pwd 命令

pwd 命令用于显示用户当前所在的目录。如果用户不知道自己当前所在的目录，就必须使用它。例如：

```
[root@RHEL7-1 etc]#pwd
/etc
```

2. cd 命令

cd 命令用来在不同的目录中进行切换。用户在登录系统后，处于用户的家目录（$HOME）中，该目录一般以/home 开始，后跟用户名，这个目录就是用户的初始登录目录（root 用户的家目录为/root）。如果用户想切换到其他的目录中，就可以使用 cd 命令，后跟想要切换的目录名。例如：

```
[root@RHEL7-1 etc]#cd              //改变目录位置至用户登录时的工作目录
[root@RHEL7-1 ~]#cd dir1           //改变目录位置至当前目录下的 dir1 子目录下
[root@RHEL7-1 dir1]#cd ~           //改变目录位置至用户登录时的工作目录(用户的家目录)
[root@RHEL7-1 ~]#cd ..             //改变目录位置至当前目录的父目录
[root@RHEL7-1 /]#cd                //改变目录位置至用户登录时的工作目录
[root@RHEL7-1 ~]#cd ../etc         //改变目录位置至当前目录的父目录下的 etc 子目录
[root@RHEL7-1 etc]#cd /dir1/subdir1
                                   //利用绝对路径表示改变目录到 /dir1/ subdir1 目录下
```

说明：在 Linux 系统中，用“.”代表当前目录，用“..”代表当前目录的父目录，用“～”代表用户的个人家目录（主目录）。例如，root 用户的个人主目录是/root，则不带任何参数的 cd 命令相当于“cd ～”，即将目录切换到用户的家目录。

3. ls 命令

ls 命令用来列出文件或目录信息。该命令的语法格式为

```
ls [参数] [目录或文件]
```

ls 命令的常用参数选项如下。

- -a：显示所有文件,包括以“.”开头的隐藏文件。
- -A：显示指定目录下所有的子目录及文件,包括隐藏文件,但不显示“.”和“..”。
- -c：按文件的修改时间排序。
- -C：分成多列显示各行。
- -d：如果参数是目录,则只显示其名称而不显示其下的各个文件。往往与“-l”选项一起使用,以得到目录的详细信息。
- -l：以长格形式显示文件的详细信息。
- -i：在输出的第一列显示文件的 i 节点号。

例如：

```
[root@RHEL7-1 ~]#ls            //列出当前目录下的文件及目录
[root@RHEL7-1 ~]#ls -a         //列出包括以“.”开始的隐藏文件在内的所有文件
[root@RHEL7-1 ~]#ls -t         //依照文件最后修改时间的顺序列出文件
[root@RHEL7-1 ~]#ls -F         //列出当前目录下的文件名及其类型。以/结尾表示为目录名,
                                 以 * 结尾表示为可执行文件,以@结尾表示为符号连接
[root@RHEL7-1 ~]#ls -l         //列出当前目录下所有文件的权限、所有者、文件大小、修改时
                                 间及名称
[root@RHEL7-1 ~]#ls -lg        //同上,并显示出文件的所有者工作组名
[root@RHEL7-1 ~]#ls -R         //显示出目录下以及其所有子目录的文件名
```

2.2.2 子任务 2 熟练使用浏览文件类命令

1. cat 命令

cat 命令主要用于滚屏显示文件内容或是将多个文件合并成一个文件。该命令的语法格式为

```
cat [参数] 文件名
```

cat 命令的常用参数选项如下。

- -b：对输出内容中的非空行标注行号。
- -n：对输出内容中的所有行标注行号。

通常使用 cat 命令查看文件内容,但是 cat 命令的输出内容不能分页显示,要查看超过一屏的文件内容,需要使用 more 或 less 等其他命令。如果在 cat 命令中没有指定参数,则 cat 会从标准输入(键盘)中获取内容。

例如要查看/soft/file1 文件内容的命令为

```
[root@RHEL7-1 ~]#cat /soft/file1
```

利用 cat 命令还可以合并多个文件。例如要把 file1 和 file2 文件的内容合并为 file3,且 file2 文件的内容在 file1 文件内容的前面,则命令为

```
[root@RHEL7-1 ~]#cat file2 file1>file3
//如果 file3 文件存在,此命令的执行结果会覆盖 file3 文件中原有内容
```

```
[root@RHEL7-1 ~]#cat file2 file1>>file3
//如果 file3 文件存在,此命令的执行结果将把 file2 和 file1 文件的内容附加到 file3 文件
  中原有内容的后面。
```

2. more 命令

在使用 cat 命令时,如果文件太长,用户只能看到文件的最后一部分,这时可以使用 more 命令,一页一页分屏显示文件的内容。more 命令通常用于分屏显示文件内容。大部分情况下,可以不加任何参数选项执行 more 命令查看文件内容。执行 more 命令后,进入 more 状态,按 Enter 键可以向下移动一行,按 Space 键可以向下移动一页,按 q 键可以退出 more 命令。该命令的语法格式为

```
more [参数] 文件名
```

more 命令的常用参数选项如下。

- -num:这里的 num 是一个数字,用来指定分页显示时每页的行数。
- +num:指定从文件的第 num 行开始显示。

例如:

```
[root@RHEL7-1 ~]#more file1                //以分页方式查看 file1 文件的内容
[root@RHEL7-1 ~]#cat file1 | more          //以分页方式查看 file1 文件的内容
```

more 命令经常在管道中被调用以实现各种命令输出内容的分屏显示。上面的第二个命令就是利用 shell 的管道功能分屏显示 file1 文件的内容。

3. less 命令

less 命令是 more 命令的改进版,比 more 命令的功能更强大。more 命令只能向下翻页,而 less 命令可以向下、向上翻页,甚至可以前后左右移动。执行 less 命令后,进入 less 状态,按 Enter 键可以向下移动一行,按 Space 键可以向下移动一页,按 b 键可以向上移动一页,也可以用光标键向前、后、左、右移动,按 q 键可以退出 less 命令。

less 命令还支持在一个文本文件中进行快速查找。先按下斜杠键"/",再输入要查找的单词或字符。less 命令会在文本文件中进行快速查找,并把找到的第一个搜索目标高亮显示,如果希望继续查找,再次按下斜杠键"/",再按 Enter 键即可。

less 命令的用法与 more 基本相同,例如:

```
[root@RHEL7-1 ~]#less /etc/httpd/conf/httpd.conf
//以分页方式查看 httpd.conf 文件的内容
```

4. head 命令

head 命令用于显示文件的开头部分,默认情况下只显示文件的前 10 行内容。该命令的语法格式为

```
head [参数] 文件名
```

head 命令的常用参数选项如下。

- -n num：显示指定文件的前 num 行。
- -c num：显示指定文件的前 num 个字符。

例如：

```
[root@RHEL7-1 ~]#head -n 20 /etc/httpd/conf/httpd.conf
//显示 httpd.conf 文件的前 20 行。
```

5. tail 命令

tail 命令用于显示文件的末尾部分，默认情况下只显示文件的末尾 10 行内容。该命令的语法格式为

```
tail [参数] 文件名
```

tail 命令的常用参数选项如下。

- -n num：显示指定文件末尾的 num 行。
- -c num：显示指定文件末尾的 num 个字符。
- ＋num：从第 num 行开始显示指定文件的内容。

例如：

```
[root@RHEL7-1 ~]#tail -n 20 /etc/httpd/conf/httpd.conf
//显示 httpd.conf 文件的末尾 20 行
```

tail 命令最强大的功能是可以持续刷新一个文件的内容，当想要实时查看最新日志文件时非常有用，此时的命令格式为“tail -f 文件名”：

```
[root@RHEL7-1 ~]#tail -f /var/log/messages
May 2 21:28:24 localhost dbus-daemon: dbus[815]: [system] Activating via
systemd: service name='net.reactivated.Fprint' unit='fprintd.service'
…
May 2 21:28:24 localhost systemd: Started Fingerprint Authentication Daemon.
May 2 21:28:28 localhost su: (to root) yangyun on pts/0
May 2 21:28:54 localhost journal: No devices in use, exit
```

2.2.3 子任务 3 熟练使用目录操作类命令

1. mkdir 命令

mkdir 命令用于创建一个目录。该命令的语法格式为

```
mkdir [参数] 目录名
```

目录名可以为相对路径，也可以为绝对路径。

参数-p 表示在创建目录时，如果父目录不存在，则同时创建该目录及该目录的父目录。

例如：

```
[root@RHEL7-1 ~]#mkdir dir1        //在当前目录下创建 dir1 子目录
[root@RHEL7-1 ~]#mkdir -p dir2/subdir2
//在当前目录的 dir2 目录中创建 subdir2 子目录,如果 dir2 目录不存在则同时创建
```

2. rmdir 命令

rmdir 命令用于删除空目录。该命令的语法格式为

```
rmdir [参数] 目录名
```

目录名可以为相对路径,也可以为绝对路径,但所删除的目录必须为空目录。

参数-p 表示在删除目录时一起删除父目录,但父目录中必须没有其他目录及文件。

例如：

```
[root@RHEL7-1 ~]#rmdir dir1    //在当前目录下删除 dir1 空子目录
[root@RHEL7-1 ~]#rmdir -p dir2/subdir2
//删除当前目录中 dir2/subdir2 子目录。如果 dir2 目录中无其他子目录,则该目录被一起删除
```

2.2.4 子任务 4 熟练使用 cp 命令

1. cp 命令的使用方法

cp 命令主要用于文件或目录的复制。该命令的语法格式为

```
cp [参数] 源文件 目标文件
```

cp 命令的常用参数选项如下。

- -a：尽可能将文件状态、权限等属性按照原样复制。
- -f：如果目标文件或目录存在,先删除它们再进行复制(即覆盖),并且不提示用户。
- -i：如果目标文件或目录存在,提示是否覆盖已有的文件。
- -R：递归复制目录,即包含目录下的各级子目录。

2. 使用 cp 命令的范例

cp 命令非常重要,不同身份的用户执行这个命令会产生不同的结果,尤其是-a、-p 选项,对于不同身份的用户来说差异非常大。下面的练习中,有的用户身份为 root,有的用户身份为一般账号(在这里用 bobby 这个账号),练习时请特别注意用户身份的差别,仔细观察下面的复制练习。

【例 2-1】 用 root 身份,将家目录下的.bashrc 复制到/tmp 下,并更名为 bashrc。

```
[root@RHEL7-1 ~]#cp ~/.bashrc /tmp/bashrc
[root@RHEL7-1 ~]#cp -i ~/.bashrc /tmp/bashrc
cp: overwrite '/tmp/bashrc'? n 为不覆盖,y 为覆盖
//重复做两次,由于/tmp 下已经存在 bashrc 了,加上-i 选项后,则在覆盖前会询问使用者是否
  确定。可以按下 n 或者 y 二次确认
```

【例 2-2】 变换目录到/tmp,并将/var/log/wtmp 复制到/tmp 且观察属性。

```
[root@RHEL7-1 ~]#cd /tmp
[root@RHEL7-1 tmp]#cp /var/log/wtmp.          //想要复制到当前目录,最后的"."不要忘记
[root@RHEL7-1 tmp]#ls -l /var/log/wtmp wtmp
-rw-rw-r--1 root utmp 96384 Sep 24 11:54/var/log/wtmp
-rw-r--r--1 root root 96384 Sep 24 14:06 wtmp
//注意上面的特殊字体,在不加任何选项复制的情况下,文件的某些属性/权限会发生改变
//这是个很重要的特性,连文件建立的时间也不一样了,要注意
```

如果想要将文件的所有特性都一起复制过来,可以加上-a,如下所示。

```
[root@RHEL7-1 tmp]#cp -a /var/log/wtmp wtmp_2
[root@RHEL7-1 tmp]#ls -l /var/log/wtmp wtmp_2
-rw-rw-r--1 root utmp 96384 Sep 24 11:54/var/log/wtmp
-rw-rw-r--1 root utmp 96384 Sep 24 11:54 wtmp_2
```

cp 的功能很多,由于我们常常会进行一些数据的复制,所以也会经常用到这个命令。一般来说,如果复制别人的数据(当然,必须要有 read 的权限)时,总是希望复制到的数据最后是自己的,所以,在预设的条件中,cp 的源文件与目的文件的权限是不同的,目的文件的拥有者通常会是指令操作者本身。

举例来说,例 2-2 中由于用户是 root 的身份,因此复制过来的文件拥有者与群组就改变成为 root 所有。由于具有这个特性,因此在进行备份的时候,某些需要特别注意的特殊权限文件,例如密码文件(/etc/shadow)以及一些配置文件,就不能直接以 cp 命令进行复制,而必须要加上-a 或-p 等属性。

注意:如果想要复制文件给其他使用者,也必须注意文件的权限(包含读、写、执行以及文件拥有者等),否则,其他人是无法对文件进行修改的。

【例 2-3】 把/etc/这个目录下的所有内容复制到/tmp 中。

```
[root@RHEL7-1 tmp]#cp /etc /tmp
cp:omitting directory'/etc'                 //如果是目录则不能直接复制,要加上-r 选项
[root@RHEL7-1 tmp]#cp -r /etc /tmp
//还要再次强调:选项-r 可以复制目录,但是文件与目录的权限可能会发生改变
//所以,也可以利用 cp -a /etc /tmp 命令,尤其是备份时
```

【例 2-4】 若~/.bashrc 比/tmp/bashrc 新,才需要复制过来。

```
[root@RHEL7-1 tmp]#cp -u ~/.bashrc /tmp/bashrc
//参数-u 的特性是在目标文件与来源文件有差异时才会复制,所以常被用于"备份"的工作中
```

思考:你能否使用 bobby 身份,完整地复制/var/log/wtmp 文件到/tmp 下面,并更名为 bobby_wtmp 呢?

参考答案:

```
[bobby@RHEL7-1 ~]$cp -a /var/log/wtmp /tmp/bobby_wtmp
[bobby@RHEL7-1 ~]$ls -l /var/log/wtmp /tmp/bobby_wtmp
```

2.2.5 子任务 5 熟练使用文件操作类命令

1. mv 命令

mv 命令主要用于文件或目录的移动或改名。该命令的语法格式为

```
mv [参数] 源文件或目录 目标文件或目录
```

mv 命令的常用参数选项如下。

- -i：如果目标文件或目录存在时，提示是否覆盖目标文件或目录。
- -f：无论目标文件或目录是否存在，直接覆盖目标文件或目录，不提示。

例如：

```
//将当前目录下的 testa 文件移动到/usr/目录下,文件名不变
[root@RHEL7-1 ~]#mv testa /usr/
//将/usr/testa 文件移动到根目录下,移动后的文件名为 tt
[root@RHEL7-1 ~]#mv /usr/testa /tt
```

2. rm 命令

rm 命令主要用于文件或目录的删除。该命令的语法格式为

```
rm [参数] 文件名或目录名
```

rm 命令的常用参数选项如下。

- -i：删除文件或目录时提示用户。
- -f：删除文件或目录时不提示用户。
- -R：递归删除目录，即包含目录下的文件和各级子目录。

例如：

```
//删除当前目录下的所有文件,但不删除子目录和隐藏文件
[root@RHEL7-1 ~]#mkdir /dir1;cd /dir1
[root@RHEL7-1 dir1]#touch aa.txt bb.txt; mkdir subdir11;ll
[root@RHEL7-1 dir1]#rm *
//删除当前目录下的子目录 subdir11,包含其下的所有文件和子目录,并且提示用户确认
[root@RHEL7-1 dir]#rm -iR subdir11
```

3. touch 命令

touch 命令用于建立文件或更新文件的修改日期。该命令的语法格式为

```
touch [参数] 文件名或目录名
```

touch 命令的常用参数选项如下。

- -d yyyymmdd：把文件的存取或修改时间改为 yyyy 年 mm 月 dd 日。
- -a：只把文件的存取时间改为当前时间。
- -m：只把文件的修改时间改为当前时间。

例如：

```
[root@RHEL7-1 ~]#touch aa      //如果当前目录下存在 aa 文件,则把 aa 文件的存取和修改时
                                 间改为当前时间,如果不存在 aa 文件,则新建 aa 文件
[root@RHEL7-1 ~]#touch -d 20180808 aa
                               //将 aa 文件的存取和修改时间改为 2018 年 8 月 8 日
```

4. diff 命令

diff 命令用于比较两个文件内容的不同之处。该命令的语法格式为

```
diff [参数] 源文件 目标文件
```

diff 命令的常用参数选项如下。

- -a：将所有的文件当作文本文件处理。
- -b：忽略空格造成的不同。
- -B：忽略空行造成的不同。
- -q：只报告什么地方不同,不报告具体的不同信息。
- -i：忽略大小写的变化。

例如(aa、bb、aa. txt、bb. txt 文件在 root 家目录下使用 vim 提前建立完成)：

```
[root@RHEL7-1 ~]#diff aa.txt bb.txt          //比较 aa.txt 文件和 bb.txt 文件的不同
```

5. ln 命令

ln 命令用于建立两个文件之间的链接关系。该命令的语法格式为

```
ln [参数] 源文件或目录 链接名
```

参数-s 用于建立符号链接(软链接),不加该参数时建立的链接为硬链接。

两个文件之间的链接关系有两种：一种称为硬链接;另一种称为符号链接。

硬链接指两个文件名指向的是硬盘上的同一块存储空间,对两个文件中任何一个文件的内容进行修改都会影响到另一个文件。它可以由 ln 命令不加任何参数建立。

利用 ll 命令查看家目录下 aa 文件的情况：

```
[root@RHEL7-1 ~]#ll aa
-rw-r--r--1 root root 0 1 月 31 15:06 aa
[root@RHEL7-1 ~]#cat aa
this is aa
```

通过命令的执行结果可以看出 aa 文件的链接数为 1,文件内容为"this is aa"。

使用 ln 命令建立 aa 文件的硬链接 bb：

```
[root@RHEL7-1 ~]#ln aa bb
```

上述命令产生了 bb 新文件,它和 aa 文件建立起了硬链接关系。

```
[root@RHEL7-1 ~]#ll aa bb
-rw-r--r--2 root root 11 1 月 31 15:44 aa
```

```
-rw-r--r--2 root root 11 1月 31 15:44 bb
[root@RHEL7-1 ~]#cat bb
this is aa
```

可以看出，aa 和 bb 的大小相同，内容相同。再看详细信息的第 2 列，原来 aa 文件的链接数为 1，说明这块硬盘空间只有 aa 文件指向，而建立起 aa 和 bb 的硬链接关系后，这块硬盘空间就有 aa 和 bb 两个文件同时指向它，所以 aa 和 bb 的链接数都变为了 2。

此时，如果修改 aa 或 bb 任意一个文件的内容，另外一个文件的内容也将随之变化。如果删除其中一个文件（不管是哪一个），就是删除了该文件和硬盘空间的指向关系，该硬盘空间不会释放，另外一个文件的内容也不会发生改变，但是该文件的链接数会减少一个。

说明：只能对文件建立硬链接，不能对目录建立硬链接。

符号链接（软链接）是指一个文件指向另外一个文件的文件名。软链接类似于 Windows 系统中的快捷方式。软链接由 ln-s 命令建立。

首先查看一下 aa 文件的信息：

```
[root@RHEL7-1 ~]#ll aa
-rw-r--r--1 root root 11 1月 31 15:44 aa
```

创建 aa 文件的符号链接 cc，创建完成后查看 aa 和 cc 文件的链接数的变化：

```
[root@RHEL7-1 ~]#ln -s aa cc
[root@RHEL7-1 ~]#ll aa cc
-rw-r--r--1 root root 11 1月 31 15:44 aa
lrwxrwxrwx 1 root root 2 1月 31 16:02 cc ->aa
```

可以看出 cc 文件是指向 aa 文件的一个符号链接，而指向存储 aa 文件内容的那块硬盘空间的文件仍然只有 aa 一个文件，cc 文件只不过是指向了 aa 文件名而已，所以 aa 文件的链接数仍为 1。

在利用 cat 命令查看 cc 文件的内容时发现 cc 是一个符号链接文件，就根据 cc 记录的文件名找到 aa 文件，然后将 aa 文件的内容显示出来。

此时如果删除了 cc 文件，对 aa 文件无任何影响，但如果删除了 aa 文件，那么 cc 文件就因无法找到 aa 文件而毫无用处了。

说明：可以对文件或目录建立软链接。

6. gzip 和 gunzip 命令

gzip 命令用于对文件进行压缩，生成的压缩文件以“. gz”结尾，而 gunzip 命令是对以“. gz”结尾的文件进行解压缩。该命令的语法格式为

```
gzip -v 件名
gunzip -v 文件名
```

参数-v 表示显示被压缩文件的压缩比或解压时的信息。

例如（在 root 家目录下）：

```
[root@RHEL7-1 ~]#cd
[root@RHEL7-1 ~]#gzip -v initial-setup-ks.cfg
initial-setup-ks.cfg: 53.4%--replaced with initial-setup-ks.cfg.gz
[root@RHEL7-1 ~]#gunzip -v initial-setup-ks.cfg.gz
initial-setup-ks.cfg.gz: 53.4%--replaced with initial-setup-ks.cfg
```

7. tar 命令

tar 是用于文件打包的命令行工具，tar 命令可以把一系列的文件归档到一个大文件中，也可以把档案文件解开以恢复数据。总的来说，tar 命令主要用于打包和解包。tar 命令是 Linux 系统中常用的备份工具之一。该命令的语法格式为

```
tar [参数] 档案文件 文件列表
```

tar 命令的常用参数选项如下。

- -c：生成档案文件。
- -v：列出归档解档的详细过程。
- -f：指定档案文件名称。
- -r：将文件追加到档案文件末尾。
- -z：以 gzip 格式压缩或解压缩文件。
- -j：以 bzip2 格式压缩或解压缩文件。
- -d：比较档案与当前目录中的文件。
- -x：解开档案文件。

例如(提前用 touch 命令在"/"目录下建立测试文件)：

```
[root@RHEL7-1 ~]#tar -cvf yy.tar aa tt   //将当前目录下的 aa 和 tt 文件归档为 yy.tar
[root@RHEL7-1 ~]#tar -xvf yy.tar         //从 yy.tar 档案文件中恢复数据
[root@RHEL7-1 ~]#tar -czvf yy.tar.gz  aa tt
//将当前目录下的 aa 和 tt 文件归档并压缩为 yy.tar.gz
[root@RHEL7-1 ~]#tar -xzvf yy.tar.gz     //将 yy.tar.gz 文件解压缩并恢复数据
[root@RHEL7-1 ~]#tar -czvf etc.tar.gz /etc  //把/etc 目录进行打包压缩
[root@RHEL7-1 ~]#mkdir /root/etc
[root@RHEL7-1 ~]#tar xzvf etc.tar.gz -C /root/etc
//将打包后的压缩包文件指定解压到/root/etc 中
```

8. rpm 命令

rpm 命令主要用于对 RPM 软件包进行管理。RPM 包是 Linux 各种发行版本中应用最为广泛的软件包格式之一。学会使用 rpm 命令对 RPM 软件包进行管理至关重要。该命令的语法格式为

```
rpm [参数] 软件包名
```

rpm 命令的常用参数选项如下。

- -qa：查询系统中安装的所有软件包。
- -q：查询指定的软件包在系统中是否已安装。

- -qi：查询系统中已安装软件包的描述信息。
- -ql：查询系统中已安装软件包里所包含的文件列表。
- -qf：查询系统中指定文件所属的软件包。
- -qp：查询 RPM 包文件中的信息，通常用于在未安装软件包之前了解软件包中的信息。
- -i：用于安装指定的 RPM 软件包。
- -v：显示较详细的信息。
- -h：以“#”显示进度。
- -e：删除已安装的 RPM 软件包。
- -U：升级指定的 RPM 软件包。软件包的版本必须比当前系统中安装的软件包的版本高才能正确升级。如果当前系统中并未安装指定的软件包，则直接安装。
- -F：更新软件包。

例如：

```
[root@RHEL7-1 ~]#rpm -qa|more                    //显示系统安装的所有软件包列表
[root@RHEL7-1 ~]#rpm -q selinux-policy           //查询系统是否安装了 selinux-policy
[root@RHEL7-1 ~]#rpm -qi selinux-policy          //查询系统已安装的软件包的描述信息
[root@RHEL7-1 ~]#rpm -ql selinux-policy          //查询系统已安装的软件包里所包含的文
                                                   件列表
[root@RHEL7-1 ~]#rpm -qf /etc/passwd             //查询 passwd 文件所属的软件包
[root@RHEL7-1 ~]#mkdir /iso; mount /dev/cdrom  /iso //挂载光盘
[root@RHEL7-1 ~]#cd /iso/Packages                //改变目录到 sudo 软件包所在的目录
[root@RHEL7-1 Packages]#rpm -ivh sudo-1.8.19p2-10.el7.x86_64.rpm
                                 //安装软件包，系统将以“#”显示安装进度和安装的详细信息
[root@RHEL7-1 Packages]#rpm -Uvh sudo-1.8.19p2-10.el7.x86_64.rpm  //升级 sudo
[root@RHEL7-1 Packages]#rpm -e sudo-1.8.19p2-10.el7.x86_64          //卸载 sudo
```

注意：卸载软件包时不加扩展名.rpm，如果使用命令 rpm -e sudo-1.8.19p2-10.el7.x86_64.rpm -nodeps，则表示不检查依赖性。另外，软件包的名称会因系统版本而稍有差异，不要机械照抄。

9. whereis 命令

whereis 命令用来寻找命令的可执行文件所在的位置。该命令的语法格式为

```
whereis [参数] 命令名称
```

whereis 命令的常用参数选项如下。

- -b：只查找二进制文件。
- -m：只查找命令的联机帮助手册部分。
- -s：只查找源代码文件。

例如：

```
//查找命令 rpm 的位置
[root@RHEL7-1 ~]#whereis rpm
rpm: /bin/rpm /etc/rpm /usr/lib/rpm /usr/include/rpm /usr/share/man/man8/rpm.8.gz
```

10. whatis 命令

whatis 命令用于获取命令简介。它可以从某个程序的使用手册中抽出一行简单的介绍性文件，帮助用户迅速了解这个程序的具体功能。该命令的语法格式为

```
whatis 命令名称
```

例如：

```
[root@RHEL7-1 ~]#whatis ls
ls (1) -list directory contents
```

11. find 命令

find 命令用于文件查找。它的功能非常强大。该命令的语法格式为

```
find [路径] [匹配表达式]
```

find 命令的匹配表达式主要有以下几种类型。

- -name filename：查找指定名称的文件。
- -user username：查找属于指定用户的文件。
- -group grpname：查找属于指定组的文件。
- -print：显示查找结果。
- -size *n*：查找大小为 *n* 块的文件，一块为 512B。符号“+*n*”表示查找大小大于 *n* 块的文件；符号“-*n*”表示查找大小小于 *n* 块的文件；符号“*n*c”表示查找大小为 *n* 个字符的文件。
- -inum *n*：查找索引节点号为 *n* 的文件。
- -type：查找指定类型的文件。文件类型有 b(块设备文件)、c(字符设备文件)、d(目录)、p(管道文件)、l(符号链接文件)、f(普通文件)。
- -atime *n*：查找 *n* 天前被访问过的文件。“+*n*”表示超过 *n* 天前被访问的文件；“-*n*”表示未超过 *n* 天前被访问的文件。
- -mtime *n*：类似于 atime，但检查的是文件内容被修改的时间。
- -ctime *n*：类似于 atime，但检查的是文件索引节点被改变的时间。
- -perm mode：查找与给定权限匹配的文件，必须以八进制的形式给出访问权限。
- -newer file：查找比指定文件新的文件，即最后修改时间离现在较近。
- -exec command {} \;：对匹配指定条件的文件执行 command 命令。
- -ok command {} \;：与 exec 相同，但执行 command 命令时请求用户确认。

例如：

```
[root@RHEL7-1 ~]#find . -type f -exec ls -l {} \;
//在当前目录下查找普通文件，并以长格形式显示
[root@RHEL7-1 ~]#find /logs -type f -mtime 5 -exec rm {} \;
//在/logs 目录中查找修改时间为 5 天以前的普通文件，并删除。保证/logs 目录存在
[root@RHEL7-1 ~]#find /etc -name "*.conf"
//在/etc/目录下查找文件名以“.conf”结尾的文件
[root@RHEL7-1 ~]#find . -type f -perm 755 -exec ls {} \;
//在当前目录下查找权限为 755 的普通文件并显示
```

注意：由于 find 命令在执行过程中将消耗大量资源，建议以后台方式运行。

12. locate 命令

尽管 find 命令已经展现了其强大的搜索能力，但对于大批量的搜索而言，还是显得慢了一些，特别是当用户完全不记得自己的文件放在哪里的时候，locate 命令是一个不错的选择。

```
[root@RHEL7-1 ~]#locate * .doc
/usr/lib/kbd/keymaps/legacy/i386/qwerty/no-latin1.doc
/usr/lib64/python2.7/pdb.doc
```

13. grep 命令

grep 命令用于查找文件中包含指定字符串的行。该命令的语法格式为

```
grep [参数] 要查找的字符串 文件名
```

grep 命令的常用参数选项如下。

- -v：列出不匹配的行。
- -c：对匹配的行计数。
- -l：只显示包含匹配模式的文件名。
- -h：抑制包含匹配模式的文件名的显示。
- -n：每个匹配行只按照相对的行号显示。
- -i：对匹配模式不区分大小写。

在 grep 命令中，字符“^”表示行的开始，字符“$”表示行的结尾。如果要查找的字符串中带有空格，可以用单引号或双引号括起来。

例如：

```
[root@RHEL7-1 ~]#grep -2 root /etc/passwd
//在文件 passwd 中查找包含字符串 root 的行，如果找到，显示该行及该行前后各 2 行的内容
[root@RHEL7-1 ~]#grep "^root$" /etc/passwd
//在 passwd 文件中搜索只包含 root 4 个字符的行
```

提示：grep 和 find 命令的差别在于 grep 是在文件中搜索满足条件的行，而 find 是在指定目录下根据文件的相关信息查找满足指定条件的文件。

14. dd 命令

dd 命令用于按照指定大小和个数的数据块来复制文件或转换文件。该命令的语法格式为

```
dd [参数]
```

dd 命令是一个比较重要而且比较有特色的一个命令，它能够让用户按照指定大小和个数的数据块来复制文件的内容。当然如果你愿意，还可以在复制过程中转换其中的数据。Linux 系统中有一个名为/dev/zero 的设备文件，这个文件不会占用系统存储空间，但却可以提供无穷无尽的数据，因此可以使用它作为 dd 命令的输入文件来生成一个指定大小的文件。dd 命令的参数及作用如表 2-1 所示。

表 2-1 dd 命令的参数及作用

参数	作用	参数	作用
if	输入的文件名称	bs	设置每个"块"的大小
of	输出的文件名称	count	设置要复制"块"的个数

例如,可以用 dd 命令从/dev/zero 设备文件中取出两个大小为 560MB 的数据块,然后保存为名为 file1 的文件。在理解了这个命令后,以后就能随意创建任意大小的文件了(做配额测试时很有用)。

```
[root@RHEL7-1 ~]#dd if=/dev/zero of=file1 count=2 bs=560M
记录了 2+0 的读入
记录了 2+0 的写出
1174405120 字节(1.2 GB)已复制,1.12128 秒,1.0 GB/秒
```

dd 命令的功能绝不限于复制文件这么简单。如果想把光驱设备中的光盘制作成 iso 格式的镜像文件,在 Windows 系统中需要借助第三方软件才能做到,但在 Linux 系统中可以直接使用 dd 命令来压制出光盘镜像文件,将它变成一个可立即使用的 iso 镜像。

```
[root@RHEL7-1 ~]#dd if=/dev/cdrom of=RHEL-server-7.0-x86_64.iso
7311360+0 records in
7311360+0 records out
3743416320 bytes (3.7 GB) copied, 370.758 s, 10.1 MB/s
```

2.3 任务 3 熟练使用系统信息类命令

系统信息类命令是对系统的各种信息进行显示和设置的命令。

1. dmesg 命令

dmesg 命令用实例名和物理名称来标识连到系统上的设备。dmesg 命令也显示系统诊断信息、操作系统版本号、物理内存大小以及其他信息,例如:

```
[root@RHEL7-1 ~]#dmesg|more
```

提示: 系统启动时,屏幕上会显示系统 CPU、内存、网卡等硬件信息,但通常显示得比较快,如果用户没来得及看清楚,可以在系统启动后通过 dmesg 命令查看。

2. free 命令

free 命令主要用来查看系统内存、虚拟内存的大小及占用情况,例如:

```
[root@RHEL7-1 ~]#free
                  total     used       free      shared    buffers    cached
Mem:              126212    124960     1252      0         16408      34028
-/+buffers/cache:           74524      51688
Swap:             257032    25796      231236
```

3. date 命令

date 命令可以用来查看系统当前的日期和时间，例如：

```
[root@RHEL7-1 ~]#date
2016年 01月 22日 星期五 15:13:26 CST
```

date 命令还可以用来设置当前的日期和时间，例如：

```
[root@RHEL7-1 ~]#date -d 08/08/2018
2018年 08月 08日 星期一 00:00:00 CST
```

注意：只有 root 用户才可以改变系统的日期和时间。

4. cal 命令

cal 命令用于显示指定月份或年份的日历，可以带两个参数，其中年、月用数字表示；只有一个参数时表示年，年的范围为 1—9999；不带任何参数的 cal 命令显示当前月份的日历。例如：

```
[root@RHEL7-1 ~]#cal 7 2019
七月 2019
日  一  二  三  四  五  六
    1   2   3   4   5   6
7   8   9   10  11  12  13
14  15  16  17  18  19  20
21  22  23  24  25  26  27
28  29  30  31
```

5. clock 命令

clock 命令用于从计算机的硬件获得日期和时间。例如：

```
[root@RHEL7-1 ~]#clock
2018年 05月 02日 星期三 15时 16分 01秒  -0.253886 seconds
```

2.4 任务 4 熟练使用进程管理类命令

进程管理类命令是对进程进行各种显示和设置的命令。

1. ps 命令

ps 命令主要用于查看系统的进程。该命令的语法格式为

```
ps [参数]
```

ps 命令的常用参数选项如下。

- -a：显示当前控制终端的进程(包含其他用户的)。
- -u：显示进程的用户名和启动时间等信息。

- -w：宽行输出，不截取输出中的命令行。
- -l：按长格形式显示输出。
- -x：显示没有控制终端的进程。
- -e：显示所有的进程。
- -t n：显示第 *n* 个终端的进程。

例如：

```
[root@RHEL7-1 ~]#ps -au
USER PID  %CPU %MEM VSZ  RSS  TTY  STAT START TIME COMMAND
root 2459 0.0  0.2  1956 348  tty2 Ss+  09:00 0:00 /sbin/mingetty tty2
root 2460 0.0  0.2  2260 348  tty3 Ss+  09:00 0:00 /sbin/mingetty tty3
root 2461 0.0  0.2  3420 348  tty4 Ss+  09:00 0:00 /sbin/mingetty tty4
root 2462 0.0  0.2  3428 348  tty5 Ss+  09:00 0:00 /sbin/mingetty tty5
root 2463 0.0  0.2  2028 348  tty6 Ss+  09:00 0:00 /sbin/mingetty tty6
root 2895 0.0  0.9  6472 1180 tty1 Ss   09:09 0:00 bash
```

提示：ps 通常和重定向、管道等命令一起使用，用于查找出所需的进程。输出内容第一行的中文解释是：进程的所有者、进程 ID 号、运算器占用率、内存占用率、虚拟内存使用量(单位是 KB)、占用的固定内存量(单位是 KB)、所在终端进程状态、被启动的时间、实际使用 CPU 的时间、命令名称与参数等。

2. pidof 命令

pidof 命令用于查询某个指定服务进程的 PID 值，格式为

```
pidof [参数] [服务名称]
```

每个进程的进程号码值(PID)是唯一的，因此可以通过 PID 来区分不同的进程。例如，可以使用如下命令来查询本机上 sshd 服务程序的 PID：

```
[root@l RHEL7-1 ~]#pidof sshd
1161
```

3. kill 命令

前台进程在运行时，可以用 Ctrl+C 组合键来终止，但后台进程无法使用这种方法终止，此时可以使用 kill 命令向进程发送强制终止信号，例如：

```
[root@RHEL7-1 dir1]#kill -l
 1) SIGHUP       2) SIGINT       3) SIGQUIT      4) SIGILL
 5) SIGTRAP      6) SIGABRT      7) SIGBUS       8) SIGFPE
 9) SIGKILL     10) SIGUSR1     11) SIGSEGV     12) SIGUSR2
13) SIGPIPE     14) SIGALRM     15) SIGTERM     17) SIGCHLD
18) SIGCONT     19) SIGSTOP     20) SIGTSTP     21) SIGTTIN
22) SIGTTOU     23) SIGURG      24) SIGXCPU     25) SIGXFSZ
26) SIGVTALRM   27) SIGPROF     28) SIGWINCH    29) SIGIO
30) SIGPWR      31) SIGSYS      34) SIGRTMIN    35) SIGRTMIN+1
…
```

上述命令用于显示 kill 命令所能够发送的信号种类。每个信号都有一个数值对应，例如 SIGKILL 信号的值为 9。

kill 命令的格式为

```
kill [参数] 进程 1 进程 2 ...
```

kill 命令的参数选项-s 一般跟信号的类型。例如：

```
[root@RHEL7-1 ~]#ps
PID     TTY       TIME        CMD
1448    pts/1     00:00:00    bash
2394    pts/1     00:00:00    ps
[root@RHEL7-1 ~]#kill -s SIGKILL 1448   或者//kill -9 1448
//上述命令用于结束 bash 进程，会关闭终端
```

4. killall 命令

killall 命令用于终止某个指定名称的服务所对应的全部进程，格式为

```
killall [参数] [进程名称]
```

通常来讲，复杂软件的服务程序会有多个进程协同为用户提供服务，如果逐个结束这些进程会比较麻烦，此时可以使用 killall 命令来批量结束某个服务程序带有的全部进程。下面以 httpd 服务程序为例结束其全部进程。由于 RHEL 7 系统默认没有安装 httpd 服务程序，因此大家只需看操作过程和输出结果即可，等学习了相关内容之后再进行实践。

```
[root@RHEL7-1 ~]#pidof httpd
13581 13580 13579 13578 13577 13576
[root@RHEL7-1 ~]#killall -9 httpd
[root@RHEL7-1 ~]#pidof httpd
[root@RHEL7-1 ~]#
```

注意：如果在系统终端执行一个命令后想立即停止它，可以同时按下 Ctrl+C 组合键（生产环境中比较常用），这样可立即终止该命令的进程。如果有些命令在执行时不断地在屏幕上输出信息，影响到后续命令的输入，则可以在执行命令时在末尾添加一个“&”符号，这样命令将进入系统后台执行。

5. nice 命令

Linux 系统有两个和进程有关的优先级。用“ps -l”命令可以看到两个域：PRI 和 NI。PRI 是进程实际的优先级，它是由操作系统动态计算的，这个优先级的计算和 NI 值有关。NI 值可以被用户更改，NI 值越高，优先级越低。一般用户只能加大 NI 值，只有超级用户才可以减小 NI 值。NI 值被改变后，会影响 PRI。优先级高的进程被优先运行，缺省时进程的 NI 值为 0。nice 命令的语法格式如下：

```
nice -n 程序名                              //以指定的优先级运行程序
```

其中，*n* 表示 NI 值，正值代表 NI 值增加，负值代表 NI 值减小。

例如：

```
[root@RHEL7-1 ~]#nice --2 ps -l
```

6. renice 命令

renice 命令是根据进程的进程号来改变进程的优先级的。renice 的语法格式为

```
renice n 进程号
```

其中，*n* 为修改后的 NI 值。

例如：

```
[root@RHEL7-1 ~]#ps -l
F S  UID  PID   PPID  C  PRI  NI  ADDR  SZ     WCHAN  TTY    TIME CMD
0 S  0    3324  3322  0  80   0   -     27115  wait   pts/0  00:00:00 bash
4 R  0    4663  3324  0  80   0   -     27032  -      pts/0  00:00:00 ps
[root@RHEL7-1 ~]#renice -6 3324
```

7. top 命令

和 ps 命令不同，top 命令可以实时监控进程的状况。top 屏幕自动每 5 秒刷新一次，也可以使用“top -d 20”，使得 top 屏幕每 20 秒刷新一次。top 屏幕的部分内容如下：

```
top -19:47:03 up 10:50, 3 users, load average: 0.10, 0.07, 0.02
Tasks: 90 total, 1 running, 89 sleeping, 0 stopped, 0 zombie
Cpu(s): 1.0%us, 3.1%sy, 0.0%ni, 95.8%id, 0.0%wa, 0.0%hi, 1.0%si
Mem: 126212k total, 124520k used, 1692k free, 10116k buffers
Swap: 257032k total, 25796k used, 231236k free, 34312k cached

PID   USER  PR  NI  VIRT   RES   SHR   S  %CPU  %MEM  TIME+     COMMAND
2946  root  14  -1  39812  12m   3504  S  1.3   9.8   14:25.46  X
3067  root  25  10  39744  14m   9172  S  1.0   11.8  10:58.34  rhn-applet-gui
2449  root  16  0   6156   3328  1460  S  0.3   3.6   0:20.26   hald
3086  root  15  0   23412  7576  6252  S  0.3   6.0   0:18.88   mixer_applet2
1446  root  16  0   8728   2508  2064  S  0.3   2.0   0:10.04   sshd
2455  root  16  0   2908   948   756   R  0.3   0.8   0:00.06   top
1     root  16  0   2004   560   480   S  0.0   0.4   0:02.01   init
```

top 命令前 5 行的含义如下。

第 1 行：正常运行时间行。显示系统当前时间、系统已经正常运行的时间、系统当前用户数等。

第 2 行：进程统计数。显示当前的进程总数、睡眠的进程数、正在运行的进程数、暂停的进程数、僵死的进程数。

第 3 行：CPU 统计行。包括用户进程、系统进程、修改过 NI 值的进程、空闲进程各自使用 CPU 的百分比。

第 4 行：内存统计行。包括内存总量、已用内存、空闲内存、共享内存、缓冲区的内存总量。

第 5 行：交换分区和缓冲分区统计行。包括交换分区总量、已使用的交换分区、空闲交

换分区、高速缓冲区总量。

在 top 屏幕下，用 q 键可以退出，用 h 键可以显示 top 下的帮助信息。

8. bg、jobs、fg 命令

bg 命令用于把进程放到后台运行，例如：

```
[root@RHEL7-1 ~]#bg find
```

jobs 命令用于查看在后台运行的进程，例如：

```
[root@RHEL7-1 ~]#find / -name aaa &
[1] 2469
[root@RHEL7-1 ~]#jobs
[1]+  Running find / -name aaa &
```

fg 命令用于把从后台运行的进程调到前台，例如：

```
[root@RHEL7-1 ~]#fg find
```

9. at 命令

如果想在特定时间运行 Linux 命令，可以将 at 添加到语句中。语法格式是 at 后面跟着希望命令运行的日期和时间，然后命令提示符变为 at>。

例如：

```
[root@RHEL7-1 ~]#at 4:08 PM Sat
at>echo 'hello'
at>CTRL+D
job 1 at Sat May 5 16:08:00 2018
```

以上命令表示将会在周六下午 4：08 运行 echo 'hello'程序。

2.5 任务 5 熟练使用其他常用命令

除了上面介绍的命令之外，还有一些命令也经常用到。

1. clear 命令

clear 命令用于清除字符终端屏幕的内容。

2. uname 命令

uname 命令用于显示系统信息。例如：

```
root@RHEL7-1 ~]#uname -a
Linux Server 3.6.9-5.EL #1 Wed Jan 5 19:22:18 EST 2005 i686 i686 i386 GNU/Linux
```

3. man 命令

man 命令用于列出命令的帮助手册。例如：

```
[root@RHEL7-1 ~]#man ls
```

典型的 man 手册包含以下几部分。

- NAME：命令的名字。
- SYNOPSIS：名字的概要，简单说明命令的使用方法。
- DESCRIPTION：详细描述命令的使用，如各种参数选项的作用。
- SEE ALSO：列出可能要查看的其他相关的手册页条目。
- AUTHOR、COPYRIGHT：作者和版权等信息。

4. shutdown 命令

shutdown 命令用于在指定时间关闭系统。该命令的语法格式为

```
shutdown [参数] 时间 [警告信息]
```

shutdown 命令常用的参数选项如下。

- -r：系统关闭后重新启动。
- -h：关闭系统。

“时间”参数可以是以下几种形式。

- now：表示立即。
- hh：mm：指定绝对时间，hh 表示小时，mm 表示分钟。
- ＋m：表示 m 分钟以后。

例如：

```
[root@RHEL7-1 ~]#shutdown -h now           //关闭系统
```

5. halt 命令

halt 命令表示立即停止系统，但该命令不自动关闭电源，需要人工关闭电源。

6. reboot 命令

reboot 命令用于重新启动系统，相当于“shutdown -r now”。

7. poweroff 命令

poweroff 命令用于立即停止系统，并关闭电源，相当于“shutdown -h now”。

8. alias 命令

alias 命令用于创建命令的别名。该命令的语法格式为

```
alias 命令别名 ="命令行"
```

例如：

```
[root@RHEL7-1 ~]#alias httpd="vim /etc/httpd/conf/httpd.conf"
//定义 httpd 为命令"vim /etc/httpd/conf/httpd.conf"的别名，输入 httpd 会怎样
```

alias 命令不带任何参数时将列出系统已定义的别名。

9. unalias 命令

unalias 命令用于取消别名的定义。例如：

```
[root@RHEL7-1 ~]#unalias httpd
```

10. history 命令

history 命令用于显示用户最近执行的命令。可以保留的历史命令数和环境变量 HISTSIZE 有关,只要在编号前加"!",就可以重新运行 history 中显示出的命令行。例如:

```
[root@RHEL7-1 ~]#!1239
```

表示重新运行第 1239 个历史命令。

11. wget 命令

wget 命令用于在终端中下载网络文件,语法格式为

```
wget [参数] 下载地址
```

表 2-2 所示为 wget 命令的参数以及参数的作用。

表 2-2　wget 命令的参数以及作用

参数	作　　用
-b	后台下载模式
-P	下载到指定目录
-t	最大尝试次数
-c	断点续传
-p	下载页面内所有资源,包括图片、视频等
-r	递归下载

12. who 命令

who 命令用于查看当前登入主机的用户终端信息,语法格式为

```
who [参数]
```

这个简单的命令可以快速显示出所有正在登录本机的用户的名称以及他们正在开启的终端信息。表 2-3 所示为执行 who 命令后的结果。

表 2-3　执行 who 命令的结果

登录的用户名	终端设备	登录到系统的时间
root	:0	2018-05-02 23:57(:0)
root	pts/0	2018-05-03 17:34(:0)

13. last 命令

last 命令用于查看所有系统的登录记录,语法格式为

```
last [参数]
```

使用 last 命令可以查看本机的登录记录。但是由于这些信息都是以日志文件的形式保

存在系统中的,因此黑客可以很容易对内容进行篡改,所以千万不要单纯以该命令的输出信息来判断系统有无被恶意入侵。

```
[root@RHEL7-1 ~]#last
root   pts/0   :0     Thu May    3 17:34   still     logged in
root   pts/0   :0     Thu May    3 17:29   -17:31   (00:01)
root   pts/1   :0     Thu May    3 00:29   still     logged in
root   pts/0   :0     Thu May    3 00:24   -17:27   (17:02)
root   pts/0   :0     Thu May    3 00:03   -00:03   (00:00)
root   pts/0   :0     Wed May    2 23:58   -23:59   (00:00)
root   :0      :0     Wed May    2 23:57   still     logged in
reboot   system boot   3.10.0-693.el7.x Wed May  2 23:54 -19:30   (19:36)
...
```

14. sosreport 命令

sosreport 命令用于收集系统配置及架构信息并输出诊断文档,格式为 sosreport。

当 Linux 系统出现故障需要联系技术人员时,大多数时都要先使用这个命令来简单收集系统的运行状态和服务配置信息,以便让技术人员能够远程解决一些小问题,或让他们能提前了解某些复杂问题。在下面的输出信息中,加粗的部分是收集完成的资料压缩文件以及校验码,将其发送给技术人员即可。

```
[root@RHEL7-1 ~]#sosreport
sosreport (version 3.4)
This command will collect diagnostic and configuration information from
this Red Hat Enterprise Linux system and installed applications.
An archive containing the collected information will be generated in
/var/tmp/sos.JwpS_X and may be provided to a Red Hat support
representative.
Any information provided to Red Hat will be treated in accordance with
the published support policies at:
https://access.redhat.com/support/
The generated archive may contain data considered sensitive and its
content should be reviewed by the originating organization before being
passed to any third party.
No changes will be made to system configuration.
Press ENTER to continue, or Ctrl+C to quit. 此处按 Enter 键确认收集信息
Please enter your first initial and last name [RHEL7-1]: 此处按 Enter 键确认主机编号
Please enter the case id that you are generating this report for []:此处按 Enter 键确认主机编号
Setting up archive ...
Setting up plugins ...
Running plugins. Please wait ...
Running 96/96: yum...
Creating compressed archive...
Your sosreport has been generated and saved in:
/var/tmp/sosreport-rhel7-1-20180503193341.tar.xz
The checksum is: 2bf296a2349ee85d305c57f75f08dfd0
Please send this file to your support representative.
```

15. echo 命令

echo 命令用于在终端输出字符串或变量提取后的值，语法格式为

```
echo [字符串 | $变量]
```

例如，把指定字符串 Linuxprobe.com 输出到终端屏幕的命令为

```
[root@RHEL7-1 ~]#echo long.com
```

该命令会在终端屏幕上显示如下信息：

```
long.com
```

下面我们使用 $ 变量的方式提取变量 SHELL 的值，并将其输出到屏幕上：

```
[root@RHEL7-1 ~]#echo $SHELL
/bin/bash
```

16. uptime 命令

uptime 用于查看系统的负载信息，格式为 uptime。

uptime 命令可以显示当前系统时间、系统已运行时间、启用终端数量以及平均负载值等信息。平均负载值指的是系统在最近 1 分钟、5 分钟、15 分钟内的压力情况；负载值越低越好，尽量不要长期超过 1，在生产环境中不要超过 5。

```
[root@RHEL7-1 ~]#uptime
20:24:04 up 4:28, 3 users, load average: 0.00, 0.01, 0.05
```

2.6　项目实录　使用 Linux 基本命令

1. 观看录像

实训前请扫描二维码观看录像。

2. 项目实训目的

- 掌握 Linux 各类命令的使用方法。
- 熟悉 Linux 操作环境。

3. 项目背景

现在有一台已经安装了 Linux 操作系统的主机，并且已经配置完成基本的 TCP/IP 参数，能够通过网络连接局域网中或远程的主机。一台 Linux 服务器，能够提供 FTP、Telnet 和 SSH 连接。

4. 项目实训内容

练习使用 Linux 常用命令，达到熟练应用的目的。

5. 做一做

根据项目实录录像进行项目的实训，检查学习效果。

2.7 练习题

一、填空题

1. 在 Linux 系统中命令________大小写。在命令行中,可以使用________键来自动补齐命令。

2. 如果要在一个命令行中输入和执行多条命令,可以使用________来分隔命令。

3. 断开一个长命令行,可以使用________,以将一个较长的命令分成多行表达,增强命令的可读性。执行后,shell 自动显示提示符________,表示正在输入一个长命令。

4. 要使程序以后台方式执行,只需在要执行的命令后加上一个________符号。

二、选择题

1. (　　)命令能用来查找在文件 TESTFILE 中包含 4 个字符的行。

   A. grep '???? ' TESTFILE

   B. grep '…. ' TESTFILE

   C. grep '^???? $' TESTFILE

   D. grep '^…. $ ' TESTFILE

2. (　　)命令用来显示/home 及其子目录下的文件名。

   A. ls -a /home　　B. ls -R /home

   C. ls -l /home　　D. ls -d /home

3. 如果忘记了 ls 命令的用法,可以用(　　)命令获得帮助。

   A. ? ls　　B. help ls　　C. man ls　　D. get ls

4. 查看系统中所有进程的命令是(　　)。

   A. ps all　　B. ps aix　　C. ps auf　　D. ps aux

5. Linux 中有多个查看文件的命令,如果希望在查看文件内容的过程中用光标上下移动来查看文件内容,则可以使用(　　)命令。

   A. cat　　B. more　　C. less　　D. head

6. (　　)命令可以了解在当前目录下还有多大空间。

   A. df　　B. du /　　C. du .　　D. df .

7. 假如需要找出 /etc/my.conf 文件属于哪个包(package),可以执行(　　)命令。

   A. rpm -q /etc/my.conf

   B. rpm -requires /etc/my.conf

   C. rpm -qf /etc/my.conf

   D. rpm -q | grep /etc/my.conf

8. 在应用程序启动时,(　　)命令设置进程的优先级。

   A. priority　　B. nice　　C. top　　D. setpri

9. (　　)命令可以把 f1.txt 复制为 f2.txt。

   A. cp f1.txt | f2.txt　　B. cat f1.txt | f2.txt

   C. cat f1.txt > f2.txt　　D. copy f1.txt | f2.txt

10. 使用(   )命令可以查看 Linux 的启动信息。

A. mesg -d　　B. dmesg

C. cat /etc/mesg　　D. cat /var/mesg

三、简答题

1. more 和 less 命令有何区别?

2. Linux 系统下对磁盘的命名原则是什么?

3. 在网上下载一个 Linux 下的应用软件,介绍其用途和基本使用方法。

2.8 实践习题

练习使用 Linux 常用命令,达到熟练应用的目的。

2.9 超链接

单击 http://www.icourses.cn/scourse/course_2843.html,访问并学习国家精品资源共享课程网站中学习情境的相关内容。

项目三　安装与管理软件包

项目背景

在项目一中曾提到过 GNU 计划与 GPL 授权所产生的自由软件与开放源码，不过，前面的项目都还没有提到真正的开放源码到底是什么。在本项目中，我们将借由 Linux 操作系统的运行文件，理解什么是可运行的程序，以及了解什么是编译器。另外，读者还将学习与程序息息相关的函数库(library)的知识。总之，本项目可以让读者了解如何将开放源码的程序链接到函数库，通过编译成为可以运行的二进制程序(二进制程序)的一系列过程。本项目重点介绍最原始的软件管理方式：使用 Tarball 安装与升级管理软件。

职业能力目标和要求

- 了解开放源码的软件安装与升级。
- 掌握使用传统程序语言进行编译的方法。
- 掌握用 make 进行编译的方法和技能。
- 掌握如何使用 Tarball 管理包。
- 掌握 RPM 安装、查询、移除软件的方法。
- 学会使用 yum 安装与升级软件。

3.1　项目知识准备

3.1.1　开放源码、编译器与可执行文件

Linux 中的软件几乎都经过了 GPL 的授权，所以这些软件均可提供原始程序代码，并且用户可以自行修改该程序源码，以符合个人的需求，这就是开放源码的优点。不过，到底什么是开放源码？这些程序代码到底是什么？Linux 中可以运行的相关软件文件与开放源码之间是如何转换的？不同版本的 Linux 之间能不能使用同一个运行文件？下面将解答相关问题。

在讨论程序代码是什么之前，我们先来谈论什么是可执行文件。在 Linux 系统中，一个文件能不能被运行取决于有没有可运行的权限(具有 x permission)，Linux 系统上的可执行文件其实是二进制文件(二进制程序)，例如/usr/bin/passwd、/bin/touch 等文件。

那么 shell script 是不是可执行文件呢？答案是否定的。shell script 只是利用 shell(例如 bash)这个程序的功能进行一些判断，除了 bash 提供的功能外，最终运行的仍是调用一

些已经编译完成的二进制程序。当然，bash 本身也是一个二进制程序。

使用 file 命令能够测试一个文件是否为 binary 文件。

```
[root@RHEL7-1~]#file /bin/bash
/bin/bash: ELF 64-bit LSB executable, x86-64, version 1 (SYSV), dynamically
linked (uses shared libs), for GNU/Linux 2.6.32, stripped
```

如果是二进制而且是可执行文件，就会显示执行文件类别，同时会说明是否使用动态函数库，而如果是一般的脚本，那么就会显示出 text executables 之类的字样。

既然 Linux 操作系统真正识别的是二进制程序，那么该如何制作二进制程序呢？首先使用 vim 来进行程序的撰写，写完的程序就是所谓的原始程序代码。其次，在完成这个源码文件的编写之后，将这个文件编译成操作系统"看得懂"的二进制程序。举个例子来说，在 Linux 中最标准的程序语言为 C，所以使用 C 语言进行原始程序代码的书写，写完之后，以 Linux 上标准的 C 语言编译器 gcc 进行编译，就可以制作出一个可以运行的二进制程序了。

开放源码、编译器、可执行文件总结如下。

- 开放源码：即程序代码，写给用户看的程序语言，但机器并不认识，所以无法运行。
- 编译器：将程序代码编译成机器看得懂的语言，类似翻译者的角色。
- 可执行文件：经过编译器变成二进制程序后，机器看得懂可以直接运行的文件。

3.1.2 make 与 configure

事实上，使用类似 gcc 的编译器来进行编译的过程并不简单，因为一套软件并不会仅有一个程序，而是有大量的程序代码文件，所以除了主程序与副程序需要写出编译过程的命令外，还需要写出最终的链接程序。但是类似 WWW 服务器软件(例如 Apache)或核心的源码这种动辄数百 MB 的数据量，编译命令的量过于庞大。这时就可以使用 make 这个命令的相关功能来进行编译过程的命令简化了。

当运行 make 时，make 会在当前的目录下搜寻 Makefile(或 makefile)这个文件，而 Makefile 里面记录了源码如何编译的详细信息。make 会自动判别源码是否已经改变，从而自动升级执行文件，所以，make 是相当好用的一个辅助工具。

make 是一个程序，会去找 Makefile，那么 Makefile 应该怎么撰写呢？通常软件开发商都会写一个检测程序来检测使用者的操作环境，以及该操作环境是否有软件开发商所需要的其他功能，该检测程序检测完毕后，就会主动创建这个 Makefile 的规则文件。通常这个检测程序的文件名为 configure 或者是 config。

为什么要检测操作环境呢？因为不同版本的核心所使用的系统调用可能不相同，而且每个软件所需要的相关的函数库也不相同。同时，软件开发商不会仅针对 Linux 开发，而是会针对整个 Unix-Like 做开发，所以也必须要检测该操作系统平台有没有提供合适的编译器。一般来说，检测程序所检测的数据有如下几种类型：

- 是否有适合的编译器可以编译本软件的程序代码；
- 是否已经存在本软件所需要的函数库，或其他需要的相关软件；
- 操作系统平台是否适合本软件，包括 Linux 的核心版本；

- 内核的头定义文件(header include)是否存在(驱动程序必须要进行的检测)。

由于不同的 Linux 发行版本的函数库文件的路径、函数库的文件名定义、默认安装的编译器以及内核的版本都不相同,因此理论上,在 CentOS 5. x 上编译出二进制程序后无法在 SuSE 上运行。因为调用的目标函数库位置可能不同,内核版本更不可能相同,所以能够运行的概率微乎其微。当同一套软件在不同的平台上运行时,必须要重复编译。

3.1.3 Tarball 软件

Tarball 文件是将软件的所有源码文件先以 tar 打包,然后再用压缩技术进行压缩从而得到的文件,其中最常见的就是以 gzip 进行压缩。因为利用了 tar 与 gzip 的功能,所以 tarball 文件一般的扩展名会写成 *. tar. gz 或者是简写为 *. tgz。不过,近来由于 bzip2 的压缩率较佳,所以 Tarball 也经常使用 bzip2 的压缩技术进行压缩,这时文件名会写成 *. tar. bz2。

Tarball 是一个软件包,将其解压缩之后,里面的文件通常会有:

- 原始程序代码文件;
- 检测程序文件(可能是 configure 或 config 等文件名);
- 本软件的简易说明与安装说明(Install 或 Readme)。

其中最重要的是 Install 或者 Readme 这两个文件,通常只要能够看明白这两个文件,Tarball 软件的安装就非常容易进行了。

3.1.4 安装与升级软件

软件升级的主要原因有以下几种:

- 需要新的功能,但旧版软件并没有这种功能;
- 旧版软件可能存在安全隐患;
- 旧版软件运行效率不高,或者运行的能力不能满足管理者的需求。

在上面的需求中,尤其需要注意的是第二点,当一个软件有安全隐患时,千万不要怀疑,最好的办法就是立即升级软件,否则有可能造成严重的网络危机。升级的方法可以分为两大类:

- 直接以源码通过编译来安装与升级;
- 直接以编译好的二进制程序来安装与升级。

上面第一点很简单,就是直接以 Tarball 进行检测、编译、安装与配置等操作进行升级。不过,这样的操作虽然让使用者在安装过程中具有很高的选择性,但是比较麻烦。如果 Linux distribution 厂商能够针对自己的操作平台先进行编译等过程,再将编译好的二进制程序发布,那么由于自己的系统与该 Linux distribution 的环境是相同的,所以厂商发布的二进制程序就可以在自己的机器上直接安装,省略了检测与编译等繁杂的过程。

这种预先编译好程序的机制存在于很多 distribution 版本中。如由 Red Hat 系统(含 Fedora/CentOS 系列)发展的 RPM 软件管理机制与 yum 线上升级模式、Debian 使用的 dpkg 软件管理机制与 APT 线上升级模式等。

Tarball 安装的基本流程如下:

（1）将 Tarball 在厂商的网站上下载下来；

（2）将 Tarball 解压缩，生成源码文件；

（3）以 gcc 进行源码的编译（会产生目标文件 object files）；

（4）以 gcc 进行函数库、主程序和副程序的链接，形成主要的二进制文件；

（5）将(4)中的二进制文件以及相关的配置文件安装至主机中。

步骤(3)和(4)可以通过 make 命令的功能进行简化，所以整个步骤其实非常简单，只需要在 Linux 系统中至少有 gcc 和 make 两个软件即可。

3.1.5　RPM 与 DPKG

目前在 Linux 界最常见的软件安装方式有以下两种。

（1）DPKG

DPKG 最早是由 Debian Linux 社群开发出来的，通过 DPKG 机制，Debian 提供的软件安装非常简单，同时还能提供安装后的软件信息。衍生于 Debian 的其他 Linux 发行版本大多数也都使用 DPKG 机制来管理软件，包括 B2D、Ubuntu 等。

（2）RPM

RPM 最早是由 Red Hat 公司开发出来的。后来由于软件非常好用，很多发行版就使用这个机制来作为软件安装的管理方式，其中包括 Fedora、CentOS、SuSE 等知名的开发商。

如前所述，DPKG/RPM 机制或多或少都会存在软件依赖性的问题，那么该如何解决呢？由于每个软件文件都提供软件依赖性的检查，如果将依赖属性的数据做成列表，等到实际安装软件时，若存在依赖属性的软件时根据列表安装软件就可以解决依赖性问题。例如，安装 A 需要先安装 B 与 C，而安装 B 则需要安装 D 与 E，那么当要安装 A 时，通过依赖属性列表，管理机制自动去取得 B、C、D、E 同时进行安装，就解决了软件依赖性的问题。

目前新的 Linux 开发商都提供这样的“线上升级”机制，通过这个机制，原版光盘只有第一次安装时用到，其他时候只要有网络，就能够获得开发商所提供的任何软件。在 DPKG 管理机制上开发出了 APT 线上升级机制，RPM 则根据开发商的不同，有 Red Hat 系统的 YUM、SuSE 系统的 Yast Online Update(YOU)、Mandriva 的 urpmi 软件等。线上升级如表 3-1 所示。

表 3-1　各发行版本的线上升级

distribution 代表	软件管理机制	使用命令	线上升级机制(命令)
Red Hat/Fedora	RPM	rpm，rpmbuild	YUM(yum)
Debian/Ubuntu	DPKG	dpkg	APT(apt-get)

RHEL 7 使用的软件管理机制为 RPM 机制，而用来作为线上升级的方式则为 yum。

3.1.6　RPM 与 SRPM

RPM 全名是 Red Hat Package Manager，简称为 RPM。顾名思义，当初这个软件管理的机制是由 Red Hat 公司开发出来的。RPM 是以一种数据库记录的方式将所需要的软件安装到 Linux 系统的一套管理机制。

RPM 最大的特点是将需要安装的软件先编译通过，并且打包成 RPM 机制的包装文件，通过包装文件里默认的数据库记录，记录软件安装时所必须具备的依赖属性软件。当软件安装在 Linux 主机时，RPM 会先依照软件里面的数据库记录查询 Linux 主机的依赖属性软件是否满足，若满足则予以安装，若不满足则不予安装。

但是这也造成一些困扰。由于 RPM 文件是已经打包好的数据，里面的数据已经“编译完成”了，所以该软件文件只能安装在原来默认的硬件与操作系统版本中。也就是说，主机系统环境必须要与当初创建这个软件文件的主机环境相同才行。举例来说，rp-pppoe 这个 ADSL 拨号软件，必须要在 ppp 软件存在的环境下才能进行安装。如果主机没有 ppp 软件，除非先安装 ppp，否则 rp-pppoe 不能成功安装(当然也可以强制安装，但是通常都会出现一些问题)。

所以，通常不同的发行版本发布的 RPM 文件，并不能用在其他的 distributions 上。举例来说，Red Hat 发布的 RPM 文件，通常无法直接在 SuSE 上进行安装。更有甚者，相同发行版本的不同子版本之间也无法互通，例如 RHEL 4. x 的 RPM 文件就无法直接套用在 RHEL 5. x 上。由此可知，使用 RPM 应注意以下问题：

- 软件文件安装的环境必须与打包时的环境需求一致或相当；
- 需要满足软件的依赖属性需求；
- 反安装时需要特别小心，最底层的软件不可先移除，否则可能造成整个系统出现问题。

如果想要安装其他发行版本提供的 RPM 软件文件，需要使用 SRPM。

SRPM 即 Source RPM，也就是 RPM 文件里面含有源码。应特别注意的是，SRPM 所提供的软件内容是源码，并没有经过编译。

通常 SRPM 的扩展名以***. src. rpm 格式命名。虽然 SRPM 提供的是源码，但却不能使用 Tarball 直接安装。这是因为 SRPM 虽然内容是源码，但是仍然含有该软件所需要的依赖性软件说明以及 RPM 文件所提供的数据。同时，SRPM 与 RPM 不同之处是，SRPM 也提供参数配置文件(configure 与 makefile)。所以，如果下载的是 SRPM，那么要安装该软件时，需要完成以下两个步骤：

(1) 将该软件以 RPM 管理的方式编译，此时 SRPM 会被编译成 RPM 文件；

(2) 将编译完成的 RPM 文件安装到 Linux 系统中。

通常一个软件在发布的时候，都会同时发布该软件的 RPM 与 SRPM。RPM 文件必须在相同的 Linux 环境下才能够安装，而 SRPM 是源码的格式，可以通过修改 SRPM 内的参数配置文件，然后重新编译产生能适合 Linux 环境的 RPM 文件，这样就可以将该软件安装到系统，而不必要求与原作者打包的 Linux 环境相同。通过表 3-2 可以看出 RPM 与 SRPM 之间的差异。

表 3-2 RPM 与 SRPM 的比较

文件格式	文件名格式	能否直接安装	内含程序类型	可否修改参数并编译
RPM	xxx. rpm	可	已编译	不可
SRPM	xxx. src. rpm	不可	未编译之源码	可

3.1.7　i386、i586、i686、noarch 与 x86_64

从 3.1.6 小节可知，RPM 与 SRPM 的格式分别为

```
xxxxxxxxx.rpm     //RPM 的格式,已经经过编译且包装完成的 rpm 文件
xxxxx.src.rpm     //SRPM 的格式,包含未编译的源码信息
```

通过文件名可以知道这个软件的版本、适用的平台、编译发布的次数。例如，rp-pppoe-3.1-5.i386.rpm 的含义为

```
rp-pppoe-      3.1        -      5          .i386          .rpm
软件名称   软件的版本信息      发布的次数   适合的硬件平台    扩展名
```

除了后面适合的硬件平台与扩展名外，以“-”隔开各个部分，这样可以很方便地找到该软件的名称、版本信息、打包次数与操作的硬件平台。

（1）软件名称

每一个软件都对应一个名称，上面的范例中“rp-pppoe”即为软件名称。

（2）版本信息

每一次升级版本就需要有一个版本的信息，借以判断版本的新旧，通常版本又分为主版本和次版本。范例中主版本为 3，在主版本的架构下修改部分源码内容而得到一个新的版本就是次版本，范例中次版本为 1。

（3）发布版本次数

通常就是编译的次数。那么为何需要重复地编译呢？这是由于同一个版本的软件中，可能由于存在某些 bug 或者安全上的顾虑，所以必须要进行小幅度的更新（patch）或重设一些编译参数，配置完成之后重新编译并打包成 RPM 文件。

（4）操作硬件平台

由于 RPM 可以适用不同的操作平台，但是不同平台配置的参数存在着差异，并且可以针对比较高阶的 CPU 来进行最佳化参数的配置，这样才能够使用高阶 CPU 所带来的硬件加速功能，所以就存在 i386、i586、i686、x86_64 与 noarch 等不同的硬件平台，如表 3-3 所示。

表 3-3　不同的硬件平台

平台名称	适合平台说明
i386	几乎适用于所有的 x86 平台，无论是旧的 pentum，还是新的 Intel Core2 与 K8 系列的 CPU 等，都可以正常地工作。i 指的是 Intel 兼容 CPU 的意思，386 指的是 CPU 的等级
i586	针对 586 等级计算机进行最佳化编译，包括 pentum 第一代 MMX CPU、AMD 的 K5 和 K6 系列 CPU（socket 7 插脚）等
i686	在 pentun Ⅱ 以后的 Intel 系列 CPU 及 K7 以后等级的 CPU 都属于这个 686 等级。由于目前市面上几乎仅剩 P-Ⅱ 以后等级的硬件平台，因此很多 distributions 都直接释出这种等级的 RPM 文件

续表

平台名称	适合平台说明
x86_64	针对64位的CPU进行最佳化编译配置,包括Intel的Core 2以上等级的CPU,以及AMD的Athlon64以后等级的CPU,都属于这一类型的硬件平台
noarch	没有任何硬件等级上的限制。一般来说,这种类型的RPM文件里面没有binary program存在,较常出现的是属于Shell Script方面的软件

受惠于目前x86系统的支持,新的CPU都能够运行旧的CPU所支持的软件,也就是说硬件方面都可以向下兼容,因此最低等级的i386软件可以安装在所有的x86硬件平台上,不论是32位还是64位。但是反过来就不能安装。举例来说,目前硬件大都是64位的等级,因此可以在该硬件上面安装x86_64或i386等级的RPM软件,但在旧型主机上,例如P-Ⅲ/P-4 32位机器,就不能够安装x86_64的软件。

根据以上说明,其实只要选择i386版本安装在x86硬件上就肯定不会出现问题。但是如果强调性能,还是应该选择与硬件相匹配的RPM文件,因为安装的软件是针对CPU硬件平台进行参数最佳化的编译。

3.1.8 RPM属性依赖的解决方法:yum线上升级

为了重复利用既有的软件功能,很多软件都会以函数库的方式发布部分功能,以方便其他软件的调用,例如,PAM模块的验证功能。此外,为了节省用户的数据量,目前distributions在发布软件时,都会将软件的内容分为一般使用与开发使用(development)两大类,所以才会常常看到类似pam-x.x.rpm与pam-devel-x.x.rpm的文件名。而默认情况下,大部分都不必安装software-devel-x.x.rpm,因为终端用户很少会去做开发软件的工作。因此,RPM软件文件会有属性依赖的问题产生(其实所有的软件管理几乎都有这方面的情况存在)。由于RPM软件文件内部会记录依赖属性的数据,因此可以将这些依赖属性的软件列表记录,在需要安装软件的时候,先到这个列表中查找,同时与系统内已安装的软件相比较,没安装到的依赖软件进行同时安装,这就解决了依赖属性的问题。这种机制就是yum机制。

RHEL先将发布的软件存放到yum服务器内,分析这些软件的依赖属性问题,将软件内的记录信息写下来(header),再将这些信息分析后记录成软件相关性的清单列表,这些列表数据与软件所在的位置称为容器(repository)。当用户端有软件安装的需求时,用户端主机会主动向yum服务器的容器网址下载清单列表,然后通过清单列表的数据与本机RPM数据库相比较,就能够安装所有具有依赖属性的软件了。整个流程如图3-1所示。

当用户端有升级、安装的需求时,yum会向容器要求更新清单,使清单更新到本机的/var/cache/yum中。当用户端实施更新、安装时,使用本机清单与本机的RPM数据库进行比较,这样就知道该下载什么软件了,接下来yum会到容器服务器(yum server)下载所需要的软件,然后再通过RPM的机制开始安装软件。

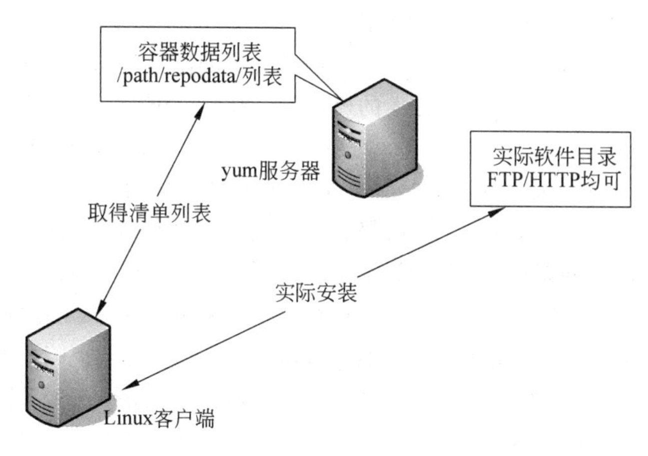

图 3-1 yum 使用的流程示意图

3.2 项目实施

3.2.1 任务 1 管理 Tarball

在了解了源码的相关信息之后，接下来就是如何使用有源码的 Tarball 来创建一个属于自己的软件了。经过 3.1 节的学习，我们知道 Tarball 的安装是可以跨平台的，因为 C 语言的程序代码在各个平台上是相通的，只是需要的编译器可能并不相同，例如 Linux 上用 gcc 而 Windows 上也有相关的 C 编译器。所以，同样的一组源码，既可以在 CentOS Linux 上编译，也可以在 SuSE Linux 上编译，当然，也可以在大部分的 Unix 平台上成功编译。

如果没有编译成功怎么办？很简单，通过修改小部分的程序代码（通常是很小部分的变动）就可以进行跨平台的移植了。也就是说，刚刚在 Linux 下写的程序理论上是可以在 Windows 上进行编译的，这就是源码的好处。

1. 使用源码管理软件所需要的基础软件

要制作一个二进制程序需要很多软件。包括下面这些基础的软件。

(1) gcc 或 cc 等 C 语言编译器(compiler)

没有编译器怎么进行编译的操作？所以 C compiler 是一定要有的。Linux 上面有众多的编译器，其中以 GNU 的 gcc 为首选的自由软件编译器。事实上很多在 Linux 平台上发展的软件源码，均是以 gcc 为根据进行设计的。

(2) make 及 autoconfig 等软件

一般来说，以 Tarball 方式发布的软件中，为了简化编译的流程，通常都是配合 make 命令来依据目标文件的相关性而进行编译，而 Make 需要 Makefile 这个文件的规则。由于不同的系统里具有的基础软件环境可能并不相同，所以就需要检测使用者的操作环境，以便自行创建一个 Makefile 文件。这个自行检测的小程序也必须借由 autoconfig 这个相关的软件来辅助。

(3) Kernel 提供的 Library 以及相关的 Include 文件

很多的软件在发展的时候是直接取用系统内核提供的函数库与 Include 文件的，这样才可以与操作系统兼容。尤其是驱动程序方面的模块，例如网卡、声卡、U 盘等驱动程序在安装时，常常需要内核提供相关信息。在 Red Hat 的系统中(包含 Fedora/CentOS 等系列)，内核相关的功能通常包含在 kernel-source 或 kernel-header 这些软件中，所以需要安装这些软件。

假如已经安装完成一台 Linux 主机，但是使用的是默认值安装的软件，所以没有 make、gcc 等，该如何解决这个问题呢？由于目前使用最广泛的 CentOS/Fedora 或 Red Hat 是使用 RPM(很快会介绍)来安装软件的，所以，只要拿出当初安装 Linux 时的原版光盘，然后使用 RPM 安装到 Linux 主机里就可以了。使用 yum 会更加方便地进行安装。

在 Red Hat 中，如果已经连上了 Internet，那么就可以使用 yum 了。通过 yum 的软件群组安装功能，可以执行以下操作：

- 如果是要安装 gcc 等软件开发工具，请使用 yum groupinstall Development Tools；
- 若待安装的软件需要图形界面支持，一般还需要 yum groupinstall X Software Development；
- 若安装的软件较旧，可能需要 yum groupinstall Legacy Software Development。

2. Tarball 安装的基本步骤

以 Tarball 方式发布的软件需要重新编译可执行的二进制程序，而 Tarball 是以 tar 这个命令来打包与压缩文件，所以需要先将 Tarball 解压缩，然后到源码所在的目录下创建 Makefile，再以 make 进行编译与安装的操作。

整个安装的基本操作步骤如下。

(1) 取得原始文件：将 Tarball 文件在/usr/local/src 目录下解压缩。

(2) 取得相关安装信息：进入新创建的目录，查阅 INSTALL 或 README 等相关文件内容(很重要的步骤)。

(3) 相关属性软件安装：根据 INSTALL 或 README 的内容查看并安装完成一些相关的软件(非必要)。

(4) 创建 Makefile：以自动检测程序(configure 或 config)检测操作环境，并创建 Makefile 这个文件。

(5) 编译：使用 make 这个程序并以该目录下的 Makefile 作为参数配置档，进行 make(编译或其他)的动作。

(6) 安装：使用 make 程序和 Makefile 参数配置文件，依据 install 这个目标(target)指定安装到正确的路径。

安装时需重点注意步骤(2)，INSTALL 或 README 通常会记录这个软件的安装要求、软件的工作项目、软件的安装参数配置及技巧等，只要仔细阅读这些文件，基本就能正确安装 Tarball 的文件。

Makefile 在制作出来后，里面会有很多的目标(target)，最常见的就是 install 与 clean。通常“make clean”代表将目标文件(object file)清除掉，“make”则是将源码进行编译。

注意：编译完成的可执行文件与相关的配置文件还在源码所在的目录中。因此，最后要进行“make install”来将编译完成的所有文件都安装到正确的路径，这样才可以使用该软件。

大部分 Tarball 软件的安装命令执行方式如下。

(1) ./configure

这个步骤的结果是创建 Makefile 这个文件。通常程序开发者会写一个脚本(scripts)来检查 Linux 系统、相关的软件属性等。这个步骤相当重要,因为安装信息是这一步骤完成的。另外,这个步骤的相关信息需要参考该目录下的 README 或 INSTALL 相关的文件。

(2) make clean

make 会读取 Makefile 中关于 clean 的工作。这个步骤不是必须,但最好运行一下,因为这个步骤可以去除目标文件。在不确定源码里是否包含上次编译过的目标文件(*.o)存在的情况下,清除一下比较妥当。

(3) make

make 会依据 Makefile 中的默认工作进行编译。编译的工作主要是使用 gcc 将源码编译成可以被执行的目标文件(object files),但是这些 object files 通常需要函数库链接(link)后,才能产生一个完整的可执行文件。使用 make 的目的就是要将源码编译成可执行文件,而这个可执行文件会放置在目前所在的目录下,尚未被安装到预定安装的目录中。

(4) make install

通常这是最后的安装步骤。make 会依据 Makefile 这个文件里关于 install 的项目,将上一个步骤所编译完成的数据安装到预定的目录中,最后完成安装。

以上步骤是逐步进行的,只要其中一个步骤无法成功完成,后续的步骤就没有办法进行。因此,要确定上一步骤是成功的才可以继续进行下一步骤。

举例来说,make 过程没有成功完成,表示原始文件无法被编译成可执行文件,而 make install 主要是将编译完成的文件放置到文件系统中,既然没有可用的执行文件,安装就无法进行。

此外,如果安装成功,并且安装在一个独立的目录中,例如,/usr/local/packages 目录,那么需要手动将这个软件的 man page 写入/etc/man.config 中。

3. Tarball 软件安装的建议事项(如何删除与升级)

在默认的情况下,Linux distribution 发布安装的软件大都在/usr 中,而使用者自行安装的软件则建议放置在/usr/local 中,这是基于管理使用者所安装软件的便利性所考虑的。因此,Tarbau 要在/usr/local/src 里面进行解压缩。

几乎每个软件都会提供线上说明的服务,即 info 与 man 的功能。在默认的情况下,man 会去搜寻/usr/local/man 中的说明文件,因此,如果将软件安装在/usr/local 下,那么安装完成之后,就可以找到该软件的说明文件了。

建议大家将安装的软件放置在/usr/local 下,源码(Tarball)放置在/usr/local/src(src 为 source 的缩写)下。

例如以 apache 这个软件来说明(apache 是 WWW 服务器软件)Linux distribution 默认的安装软件的路径:

- /etc/httpd;
- /usr/lib;

- /usr/bin;
- /usr/share/man。

软件一般放置在 etc、lib、bin、man 目录中,分别代表配置文件、函数库、执行文件、线上说明文件。但使用 Tarball 安装软件时,如果是放在默认的/usr/local 中,由于/usr/local 原来就默认以上四个目录,所以数据的安放目录为

- /usr/local/etc;
- /usr/local/bin;
- /usr/local/lib;
- /usr/local/man。

但是如果每个软件都选择在这个默认的路径下安装,那么所有软件的文件都会放置在这四个目录中,若以后想要升级或删除的时候,就会比较难以查找文件的来源。而如果在安装的时候选择的是单独的目录,例如,将 apache 安装在/usr/local/apache 中,那么文件目录就会变成以下四种:

- /usr/local/apache/etc;
- /usr/local/apache/bin;
- /usr/local/apache/lib;
- /usr/local/apache/man。

单一软件的文件都在同一个目录下,如果要删除该软件就简单多了,只要将该目录删除即可视为该软件已经被删除。例如,要删除 apache 只要执行"rm -rf /usr/local/apache"即可。当然,实际安装时还要依据该软件的 Makefile 中的 install 信息来确定安装情况。

这个方式虽然有利于软件的删除,但是在执行某些命令时,与该命令是否在 PATH 环境变量所记录的路径有关。例如,/usr/local/apache/bin 肯定不在 PATH 中,所以执行 apache 的命令就要利用绝对路径,否则就需要将/usr/local/apache/bin 加入 PATH。同样的,/usr/local/apache/man 也需要加入 man page 搜寻的路径中。

由于 Tarball 在升级与安装上具有这些特色,同时 Tarball 在反安装上具有比较高的难度,所以为了方便 Tarball 的管理,建议使用者注意以下几点:

(1) 最好将 Tarball 的原始数据解压缩到/usr/local/src 中;

(2) 安装时,最好安装到/usr/local 默认路径下;

(3) 考虑未来的反安装步骤,最好可以将每个软件单独安装在/usr/local 下;

注意:下面的范例必须保证已经安装了 gcc。否则需要用 yum 命令进行安装。过程如下:

① 挂载光盘,配置本地 yum 源(具体步骤请参见 3.2.3)

② 安装 gcc。

```
[root@RHEL7-1 ~]# yum clean all
[root@RHEL7-1 ~]# yum install gcc -y
```

4. 范例

通过安装网络时间协议服务器 NTP(network time protocol)来讲解如何利用 Tarball 进行软件的安装。

先从 http://www.ntp.org/downloads.html 目录中下载文件(ntp-4.2.8p12.tar.gz)，注意下载最新版本的文件。

假设软件安装的要求如下：

(1) 将 ntp-4.2.8p12.tar.gz 这个文件放置在/root 目录下；

(2) 在/usr/local/src 下源码解压缩；

(3) NTP 服务器需要安装到/usr/local/ntp 目录中。

具体安装步骤如下。

(1) 解压缩下载 Tarball,并阅读 README/INSTALL 文件,特别看一下 28 行到 54 行之间的安装简介,同时可以了解安装的流程。

```
[root@RHEL7-1 ~]     # cd /usr/local/src                            //切换目录
[root@RHEL7-1 src]   # tar -zxvf /root/ntp-4.2.8p12.tar.gz         //解压缩到此目录
ntp-4.2.8p12/                                                        //会创建这个目录
ntp-4.2.8p12/libopts/
...
[root@RHEL7-1 src]   # cd ntp-4.2.8p12/
[root@RHEL7-1 ntp-4.2.8p12] # vim INSTALL
```

(2) 检查 configure 支持参数,并实际建立 Makefile 规则文件。

```
[root@RHEL7-1 ntp*]# ./configure --help | more   //查询可用的参数有哪些
  --prefix=PREFIX          install architecture-independent files in PREFIX
  --enable-all-clocks      +include all suitable non-PARSE clocks:
  --enable-parse-clocks    -include all suitable PARSE clocks:
#上面列出的是比较重要的,或者是可能需要的参数功能

[root@RHEL7-1 ntp-4.2.8p12]#./configure --prefix=/usr/local/ntp \
                                                //命令一行写不下,转义
>--enable-all-clocks --enable-parse-clocks
#<==开始创建 Makefile
checking for a BSD-compatible install... /usr/bin/install -c
checking whether build environment is sane... yes
...
checking for gcc... gcc                          //gcc 编译器
...
config.status: creating Makefile
config.status: creating config.h
config.status: executing depfiles commands
```

一般来说,configure 配置参数比较重要的是--prefix=/path,--prefix 后面的路径即为软件未来要安装到的目录。如果没有指定--prefix=/path,通常默认参数就是/usr/local。其他的参数意义请参考/configure --help。这个操作完成之后会产生 makefile 或 Makefile 文件。当然,检测检查的过程会显示在屏幕上。请特别留意关于 gcc 的检查,以及成功地创建 Makefile。

(3) 编译与安装。

```
[root@RHEL7-1 ntp*]# make clean; make
[root@RHEL7-1 ntp*]# make check
[root@RHEL7-1 ntp*]# make install
//将数据安装在/usr/local/ntp下
```

3.2.2 任务2 使用 RPM 软件管理程序

RPM 的使用其实不难,只要使用 rpm 这个命令即可。

1. RPM 默认安装的路径

一般来说,RPM 类型的文件在安装的时候,会先读取文件内记载的配置参数内容,然后将该数据用来比对 Linux 系统的环境,找出是否有属性依赖的软件尚未安装。例如 Openssh 连接软件需要通过 Openssl 密软件,所以需要安装 Openssl 之后才能安装 Openssh。

若环境检查合格,RPM 文件就可以安装到 Linux 系统上。安装完毕后,该软件相关的信息会写入/var/lib/rpm/目录下的数据库文件中。这个目录内的数据很重要,因为未来有任何软件升级的需求,版本之间的比较都是来自这个数据库,查询系统已经安装的软件,也是从这个数据库查询的。此外,目前的 RPM 也提供数字签名信息,这些数字签名也是在这个目录内记录的。所以,这个目录十分重要,不可轻易删除。

那么软件内的文件到底存放在哪里呢?当然与文件系统有关。表 3-4 是一些重要目录的含义。

表 3-4 重要目录的含义

/etc	一些配置档放置的目录,例如/etc/crontab
/usr/bin	一些可运行文件
/usr/lib	一些程序使用的动态函数库
/usr/share/doc	一些基本的软件使用手册与说明档
/usr/share/man	一些 man page 文件

2. 安装 RPM

因为安装软件是 root 的工作,因此只有 root 的身份才能够操作 rpm 命令。用 rpm 安装软件很简单,假设需要安装一个文件名为 rp-pppoe-3.5-32.1.i386.rpm 的文件,命令格式如下:

```
[root@RHEL7-1 ~]# rpm -i rp-pppoe-3.8-32.1.i386.rpm
```

不过,这样的参数其实无法显示安装的进度,所以,通常会使用如下命令:

```
[root@RHEL7-1~]# rpm -ivh package_name
```

选项与参数含义如下。

-i: install。

-v：察看更细部的安装信息画面。

-h：以安装信息列显示安装进度。

【例 3-1】 安装 rp-pppoe-3.8-32.1.i386.rpm。

```
[root@RHEL7-1~]# rpm -ivh rp-pppoe-3.5-32.1.i386.rpm
Preparing...     ########################################### [100%]
   1:rp-pppoe    ########################################### [100%]
```

【例 3-2】 安装两个以上的软件时，命令如下。

```
[root@RHEL7-1~]# rpm -ivh a.i386.rpm b.i386.rpm *.rpm
#后面直接接多种软件文件
```

【例 3-3】 直接用网络上的某个安装文件来安装。

```
[root@RHEL7-1 ~]# rpm -ivh http://website.name/path/pkgname.rpm
```

另外，如果在安装过程中发现问题，或者已经知道会发生的问题，但还是需要“强行”安装这个软件时，可以使用表 3-5 中的参数“强制”安装。

表 3-5　rpm 安装时常用的选项与参数说明

选　项	意　义
--nodeps	使用时机：当发生软件属性依赖问题而无法安装，但需强制安装时 危险性：软件之所以有依赖性，是因为彼此会使用到对方的机制或功能，如果强制安装而不考虑软件的属性依赖，则可能会造成该软件无法正常使用
--replacefiles	使用时机：如果在安装的过程中出现了“某个文件已经被安装在你的系统上面”的信息，又或许出现版本不兼容(confilcting files)时，可以使用这个参数来直接覆盖文件 危险性：覆盖的操作是无法复原的，所以在执行覆盖操作前必须要明确覆盖文件后不会产生其他影响，否则后果很严重
--replacepkgs	使用时机：重新安装某个已经安装过的软件。安装很多 RPM 软件文件时，可以使用 rpm -ivh *.rpm，但是如果某些软件已经安装过了，此时系统会出现“某软件已安装”的信息，导致无法继续安装。此时可使用这个选项重复安装
--force	使用时机：这个参数其实就是--replacefiles 与--replacepkgs 的综合体
--test	使用时机：想要测试一下该软件是否可以被安装到使用者的 Linux 环境中，可找出是否有属性依赖的问题 范例：rpm -ivh pkgname.i386.rpm --test
--justdb	使用时机：由于 RPM 数据库破损或者某些缘故产生错误时，可使用这个选项来升级软件在数据库内的相关信息
--nosignature	使用时机：想要略过数字签名的检查时，可以使用这个选项
--prefix	新路径使用时机：要将软件安装到其他非正规目录时 范例：想要将某软件安装到/usr/local 目录下，而非正规的/bin、/etc 等目录时，可以使用“--prefix /usr/local”进行处理
--noscripts	使用时机：不想让该软件在安装过程中自动运行某些系统命令。说明：RPM 的优点除了可以将文件存放到指定位置外，还可以自动运行一些前置作业的命令，例如数据库的初始化。如果不想让 RPM 自动运行这一类型的命令，可加上此参数

因参数比较多,所以建议直接使用-ivh。如果安装的过程中发现问题,应一个一个去将问题找出来,尽量不要使用“暴力安装法”,即通过--force 去强制安装。因为可能会发生很多不可预期的问题。

提示:在没有网络的前提下,如果要安装一个名为 pam-devel 的软件,但是只有原版光盘,该如何操作?

方法是可以通过挂载原版光盘来进行数据的查询与安装。请将原版光盘放入光驱,尝试将光盘挂载到/media 中,然后进行软件下载操作。

(1) 挂载光盘:

```
mount /dev/cdrom /media
```

(2) 找出文件的实际路径:

```
find /media-name 'pam-devel * '
```

(3) 测试此软件是否具有依赖性:

```
rpm -ivh pam-devel... --test
```

(4) 直接安装:

```
rpm -ivh pam-devel...
```

(5) 卸载光盘:

```
umount /dev/cdrom
```

该实例在 RHEL7 中的运行如下所示。

```
[root@RHEL7-1 ~]#mkdir /iso
[root@RHEL7-1 ~]#mount /dev/cdrom /iso
mount: block device /dev/cdrom is write-protected, mounting read-only
[root@RHEL7-1 ~]#cd /iso/Packages
[root@RHEL7-1 Packages]#find /iso -name 'pam-devel * '
/iso/Packages/pam-devel-1.1.8-18.el7.x86_64.rpm
[root@RHEL7-1 Packages]#rpm -ivh pam-devel-1.1.8-18.el7.x86_64.rpm --test
warning: pam-devel-1.1.8-18.el7.x86_64.rpm: Header V3 DSA signature, key ID
fd431d51: NOKEY
Preparing...                ####################################[100%]
[root@RHEL7-1 Packages]# rpm -ivh pam-devel-1.1.8-18.el7.x86_64.rpm
warning: pam-devel-1.1.8-18.el7.x86_64.rpm: Header V3 DSA signature, key ID
fd431d51: NOKEY
Preparing...                ####################################[100%]
Updating / installing...
   1:pam-devel-1.1.8-18.el7 ####################################[100%]
```

在 RHEL 7 系统中,恰好这个软件没有属性依赖的问题,因此软件可以顺利进行安装。

3. RPM 升级与更新(upgrade/freshen)

使用 RPM 升级的操作相对简单,以-Uvh 或-Fvh 来升级即可,而-Uvh 与-Fvh 可用的选项与参数与 install 相同。不过,-U 与-F 的意义还是有所不同,基本的差别如表 3-6 所示。

表 3-6　-Uvh 和-Fvh 两个参数的含义

-Uvh	如果软件没有安装，则系统直接安装；如果软件安装过旧版，则系统自动升级至新版
-Fvh	如果软件并未安装到 Linux 系统上，则软件不会被安装；如果软安装至 Linux 系统件上，则软件会被升级

由以上说明可知，如果需要大量升级系统旧版本的软件时，使用-Fvh 是比较好的选择，因为没有安装的软件不会被不小心安装进系统中。但是需要注意的是，如果使用的是-Fvh，而系统中没有这个软件，那么该软件不能直接安装在 Linux 主机上，必须重新以 ivh 进行安装。

在进行整个操作系统的旧版软件修补与升级时，一般进行如下操作：

- 先到各开发商的 errata 网站或者国内的 FTP 镜像站下载最新的 RPM 文件；
- 使用-Fvh 将系统内曾安装过的软件进行修补与升级。

另外，升级也可以利用--nodeps/--force 等参数。

4. RPM 查询(query)

对于系统中已经安装的软件，RPM 实际查询的是/var/lib/rpm/目录下的数据库文件。另外，RPM 也可以查询系统中未安装软件的 RPM 文件内的信息。RPM 查询命令如下。

```
[root@RHEL7-1 ~]# rpm -qa                                  //已安装软件
[root@RHEL7-1 ~]# rpm -q[licdR] 已安装的软件名称             //已安装软件
[root@RHEL7-1 ~]# rpm -qf 存在于系统上面的某个文件名          //已安装软件
[root@RHEL7-1 ~]# rpm -qp[licdR] 未安装的某个文件名称        //查阅 RPM 文件
```

选项与参数的含义如下。

(1) 查询已安装软件的信息

-q：仅查询后面接的软件名称是否安装。

-qa：列出所有已经安装在本机 Linux 系统中的软件名称。

-qi：列出该软件的详细信息(information)，包括开发商、版本与说明等。

-ql：列出该软件所有的文件与目录所在完整文件名(list)。

-qc：列出该软件的所有配置文件(找出在/etc/下面的文件名)。

-qd：列出该软件的所有说明文件(找出与 man 有关的文件)。

-qR：列出与该软件有关的依赖软件所含的文件(Required)。

-qf：由后面接的文件名称找出该文件属于哪一个已安装的软件。

(2) 查询某个 RPM 文件内含有的信息

-qp[icdlR]：-qp 后面接的所有参数与(1)中说明一致，但用途仅在于找出某个 RPM 文件内的信息，而不是已安装的软件信息。

在查询的部分，所有的参数之前都需要加上-q。查询主要分为两部分，一个是查询已安装到系统中的软件信息，这部分的信息都是由/var/lib/rpm/所提供；另一个则是查某个 rpm 文件的内容，即在 RPM 文件内找出一些要写入数据库内的信息，这部分就要使用-qp 命令或参数(p 是 package 的意思)了。示例如下所示。

【例 3-4】 找出 Linux 是否安装了 logrotate 软件。

```
[root@RHEL7-1 ~]# rpm -q logrotate
logrotate-3.8.6-14.el7.x86_64
[root@RHEL7-1 ~]# rpm -q logrotating
package logrotating is not installed
//系统会去找是否安装了后面接的软件名称。注意,没有必要加上版本,通过显示的结果,可以判
  定有没有安装 logrotate 这个软件
```

【例 3-5】 列出例 3-4 中属于该软件所提供的所有目录与文件。

```
[root@RHEL7-1 ~]# rpm -ql logrotate
/etc/cron.daily/logrotate
/etc/logrotate.conf
…
//可以看出该软件到底提供了多少文件与目录,也可以追踪软件的数据
```

【例 3-6】 列出 logrotate 软件的相关说明数据。

```
[root@RHEL7-1~]# rpm -qi logrotate
Name        : logrotate              Relocations: (not relocatable)
Version     : 3.7.4                       Vendor: CentOS
Release     : 8                  Build Date: Sun 02 Dec 2007 08:38:06 AM CST
Install Date: Sat 09 May 2009 11:59:05 PM CST     Build Host: builder6
Group       : System Environment/Base Source RPM: logrotate-3.7.8-8.src.rpm
Size        : 53618                         License: GPL
Signature   : DSA/SHA1, Sun 02 Dec 2007 09:10:01 AM CST, Key ID a8a447dce8562897
Summary     : Rotates, compresses, removes and mails system log files.
Description :
The logrotate utility is designed to simplify the administration of
log files on a system which generates a lot of log files.  Logrotate
allows for the automatic rotation compression, removal and mailing of
log files.  Logrotate can be set to handle a log file daily, weekly,
monthly or when the log file gets to a certain size.  Normally,
logrotate runs as a daily cron job.

Install the logrotate package if you need a utility to deal with the
log files on your system.
//列出该软件的 information (信息),包括软件名称、版本、开发商、SRPM 文件名称、打包次数、简
  单说明信息、软件打包者、安装日期等。如果想要详细地知道该软件的数据,可以用这个参数来
  了解一下
```

【例 3-7】 分别找出 logrotate 的配置文件与说明文件。

```
[root@RHEL7-1 ~]# rpm -qc logrotate
[root@RHEL7-1 ~]# rpm -qd logrotate
```

【例 3-8】 若要成功安装 logrotate,还需要以下代码。

```
[root@RHEL7-1 ~]# rpm -qR logrotate
/bin/sh
config(logrotate) =3.8.6-14.el7
libc.so.6
…
```

由这里可以看出需要很多文件的支持。

【例 3-9】 在例 3-8 基础上找出/bin/sh 是由哪个软件提供的。这个功能是查询系统的某个文件属于哪一个软件,在解决依赖关系时用处很大。

```
[root@RHEL7-1 ~]# rpm -qf /bin/sh                //这个参数后面接的是"文件",不是软件
bash-3.2-24.el5
```

【例 3-10】 假设下载了一个 RPM 文件,想要知道该文件的需求文件,该如何操作?

```
[root@RHEL7-1~]# rpm -qpR filename.i386.rpm       //加上 -qpR,找出该文件需求的数据
```

常见的查询就是以上这些。需要特别说明的是,在查询本机的 RPM 软件相关信息时,不需要加上版本的名称,只要加上软件名称即可,因为它会到/var/lib/rpm 数据库里查询。但是查询某个 RPM 文件就不同了,必须要列出完整文件名才可以。下面就来做几个简单的练习巩固一下。

思考:

(1) 想知道系统中以 c 开头的软件有几个,该如何操作?

(2) WWW 服务器为 Apache,RPM 软件文件名为 httpd。如果想知道这个软件的所有配置文件放在何处,该如何操作?

(3) 承上题,如果查出来的配置文件已经被修改过,但是忘记了曾经修改过哪些地方,所以想要直接重新安装一次该软件,该如何操作?

(4) 如果误删了某个重要文件,例如,/etc/crontab,却不知道它属于哪一个软件,该怎么办?

参考答案:

(1) rpm -qa|grep ^c|wc -l。

(2) rpm -qc httpd。

(3) 假设该软件在网络上的网址为:http://web.site.name/path/httpd-x.x.xx.i386.rpm,则解决方案为

```
rpm -ivh http://web.site.name/path/httpd-x.x.xx.i386.rpm --replacepkgs
```

(4) 虽然已经没有这个文件了,不过没有关系,因为 RPM 在/var/lib/rpm 数据库中有记录。所以执行:

```
rpm -qf /etc/crontab
```

就可以知道是哪个软件了,重新安装一次该软件即可。

5. RPM 反安装与重建数据库(erase/rebuilddb)

反安装就是将软件卸载。需要注意的是,反安装的过程一定要由最上一级向下删除。以 rp-pppoe 为例,这一软件主要是依据 ppp 这个软件进行安装的,所以当要卸载 ppp 的时候,必须先卸载 rp-pppoe,否则就会发生结构上的问题。

移除的选项很简单,通过-e 即可移除。不过,通常会发生软件属性依赖导致无法移除某软件的问题。以下面的例子来说明。

【例 3-11】 找出与 pam 有关的软件名称,并尝试移除 pam 软件。

```
[root~RHEL7-1 ~]# rpm -qa | grep pam
pam-1.1.8-18.el7.x86_64
pam-devel-1.1.8-18.el7.x86_64
fprintd-pam-0.5.0-4.0.el7_0.x86_64
gnome-keyring-pam-3.20.0-3.el7.x86_64
[root@RHEL7-1 ~]# rpm -e pam
error: Failed dependencies:        //这里提到的是依赖性的问题
      libpam.so.0 is needed by (installed) coreutils-5.97-14.el5.i386
      libpam.so.0 is needed by (installed) libuser-0.54.7-2.el5.5.i386
...
```

【例 3-12】 仅移除例 3-11 上安装的软件 pam-devel。

```
[root@RHEL7-1~]# rpm -e pam-devel        //不会出现任何信息
[root@RHEL7-1~]# rpm -q pam-devel
package pam-devel is not installed
```

从例 3-11 可知,pam 所提供的函数库是很多软件共同使用的,因此不能移除 pam,除非将其他依赖软件同时全部移除。当然也可以使用--nodeps 强制移除,不过,如此一来所有会用到 pam 函数库的软件,都将成为无法运行的程序。由例 3-12 可知,由于 pam-devel 是依赖于 pam 的开发工具,所以可以单独安装与单独移除。

由于 RPM 文件常常会进行安装、移除或升级等操作,如果某些操作导致 RPM 数据库(/var/lib/rpm/)内的文件受损,该如何挽救呢?可以使用--rebuilddb 这个选项重建一下数据库。命令如下:

```
[root@RHEL7-1~]# rpm --rebuilddb        //重建数据库
```

3.2.3 任务 3 使用 yum

yum 是通过分析 RPM 的标题数据后,根据各软件的相关性制作出属性依赖时的解决方案,然后自动处理软件的依赖属性问题,以解决软件安装、移除或升级的问题。

由于 distributions 必须先发布软件,然后将软件放在 yum 服务器中,供用户端进行安装与升级之用,因此想要使用 yum 的功能,必须要先找到适合的 yum server。每个 yum server 都会提供许多不同的软件功能，即之前谈到的“容器”，因此，必须前往 yum server 查询到相关的容器网址后，再继续进行后续的配置工作。

事实上 RHEL 发布软件时已经制作出多部映射站点(mirror site)提供给所有的用户进行软件升级之用，所以，理论上不需要处理任何配置值，只要能够连上 Internet，就可以使用 yum。下面进行详细介绍。

1. 制作本地 yum 源

其实 RHEL6 系统安装的时候已经有 yum 了，但如果没有花钱购买软件，就无法注册，Red Hat 官方的 yum 源也就不能使用。那么有什么解决方法呢？

第一种方法是把 yum 的更新地址改成开源的地址即可。限定 yum 更新地址的文件在/etc/yum. repos. d/中。具体的内容请参考相关资料。

第二种方法是利用已有的 ISO 镜像制作本地 yum 源。

下面以第二种方法为例介绍。

(1) 挂载 ISO 安装镜像。

```
//挂载光盘到 /iso 下
[root@RHEL7-1 ~]# mkdir /iso
[root@RHEL7-1 ~]# mount /dev/cdrom /iso
```

(2) 制作用于安装的 yum 源文件。

```
[root@RHEL7-1 ~]# vim /etc/yum.repos.d/dvd.repo
```

dvd. repo 文件的内容如下：

```
#/etc/yum.repos.d/dvd.repo
#or for ONLY the media repo, do this:
#yum --disablerepo=\* --enablerepo=c8-media [command]
[dvd]
name=dvd
baseurl=file:///iso                //特别注意本地源文件的表示为 3 个“/”。
gpgcheck=0
enabled=1
```

各选项的含义如下。

- [base]：代表容器的名字。中括号一定要存在，里面的名称可以随意取，但是不能有两个相同的容器名称，否则 yum 会不知道该到哪里去找容器相关软件的清单文件。
- name：只是说明这个容器的意义，重要性不高。
- mirrorlist=：列出这个容器可以使用的映射站点，如果不想使用，可以注解这行。
- baseurl=：这个最重要，因为后面接的就是容器的实际网址。mirrorlist 是由 yum 程序自行去搜寻映射站点，baseurl 则是指定固定的一个容器网址。上例中使用了本地地址。如果使用网址，格式为 baseurl = http://mirror. centos. org/centos/ $ releasever/os/ $ basearch/。

- enable=1：启动容器。如果不想启动可以使用 enable=0。
- gpgcheck=1：指定是否需要查阅 RPM 文件内的数字签名。
- gpgkey=：数字签名的公钥文件所在位置，使用默认值即可。

提示：如果没有购买 RHEL 的服务，请一定配置本地 yum 源。或者配置开源的 yum 源。

2. 修改容器产生的问题与解决方法

如果修改系统默认的配置文件，比如修改了网址却没有修改容器名称（中括号内的文字），可能会造成本机的清单与 yum 服务器的清单不同步，此时就会出现无法升级的问题。

那么该如何解决呢？很简单，只要清除本机中的旧数据即可。不需要手动处理，通过 yum 的 clean 项目处理即可。

```
[root@RHEL7-1~]#yum clean [packages|headers|all]
```

选项与参数如下。

packages：将已下载的软件文件删除；

headers ：将下载的软件文件头删除；

all：将所有容器数据都删除。

【例 3-13】 删除已下载过的所有容器的相关数据（含软件本身与清单）：

```
[root@RHEL7-1~]#yum clean all
```

注意："yum clean all"是经常使用的一个命令。

3. 利用 yum 进行查询、安装、升级与移除功能

(1) 查询功能

```
yum [list|info|search|provides|whatprovides] 参数
```

利用 yum 可以查询原版 distribution 所提供的软件，或已知某软件的名称，想知道该软件的功能，可以利用 yum 提供的相关参数。

```
[root@RHEL7-1~]#yum [option] [查询工作项目] [相关参数]
```

① [option]主要的选项包括以下几种。

- -y：当 yum 需要等待使用者输入时，这个选项可以自动提供 yes 的回应。
- --installroot=/some/path：将软件安装在/some/path 而不使用默认路径。

② [查询工作项目][相关参数]的具体参数如下所示。

- search：搜寻某个软件名称或者是描述(description)的重要关键字。
- list：列出目前 yum 所管理的所有的软件名称与版本，与 rpm -qa 类似。
- info：同上，不过与 rpm -qai 的运行结果类似。
- provides：在文件中搜寻软件，类似 rpm -qf 的功能。

【例 3-14】 搜寻磁盘阵列(raid)相关的软件有哪些。

```
[root@RHEL7-1~]# yum search raid
...
mdadm.i386 : mdadm controls Linux md devices (software RAID arrays)
lvm2.i386 : Userland logical volume management tools
...
//在冒号(:)左边的是软件名称,右边的是在 RPM 内的 name 配置(软件名)
```

【例 3-15】 找出 mdadm 软件的功能。

```
[root@RHEL7-1 ~]# yum info mdadm
Installed Packages                    //说明该软件已经安装
Name     : mdadm                      //软件的名称
Arch     : i386                       //软件的编译架构
Version : 2.6.4                       //软件的版本
Release : 1.el5                       //发布的版本
Size     : 1.7 M                      //软件的文件总容量
Repo     : installed                  //容器回应已安装
Summary : mdadm controls Linux md devices (software RAID arrays)
Description                           //与 rpm -qi 的作用相同
mdadm is used to create, manage, and monitor Linux MD (software RAID) devices. As such,
it provides similar functionality to the raidtools package. However, mdadm is a single
program, and it can perform almost all functions without a configuration file, though
a configuration file can be used to help with some common tasks.
```

【例 3-16】 列出 yum 服务器中提供的所有软件的名称。

```
[root@RHEL7-1 ~]#yum list
Installed Packages                    //已安装软件
Deployment_Guide-en-US.noarch              5.2-9.el5.centos       installed
Deployment_Guide-zh-CN.noarch              5.2-9.el5.centos       installed
Deployment_Guide-zh-TW.noarch              5.2-9.el5.centos       installed
...
Available Packages                    //还可以安装的其他软件
Cluster_Administration-as-IN.noarch        5.2-1.el5.centos       base
Cluster_Administration-bn-IN.noarch        5.2-1.el5.centos       base
...
//上面语句的含义为:" 软件名称 版本 在哪个容器内"
```

【例 3-17】 列出目前服务器上可供本机进行升级的软件有哪些。

```
[root@RHEL7-1 ~]# yum list updates   //必须是 updates
Updated Packages
Deployment_Guide-en-US.noarch              5.2-11.el5.centos      base
```

```
Deployment_Guide-zh-CN.noarch              5.2-11.el5.centos      base
Deployment_Guide-zh-TW.noarch              5.2-11.el5.centos      base
...
//上面列出在哪个容器内可以提供升级的软件与版本
```

【例 3-18】 列出提供 passwd 文件的软件有哪些。

```
[root@RHEL7-1 ~]# yum provides passwd
passwd.i386 :The passwd utility for setting/changing passwords using PAM
//就是上面的这个软件提供了 passwd 这个程序
```

结合以上示例,通过习题来实际应用一下 yum 在查询上的功能。

思考:利用 yum 的功能找出以 pam 开头的软件名称有哪些?尚未安装的又有哪些?

参考答案:可以通过以下的方法来查询。一定在 root 用户的家目录下进行,每次操作要注意执行命令的用户和当前目录。

```
[root@RHEL7-1~]# yum list pam*
Installed Packages
pam.i386                     0.99.6.2-3.27.el5           installed
pam_ccreds.i386              3-5                         installed
pam_krb5.i386                2.2.14-1                    installed
pam_passwdqc.i386            1.0.2-1.2.2                 installed
pam_pkcs11.i386              0.5.3-23                    installed
pam_smb.i386                 1.1.7-7.2.1                 installed
Available Packages      //下面是"可升级"的或"未安装"的软件
pam.i386                     0.99.6.2-4.el5              base
pam-devel.i386               0.99.6.2-4.el5              base
pam_krb5.i386                2.2.14-10                   base
```

如上所示,可升级的软件有 pam、pam_krb5 这两个软件,完全没有安装的则是 pam-devel 这个软件。

(2) 安装/升级功能

```
yum [install|update] 软件
```

既然可以查询,那么安装与升级呢?很简单,利用 install 与 update 参数。

```
[root@RHEL7-1~]#yum [option] [查询工作项目] [相关参数]
```

选项与参数含义如下。

install:后面接要安装的软件。

update:后面接要升级的软件,若要整个系统都升级,直接 update 即可。

【例 3-19】 将上面习题中找到的未安装的 pam-devel 进行安装。

```
[root@RHEL7-1~]#yum install pam-devel
Setting up Install Process
```

```
Parsing package install arguments
Resolving Dependencies              //先检查软件的属性依赖问题
-->Running transaction check
--->Package pam-devel.i386 0:0.99.6.2-4.el5 set to be updated
-->Processing Dependency:pam=0.99.6.2-4.el5 for package:pam-devel
-->Running transaction check
--->Package pam.i386 0:0.99.6.2-4.el5 set to be updated
filelists.xml.gz        100% |==================| 1.6 MB    00:05
filelists.xml.gz        100% |==================| 138 kB    00:00
->Finished Dependency Resolution

Dependencies Resolved

=============================================================
Package       Arch       Version          Repository       Size
=============================================================
Installing:
pam-devel   i386       0.99.6.2-4.el5   base             186 k
Updating:
pam         i386       0.99.6.2-4.el5   base             965 k

Transaction Summary
=============================================================
Install 1 Package(s)                //结果发现要安装此软件需要升级另一个依赖软件
Update  1 Package(s)
Remove  0 Package(s)

Total download size: 1.1 M
Is this ok [y/N]: y                 //确定要安装
Downloading Packages:               //先下载
(1/2): pam-0.99.6.2-4.el5 100% |================| 965 kB    00:05
(2/2): pam-devel-0.99.6.2 100% |================| 186 kB    00:01
Running rpm_check_debug
Running Transaction Test
Finished Transaction Test
Transaction Test Succeeded
Running Transaction                 //开始安装
  Updating   : pam                  ######################### [1/3]
  Installing: pam-devel             ######################### [2/3]
  Cleanup    : pam                  ######################### [3/3]
Installed: pam-devel.i386 0:0.99.6.2-4.el5
Updated: pam.i386 0:0.99.6.2-4.el5
Complete!
```

（3）移除功能

```
yum [remove] 软件
```

【例 3-20】 将例 3-19 中软件移除,查看会出现什么结果。

```
[root@RHEL7-1~]#yum remove pam-devel
Setting up Remove Process
Resolving Dependencies          //同样先解决属性依赖的问题
-->Running transaction check
--->Package pam-devel.i386 0:0.99.6.2-4.el5 set to be erased
-->Finished Dependency Resolution

Dependencies Resolved

============================================================
Package     Arch       Version         Repository      Size
============================================================
Removing:
pam-devel   i386    0.99.6.2-4.el5   installed        495 k

Transaction Summary
============================================================
Install    0 Package(s)
Update     0 Package(s)
Remove 1 Package(s)              //还好,并没有属性依赖的问题,单纯移除一个软件

Is this ok [y/N]: y
Downloading Packages:
Running rpm_check_debug
Running Transaction Test
Finished Transaction Test
Transaction Test Succeeded
Running Transaction
  Erasing    : pam-devel       ######################### [1/1]

Removed: pam-devel.i386 0:0.99.6.2-4.el5
Complete!
```

3.3 项目实训 安装与管理软件包

1. 实训目的

- 掌握使用传统程序语言进行编译的方法。
- 掌握用 make 进行编译的方法和技能。
- 掌握使用 Tarball 管理包的方法。
- 掌握 RPM 安装、查询、移除软件的方法。
- 学会使用 yum 安装与升级软件。

2. 实训内容

练习在 Linux 系统下软件安装的方法与技巧。

3. 实训练习

学习 php、php-mysql、php-devel、httpd-devel 等软件的实际安装方式。

目标：利用 rpm 查询软件是否已安装，利用 yum 进行线上查询；利用已有的 ISO 镜像制作本地 yum 源。

需求：了解磁盘容量是否够用，以及如何启动服务等。

这个模拟题的目的是想要安装一套较为完整的 WWW 服务器，并且此服务器可以支持外挂的其他网页服务器模块，所以需要安装网页程序语言、php 数据库软件、MySQL 以及未来开发用的 php-devel、httpd-devel 等软件。操作步骤如下。

（1）检查所需要的软件是否存在。最好直接使用 rpm，因为可以直接获得 RPM 的数据库内容。

```
[root@RHEL7-1 ~]# rpm -q httpd httpd-devel php php-devel php-mysql
httpd-2.2.8-29.el5
package httpd-devel is not installed          //没有安装的软件
php-5.1.8-23.el5
package php-devel is not installed            //没有安装的软件
package php-mysql is not installed            //没有安装的软件
```

经过上面的分析可知，httpd-devel、php-devel 及 php-mysql 等软件并没有安装！可以使用 yum 直接线上安装，不过必须要先做好 yum 源才行。

（2）挂载 ISO 安装镜像。

```
//挂载光盘到 /iso 目录下
[root@RHEL7-1 ~]#mkdir /iso
[root@RHEL7-1 ~]#mount /dev/cdrom /iso
```

（3）制作用于安装的 yum 源文件。

```
[root@RHEL7-1 ~]#vim /etc/yum.repos.d/dvd.repo
```

dvd. repo 文件的内容如下：

```
#/etc/yum.repos.d/dvd.repo
#or for ONLY the media repo, do this:
#yum --disablerepo=\* --enablerepo=c8-media [command]
[dvd]
name=dvd
baseurl=file:///iso                   //特别注意本地源文件的表示为 3 个"/"。
gpgcheck=0
enabled=1
```

（4）yum 源配置完成以后，直接使用 yum 命令。

```
[root@RHEL7-1~]#yum install httpd httpd-devel php php-devel php-mysql
```

4. 实训报告

按要求完成实训报告。

3.4 练习题

一、填空题

1. 源码其实大都是纯文字文档,需要通过编译器的编译后,才能制作出 Linux 系统能够识别的可运行的________。

2. 在 Linux 系统中,最标准的 C 语言编译器为________。

3. 为了简化编译过程中的复杂的命令输入,可以借由________与________规则定义,来简化程序的升级、编译与链接等操作。

4. Tarball 软件的扩展名一般为________。

5. RPM 的全名是________,是由 Red Hat 公司开发的,流传甚广。RPM 类型的软件是经过编译后的________,所以可以直接安装在用户端的系统上。

6. RPM 可针对不同的硬件等级来加以编译,制作出来的文件以扩展名________、________、________和________来分辨。

7. RPM 最大的问题是软件之间的________问题。

8. RPM 软件的属性依赖问题,已经由 yum 或者是 APT 等方式加以解决。RHEL 使用的就是________机制。

二、简答题

1. 如果曾经修改过 yum 配置文件内的容器配置(/etc/yum. repos. d/ * . repo),导致下次使用 yum 进行安装时发生错误,该如何解决?

2. 假设想要安装软件 pkgname. i386. rpm,但却发生无法安装的问题,可以加入哪些参数来强制安装该软件?

3. 承上题,强制安装之后,该软件是否可以正常运行?为什么?

4. 某用户使用 OpenLinux 3. 1 Server 安装在自己的 P-166 MMX 计算机上,却发现无法安装,在查询了该原版光盘的内容后,发现里面的文件名称为 ***. i686. rpm。请问无法安装的原因是什么?

5. 使用 rpm -Fvh * . rpm 及 rpm -Uvh * . rpm 升级时,两者有何不同?

6. 假设一个厂商推出软件时,自行处理了数字签名,若想安装该厂商的软件,需要使用数字签名,假设数字签名的文件名为 signe,该如何安装?

7. 承上题,假设该软件厂商提供了 yum 的安装网址为:http://their. server. name/path/,那么该如何处理 yum 的配置文件?

三、实训练习

(1) 安装 NTP 服务器

请读者安装网络时间协议服务器(Network Time Protocol,NTP)。

提示：先到 http：//www.ntp.org/downloads.htm 网站下载文件 ntp-4.2.8p13.tar.gz，然后使用 Tarball 进行软件的安装。

（2）情境模拟题

学习 php、php-mysql、php-devel、httpd-devel 等软件的实际安装方式。

3.5　超链接

单击 http://www.icourses.cn/scourse/course_2843.html 及 http://linux.sdp.edu.cn/kcweb，访问并学习国家精品资源共享课程网站和国家精品课程网站的相关内容。

系统配置与管理

项目四　管理 Linux 服务器的用户和组

项目背景

Linux 是多用户多任务的网络操作系统，作为网络管理员，掌握用户和组的创建与管理至关重要。本项目将主要介绍利用命令行和图形工具对用户和组群进行创建与管理等内容。

职业能力目标和要求

- 了解用户和组群配置文件。
- 熟练掌握 Linux 下用户的创建与维护管理。
- 熟练掌握 Linux 下组群的创建与维护管理。
- 熟悉用户账户管理器的使用方法。

4.1　任务 1　理解用户账户和组群

Linux 操作系统是多用户多任务的操作系统，它允许多个用户同时登录系统，使用系统资源。用户账户是用户的身份标识，用户通过用户账户可以登录到系统，并且访问已经被授权的资源。系统依据账户来区分属于每个用户的文件、进程、任务，并给每个用户提供特定的工作环境（例如用户的工作目录、shell 版本以及图形化的环境配置等），使每个用户都能各自独立不受干扰地工作。

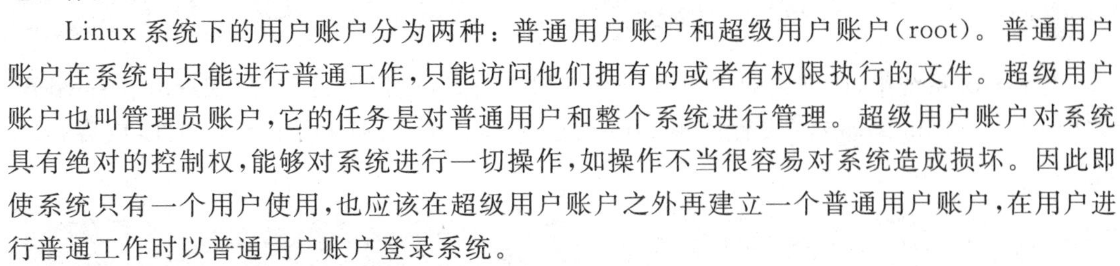

Linux 系统下的用户账户分为两种：普通用户账户和超级用户账户（root）。普通用户账户在系统中只能进行普通工作，只能访问他们拥有的或者有权限执行的文件。超级用户账户也叫管理员账户，它的任务是对普通用户和整个系统进行管理。超级用户账户对系统具有绝对的控制权，能够对系统进行一切操作，如操作不当很容易对系统造成损坏。因此即使系统只有一个用户使用，也应该在超级用户账户之外再建立一个普通用户账户，在用户进行普通工作时以普通用户账户登录系统。

在 Linux 系统中为了方便管理员的管理和用户工作，产生了组群的概念。组群是具有相同特性的用户的逻辑集合，使用组群有利于系统管理员按照用户的特性组织和管理用户，提高工作效率。有了组群，在做资源授权时可以把权限赋予某个组群，组群中的成员即可自动获得这种权限。一个用户账户可以同时是多个组群的成员，其中某个组群是该用户的主组群(私有组群),其他组群为该用户的附属组群(标准组群)。表 4-1 列出了与用户和组群相关的一些基本概念。

表 4-1 用户和组群的基本概念

概　　念	描　　述
用户名	用来标识用户的名称,可以是字母、数字组成的字符串,区分大小写
密码	用于验证用户身份的特殊验证码
用户标识(UID)	用来表示用户的数字标识符
用户主目录	用户的私人目录,也是用户登录系统后默认所在的目录
登录 shell	用户登录后默认使用的 shell 程序,默认为/bin/bash
组群	具有相同属性的用户属于同一个组群
组群标识(GID)	用来表示组群的数字标识符

系统用户的 UID 为 1～999;普通用户的 UID 可以在创建时由管理员指定,如果未指定,用户的 UID 默认从 1000 开始顺序编号。在 Linux 系统中,创建用户账户的同时也会创建一个与用户同名的组群,该组群是用户的主组群。普通组群的 GID 默认也是从 1000 开始编号。

4.2 任务 2 理解用户账户文件和组群文件

用户账户信息和组群信息分别存储在用户账户文件和组群文件中。

4.2.1 理解用户账户文件

1. /etc/passwd 文件

准备工作:新建用户 bobby、user1、user2,将 user1 和 user2 加入 bobby 群组。

```
[root@RHEL7-1 ~]#useradd bobby
[root@RHEL7-1 ~]#useradd user1
[root@RHEL7-1 ~]#useradd user2
[root@RHEL7-1 ~]#usermod -G bobby user1
[root@RHEL7-1 ~]#usermod -G bobby user2
```

在 Linux 系统中,所创建的用户账户及其相关信息(密码除外)均放在/etc/passwd 配置文件中。用 vim 编辑器(或者使用 cat /etc/passwd 命令)打开 passwd 文件,内容格式如下:

```
root:x:0:0:root:/root:/bin/bash
bin:x:1:1:bin:/bin:/sbin/nologin
daemon:x:2:2:daemon:/sbin:/sbin/nologin
user1:x:1002:1002::/home/user1:/bin/bash
```

文件中的每一行代表一个用户账户的资料,可以看到第一个用户是 root,然后是一些标准账户，此类账户的 shell 为/sbin/nologin 代表无本地登录权限。最后一行是由系统管理员创建的普通账户：user1。

passwd 文件的每一行用"："分隔为 7 个域，每一行各域的内容为

```
用户名:加密口令:UID:GID:用户的描述信息:主目录:命令解释器(登录 shell)
```

passwd 文件中各字段的含义如表 4-2 所示，其中少数字段的内容可以为空，但仍需使用"："进行占位。

表 4-2　passwd 文件字段说明

字　　段	说　　明
用户名	用户账号名称，用户登录时所使用的用户名
加密口令	用户口令，出于安全性考虑，现在已经不使用该字段保存口令，而用字母"x"来填充该字段，真正的密码保存在 shadow 文件中
UID	用户号，唯一表示某用户的数字标识
GID	用户所属的私有组号，该数字对应 group 文件中的 GID
用户描述信息	可选的关于用户全名、用户电话等描述性信息
主目录	用户的宿主目录，用户成功登录后的默认目录
命令解释器	用户所使用的 shell，默认为"/bin/bash"

2. /etc/shadow 文件

由于所有用户对/etc/passwd 文件均有读取权限，为了增强系统的安全性，用户经过加密之后的口令都存放在/etc/shadow 文件中。/etc/shadow 文件只对 root 用户可读，因此大大提高了系统的安全性。shadow 文件的内容形式为(cat /etc/shadow)：

```
root:$6$PQxz7W3s$Ra7Akw53/n7rntDgjPNWdCG66/5RZgjhoe1zT2F00ouf2iDM.
AVvRIYoez10hGG7kBHEaah.oH5U1t6OQj2Rf.:17654:0:99999:7:::
bin:*:16925:0:99999:7:::
daemon:*:16925:0:99999:7:::
bobby:!!:17656:0:99999:7:::
user1:!!:17656:0:99999:7:::
```

shadow 文件保存投影加密之后的口令以及与口令相关的一系列信息，每个用户的信息在 shadow 文件中占用一行，并且用"："分隔为 9 个域，各域的含义如表 4-3 所示。

表 4-3　shadow 文件字段说明

字段	说　　明
1	用户登录名
2	加密后的用户口令，* 表示非登录用户，"!!"表示没设置密码
3	从 1970 年 1 月 1 日起，到用户最近一次口令被修改的天数
4	从 1970 年 1 月 1 日起，到用户可以更改密码的天数，即最短口令存活期
5	从 1970 年 1 月 1 日起，到用户必须更改密码的天数，即最长口令存活期
6	口令过期前几天提醒用户更改口令
7	口令过期后几天账户被禁用

续表

字段	说　明
8	口令被禁用的具体日期(相对日期,从 1970 年 1 月 1 日至禁用时的天数)
9	保留域,用于功能扩展

3. /etc/login.defs 文件

建立用户账户时会根据/etc/login.defs 文件的配置设置用户账户的某些选项。该配置文件的有效设置内容及中文注释如下所示。

```
MAIL_DIR        /var/spool/mail  //用户邮箱目录
MAIL_FILE .mail
PASS_MAX_DAYS 99999              //账户密码最长有效天数
PASS_MIN_DAYS 0                  //账户密码最短有效天数
PASS_MIN_LEN 5                   //账户密码的最小长度
PASS_WARN_AGE 7                  //账户密码过期前提前警告的天数
UID_MIN 1000                     //用 useradd 命令创建账户时自动产生的最小 UID 值
UID_MAX 60000                    //用 useradd 命令创建账户时自动产生的最大 UID 值
GID_MIN 1000                     //用 groupadd 命令创建组群时自动产生的最小 GID 值
GID_MAX 60000                    //用 groupadd 命令创建组群时自动产生的最大 GID 值
USERDEL_CMD /usr/sbin/userdel_local
                //如果定义,将在删除用户时执行,以删除相应用户的计划作业和打印作业等
CREATE_HOME yes                  //创建用户账户时是否为用户创建主目录
```

4.2.2 理解组群文件

组群账户的信息存放在/etc/group 文件中,而关于组群管理的信息(组群口令、组群管理员等)则存放在/etc/gshadow 文件中。

1. /etc/group 文件

group 文件位于"/etc"目录,用于存放用户的组账户信息,对于该文件的内容任何用户都可以读取。每个组群账户在 group 文件中占用一行,并且用":"分隔为 4 个域。每一行各域的内容为(使用 cat /etc/group)

```
组群名称:组群口令(一般为空,用 x 占位):GID:组群成员列表
```

group 文件的内容形式如下:

```
root:x:0:
bin:x:1:
daemon:x:2:
bobby:x:1001:user1,user2
user1:x:1002:
```

可以看出,root 的 GID 为 0,没有其他组成员。group 文件的组群成员列表中如果有多个用户账户属于同一个组群,则各成员之间以","分隔。在/etc/group 文件中,用户的主组

群并不把该用户作为成员列出，只有用户的附属组群才会把该用户作为成员列出。例如用户 bobby 的主组群是 bobby，但/etc/group 文件中组群 bobby 的成员列表中并没有用户 bobby，只有用户 user1 和 user2。

2. /etc/gshadow 文件

/etc/gshadow 文件用于存放组群的加密口令、组管理员等信息，该文件只有 root 用户可以读取。每个组群账户在 gshadow 文件中占用一行，并以"："分隔为 4 个域。每一行中各域的内容如下：

```
组群名称:加密后的组群口令:组群的管理员:组群成员列表
```

gshadow 文件的内容形式为

```
root:::
bin:::
daemon:::
bobby:!::user1,user2
user1:!::
```

4.3　任务 3　管理用户账户

用户账户管理包括新建用户、设置用户账户口令和维护用户账户等内容。

4.3.1　新建用户

在系统中新建用户可以使用 useradd 或者 adduser 命令。useradd 命令的格式为

```
useradd [选项] <username>
```

useradd 命令有很多选项，如表 4-4 所示。

表 4-4　useradd 命令选项

选　项	说　　明
-c comment	用户的注释性信息
-d home_dir	指定用户的主目录
-e expire_date	禁用账号的日期，格式为 YYYY-MM-DD
-finactive_days	设置账户过期多少天后用户账户被禁用。如果为 0，账户过期后立即被禁用；如果为 −1，账户过期后，将不被禁用
-g initial_group	用户所属主组群的组群名称或者 GID
-G group-list	用户所属的附属组群列表，多个组群之间用逗号分隔
-m	若用户主目录不存在则创建它
-M	不要创建用户主目录

续表

选　项	说　明
-n	不要为用户创建用户私人组群
-p passwd	加密的口令
-r	创建 UID 小于 500 的不带主目录的系统账号
-s shell	指定用户的登录 shell,默认为/bin/bash
-u UID	指定用户的 UID。UID 必须是唯一的,且大于 499

【例 4-1】 新建用户 user3,UID 为 1010,指定其所属的私有组为 group1(group1 组的标识符为 1010),用户的主目录为/home/user3,用户的 shell 为/bin/bash,用户的密码为 12345678,账户永不过期。

```
[root@RHEL7-1 ~]#groupadd -g 1010 group1
[root@RHEL7-1 ~]#useradd -u 1010 -g 1010 -d /home/user3 -s /bin/bash -p 12345678
-f -1 user3
[root@RHEL7-1 ~]#tail -1 /etc/passwd
user3:x:1010:1000::/home/user3:/bin/bash
```

如果新建用户已经存在,那么在执行 useradd 命令时,系统会提示该用户已经存在:

```
[root@RHEL7-1 ~]#useradd user3
useradd: user user3 exists
```

4.3.2 设置用户账户口令

1. passwd 命令

指定和修改用户账户口令的命令是 passwd。超级用户可以为自己和其他用户设置口令,而普通用户只能为自己设置口令。passwd 命令的格式为

```
passwd [选项] [username]
```

passwd 命令的常用选项如表 4-5 所示。

表 4-5 passwd 命令选项

选项	说　明
-l	锁定(停用)用户账户
-u	口令解锁
-d	将用户口令设置为空,这与未设置口令的账户不同。未设置口令的账户无法登录系统,而口令为空的账户可以
-f	强迫用户下次登录时必须修改口令
-n	指定口令的最短存活期
-x	指定口令的最长存活期
-w	口令要到期前提前警告的天数

续表

选项	说　　明
-i	口令过期后多少天停用账户
-S	显示账户口令的简短状态信息

【例 4-2】 假设当前用户为 root,则下面的两个命令分别是 root 用户修改自己的口令和 root 用户修改 user1 用户的口令。

```
//root 用户修改自己的口令,直接用 passwd 命令并按 Enter 键即可
[root@RHEL7-1 ~]#passwd

//root 用户修改 user1 用户的口令
[root@RHEL7-1 ~]#passwd user1
```

需要注意的是,普通用户修改口令时,passwd 命令会首先询问原来的口令,只有验证通过才可以修改,而 root 用户为用户指定口令时,不需要知道原来的口令。为了系统安全,用户应选择包含字母、数字和特殊符号组合的复杂口令,且口令长度应至少为 8 个字符。

如果密码不够复杂,系统会提示"无效的密码: 密码未通过字典检查－它基于字典单词"。这时有两种处理方法,一是再次输入刚才输入的简单密码,系统也会接受;另一种方法是更改为符合要求的密码。比如 P@ssw02d,包含大小写字母、数字、特殊符号共 8 位字符组合。

2. chage 命令

要修改用户账户口令,也可以用 chage 命令实现。chage 命令的常用选项如表 4-6 所示。

表 4-6　chage 命令选项

选项	说　　明
-l	列出账户口令属性的各个数值
-m	指定口令最短存活期
-M	指定口令最长存活期
-W	口令要到期前提前警告的天数
-I	口令过期后多少天停用账户
-E	用户账户到期作废的日期
-d	设置上一次修改口令的日期

【例 4-3】 设置 user1 用户的最短口令存活期为 6 天,最长口令存活期为 60 天,口令到期前 5 天提醒用户修改口令。设置完成后查看各属性值。

```
[root@RHEL7-1 ~]#chage -m 6 -M 60 -W 5 user1
[root@RHEL7-1 ~]#chage -l user1
最近一次密码修改时间                    :2018-5-4
密码过期时间                            :2018-7-3
密码失效时间                            :从不
```

```
账户过期时间                        :从不
两次改变密码之间相距的最小天数      :6
两次改变密码之间相距的最大天数      :60
在密码过期之前警告的天数            :5
```

4.3.3 维护用户账户

1. 修改用户账户

usermod 命令用于修改用户的属性,语法格式为

```
usermod [选项] 用户名
```

前文曾反复强调,Linux 系统中的一切都是文件,因此在系统中创建用户也就是修改配置文件的过程。用户的信息保存在/etc/passwd 文件中,可以直接用文本编辑器来修改其中的用户参数,也可以用 usermod 命令修改已经创建的用户信息,诸如用户的 UID、基本/扩展用户组、默认终端等。usermod 命令中的参数以及作用如表 4-7 所示。

表 4-7 usermod 命令中的参数及作用

参 数	作 用
-c	填写用户账户的备注信息
-d、-m	参数-m 与参数-d 连用,可重新指定用户的家目录并自动把旧的数据转移过去
-e	账户的到期时间,格式为 YYYY-MM-DD
-g	变更所属用户组
-G	变更扩展用户组
-L	锁定用户,禁止其登录系统
-U	解锁用户,允许其登录系统
-s	变更默认终端
-u	修改用户的 UID

以下几点应引起注意。

(1) 不用担心这么多参数难以掌握。先来看一下账户用户 user1 的默认信息

```
[root@RHEL7-1 ~]#id user1
uid=1002(user1) gid=1002(user1) 组=1002(user1),1001(bobby)
```

(2) 将用户 user1 加入 root 用户组中,这样扩展组列表中会出现 root 用户组的字样,而基本组不会受到影响。

```
[root@RHEL7-1 ~]#usermod -G root user1
[root@RHEL7-1 ~]#id user1
uid=1002(user1) gid=1002(user1) 组=1002(user1),0(root)
```

(3) 用-u 参数修改 user1 用户的 UID 号码值。除此之外,还可以用-g 参数修改用户的基本组 ID,用-G 参数修改用户扩展组 ID。

```
[root@RHEL7-1 ~]#usermod -u 8888 user1
[root@RHEL7-1 ~]#id user1
uid=8888(user1) gid=1002(user1) 组=1002(user1),0(root)
```

(4) 修改用户 user1 的主目录为/var/user1,把启动 shell 修改为/bin/tcsh,完成后恢复到初始状态。可以用如下操作:

```
[root@RHEL7-1 ~]#usermod -d /var/user1 -s /bin/tcsh user1
[root@RHEL7-1 ~]#tail -3 /etc/passwd
user1:x:8888:1002::/var/user1:/bin/tcsh
user2:x:1003:1003::/home/user2:/bin/bash
user3:x:1010:1000::/home/user3:/bin/bash
[root@RHEL7-1 ~]#usermod -d /var/user1 -s /bin/bash user1
```

2. 禁用和恢复用户账户

有时需要临时禁用一个账户而不删除它。禁用用户账户可以用 passwd 或 usermod 命令实现,也可以直接修改/etc/passwd 或/etc/shadow 文件实现。

例如,暂时禁用和恢复 user1 账户,可以使用以下三种方法。

(1) 使用 passwd 命令。

```
//使用 passwd 命令禁用 user1 账户,利用 tail 命令可以看到被锁定的账户密码栏前面会加上"!!"
[root@RHEL7-1 ~]#passwd -l user1
锁定用户 user3 的密码
passwd: 操作成功
[root@RHEL7-1 ~]#tail -1 /etc/shadow
user1:!!...:18124:0:99999:7:::

//利用 passwd 命令的-u 选项解除账户锁定,重新启用 user1 账户
[root@RHEL7-1 ~]#passwd -u user1
```

(2) 使用 usermod 命令。

```
//禁用 user1 账户
[root@RHEL7-1 ~]#usermod -L user1
//解除 user1 账户的锁定
[root@RHEL7-1 ~]#usermod -U user1
```

(3) 直接修改用户账户配置文件。

可将/etc/shadow 文件中关于 user1 账户的 passwd 域的第一个字符前面加上一个"*",达到禁用账户的目的,在需要恢复的时候只要删除字符"!"即可。

如果只是禁止用户账户登录系统,可以将其启动 shell 设置为/bin/false 或者/dev/null。

3. 删除用户账户

要删除一个账户,可以直接编辑删除/etc/passwd 和/etc/shadow 文件中要删除的用户所对应的行,或者用 userdel 命令删除。userdel 命令的语法格式为

```
userdel [-r] 用户名
```

如果不加-r选项，userdel命令会在系统中所有与账户有关的文件中（例如/etc/passwd，/etc/shadow，/etc/group）将用户的信息全部删除。

如果加-r选项，则在删除用户账户的同时，还将用户主目录以及其下的所有文件和目录全部删除。另外，如果用户使用E-mail，同时也将/var/spool/mail目录下的用户文件删除。

4.4 任务4 管理组群

组群管理包括新建组群、维护组群账户和为组群添加用户等内容。

4.4.1 维护组群账户

创建组群和删除组群的命令与创建、维护账户的命令相似。创建组群可以使用命令groupadd或者addgroup。

例如，创建一个新的组群，组群的名称为testgroup，可用如下命令：

```
[root@RHEL7-1 ~]#groupadd testgroup
```

要删除一个组可以用groupdel命令，例如删除刚创建的testgroup组，可用如下命令：

```
[root@RHEL7-1 ~]#groupdel testgroup
```

需要注意的是，如果要删除的组群是某个用户的主组群，则该组群不能被删除。

修改组群的命令是groupmod，其命令格式为

```
groupmod [选项] 组名
```

常见的命令选项如表4-8所示。

表4-8 groupmod命令选项

选项	说明
-g gid	把组群的GID改成gid
-n group-name	把组群的名称改为group-name
-o	强制接受更改的组的GID为重复的号码

4.4.2 为组群添加用户

在Red Hat Linux中使用不带任何参数的useradd命令创建用户时，会同时创建一个和用户账户同名的组群，称为主组群。当一个组群中必须包含多个用户时则需要使用附属组群。在附属组中增加、删除用户都用gpasswd命令。gpasswd命令的格式为

```
gpasswd [选项] [用户] [组]
```

只有root用户和组管理员才能够使用这个命令，命令选项如表4-9所示。

表 4-9　gpasswd 命令选项

选　项	说　明	选　项	说　明
-a	把用户加入组	-r	取消组的密码
-d	把用户从组中删除	-A	给组指派管理员

例如，要把 user1 用户加入 testgroup 组，并指派 user1 为管理员，可以执行下列命令：

```
[root@RHEL7-1 ~]#groupadd testgroup
[root@RHEL7-1 ~]#gpasswd -a user1 testgroup
[root@RHEL7-1 ~]#gpasswd -A user1 testgroup
```

4.5　任务 5　使用 su 命令与 sudo 命令

在实际工作环境中为了保证安全，并不会用 root 账户去做所有事情，因为一旦执行了错误的命令，可能会直接导致系统崩溃。但是 Linux 系统出于安全性考虑，许多系统命令和服务只能被 root 账户使用，所以让普通用户受到了更多的权限束缚，从而导致无法顺利完成特定的工作任务。

4.5.1　使用 su 命令

su 命令可以解决切换用户身份的需求，使得当前用户在不退出登录的情况下，顺畅地切换到其他用户，比如从 root 管理员切换至普通用户。

```
[root@RHEL7-1 ~]#id
uid=0(root) gid=0(root) 组=0(root) 环境=unconfined_u:unconfined_r:unconfined_
t:s0-s0:c0.c1023
[root@RHEL7-1 ~]#useradd -G testgroup test
[root@RHEL7-1 ~]#su -test
[test@RHEL7-1 ~]$id
uid=8889(test) gid=8889(test) 组=8889(test),1011(testgroup) 环境=unconfined_u:
unconfined_r:unconfined_t:s0-s0:c0.c1023
```

细心的读者一定会发现，上面的 su 命令与用户名之间有一个短线(—)，这意味着完全切换到新的用户，即把环境变量信息也变更为新用户的相应信息，而不是保留原始的信息。强烈建议在切换用户身份时添加这个减号(—)。

另外，当从 root 账户切换到普通用户时不需要密码验证，而从普通用户切换成 root 账户时需要进行密码验证，这也是一个必要的安全检查。代码如下：

```
[test@RHEL7-1 ~]$su root
Password:
[root@RHEL7-1 ~]#su -test
上一次登录:日 5月 6 05:22:57 CST 2018pts/0 上
```

```
[test@RHEL7-1 ~]$exit
logout
[root@RHEL7-1 ~]#
```

4.5.2 使用 sudo 命令

尽管使用 su 命令后,普通用户可以完全切换到 root 账户身份来完成相应的工作,但会暴露 root 账户的密码,从而增大了系统密码被黑客获取的概率,所以并不是最安全的方案。

用 sudo 命令把特定命令的执行权限赋予指定用户,这样既可保证普通用户能够完成特定的工作,也可以避免泄露 root 账户密码。我们要做的就是合理配置 sudo 服务,以便兼顾系统的安全性和用户的便捷性。sudo 服务的配置原则非常简单——在保证普通用户可以完成相应工作的前提下,尽可能少地赋予额外的权限。

sudo 命令用于给普通用户提供额外的权限来完成原本 root 账户才能完成的任务,格式为

```
sudo [参数] 命令名称
```

sudo 服务中可用的参数及作用如表 4-10 所示。

表 4-10 sudo 服务中的可用参数及作用

参　数	作　用
-h	列出帮助信息
-l	列出当前用户可执行的命令
-u 用户名或 UID 值	以指定的用户身份执行命令
-k	清空密码的有效时间,下次执行 sudo 时需要再次进行密码验证
-b	在后台执行指定的命令
-p	更改询问密码的提示语

sudo 命令具有如下功能:

- 限制用户执行指定的命令;
- 记录用户执行的每一条命令;
- 配置文件(/etc/sudoers)提供集中的用户管理、权限与主机等参数;
- 验证密码的后 5 分钟内(默认值)无须让用户再次验证密码。

当然,如果担心直接修改配置文件会出现问题,可以使用 sudo 命令提供的 visudo 命令来配置用户权限。这条命令在配置用户权限时将禁止多个用户同时修改 sudoers 配置文件,还可以对配置文件内的参数进行语法检查,并在发现参数错误时进行报错。

注意:只有 root 账户才可以使用 visudo 命令编辑 sudo 服务的配置文件。

使用 visudo 命令配置 sudo 命令的配置文件时,其操作方法与 vim 编辑器中用到的方法一致(执行 visudo 命令后,直接输入命令":set number"或者":set nu",可以对配置文件加行号),因此在编写完成后记得在末行模式下保存并退出。在 sudo 命令的配置文件中,按照下面的格式在第 93 行填写指定的信息(按 i 键进入编辑状态才可更改配置文件的内容)。

```
[root@RHEL7-1 ~]#visudo
 90 ##
```

```
91 ##Allow root to run any commands anywhere
92 root ALL= (ALL) ALL
93 test ALL= (ALL) ALL
```

在填写完毕后记得要先保存再退出(按 Esc 键,输入: wq,按 Enter 键),然后切换至指定的普通用户身份,此时就可以用 sudo -l 命令查看所有可执行的命令了(下面的命令中,验证的是该普通用户的密码,而不是 root 账户的密码,不要混淆)。

```
[root@RHEL7-1 ~]#su -test
//上一次登录:日 5月 6 05:27:06 CST 2018pts/0 上
[test@RHEL7-1 ~]$sudo -l
[sudo] test 的密码:此处输入 linuxprobe 用户的密码
//匹配 %2$s 上 %1$s 的默认条目:
!visiblepw, always_set_home, match_group_by_gid, env_reset,
env_keep="COLORS DISPLAY HOSTNAME HISTSIZE KDEDIR LS_COLORS",
env_keep+="MAIL PS1 PS2 QTDIR USERNAME LANG LC_ADDRESS LC_CTYPE",
env_keep+="LC_COLLATE LC_IDENTIFICATION LC_MEASUREMENT LC_MESSAGES",
env_keep+="LC_MONETARY LC_NAME LC_NUMERIC LC_PAPER LC_TELEPHONE",
env_keep+="LC_TIME LC_ALL LANGUAGE LINGUAS _XKB_CHARSET XAUTHORITY",
secure_path=/sbin\:/bin\:/usr/sbin\:/usr/bin
```

用户 test 可以在 RHEL7-1 上运行以下命令:

```
(ALL) ALL
```

作为一名普通用户,肯定看不到 root 账户的家目录(/root)中的文件信息,但是,只需要在想执行的命令前面加上 sudo 命令就可以了。

```
[test@RHEL7-1 ~]$ls /root
//ls: 无法打开目录/root: 权限不够
[test@RHEL7-1 ~]$sudo ls /root
560_file anaconda-ks.cfg initial-setup-ks.cfg 公共 视频 文档 音乐
aa etc.tar.gz  wordpress.zip 模板 图片 下载 桌面
```

但是考虑到生产环境中不允许某个普通用户拥有整个系统中所有命令的最高执行权(这也不符合前文提到的权限赋予原则,即尽可能少地赋予权限),因此 ALL 参数就有些不合适了,所以只能赋予普通用户具体的命令以满足工作需要。如果需要让某个用户只能使用 root 账户的身份执行指定的命令,切记一定要给出该命令的绝对路径,否则系统无法识别。可以先使用 whereis 命令找出命令所对应的保存路径,然后把配置文件第 93 行的用户权限参数修改成对应的路径即可。

```
[test@RHEL7-1 ~]$exit
logout
[root@RHEL7-1 ~]#whereis cat
cat: /usr/bin/cat /usr/share/man/man1/cat.1.gz /usr/share/man/man1p/cat.1p.gz
[root@RHEL7-1 ~]#visudo
  90 ##
```

```
  91 ##Allow root to run any commands anywhere
  92 root ALL=(ALL) ALL
  93 test ALL=(ALL) /usr/bin/cat
```

在编辑好后依然是先保存再退出。再次切换到指定的普通用户,然后尝试正常查看某个文件的内容,此时系统提示没有权限。这时再使用 sudo 命令就可以顺利地查看文件的内容了。

```
[root@RHEL7-1 ~]#su -test
//上一次登录:日 5月 6 05:58:08 CST 2018pts/0 上
[test@RHEL7-1 ~]$cat /etc/shadow
cat: /etc/shadow: 权限不够
[test@RHEL7-1 ~]$sudo cat /etc/shadow
root:$6$C0UDHrgV$rgwr.H.4yWTNWBfeeQKQf.vUscfCAYDWucOrzgj80ClfIvX3gFqmdVt87s
YulQvMicUMI4GhoebcfOaW3lpoA1:17656:0:99999:7:::
bin:*:16925:0:99999:7:::
daemon:*:16925:0:99999:7:::
adm:*:16925:0:99999:7:::
lp:*:16925:0:99999:7:::
sync:*:16925:0:99999:7:::
shutdown:*:16925:0:99999:7:::
…
```

大家可能会发觉现在每次执行 sudo 命令后都会要求验证密码,非常麻烦,这时可以添加 NOPASSWD 参数,使用户执行 sudo 命令时不再需要进行密码验证。

```
[test@RHEL7-1 ~]$exit
logout
[root@RHEL7-1 ~]#whereis poweroff
poweroff: /usr/sbin/poweroff /usr/share/man/man8/poweroff.8.gz
[root@RHEL7-1 ~]#visudo
…
  90 ##
  91 ##Allow root to run any commands anywhere
  92 root ALL=(ALL) ALL
  93 test ALL=NOPASSWD: /usr/sbin/poweroff
…
```

此时,当切换到普通用户执行命令时,就不用再频繁地验证密码了,在日常工作中方便了许多。

```
[root@RHEL7-1 ~]#su -test
//上一次登录:日 5月 6 06:08:20 CST 2018pts/0 上
[test@RHEL7-1 ~]$poweroff
User root is logged in on seat0.
Please retry operation after closing inhibitors and logging out other users.
Alternatively, ignore inhibitors and users with 'systemctl poweroff -i'.
[test@RHEL7-1 ~]$sudo poweroff
```

4.6　任务 6　使用用户管理器管理用户和组群

默认情况下，图形界面的用户管理器是没有安装的，需要安装 system-config-users 工具。

4.6.1　使用 sudo 命令

(1) 检查是否安装了 system-config-users。

```
[root@RHEL7-1 ~]#rpm -qa|grep system-config-users
```

表示没有安装 system-config-users。

(2) 如果没有安装，可以使用 yum 命令安装所需软件包。

① 挂载 ISO 安装镜像。

```
//挂载光盘到 /iso 下
[root@RHEL7-1 ~]#mkdir /iso
[root@RHEL7-1 ~]#mount /dev/cdrom /iso
mount: /dev/sr0 写保护,将以只读方式挂载
```

② 制作用于安装的 yum 源文件。

```
[root@RHEL7-1 ~]#vim /etc/yum.repos.d/dvd.repo
```

dvd.repo 文件的内容如下(后面不再赘述)：

```
#/etc/yum.repos.d/dvd.repo
#or for ONLY the media repo, do this:
#yum --disablerepo=\* --enablerepo=c6-media [command]
[dvd]
name=dvd
#特别注意本地源文件中的表示,有 3 个"/"
baseurl=file:///iso
gpgcheck=0
enabled=1
```

③ 使用 yum 命令查看 system-config-users 软件包的信息，如图 4-1 所示。

```
[root@RHEL7-1 ~]#yum info system-config
```

④ 使用 yum 命令安装 system-config-users。

```
[root@RHEL7-1 ~]#yum clean all                    //安装前先清除缓存
[root@RHEL7-1 ~]#yum install system-config-users -y
```

正常安装完成后，最后的提示信息如下：

```
[root@rhel7-1 ~]# yum  info system-config-users
已加载插件：langpacks, product-id, search-disabled-repos, subscription-manager
This system is not registered with an entitlement server. You can use subscripti
on-manager to register.
可安装的软件包
名称      : system-config-users
架构      : noarch
版本      : 1.3.5
发布      : 2.el7
大小      : 339 k
源      : dvd
简介      :  A graphical interface for administering users and groups
网址      : http://fedorahosted.org/system-config-users
协议      :  GPLv2+
描述      :  system-config-users is a graphical utility for administrating
          : users and groups.  It depends on the libuser library.
```

图 4-1　使用 yum 命令查看 gcc 软件包的信息

```
...
已安装：
  system-config-users.noarch 0:1.3.5-2.el7
作为依赖被安装：
  system-config-users-docs.noarch 0:1.0.9-6.el7
完毕！
```

所有软件包安装完毕之后，可以使用 rpm 命令再一次进行查询：rpm -qa | grep system-config-users。

```
[root@RHEL7-1 etc]#rpm -qa | grep system-config-users
system-config-users-docs-1.0.9-6.el7.noarch
system-config-users-1.3.5-2.el7.noarch
```

4.6.2　使用用户管理器

```
[root@RHEL7-1 etc]#rpm -qa | grep system-config-users
system-config-users-docs-1.0.9-6.el7.noarch
system-config-users-1.3.5-2.el7.noarch
```

使用命令 system-config-users 会打开如图 4-2 所示的“用户管理者”窗口。

用户管理者

文件(F)　编辑(E)　帮助(H)

添加用户　添加组群　属性　删除　刷新　帮助

搜索过滤器(r)：　应用过滤器(A)

用户(s)　组群(o)

用户名	用户 ID	主组群	全名	登录 Shell	主目录
yangyun	1000	yangyun	yang yun	/bin/bash	/home/yangyun
bobby	1001	bobby		/bin/bash	/home/bobby
user2	1003	user2		/bin/bash	/home/user2
user3	1010	yangyun		/bin/bash	/home/user3
user1	8888	user1		/bin/bash	/var/user1
test	8889	test		/bin/bash	/home/test

图 4-2　“用户管理器者”窗口

使用“用户管理者”窗口可以方便地进行添加用户或组群、编辑用户或组群的属性、删除用户或组群、加入或退出组群等操作。图形界面比较简单，在此不再赘述。不过提醒读者，system-config 命令有许多其他应用，大家可以尝试一下。

4.7　任务 7　使用常用的账户管理命令

账户管理命令可以在非图形化操作中对账户进行有效管理。

1．vipw

vipw 命令用于直接对用户账户文件/etc/passwd 进行编辑，使用的默认编辑器是 vi。在对/etc/passwd 文件进行编辑时将自动锁定该文件，编辑结束后对该文件进行解锁，保证了文件的一致性。vipw 命令在功能上等同于“vi /etc/passwd”命令，但是比直接使用 vi 命令更安全。命令格式如下：

```
[root@RHEL7-1 ~]#vipw
```

2．vigr

vigr 命令用于直接对组群文件/etc/group 进行编辑。在用 vigr 命令对/etc/group 文件进行编辑时将自动锁定该文件，编辑结束后对该文件进行解锁，保证了文件的一致性。vigr 命令在功能上等同于“vi /etc/group”命令，但是比直接使用 vi 命令更安全。命令格式如下：

```
[root@RHEL7-1 ~]#vigr
```

3．pwck

pwck 命令用于验证用户账户文件认证信息的完整性。该命令检测/etc/passwd 文件和/etc/shadow 文件每行中字段的格式和值是否正确。命令格式如下：

```
[root@RHEL7-1 ~]#pwck
```

4．grpck

grpck 命令用于验证组群文件认证信息的完整性。该命令检测/etc/group 文件和/etc/gshadow 文件每行中字段的格式和值是否正确。命令格式如下：

```
[root@RHEL7-1 ~]#grpck
```

5．id

id 命令用于显示一个用户的 UID 和 GID 以及用户所属的组列表。在命令行输入 id 直接按 Enter 键，将显示当前用户的 ID 信息。id 命令格式如下：

```
id [选项] 用户名
```

例如，显示 user1 用户的 UID、GID 信息的实例如下所示：

```
[root@RHEL7-1 ~]#id  user1
uid=8888(user1) gid=1002(user1) 组=1002(user1),0(root),1011(testgroup)
```

6. finger、chfn、chsh

使用 finger 命令可以查看用户的相关信息,包括用户的主目录、启动 shell、用户名、地址、电话等存放在/etc/passwd 文件中的记录信息。管理员和其他用户都可以用 finger 命令了解用户。直接使用 finger 命令可以查看当前用户信息。finger 命令格式及实例如下:

```
finger [选项] 用户名
[root@RHEL7-1 ~]#finger
Login     Name      Tty      Idle     Login Time     Office          Office Phone
root      root      tty1     4        Sep 1 14:22
root      root      pts/0             Sep 1 14:39    (192.168.1.101)
```

finger 命令常用的一些选项如表 4-11 所示。

表 4-11 finger 命令选项

选项	说　　明
-l	以长格形式显示用户信息,是默认选项
-m	关闭以用户姓名查询账户的功能,如不加此选项,用户可以用一个用户的姓名来查询该用户的信息
-s	以短格形式查看用户的信息
-p	不显示 plan(plan 信息是用户主目录下的.plan 等文件)

用户自己可以使用 chfn 和 chsh 命令修改 finger 命令显示的内容。chfn 命令可以修改用户的办公地址、办公电话和住宅电话等。chsh 命令可以用来修改用户的启动 shell。用户在用 chfn 和 chsh 修改个人账户信息时会被提示需要输入密码。例如:

```
[user1@Server ~]$ chfn
Changing finger information for user1.
Password:
Name [oneuser]:oneuser
Office []: network
Office Phone []: 66773007
Home Phone []: 66778888
Finger information changed.
```

用户可以直接输入 chsh 命令或使用-s 选项指定要更改的启动 shell。例如用户 user1 想把自己的启动 shell 从 bash 改为 tcsh。可以使用以下两种方法:

```
[user1@Server ~]$ chsh
Changing shell for user1.
Password:
New shell [/bin/bash]: /bin/tcsh
Shell changed.
```

或

```
[user1@Server ~]$ chsh -s /bin/tcsh
Changing shell for user1.
```

7. whoami

whoami 命令用于显示当前用户的名称。whoami 与命令"id -un"作用相同。

```
[user1@Server ~]$  whoami
User1
```

8. newgrp

newgrp 命令用于转换用户的当前组到指定的主组群，对于没有设置组群口令的组群账户，只有组群的成员才可以使用 newgrp 命令改变主组群身份到该组群。如果组群设置了口令，其他组群的用户只要拥有组群口令也可以将主组群身份改变到该组群。应用实例如下：

```
[root@RHEL7-1 ~]#id                         //显示当前用户的 gid
uid=0(root) gid=0(root) groups=0(root),1(bin),2(daemon),3(sys),4(adm),
6(disk),10(wheel)
[root@RHEL7-1 ~]#newgrp group1              //改变用户的主组群
[root@RHEL7-1 ~]#id
uid=0(root) gid=500(group1) groups=0(root),1(bin),2(daemon),3(sys),4(adm),
6(disk),10(wheel)
[root@RHEL7-1 ~]#newgrp                     //newgrp 命令不指定组群时转换为用户的私有组
[root@RHEL7-1 ~]#id
uid=0(root) gid=0(root) groups=0(root),1(bin),2(daemon),3(sys),4(adm),
6(disk), 10(wheel)
```

使用 groups 命令可以列出指定用户的组群。例如：

```
[root@RHEL7-1 ~]#whoami
root
[root@RHEL7-1 ~]#groups
root bin daemon sys adm disk wheel
```

4.8　企业实战与应用——账号管理实例

1. 问题的提出

情境：假设需要的账号数据如表 4-12 所示，该如何操作？

表 4-12　账号数据

账号名称	账号全名	支持次要群组	是否可登录主机	口　令
myuser1	1st user	mygroup1	可以	Password
myuser2	2nd user	mygroup1	可以	Password
myuser3	3rd user	无额外支持	不可以	password

2. 解决方案

```
#先处理账号相关属性的数据
[root@RHEL7-1 ~]#groupadd mygroup1
[root@RHEL7-1 ~]#useradd -G mygroup1 -c "1st user" myuser1
[root@RHEL7-1 ~]#useradd -G mygroup1 -c "2nd user" myuser2
[root@RHEL7-1 ~]#useradd -c "3rd user" -s /sbin/nologin myuser3

#再处理账号口令的相关属性的数据
[root@RHEL7-1 ~]#echo "password" | passwd --stdin myuser1
[root@RHEL7-1 ~]#echo "password" | passwd --stdin myuser2
[root@RHEL7-1 ~]#echo "password" | passwd --stdin myuser3
```

注意：首先 myuser1 与 myuser2 都支持次要群组，但该群组不一定存在，因此需要先手动创建；其次，myuser3 是“不可登录系统”的账号，因此需要使用 /sbin/nologin 进行设置，这样该账号就成为非登录账户了。

4.9 项目实录 管理用户和组

1. 观看录像

实训前请扫描二维码观看录像。

2. 项目实训目的

- 熟悉 Linux 用户的访问权限。
- 掌握在 Linux 系统中增加、修改、删除用户或用户组的方法。
- 掌握用户账户管理及安全管理。

3. 项目背景

某公司有 60 名员工，分别在 5 个部门工作，每个人工作内容不同。需要在服务器上为每个人创建不同的账号，把相同部门的用户放在一个组中，每个用户都有自己的工作目录。并且需要根据工作性质对每个部门和每个用户在服务器上的可用空间进行限制。

4. 项目实训内容

练习设置用户的访问权限，练习账号的创建、修改、删除。

5. 做一做

根据项目实录录像进行项目的实训，检查学习效果。

4.10 练习题

一、填空题

1. Linux 操作系统是________的操作系统，它允许多个用户同时登录系统，使用系统资源。

2. Linux 系统下的用户账户分为________和________两种。

3. root 用户的 UID 为________。普通用户的 UID 可以在创建时由管理员指定；如果不指定，用户的 UID 默认从________开始顺序编号。

4. 在 Linux 系统中，创建用户账户的同时也会创建一个与用户同名的组群，该组群是用户的________。普通组群的 GID 默认也从________开始编号。

5. 一个用户账户可以同时是多个组群的成员，其中某个组群是该用户的________（私有组群），其他组群为该用户的________（标准组群）。

6. 在 Linux 系统中，所创建的用户账户及其相关信息（密码除外）均放在________配置文件中。

7. 由于所有用户对/etc/passwd 文件均有________权限，为了增强系统的安全性，用户经过加密之后的口令都存放在________文件中。

8. 组群账户的信息存放在________文件中，而关于组群管理的信息（组群口令、组群管理员等）则存放在________文件中。

二、选择题

1. 存放用户密码信息的目录是（ ）。

A. /etc　B. /var　C. /dev　D. /boot

2. 创建用户 ID 是 200、组 ID 是 1000、用户主目录为/home/user01 的正确命令是（ ）。

A. useradd -u：200 -g：1000 -h：/home/user01 user01

B. useradd -u=200 -g=1000 -d=/home/user01 user01

C. useradd -u 200 -g 1000 -d /home/user01 user01

D. useradd -u 200 -g 1000 -h /home/user01 user01

3. 用户登录系统后首先进入的目录是（ ）。

A. /home　B. /root 的主目录

C. /usr　D. 用户自己的家目录

4. 在使用了 shadow 口令的系统中，/etc/passwd 和/etc/shadow 两个文件的权限正确的是（ ）。

A. -rw-r-----，-r--------　B. -rw-r--r--，-r--r--r--

C. -rw-r--r--，-r--------　D. -rw-r--rw-，-r-----r--

5. 可以删除一个用户并同时删除用户的主目录的参数是（ ）。

A. rmuser -r　B. deluser -r

C. userdel -r　D. usermgr -r

6. 系统管理员应该采用的安全措施是（ ）。

A. 把 root 密码告诉每一位用户

B. 设置 telnet 服务提供远程系统维护

C. 经常检测账户数量、内存信息和磁盘信息

D. 当员工辞职后，立即删除该用户账户

7. 在/etc/group 中有一行代码“students：：600：z3，14，w5”，表示在 student 组里的用户数为（ ）。

A. 3　B. 4　C. 5　D. 不知道

8. 可以用来检测用户 lisa 的信息的命令是(　　)。

A. finger lisa　　B. grep lisa /etc/passwd

C. find lisa /etc/passwd　　D. who lisa

4.11 超链接

单击 http://www.icourses.cn/scourse/course_2843.html,访问并学习国家精品资源共享课程网站中学习情境的相关内容。

项目五　配置与管理文件系统

项目背景

作为Linux系统的网络管理员，学习Linux文件系统和磁盘管理是至关重要的，尤其对于初学者来说，文件的权限与属性是学习Linux一个相当重要的关卡，如果没有这部分的概念，那么当遇到Permission deny的错误提示时将会一筹莫展。

职业能力目标和要求

- Linux文件系统结构。
- Linux系统的文件权限管理，磁盘和文件系统管理工具。
- Linux系统权限管理的应用。

5.1　任务1　全面理解文件系统与目录

文件系统（File System）是磁盘上有特定格式的一片区域，操作系统利用文件系统保存和管理文件。

5.1.1　子任务1　认识文件系统

用户在硬件存储设备中执行的文件建立、写入、读取、修改、转存与控制等操作都是依靠文件系统来完成的。文件系统的作用是合理规划硬盘，以保证用户正常的使用需求。Linux系统支持数十种文件系统，而最常见的文件系统如下所示。

- ext3：一款日志文件系统，能够在系统异常宕机时避免文件系统资料丢失，并能自动修复数据的不一致与错误。不足是，当硬盘容量较大时，所需的修复时间也会很长，而且不能百分之百地保证资料不会丢失。它会把整个磁盘的每个写入动作的细节都预先记录下来，以便在发生异常宕机后能回溯追踪到被中断的部分，然后尝试进行修复。
- ext4：ext3的改进版本，作为RHEL 7系统中的默认文件管理系统，它支持的存储容量高达1EB（1EB＝1073741824GB），且能够有无限多的子目录。另外，Ext4文件系统能够批量分配block块，从而极大地提高了读写效率。
- XFS：一种高性能的日志文件系统，而且是RHEL 7中默认的文件管理系统。它的优势在发生意外宕机后尤其明显，即可以快速恢复可能被破坏的文件，而且强大的日志功能只用花费极低的计算和存储性能。它最大可支持的存储容量为 18EB，几乎满足了所有需求。

RHEL 7 系统中一个比较大的变化就是使用了 XFS 作为文件系统。

日常在硬盘需要保存的数据实在太多了，因此 Linux 系统中有一个名为 super block 的"硬盘地图"。Linux 并不是把文件内容直接写入这个"硬盘地图"中，而是在里面记录整个文件系统的信息。因为如果把所有的文件内容都写入其中，体积将会变得非常大，而且文件内容的查询与写入速度也会变得很慢。Linux 只是把每个文件的权限与属性记录在 inode 中，每个文件占用一个独立的 inode 表格，该表格的大小默认为 128 字节，里面记录着如下信息：

- 该文件的访问权限(read、write、execute)；
- 该文件的所有者与所属组(owner、group)；
- 该文件的大小(size)；
- 该文件创建或内容修改的时间(ctime)；
- 该文件的最后一次访问时间(atime)；
- 该文件的修改时间(mtime)；
- 文件的特殊权限(SUID、SGID、SBIT)；
- 该文件的真实数据地址(point)。

文件的实际内容保存在 block 块中(大小可以是 1KB、2KB 或 4KB)，一个 inode 的默认大小仅为 128B(Ext3)，记录一个 block 则消耗 4B。当文件的 inode 被写满后，Linux 系统会自动分配出一个 block 块，专门用于像 inode 那样记录其他 block 块的信息，这样把各个 block 块的内容串到一起，就能够让用户读到完整的文件内容了。对于存储文件内容的 block 块，有下面两种常见情况(以 4KB 的 block 大小为例进行说明)。

- 情况 1：文件很小(1KB)，但依然会占用一个 block，因此会潜在地浪费 3KB。
- 情况 2：文件很大(5KB)，那么会占用两个 block(5KB－4KB 后剩下的 1KB 也要占用一个 block)。

计算机系统在发展过程中产生了众多的文件系统，为了使用户在读取或写入文件时不用关心底层的硬盘结构，Linux 内核中的软件层为用户程序提供了一个 VFS(Virtual File System，虚拟文件系统)接口，实际上用户操作文件就是统一对这个虚拟文件系统进行操作。图 5-1 所示为 VFS 的架构示意图，从中可见，实际文件系统在 VFS 下隐藏了自己的特性和细节，所以用户在日常使用时会觉得"文件系统都是一样的"，也就可以随意使用各种命令在任何文件系统中进行各种操作了(比如使用 cp 命令复制文件)。

5.1.2 子任务 2 理解 Linux 文件系统目录结构

在 Linux 系统中，目录、字符设备、块设备、套接字、打印机等都被抽象成了文件：Linux 系统中一切都是文件。既然平时打交道的都是文件，那么又该如何找到它们呢？在 Windows 操作系统中，想要找到一个文件，要依次进入该文件所在的磁盘分区(假设这里是 D 盘)，然后进入该分区下的具体目录，最终找到这个文件。但是在 Linux 系统中并不存在 C/D/E/F 等盘符，Linux 系统中的一切文件都是从"根(/)"目录开始的，并按照文件系统层次化标准(FHS)采用树形结构存放文件,以及定义常见目录的用途。另外,Linux 系统中的文件和目录名称是严格区分大小写的。例如,root、rOOt、Root、rooT 代表不同的目录,并且文件名称中不得包含斜杠(/)。Linux 系统中的文件存储结构如图 5-2 所示。

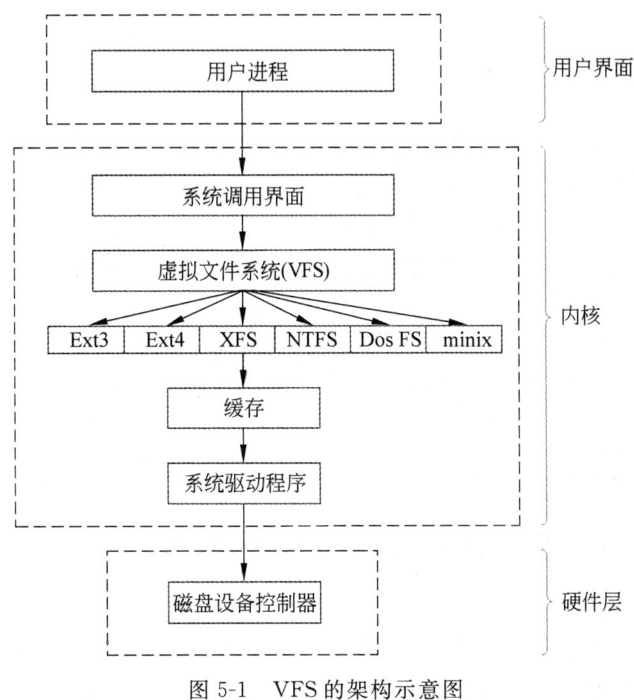

图 5-1 VFS 的架构示意图

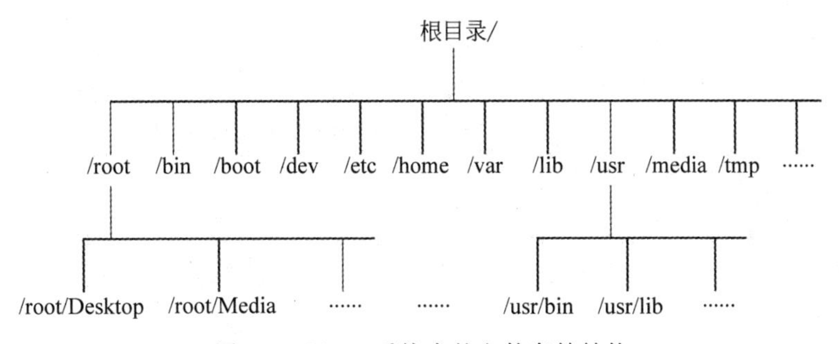

图 5-2 Linux 系统中的文件存储结构

在 Linux 系统中,最常见的目录以及所对应的存放内容如表 5-1 所示。

表 5-1 Linux 系统中常见的目录名称以及相应内容

目录名称	应放置文件的内容
/	Linux 文件的最上层根目录
/boot	开机所需文件,即内核、开机菜单以及所需配置文件等
/dev	以文件形式存放的任何设备与接口
/etc	配置文件
/home	用户家目录
/bin	Binary 的缩写,存放用户的可运行程序,如 ls、cp 等;也包含其他 shell,如 bash 和 cs 等

续表

目录名称	应放置文件的内容
/lib	开机时用到的函数库，以及/bin 与/sbin 下面的命令要调用的函数
/sbin	开机过程中需要的命令
/media	用于挂载设备文件的目录
/opt	放置第三方的软件
/root	系统管理员的家目录
/srv	一些网络服务的数据文件目录
/tmp	任何人均可使用的“共享”临时目录
/proc	虚拟文件系统，例如系统内核、进程、外部设备及网络状态等
/usr/local	用户自行安装的软件
/usr/sbin	Linux 系统开机时不会使用的软件/命令/脚本
/usr/share	帮助与说明文件，也可放置共享文件
/var	主要存放经常变化的文件，如日志
/lost＋found	当文件系统发生错误时，将一些丢失的文件片段存放在这里

5.1.3 子任务 3 理解绝对路径与相对路径

了解绝对路径与相对路径的概念。

- 绝对路径：由根目录(/)开始写起的文件名或目录名称，例如/home/dmtsai/basher。
- 相对路径：相对于目前路径的文件名写法。例如./home/dmtsai 或../../home/dmtsai/等。

技巧：如果不是以“/”开始就属于相对路径。

相对路径是以当前所在路径的相对位置来表示的。举例来说，目前在/home 这个目录下，如果想要进入/var/log 这个目录时，可以怎么写呢？有两种方法。

- cd /var/log (绝对路径)
- cd ../var/log (相对路径)

因为目前在/home 下，所以要回到上一层(../)之后，才能进入/var/log 目录。特别注意两个特殊的目录。

- .：代表当前的目录，也可以使用./来表示。
- ..：代表上一层目录，也可以用../来代表。

这个.和..目录的概念很重要，常常看到的 cd .. 或./command 之类的指令表达方式，就是代表上一层与目前所在目录的工作状态。

5.2 任务 2 管理 Linux 文件权限

5.2.1 子任务 1 理解文件和文件权限

文件是操作系统用来存储信息的基本结构，是一组信息的集合。文件通过文件名来唯一标识。Linux 中的文件名称最长允许 255 个字符，这些字符可用 A～Z、0～9、.、_、-等符号来表示。与其他操作系统相比，Linux 最大的不同点是没有“扩展名”的概念，也就是说文件的名称和该文件的种类并没有直接的关联，例如 sample. txt 可能是一个运行文件，而 sample. exe 也有可能是文本文件，甚至可以不使用扩展名。另一个特性是 Linux 文件名区分大小写。例如 sample. txt、Sample. txt、SAMPLE. txt、samplE. txt 在 Linux 系统中都代表不同的文件，但在 DOS 和 Windows 平台却是指同一个文件。在 Linux 系统中，如果文件名以“. ”开始，表示该文件为隐藏文件，需要使用“ls -a”命令才能显示。

在 Linux 中的每一个文件或目录都包含访问权限，这些访问权限决定了谁能访问和如何访问这些文件和目录。通过以下三种方式设定权限可以限制访问权限：

- 只允许用户自己访问；
- 允许一个预先指定的用户组中的用户访问；
- 允许系统中的任何用户访问。

同时，用户能够控制一个给定的文件或目录的访问程度。一个文件或目录可能有读、写及执行权限。当创建一个文件时，系统会自动赋予文件所有者读和写的权限，这样可以允许所有者显示文件内容和修改文件。文件所有者可以将这些权限改变为任何想指定的权限。一个文件也许只有读权限，禁止任何修改。文件也可能只有执行权限，允许它像一个程序一样执行。

根据赋予权限的不同，三种不同的用户（所有者、用户组或其他用户）能够访问不同的目录或者文件。所有者是创建文件的用户，文件的所有者能够授予所在用户组的其他成员以及系统中除所属组之外的其他用户的文件访问权限。

每一个用户针对系统中的所有文件都有自身的读、写和执行权限。第一套权限控制访问自己的文件权限，即所有者权限；第二套权限控制用户组访问其中一个用户的文件的权限；第三套权限控制其他所有用户访问一个用户的文件的权限。这三套权限赋予用户不同类型（即所有者、用户组和其他用户）的读、写及执行权限，就构成了一个有 9 种类型的权限组。

我们可以用“ls -l”或者 ll 命令显示文件的详细信息，其中包括权限。如下所示：

```
[root@RHEL7-1 ~]#ll
total 84
drwxr-xr-x    2 root root  4096 Aug  9 15:03 Desktop
-rw-r--r--    1 root root  1421 Aug  9 14:15 anaconda-ks.cfg
-rw-r--r--    1 root root  6107 Aug  9 14:15 install.log.syslog
drwxr-xr-x    2 root root  4096 Sep  1 13:54 webmin
```

上面列出了各种文件的详细信息，共分 7 列。所列信息的含义如图 5-3 所示。

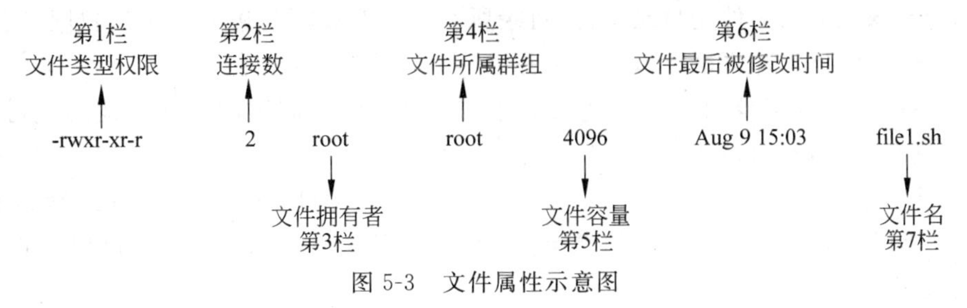

图 5-3　文件属性示意图

5.2.2 子任务 2 详解文件的各种属性信息

下面详细说明图 5-3 中各栏的作用。

(1) 第 1 栏为文件类型权限。每一行的第一个字符用来区分文件的类型，一般取值为 d、-、l、b、c、s、p。具体含义如下。

- d：表示是一个目录，在 ext 文件系统中目录也是一种特殊的文件。
- -：表示该文件是一个普通的文件。
- l：表示该文件是一个符号链接文件，实际上指向另一个文件。
- b、c：分别表示该文件为区块设备或其他的计算机外围设备，是特殊类型的文件。
- s、p：这些文件关系到系统的数据结构和管道，通常很少见到。

每一行的第 2～10 个字符表示文件的访问权限。这 9 个字符每 3 个为一组，左边三个字符表示所有者权限，中间 3 个字符表示与所有者同一组的用户的权限，右边 3 个字符是其他用户的权限。代表的意义如下。

- 字符 2、3、4 表示该文件所有者的权限，有时也简称为 u(User)的权限。
- 字符 5、6、7 表示该文件所有者所属组的组成员的权限。例如，此文件拥有者属于 user 组群，该组群中有 6 个成员，表示这 6 个成员都有此处指定的权限。简称为 g(Group)的权限。
- 字符 8、9、10 表示该文件所有者所属组群以外的权限，简称为 o(Other)的权限。

这 9 个字符根据权限种类的不同，也分为 3 种类型。

- r(Read，读取)：对文件而言，具有读取文件内容的权限；对目录来说，具有浏览目录的权限。
- w(Write，写入)：对文件而言，具有新增、修改文件内容的权限；对目录来说，具有删除、移动目录内文件的权限。
- x(execute，执行)：对文件而言，具有执行文件的权限；对目录来说，该用户具有进入目录的权限。
- -：表示不具有该项权限。

下面举例说明。

- brwxr--r--：该文件是块设备文件，文件所有者具有读、写与执行的权限，其他用户则具有读取的权限。
- -rw-rw-r-x：该文件是普通文件，文件所有者与同组用户对文件具有读写的权限，而其他用户仅具有读取和执行的权限。
- drwx--x--x：该文件是目录文件，目录所有者具有读写与进入目录的权限，其他用户能进入该目录，却无法读取任何数据。
- lrwxrwxrwx：该文件是符号链接文件，文件所有者、同组用户和其他用户对该文件都具有读、写和执行权限。

每个用户都拥有自己的主目录，通常在/home 目录下，这些主目录的默认权限为 rwx------。执行 mkdir 命令所创建的目录，其默认权限为 rwxr-xr-x，用户可以根据需要修改目录的权限。

此外，默认的权限可用 umask 命令修改，用法非常简单，只需执行 umask 777 命令，代表屏蔽所有的权限，因此之后建立的文件或目录，其权限都变成 000，依次类推。通常 root 账号搭配 umask 命令的数值为 022、027 和 077，普通用户则是 002，这样所产生的默认权限依次为 755、750、700、775。

用户登录系统时，用户环境会自动执行 umask 命令来决定文件、目录的默认权限。

(2) 第 2 栏表示有多少文件名连接到此节点(i-node)。每个文件都会将其权限与属性记录到文件系统的 i-node 中。一般使用的目录树是使用文件来记录，因此每个文件名就会连接到一个 i-node。这个属性记录的就是有多少不同的文件名连接到相同的一个 i-node。

(3) 第 3 栏表示这个文件(或目录)的拥有者账号。

(4) 第 4 栏表示这个文件的所属群组。在 Linux 系统下，账号会附属于一个或多个的群组中。例如，class1、class2、class3 均属于 projecta 这个群组，假设某个文件所属的群组为 projecta，且该文件的权限为(-rwxrwx---)，则 class1、class2、class3 三人对于该文件都具有可读、可写、可执行的权限(看群组权限)。但如果不属于 projecta 的其他账号，对于此文件就不具有任何权限了。

(5) 第 5 栏为这个文件的容量大小，默认单位为 bytes。

(6) 第 6 栏为这个文件的创建日期或者最近的修改日期。这一栏的内容分别为日期(月/日)及时间。如果这个文件被修改的时间距离现在太久了，那么时间部分会仅显示年份。如果想要显示完整的时间格式，可以利用 ls 的选项，即用 ls -l --full-time 命令就能显示出完整的时间格式了。

(7) 第 7 栏为这个文件的文件名。比较特殊的是：如果文件名之前多一个“.”，则代表这个文件为隐藏文件。请读者使用 ls 及 ls -a 这两个命令去体验一下什么是隐藏文件。

5.2.3　子任务 3　使用数字表示法修改权限

在文件建立时系统会自动设置权限，如果这些默认权限无法满足需要时，可以使用 chmod 命令修改权限。通常在修改权限时可以用两种方式来表示权限类型：数字表示法和文字表示法。

chmod 命令的格式为

```
chmod 选项 文件
```

数字表示法是指将读取(r)、写入(w)和执行(x)分别以 4、2、1 来表示，没有授予的部分为 0，然后再把所授予的权限相加而成。表 5-2 是几个示范的例子。

表 5-2　以数字表示法修改权限的例子

原始权限	转换为数字	数字表示法
rwxrwxr-x	(421) (421) (401)	775
rwxr-xr-x	(421) (401) (401)	755
rw-rw-r--	(420) (420) (400)	664
rw-r--r--	(420) (400) (400)	644

例如为文件/etc/file 设置权限：赋予拥有者和组群成员读取和写入的权限，而其他人只有读取权限，则应该将权限设为“rw-rw-r--”，而该权限的数字表示法为 664，因此可以输入下面的命令来设置权限：

```
[root@RHEL7-1 ~]#touch /etc/file
[root@RHEL7-1 ~]#chmod 664 /etc/file
[root@RHEL7-1 ~]#ll /etc/file
-rw-rw-r--. 1 root root 0 5月 20 23:15 /etc/file
```

再如，要将.bashrc 这个文件所有的权限都设定为启用，可使用如下命令：

```
[root@RHEL7-1 ~]#ls -al .bashrc
-rw-r--r--. 1 root root 176 12月 29 2013 .bashrc
[root@RHEL7-1 ~]#chmod 777 .bashrc
[root@RHEL7-1 ~]#ls -al .bashrc
-rwxrwxrwx. 1 root root 176 12月 29 2013 .bashrc
```

如果要将权限变成-rwxr-xr--呢？权限的数字就成为(4+2+1)(4+0+1)(4+0+0)=754，所以需要使用 chmod 754 filename 命令。在实际的系统运行中经常出现一个问题：以 vim 编辑一个 shell 的文本批处理文件 test.sh 后，它的权限通常是-rw-rw-r--，也就是 664。如果要将该文件变成可执行文件，并且不让其他人修改此文件，就需要-rwxr-xr-x 这样的权限，此时就要执行 chmod 755 test.sh 指令。

技巧：如果有些文件不希望被其他人看到，可以将文件的权限设定为-rwxr-----，可执行 chmod 740 filename 指令。

5.2.4 子任务 4 使用文字表示法修改权限

1. 文字表示法

使用权限的文字表示法时，系统用以下四种字母来表示不同的用户：

- u：user，表示所有者；
- g：group，表示属组；
- o：others，表示其他用户；
- a：all，表示以上三种用户。

操作权限使用下面三种字符的组合表示法：

- r：read，可读；
- w：write，写入；
- x：execute，执行。

操作符号包括以下几种：

- ＋：添加某种权限；
- －：减去某种权限；
- ＝：赋予给定权限并取消原来的权限。

以文字表示法修改文件权限时，上例中的权限设置命令为

```
[root@RHEL7-1 ~]#chmod u=rw,g=rw,o=r /etc/file
```

修改目录权限和修改文件权限相同，都是使用 chmod 命令，但不同的是，要使用通配符“*”表示目录中的所有文件。

例如，要同时将/etc/test 目录中的所有文件权限设置为所有人都可读取及写入，应该使用下面的命令：

```
[root@RHEL7-1 ~]#mkdir /etc/test;touch /etc/test/f1.doc
[root@RHEL7-1 ~]#chmod a=rw /etc/test/*
```

或者

```
[root@RHEL7-1 ~]#chmod 666 /etc/test/*
```

如果目录中包含其他子目录，则必须使用-R(Recursive)参数同时设置所有文件及子目录的权限。

2. 利用 chmod 命令也可以修改文件的特殊权限

例如，要设置/etc/file 文件的 SUID 权限的方法为

```
[root@RHEL7-1 ~]#ll /etc/file
-rw-rw-rw-. 1 root root 0 5月 20 23:15 /etc/file
[root@RHEL7-1 ~]#chmod u+s /etc/file
[root@RHEL7-1 ~]#ll /etc/file
-rwSrw-rw-. 1 root root 0 5月 20 23:15 /etc/file
```

特殊权限也可以采用数字表示法。SUID、SGID 和 sticky 权限分别为 4、2 和 1。使用 chmod 命令设置文件权限时，可以在普通权限的数字前面加上一位数字来表示特殊权限。例如：

```
[root@RHEL7-1 ~]#chmod 6664 /etc/file
[root@RHEL7-1 ~]#ll /etc/file
-rwSrwSr--1 root root 22 11-27 11:42 file
```

3. 使用文字表示法的实例

【例 5-1】 假如要设定一个文件的权限为-rwxr-xr-x，所表述的含义如下。

- user (u)：具有可读、可写、可执行的权限。
- group 与 others (g/o)：具有可读与执行的权限。

执行结果如下：

```
[root@RHEL7-1 ~]#chmod u=rwx,go=rx .bashrc
//注意，“u=rwx,go=rx”是连在一起的，中间并没有任何空格
[root@RHEL7-1 ~]#ls -al .bashrc
-rwxr-xr-x 1 root root 395 Jul 4 11:45.bashrc
```

【例 5-2】 假如设置-rwxr-xr--这样的权限又该如何操作呢？可以使用“chmod u=rwx,g=rx,o=r filename”来设定。此外，如果不知道原来的文件属性，而想增加.bashrc文件的所有人均有写入的权限，那么可以使用如下命令：

```
[root@RHEL7-1 ~]#ls -al .bashrc
-rwxr-xr-x 1 root root 395 Jul 4 11:45.bashrc
[root@RHEL7-1 ~]#chmod a+w .bashrc
[root@RHEL7-1 ~]#ls -al .bashrc
-rwxrwxrwx 1 root root 395 Jul 4 11:45.bashrc
```

【例 5-3】 如果要删除权限而不改动其他已存在的权限呢？例如要删除所有人的可执行权限，则可以使用如下命令：

```
[root@RHEL7-1 ~]#chmod a-x .bashrc
[root@RHEL7-1 ~]#ls -al .bashrc
-rw-rw-rw-1 root root 395 Jul 4 11:45.bashrc
```

提示：在＋与－的状态下，只要没有指定的项目，权限就不会变动。例如例 5-3 中，由于仅删除 x 权限，所以其他权限值保持不变。举例来说，想让用户拥有执行的权限，但又不知道该文件原来的权限，此时利用 chmod a＋x filename 就可以让该程序拥有执行的权限。

5.2.5 子任务 5 理解权限与指令间的关系

权限对于使用者账号来说非常重要，因为权限可以限制使用者能不能读取/建立/删除/修改文件或目录。

(1) 用户能够进入某目录

- 可使用的指令：cd 等变换工作目录的指令。
- 目录所需权限：用户对这个目录至少需要具有 x 的权限。
- 额外需求：如果用户想要在这个目录内利用 ls 查阅文件名，则用户对此目录还需要具有 r 的权限。

(2) 用户在某个目录内能够读取某个文件

- 可使用的指令：cat、more、less 等。
- 目录所需权限：用户对这个目录至少需要具有 x 权限。
- 文件所需权限：使用者对文件至少需要具有 r 的权限。

(3) 使用者可以修改某个文件

- 可使用的指令：比如 nano 或 vim 编辑器等。
- 目录所需权限：用户在该文件所在的目录至少具有 x 权限。
- 文件所需权限：使用者对该文件至少具有 r、w 权限。

(4) 使用者可以建立某个文件

- 目录所需权限：用户在该目录要具有 w、x 的权限，重点在 w 权限。

(5) 用户进入某目录并执行该目录下的某个指令

- 目录所需权限：用户在该目录至少具有 x 的权限。
- 文件所需权限：使用者在该文件至少具有 x 的权限。

思考：让一个使用者 bobby 能够执行 cp /dir1/file1 /dir2 命令时，请说明 dir1、file1、dir2 的最小所需权限是什么。

参考解答：执行 cp 命令时，bobby 要能够读取源文件并且写入目标文件，因此各文件/目录的最小权限应该如下。

- dir1：至少需要具有 x 权限。
- file1：至少需要具有 r 权限。
- dir2：至少需要具有 w、x 权限。

5.3　任务 3　修改文件与目录的默认权限与隐藏权限

文件权限包括读、写、执行(r、w、x)等基本权限，决定文件类型的属性包括目录(d)、文件(-)、连接符等。修改权限的方法(chgrp、chown、chmod)在前面已经讲过。在 Linux 的 ext2/ext3/ext4 文件系统下，除基本的 r、w、x 权限外，还可以设定系统的隐藏属性。设置系统隐藏属性使用 chattr 命令，而使用 lsattr 命令可以查看隐藏属性。

另外，基于安全方面的考虑，设定文件不可修改的特性，即文件的拥有者也不能修改，非常重要。

5.3.1　子任务 1　理解文件预设权限：umask

那么建立文件或目录时，默认权限是什么呢？默认权限与 umask 有密切的关系，umask 指定的就是用户在建立文件或目录时的默认权限值。那么如何得知或设定 umask 呢？请看下面的命令及运行结果：

```
[root@RHEL7-1 ~]#umask
0022          //与一般权限有关的是后面三个数字
[root@RHEL7-1 ~]#umask -S
u=rwx,g=rx,o=rx
```

查阅默认权限的方式有两种：一是直接输入 umask，可以看到数字形态的权限设定；二是加入-S(Symbolic)选项，则会以符号类型的方式显示权限。

umask 有四组数字，第一组是特殊权限用的，稍后会讲到，现在先看后面的三组数字。

目录与文件的默认权限不一样。我们知道 x 权限对于目录非常重要，但是一般文件的建立不应该有执行的权限，因为一般文件通常是用于数据的记录，因此，预设的情况如下。

- 若使用者建立文件，则预设没有可执行(x)权限，即只有 rw 两个项目，也就是最大为 666，预设权限为-rw-rw-rw-。
- 若用户建立目录，由于 x 与是否可以进入此目录有关，因此默认所有权限均开放，即为 777，预设权限为 drwxrwxrwx。

umask 的分值指的是该默认值需要减掉的权限(r、w、x 分别是 4、2、1)，例如：

- 删除写入的权限时，umask 的分值输入 2；

- 删除读取的权限时,umask 的分值输入 4;
- 删除读取与写入的权限时,umask 的分值输入 6;
- 删除执行与写入的权限时,umask 的分值输入 3。

本小节前面的代码中,因为 umask 为 022,所以 user 并没有被删除任何权限,group 与 others 的权限被删除了 2(也就是 w 这个权限),测试结果为

```
[root@RHEL7-1 ~]#umask
0022
[root@RHEL7-1 ~]#touch test1
[root@RHEL7-1 ~]#mkdir test2
[root@RHEL7-1 ~]#ll
-rw-r--r--1 root root 0 Sep 27 00:25 test1
drwxr-xr-x 2 root root 4096 Sep 27 00:25 test2
```

5.3.2 子任务 2 利用 umask

如果两个人的账号属于相同群组,并且都用/home/class/目录作为专用目录,那么一个人制作的文件,另一个人无法进行编辑。

上面的案例中,test1 的权限是 644,也就是说,如果 umask 的值为 022,那么新建的数据只有用户自己具有 w 的权限,同一群组的其他人只有 r 读取的权限,肯定无法修改。

因此,当需要新建文件给同群组的使用者共同编辑时,umask 的群组就不能去掉 2 这个 w 的权限。这时 umask 的值应该是 002,这样才能使新建的文件的权限是-rw-rw-r--。可以直接在 umask 后面输入 002。命令运行效果如下:

```
[root@RHEL7-1 ~]#umask 002
[root@RHEL7-1 ~]#touch test3
[root@RHEL7-1 ~]#mkdir test4
[root@RHEL7-1 ~]#ll
-rw-rw-r--1 root root 0 Sep 27 00:36 test3
drwxrwxr-x 2 root root 4096 Sep 27 00:36 test4
```

umask 与新建文件及目录的默认权限有很大关系,这个属性可以用在服务器上,尤其是文件服务器上,比如在创建 samba server 或者 FTP server 时显得尤其重要。

思考:假设 umask 为 003,在这种情况下建立的文件与目录的权限又是怎样的呢?

参考答案:umask 为 003,所以删除的权限为--------wx,因此内容如下。

- 文件:(-rw-rw-rw-) -(--------wx)=-rw-rw-r--
- 目录:(drwxrwxrwx) -(d-------wx)=drwxrwxr--

关于 umask 与权限的计算方式中,有的书中喜欢使用二进制的方式进行 AND 与 NOT 的计算,其实上面这种计算方式更容易理解。

提示:有的书籍或者是 BBS 上,喜欢使用文件默认属性 666 与目录默认属性 777 与 umask 进行相减来计算文件属性,这是不对的。以上面的例题来看,如果使用默认属性相加减,则文件属性变成:666－003＝663,即-rw-rw--wx。原本文件就已经去除了 x 的默认属性,怎么可能突然又冒出来了呢?所以,这个地方一定要特别小心。

root 的 umask 默认值是 022，这是基于安全考虑的。对于一般用户，通常 umask 为 002，即保留同群组的写入权限。关于预设 umask 的设定可以参考/etc/bashrc 这个文件的内容。

5.3.3　子任务 3　设置文件的隐藏属性

1. chattr

功能说明：改变文件属性。

语法格式为

```
chattr [-RV][-v<版本编号>][+/-/=<属性>][文件或目录...]
```

这个指令可以改变存放在 ext4 文件系统中的文件或目录属性，这些属性共有以下 8 种模式。

- a：系统只允许在这个文件之后追加数据，不允许任何进程覆盖或截断这个文件。如果目录具有这个属性，系统将只允许在这个目录下建立和修改文件，而不允许删除任何文件。
- b：不更新文件或目录的最后存取时间。
- c：将文件或目录压缩后存放。
- d：将文件或目录排除在倾倒操作之外。
- i：不得任意改动文件或目录。
- s：带有保密性地删除文件或目录。
- S：即时更新文件或目录。
- u：预防意外删除。

参数说明如下。

-R：递归处理，将指定目录下的所有文件及子目录一并处理。

-v＜版本编号＞：设置文件或目录版本。

-V：显示指令执行过程。

＋＜属性＞：开启文件或目录的该项属性。

－＜属性＞：关闭文件或目录的该项属性。

＝＜属性＞：指定文件或目录的该项属性。

【例 5-4】 请尝试在/tmp 目录下建立文件，加入 i 参数，并尝试删除。

```
[root@RHEL7-1 ~]#cd /tmp
[root@RHEL7-1 tmp]#touch attrtest                         //建立一个空文件
[root@RHEL7-1 tmp]#chattr +i attrtest                     //给予 i 属性
[root@RHEL7-1 tmp]#rm  attrtest                           //尝试删除,查看结果
rm:remove write-protected regular empty file 'attrtest'?y
rm:cannot remove 'attrtest':Operation not permitted       //操作不被允许
//连 root 用户也没有办法将这个文件删除,应解除设定
```

请将该文件的 i 属性取消：

```
[root@RHEL7-1 tmp]#chattr -i attrtest
```

这个指令很重要，尤其是在系统的数据安全方面。其中，最重要的是＋i 与＋a 这两个属性。由于这些属性是隐藏的，所以需要使用 lsattr 命令查看。

此外，如果是 log file 日志文件，就需要＋a 属性：增加但不能修改与删除旧的数据。

2. lsattr(显示文件隐藏属性)

语法格式为

```
[root@RHEL7-1~]#lsattr  [-adR]文件或目录
```

选项与参数说明如下。

-a：将隐藏文件的属性也显示出来。

-d：如果是目录，仅列出目录本身的属性而非目录内的文件名。

-R：连同子目录的数据也一起列出来。

例如：

```
[root@RHEL7-1 tmp]#chattr +aiS attrtest
[root@RHEL7-1 tmp]#lsattr attrtest
--S-ia----------attrtest
```

使用 chattr 设定后，可以利用 lsattr 来查阅隐藏的属性。不过，这两个指令在使用上必须要特别小心，否则会造成很大的困扰。

5.3.4 子任务 4 设置文件特殊权限：SUID、SGID、SBIT

在复杂多变的生产环境中，单纯设置文件的 rwx 权限无法满足对安全和灵活性的需求，因此便有了 SUID、SGID 与 SBIT 的特殊权限位。这是一种对文件权限进行设置的特殊功能，可以与一般权限同时使用，以弥补一般权限不能实现的功能。下面具体解释这三个特殊权限位的功能以及用法。

先测试一下/tmp 和/usr/bin/passwd 的权限，看有什么特殊的地方：

```
[root@RHEL7-1 ~]#ls -ld /tmp;ls -l /usr/bin/passwd
drwxrwxrwt. 30 root root 4096 1月 22 15:33 /tmp
-rwsr-xr-x. 1 root root 30768 2月 17 2012 /usr/bin/passwd
```

下面具体解释这 3 个特殊权限位的功能以及用法。

1. SUID

SUID 是一种对二进制程序进行设置的特殊权限，可以让二进制程序的执行者临时拥有属主的权限(仅对拥有执行权限的二进制程序有效)。例如，所有用户都可以执行 passwd 命令来修改自己的用户密码，而用户密码保存在/etc/shadow 文件中。仔细查看这个文件就会发现它的默认权限是 000，也就是说除了 root 管理员以外，所有用户都没有查看或编辑该文件的权限。但是，在使用 passwd 命令时如果加上 SUID 特殊权限位，就可让普通用户临时获得程序所有者的身份，把变更的密码信息写入 shadow 文件中。这是一种有条件的、临时的特殊权限授权方法。

查看 passwd 命令属性时发现所有者的权限由 rwx 变成了 rws，其中 x 改变成 s 就意味着该文件被赋予了 SUID 权限。另外有读者会好奇，如果原来的权限是 rw-呢？如果原来权限位上没有 x 执行权限，那么被赋予特殊权限后将变成大写的 S。

```
[root@RHEL7-1 ~]#ls -l /etc/shadow
----------. 1 root root 1004 Jan 3 06:23 /etc/shadow
[root@RHEL7-1 ~]#ls -l /bin/passwd
-rwsr-xr-x. 1 root root 27832 Jan 29 2017 /bin/passwd
```

思考：如果 bobby 使用 cat 读取/etc/shadow 时，能够读取吗？

参考答案：因为 cat 不具有 SUID 的权限，所以 bobby 执行 cat /etc/shadow 时，不能读取/etc/shadow。

2. SGID

SGID 主要实现如下两种功能：

- 让执行者临时拥有属组的权限(对拥有执行权限的二进制程序进行设置)；
- 在某个目录中创建的文件自动继承该目录的用户组(只可以对目录进行设置)。

SGID 的第一种功能是参考 SUID 而设计的，不同点在于执行程序的用户获取的不再是文件所有者的临时权限，而是获取到文件所属组的权限。举例来说，在早期的 Linux 系统中，/dev/kmem 是一个字符设备文件，用于存储内核程序要访问的数据，权限为

```
cr--r-----   1 root system 2, 1 Feb 11 2017 kmem
```

除了 root 管理员或属于 system 组成员外，所有用户都没有读取该文件的权限。由于需要查看系统的进程状态，为了能够获取进程的状态信息，可在用于查看系统进程状态的 ps 命令文件上增加 SGID 特殊权限位。查看 ps 命令文件的属性信息为

```
-r-xr-sr-x 1 bin system 59346 Feb 11 2017 ps
```

此时由于 ps 命令被增加了 SGID 特殊权限位，所以当用户执行该命令时，也就临时获取到了 system 用户组的权限，从而可以顺利地读取设备文件了。

前面提到，每个文件都有其归属的所有者和所属组，当创建或传送一个文件后，这个文件就会自动归属于执行这个操作的用户(即该用户是文件的所有者)。如果现在需要在一个部门内设置共享目录，让部门内的所有人员都能够读取目录中的内容，可以创建部门共享目录后，在该目录上设置 SGID 特殊权限位，这样，部门内的任何人员在里面创建的任何文件都会归属于该目录的所属组，而不再是自己的基本用户组。此时，我们用到的就是 SGID 的第二个功能，即在某个目录中创建的文件自动继承该目录的用户组(只可以对目录进行设置)。

```
[root@RHEL7-1 ~]#cd /tmp
[root@RHEL7-1 tmp]#mkdir testdir
[root@RHEL7-1 tmp]#ls -ald testdir/
drwxr-xr-x. 2 root root 6 Feb 11 11:50 testdir/
[root@RHEL7-1 tmp]#chmod -Rf 777 testdir/
[root@RHEL7-1 tmp]#chmod -Rf g+s testdir/
[root@RHEL7-1 tmp]#ls -ald testdir/
drwxrwsrwx. 2 root root 6 Feb 11 11:50 testdir/
```

在使用上述命令设置完成目录的 777 权限(确保普通用户可以向其中写入文件),并为该目录设置了 SGID 特殊权限位后,就可以切换至一个普通用户,然后尝试在该目录中创建文件,并查看新创建的文件是否会继承新创建的文件所在的目录的所属组名称:

```
[root@RHEL7-1 tmp]#su -bobby
Last login: Wed Feb 11 11:49:16 CST 2017 on pts/0
[bobby@RHEL7-1 ~]$cd /tmp/testdir/
[bobby@RHEL7-1 testdir]$ echo "Bobby.com" >test
[bobby@RHEL7-1 testdir]$ ls -al test
-rw-rw-r--. 1 bobby root 15 Feb 11 11:50 test
```

与本小节内容相关的命令还有 chmod 和 chown。如果设置文件或目录的所有者和所属组,可以使用命令 chown,其格式为

```
chown [参数] 所有者:所属组 文件或目录名称
```

chmod 和 chown 命令是用于修改文件属性和权限的最常用命令,它们还有一个特别的共性,就是针对目录进行操作时需要加上大写参数-R 来表示递归操作,即对目录内所有的文件进行整体操作。

```
[root@RHEL7-1 testdir]#touch test.txt
[root@RHEL7-1 testdir]#ls -l test.txt
-rwxrw----. 1 root root 15 Feb 11 11:50 test
[root@RHEL7-1 testdir]#chown root:bin test.txt
[root@RHEL7-1 testdir]#ls -l test.txt
-rwxrw----. 1 root bin 15 Feb 11 11:50 test
```

3. SBIT

SBIT 目前只针对目录有效,对于文件没有效果。

现在,很多老师要求学生将作业上传到服务器的特定共享目录中,但有时会误删其他同学的作业,这时就要设置 SBIT(Sticky Bit)特殊权限位了(也可以称之为特殊权限位之黏滞位)。SBIT 特殊权限位可确保用户只能删除自己的文件,而不能删除其他用户的文件。换句话说,当对某个目录设置了 SBIT 黏滞位权限后,那么该目录中的文件就只能被其所有者执行删除操作了。

RHEL 7 系统中的/tmp 作为一个共享文件的目录,默认已经设置了 SBIT 特殊权限位,因此除非是该目录的所有者,否则无法删除这里面的文件。

与前面所讲的 SUID 和 SGID 权限显示方法不同，当目录被设置 SBIT 特殊权限位后，文件的其他人权限部分的 x 执行权限就会被替换成 t 或者 T，原本有 x 执行权限的则会写成 t，原本没有 x 执行权限的则会被写成 T。

```
[root@RHEL7-1 tmp]#su -bobby
Last login: Wed Feb 11 12:41:20 CST 2017 on pts/0
[bobby@RHEL7-1 tmp]$ls -ald /tmp
drwxrwxrwt. 17 root root 4096 Feb 11 13:03 /tmp
[bobby@RHEL7-1 ~]$ cd /tmp
[bobby@RHEL7-1 tmp]$ ls -ald
drwxrwxrwt. 17 root root 4096 Feb 11 13:03
[bobby@RHEL7-1 tmp]$ echo "Welcome to bobby.com" >test
[bobby@RHEL7-1 tmp]$ chmod 777 test
[bobby@RHEL7-1 tmp]$ ls -al test
-rwxrwxrwx. 1 bobby bobby 10 Feb 11 12:59 test
```

其实，文件能否被删除并不取决于自身的权限，而是看其所在目录是否有写入权限。为了易于理解，上面的命令还是赋予了这个 test 文件最大的 777 权限(rwxrwxrwx)。切换到另外一个普通用户，然后尝试删除这个其他人创建的文件就会发现，即便读、写、执行权限全授权，但是由于 SBIT 特殊权限位的缘故，依然无法删除该文件。

```
[root@RHEL7-1 tmp]#useradd smile
[root@RHEL7-1 tmp]#passwd
[root@RHEL7-1 tmp]#su -smile
[smile@RHEL7-1 ~]$ cd /tmp
[smile@RHEL7-1 tmp]$ rm -f test
rm: cannot remove 'test': Operation not permitted
```

当然，如果也想对其他目录设置 SBIT 特殊权限位，用 chmod 命令就可以了。对应的参数 o+t 代表设置 SBIT 黏滞位权限。

```
[smile@RHEL7-1 tmp]$ exit
Logout
[root@RHEL7-1 tmp]#cd ~
[root@RHEL7-1 ~]#mkdir linux
[root@RHEL7-1 ~]#chmod -R o+t linux/
[root@RHEL7-1 ~]#ls -ld linux/
drwxr-xr-t. 2 root root 6 Feb 11 19:34 linux/
```

4. SUID/SGID/SBIT 权限的设定

我们已经学习了 SUID 与 SGID 的功能，那么如何配置文件权限使其具有 SUID 与 SGID 的权限呢？这就需要用到刚刚学过的数字更改权限的方法了。我们知道数字更改权限的方式为三个数字的组合，那么如果在这三个数字之前再加上一个数字，最前面的那个数字就代表这几个的权限了。其中 4 为 SUID，2 为 SGID，1 为 SBIT。

【例 5-5】 假设要将一个文件权限-rwxr-xr-x 改为-rwsr-xr-x，由于 s 在用户权力中，所以是 SUID，因此，在原先的 755 之前还要加上 4，也就是用 chmod 4755 filename 来设定。

注意：此处只是练习，所以使用同一个文件来设定。必须要了解 SUID 不是用在目录上，而 SBIT 不是用在文件上。

```
[root@RHEL7-1 ~]#cd /tmp
[root@RHEL7-1 tmp]#touch tfile                          //建立一个测试文件
[root@RHEL7-1 tmp]#chmod 4755  tfile;ls -l tfile        //加入具有 SUID 的权限
-rwsr-xr-x 1 root root 0 Sep 29 03:06 tfile
[root@RHEL7-1 tmp]#chmod 6755  tfile;ls -l tfile        //加入具有 SUID/SGID 的权限
-rwsr-sr-x 1 root root 0 Sep 29 03:06 tfile
[root@RHEL7-1 tmp]#chmod 1755  tfile;ls -l tfile        //加入 SBIT 的功能
-rwxr-xr-t 1 root root 0 Sep 29 03:06 tfile
[root@RHEL7-1 tmp]#chmod 7666  tfile;ls -l tfile        //具有空的 SUID/SGID 权限
-rwSrwSrwT 1 root root 0 Sep 29 03:06 tfile
```

例 5-5 中最后一行要引起注意。怎么会出现大写的 S 与 T 呢？因为 s 与 t 都是取代 x 这个权限的，而 7666 表示 user、group 以及 others 等账户都没有 x 这个可执行的标志(权限 666)，所以，S、T 代表的就是"空的"。因为 SUID 表示该文件在执行时具有文件拥有者的权限，但是文件拥有者都无法执行，所以就是空的了。因此，这个 S 或 T 代表的就是"空"权限。

除了数字法之外，还可以通过符号法来处理。其中 SUID 为 u+s，而 SGID 为 g+s，SBIT 则是 o+t。请看例 5-6(设定权限为-rws--x--x)：

【例 5-6】

```
[root@RHEL7-1 tmp]#chmod u=rwxs,go=x test;ls -l test
-rws--x--x 1 root root 0 Aug 18 23:47 test
```

内容承上，加上 SGID 与 SBIT 在上面的文件权限中。

```
[root@RHEL7-1 tmp]#chmod g+s,o+t test;ls -l test
-rws--s--t 1 root root 0 Aug 18 23:47 test
```

5.4 任务 4 文件访问控制列表

前文讲解的一般权限、特殊权限、隐藏权限有一个共性—权限是针对某一类用户设置的。如果希望对某个指定的用户进行单独的权限控制，就需要用到文件的访问控制列表(ACL)了。通俗来讲，基于普通文件或目录设置 ACL 其实就是针对指定的用户或用户组设置文件或目录的操作权限。另外，如果针对某个目录设置了 ACL，则目录中的文件会继承其 ACL；若针对文件设置了 ACL，则文件不再继承其所在目录的 ACL。

为了更直观地看到 ACL 对文件权限控制的强大效果，我们先切换到普通用户，然后尝试进入 root 管理员的家目录中。在没有针对普通用户对 root 管理员的家目录设置 ACL 之前，其执行结果如下所示：

```
[root@RHEL7-1 ~]#su -bobby
Last login: Sat Mar 21 16:31:19 CST 2017 on pts/0
```

```
[bobby@RHEL7-1 ~]$ cd /root
-bash: cd: /root: Permission denied
[bobby@RHEL7-1 root]$ exit
```

5.4.1 setfacl 命令

setfacl 命令用于管理文件的 ACL 规则，格式为

```
setfacl [参数] 文件名称
```

文件的 ACL 提供的是在所有者、所属组、其他人的读/写/执行权限之外的特殊权限控制，使用 setfacl 命令可以针对单一用户或用户组、单一文件或目录进行读/写/执行权限的控制。其中，针对目录文件需要使用-R 递归参数；针对普通文件则使用-m 参数；如果想要删除某个文件的 ACL，则可以使用-b 参数。下面来设置用户在/root 目录上的权限。

```
[root@RHEL7-1 ~]#setfacl -Rm  u:bobby:rwx  /root
[root@RHEL7-1 ~]#su -bobby
Last login: Sat Mar 21 15:45:03 CST 2017 on pts/1
[bobby@RHEL7-1 ~]$ cd /root
[bobby@RHEL7-1 root]$ ls
anaconda-ks.cfg Downloads Pictures Public
[bobby@RHEL7-1 root]$ cat anaconda-ks.cfg
[bobby@RHEL7-1 root]$ exit
```

那么怎么查看文件上有哪些 ACL 呢？常用的 ls 命令是看不到 ACL 表信息的，但是可以看到文件的权限最后一个点(.)变成了加号(+)，这就意味着该文件已经设置了 ACL。

```
[root@RHEL7-1 ~]#ls -ld /root
dr-xrwx---+14 root root 4096 May 4 2017 /root
```

5.4.2 getfacl 命令

getfacl 命令用于显示文件上设置的 ACL 信息，格式为

```
getfacl 文件名称
```

设置 ACL 用 setfacl 命令；查看 ACL 用 getfacl 命令。下面使用 getfacl 命令显示在 root 管理员家目录上设置的所有 ACL 信息。

```
[root@RHEL7-1 ~]#getfacl /root
getfacl: Removing leading '/' from absolute path names
#file: root
#owner: root
#group: root
user::r-x
user:bobby:rwx
group::r-x
mask::rwx
other::---
```

5.5 企业实战与应用

1. 情境及需求

情境：假设系统中有两个账号，分别是 alex 与 arod，这两个账号除了自己群组之外还共同支持一个名为 project 的群组。如果这两个账号需要共同拥有/srv/ahome/目录的开发权，且该目录不允许其他人进入查阅，请问该目录的权限应如何设定？请先以传统权限说明，再以 SGID 的功能解析。

目标：了解将目录设定为 SGID 权限的重要性。

前提：多个账号支持同一群组，且共同拥有目录的使用权。

需求：需要使用 root 的身份运行 chmod、chgrp 等命令帮用户设定好开发环境。这也是管理员的重要任务之一。

2. 解决方案

(1) 首先制作这两个账号的相关数据，如下所示：

```
[root@RHEL7-1 ~]#groupadd project                         //增加新的群组
[root@RHEL7-1 ~]#useradd -G project alex                  //建立 alex 账号且支持 project
[root@RHEL7-1 ~]#useradd -G project arod                  //建立 arod 账号且支持 project
[root@RHEL7-1 ~]#id alex                                  //查阅 alex 账号的属性
uid=1008(alex) gid=1012(alex) 组=1012(alex),1011(project)   //确定有支持
[root@RHEL7-1 ~]#id arod
id=1009(arod) gid=1013(arod) 组=1013(arod),1011(project)
```

(2) 再建立所需要开发的项目目录。

```
[root@RHEL7-1 ~]#mkdir /srv/ahome
[root@RHEL7-1 ~]#ll -d /srv/ahome
drwxr-xr-x 2 root root 4096 Sep 29 22:36/srv/ahome
```

(3) 从上面的输出结果发现 alex 与 arod 都不能在该目录内建立文件，因此需要进行权限与属性的修改。由于其他人均不可进入此目录，因此该目录的群组应为 project，权限应为 770。

```
[root@RHEL7-1 ~]#chgrp project /srv/ahome
[root@RHEL7-1 ~]#chmod 770 /srv/ahome
[root@RHEL7-1 ~]#ll -d /srv/ahome
drwxrwx---   2 root project 4096 Sep 29 22:36/srv/ahome
//从上面的权限结果来看，由于 alex/arod 均支持 project，因此似乎没问题了
```

(4) 分别以两个使用者来测试，情况会如何呢？先用 alex 建立文件，然后用 arod 进行处理。

```
[root@RHEL7-1 ~]#su -alex                   //先切换身份成为 alex 进行处理
[alex@RHEL7-1~]$cd /srv/ahome               //切换到群组的工作目录中
```

```
[alex@RHEL7-1 ahome]$ touch abcd               //建立一个空的文件
[alex@RHEL7-1 ahome]$ exit                     //离开 alex 的身份
[root@RHEL7-1 ~]#su -arod
[arod@RHEL7-1 ~]$ cd /srv/ahome
[arod@RHEL7-1 ahome]$ ll abcd
-rw-rw-r--  1 alex alex 0 Sep 29 22:46 abcd
//仔细看一下上面的文件，由于群组是 alex，而群组 arod 并不支持，因此对于 abcd 这个文件来
  说，arod 应该只是其他人，只有 r 权限
[arod@RHEL7-1 ahome]$ exit
```

由上面的结果可以知道，若单纯使用传统的 rwx，对 alex 建立的 abcd 这个文件来说，arod 可以删除它，但不能编辑它。若要实现目标，就需要用到特殊权限。

(5) 加入 SGID 的权限，并进行测试。

```
[root@RHEL7-1 ~]#chmod 2770 /srv/ahome
[root@RHEL7-1 ~]#ll -d /srv/ahome
drwxrws---2 root project 4096 Sep 29 22:46/srv/ahome
```

(6) 测试：使用 alex 去建立一个文件，并且查阅文件权限。

```
[root@RHEL7-1 ~]#su -alex
[alex@RHEL7-1~]$ cd /srv/ahome
[alex@RHEL7-1 ahome]$ touch 1234
[alex@RHEL7-1 ahome]$ ll 1234
-rw-rw-r-- 1 alex project 0 Sep 29 22:53 1234
//现在 alex、arod 建立的新文件所属群组都是 project，由于两人均属于此群组，且 umask 都是
  002，所以两人可以互相修改对方的文件
```

最终的结果显示，此目录的权限最好是 2770，所属文件拥有者属于 root 即可，群组必须要为两人共同支持的 project 才可以。

5.6　项目实录　配置与管理文件权限

1. 观看录像

实训前请扫描二维码观看录像。

2. 项目实训目的

- 掌握利用 chmod 及 chgrp 等命令实现 Linux 文件权限的管理。
- 掌握磁盘限额的实现方法。

3. 项目背景

某公司有 60 名员工，分别在 5 个部门工作，每个人工作内容不同。需要在服务器上为每个人创建不同的账号，把相同部门的用户放在一个组中，每个用户都有自己的工作目录，并且需要根据工作性质给每个部门和每个用户在服务器上的可用空间进行限制。

假设有用户 user1，请设置 user1 对/dev/sdb1 分区的磁盘限额，将 user1 对 blocks 的

soft 设置为 5000,hard 设置为 10000;inodes 的 soft 设置为 5000,hard 设置为 10000。

4. 项目实训内容

练习 chmod、chgrp 等命令的使用,练习在 Linux 下实现磁盘限额的方法。

5. 做一做

根据项目实录录像进行项目的实训,检查学习效果。

5.7 练习题

一、填空题

1. 文件系统是磁盘上有特定格式的一片区域,操作系统利用文件系统________和________文件。

2. ext 文件系统在 1992 年 4 月完成,称为________,是第一个专门针对 Linux 操作系统的文件系统。Linux 系统使用________文件系统。

3. ext 文件系统结构的核心组成部分是________、________和________。

4. Linux 的文件系统是采用阶层式的________结构,在该结构中的最上层是________。

5. 默认的权限可用________命令修改,用法非常简单,只需执行________命令,便代表屏蔽所有的权限,之后建立的文件或目录,其权限都变成________。

6. ________代表当前的目录,也可以使用"./"来表示。________代表上一层目录,也可以用"../"来代表。

7. 若文件名前多一个".",则代表该文件为________。可以使用________命令查看隐藏文件。

8. 想让用户拥有文件 filename 的执行权限,但又不知道该文件原来的权限是什么,此时可执行________命令。

二、选择题

1. 存放 Linux 基本命令的目录是(　　)。

A. /bin　　B. /tmp　　C. /lib　　D. /root

2. 对于普通用户创建的新目录,(　　)是默认的访问权限。

A. rwxr-xr-x　　B. rw-rwxrw-　　C. rwxrw-rw-　　D. rwxrwxrw-

3. 如果当前目录是/home/sea/china,那么"china"的父目录是(　　)。

A. /home/sea　　B. /home/　　C. /　　D. /sea

4. 系统中有用户 user1 和 user2 同属于 users 组。在 user1 用户目录下有一文件 file1,它拥有 644 的权限,如果 user2 想修改 user1 用户目录下的 file1 文件,应拥有(　　)权限。

A. 744　　B. 664　　C. 646　　D. 746

5. 用 ls -al 命令列出下面的文件列表,(　　)文件是符号连接文件。

A. -rw------- 2 hel-s users 56 Sep 09 11:05 hello

B. -rw------- 2 hel-s users 56 Sep 09 11:05 goodbey

C. drwx----- 1 hel users 1024 Sep 10 08:10 zhang

D. lrwx----- 1 hel users 2024 Sep 12 08:12 cheng

6. 如果 umask 设置为 022，默认创建的文件权限为（　　）。

A. ----w--w-　　B. -rwxr-xr-x　　C. r-xr-x---　　D. rw-r--r--

5.8 超链接

单击 http://www.icourses.cn/scourse/course_2843.html，访问并学习国家精品资源共享课程网站中学习情境的相关内容。

项目六　配置与管理磁盘

项目背景

作为 Linux 系统的网络管理员，学习 Linux 文件系统和磁盘管理是至关重要的。如果 Linux 服务器有多个用户经常存取数据，为了维护所有用户对硬盘容量的公平使用，磁盘配额(Quota)就是一个非常有用的工具。另外，磁盘阵列(RAID)及逻辑滚动条文件系统(LVM)等工具都可以帮助你管理与维护用户可用的磁盘容量。

职业能力目标和要求

- Linux 下的磁盘工具。
- Linux 下文件系统管理工具。
- Linux 下的软 RAID 和 LVM 逻辑卷管理器。
- 磁盘限额。

6.1　任务 1　熟练使用常用磁盘管理工具

在安装 Linux 系统时，有一个步骤是进行磁盘分区。在分区时可以采用 Disk Druid、RAID 和 LVM 等方式。除此之外，在 Linux 系统中还有 fdisk、cfdisk、parted 等分区工具。

注意：下面所有的命令都以新增一块 SCSI 硬盘为前提，新增的硬盘为/dev/sdb。请在开始本任务前在虚拟机中增加该硬盘，然后启动系统。

1. fdisk

fdisk 磁盘分区工具在 DOS、Windows 和 Linux 中都有相应的应用程序。在 Linux 系统中，fdisk 是基于菜单的命令。用 fdisk 对硬盘进行分区，可以在 fdisk 命令后面直接加上要分区的硬盘作为参数，例如，对新增加的第二块 SCSI 硬盘进行分区的操作如下所示：

```
[root@RHEL7-1 ~]#fdisk /dev/sdb
Command (m for help):
```

在 command 提示后面输入相应的命令选择需要的操作，输入 m 命令表示列出所有可用命令。表 6-1 所示是 fdisk 命令选项。

表 6-1　fdisk 命令选项

命令	功　　能	命令	功　　能
a	调整硬盘启动分区	q	不保存更改，退出 fdisk 命令
d	删除硬盘分区	t	更改分区类型
l	列出所有支持的分区类型	u	切换所显示的分区大小的单位
m	列出所有命令	w	把修改写入硬盘分区表，然后退出
n	创建新分区	x	列出高级选项
p	列出硬盘分区表		

下面以在/dev/sdb 硬盘上创建大小为 500MB、文件系统类型为 ext3 的/dev/sdb1 主分区为例，讲解 fdisk 命令的使用方法。

(1) 利用如下命令打开 fdisk 操作菜单。

```
[root@RHEL7-1 ~]#fdisk /dev/sdb
Command (m for help):
```

(2) 输入 p，查看当前分区表。从命令执行结果可以看到，/dev/sdb 硬盘并无任何分区。

```
//利用 p 命令查看当前分区表
Command (m for help): p
Disk /dev/sdb: 1073 MB, 1073741824 bytes
255 heads, 63 sectors/track, 130 cylinders
Units =cylinders of 16065 * 512 =8225280 bytes
    Device Boot    Start    End    Blocks    Id    System
Command (m for help):
```

以上显示了/dev/sdb 的参数和分区情况。/dev/sdb 大小为 1073MB，磁盘有 255 个磁头、130 个柱面，每个柱面有 63 个扇区。从第 4 行开始是分区情况，依次是分区名、是否为启动分区、起始柱面、终止柱面、分区的总块数、分区 ID、文件系统类型。

下面代码所示的/dev/sda1 分区是启动分区(带有 * 号)。起始柱面是 1，结束柱面为 12，分区大小是 96358 块(每块的大小是 1024 个字节，即总共有 100MB 左右的空间)。每个柱面的扇区数等于磁头数乘以每柱扇区数，每两个扇区为 1 块，因此分区的块数等于分区占用的总柱面数乘以磁头数，再乘以每柱面的扇区数后除以 2。例如：/dev/sda2 的总块数=(终止柱面 44－起始柱面 13)×255×63/2=257040。

```
[root@RHEL7-1 ~]#fdisk /dev/sda
Command (m for help): p
Disk /dev/sda: 6442 MB, 6442450944 bytes
255 heads, 63 sectors/track, 783 cylinders
Units =cylinders of 16065 * 512 =8225280 bytes
Device        Boot    Start    End      Blocks    Id    System
/dev/sda1      *          1     12      96358+    83    Linux
/dev/sda2                13     44      257040    82    Linux swap
/dev/sda3                45    783    5936017+    83    Linux
```

(3) 输入 n，创建一个新分区；输入 p，选择创建主分区(创建扩展分区输入 e，创建逻辑分区输入 l)；输入数字 1，创建第一个主分区(主分区和扩展分区可选数字 1～4，逻辑分区的数字标识从 5 开始)；输入此分区的起始、结束扇区，以确定当前分区的大小。也可以使用＋sizeM 或者＋sizeK 的方式指定分区大小。具体为

```
Command (m for help): n                   //利用 n 命令创建新分区
Command action
    e extended
    p primary partition (1-4)
p                                         //输入字符 p,以创建主磁盘分区
Partition number (1-4): 1
First cylinder (1-130, default 1):
Using default value 1
Last cylinder or +size or +sizeM or +sizeK (1-130, default 130): +500M
```

(4) 输入 l 可以查看已知的分区类型及 id，其中列出 Linux 的 id 为 83。输入 t，指定 /dev/sdb1 的文件系统类型为 Linux。如下所示：

```
//设置/dev/sdb1 分区类型为 Linux
Command (m for help): t
Selected partition 1
Hex code (type L to list codes): 83
```

提示：如果不知道文件系统类型的 id 是多少，可以在上面输入 L 查找。

(5) 分区结束后，输入 w，把分区信息写入硬盘分区表并退出。

(6) 用同样的方法建立磁盘分区/dev/sdb2、/dev/sdb3。

(7) 如果要删除磁盘分区，在 fdisk 菜单下输入 d，并选择相应的磁盘分区即可。删除后输入 w，保存并退出。

```
//删除/dev/sdb3 分区,并保存退出
Command (m for help): d
Partition number (1,2,3): 3
Command (m for help): w
```

2. mkfs

硬盘分区后，下一步的工作就是文件系统的建立。类似于 Windows 下的格式化硬盘。在硬盘分区上建立文件系统会冲掉分区上的数据，而且不可恢复，因此在建立文件系统之前要确认分区上的数据不再使用。建立文件系统的命令是 mkfs，语法格式为

```
mkfs [参数] 文件系统
```

mkfs 命令常用的参数选项如下。

-t：指定要创建的文件系统类型。

-c：建立文件系统前首先检查坏块。

-l file：从文件 file 中读取磁盘坏块列表，file 一般是由磁盘坏块检查程序产生的文件。

-V：输出建立文件系统的详细信息。

例如，在/dev/sdb1 上建立 ext3 类型的文件系统，建立时检查磁盘坏块并显示详细信息。如下所示：

```
[root@RHEL7-1 ~]#mkfs -t ext4 -V -c /dev/sdb1
```

完成了存储设备的分区和格式化操作，接下来就要挂载并使用存储设备了。与之相关的步骤也非常简单：首先创建一个用于挂载设备的挂载点目录；然后使用 mount 命令将存储设备与挂载点进行关联；最后使用 df -h 命令查看挂载状态和硬盘使用量信息。

```
[root@RHEL7-1 ~]#mkdir /newFS
[root@RHEL7-1 ~]#mount /dev/sdb1 /newFS/
[root@RHEL7-1 ~]#df -h
Filesystem      Size    Used    Avail   Use%    Mounted on
dev/sda2        9.8G    86M     9.2G    1%      /
devtmpfs        897M    0       897M    0%      /dev
tmpfs           912M    0       912M    0%      /dev/shm
tmpfs           912M    9.0M    903M    1%      /run
tmpfs           912M    0       912M    0%      /sys/fs/cgroup
/dev/sda8       8.0G    3.0G    5.1G    38%     /usr
/dev/sda7       976M    2.7M    907M    1%      /tmp
/dev/sda3       7.8G    41M     7.3G    1%      /home
/dev/sda5       7.8G    140M    7.2G    2%      /var
/dev/sda1       269M    145M    107M    58%     /boot
tmpfs           183M    36K     183M    1%      /run/user/0 S
```

3. fsck

fsck 命令用于检查文件系统的正确性，并对 Linux 磁盘进行修复。fsck 命令的语法格式为

```
fsck [参数选项] 文件系统
```

fsck 命令常用的参数选项如下。

-t：给定文件系统类型。若在/etc/fstab 中已有定义或 kernel 本身已支持的，不需添加此项。

-s：逐条执行 fsck 命令进行检查。

-A：对/etc/fstab 中所有列出来的分区进行检查。

-C：显示完整的检查进度。

-d：列出 fsck 的 debug 结果。

-P：在同时有-A 选项时，多个 fsck 的检查一起执行。

-a：如果检查中发现错误，自动修复。

-r：如果检查有错误，询问是否修复。

例如，检查分区/dev/sdb1 上是否有错误，如果有错误则自动修复(必须先把磁盘卸载才能检查分区)。

```
[root@RHEL7-1 ~]#umount /dev/sdb1
[root@RHEL7-1 ~]#fsck -a /dev/sdb1
fsck 1.35 (28-Feb-2004)
/dev/sdb1: clean, 11/128016 files, 26684/512000 blocks
```

4. 使用 dd 建立和使用交换文件

当系统的交换分区不能满足系统的要求而磁盘上又没有可用空间时，可以使用交换文件提供虚拟内存。

```
[root@RHEL7-1 ~]#dd if=/dev/zero of=/swap bs=1024 count=10240
```

上述命令的结果是在硬盘的根目录下建立了一个块大小为 1024 字节、块数为 10240 的名为 swap 的交换文件。该文件的大小为 1024×10240=10MB。

建立/swap 交换文件后，使用 mkswap 命令说明该文件用于交换空间。

```
[root@RHEL7-1 ~]#mkswap /swap 10240
```

利用 swapon 命令可以激活交换空间，也可以利用 swapoff 命令卸载被激活的交换空间。

```
[root@RHEL7-1 ~]#swapon /swap
[root@RHEL7-1 ~]#swapoff /swap
```

5. df

df 命令用来查看文件系统的磁盘空间占用情况。可以利用该命令获取硬盘被占用了多少空间，以及目前还有多少空间等信息，还可以利用该命令获得文件系统的挂载位置。

df 命令语法格式为

```
df [参数选项]
```

df 命令的常见参数选项如下。

-a：显示所有文件系统磁盘的使用情况，包括 0 块的文件系统，如/proc 文件系统。

-k：以 k 字节为单位显示。

-i：显示 i 节点信息。

-t：显示各指定类型的文件系统的磁盘空间使用情况。

-x：列出不是某一指定类型文件系统的磁盘空间使用情况(与 t 选项相反)。

-T：显示文件系统类型。

例如，列出各文件系统的占用情况。

```
[root@RHEL7-1 ~]#df
Filesystem      1K-blocks       Used     Available  Use%   Mounted on
…
/dev/sda3       8125880         41436    7648632    1%     /home
/dev/sda5       8125880         142784   7547284    2%     /var
/dev/sda1       275387          147673   108975     58%    /boot
tmpfs           186704          36       186668     1%     /run/user/0
```

列出各文件系统的 i 节点使用情况。

```
[root@RHEL7-1 ~]#df -ia
Filesystem       Inodes   IUsed   IFree    IUse%    Mounted on
rootfs           -        -       -        -        /
sysfs            0        0       0        -        /sys
proc             0        0       0        -        /proc
devtmpfs         229616   411     229205   1%       /dev
…
```

列出文件系统类型。

```
[root@RHEL7-1 ~]#df -T
Filesystem    Type       1K-blocks    Used     Available   Use%     Mounted on
/dev/sda2     ext4       10190100     98264    9551164     2%       /
devtmpfs      devtmpfs   918464       0        918464      0%       /dev
…
```

6. du

du 命令用于显示磁盘空间的使用情况。该命令逐级显示指定目录的每一级子目录占用文件系统数据块的情况。du 命令语法格式为

```
du  [参数选项] [文件或目录名称]
```

du 命令的参数选项如下。

-s：对每个 name 参数只给出占用的数据块总数。

-a：递归显示指定目录及子目录中各文件占用的数据块数。

-b：以字节为单位列出磁盘空间使用情况(AS 4.0 中默认以 KB 为单位)。

-k：以 1024 字节为单位列出磁盘空间使用情况。

-c：在统计后加上一个总计(系统默认设置)。

-l：计算所有文件的大小，对硬链接文件重复计算。

-x：跳过在不同文件系统上的目录不予统计。

例如，以字节为单位列出所有文件和目录的磁盘空间占用情况。命令为

```
[root@RHEL7-1 ~]#du -ab
```

7. 挂载与卸载

(1) 挂载

在磁盘上建立好文件系统之后，还需要把新建立的文件系统挂载到系统上才能使用，这个过程称为挂载(mount)，文件系统所挂载到的目录被称为挂载点(mount point)。Linux 系统中提供了/mnt 和/media 两个专门的挂载点。一般而言，挂载点应该是一个空目录，否则目录中原来的文件将被系统隐藏。通常将光盘和软盘挂载到/media/cdrom(或者/mnt/cdrom)和/media/floppy(或者/mnt/ floppy)中，其对应的设备文件名分别为/dev/cdrom 和/dev/fd0。

文件系统的挂载可以在系统引导过程中自动挂载，也可以手动挂载，手动挂载的挂载命令是 mount。该命令的语法格式为

```
mount 选项 设备 挂载点
```

mount 命令的主要选项如下。

-t：指定要挂载的文件系统的类型。

-r：如果不想修改要挂载的文件系统，可以使用该选项以只读方式挂载。

-w：以可写的方式挂载文件系统。

-a：挂载/etc/fstab 文件中记录的设备。

把文件系统类型为 ext4 的磁盘分区/dev/sdb1 挂载到/newFS 目录下，可以使用以下命令：

```
[root@RHEL7-1 ~]#mount -t ext4 /dev/sdb1 /newFS
```

挂载光盘可以使用以下命令：

```
[root@RHEL7-1 ~]#mkdir /media/cdrom
[root@RHEL7-1 ~]#mount -t iso9660 /dev/cdrom /media/cdrom
```

(2) 卸载

文件系统可以被挂载也可以被卸载，卸载文件系统的命令是 umount，该命令的语法格式为

```
umount 设备 挂载点
```

例如，卸载光盘和软盘可以使用如下命令：

```
[root@RHEL7-1 ~]#umount /media/cdrom
```

注意：光盘在没有卸载之前，无法从驱动器中弹出。正在使用的文件系统不能卸载。

8. 文件系统的自动挂载

如果要实现每次开机自动挂载文件系统，可以通过编辑/etc/fstab 文件来实现。在/etc/fstab 中列出了引导系统时需要挂载的文件系统以及文件系统的类型和挂载参数。系统在引导过程中会读取/etc/fstab 文件，并根据该文件的配置参数挂载相应的文件系统。以下是一个 fstab 文件的内容：

```
[root@RHEL7-1 ~]#cat /etc/fstab
#
#/etc/fstab
#Created by anaconda on Sat Jul 14 18:40:15 2018
UUID=c9e1214d-1c0c-4769-9890-0ae2621f253f /home   xfs    defaults        0 0
/dev/sdb1                                 /newFS  xfs    defaults        0 0
```

/etc/fstab 文件的每一行代表一个文件系统，每一行又包含 6 列，这 6 列的内容为 fs_

spec、fs_file、fs_vfstype、fs_mntops、fs_freq、fs_passno，具体含义如下。

fs_spec：将要挂载的设备文件。

fs_file：文件系统的挂载点。

fs_vfstype：文件系统类型。

fs_mntops：挂载选项，决定传递给 mount 命令时如何挂载，各选项之间用逗号隔开。

fs_freq：由 dump 程序决定文件系统是否需要备份，0 表示不备份，1 表示备份。

fs_passno：由 fsck 程序决定引导时是否检查磁盘以及检查次序，取值可以为 0、1、2。

例如，如果实现每次开机自动将文件系统类型为 xfs 的分区/dev/sdb1 自动挂载到/newFS 目录下，需要在/etc/fstab 文件中添加下面一行内容，重新启动计算机后，/dev/sdb1 就能自动挂载了。

```
/dev/sdb1 /newFS xfs defaults 0 0
```

9. 恢复到初始系统，避免实训间的环境互相影响

编辑/etc/fstab，将所有新挂载的内容全部删除，存盘退出后，重新启动计算机。

```
[root@server1 ~]#vim /etc/fstab
/dev/sdb1 /newFS xfs defaults 0 0                          //该行删除后存盘退出
[root@server1 ~]#umount /dev/sdb1 /dev/sdb2 /disk2
[root@server1 ~]#reboot
```

6.2 任务 2 配置与管理磁盘配额

6.2.1 部署磁盘配额环境

Linux 是一个多用户的操作系统，为了防止某个用户或组群占用过多的磁盘空间，可以通过磁盘配额(Disk Quota)功能限制用户和组群对磁盘空间的使用。在 Linux 系统中可以通过索引节点数和磁盘块区数来限制用户和组群对磁盘空间的使用。

- 限制用户和组的索引节点数(inode)是指限制用户和组可以创建的文件数量。
- 限制用户和组的磁盘块区数(block)是指限制用户和组可以使用的磁盘容量。

注意：磁盘的配置与管理过程中有许多因素会影响磁盘配额、RIAD5 和 LVM 的配置，为了不影响后续实训项目，建议：①新增硬盘后，重启系统，在不做任何操作的条件下制作快照；②每完成一节内容，可以利用快照快速恢复到初始环境；③/etc/fstab 文件非常重要，自动挂载内容要及时清理，并重启系统，否则容易死机。

6.2.2 设置磁盘配额

设置系统的磁盘配额可以分为以下 4 个步骤：

(1) 启动系统的磁盘配额(quota)功能；

(2) 创建配额文件；

(3) 设置用户和组群的磁盘配额；

(4) 启动磁盘限额功能。

下面以在/dev/sdb2 分区上启用磁盘配额功能为例讲解磁盘配额的具体配置。

1. 启动系统的磁盘配额功能

(1) 格式化/dev/sdb2,并挂载到/disk2。同时保证已经安装了 quota 软件包,在 Red Hat Enterprise Linux 7.4 中该软件已为默认安装。可以利用下面的命令检测 quota 软件包的安装情况:

```
[root@RHEL7-1 ~]#mkfs -t ext4 -V -c /dev/sdb2
[root@RHEL7-1 ~]#mkdir /disk2;mount /dev/sdb2 /disk2          //挂载磁盘到 disk2
[root@RHEL7-1 ~]#rpm -q quota
```

(2) 针对/disk2 目录增加其他人的写权限,保证用户能够正常写入数据:

```
[root@server1 ~]#chmod -Rf o+w /disk2
```

(3) 编辑/etc/fstab 文件,启动文件系统的配额功能。为了启用用户的磁盘配额功能,需要在/etc/fstab 文件中加入 usrquota 项;为了启用组的磁盘配额功能,需要在/etc/fstab 文件中加入 grpquota 项。使用 vim 编辑/etc/fstab 文件,如下所示:

```
/dev/sdb2     /disk2     ext4     defaults,usrquota,grpquota   0   0
```

(4) 重新启动系统,或者利用下面的命令重新挂载增加了磁盘配额功能的文件系统,使之生效。

```
[root@RHEL7-1 ~]#mount -o remount /disk2
```

2. 创建配额文件

运行 quotacheck 命令,生成磁盘配额文件 aquota.user(设置用户的磁盘配额)和 aquota.group(设置组的磁盘配额)。命令如下所示:

```
[root@RHEL7-1 ~]#quotacheck -cvug /dev/sdb2
quotacheck: Scanning /dev/sdb2 [/disk2] done
quotacheck: Checked 2 directories and 2 files
```

quotacheck 命令用于检查磁盘的使用空间和限制,生成磁盘配额文件。-c 选项用来生成配额文件,-v 选项用于显示详细的执行过程,-u 选项用于检查用户的磁盘配额,-g 选项用于检查组的磁盘配额。

注意:在已经启用了磁盘配额功能或者已挂载的文件系统中运行 quotacheck 命令可能会遇到问题,可以使用-f、-m 等选项强制执行。

3. 设置用户和组群的磁盘配额

对用户和组群的磁盘配额限制分为两种。

- 软限制(soft limit):用户和组在文件系统上可以使用的磁盘空间和文件数。当超过软限制后,在一定期限内用户仍可以继续存储文件,但系统会对用户提出警告,建议用户清理文件,释放空间。超过警告期限后用户就不能再存储文件了。Red Hat Enterprise Linux

7.4 中默认的警告期限是 7 天。soft limit 的取值如果为 0,表示不受限制。

- 硬限制(hard limit):用户和组可以使用的最大磁盘空间或最多的文件数,超过之后用户和组将无法再在相应的文件系统上存储文件。hard limit 的取值如果为 0,表示不受限制。

注意:软限制的数值应该小于硬限制的数值。另外磁盘配额功能对于 root 用户无效。

设置用户和组的磁盘配额可以使用命令 edquota。

- 设置用户的磁盘配额功能的命令是:edquota -u 用户名。
- 设置组的磁盘配额功能的命令是:edquota -g 组名。

例如,具体的限额控制包括:硬盘使用量的软限制和硬限制分别为 3MB 和 6MB;创建文件数量的软限制和硬限制分别为 3 个和 6 个。

edquota 命令会自动调用 vim 编辑器来设置磁盘配额项。设置用户 user1 的磁盘配额功能可以使用 edquota 命令,修改后保存文件并退出(硬盘容量单位是 bytes,3MB 即 3072Bytes,6MB 即 6144Bytes)。如图 6-1 所示。

```
[root@server1 ~]# edquota -u user1
Disk quotas for user user1 (uid 8888):
  Filesystem    blocks    soft    hard    inodes    soft    hard
  /dev/sdb2        0      3072    6144      0        3       6
```

图 6-1　用户磁盘限额的配置

如果需要对多个用户进行设置,可以重复上面的操作。如果每个用户的设置都相同,可以使用下面的命令把参考用户的设置复制给待设置用户。

```
[root@RHEL7-1 ~]#edquota -p 参考用户 待设置用户
```

例如,要给用户 user2 设置和 user1 一样的磁盘配额,可以使用如下命令:

```
[root@RHEL7-1 ~]#edquota -p user1 user2
```

对组的设置和用户的设置相似,例如设置组 group1 的磁盘配额,可以使用如下命令:

```
[root@RHEL7-1 ~]#edquota -g group1
```

要给组 group2 设置和 group1 一样的磁盘配额,可以使用如下命令:

```
[root@RHEL7-1 ~]#edquota -gp group1 group2
```

4. 启动与关闭磁盘配额功能

在设置好用户及组群的磁盘配额后,磁盘配额功能还不能产生作用,此时必须使用 quotaon 命令启动磁盘配额功能;如果要关闭该功能,则使用 quotaoff 命令。下面是启动及关闭 quota 配额功能的范例。

```
[root@RHEL7-1 ~]#quotaon -avug
/dev/sdb2 [/disk2]: group quotas turned on
/dev/sdb2 [/disk2]: user quotas turned on
```

```
[root@RHEL7-1 ~]#quotaoff -avug
/dev/sdb2 [/disk2]: group quotas turned off
/dev/sdb2 [/disk2]: user quotas turned off
[root@RHEL7-1 ~]#quotaon -avug
```

6.2.3 检查磁盘配额的使用情况

磁盘配额设置生效之后，如果要查看某个用户的磁盘配额及其使用情况，可以使用quota命令。查看指定用户的磁盘配额使用命令“quota -u 用户名”，查看指定组的磁盘配额使用命令“quota -g 组名称。”对于普通用户而言，可以直接利用quota命令查看自己的磁盘配额使用情况。利用quota命令的-a选项可以列出系统中所有用户的磁盘配额信息。

另外，系统管理员可以利用repquota命令生成完整的磁盘空间使用报告。例如，如下所示的命令“repquota /dev/sdb2”可以生成磁盘分区/dev/sdb2上的磁盘使用报告。

```
[root@server1 ~]#su -user1
[user1@server1 ~]$ cd /disk2
[user1@server1 disk2]$ touch sample.tar;exit
[root@server1 ~]#repquota /dev/sdb2
                          Block limits                File limits
User              used    soft     hard  grace      used  soft  hard  grace
----------------------------------------------------------------------------
root              --      1        0     0             2     0     0
user1             --      1        3072  6144          1     3     6
```

其中，用户名“--”分别用于判断该用户是否超出磁盘空间限制及索引节点数目限制。当超出磁盘空间及索引节点数的软限制时，相应的“-”就会变为“+”。最后的grace列通常是空的，如果某个软限制超出，则这一列会显示警告时间的剩余时间。要查看所有启用了磁盘配额的文件系统的磁盘使用情况，可以使用命令“repquota -a”。

6.3 任务3 磁盘配额配置企业案例

6.3.1 环境需求

- 目的与账号：5个员工的账号分别是myquota1、myquota2、myquota3、myquota4和myquota5，5个用户的密码都是password，且这5个用户所属的初始群组都是myquotagrp。其他的账号属性使用默认值。
- 账号的磁盘容量限制值：5个用户都能够取得300MB的磁盘使用量(hard)，文件数量不予限制。此外，只要容量使用超过250MB，即发出警告(soft)。
- 群组的限额：如果一个系统里面还有其他用户存在，可以限制myquotagrp这个群组最多只能使用1GB的容量。也就是说，如果myquota1、myquota2和myquota3都用了280MB的容量，那么其他两人最多只能使用160MB(1000MB－280MB×3＝160MB)的磁盘容量。这就是使用者与群组同时设定时会产生的效果。

• 宽限时间的限制：希望每个使用者在超过 soft 限制值之后，还能够有 14 天的宽限时间。

6.3.2　解决方案

1. 使用脚本建立 quota 实训所需的环境

制作账号环境时由于有 5 个账号，因此使用脚本创建环境。

```
[root@RHEL7-1 ~]#vim addaccount.sh
#!/bin/bash
#使用脚本建立实验 quota 所需的环境
groupadd myquotagrp
for username in myquota1 myquota2 myquota3 myquota4 myquota5
do
        useradd -g myquotagrp $username
        echo "password"|passwd --stdin $username
done
[root@RHEL7-1 ~]#sh addaccount.sh
```

2. 启动系统的磁盘配额

(1) 文件系统支持。要使用 Quota，必须要有文件系统的支持。假设已经使用了预设支持 Quota 的核心，那么接下来就是要启动文件系统的支持。不过，由于 Quota 仅针对整个文件系统进行规划，所以要先检查一下/home 是否是独立的文件系统，这需要使用 df 命令。

```
[root@RHEL7-1 ~]#df -h /home
Filesystem Size Used Avail Use%Mounted on
/dev/sda3 7.8G   601M   6.8G    8%/home    //主机的/home 确定是独立的
[root@RHEL7-1 ~]#mount|grep home
/dev/sda3 on /home type ext4 (rw,relatime,seclabel,data=ordered)
```

从上面的数据来看，这台主机的/home 确实是独立的文件系统，因此可以直接限制/dev/sda3。如果系统的/home 并非是独立的文件系统，那么就要针对根目录(/)来规范。不过，不建议在根目录中设定配额。此外，由于 VFAT 文件系统并不支持 Linux 的配额功能，所以要先使用 mount 查询/home 的文件系统是什么。如果是 ext2/ext3/ext4，则支持配额。

(2) 如果只是想在本次开机时实验配额，可以使用如下的方式手动加入配额的支持。

```
[root@RHEL7-1 ~]#mount -o remount,usrquota,grpquota /home
[root@RHEL7-1 ~]#mount|grep home
/dev/sda3 on /home type ext4 (rw, relatime, seclabel, quota, usrquota, grpquota,
data=ordered)
//重点在于“usrquota,grpquota”,注意写法
```

(3) 自动挂载。手动挂载的数据在下次重新挂载时就会消失，因此最好写入配置文件中。

```
[root@RHEL7-1 ~]#vim /etc/fstab
/dev/sda3 /home ext4 defaults,usrquota,grpquota 1 2
//其他项目并没有列出来,重点在于第四字段,在 default 后面加上两个参数
```

```
[root@RHEL7-1 ~]#umount /home
[root@RHEL7-1 ~]#mount -a
[root@RHEL7-1 ~]#mount|grep home
/dev/sda3 on/home type ext4(rw,usrquota,grpquota)
```

再次强调,修改完/etc/fstab 后,务必要进行测试,若有错误要及时处理。因为这个文件如果修改错误,会造成无法完全开机的情况。最好使用 vim 来修改,因为 vim 会有语法的检验,不会出现拼写错误。

3. 建立配额记录文件

配额是通过分析整个文件系统中每个使用者(群组)拥有的文件总数与总容量,再将这些数据记录在该文件系统的最顶层目录,然后在该记录文件中使用每个账号(或群组)的限制值去规范磁盘使用量,所以,创建配额记录文件非常重要。使用 quotacheck 命令扫描文件系统并建立配额的记录文件。

当运行 quotacheck 时,系统会担心破坏原有的记录文件,所以会产生一些错误的警告信息。如果确定没有任何人在使用配额时,可以强制重新进行 quotacheck 的动作(-mf)。强制执行可以使用如下的选项功能:

```
//如果因为特殊需求需要强制扫描已挂载的文件系统时
[root@RHEL7-1 ~]#quotacheck -avug -mf
quotacheck:Scanning /dev/sda3 [/home] done
quotacheck:Checked 130 directories and 109 files
```

这样记录文件就建立起来了。不要手动编辑文件,因为这是配额自己的数据文件,并不是纯文本文件,并且该文件会一直在变动。这是因为当对/home 文件系统进行操作时,操作的结果会同步记载到那两个文件中。所以要建立 aquota. user、aquota. group,记得使用 quotacheck 指令,不要手动编辑。

4. 配额的启动、关闭与限制值的设定

制作好配额配置文件之后,接下来就要启动配额了。启动的方式很简单,使用 quotaon 命令即可;关闭则是使用 quotaoff 命令。

(1) 用 quotaon 启动配额的服务。

```
[root@RHEL7-1 ~]#quotaon [-avug]
[root@RHEL7-1 ~]#quotaon [-vug] [/mount_point]
```

选项与参数如下。

-u:针对使用者启动配额(aquota. usaer)。

-g:针对群组启动配额(aquota. group)。

-v:显示启动过程的相关信息。

-a:根据/etc/mtab 内的文件系统设定启动有关的配额。若不加-a,则后面需要加上特定的文件系统

由于要启动 user/group 的配额,所以使用下面的语句即可

```
[root@RHEL7-1 ~]#quotaon -auvg
```

```
/dev/sda3[/home]:group quotas turned on
/dev/sda3[/home]:user quotas turned on
```

特殊用法,假如启动了/var 的配额支持,那么仅启动 user quota 即可。

```
[root@RHEL7-1 ~]#quotaon -uv /var
```

quotaon -auvg 指令几乎只在第一次启动配额时才需要,因为下次重新启动系统时,系统的/etc/rc. d/rc. sysinit 这个初始化脚本就会自动下达指令。

(2) quotaoff:关闭配额的服务。

在进行完本次实训前不要关闭该服务。

(3) edquota:编辑账号/群组的限值与宽限时间。

① 先来看看当进入 myquota1 的限额设定时会出现什么画面。

```
[root@RHEL7-1 ~]#edquota -u myquota1
Disk quotas for user myquota1 (uid 1003):
  Filesystem  blocks  soft  hard  inodes  soft  hard
   /dev/sda3     80      0     0      10     0     0
```

② 需要修改的是 soft/hard 的值,单位是 KB。soft 为警告值,hard 为最大值,当磁盘使用量在 soft～hard 之间,就会发出警告(默认倒计时 7 天)。若超过警告时间,磁盘使用量依然在 soft～hard 之间,则会禁止使用磁盘空间。若修改 blocks 的 soft/hard 值,表示规定用户可以使用的磁盘空间大小(一般都是规定磁盘使用量);若修改 inodes 的 soft/hard 值,表示规定用户可以创建的文件个数。下面修改 blocks 的 soft/hard 值。

```
Disk quotas for user myquota1(uid 1003):
  Filesystem  blocks    soft     hard   inodes  soft  hard
   /dev/sda3     80    250000  300000     10      0     0
```

提示:在 edquota 的显示信息中,每一行只要保持 7 个字段就可以了,并不需要排列整齐。

③ 其他 5 个用户的设定可以使用 quota 复制。

```
//将 myquota1 的限制值复制给其他四个账号
[root@RHEL7-1 ~]#edquota -p myquota1 -u myquota2
[root@RHEL7-1 ~]#edquota -p myquota1 -u myquota3
[root@RHEL7-1 ~]#edquota -p myquota1 -u myquota4
[root@RHEL7-1 ~]#edquota -p myquota1 -u myquota5
```

④ 更改群组的 quota 限额。

```
[root @www ~]#edquota -g myquotagrp
Disk quotas for group myquotagrp(gid 1007)
  Filesystem  blocks    soft      hard    inodes  soft  hard
   /dev/sda3    400    900000  1000000      50      0     0
```

以上配置表示 myquota1、myquota2、myquota3、myquota4、myquota5 用户最多可使用 300MB 的磁盘空间，超过 250MB 就会发出警告并进入倒计时，而 myquota 组最多使用 1000MB 的磁盘空间。也就是说，虽然 myquota1 等用户都有 300MB 的最大磁盘空间使用权限，但他们都属于 myquota 组，他们的空间总量不能超过 300MB。

⑤ 将宽限时间改成 14 天。

```
#宽限时间原来是 7 天,现改成 14 天
[root@RHEL7-1 ~]#edquota -t
Grace period before enforcing soft limits for users:
Time units may be:days,hours,minutes,or seconds
  Filesystem  Block grace period  Inode grace period
  /dev/sada3         14days               7days
```

5. repquota 用于针对文件系统的限额做报表

```
[root@RHEL7-1 ~]#repquota /dev/sda3
* * * Report for user quotas on device /dev/sda3
Block grace time: 14days; Inode grace time: 7days
                             Block limits                  File limits
User            used    soft     hard     grace     used  soft  hard  grace
----------------------------------------------------------------------------
root            --      573468  0        0               5     0     0
yangyun         --      4584    0        0               143   0     0
user1           --      28      0        0               7     0     0
user2           --      28      0        0               7     0     0
myquota1        --      28      250000   300000          7     0     0
myquota2        --      28      250000   300000          7     0     0
myquota3        --      28      250000   300000          7     0     0
myquota4        --      28      250000   300000          7     0     0
myquota5        --      28      250000   300000          7     0     0
```

6. 测试与管理

直接修改/etc/fstab。测试过程如下(以 myquota1 用户为例)。

```
[root@RHEL7-1 ~]#su -myquota1
Last login: Mon May 28 04:41:39 CST 2018 on pts/0
//写入一个 200MB 的文件 file1
[myquota1@RHEL7-1 ~]$ dd if=/dev/zero of=file1 count=1 bs=200M
1+0 records in
1+0 records out
209715200 bytes (210 MB) copied, 0.276878 s, 757 MB/s
//再写入一个 200MB 的文件 file2
[myquota1@RHEL7-1 ~]$ dd if=/dev/zero of=file2 count=1 bs=200M
sda3: warning, user block quota exceeded.
sda3: write failed, user block limit reached.
dd: error writing 'file2': Disk quota exceeded
1+0 records in
0+0 records out
97435648 bytes (97 MB) copied, 0.104676 s, 931 MB/s          //超过 300MB 部分无法写入
```

注意：请将自动挂载文件/etc/fstab恢复到最初状态，把对/dev/sdb的所有挂载行都删除，同时卸载对/dev/sdb的所有挂载，然后重新启动系统，以免后续实训中对/dev/sdb等设备的操作影响到挂载，而使系统无法启动。具体操作请参照6.1节最后内容。

6.4　任务4　在Linux中配置软RAID

RAID(Redundant Array of Inexpensive Disks，独立磁盘冗余阵列)用于将多个廉价的小型磁盘驱动器合并成一个磁盘阵列，以提高存储性能和容错功能。RAID可分为软RAID和硬RAID，软RAID通过软件实现多块硬盘冗余；硬RAID通过RAID卡实现。前者配置简单，管理也比较灵活，对于中小企业来说不失为一种最佳选择，硬RAID在性能方面具有一定优势，但费用较高。

RAID作为高性能的存储系统，已经得到了越来越广泛的应用。RAID从RAID概念的提出到现在，已经发展了六个级别，分别是0、1、2、3、4、5，最常用的是0、1、3、5四个级别。

RAID0：将多个磁盘合并成一个大的磁盘，不具有冗余，并行I/O，速度最快。RAID 0也称为带区集，它是将多个磁盘并列起来，成为一个大硬盘。在存放数据时，其将数据按磁盘的个数进行分段，然后同时将这些数据写进盘中，如图6-2所示。

在所有的级别中，RAID0的速度最快，但是RAID0没有冗余功能，如果一个磁盘(物理)损坏，则所有的数据都无法使用。

RAID1：把磁盘阵列中的硬盘分成相同的两组，互为镜像，当任一磁盘介质出现故障时，可以利用其镜像上的数据恢复，从而提高系统的容错能力。对数据的操作仍采用分块后并行传输方式。所有RAID1不仅提高了读写速度，也加强了系统的可靠性。缺点是硬盘的利用率较低，只有50%，如图6-3所示。

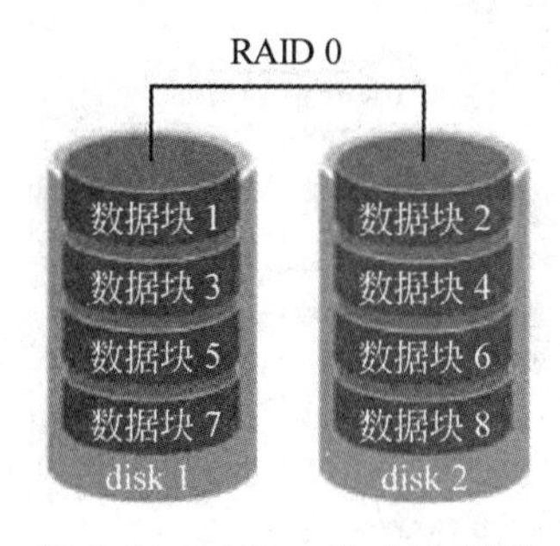

图6-2　RAID 0技术示意图

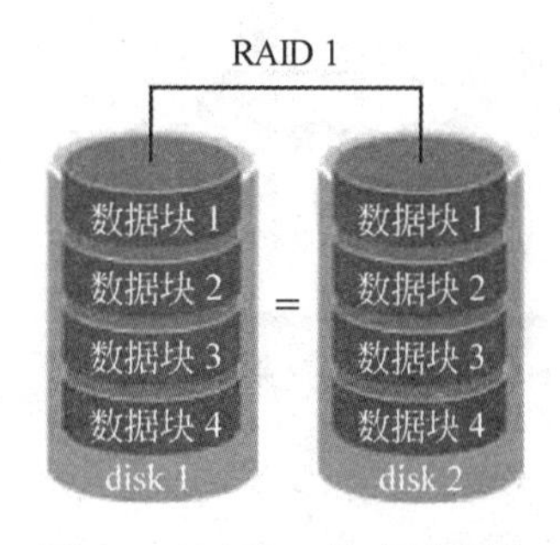

图6-3　RAID 1技术示意图

RAID3：RAID3存放数据的原理和RAID0、RAID1不同。RAID3是以一个硬盘来存放数据的奇偶校验位，数据则分段存储在其余硬盘中。它像RAID0一样以并行的方式存放数据，但速度没有RAID0快。如果数据盘(物理)损坏，只要将坏的硬盘换掉，RAID控制系统会根据校验盘的数据校验位在新盘中重建坏盘上的数据。不过，如果校验盘(物理)损坏，则全部数据都无法使用。利用单独的校验盘保护数据虽然没有镜像的安全性高，但是硬盘利用率得到了很大的提高，利用率为$n-1$。

RAID5：向阵列中的磁盘写数据，奇偶校验数据存放在阵列中的各个盘上，允许单个磁盘出错。RAID5 也是以数据的校验位来保证数据的安全,但它不是以单独硬盘来存放数据的校验位,而是将数据段的校验位交互存放于各个硬盘上,这样任何一个硬盘损坏,都可以根据其他硬盘上的校验位重建损坏的数据,硬盘的利用率为 $n-1$,如图 6-4 所示。

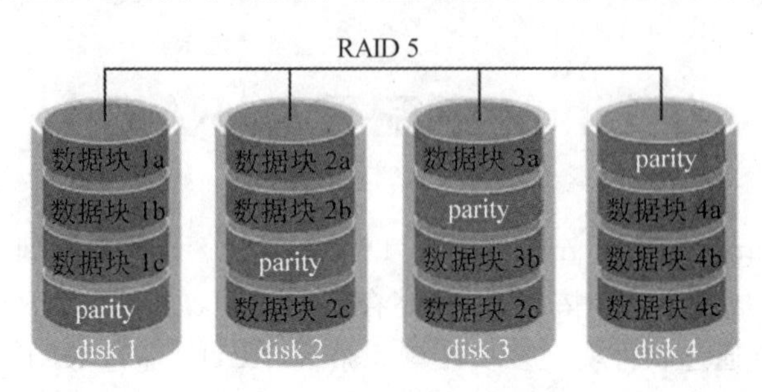

图 6-4　RAID5 技术示意图

Red Hat Enterprise Linux 提供了对软 RAID 技术的支持。在 Linux 系统中可以使用 mdadm 工具建立和管理 RAID 设备。

6.4.1　创建与挂载 RAID 设备

下面以 4 块硬盘/dev/sdb、/dev/sdc、/dev/sdd、/dev/sde 为例讲解 RAID5 的创建方法。(利用 VMware 虚拟机,提前安装 4 块 SCSI 硬盘。)

1. 创建 4 个磁盘分区

使用 fdisk 命令重新创建 4 个磁盘分区/dev/sdb1、/dev/sdc1、/dev/sdd1、/dev/sde1,容量大小一致,都为 500MB,并设置分区类型 id 为 fd(Linux raid autodetect)。下面以创建/dev/sdb1 磁盘分区为例(先删除原来的分区,如果是新磁盘则直接分区)进行讲解。

```
[root@RHEL7-1 ~]#fdisk /dev/sdb
Welcome to fdisk (util-linux 2.23.2).
Changes will remain in memory only, until you decide to write them.
Be careful before using the write command.
Command (m for help): d                          //删除分区命令
Partition number (1,2, default 2):
Partition 2 is deleted                           //删除分区 2
Command (m for help): d                          //删除分区命令
Selected partition 1
Partition 1 is deleted
Command (m for help): n                          //创建分区
Partition type:
   p   primary (0 primary, 0 extended, 4 free)
   e   extended
Select (default p): p                            //创建主分区 1
Using default response p
Partition number (1-4, default 1): 1             //创建主分区 1
First sector (2048-41943039, default 2048):
Using default value 2048
Last sector, +sectors or +size{K,M,G} (2048-41943039, default 41943039): +500M
                                                 //分区容量为 500MB
```

```
Partition 1 of type Linux and of size 500 MiB is set
Command (m for help): t                           //设置文件系统
Selected partition 1
Hex code (type L to list all codes): fd           //设置文件系统为 fd
Changed type of partition 'Linux' to 'Linux raid autodetect'
Command (m for help): w                           //存盘退出
```

用同样的方法创建其他三个硬盘分区，运行 psrtprobe 命令或重启系统，分区结果如下：

```
[root@RHEL7-1 ~]#partprobe                        //不重新启动系统而使分区划分有效，务必
[root@RHEL7-1 ~]#reboot                           //或重新启动计算机
[root@RHEL7-1 ~]#fdisk -l
Device Boot       Start       End        Blocks     Id   System
/dev/sdb1         2048        1026047    512000     fd   Linux raid autodetect
/dev/sdc1         2048        1026047    512000     fd   Linux raid autodetect
/dev/sdd1         2048        1026047    512000     fd   Linux raid autodetect
/dev/sde1         2048        1026047    512000     fd   Linux raid autodetect
```

2. 使用 mdadm 命令创建 RAID5

RAID 设备名称为/dev/mdX。其中 X 为设备编号，该编号从 0 开始。

```
[root@RHEL7-1~]#mdadm --create /dev/md0 --level=5 --raid-devices=3 --spare-
devices=1 /dev/sd[b-e]1
mdadm: array /dev/md0 started.
```

上述命令中指定 RAID 设备名为/dev/md0，级别为 5，使用 3 个设备建立 RAID，空余一个留做备用。上面的语法中，最后面是装置文件名，这些装置文件名可以是整个磁盘，例如/dev/sdb；也可以是磁盘上的分区，例如/dev/sdb1 之类。不过，这些装置文件名的总数必须等于--raid-devices 与--spare-devices 的个数总和。此例中，/dev/sd[b-e]1 是一种简写，表示/dev/sdb1、/dev/sdc1、/dev/sdd1、/dev/sde1，其中/dev/sde1 为备用。

3. 为新建立的/dev/md0 建立类型为 ext4 的文件系统

```
[root@RHEL7-1 ~]mkfs -t ext4 -c /dev/md0
```

4. 查看建立的 RAID5 的具体情况（注意区分哪个是备用）

```
[root@RHEL7-1 ~]mdadm --detail /dev/md0
/dev/md0:
       Version : 1.2
Creation Time : Mon May 28 05:45:21 2018
    Raid Level : raid5
    Array Size : 1021952 (998.00 MiB 1046.48 MB)
 Used Dev Size : 510976 (499.00 MiB 523.24 MB)
  Raid Devices : 3
Total Devices : 4
```

```
        Persistence : Superblock is persistent
        Update Time : Mon May 28 05:47:36 2018
              State : clean
     Active Devices : 3
    Working Devices : 4
     Failed Devices : 0
      Spare Devices : 1
             Layout : left-symmetric
         Chunk Size : 512K
 Consistency Policy : resync
               Name : RHEL7-1:0  (local to host RHEL7-2)
               UUID : 082401ed:7e3b0286:58eac7e2:a0c2f0fd
             Events : 18
    Number  Major  Minor  RaidDevice  State
    0       8      17     0           active sync /dev/sdb1
    1       8      33     1           active sync /dev/sdc1
    4       8      49     2           active sync /dev/sdd1
    3       8      65     -           spare /dev/sde1
```

5. 将 RAID 设备挂载

将 RAID 设备/dev/md0 挂载到指定的目录/media/md0 中,并显示该设备中的内容。

```
[root@RHEL7-1 ~]#mkdir /media/md0
[root@RHEL7-1 ~]#mount /dev/md0 /media/md0 ; ls /media/md0
lost+found
[root@RHEL7-1 ~]#cd /media/md0
//写入一个 50MB 的文件 50_file 供数据恢复时测试用
[root@RHEL7-1 md0]#dd if=/dev/zero of=50_file count=1 bs=50M; ll
1+0 records in
1+0 records out
52428800 bytes (52 MB) copied, 0.550244 s, 95.3 MB/s
total 51216
-rw-r--r--. 1 root root 52428800 May 28 16:00 50_file
drwx------. 2 root root 16384 May 28 15:54 lost+found
[root@RHEL7-1 ~]#cd
```

6.4.2 RAID 设备的数据恢复

如果 RAID 设备中的某个硬盘损坏,系统会自动停止这块硬盘的工作,让后备的硬盘代替损坏的硬盘继续工作。例如,假设/dev/sdc1 损坏,更换方法如下。

(1) 将损坏的 RAID 成员标记为失效。

```
[root@RHEL7-1 ~]#mdadm /dev/md0  --fail /dev/sdc1
```

(2) 移除失效的 RAID 成员。

```
[root@RHEL7-1 ~]#mdadm /dev/md0 --remove /dev/sdc1
```

(3) 更换硬盘设备，添加一个新的 RAID 成员(注意上面查看 RAID5 的情况)。备份硬盘一般会自动替换。

```
[root@RHEL7-1 ~]#mdadm /dev/md0 --add /dev/sde1
```

(4) 查看 RAID5 下的文件是否损坏，同时再次查看 RAID5 的情况。命令如下。

```
[root@RHEL7-1 ~]#ll /media/md0
[root@RHEL7-1 ~]#mdadm --detail /dev/md0
/dev/md0:
    …
    Number  Major  Minor  RaidDevice  State
    0       8      17     0           active sync /dev/sdb1
    3       8      65     1           active sync /dev/sde1
    4       8      49     2           active sync /dev/sdd1
```

RAID5 中失效硬盘已被成功替换。

说明：mdadm 命令参数中以“--”引出的参数选项，与“-”加单词首字母的方式相同。例如“--remove”与“-r”相同，“--add”与“-a”相同。

(5) 当不再使用 RAID 设备时，可以使用命令“mdadm -S /dev/mdX”的方式停止 RAID 设备，然后重启系统。(先卸载再停止)

```
[root@RHEL7-2 ~]#umount /dev/md0 /media/md0
umount: /media/md0: not mounted
[root@RHEL7-2 ~]#mdadm -S  /dev/md0
mdadm: stopped /dev/md0
[root@RHEL7-2 ~]#reboot
```

6.5　任务 5　配置软 RAID 企业案例

6.5.1　环境需求

- 利用 4 个分区组成 RAID 5。
- 每个分区约为 1GB 大小，需确定每个分区容量。
- 将 1 个分区设定为备用磁盘，备用磁盘的大小与其他 RAID 所需分区一样。
- 将此 RAID 5 装置挂载到/mnt/raid 目录下。

使用一个 20GB 的单独磁盘，该磁盘的分区代号使用 5～9。

6.5.2　解决方案

1. 利用 fdisk 创建所需的磁盘设备(使用扩展分区划分逻辑分区)

```
[root@RHEL7-1 ~]#fdisk /dev/sdb
Command (m for help): n
Partition type:
p   primary (1 primary, 0 extended, 3 free)
```

```
e   extended
Select (default p): e                                  //选择扩展分区
Partition number (2-4, default 2): 4
First sector (1026048-41943039, default 1026048):
Using default value 1026048
Last sector, +sectors or +size{K,M,G} (1026048-41943039, default 41943039): +10G
                                                       //扩展分区总共为 10GB
Partition 4 of type Extended and of size 10 GiB is set
Command (m for help): n                                //新建分区命令
Partition type:
   p   primary (1 primary, 1 extended, 2 free)
   l   logical (numbered from 5)
Select (default p): l                                  //在扩展分区中新建逻辑分区
Adding logical partition 5
First sector (1028096-21997567, default 1028096): 5//新建逻辑分区/dev/sdb5
Using default value 1028096
Last sector, +sectors or +size{K,M,G} (1028096-21997567, default 21997567): +1G
                                                       //逻辑分区/dev/sdb5 大小为 1GB
Partition 5 of type Linux and of size 1 GiB is set
Command (m for help): t                                //设置文件系统命令
Partition number (1,4,5, default 5): 5
Hex code (type L to list all codes): fd                //设置/dev/sdb5 文件系统为 fd
Changed type of partition 'Linux' to 'Linux raid autodetect'
Command (m for help): w
```

用同样的方法设置/dev/sdb6、/dev/sdb7、/dev/sdb8、/dev/sdb9，记住最后按 w 键将文件存盘并重启系统。分区结果如下。

```
[root@RHEL7-1 ~]#reboot
[root@RHEL7-1 ~]#fdisk -l /dev/sdb
Device Boot     Start       End        Blocks     Id   System
/dev/sdb1       2048        1026047    512000     fd   Linux raid autodetect
/dev/sdb4       1026048     21997567   10485760   5    Extended
/dev/sdb5       1028096     3125247    1048576    fd   Linux raid autodetect
/dev/sdb6       3127296     5224447    1048576    fd   Linux raid autodetect
/dev/sdb7       5226496     7323647    1048576    fd   Linux raid autodetect
/dev/sdb8       7325696     9422847    1048576    fd   Linux raid autodetect
/dev/sdb9       9424896     11522047   1048576    fd   Linux raid autodetect
//上面的 5~9 号是需要的分区
```

2. 使用 mdadm 创建 RAID(先卸载，再停止/dev/md0，因为 md0 用到了/dev/sdb)

```
[root@RHEL7-1 ~]#umount /dev/md0 /media/md0
[root@RHEL7-1 ~]#mdadm -S /dev/md0
[root@RHEL7-1 ~]#mdadm --create --auto=yes /dev/md0 --level=5 --raid-devices=4
--spare-devices=1 /dev/sdb{5,6,7,8,9}
//这里通过{}将重复的项目简化
```

3. 查看建立的 RAID5 的具体情况

```
[root@RHEL7-1 ~]#mdadm --detail /dev/md0
/dev/md0:
…
Number  Major  Minor  RaidDevice  State
0       8      21     0           active sync   /dev/sdb5
1       8      22     1           active sync   /dev/sdb6
2       8      23     2           active sync   /dev/sdb7
5       8      24     3           active sync   /dev/sdb8
4       8      25     -           spare   /dev/sdb9
```

4. 格式化与挂载使用 RAID

```
[root@RHEL7-1 ~]#mkfs -t ext4 /dev/md0                //格式化/dev/md0
[root@RHEL7-1 ~]#mkdir /mnt/raid
[root@RHEL7-1 ~]#mount /dev/md0 /mnt/raid
[root@RHEL7-1 ~]#df
Filesystem   1K-blocks   Used   Available   Use%   Mounted on
…
tmpfs        186704      20     186684      1%     /run/user/0
/dev/md0     3027728     9216   2844996     1%     /mnt/raid
```

5. 测试 RAID5 的自动冗灾功能(/dev/sdb9 自动替换了/dev/sdb6)

```
[root@RHEL7-2 ~]#mdadm /dev/md0 --fail /dev/sdb6
mdadm: set /dev/sdb6 faulty in /dev/md0
[root@RHEL7-2 ~]#mdadm --detail /dev/md0
/dev/md0:
      …
    Number   Major   Minor   RaidDevice    State
    0        8       21      0             active sync /dev/sdb5
    4        8       25      1             active sync /dev/sdb9
    2        8       23      2             active sync /dev/sdb7
    5        8       24      3             active sync /dev/sdb8
    1        8       22      -             faulty /dev/sdb6
```

6.6　任务 6　LVM 逻辑卷管理器

硬盘设备管理技术虽然能够有效地提高硬盘设备的读写速度以及数据的安全性，但是在硬盘分好区或者部署为 RAID 磁盘阵列之后，再想修改硬盘分区大小就不容易了。换句话说，当用户想要随着实际需求的变化调整硬盘分区的大小时，会受到硬盘“灵活性”的限制，这时就需要用到另外一项非常实用的硬盘设备资源管理技术——LVM(逻辑卷管理器)。LVM 可以允许用户对硬盘资源进行动态调整。

逻辑卷管理器是 Linux 系统用于对硬盘分区进行管理的一种机制，理论性较强，其创建初衷是为了解决硬盘设备在创建分区后不易修改分区大小的缺陷。尽管对传统的硬盘分区进行强制扩容或缩容从理论上来讲是可行的，但却可能造成数据的丢失。LVM 技术是在硬盘分区和文件系统之间添加了一个逻辑层，提供了一个抽象的卷组，可以把多块硬盘进行卷组合并，这样一来，用户不必关心物理硬盘设备的底层架构和布局，就可以实现对硬盘分区的动态调整。LVM 的技术架构如图 6-5 所示。

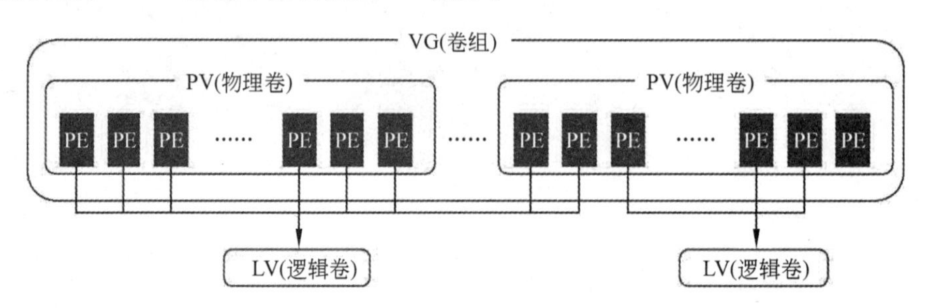

图 6-5 逻辑卷管理器的技术结构

物理卷处于 LVM 中的最底层，可以将其理解为物理硬盘、硬盘分区或者 RAID 磁盘阵列。卷组建立在物理卷之上，一个卷组可以包含多个物理卷，而且在卷组创建之后也可以继续向其中添加新的物理卷。逻辑卷是用卷组中空闲的资源建立的，并且逻辑卷在建立后可以动态地扩展或缩小空间。这就是 LVM 的核心理念。

6.6.1 部署逻辑卷

一般来说，在生产环境中无法精确地评估每个硬盘分区在日后的使用情况，因此会导致原先分配的硬盘分区不够用，而且存在对较大的硬盘分区进行精简缩容的情况。比如，伴随着业务量的增加，用于存放交易记录的数据库目录的体积也随之增加；因为分析并记录用户的行为从而导致日志目录的体积不断变大，这些都会导致原有的硬盘分区在使用上捉襟见肘。

可以通过部署 LVM 来解决上述问题。部署 LVM 时，需要逐个配置物理卷、卷组和逻辑卷。常用的部署命令如表 6-2 所示。

表 6-2 常用的 LVM 部署命令

功能/命令	物理卷管理	卷组管理	逻辑卷管理
扫描	pvscan	vgscan	lvscan
建立	pvcreate	vgcreate	lvcreate
显示	pvdisplay	vgdisplay	lvdisplay
删除	pvremove	vgremove	lvremove
扩展		vgextend	lvextend
缩小		vgreduce	lvreduce

为了避免多个实验之间发生冲突，请大家自行将虚拟机还原到初始状态，并在虚拟机中重新添加 5 块新硬盘设备，然后开机，如图 6-6 所示。(此处务必要添加新硬盘)

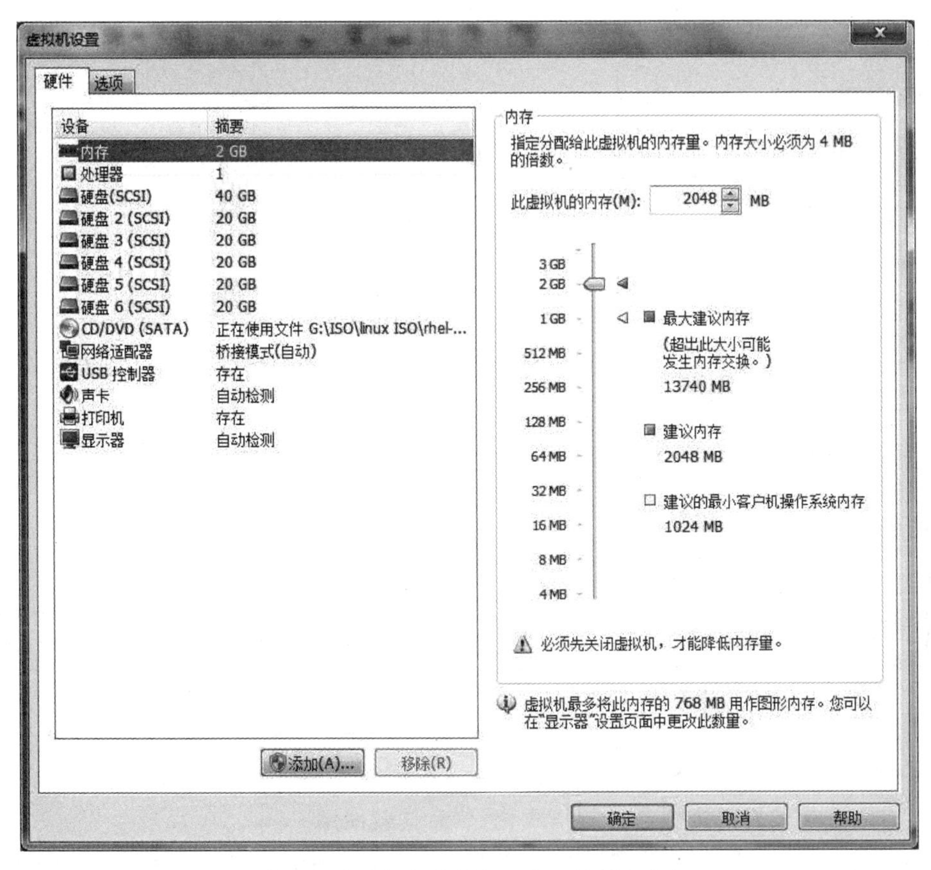

图 6-6　在虚拟机中添加 5 块新的硬盘设备

在虚拟机中添加 5 块新硬盘设备的目的，是为了更好地演示 LVM 理念，用户无须关心底层物理硬盘设备的特性。我们先对其中 3 块新硬盘进行创建物理卷的操作，可以将该操作简单理解成让硬盘设备支持 LVM 技术，或者理解成是把硬盘设备加入 LVM 技术可用的硬件资源池中，然后对这两块硬盘进行卷组合并，卷组的名称可以由用户自定义。接下来，根据需求把合并后的卷组切割出一个约为 150MB 的逻辑卷设备，最后把这个逻辑卷设备格式化成 ext4 文件系统后挂载使用。在下文中，将对每一个步骤作一些简单的描述。

第 1 步：让新添加的两块硬盘设备支持 LVM 技术。

```
[root@RHEL7-1 ~]#pvcreate /dev/sdb /dev/sdc
Physical volume "/dev/sdb" successfully created.
Physical volume "/dev/sdc" successfully created.
```

第 2 步：把两块硬盘设备加入 storage 卷组中，然后查看卷组的状态。

```
[root@RHEL7-1 ~]#vgcreate storage /dev/sdb /dev/sdc
Volume group "storage" successfully created
[root@RHEL7-1 ~]#vgdisplay
---Volume group ---
```

```
VG Name                 storage
…
VG Size                 39.99 GiB
PE Size                 4.00 MiB
Total PE                10238
```

第 3 步：切割出一个约为 150MB 的逻辑卷设备。

这里需要注意切割单位的问题。在对逻辑卷进行切割时有两种计量单位。第一种是以容量为单位，使用的参数为-L。例如，使用-L 150M 生成一个大小为 150MB 的逻辑卷。另外一种是以基本单元的个数为单位，所使用的参数为-l，每个基本单元的大小默认为 4MB。例如，使用-l 37 可以生成一个大小为 37×4MB=148MB 的逻辑卷。

```
[root@RHEL7-1 ~]#lvcreate -n vo -l 37 storage
Logical volume "vo" created
[root@RHEL7-1 ~]#lvdisplay
---Logical volume ---
…
#open 0
LV Size 148.00 MiB
Current LE 37
Segments 1
…
```

第 4 步：把生成好的逻辑卷进行格式化，然后挂载使用。

Linux 系统会把 LVM 中的逻辑卷设备存放在/dev 设备目录中（实际上是做了一个符号链接），同时会以卷组的名称建立一个目录，其中保存了逻辑卷的设备映射文件（即/dev/卷组名称/逻辑卷名称）。

```
[root@RHEL7-1 ~]#mkfs.ext4 /dev/storage/vo
mke2fs 1.42.9 (28-Dec-2013)
Filesystem label=
OS type: Linux
Block size=1024 (log=0)
Fragment size=1024 (log=0)
Stride=0 blocks, Stripe width=0 blocks
38000 inodes, 151552 blocks
7577 blocks (5.00%) reserved for the super user
First data block=1
Maximum filesystem blocks=33816576
19 block groups
8192 blocks per group, 8192 fragments per group
2000 inodes per group
Superblock backups stored on blocks:
    8193, 24577, 40961, 57345, 73729
Allocating group tables: done
Writing inode tables: done
```

```
Creating journal (4096 blocks): done
Writing superblocks and filesystem accounting information: done
[root@RHEL7-1 ~]#mkdir /bobby
[root@RHEL7-1 ~]#mount /dev/storage/vo /bobby
```

第 5 步：查看挂载状态，并写入配置文件，使其永久生效（做下个实验时一定恢复到初始状态）。

```
[root@RHEL7-1 ~]#df -h
ilesystem                Size    Used    Avail   Use%   Mounted on
…
tmpfs                    183M    20K     183M    1%     /run/user/0
/dev/mapper/storage-vo   140M    1.6M    128M    2%     /bobby
[root@RHEL7-1 ~]#echo "/dev/storage/vo /bobby ext4 defaults 0 0">>/etc/fstab
```

6.6.2　扩容逻辑卷

在前面的实验中，卷组是由两块硬盘设备共同组成的。用户在使用存储设备时感觉不到设备底层的架构和布局，更不用关心底层是由多少块硬盘组成的，只要卷组中有足够的资源，就可以一直为逻辑卷扩容。扩展前一定要记得卸载设备和挂载点的关联。

```
[root@RHEL7-1 ~]#umount /bobby
```

第 1 步：增加新的物理卷到卷组

当卷组中没有足够的空间分配给逻辑卷时，可以用给卷组增加物理卷的方法增加卷组的空间。下面先增加/dev/sdd 磁盘支持 LVM 技术，再将/dev/sdd 物理卷加到 storage 卷组。

```
[root@RHEL7-1 ~]#  pvcreate /dev/sdd
[root@RHEL7-1 ~]#vgextend storage /dev/sdd
Volume group "storage" successfully extended
[root@RHEL7-1 ~]#vgdisplay
```

第 2 步：把上一个实验中的逻辑卷 vo 扩展至 290MB。

```
[root@RHEL7-1 ~]#lvextend -L 290M /dev/storage/vo
Rounding size to boundary between physical extents: 292.00 MiB
Extending logical volume vo to 292.00 MiB
Logical volume vo successfully resized
```

第 3 步：检查硬盘的完整性，并重置硬盘容量。

```
[root@RHEL7-1 ~]#e2fsck -f /dev/storage/vo
e2fsck 1.42.9 (28-Dec-2013)
Pass 1: Checking inodes, blocks, and sizes
Pass 2: Checking directory structure
```

```
Pass 3: Checking directory connectivity
Pass 4: Checking reference counts
Pass 5: Checking group summary information
/dev/storage/vo: 11/38000 files(0.0%non-contiguous),10453/151552 blocks
[root@RHEL7-1 ~]#resize2fs /dev/storage/vo
resize2fs 1.42.9 (28-Dec-2013)
Resizing the filesystem on /dev/storage/vo to 299008 (1k) blocks.
The filesystem on /dev/storage/vo is now 299008 blocks long.
```

第 4 步：重新挂载硬盘设备并查看挂载状态。

```
[root@RHEL7-1 ~]#mount -a
[root@RHEL7-1 ~]#df -h
Filesystem                Size   Used   Avail   Use%   Mounted on
…
tmpfs                     183M   20K    183M    1%     /run/user/0
/dev/mapper/storage-vo    279M   2.1M   259M    1%     /bobby
```

6.6.3 缩小逻辑卷

相较于扩容逻辑卷，在对逻辑卷进行缩容操作时，其丢失数据的风险更大，所以在生产环境中执行相应操作时，一定要提前备份好数据。另外 Linux 系统规定，在对 LVM 逻辑卷进行缩容操作之前，要先检查文件系统的完整性(当然这也是为了保证数据安全)。在执行缩容操作前记得先卸载文件系统。

```
[root@RHEL7-1 ~]#umount /bobby
```

第 1 步：检查文件系统的完整性。

```
[root@RHEL7-1 ~]#e2fsck -f /dev/storage/vo
```

第 2 步：把逻辑卷 vo 的容量减小到 120MB。

```
[root@RHEL7-1 ~]#resize2fs /dev/storage/vo 120M
resize2fs 1.42.9 (28-Dec-2013)
Resizing the filesystem on /dev/storage/vo to 122880 (1k) blocks.
The filesystem on /dev/storage/vo is now 122880 blocks long.
[root@RHEL7-1 ~]#lvreduce -L 120M /dev/storage/vo
WARNING: Reducing active logical volume to 120.00 MiB
THIS MAY DESTROY YOUR DATA (filesystem etc.)
Do you really want to reduce vo  [y/n]: y
Reducing logical volume vo to 120.00 MiB
Logical volume vo successfully resized
```

第 3 步：重新挂载文件系统并查看系统状态。

```
[root@RHEL7-1 ~]#mount -a
[root@RHEL7-1 ~]#df -h
```

```
Filesystem                 Size  Used  Avail  Use%  Mounted on
...
/dev/mapper/storage-vo     113M  1.6M  103M    2%    /bobby
```

6.6.4 删除逻辑卷

当生产环境中想要重新部署 LVM 或者不再需要使用 LVM 时，需要执行 LVM 的删除操作。为此，需要提前备份好重要的数据信息，然后依次删除逻辑卷、卷组、物理卷设备，这个顺序不可颠倒。

第 1 步：取消逻辑卷与目录的挂载关联，删除配置文件中永久生效的设备参数。

```
[root@RHEL7-1 ~]#umount /bobby
[root@RHEL7-1 ~]#vim /etc/fstab
...
/dev/cdrom /media/cdrom iso9660    defaults   0 0
#dev/storage/vo /linuxprobe ext4 defaults 0 0      //删除,或在前面加#
```

第 2 步：删除逻辑卷设备，需要输入 y 确认操作。

```
[root@RHEL7-1 ~]#lvremove /dev/storage/vo
Do you really want to remove active logical volume vo  [y/n]: y
Logical volume "vo" successfully removed
```

第 3 步：删除卷组。此处只写卷组名称即可，不需要设备的绝对路径。

```
[root@RHEL7-1 ~]#vgremove storage
 Volume group "storage" successfully removed
```

第 4 步：删除物理卷设备。

```
[root@RHEL7-1 ~]#pvremove /dev/sdb /dev/sdc
Labels on physical volume "/dev/sdb" successfully wiped
Labels on physical volume "/dev/sdc" successfully wiped
```

在正确执行完上述操作之后，再执行 lvdisplay、vgdisplay、pvdisplay 命令查看 LVM 的信息时，发现没有信息再显示了。

6.7 项目实录

项目实录一：文件系统管理

1. 观看录像

实训前请扫描二维码观看录像。

2. 项目实训目的

- 掌握 Linux 下文件系统的创建、挂载与卸载。

• 掌握文件系统的自动挂载。

3. 项目背景

某企业的 Linux 服务器中新增了一块硬盘/dev/sdb,请使用 fdisk 命令新建/dev/sdb1 主分区和/dev/sdb2 扩展分区,并在扩展分区中新建逻辑分区/dev/sdb5,使用 mkfs 命令分别创建 vfat 和 ext3 文件系统,然后用 fsck 命令检查这两个文件系统,最后把这两个文件系统挂载到系统上。

4. 项目实训内容

练习 Linux 系统下文件系统的创建、挂载与卸载及自动挂载的实现。

5. 做一做

根据项目实录录像进行项目的实训,检查学习效果。

项目实录二:LVM 逻辑卷管理器

1. 观看录像

实训前请扫描二维码观看录像。

2. 项目实训目的

• 掌握创建 LVM 分区类型的方法。
• 掌握 LVM 逻辑卷管理的基本方法。

3. 项目背景

某企业在 Linux 服务器中新增了一块硬盘/dev/sdb,要求 Linux 系统的分区能自动调整磁盘容量。请使用 fdisk 命令新建/dev/sdb1、/dev/sdb2、/dev/sdb3 和/dev/sdb4 LVM 类型的分区,并在 4 个分区上创建物理卷、卷组和逻辑卷。最后将逻辑卷挂载。

4. 项目实训内容

物理卷、卷组、逻辑卷的创建,卷组、逻辑卷的管理。

5. 做一做

根据项目实录录像进行项目的实训,检查学习效果。

项目实录三:动态磁盘管理

1. 观看录像

实训前请扫描二维码观看录像。

2. 项目实训目的

掌握 Linux 系统中利用 RAID 技术实现磁盘阵列的管理方法。

3. 项目背景

某企业为了保护重要数据,购买了 4 块同一厂家的 SCSI 硬盘。要求在 4 块硬盘上创建 RAID5 卷,以实现磁盘容错。

4. 项目实训内容

利用 mdadm 命令创建并管理 RAID 卷。

5. 做一做

根据项目实录录像进行项目的实训，检查学习效果。

6.8　练习题

一、填空题

1. ________是光盘所使用的标准文件系统。

2. RAID 的中文全称是________，用于将多个小型磁盘驱动器合并成一个________，以提高存储性能和________功能。RAID 可分为________和________，软 RAID 通过软件实现多块硬盘________。

3. LVM 的中文全称是________，最早应用在 IBM AIX 系统上。它的主要作用是________及调整磁盘分区大小，并且可以让多个分区或者物理硬盘作为________使用。

4. 可以通过________和________限制用户和组群对磁盘空间的使用。

二、选择题

1. 假定 kernel 支持 vfat 分区，(　　)操作是将/dev/hda1 这个 Windows 分区加载到/win 目录。

A. mount -t windows /win /dev/hda1

B. mount -fs=msdos /dev/hda1 /win

C. mount -s win /dev/hda1 /win

D. mount -t vfat /dev/hda1 /win

2. 关于/etc/fstab 的正确描述是(　　)。

A. 启动系统后，由系统自动产生

B. 用于管理文件系统信息

C. 用于设置命名规则，可以用 Tab 键来命名一个文件

D. 保存硬件信息

3. 在一个新分区上建立文件系统应该使用(　　)命令。

A. fdisk　　B. makefs　　C. mkfs　　D. format

4. Linux 文件系统的目录结构是一棵倒挂的树，文件都按其作用分门别类地放在相关的目录中。现有一个外部设备文件，应该将其放在(　　)目录中。

A. /bin　　B. /etc　　C. /dev　　D. lib

三、简答题

1. RAID 技术主要是为了解决什么问题?

2. RAID 0 和 RAID 5 哪个更安全?

3. 位于 LVM 最底层的是物理卷还是卷组?

4. LVM 对逻辑卷的扩容和缩容操作有何异同?

5. LVM 的快照卷能使用几次?

6. LVM 的删除顺序是怎样的?

6.9 超链接

单击 http://www.icourses.cn/scourse/course_2843.html,访问并学习国家精品资源共享课程网站中学习情境的相关内容。

项目七　配置网络和使用 ssh 服务

项目背景

作为 Linux 系统的网络管理员，学习 Linux 服务器的网络配置至关重要，同时管理远程主机也是管理员必须熟练掌握的技能。这些都是网络服务配置的基础，必须要掌握。

本项目讲解了如何使用 nmtui 命令配置网络参数，以及通过 nmcli 命令查看网络信息并管理网络会话服务，从而能够在不同工作场景中快速切换网络运行参数。同时还讲解了如何手工绑定 mode6 模式双网卡，实现网络的负载均衡。本项目还深入介绍了 SSH 协议与 sshd 服务程序的理论知识、Linux 系统的远程管理方法以及在系统中配置服务程序的方法。

职业能力目标和要求

- 掌握常见网络配置服务。
- 掌握远程控制服务。
- 掌握不间断会话服务。

7.1　任务 1　配置网络服务

Linux 主机要与网络中的其他主机进行通信，首先要进行正确的网络配置。网络配置通常包括主机名、IP 地址、子网掩码、默认网关、DNS 服务器等。

7.1.1　检查并设置有线连接处于连接状态

单击桌面右上角的启动按钮，单击 Connect 按钮，设置有线连接处于连接状态，如图 7-1 所示。

设置完成后，右上角将出现有线连接的小图标，如图 7-2 所示。

提示： 必须首先使有线连接处于连接状态，这是一切配置的基础，切记。

7.1.2　设置主机名

RHEL 7 中有三种定义的主机名。

- 静态的：静态主机名也称为内核主机名，是系统在启动时从/etc/hostname 自动初始化的主机名。

图 7-1 设置有线连接处于连接状态

图 7-2 有线连接处于连接状态

- 瞬态的：瞬态主机名是在系统运行时临时分配的主机名，由内核管理。例如 localhost 是通过 DHCP 或 DNS 服务器分配的主机名。
- 灵活的：灵活主机名是 UTF8 格式的自由主机名，以展示给终端用户。

与之前版本不同，RHEL 7 中主机名配置文件为/etc/hostname，可以在配置文件中直接更改主机名。

1. 使用 nmtui 修改主机名

```
[root@RHEL7-1 ~]#nmtui
```

在图 7-3 和图 7-4 中进行配置。

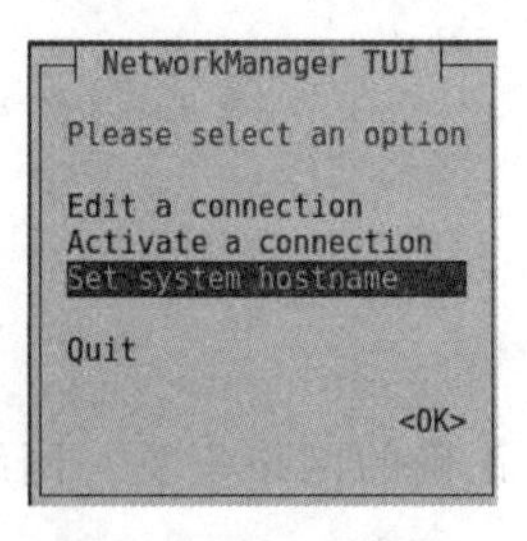

图 7-3 配置 hostname

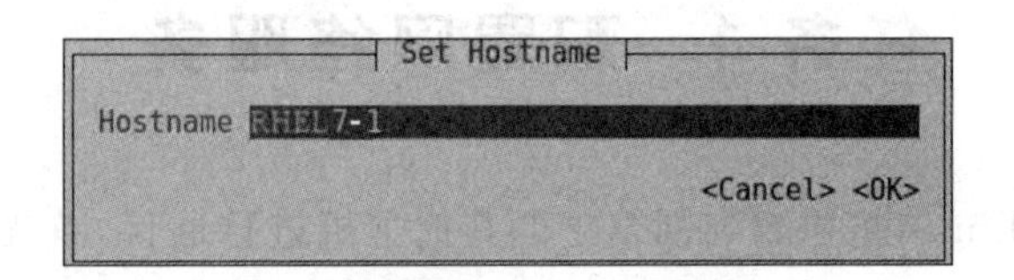

图 7-4 修改主机名为 RHEL7-1

使用 NetworkManager 的 nmtui 接口修改了静态主机名后(/etc/hostname 文件)，不会通知 hostnamectl。要想强制让 hostnamectl 知道静态主机名已经被修改，需要重启 hostnamed 服务

```
[root@RHEL7-1 ~]#systemctl restart systemd-hostnamed
```

2. 使用 hostnamectl 修改主机名

(1) 查看主机名

```
[root@RHEL7-1 ~]#hostnamectl status
    Static hostname: RHEL7-1
    Pretty hostname: RHEL7-1
    ...
```

（2）设置新的主机名

```
[root@RHEL7-1 ~]#hostnamectl set-hostname my.smile.com
```

（3）查看主机名

```
[root@RHEL7-1 ~]#hostnamectl status
    Static hostname: my.smile.com
...
```

3．使用 NetworkManager 的命令行接口 nmcli 修改主机名

nmcli 可以修改/etc/hostname 中的静态主机名。

```
//查看主机名
[root@RHEL7-1 ~]#nmcli general hostname
my.smile.com
//设置新主机名
[root@RHEL7-1 ~]#nmcli general hostname RHEL7-1
[root@RHEL7-1 ~]#nmcli general hostname
RHEL7-1
//重启 hostnamed 服务，让 hostnamectl 知道静态主机名已经被修改
[root@RHEL7-1 ~]#systemctl restart systemd-hostnamed
```

7.1.3　使用系统菜单配置网络

接下来将学习如何在 Linux 系统上配置服务。但是在此之前，必须先保证主机之间能够顺畅地通信，如果网络不通，即便服务部署得十分正确，用户也无法顺利访问，所以，配置网络并确保网络的连通性是学习部署 Linux 服务之前的最后一个重要知识点。

单击桌面右上角的网络连接图标，打开网络配置界面，一步步完成网络信息查询和网络配置。具体过程如图 7-5～图 7-8 所示。

图 7-5　单击有线连接进行设置

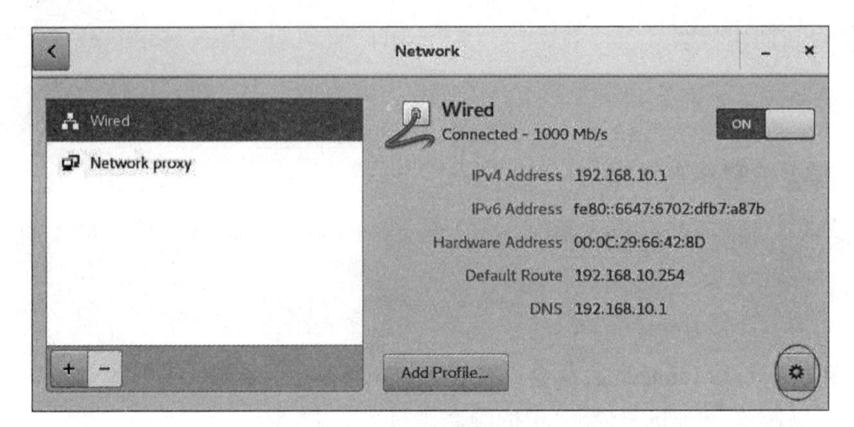

图 7-6　网络配置(ON 表示激活连接,单击齿轮图标进行配置)

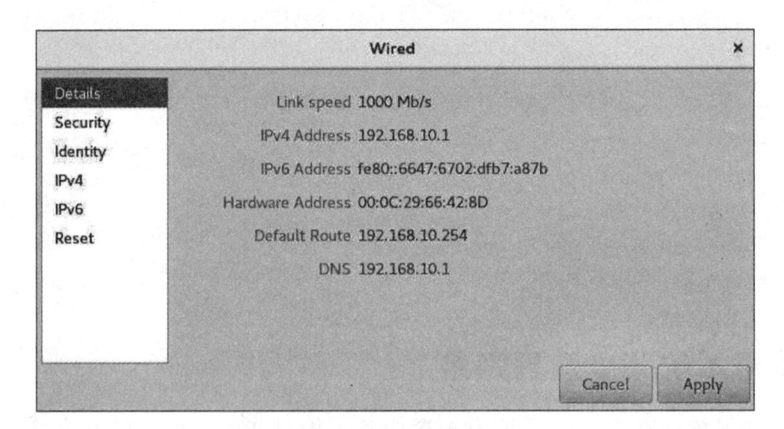

图 7-7　配置有线连接

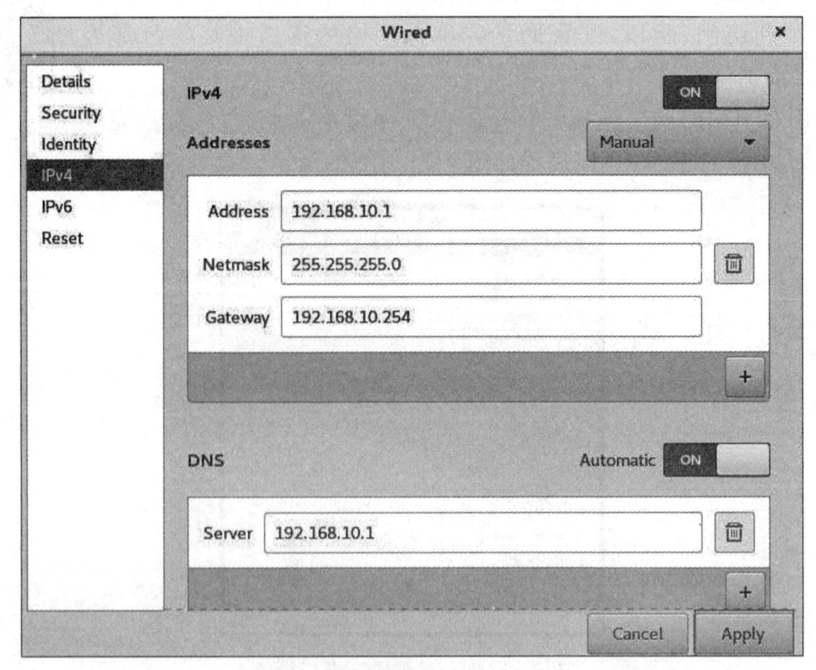

图 7-8　配置 IPv4 等信息

设置完成后，单击 Apply 按钮应用配置并回到图 7-9 的界面。网络连接应该设置在 ON 状态，如果在 OFF 状态，请进行修改。注意，有时需要重启系统配置才能生效。

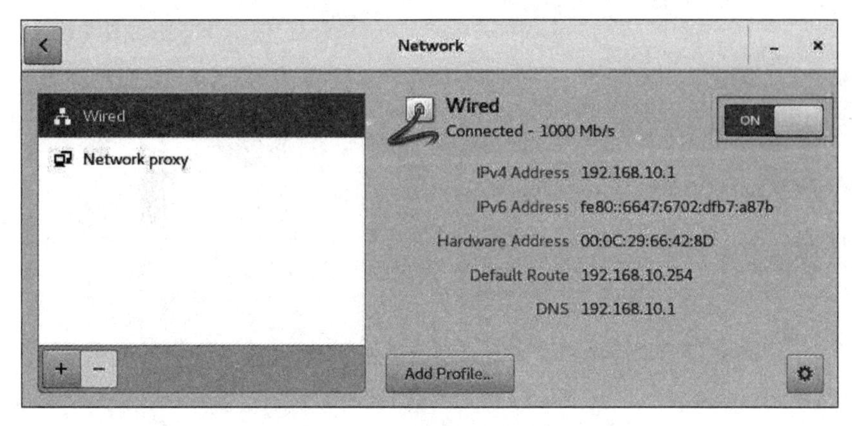

图 7-9　网络配置界面

提示：因为从 RHEL 7 开始，图形界面已经非常完善，所以首选使用系统菜单配置网络。在 Linux 系统桌面，依次选择 Applications→System Tools→Settings→Network，同样可以打开网络配置界面。

7.1.4　通过网卡配置文件配置网络

网卡 IP 地址配置得正确与否是两台服务器是否可以相互通信的前提。在 Linux 系统中，一切都是文件，因此配置网络服务的工作其实就是在编辑网卡配置文件。

在 RHEL 5、RHEL 6 中，网卡配置文件的前缀为 eth，第 1 块网卡为 eth0，第 2 块网卡为 eth1，以此类推。而在 RHEL 7 中，网卡配置文件的前缀则以 ifcfg 开始，加上网卡名称共同组成了网卡配置文件的名字，例如 ifcfg-ens33。除了文件名变化外，没有其他的区别。

现在有一个名称为 ifcfg-ens33 的网卡设备，将其配置为开机自启动，并且 IP 地址、子网、网关等信息由人工指定，步骤如下。

第 1 步：首先切换到/etc/sysconfig/network-scripts 目录中（存放着网卡的配置文件）。

第 2 步：使用 vim 编辑器修改网卡文件 ifcfg-ens33，逐项写入下面的配置参数并保存退出。由于每台设备的硬件及架构是不一样的，因此请使用 ifconfig 命令自行确认各自网卡的默认名称。

- 设备类型：TYPE=Ethernet；
- 地址分配模式：BOOTPROTO=static；
- 网卡名称：NAME=ens33；
- 是否启动：ONBOOT=yes；
- IP 地址：IPADDR=192.168.10.1；
- 子网掩码：NETMASK=255.255.255.0；
- 网关地址：GATEWAY=192.168.10.1；
- DNS 地址：DNS1=192.168.10.1。

第 3 步：重启网络服务并测试网络是否连通。

进入网卡配置文件所在的目录，然后编辑网卡配置文件，在其中填入下面的信息。

```
[root@RHEL7-1 ~]#cd /etc/sysconfig/network-scripts/
[root@RHEL7-1 network-scripts]#vim ifcfg-ens33
TYPE=Ethernet
PROXY_METHOD=none
BROWSER_ONLY=no
BOOTPROTO=static
NAME=ens33
UUID=9d5c53ac-93b5-41bb-af37-4908cce6dc31
DEVICE=ens33
ONBOOT=yes
IPADDR=192.168.10.1
NETMASK=255.255.255.0
GATEWAY=192.168.10.1
DNS1=192.168.10.1
```

执行重启网卡设备的命令(在正常情况下不会有提示信息)，然后通过 ping 命令测试网络能否连通。由于在 Linux 系统中 ping 命令不会自动终止，因此需要手动按下 Ctrl+C 组合键强行结束进程。

```
[root@RHEL7-1 network-scripts]#systemctl restart network
[root@RHEL7-1 network-scripts]#ping 192.168.10.1
PING 192.168.10.1 (192.168.10.1) 56(84) bytes of data.
64 bytes from 192.168.10.1: icmp_seq=1 ttl=64 time=0.095 ms
64 bytes from 192.168.10.1: icmp_seq=2 ttl=64 time=0.048 ms
…
```

注意：使用配置文件进行网络配置需要启动 network 服务，而从 RHEL 7 以后，network 服务已被 NetworkManager 服务代替，所以不建议使用配置文件配置网络参数。

7.1.5 使用图形界面配置网络

使用图形界面配置网络是比较方便、简单的一种网络配置方式。

7.1.4 小节使用网络配置文件配置网络服务，下面使用 nmtui 命令来配置网络。

(1) 输入命令。

```
[root@RHEL7-1 network-scripts]#nmtui
```

(2) 显示如图 7-10 所示的图形配置界面。

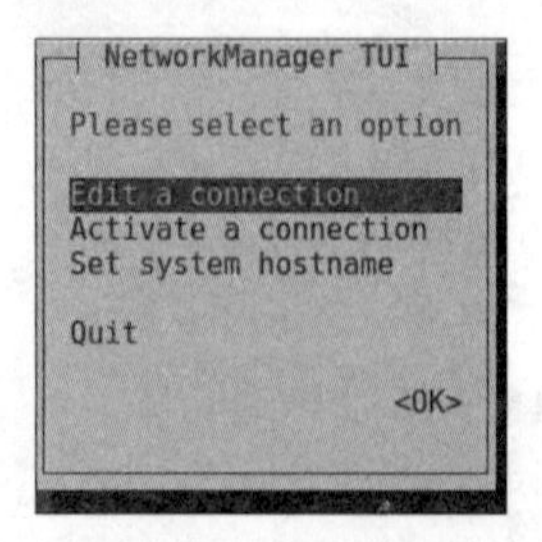

图 7-10 选中 Edit a connection 并按下 Enter 键

(3) 配置过程如图 7-11 和图 7-12 所示。

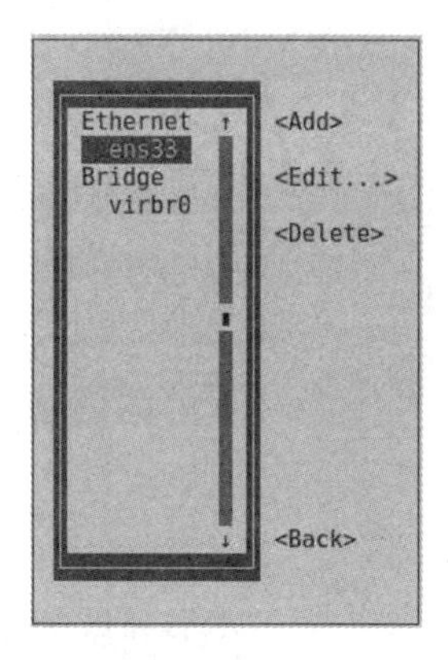

图 7-11 选中要编辑的网卡名称,然后选择 Edit 选项

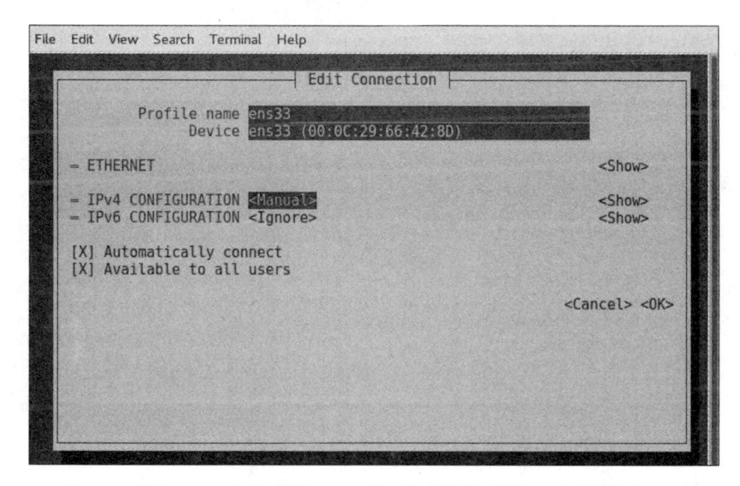

图 7-12 把网络 IPv4 的配置方式改成 Manual

注意:为方便配置服务器,本书中所有的服务器主机 IP 地址均为 192.168.10.1,而客户端主机一般设为 192.168.10.20 及 192.168.10.30。

(4) 选择 Show 选项,显示信息配置框,如图 7-13 所示。在服务器主机的网络配置信息中填写 IP 地址 192.168.10.1/24 等信息。单击 OK 按钮,如图 7-14 所示。

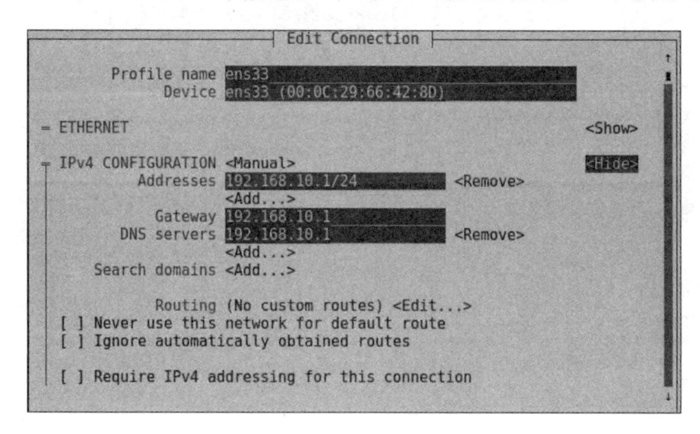

图 7-13 填写 IP 地址

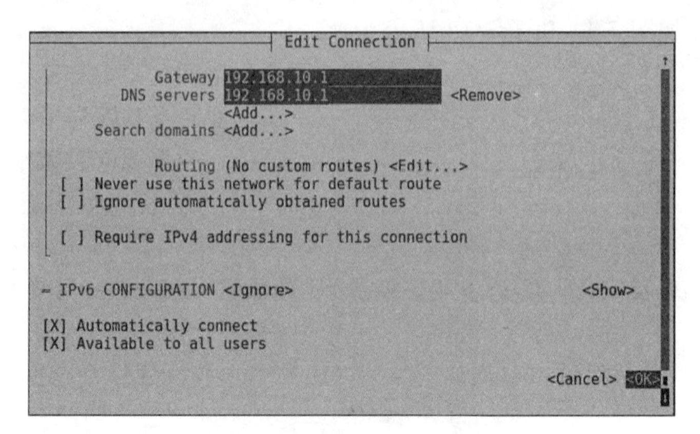

图 7-14　单击 OK 按钮保存配置

(5) 返回到 nmtui 图形界面初始状态，选中 Activate a connection 选项，激活刚才的连接 ens33。前面有“＊”号表示激活，如图 7-15 和图 7-16 所示。

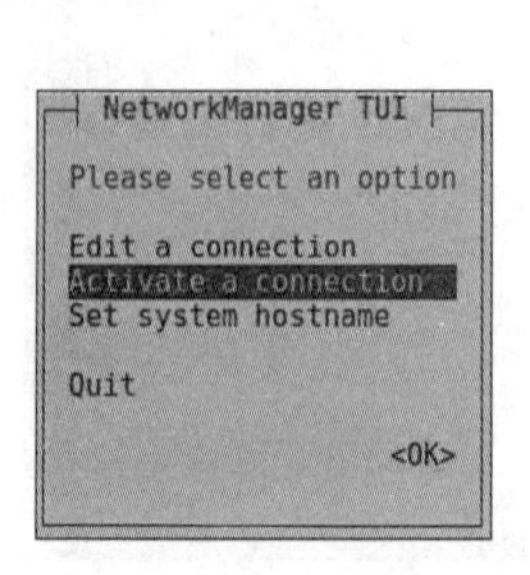

图 7-15　选择 Activate a connection 选项

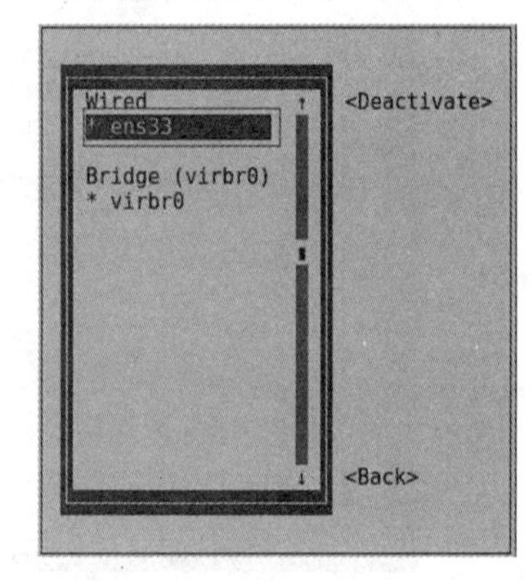

图 7-16　激活连接或使连接失效

(6) 至此，在 Linux 系统中配置网络就完成了。

```
[root@RHEL7-1 ~]#ifconfig
ens33: flags=4163<UP,BROADCAST,RUNNING,MULTICAST>  mtu 1500
        inet 192.168.10.1  netmask 255.255.255.0  broadcast 192.168.10.255
        inet6 fe80::c0ae:d7f4:8f5:e135  prefixlen 64  scopeid 0x20<link>
        ether 00:0c:29:66:42:8d  txqueuelen 1000  (Ethernet)
        RX packets 151  bytes 16024 (15.6 KiB)
        RX errors 0  dropped 0  overruns 0  frame 0
        TX packets 186  bytes 18291 (17.8 KiB)
        TX errors 0  dropped 0 overruns 0  carrier 0  collisions 0
lo: flags=73<UP,LOOPBACK,RUNNING>mtu 65536
        inet 127.0.0.1  netmask 255.0.0.0
...
virbr0: flags=4099<UP,BROADCAST,MULTICAST>mtu 1500
        inet 192.168.122.1  netmask 255.255.255.0  broadcast 192.168.122.255
...
```

7.1.6　使用 nmcli 命令配置网络

NetworkManager 是管理和监控网络设置的守护进程。一个网络接口可以有多个连接配置，但同时只有一个连接配置生效。

1. 常用命令

```
nmcli connection show                //显示所有连接
nmcli connection show --active       //显示所有活动的连接状态
nmcli connection show "ens33"        //显示网络连接配置
nmcli device status                  //显示设备状态
nmcli device show ens33              //显示网络接口属性
nmcli connection add help            //查看帮助
nmcli connection reload              //重新加载配置
nmcli connection down test2          //禁用 test2 的配置,注意一个网卡可以有多个配置
nmcli connection up test2            //启用 test2 的配置
nmcli device disconnect ens33        //禁用 ens33 网卡
nmcli device connect ens33           //启用 ens33 网卡
```

2. 创建新连接配置

(1) 创建新连接配置 default，IP 通过 DHCP 自动获取。

```
[root@RHEL7-1 ~]#nmcli connection show
NAME    UUID                                  TYPE            DEVICE
ens33   9d5c53ac-93b5-41bb-af37-4908cce6dc31  802-3-ethernet  ens33
virbr0  f30a1db5-d30b-47e6-a8b1-b57c614385aa  bridge          virbr0
[root@RHEL7-1 ~]# nmcli connection add con-name default type Ethernet
ifname ens33
Connection 'default' (ffe127b6-ece7-40ed-b649-7082e86c0775) successfully
added.
```

(2) 删除连接。

```
[root@RHEL7-1 ~]#nmcli connection delete default
Connection 'default' (ffe127b6-ece7-40ed-b649-7082e86c0775) successfully
deleted.
```

(3) 创建新的连接配置 test2，指定静态 IP，不自动连接。

```
[root@RHEL7-1 ~]#nmcli connection add con-name test2 ipv4.method manual ifname
ens33 autoconnect no type Ethernet ipv4.addresses 192.168.10.100/24 gw4 192.168.
10.1
Connection 'test2' (7b0ae802-1bb7-41a3-92ad-5a1587eb367f) successfully added.
```

(4) 参数说明。

- con-name：指定连接的名字，没有特殊要求。
- ipv4. methmod：指定获取 IP 地址的方式。
- ifname：指定网卡的名称，也就是此次配置生效的网卡。

- autoconnect：指定是否自动启动。
- ipv4.addresses：指定 IPv4 地址。
- gw4 指定网关

3. 查看/etc/sysconfig/network-scripts/目录

```
[root@RHEL7-1 ~]#ls /etc/sysconfig/network-scripts/ifcfg-*
/etc/sysconfig/network-scripts/ifcfg-ens33 /etc/sysconfig/network-scripts/
ifcfg-test2
/etc/sysconfig/network-scripts/ifcfg-lo
```

多出一个文件/etc/sysconfig/network-scripts/ifcfg-test2，说明添加操作确实生效了。

4. 启用 test2 连接配置

```
[root@RHEL7-1 ~]#nmcli connection up test2
Connection successfully activated (D-Bus active path: /org/freedesktop/NetworkManager/
ActiveConnection/6)
[root@RHEL7-1 ~]#nmcli  connection show
NAME    UUID                                  TYPE            DEVICE
test2   7b0ae802-1bb7-41a3-92ad-5a1587eb367f  802-3-ethernet  ens33
virbr0  f30a1db5-d30b-47e6-a8b1-b57c614385aa  bridge          virbr0
ens33   9d5c53ac-93b5-41bb-af37-4908cce6dc31  802-3-ethernet  --
```

5. 查看是否生效

```
[root@RHEL7-1 ~]#nmcli device show ens33
GENERAL.DEVICE:                         ens33
GENERAL.TYPE:                           ethernet
GENERAL.HWADDR:                         00:0C:29:66:42:8D
GENERAL.MTU:                            1500
GENERAL.STATE:                          100 (connected)
GENERAL.CONNECTION:                     test2
GENERAL.CON-PATH:
/org/freedesktop/NetworkManager/ActiveConnection/6
WIRED-PROPERTIES.CARRIER:               on
IP4.ADDRESS[1]:                         192.168.10.100/24
IP4.GATEWAY:                            192.168.10.1
IP6.ADDRESS[1]:                         fe80::ebcc:9b43:6996:c47e/64
IP6.GATEWAY:                            --
```

基本的 IP 地址配置成功。

6. 修改连接设置

(1) 修改 test2 为自动启动。

```
[root@RHEL7-1 ~]# nmcli connection modify test2 connection.autoconnect yes
```

(2) 修改 DNS 为 192.168.10.1。

```
[root@RHEL7-1 ~]#nmcli connection modify test2 ipv4.dns 192.168.10.1
```

(3) 添加 DNS 114.114.114.114。

```
[root@RHEL7-1 ~]#nmcli connection modify test2 +ipv4.dns 114.114.114.114
```

(4) 看一下是否成功。

```
[root@RHEL7-1 ~]#cat /etc/sysconfig/network-scripts/ifcfg-test2
TYPE=Ethernet
PROXY_METHOD=none
BROWSER_ONLY=no
BOOTPROTO=none
IPADDR=192.168.10.100
PREFIX=24
GATEWAY=192.168.10.1
DEFROUTE=yes
IPV4_FAILURE_FATAL=no
IPV6INIT=yes
IPV6_AUTOCONF=yes
IPV6_DEFROUTE=yes
IPV6_FAILURE_FATAL=no
IPV6_ADDR_GEN_MODE=stable-privacy
NAME=test2
UUID=7b0ae802-1bb7-41a3-92ad-5a1587eb367f
DEVICE=ens33
ONBOOT=yes
DNS1=192.168.10.1
DNS2=114.114.114.114
```

可以看到配置均已生效。

(5) 删除 DNS。

```
[root@RHEL7-1 ~]#nmcli connection modify test2 -ipv4.dns 114.114.114.114
```

(6) 修改 IP 地址和默认网关。

```
[root@RHEL7-1 ~]#nmcli connection modify test2 ipv4.addresses 192.168.10.200/24
gw4 192.168.10.254
```

(7) 还可以添加多个 IP。

```
[root@RHEL7-1 ~]#nmcli connection modify test2 +ipv4.addresses 192.168.10.
250/24
[root@RHEL7-1 ~]#nmcli connection show "test2"
```

7. nmcli 命令和/etc/sysconfig/network-scripts/ifcfg-* 文件的对应关系

```
ipv4.method manual              BOOTPROTO=none
ipv4.method auto                BOOTPROTO=dhcp
ipv4.addresses "192.0.2.1/24    IPADDR=192.0.2.1
```

```
                                          PREFIX=24
gw4 192.0.2.254"                          GATEWAY=192.0.2.254
ipv4.dns 8.8.8.8                          DNS0=8.8.8.8
ipv4.dns-search example.com               DOMAIN=example.com
ipv4.ignore-auto-dns true                 PEERDNS=no
connection.autoconnect yes                ONBOOT=yes
connection.id eth0                        NAME=eth0
connection.interface-name eth0            DEVICE=eth0
802-3-ethernet.mac-address...             HWADDR=...
```

7.2 任务 2 创建网络会话实例

RHEL 和 CentOS 系统默认使用 NetworkManager 提供网络服务，这是一种动态管理网络配置的守护进程，能够让网络设备保持连接状态。前面讲过，可以使用 nmcli 命令管理 Network Manager 服务。nmcli 是一款基于命令行的网络配置工具，功能丰富，参数众多，它可以轻松查看网络信息或网络状态。

```
[root@RHEL7-1 ~]#nmcli connection show
NAME   UUID                                  TYPE             DEVICE
ens33  9d5c53ac-93b5-41bb-af37-4908cce6dc31  802-3-ethernet   --
```

另外，RHEL 7 系统支持网络会话功能，允许用户在多个配置文件中快速切换(类似 firewalld 防火墙服务中的区域技术)。用户一般在公司网络中使用笔记本电脑时需要手动指定网络的 IP 地址，回到家中则使用 DHCP 自动分配的 IP 地址，这就需要频繁地修改 IP 地址，但是使用了网络会话功能后一切就简单多了，只需在不同的使用环境中激活相应的网络会话，就可以实现网络配置信息的自动切换。

可以使用 nmcli 命令并按照 connection add con-name type ifname 的格式创建网络会话。假设将公司网络中的网络会话称为 company，将家庭网络中的网络会话称为 home，现在依次创建各自的网络会话。

(1) 使用 con-name 参数指定公司所使用的网络会话名称 company，然后依次用 ifname 参数指定本机的网卡名称(注意要以实际环境为准，不要照抄书上的 ens33)。用 autoconnect no 参数设置该网络会话默认不被自动激活，以及用 ip4 及 gw4 参数手动指定网络的 IP 地址。

```
[root@RHEL7-1 ~]#nmcli connection add con-name company ifname ens33 autoconnect
no type ethernet ip4 192.168.10.1/24 gw4 192.168.10.1
Connection 'company' (69bf7a9e-1295-456d-873b-505f0e89eba2) successfully
added.
```

(2) 使用 con-name 参数指定家庭所使用的网络会话名称 home。因为想从外部 DHCP 服务器自动获得 IP 地址，因此这里不需要进行手动指定。

```
[root@RHEL7-1 ~]#nmcli connection add con-name home type ethernet ifname ens33
Connection 'home' (7a9f15fe-2f9c-47c6-a236-fc310e1af2c9) successfully added.
```

(3) 在成功创建网络会话后，可以使用 nmcli 命令查看创建的所有网络会话。

```
[root@RHEL7-1 ~]#nmcli connection show
NAME     UUID                                  TYPE             DEVICE
ens33    9d5c53ac-93b5-41bb-af37-4908cce6dc31  802-3-ethernet   ens33
virbr0   a3d2d523-5352-4ea9-974d-049fb7fd1c6e  bridge           virbr0
company  70823d95-a119-471b-a495-9f7364e3b452  802-3-ethernet   --
home     cc749b8d-31c6-492f-8e7a-81e95eacc733  802-3-ethernet   --
```

(4) 使用 nmcli 命令配置过的网络会话是永久生效的，这样只要下班回家启用 home 网络会话，网卡就能自动通过 DHCP 获取到 IP 地址了。

```
[root@RHEL7-1 ~]#nmcli connection up home
Connection successfully activated (D-Bus active path:
/org/freedesktop/NetworkManager/ActiveConnection/6)
[root@RHEL7-1 ~]#ifconfig
ens33: flags=4163<UP,BROADCAST,RUNNING,MULTICAST> mtu 1500
        inet 10.0.167.34  netmask 255.255.255.0  broadcast 10.0.167.255
        inet6 fe80::c70:8b8f:3261:6f18  prefixlen 64  scopeid 0x20<link>
        ether 00:0c:29:66:42:8d  txqueuelen 1000  (Ethernet)
        RX packets 457  bytes 41358 (40.3 KiB)
        RX errors 0  dropped 0  overruns 0  frame 0
        TX packets 131  bytes 17349 (16.9 KiB)
        TX errors 0  dropped 0 overruns 0  carrier 0  collisions 0
lo: flags=73<UP,LOOPBACK,RUNNING>  mtu 65536
        inet 127.0.0.1  netmask 255.0.0.0
        …
virbr0: flags=4099<UP,BROADCAST,MULTICAST> mtu 1500
        inet 192.168.122.1  netmask 255.255.255.0  broadcast 192.168.122.255
        …
```

(5) 如果使用的是虚拟机，请把虚拟机系统的网卡(网络适配器)切换成桥接模式，如图 7-17 所示，然后重启虚拟机系统即可。

(6) 如果回到公司，可以停止 home 会话，启动 company 会话(连接)。

```
[root@RHEL7-1 ~]# nmcli connection down home
Connection 'home' successfully deactivated (D-Bus active path: /org/freedesktop/
NetworkManager/ActiveConnection/4)
[root@RHEL7-1 ~]# nmcli connection up company
Connection successfully activated (D-Bus active path: /org/freedesktop/
NetworkManager/ActiveConnection/6)
[root@RHEL7-1 ~]#ifconfig
ens33: flags=4163<UP,BROADCAST,RUNNING,MULTICAST> mtu 1500
        inet 192.168.10.1  netmask 255.255.255.0  broadcast 192.168.10.255
        inet6 fe80::7ce7:c434:4c95:7ddb  prefixlen 64  scopeid 0x20<link>
```

```
        ether 00:0c:29:66:42:8d  txqueuelen 1000  (Ethernet)
        RX packets 304  bytes 41920 (40.9 KiB)
        RX errors 0  dropped 0  overruns 0  frame 0
        TX packets 429  bytes 47058 (45.9 KiB)
        TX errors 0  dropped 0 overruns 0  carrier 0  collisions 0
...
```

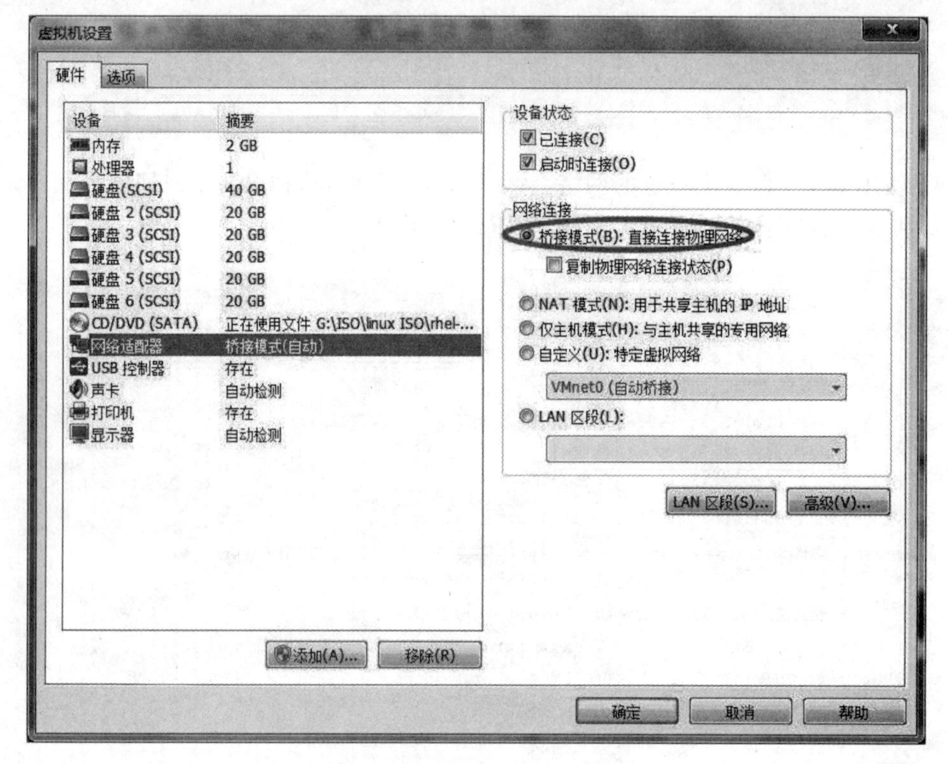

图 7-17　设置虚拟机网卡的模式

(7) 如果要删除会话连接,先执行 nmcli 命令,再执行 Edit a connection 命令,然后选中要删除的会话,再选择 Delete 选项即可,如图 7-18 所示。

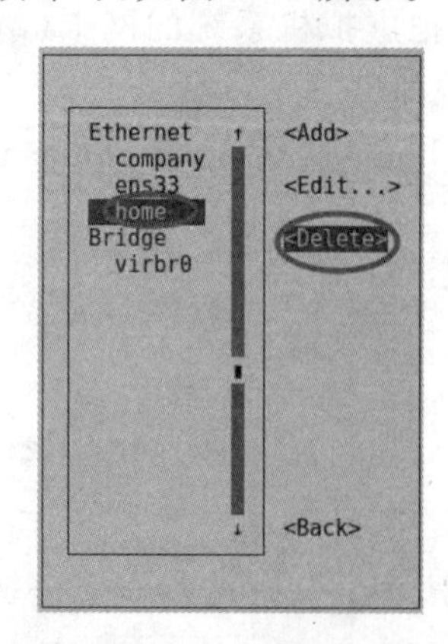

图 7-18　删除网络会话连接

7.3 任务 3 绑定两块网卡

一般来讲，生产环境必须提供 7×24 小时的网络传输服务。借助于网卡绑定技术，不仅可以提高网络传输速度，更重要的是还可以确保在其中一块网卡出现故障时，依然可以正常提供网络服务。假设对两块网卡实施了绑定技术，这样在正常工作中它们会共同传输数据，使得网络传输的速度变得更快。而且即使有一块网卡突然出现了故障，另外一块网卡也会立即自动顶替上去，保证数据传输不会中断。

下面来看一下如何绑定网卡。

第 1 步：在虚拟机系统中再添加一块网卡设备，请确保两块网卡都处在同一个网络连接中(即网卡模式相同)，如图 7-19 和图 7-20 所示。处于相同模式的网卡设备才可以进行网卡绑定，否则无法互相传送数据。

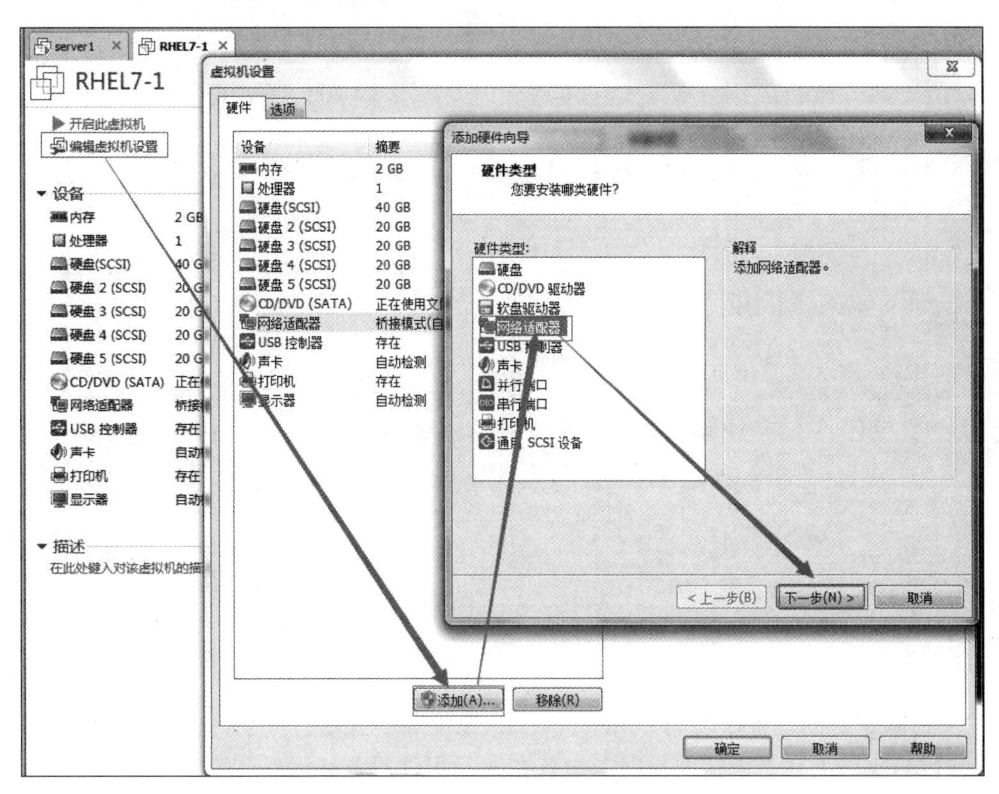

图 7-19　在虚拟机中再添加一块网卡设备

第 2 步：使用 vim 文本编辑器配置网卡设备的绑定参数，网卡绑定的理论知识类似 RAID 硬盘组。

(1) 对参与绑定的网卡设备逐个进行“初始设置”。需要注意的是，这些原本独立的网卡设备此时需要被配置成为一块“从属”网卡，服务于“主”网卡，不应该再有自己的 IP 地址等信息。在进行了初始设置之后，它们就可以支持网卡绑定。先使用 ifconfig 命令查询两块网卡的名称。本例中经查询得知，网卡名称为 ens33 和 ens38。

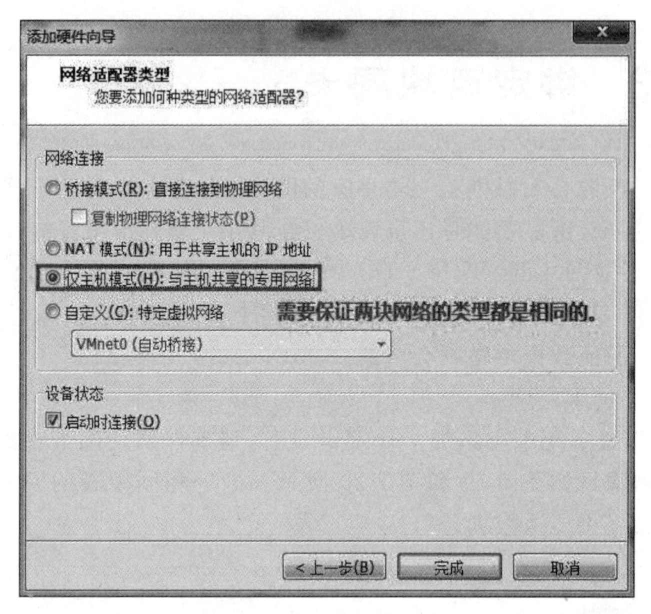

图 7-20 确保两块网卡处在同一个网络连接中(即网卡模式相同)

```
[root@RHEL7-1 ~]#vim /etc/sysconfig/network-scripts/ifcfg-ens33
TYPE=Ethernet
BOOTPROTO=none
ONBOOT=yes
USERCTL=no
DEVICE=ens33
MASTER=bond0
SLAVE=yes
[root@RHEL7-1 ~]#vim /etc/sysconfig/network-scripts/ifcfg-ens38
TYPE=Ethernet
BOOTPROTO=none
ONBOOT=yes
USERCTL=no
DEVICE=ens38
MASTER=bond0
SLAVE=yes
```

(2) 将绑定后的设备命名为 bond0 并把 IP 地址等信息填写进去,这样当用户访问相应服务的时候,实际上就是由这两块网卡设备在共同提供服务。

```
[root@RHEL7-1 ~]#vim /etc/sysconfig/network-scripts/ifcfg-bond0
TYPE=Ethernet
BOOTPROTO=none
ONBOOT=yes
USERCTL=no
DEVICE=bond0
IPADDR=192.168.10.1
PREFIX=24
```

```
DNS=192.168.10.1
NM_CONTROLLED=no
```

第 3 步：让 Linux 内核支持网卡绑定驱动。常见的网卡绑定驱动有三种模式：mode0、mode1 和 mode6。下面以绑定两块网卡为例具体讲解如下。

- mode0(平衡负载模式)：平时两块网卡均工作，且自动备援，但需要在与服务器本地网卡相连的交换机设备上进行端口聚合来支持绑定技术。
- mode1(自动备援模式)：平时只有一块网卡工作，在出现故障后自动替换为另一块网卡。
- mode6(平衡负载模式)：平时两块网卡均工作，且自动备援，无须交换机设备提供辅助支持。

比如有一台用于提供 NFS 或者 samba 服务的文件服务器，它所能提供的最大网络传输速度为 100Mbit/s，但是访问该服务器的用户数量特别多，访问压力非常大。在生产环境中，网络的可靠性极为重要，而且网络的传输速度也必须得以保证。针对这样的情况，比较好的选择就是 mode6 网卡绑定驱动模式了。因为 mode6 能够让两块网卡同时工作，当其中一块网卡出现故障后不影响网络传输，且无须交换机设备支援，从而提供了可靠的网络传输保障。

下面使用 vim 文本编辑器创建一个用于网卡绑定的驱动文件，使得绑定后的 bond0 网卡设备能够支持绑定技术；同时定义网卡以 mode6 模式进行绑定，且出现故障时自动切换的时间为 100 毫秒。

```
[root@RHEL7-1 ~]#vim /etc/modprobe.d/bond.conf
alias bond0 bonding
options bond0 miimon=100 mode=6
```

第 4 步：重启网络服务后网卡绑定操作即可成功。正常情况下只有 bond0 网卡设备才会有 IP 地址等信息。

```
[root@RHEL7-1 ~]#systemctl restart network
[root@RHEL7-1 ~]#ifconfig
bond0: flags=5123<UP,BROADCAST,MASTER,MULTICAST> mtu 1500
        inet 192.168.10.1  netmask 255.255.255.0  broadcast 192.168.10.255
        ether 86:08:25:89:b4:6d  txqueuelen 1000  (Ethernet)
        RX packets 0  bytes 0 (0.0 B)
        RX errors 0  dropped 0  overruns 0  frame 0
        TX packets 0  bytes 0 (0.0 B)
        TX errors 0  dropped 0 overruns 0  carrier 0  collisions 0
ens33: flags=4163<UP,BROADCAST,RUNNING,MULTICAST> mtu 1500
        ether 00:0c:29:66:42:8d  txqueuelen 1000  (Ethernet)
        RX packets 119  bytes 12615 (12.3 KiB)
        RX errors 0  dropped 0  overruns 0  frame 0
        TX packets 0  bytes 0 (0.0 B)
        TX errors 0  dropped 0 overruns 0  carrier 0  collisions 0
ens38: flags=4163<UP,BROADCAST,RUNNING,MULTICAST> mtu 1500
        ether 00:0c:29:66:42:97  txqueuelen 1000  (Ethernet)
```

```
        RX packets 48   bytes 6681 (6.5 KiB)
        RX errors 0   dropped 0   overruns 0   frame 0
        TX packets 0   bytes 0 (0.0 B)
        TX errors 0   dropped 0 overruns 0   carrier 0   collisions 0
...
```

可以在本地主机执行 ping 192.168.10.1 命令检查网络的连通性。为了检验网卡绑定技术的自动备援功能,我们在虚拟机硬件配置中随机移除一块网卡设备,可以非常清晰地看到网卡切换的过程,一般只有 1 个数据丢包或不丢包,然后另外一块网卡会继续为用户提供服务。

```
[root@RHEL7-1 ~]#ping 192.168.10.1
PING 192.168.10.1 (192.168.10.1) 56(84) bytes of data.
64 bytes from 192.168.10.1: icmp_seq=1 ttl=64 time=0.171 ms
64 bytes from 192.168.10.1: icmp_seq=2 ttl=64 time=0.048 ms
64 bytes from 192.168.10.1: icmp_seq=3 ttl=64 time=0.059 ms
64 bytes from 192.168.10.1: icmp_seq=4 ttl=64 time=0.049 ms
ping: sendmsg: Network is unreachable

---192.168.10.1 ping statistics ---
8 packets transmitted, 7 received, 12%packet loss, time 7006ms
rtt min/avg/max/mdev =0.042/0.073/0.109/0.023 ms
```

注意:做完绑定网卡的实验后,为了不影响其他实训,请利用 VM 快照恢复到系统初始状态。或者删除绑定,即删除网卡绑定的配置文件,利用系统菜单重新配置网络,然后重启系统。这个处理原则也适用于其他改变常规状态的实验。

7.4 任务 4 配置远程控制服务

7.4.1 配置 sshd 服务

SSH(secure shell)是一种能够以安全的方式提供远程登录的协议,也是目前远程管理 Linux 系统的首选方式。以前一般使用 FTP 或 Telnet 进行远程登录,但是因为它们以明文的形式在网络中传输账户密码和数据信息,因此很不安全,很容易受到黑客的攻击,轻则篡改传输的数据信息,重则直接抓取服务器的账户密码。

想要使用 SSH 协议远程管理 Linux 系统,需要部署配置 sshd 服务程序。sshd 是基于 SSH 协议开发的一款远程管理服务程序,不仅使用起来方便快捷,而且能够提供两种安全验证的方法。

- 基于口令的验证:用账户和密码验证登录。
- 基于密钥的验证:需要在本地生成密钥对,然后把密钥对中的公钥上传至服务器,并与服务器中的公钥进行比较。该方式相对来说更安全。

前文曾多次强调"Linux 系统中的一切都是文件",因此在 Linux 系统中修改服务程序的运行参数,实际上就是修改程序配置文件的过程。sshd 服务的配置信息保存在/etc/ssh/

sshd_config 文件中。运维人员一般会把保存着最主要配置信息的文件称为主配置文件，而配置文件中有许多以“#”号开头的注释行，要想让这些配置参数生效，需要在修改参数后再去掉前面的“#”号。sshd 服务配置文件中包含的重要参数如表 7-1 所示。

表 7-1　sshd 服务配置文件中包含的参数以及作用

参　数	作　用
Port 22	默认的 sshd 服务端口
ListenAddress 0.0.0.0	设定 sshd 服务器监听的 IP 地址
Protocol 2	SSH 协议的版本号
HostKey /etc/ssh/ssh_host_key	SSH 协议版本为 1 时，DES 私钥存放的位置
HostKey /etc/ssh/ssh_host_rsa_key	SSH 协议版本为 2 时，RSA 私钥存放的位置
HostKey /etc/ssh/ssh_host_dsa_key	SSH 协议版本为 2 时，DSA 私钥存放的位置
PermitRootLogin yes	设定是否允许 root 管理员直接登录
StrictModes yes	当远程用户的私钥改变时直接拒绝连接
MaxAuthTries 6	最大密码尝试次数
MaxSessions 10	最大终端数
PasswordAuthentication yes	是否允许密码验证
PermitEmptyPasswords no	是否允许空密码登录（很不安全）

现有计算机的情况如下。

- 计算机名：RHEL7-1；角色：RHEL 7 服务器；IP：192.168.10.1/24。
- 计算机名：RHEL7-2；角色：RHEL 7 客户机；IP：192.168.10.20/24。
- 注意两台虚拟机的网络配置方式一定要一致，本例中都改为桥接模式。

在 RHEL 7 系统中，已经默认安装并启用了 sshd 服务程序。接下来使用 ssh 命令在 RHEL7-2 上远程连接 RHEL7-1，其格式为“ssh [参数] 主机 IP 地址”。要退出登录，则执行 exit 命令。在 RHEL7-2 上的操作如下。

```
[root@RHEL7-2 ~]#ssh 192.168.10.1
The authenticity of host '192.168.10.1 (192.168.10.1)' can't be established.
ECDSA key fingerprint is SHA256:f7b2rHzLTyuvW4WHLjl3SRMIwkiUN+cN9y1yDb9wUbM.
ECDSA key fingerprint is MD5:d1:69:a4:4f:a3:68:7c:f1:bd:4c:a8:b3:84:5c:50:19.
Are you sure you want to continue connecting (yes/no)?yes
Warning: Permanently added '192.168.10.1' (ECDSA) to the list of known hosts.
root@192.168.10.1's password: 此处输入远程主机 root 管理员的密码
Last login: Wed May 30 05:36:53 2018 from 192.168.10.
[root@RHEL7-1 ~]#
[root@RHEL7-1 ~]#exit
logout
Connection to 192.168.10.1 closed.
```

如果禁止以 root 管理员的身份远程登录服务器，就可以大大降低被黑客破解密码的概率。下面进行相应配置。

(1) 在 RHEL7-1 SSH 服务器上首先使用 vim 文本编辑器打开 sshd 服务的主配置文件，然后把第 38 行 #PermitRootLogin yes 参数前的“#”去掉，并把参数值 yes 改成 no，记得最后保存文件并退出。

```
[root@RHEL7-1 ~]#vim /etc/ssh/sshd_config
…
36
37 #LoginGraceTime 2m
38 PermitRootLogin no
39 #StrictModes yes
…
```

(2) 一般的服务程序并不会在配置文件修改后立即获得最新的参数，如果想让新配置文件生效，需要手动重启相应的服务程序。最好将这个服务程序加入开机启动项中，这样系统在下一次启动时，该服务程序便会自动运行，继续为用户提供服务。

```
[root@RHEL7-1 ~]#systemctl restart sshd
[root@RHEL7-1 ~]#systemctl enable sshd
```

(3) 当 root 管理员再次尝试访问 sshd 服务程序时，系统会提示不可访问的错误信息。仍然在 RHEL7-2 上测试。

```
[root@RHEL7-2 ~]#ssh 192.168.10.1
root@192.168.10.10's password:此处输入远程主机 root 管理员的密码
Permission denied, please try again.
```

注意：为了不影响下面的实训，请将/etc/ssh/sshd_config 配置文件恢复到初始状态。

7.4.2 安全密钥验证

加密是对信息进行编码和解码的技术。在传输数据时，如果担心被他人监听或截获，可以在传输前先使用公钥对数据加密处理，然后再传送。这样，只有掌握私钥的用户才能解密这段数据，除此之外的其他人即便截获了数据，也很难将其破译为明文信息。

在生产环境中使用密码进行口令验证存在着被暴力破解或嗅探截获的风险。如果正确配置了密钥验证方式，那么 sshd 服务程序将会更加安全。

下面使用密钥验证方式，以用户 student 身份登录 SSH 服务器，具体配置如下。

第 1 步：在服务器 RHEL7-1 上建立用户 student，并设置密码。

```
[root@RHEL7-1 ~]#useradd student
[root@RHEL7-1 ~]#passwd student
```

第 2 步：在客户端主机 RHEL7-2 中生成“密钥对”。查看公钥 id_rsa.pub 和私钥 id_rsa。

```
[root@RHEL7-2 ~]#ssh-keygen
Generating public/private rsa key pair.
Enter file in which to save the key (/root/.ssh/id_rsa):
                                        //按 Enter 键或设置密钥的存储路径
```

```
Enter passphrase (empty for no passphrase):       //直接按 Enter 键或设置密钥的密码
Enter same passphrase again:                      //按 Enter 键或设置密钥的密码
Your identification has been saved in /root/.ssh/id_rsa.
Your public key has been saved in /root/.ssh/id_rsa.pub.
The key fingerprint is:
SHA256:jSb1Z223Gp2j9H1DNMvXKwptRXR5A8vMnjCtCYPCTHs root@RHEL7-1
The key's randomart image is:
+---[RSA 2048]----+
|     .        o...|
|    +..    * oo.|
|     =E.o o B   o|
|      o. +o B..o |
|       . S ooo+==|
|        o  .o...==|
|          . o o.=o|
|           o ..=o+|
|            ..o.oo|
+----[SHA256]-----+
[root@RHEL7-2 ~]#cat /root/.ssh/id_rsa.pub
ssh-rsa
AAAAB3NzaC1yc2EAAAADAQABAAABAQCurhcVb9GHKP4taKQMuJRdLLKTAVnC4f9Y9H2Or4rLx3YC
qsBVYUUn4gSzi8LAcKPcPdBZ817Y4a2OuOVmNW + hpTR9vfwwuGOiU1Fu4Sf5/14qgkd5EreUjE/
KIPlZVNX904blbIJ90yu6J3CVz6opAdzdrxckstWrMSlp68SIhi517OVqQxzA+2G7uCkplh3pbt
LCKlz6ck6x0zXd7MBgR9S7nwm1DjHl5NWQ+542Z++MA8QJ9CpXyHDA54oEVrQoLitdWEYItcJIE
qowIHM99L86vSCtKzhfD4VWvfLnMiO1UtostQfpLazjXoU/XVp1fkfYtc7FFl+uSAxIO1nJ root
@RHEL7-2
[root@RHEL7-2 ~]#cat /root/.ssh/id_rsa
```

第 3 步：把客户端主机 RHEL7-2 中生成的公钥文件传送至远程主机。

```
[root@RHEL7-2 ~]#ssh-copy-id student@192.168.10.1
/usr/bin/ssh-copy-id: INFO: attempting to log in with the new key(s), to filter
out any that are already installed
/usr/bin/ssh-copy-id: INFO: 1 key(s) remain to be installed -- if you are
prompted now it is to install the new keys
student@192.168.10.1's password:                          //此处输入远程服务器密码
Number of key(s) added: 1
Now try logging into the machine, with:   "ssh 'student@192.168.10.1'"
and check to make sure that only the key(s) you wanted were added.
```

第 4 步：对服务器 RHEL7-1 进行设置，使其只允许密钥验证，拒绝传统的口令验证方式。将 PasswordAuthentication yes 改为 PasswordAuthentication no。记得在修改配置文件后保存并重启 sshd 服务程序。

```
[root@RHEL7-1 ~]#vim /etc/ssh/sshd_config
…
74
62 #To disable tunneled clear text passwords, change to no here!
63 #PasswordAuthentication yes
64 #PermitEmptyPasswords no
```

```
65 PasswordAuthentication no
66
…
[root@RHEL7-1 ~]#systemctl restart sshd
```

第 5 步：在客户端 RHEL7-2 上尝试使用 student 用户远程登录服务器，此时无须输入密码也可成功登录。同时利用 ifconfig 命令可查看到 ens33 的 IP 地址是 192.168.10.1，也即 RHEL7-1 的网卡和 IP 地址，说明已成功登录到了远程服务器 RHEL7-1 上。

```
[root@RHEL7-2 ~]#ssh student@192.168.10.1
Last failed login: Sat Jul 14 20:14:22 CST 2018 from 192.168.10.20 on ssh:notty
There were 6 failed login attempts since the last successful login.
[student@RHEL7-1 ~]$ifconfig
ens33: flags=4163<UP,BROADCAST,RUNNING,MULTICAST> mtu 1500
        inet 192.168.10.1  netmask 255.255.255.0  broadcast 192.168.10.255
        inet6 fe80::4552:1294:af20:24c6  prefixlen 64  scopeid 0x20<link>
        ether 00:0c:29:2b:88:d8  txqueuelen 1000  (Ethernet)
         …
```

第 6 步：在 RHEL7-1 上查看 RHEL7-2 客户机的公钥是否传送成功。本例成功传送。

```
[root@RHEL7-1 ~]#cat /home/student/.ssh/authorized_keys
ssh-rsa
AAAAB3NzaC1yc2EAAAADAQABAAABAQCurhcVb9GHKP4taKQMuJRdLLKTAVnC4f9Y9H2Or4rLx3YC
qsBVYUUn4gSzi8LAcKPcPdBZ817Y4a2OuOVmNW + hpTR9vfwwuGOiU1Fu4Sf5/14qgkd5EreUjE/
KIPlZVNX904blbIJ90yu6J3CVz6opAdzdrxckstWrMSlp68SIhi517OVqQxzA+2G7uCkplh3pbt
LCKlz6ck6x0zXd7MBgR9S7nwm1DjHl5NWQ+542Z++MA8QJ9CpXyHDA54oEVrQoLitdWEYItcJIE
qowIHM99L86vSCtKzhfD4VWvfLnMiO1UtostQfpLazjXoU/XVplfkfYtc7FFl+uSAxIO1nJ root
@RHEL7-2
```

7.4.3 远程传输命令

scp(Secure Copy)是一个基于 SSH 协议在网络之间进行安全传输的命令，其格式为

```
scp [参数] 本地文件 远程账户@远程 IP 地址:远程目录
```

与 cp 命令不同，cp 命令只能在本地硬盘中进行文件复制，而 scp 命令不仅能够通过网络传送数据，而且所有的数据都将进行加密处理。例如，如果想把一些文件通过网络从一台主机传递到其他主机，这两台主机又恰巧是 Linux 系统，这时使用 scp 命令就可以轻松完成文件的传递了。scp 命令中的参数以及作用如表 7-2 所示。

表 7-2 scp 命令中的参数及作用

参数	作用	参数	作用
-v	显示详细的连接进度	-r	用于传送文件夹
-P	指定远程主机的 sshd 端口号	-6	使用 IPv6 协议

在使用 scp 命令把文件从本地复制到远程主机时，首先需要以绝对路径的形式填写本地文件的存放位置。如果要传送整个文件夹内的所有数据，还需要额外添加参数-r 进行递归操作。然后填写要传送的远程主机的 IP 地址，远程服务器便会要求进行身份验证了。当前用户名称为 root，而密码则为远程服务器的密码。如果想使用指定用户的身份进行验证，可使用用户名@主机地址的参数格式。最后需要在远程主机的 IP 地址后面添加冒号，并在后面填写要传送到远程主机的哪个文件夹中。只要参数正确并且成功验证了用户身份，即可开始传送工作。下例中，在 RHEL7-1 上，向远程主机 RHEL7-2(192.168.10.20)传输文件。

```
[root@RHEL7-1 ~]#echo "Welcome to smile.com" >mytest.txt
[root@RHEL7-1 ~]#scp /root/mytest.txt 192.168.10.20:/home
root@192.168.10.20's password:          //此处输入远程服务器中 root 管理员的密码
mytest.txt  100%   21    34.9KB/s   00:00
```

此外，还可以使用 scp 命令把远程主机上的文件下载到本地主机，其命令格式为

```
scp [参数] 远程用户@远程 IP 地址:远程文件 本地目录
```

例如，可以把远程主机的系统版本信息文件下载过来，这样就无须先登录远程主机，再进行文件传送了。

```
[root@RHEL7-1 ~]#scp 192.168.10.20:/etc/redhat-release /root
root@192.168.10.20's password:          //此处输入远程服务器中 root 管理员的密码
redhat-release  100%   52    55.5KB/s   00:00
[root@RHEL7-1 ~]#cat redhat-release
Red Hat Enterprise Linux Server release 7.4 (Maipo)
```

提示：编辑/etc/resolv.conf 文件也可以更改 DNS 服务器。使用 ifconfig 可以配置临时生效的 IP 地址等信息。由于这些内容已经不常使用，所以不再详述。

使用 ifconfig 配置 IP 地址实例如下(重启计算机失效)：

```
[root@RHEL7-2 ~]#ifconfig ens38 192.168.10.10
[root@RHEL7-2 ~]#ifconfig ens38 192.168.10.10 netmask 255.255.255.0
[root@RHEL7-2 ~]#ifconfig ens38 192.168.10.10 netmask 255.255.255.0 broadcast
192.168.10.255
```

启动及关闭指定的网卡(重启计算机失效)：

```
[root@RHEL7-2 ~]#ifconfig eth0 up
[root@RHEL7-2 ~]#ifconfig eth0 down
```

7.5　项目实录　配置 Linux 下的 TCP/IP 和远程管理

1. 观看录像

实训前请扫描二维码观看录像。

2. 项目实训目的

- 掌握 Linux 下 TCP/IP 网络的设置方法。
- 学会使用命令检测网络配置。
- 学会启用和禁用系统服务。
- 掌握 SSH 服务及应用。

3. 项目背景

(1) 某企业新增了一台 Linux 服务器,但还没有配置 TCP/IP 网络参数,请设置好各项 TCP/IP 参数,并连通网络。(使用不同的方法)

(2) 要求用户在多个配置文件中快速切换。在公司网络中使用笔记本电脑时需要手动指定网络的 IP 地址,回到家中则使用 DHCP 自动分配的 IP 地址。

(3) 通过 SSH 服务访问远程主机,可以使用证书登录远程主机,不需要输入远程主机的用户名和密码。

(4) 使用 VNC 服务访问远程主机,使用图形界面访问,桌面端口号为 1。

4. 项目实训内容

练习 Linux 系统下 TCP/IP 网络设置、网络检测方法、创建实用的网络会话、SSH 服务和 VNC 服务。

5. 做一做

根据项目实录录像进行项目的实训,检查学习效果。

7.6 练习题

一、填空题

1. ________文件主要用于设置基本的网络配置,包括主机名称、网关等。

2. 一块网卡对应一个配置文件,配置文件位于目录________中,文件名以________开始。

3. ________文件是 DNS 客户端用于指定系统所用的 DNS 服务器的 IP 地址。

4. 查看系统的守护进程可以使用________命令。

5. 处于________模式的网卡设备才可以进行网卡绑定,否则网卡间无法互相传送数据。

6. ________是一种能够以安全的方式提供远程登录的协议,也是目前________ Linux 系统的首选方式。

7. ________是基于 SSH 协议开发的一款远程管理服务程序,不仅使用起来方便快捷,而且能够提供________和________两种安全验证的方法,其中________方法相对来说更安全。

8. scp 是一个基于________协议在网络之间进行安全传输的命令,其格式为____。

二、选择题

1. 以下(　　)用来显示 server 当前正在监听的端口。

A. ifconfig　　B. netlst　　C. iptables　　D. netstat

2. 以下(　　)文件存放机器名到 IP 地址的映射。

A. /etc/hosts　　B. /etc/host　　C. /etc/host. equiv　D. /etc/hdinit

3. Linux 系统提供了一些网络测试命令，当与某远程网络无法连接时，就需要跟踪路由进行查看，以便了解在网络的什么位置出现了问题。下面的命令中(　　)是满足该目的的命令。

A. ping　　B. ifconfig　　C. traceroute　　D. netstat

4. 拨号上网使用的协议通常是(　　)。

A. PPP　　B. UUCP　　C. SLIP　　D. Ethernet

三、补充表格

请将 nmcli 命令的含义列表补充完整，见表 7-3。

表 7-3　补充命令的含义

命　令	含　义
	显示所有连接
	显示所有活动的连接状态
nmcli connection show "ens33"	
nmcli device status	
nmcli device show ens33	
	查看帮助
	重新加载配置
nmcli connection down test2	
nmcli connection up test2	
	禁用 ens33 网卡、物理网卡
nmcli device connect ens33	

四、简答题

1. 在 Linux 系统中有多种方法可以配置网络参数，请列举几种。

2. 请简述网卡绑定技术 mode6 模式的特点。

3. 在 Linux 系统中，若想让新配置的参数生效，还需要执行什么操作？

4. sshd 服务的口令验证与密钥验证方式哪个更安全？

5. 想要把本地文件/root/myout. txt 传送到地址为 192. 168. 10. 20 的远程主机的/home 目录下，且本地主机与远程主机均为 Linux 系统，最简便的传送方式是什么？

7.7　超链接

单击 http://www. icourses. cn/scourse/course_2843. html，访问并学习国家精品资源共享课程网站中学习情境的相关内容。

第三部分

编程与调试

项目八　熟练使用 vim 程序编辑器与 shell

项目背景

系统管理员的一项重要工作就是修改与设定某些重要软件的配置文件，因此至少要学会使用一种以上的文字接口的文本编辑器。所有的 Linux 发行版本都内置有 vi 文本编辑器，很多软件也默认使用 vi 作为编辑的接口，因此读者一定要学会使用 vi 文本编辑器。vim 是进阶版的 vi，vim 不但可以用不同颜色显示文本内容，还能够进行诸如 shell 脚本、C 语言等程序的编辑，因此，可以将 vim 也视为一种程序编辑器。

职业能力目标和要求

- 学会使用 vim 编辑器。
- 了解 shell 的强大功能和 shell 的命令解释过程。
- 学会使用重定向和管道。
- 掌握正则表达式的使用方法。

8.1　任务 1　熟练使用 vim 编辑器

vi 是 visual interface 的简称，vim 是 vi 的加强版，它可以执行输出、删除、查找、替换、块操作等众多文本操作，而且用户可以根据自己的需要对其进行定制，这是其他编辑程序不具备的。vim 不是一个排版程序，它不像 Word 或 WPS 那样可以对字体、格式、段落等其他属性进行编排，它只是一个文本编辑程序。vim 是全屏幕文本编辑器，没有菜单，只有命令。

8.1.1　子任务 1　启动与退出 vim

在系统提示符后输入 vim 和想要编辑（或建立）的文件名，便可进入 vim，如：

```
[root@RHEL7-1 ~]#vim myfile
```

如果只输入 vim，而不带文件名，也可以进入 vim，如图 8-1 所示。

在命令模式下键入:q、:q!、:wq 或:x（注意冒号），就会退出 vim。其中:wq 和:x 是存盘退出，:q 是直接退出。如果文件已有新的变化，vim 会提示保存文件，而:q 命令也会失效，这时可以用:w 命令保存文件后再用:q 退出；直接用:wq 或:x 命令退出。如果不想保

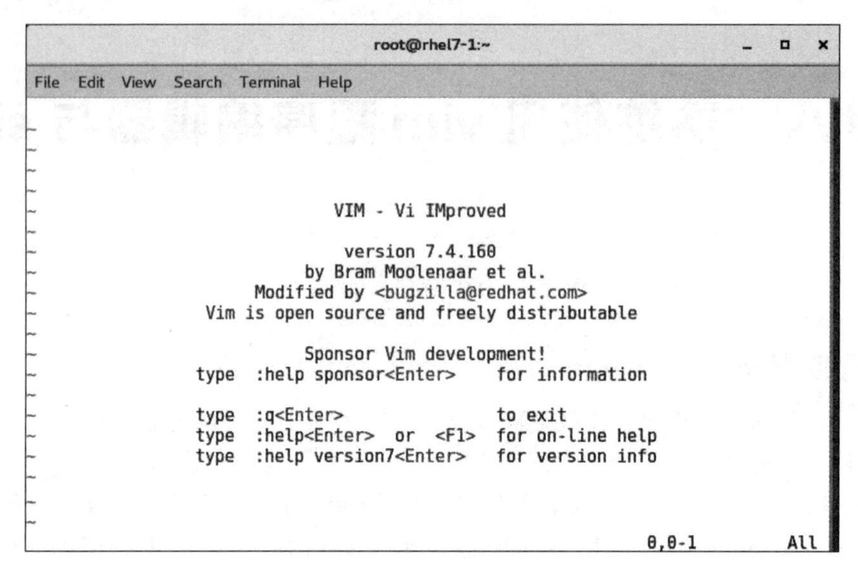

图 8-1 vim 编辑环境(1)

存改变后的文件,就需要用:q! 命令,这个命令将不保存文件直接退出 vim,具体说明如下。

:w 保存

:w filename 另存文件的名字为 filename

:wq! 保存退出

:wq! filename 以 filename 为文件名保存后退出

:q! 不保存退出

:x 保存文件并退出,功能和:wq! 相同

8.1.2 子任务 2 熟练掌握 vim 的工作模式

vim 有 3 种基本工作模式:编辑模式、插入模式和命令模式,考虑到各种用户的需要,采用状态切换的方法实现工作模式的转换。

1. 编辑模式

进入 vim 之后,首先进入的就是编辑模式,进入编辑模式后 vim 等待编辑命令输入而不是文本输入,也就是说这时输入的字母都将作为编辑命令来解释。

进入编辑模式后光标停在屏幕第一行首位,用"_"表示,其余各行的行首均有一个"~"符号,表示该行为空行。最后一行是状态行,显示当前正在编辑的文件名及其状态。如果是[New File],则表示该文件是一个新建的文件;如果输入 vim+文件名后,文件已在系统中存在,则在屏幕上显示出该文件的内容,并且光标停在第一行的首位,在状态行显示出该文件的文件名、行数和字符数。

2. 插入模式

在编辑模式下输入插入命令 i、附加命令 a、打开命令 o、修改命令 c、取代命令 r 或替换命令 s 都可以进入插入模式。在插入模式下,用户输入的任何字符都被 vim 当作文件内容保存起来,并将其显示在屏幕上。在文本输入过程中(插入模式下),若想回到命令模式下,按 Esc 键即可。

3. 命令模式

在编辑模式下，用户按“:”键即可进入命令模式，此时 vim 会在显示窗口的最后一行(通常也是屏幕的最后一行)显示一个“:”作为命令模式的提示符，等待用户输入命令。多数文件管理命令都是在此模式下执行的。末行命令执行完后，vim 自动回到编辑模式。

若在命令模式下输入命令的过程中改变了主意，可用退格键将输入的命令全部删除之后，再按一下退格键，即可使 vim 回到编辑模式。

8.1.3　子任务 3　使用 vim 命令

1. 在编辑模式下的命令说明

在编辑模式下，光标移动、查找与替换、复制和粘贴等的说明分别如表 8-1～表 8-3 所示。

表 8-1　编辑模式下光标移动的说明

光　标	作　用
h 或向左箭头键(←)	光标向左移动一个字符
j 或向下箭头键(↓)	光标向下移动一个字符
k 或向上箭头键(↑)	光标向上移动一个字符
l 或向右箭头键(→)	光标向右移动一个字符
Ctrl+f	屏幕向下移动一页，相当于 Page Down 键(常用)
Ctrl+b	屏幕向上移动一页，相当于 Page Up 键(常用)
Ctrl+d	屏幕向下移动半页
Ctrl+u	屏幕向上移动半页
+	光标移动到非空格符的下一列
-	光标移动到非空格符的上一列
n<space>	*n* 表示数字，例如，20。按下数字后再按 space 键，光标会向右移动这一行的 *n* 个字符。例如，输入 20<space>，则光标会向后移动 20 个字符的距离
0 或功能键 Home	这是数字 0 或移动到这一行的最前面字符处(常用)
$ 或功能键 End	移动到这一行的最后面字符处(常用)
H	光标移动到屏幕最上方一行的第一个字符
M	光标移动到屏幕中央一行的第一个字符
L	光标移动到屏幕最下方一行的第一个字符
G	移动到这个文件的最后一行(常用)
*n*G	*n* 为数字。移动到这个文件的第 *n* 行。例如，输入 20G 则会移动到这个文件的第 20 行(可配合:set nu)
gg	移动到这个文件的第一行，相当于 1G(常用)
n<Enter>	*n* 为数字。光标向下移动 *n* 行(常用)

提示： 如果将右手放在键盘上，会发现 h、j、k、l 是排列在一起的，因此可以使用这四个按钮来移动光标。如果想要进行多次移动，例如，向下移动 30 行，可以使用“30j”或“30↓”的组合键，即加上想要进行的次数(数字)后，按下动作即可。

表 8-2　编辑模式下查找与替换的说明

选　项	作　　用
/word	自光标位置开始向下寻找一个名称为 word 的字符串。例如,要在文件内查找 myweb 这个字符串,输入"/myweb"即可(常用)
?word	自光标位置开始向上寻找一个字符串名称为 word 的字符串
n	这个 n 是英文按键。代表重复前一个查找的动作。举例来说,如果刚刚执行"/myweb"向下查找 myweb 这个字符串,则按下 n 键后,会继续向下查找下一个名称为 myweb 的字符串;如果执行"? myweb",那么按下 n 键则会向上继续查找名称为 myweb 的字符串
N	这个 N 键与 n 键刚好相反,表示反向进行前一个查找动作。例如,/myweb 后按下 N 键则表示向上查找 myweb
n1,n2s/word1/word2/g	n1 与 n2 为数字。在 n1 与 n2 行之间寻找 word1 这个字符串,并将该字符串取代为 word2。举例来说,在 100～200 行之间查找 myweb 并替代为 MYWEB,则输入":100,200s/myweb/MYWEB/g"(常用)
:1, $ s/word1/word2/g	从第一行到最后一行寻找 word1 字符串,并将该字符串替代为 word2(常用)
:1, $ s/word1/word2/gc	从第一行到最后一行寻找 word1 字符串,并将该字符串替代为 word2,且在替代前显示提示字符让用户确认(confirm)

提示:使用/word 配合 n 及 N 是非常有帮助的,可以重复找到一些关键词。

表 8-3　编辑模式下删除、复制与粘贴的说明

选　项	作　　用
x, X	在一行字当中,x 为向后删除一个字符(相当于 Del 键),X 为向前删除一个字符(相当于 Backspace 键)(常用)
*n*x	*n* 为数字,连续向后删除 *n* 个字符。举例来说,要连续删除 10 个字符,可输入 10x
dd	删除游标所在的那一整列(常用)
*n*dd	*n* 为数字。删除光标向下的 *n* 列,例如,20dd 是删除 20 列(常用)
d1G	删除光标所在行到第一行的所有内容
dG	删除光标所在行到最后一行的所有内容
d $	删除光标所在处到该行的最后一个字符的所有内容
d0	删除光标所在处到该行的最前面一个字符的所有内容
yy	复制光标所在的那一行(常用)
nyy	*n* 为数字。复制光标所在的向下 *n* 列,例如 20yy 是复制 20 列(常用)
y1G	复制光标所在列到第一列的所有内容
yG	复制光标所在列到最后一列的所有内容
y0	复制光标所在的那个字符到该行行首的所有内容
y $	复制光标所在的那个字符到该行行尾的所有内容
p, P	p 为将已复制的内容在光标下一行贴上,P 则为贴在光标上一行。举例来说,目前光标在第 20 行,且已经复制了 10 行内容,则按下 p 后,10 行内容会粘贴在原来的第 20 行之后,即由第 21 行开始粘贴。但如果按下 P 键,将会在光标之前粘贴,即原来的第 20 行会变成第 30 行(常用)
J	将光标所在列与下一列的内容结合成同一列

续表

选　项	作　　用
c	重复删除多行内容，例如向下删除 10 行，可输入 10cj
u	复原前一个动作（常用）
Ctrl+r	重做上一个动作（常用）
.	这是小数点，表示重复前一个动作。如果需要重复删除、重复粘贴等动作，按下小数点“.”键即可（常用）

说明：u 键与 Ctrl+r 组合键是很常用的操作，一个是恢复，另一个则是重做一次。这两个操作可以为编辑工作提供很多方便。

这些命令看似复杂，其实使用时非常简单。例如，删除也带有剪切的意思，当删除文字时，可以把光标移动到其他位置，然后按 Shift+p 组合键就可以把删除的内容粘贴在该处了。

- p　在光标之后粘贴
- shift+p　在光标之前粘贴

当进行查找和替换时，按 Esc 键，进入命令模式；输入“/”或“?”就可以进行查找操作了。比如在一个文件中查找 swap 单词，首先按 Esc 键，进入命令模式，然后输入：

```
/swap
```

或

```
? swap
```

若把光标所在行中的所有单词 the 替换成 THE，则需输入：

```
:s /the/THE/g
```

如果想仅把第 1 行到第 10 行中的 the 替换成 THE，则可输入：

```
:1,10 s /the/THE/g
```

这些编辑指令非常有弹性，基本是由指令与范围构成。需要注意的是，此处采用 PC 键盘来说明 vim 的操作，但在具体的环境中还要参考相应的资料。

2. 进入插入模式的命令说明

编辑模式切换到插入模式的按钮说明如表 8-4 所示。

表 8-4　插入模式按键的说明

命　令	说　　明
i	从光标所在位置前开始插入文本
I	该命令是将光标移到当前行的行首，然后插入文本
a	用于在光标当前所在位置后添加新文本
A	将光标移到所在行的行尾插入新文本

续表

命　令	说　　明
o	在光标所在行的下面新插入一行,并将光标置于该行行首,等待输入
O	在光标所在行的上面插入一行,并将光标置于该行行首,等待输入
Esc	退出编辑模式或回到编辑模式中(常用)

上面这些按键中,在 vim 画面的左下角会出现“--INSERT--”或“--REPLACE--”的字样,由名称就知道操作结果了。需要注意的是,如果要在文件里输入字符,一定要在左下角看到 INSERT 或 REPLACE 才能输入。

3. 命令模式的按键说明

保存文件、退出编辑等的命令按键如表 8-5 所示。

表 8-5　命令模式的按键说明

:w	将编辑的数据写入硬盘文件中(常用)
:w!	若文件属性为只读时,强制写入该档案。不过,是否能写入,还与文件的权限有关
:q	退出 vim(常用)
:q!	若曾修改过文件,又不想存储,则使用“!”强制退出而不存储文件。注意,感叹号(!)在 vim 中常常具有强制的意思
:wq	存储后离开。若为“:wq!”,则为强制存储后离开(常用)
ZZ	若文件没有更改,则不存储离开;若文件已经被修改过,则存储后离开
:w [filename]	将编辑的内容存储成另一个文件(类似另存为新文件)
:r [filename]	在编辑的内容中读入另一个文件的内容,即将 filename 这个文件内容加到光标所在行的后面
:n1,n2 w [filename]	将 n1 到 n2 的内容存储成 filename 文件
:!command	暂时退出 vim,到命令列模式下执行 command 的显示结果。例如,“:! ls /home”即可在 vim 中查看/home 目录下以 ls 输出的文件信息
:set nu	显示行号。设定之后,会在每一行的开始位置显示该行的行号
:set nonu	与 set nu 命令相反,意思为取消行号

8.1.4　子任务 4　完成案例练习

1. 本案例练习的要求及问题(在 RHEL7-2 上实现)

(1) 在/tmp 目录下建立一个名为 mytest 的目录,并进入 mytest 目录。

(2) 将/etc/man.config 复制到本目录下,使用 vim 打开本目录下的 man.config 文件。

(3) 在 vim 中设定行号,移动到第 58 行,向右移动 40 个字符,确认看到的双引号内是什么目录。

(4) 移动到第一行,并且向下查找 bzip2 这个字符串,请问它在第几行?

(5) 若要将第 50～100 行的 man 字符串改为大写的 MAN 字符串,并且逐一确认是否需要修改如何下达命令?如果在确认过程中一直按 y 键,则最后一行会改变了几个 man 呢?

(6) 修改内容之后，又想全部恢复，有哪些方法？

(7) 复制第 65～73 行的内容(含有 MANPATH_MAP)，并且粘贴到最后一行之后。

(8) 如何删除第 21～42 行开头为“#”的注释数据？

(9) 将这个文件另存成一个 man. test. config 的文件。

(10) 找到第 27 行并且删除 15 个字符，结果出现的第一个单字是什么？在第一行新增一行，在该行中输入“I am a student...”，存盘后离开。

2. 各个问题的参考步骤

(1) 输入 mkdir/tmp/mytest；cd/tmp/mytest。

(2) 输入 cp/etc/man. config .；vim man. config。

(3) 输入“:set nu”，然后会在画面中看到左侧出现数字，即行号。先输入 58G 再输入 40 并按下“→”键，会看到/dir/bin/foo 在双引号内。

(4) 先执行 1G 或 gg 命令后，直接输入“/bzip2”，应该是第 118 行。

(5) 直接输入“:50,100s/man/MAN/gc”命令即可。若一直按 y 键，最终会出现“在第 23 行内置换 25 个字符串”的说明。

(6) 简单的方法是一直按 u 键恢复到原始状态；或者使用不存储即离开的“:q!”命令之后，再重新读取一次该文件也可以。

(7) 执行 65G 命令然后再执行 9yy 命令之后，最后一行会出现“复制九行”之类的说明字样。按下 G 键将光标移到最后一行，再按下 p 键，则会粘贴上面的第 9 行。

(8) 执行 21G→22dd 命令就能删除第 22 行，此时会发现光标所在的第 21 行变成 MANPATH 开头了。注释符号#后几行都被删除了。

(9) 执行“:w man. test. config”命令，会发现最后一行出现“man. test. config[New]..”的字样。

(10) 输入 27G 命令之后，再输入 15x，即可删除 15 个字符，并出现 you 的字样；执行 1G 命令移到第一行，然后按下大写的字母 O，便新增一行且为插入模式；输入“I am a student...”后，按下 Esc 键，回到一般模式等待后续工作，最后输入:wq。

如果以上操作都能顺利完成，那么 vim 的使用应该没有太大的问题了。

8.1.5　子任务 5　了解 vim 编辑环境

目前大部分的 Linux 发行版都以 vim 取代了 vi 的功能。vim 具有区分颜色的功能，并且支持许多的程序语法(syntax)，因此，当使用 vim 编辑程序时(无论是 C 语言还是 shell 脚本)，vim 都可以直接进行程序除错(debug)。

使用“vim man. config”的效果如图 8-2 所示。

从图 8-2 可以看出，vim 编辑程序有如下几个特色。

- 由于 man. config 是系统规划的配置文件，因此 vim 会进行语法检验，所以会看到界面中主要显示为深蓝色，且深蓝色那一行是以批注符号(#)开头。
- 最下面一行的右边出现的“63,1”表示光标所在位置为第 131 行中第一个字符(请看图中光标所在的位置)。
- 除了批注之外，其他的行还有特别的颜色显示，可以避免人为打错字，右下角的 57% 代表目前这个画面占整体文件的 57%。

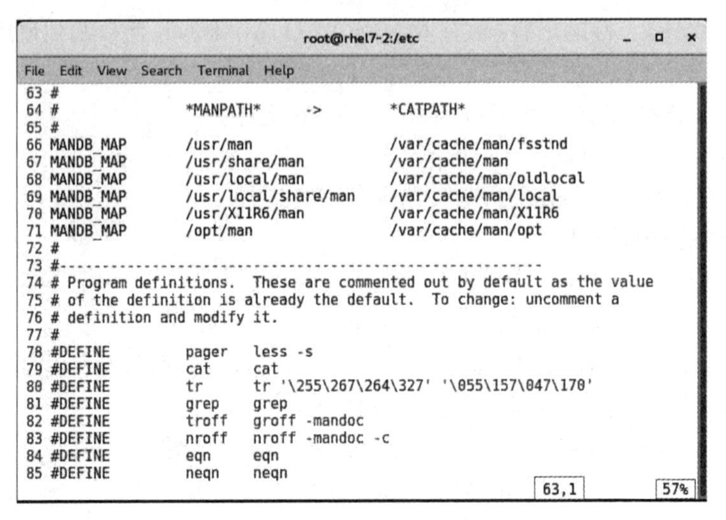

图 8-2　vim 编辑环境(2)

8.2　任务 2　熟练掌握 shell

8.2.1　子任务 1　了解 shell 的基本概念

1. 什么是 shell

shell 就是用户与操作系统内核之间的接口,起着协调用户与系统的一致性和在用户与系统之间进行交互的作用。shell 在 Linux 系统中具有极其重要的地位,如图 8-3 所示。

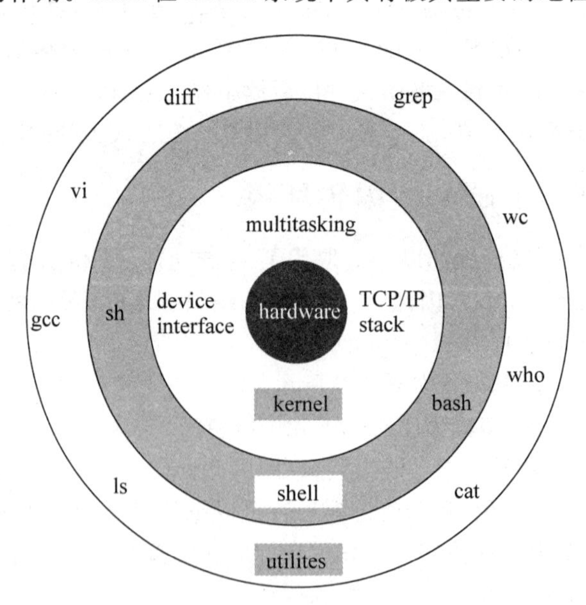

图 8-3　Linux 系统结构组成

2. shell的功能

shell最重要的功能是命令解释，也就是说，shell是一个命令解释器。由于核心在内存中是受保护的区块，因此必须通过shell将输入的命令与Kernel沟通，以便让Kernel可以控制硬件正确无误地工作。

系统合法的shell均保存在/etc/shells文件中。用户默认登录取得的shell，记录在/etc/passwd的最后一个字段。

Linux系统中的所有可执行文件都可以作为shell命令来执行，表8-6所示为可执行文件的分类。

表8-6　可执行文件的分类

类　别	说　　明
Linux命令	存放在/bin、/sbin目录下
内置命令	出于效率的考虑，将一些常用命令的解释程序构造在shell内部
实用程序	存放在/usr/bin、/usr/sbin、/usr/local/bin等目录下的实用程序
用户程序	用户程序经过编译生成可执行文件后，也可作为shell命令运行
shell脚本	由shell语言编写的批处理文件

当用户提交了一个命令后，shell首先判断它是否为内置命令，如果是，直接通过shell内部的解释器将其解释为系统功能调用并转交给内核执行；若是外部命令或实用程序，则在硬盘中查找该命令并将其调入内存，再将其解释为系统功能调用并转交给内核执行。在查找该命令时分为两种情况。

- 用户给出了命令路径，shell沿着用户给出的路径查找，若找到则调入内存，若没有则输出提示信息。
- 用户没有给出命令的路径，shell就在环境变量PATH所制定的路径中依次进行查找，若找到则调入内存，若没找到则输出提示信息。

图8-4描述了shell是如何完成命令解释的。

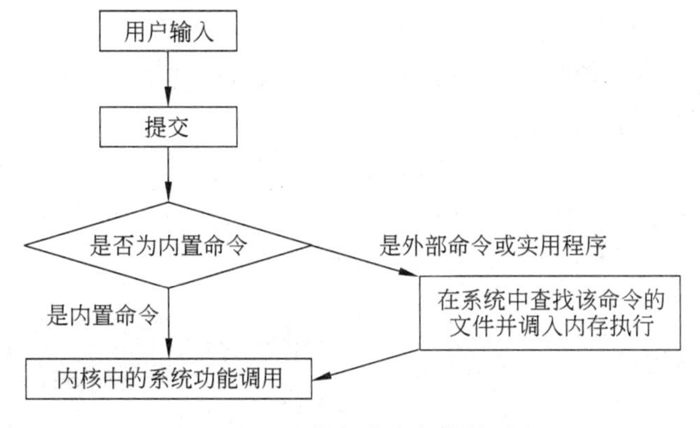

图8-4　shell执行命令解释的过程

此外，shell还具有如下一些功能：

- 设置shell环境变量；

- 设置正则表达式；
- 设置输入/输出重定向与管道。

3. shell 的主要版本

表 8-7 列出了几种常见的 shell 版本。

表 8-7 shell 的不同版本

版　本	说　明
Bourne Again shell (Bash, bsh 的扩展)	Bash 是大多数 Linux 系统的默认 shell。Bash 与 bsh 完全向后兼容，并且在 bsh 的基础上增加和增强了很多特性。Bash 也包含了很多 C shell 和 Korn shell 中的优点。Bash 有很灵活和强大的编程接口，同时又有很友好的用户界面
Korn shell(ksh)	Korn shell(ksh)由 Dave Korn 所写。它是 UNIX 系统上的标准 shell。另外，在 Linux 环境下有一个专门为 Linux 系统编写的 Korn shell 的扩展版本，即 Public Domain. Korn shell(pdksh)
tcsh(csh 的扩展)	tcsh 是 C. shell 的扩展。tcsh 与 csh 完全向后兼容，但它包含了更多的使用户感觉方便的新特性，其最大的提高是在命令行编辑和历史浏览方面

bash 的功能主要有命令编辑功能、命令与文件补全功能、命令别名设置功能、作业控制、前台与后台控制，以及程序化脚本、通配符等。

8.2.2 子任务 2 认识 shell 环境变量

shell 支持具有字符串值的变量。shell 变量不需要专门的说明语句，通过赋值语句完成变量说明并予以赋值。在命令行或 shell 脚本文件中使用 $ name 的形式引用变量 name 的值。

1. 变量的定义和引用

在 shell 中，变量的赋值格式为

```
name=string
```

其中，name 是变量名，它的值就是 string，“＝”是赋值符号。变量名是以字母或下划线开头的字母、数字和下划线字符序列。

通过在变量名(name)前加 $ 字符引用变量的值，引用的结果就是用字符串 string 代替 $ name，此过程也称为变量替换。

在定义变量时，若 string 中包含空格、制表符和换行符，则 string 必须用'string'或者"string"的形式，即用单(双)引号将其括起来。双引号内允许变量替换，单引号内则不可以。

下面给出一个定义和使用 shell 变量的例子。

```
//显示字符常量
$echo who are you
who are you
$echo 'who are you'
who are you
$echo "who are you"
who are you
```

```
$
//由于要输出的字符串中没有特殊字符,所以''和""的效果是一样的
$echo Je t'aime
>
//由于要使用特殊字符('),由于'不匹配,shell认为命令行没有结束,按Enter键后会出现系统
  的第二提示符$,让用户继续输入命令行,按Ctrl+C组合键结束。为了解决以上问题,可以使用
  下面的两种方法
$echo "Je t'aime"
Je t'aime
$echo Je t'aime Je t'aime
```

2. shell 变量的作用域

与程序设计语言中的变量一样,shell 变量有其规定的作用范围。shell 变量分为局部变量和全局变量。

- 局部变量的作用范围仅限制在其命令行所在的 shell 或 shell 脚本文件中。
- 全局变量的作用范围则包括本 shell 进程及其所有子进程。
- 可以使用 export 内置命令将局部变量设置为全局变量。

下面给出一个 shell 变量作用域的例子。

```
//在当前shell中定义变量var1
$var1=Linux
//在当前shell中定义变量var2并将其输出
$var2=unix
$export var2
//引用变量的值
$echo $var1
Linux
$echo $var2
unix
//显示当前shell的PID
$echo $$
2670
$
//调用子shell
$Bash
//显示当前shell的PID
$echo $$
2709
//由于var1没有被输出,所以在子shell中已无值
$echo $var1
//由于var2被输出,所以在子shell中仍有值
$echo $var2
unix
//返回主shell,并显示变量的值
$exit
$echo $$
2670
```

```
$echo $var1
Linux
$echo $var2
unix
$
```

3. 环境变量

环境变量是指由 shell 定义和赋初值的 shell 变量。shell 用环境变量来确定查找路径、注册目录、终端类型、终端名称、用户名等。所有环境变量都是全局变量,并可以由用户重新设置。表 8-8 列出了一些系统中常用的环境变量。

表 8-8 shell 中的环境变量

环境变量名称	说　明	环境变量名称	说　明
EDITOR、FCEDIT	Bash fc 命令的默认编辑器	PATH	Bash 寻找可执行文件的搜索路径
HISTFILE	用于存储历史命令的文件	PS1	命令行的一级提示符
HISTSIZE	历史命令列表的大小	PS2	命令行的二级提示符
HOME	当前用户的用户目录	PWD	当前工作目录
OLDPWD	前一个工作目录	SECONDS	当前 shell 开始后所使用的秒数

不同类型的 shell 的环境变量有不同的设置方法。在 Bash 中,设置环境变量用 set 命令,命令的格式为

```
set 环境变量=变量的值
```

例如,设置用户的主目录为/home/johe,可以用以下命令:

```
$  set HOME=/home/john
```

不加任何参数地直接使用 set 命令可以显示出用户当前所有环境变量的设置,如下所示:

```
$set
BASH=/bin/Bash
BASH_ENV=/root/.bashrc
...
PATH=/usr/local/sbin:/usr/local/bin:/usr/sbin:/usr/bin:/sbin:/bin:/usr/bin/X11
PS1='[\u@\h \W]\$'
PS2='>'
SHELL=/bin/Bash
```

可以看到其中路径 PATH 的设置为

```
PATH=/usr/local/sbin:/usr/local/bin:/usr/sbin:/usr/bin:/sbin:/bin:/usr/bin/X11
```

总共有 7 个目录,Bash 会在这些目录中依次搜索用户输入的命令的可执行文件。

在环境变量前加$符号，表示引用环境变量的值，例如：

```
# cd $ HOME
```

将把目录切换到用户的主目录。

当修改PATH变量时，例如，将一个路径/tmp加到PATH变量前，应设置为

```
# PATH=/tmp:$ PATH
```

此时，在保存原有PATH路径的基础上进行了添加。shell在执行命令前，会先查找这个目录。

要将环境变量重新设置为系统默认值，可以使用unset命令。例如，下面的命令用于将当前的语言环境重新设置为默认的英文状态。

```
# unset LANG
```

4. 命令运行的判断依据为符号;、&&、||

在某些情况下，如何让多条命令一次输入且顺序执行呢？有两个选择，一个是通过撰写shell脚本去执行，另一个则是通过下面介绍的一次输入多重命令来完成。

(1) cmd ; cmd(不考虑命令相关性的连续执行命令，cmd代表某条命令)

在某些时候，希望可以一次运行多个命令，例如在关机的时候希望可以先运行两次sync同步化写入磁盘后才关机，操作如下：

```
[root@RHEL7-1 ~]# sync; sync; shutdown -h now
```

在命令与命令中间用分号(;)隔开，这样一来，分号前的命令运行完后就会立刻接着运行后面的命令。

看下面的例子：要求在某个目录下创建一个文件。如果该目录存在，则直接创建这个文件；如果不存在，就不进行创建操作。也就是说这两个命令彼此之间是有相关性的，前一个命令是否成功运行与后一个命令是否要运行有关，这就要用到“&&”或“||”。

(2) $?(命令回传值)与“&&”或“||”

如同上面谈到的，两个命令之间有相关性，而这个相关性主要通过前一个命令运行的结果是否正确来判断。在Linux中若前一个命令运行的结果正确，则在Linux中会回传一个$?=0的值。那么怎么通过这个回传值来判断后续的命令是否可以运行呢？这就要用到“&&”及“||”，如表8-9所示。

表8-9　“&&”及“||”命令的执行情况

命　令	说　明
cmd1 && cmd2	若cmd1运行完毕且运行正确($?=0)，则开始运行cmd2； 若cmd1运行完毕且为错误($?≠0)，则cmd2不运行
cmd1 || cmd2	若cmd1运行完毕且运行正确($?=0)，则cmd2不运行； 若cmd1运行完毕且为错误($?≠0)，则开始运行cmd2

注意：两个 & 之间是没有空格的，“|”是“Shift+\”的按键结果。

上述的 cmd1 及 cmd2 都是命令。现在回到刚刚设想的情况：先判断一个目录是否存在。若存在则在该目录下创建一个文件。

由于尚未介绍“条件判断式(test)”的使用方法，在这里使用 ls 以及回传值来判断目录是否存在。

【例 8-1】 使用 ls 查阅目录/tmp/abc 是否存在，若存在则用 touch 创建/tmp/abc/hehe。

```
[root@RHEL7-2 ~]# ls /tmp/abc && touch /tmp/abc/hehe
ls: /tmp/abc: No such file or directory
# ls 表示找不到该目录，但并没有 touch 的错误，表示 touch 并没有运行
[root@RHEL7-2 ~]# mkdir /tmp/abc
[root@RHEL7-2 ~]# ls /tmp/abc && touch /tmp/abc/hehe
[root@RHEL7-2 ~]# ll /tmp/abc
-rw-r--r--1 root root 0 Feb  7 12:43 hehe
```

如果/tmp/abc 不存在时，touch 就不会被运行；如果/tmp/abc 存在，那么 touch 就会开始运行。在上面的例子中，必须手动自行创建目录，很烦琐。能不能自动创建目录呢？看下面的例子。

【例 8-2】 测试/tmp/abc 是否存在，若不存在则予以创建，若存在就不做任何事情。

```
[root@RHEL7-2 ~]# rm -r /tmp/abc              //先删除此目录以方便测试
[root@RHEL7-2 ~]# ls /tmp/abc || mkdir  /tmp/abc
ls: /tmp/abc: No such file or directory       //不存在
[root@RHEL7-2 ~]# ll /tmp/abc
Total 0                                       //结果出现了，说明运行了 mkdir 命令
```

如果一再重复“ls /tmp/abc || mkdir /tmp/abc”命令，也不会出现重复 mkdir 的错误。这是因为/tmp/abc 已经存在，所以后续的 mkdir 就不会进行。

再次讨论：如果想要创建/tmp/abc/hehe 这个文件，但是并不知道 /tmp/abc 是否存在，该怎么办？

【例 8-3】 如果不管/tmp/abc 存在与否，都要创建/tmp/abc/hehe 文件，可使用如下命令。

```
[root@RHEL7-2 ~]# ls /tmp/abc||mkdir /tmp/abc && touch /tmp/abc/hehe
```

例 8-3 总是会创建 /tmp/abc/hehe，不论 /tmp/abc 是否存在。那么例 8-3 应该如何解释呢？由于 Linux 中的命令都是由左向右执行的，所以例 8-3 有下面两种结果。

- 若/tmp/abc 不存在。①回传 \$?≠0。②因为 || 遇到非为 0 的 \$?，故开始执行 mkdir /tmp/abc，由于 mkdir /tmp/abc 会成功执行，所以回传 \$?=0。③因为 && 遇到 \$?=0，故会执行 touch /tmp/abc/hehe，最终 hehe 就被创建了。
- 若/tmp/abc 存在。①回传 \$?=0。②因为 || 遇到 \$?=0 不会执行，此时 \$?=0 继续向后传。③因为 && 遇到 \$?=0 就开始创建/tmp/abc/hehe，所以最终

/tmp/abc/hehe 被创建。

整个流程如图 8-5 所示。

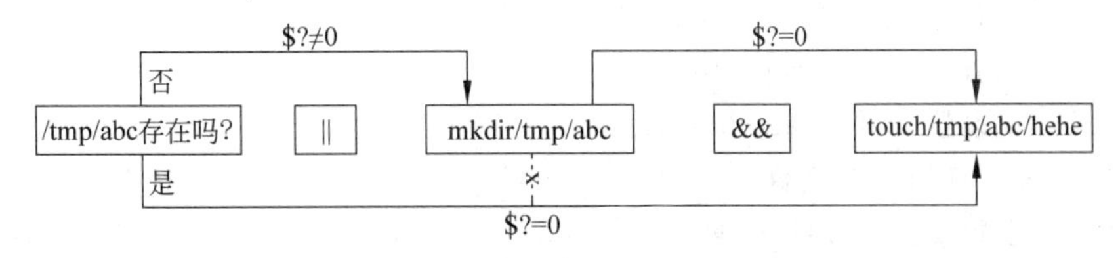

图 8-5 命令依次运行的关系示意图

该图显示的两部分数据中，上方带箭头的线段为/tmp/abc 不存在时所进行的操作；下方带箭头的线段则是/tmp/abc 存在时所进行的操作。带箭头的线段由于存在 /tmp/abc，所以导致 $？=0，中间的 mkdir 就不运行了，并将 $？=0 继续向后传给后续的 touch。

再来看看例 8-4。

【例 8-4】 以 ls 测试/tmp/bobbying 是否存在，若存在则显示 exist，若不存在则显示 not exist。

这又牵涉逻辑判断的问题，如果存在就显示某个数据，若不存在就显示其他数据，可以这样做：

```
ls /tmp/bobbying && echo "exist" || echo "not exist"
```

含义是，当 ls /tmp/bobbying 运行后，若正确，就运行 echo "exist"；若有问题，就运行 echo "not exist"。如果写成如下的方式又会如何呢？

```
s /tmp/bobbying || echo "not exist" && echo "exist"
```

这其实是有问题的。由图 8-5 的流程图我们知道，命令是一个一个向后执行的，因此在上面的例子中，如果 /tmp/bobbying 不存在时，会进行如下动作。

① 若 ls /tmp/bobbying 不存在，回传一个非 0 的数值。

② 接下来经过 || 的判断，发现前一个命令回传非 0 的数值，因此，程序开始运行 echo "not exist"，而 echo "not exist" 程序肯定可以运行成功，因此会回传一个 0 值给后面的命令。

③ 经过 && 的判断，开始运行 echo "exist"。

此时在这个例子中会同时出现 not exist 与 exist，请读者仔细思考。

提示：经过这个例题的练习，应该会了解，由于命令是一个接着一个去运行的，因此，&& 与 || 的顺序不能搞错。一般来说，假设判断式有以下三个：

```
command1 && command2 || command3
```

而且顺序通常不会改变。因为一般来说，command2 与 command3 会放置肯定可以运行成功的命令，因此，依据上面例题的逻辑分析，必须按此顺序放置各命令，请读者一定注意。

5. 工作环境设置文件

shell 环境依赖多个文件的设置。用户并不需要每次登录后都对各种环境变量进行手工设置,通过环境设置文件,用户工作环境的设置可以在登录的时候由系统自动完成。环境设置文件有两种:一种是系统环境设置文件;另一种是个人环境设置文件。

(1) 系统中的用户工作环境设置文件

- 登录环境设置文件:/etc/profile。
- 非登录环境设置文件:/etc/bashrc。

(2) 用户设置的环境设置文件

- 登录环境设置文件:$HOME/.Bash_profile。
- 非登录环境设置文件:$HOME/.bashrc。

注意:只有在特定的情况下才读取 profile 文件,确切地说是在用户登录的时候。当运行 shell 脚本以后,就无须再读 profile。

系统中的用户环境文件设置对所有用户都生效,而用户的环境设置文件对用户自身生效。用户可以修改自己的用户环境设置文件来覆盖在系统环境设置文件中的全局设置。例如:用户可以将自定义的环境变量存放在 $HOME/.Bash_profile 中;用户可以将自定义的别名存放在 $HOME/.bashrc 中,以便在每次登录和调用子 shell 时生效。

8.3 任务3 熟练掌握正则表达式

8.3.1 子任务1 了解正则表示法

1. 什么是正则表示法

简单来说,正则表示法就是处理字符串的方法,它以"行"为单位进行字符串的处理。正则表示法透过一些特殊符号的辅助,可以让使用者轻易地达到查找/删除/替换某些特定字符串的工作。

举例来说,如果只想找到 MYweb(前面两个为大写字母)或 Myweb(仅有一个大写字母)字符串,该如何实现呢?如果在没有正则表示法的环境中(例如 MS Word),或许要使用忽略大小写的办法,或者分别以 MYweb 及 Myweb 搜寻两遍。但是,忽略大小写可能会搜寻到 MYWEB/myweb/MyWeB 等不需要的字符串而造成困扰。

再举个系统常见的例子。假如发现系统在启动时,总会出现一个关于 mail 程序的错误,而启动过程的相关程序都是在/etc/init.d/目录下,也就是说,在该目录下的某个文件内具有 mail 这个关键字,若想要将该文件找出来进行查询修改,该如何操作呢?当然可以一个文件一个文件地打开,然后去搜寻 mail 这个关键字,但或许该目录下的文件可能不止 100 个,如果一个个查找非常困难。如果了解了正则表示法的相关技巧,那么只要下面的一行命令就解决问题了:"grep 'mail' /etc/init.d/ *",其中的 grep 就是支持正则表示法的工具程序之一。

grep 命令用来在文本文件中查找内容,它的名字源于"global regular expression print"。指定给 grep 的文本模式叫作正则表达式。它可以是普通的字母或者数字,也可以使用特殊字符来匹配不同的文本模式。稍后将更详细地讨论正则表达式。grep 命令可以打印出所有符合指定规则的文本行,例如:

```
$ grep 'match_string' file
```

即从指定文件中找到含有字符串的行。

提示： 正则表示法是一种表示法，只要工具程序支持这种表示法，那么该工具程序就可以用来作为正则表示法的字符串处理之用。例如 vim、grep、awk、sed 等工具，因为它们都支持正则表示法，所以，这些工具都可以使用正则表示法的特殊字节进行字符串的处理。cp、ls 等命令并未支持正则表示法，所以只能使用 bash 自己本身的通配符对字符串进行处理。

由于正则表达式使用了一些特殊字符，所以所有的正则表达式都必须用单引号括起来。

2. 正则表示法对于系统管理员的用途

对于一般使用者来说，由于使用正则表示法的机会不是很多，因此感受不到它的魅力。不过，对于系统管理员来说，正则表示法是一个不可不学的知识。因为系统在繁忙的情况下，每天产生的信息多得令人无法想象，而我们知道，系统的错误信息登录文件的内容记载了系统产生的所有信息，当然，这包含系统是否被入侵的记录数据。但是系统的数据量太大了，要求系统管理员每天从千百行的数据里面找出一行有问题的信息，仅凭肉眼几乎无法完成。这时就可以通过正则表示法的功能将这些登录的信息进行处理，仅取出有问题的信息进行分析，这样系统管理员的工作就轻松了许多。

3. 正则表示法的广泛用途

正则表示法除了可以使系统管理员管理主机更为便利之外，事实上，由于正则表示法具有强大的字符串处理能力，目前许多软件都支持正则表示法，最常见的就是邮件服务器。

如果经常留意网络上的消息，应该不难发现，目前造成网络大塞车的主要原因之一就是垃圾/广告信件了！如果可以在服务器端就将这些问题邮件剔除，用户端就会减少很多不必要的频宽耗损。那么如何剔除广告信件呢？由于广告信件几乎都有一定的标题或者内容，因此，只要每次有来信时，都先将来信的标题与内容进行特殊字符串的比对，发现有不良信件就予以剔除即可。但是这个工作怎么完成呢？使用正则表示法。目前两大邮件服务器软件 sendmail 与 postfix 以及支持邮件服务器的相关分析软件都支持正则表示法的比对功能。

当然还不限于此，很多的服务器软件都支持正则表示法。作为系统管理员，为了自身的工作以及用户端的需求，正则表示法是需要认真学习和熟知的一项技能。

注意： 正则表示法与通配符完全不一样。因为通配符(wildcard)代表的是 bash 操作层面的一个功能，正则表示法是一种字符串处理的表示方式，两者要区分清楚，学习本部分内容前，建议先忘掉 bash 通配符的意义。

8.3.2　子任务 2　了解语系对正则表达式的影响

为什么语系的数据会影响正则表示法的输出结果呢？由于不同语系的编码数据并不相同，所以就会造成数据选取结果的差异。举例来说，在英文大小写的编码顺序中，C 语言及 zh_CN. big5 这两种语系的输出结果分别如下。

- LANG＝C 时：0 1 2 3 4 … A B C D … Z a b c d … z
- LANG＝zh_CN 时 ：0 1 i 2 3 4 … a A b B c C d D … z Z

上面的顺序是编码的顺序，可以很清楚地发现这两种语系明显不一样。如果想要选取大写字符而使用 A～Z 时，会发现 LANG=C 确实可以仅找到大写字符(因为是连续的)，但是如果 LANG=zh_CN. gb2312 时，就会发现，连同小写的 b～z 也会被选取出来。因为就编码的顺序来看，gb2312 语系可以选取到 AbBcC…zZ 所有的字符，所以，使用正则表示法时，需要特别留意当时环境的语系，否则可能会出现与预想不相同的选取结果。

由于一般在练习正则表示法时，使用的是兼容于 POSIX 的标准，因此使用 C 语言这个语系。下面的很多练习都是使用"LANG=C"这个语系数据来进行的。另外，为了避免不同编码造成的英文与数字的选取错误，有些特殊的符号必须要了解一下。这些符号及其含义如表 8-10 所示。

表 8-10　特殊符号及含义

特殊符号	含　　义
[:alnum:]	代表英文大小写字母及数字，即 0～9、A～Z、a～z
[:alpha:]	代表任何英文大小写字母，即 A～Z、a～z
[:blank:]	代表空白键与 Tab 键
[:cntrl:]	代表键盘上的控制键，即包括 CR、LF、Tab、Del 等
[:digit:]	代表数字，即 0～9
[:graph:]	除了空白字符(空白键与 Tab 键)外的其他所有键
[:lower:]	代表小写字母，即 a～z
[:print:]	代表任何可以被打印出来的字母
[:punct:]	代表标点符号(punctuation symbol)，即" ' ? ! ; : # $...
[:upper:]	代表大写字母，即 A～Z
[:space:]	任何会产生空白的字符，包括空格键、Tab 键、回车符等
[:xdigit:]	代表 16 进位的数字类型，包括 0～9、A～F、a～f 的数字与字母

提示：一定要掌握表 8-10 中的[:alnum:]、[:alpha:]、[:upper:]、[:lower:]、[:digit:]分别代表了什么意思。因为它比 a～z 或 A～Z 的用途更广泛。

8.3.3　子任务 3　掌握 grep 的高级使用

格式为

```
grep [-A] [-B] [--color=auto] '查找字符串' filename
```

选项与参数的含义如下。

- -A：后面可加数字，为 after 的意思。除了列出该行外，后续的 *n* 行也列出来。
- -B：后面可加数字，为 before 的意思。除了列出该行外，前面的 *n* 行也列出来。
- --color=auto：可将搜寻出的正确数据用特殊颜色标记。

【例 8-5】 用 dmesg 列出核心信息，再以 grep 找出内含 IPv6 的那一行。

```
[root~RHEL7-2 ~]#dmesg | grep 'IPv6'
[20.944553] IPv6: ADDRCONF(NETDEV_UP): ens38: link is not ready
```

```
[26.822775] IPv6: ADDRCONF(NETDEV_UP): virbr0: link is not ready
[553.276846] IPv6: ADDRCONF(NETDEV_UP): ens38: link is not ready
[553.282437] IPv6: ADDRCONF(NETDEV_UP): ens38: link is not ready
[553.284846] IPv6: ADDRCONF(NETDEV_UP): ens38: link is not ready
[553.286861] IPv6: ADDRCONF(NETDEV_CHANGE): ens38: link becomes ready
//dmesg 可列出核心信息,通过 grep 获取 IPv6 的相关信息,不过无行号与特殊颜色显示
```

【例 8-6】 承上例,要将获取到的关键字显色,且加上行号(-n)来表示。

```
[root~RHEL7-2 ~]#dmesg | grep -n --color=auto 'IPv6'
1903:[20.944553] IPv6: ADDRCONF(NETDEV_UP): ens38: link is not ready
1912:[26.822775] IPv6: ADDRCONF(NETDEV_UP): virbr0: link is not ready
1918:[553.276846] IPv6: ADDRCONF(NETDEV_UP): ens38: link is not ready
1919:[553.282437] IPv6: ADDRCONF(NETDEV_UP): ens38: link is not ready
1920:[553.284846] IPv6: ADDRCONF(NETDEV_UP): ens38: link is not ready
1922:[553.286861] IPv6: ADDRCONF(NETDEV_CHANGE): ens38: link becomes ready
//除了会有特殊颜色外,最前面还有行号
```

【例 8-7】 承上例,将关键字所在行的前一行与后一行一起找出来显示。

```
[root~RHEL7-2 ~]#dmesg | grep -n -A1 -B1 --color=auto 'IPv6'
1902:[20.666378] ip_set: protocol 6
1903:[20.944553] IPv6: ADDRCONF(NETDEV_UP): ens38: link is not ready
…
1922:[553.286861] IPv6: ADDRCONF(NETDEV_CHANGE): ens38: link becomes ready
1923:[555.495760] TCP: lp registered
//关键字 1903 所在的前一行及 1922 后一行也都被显示出来。这样可以让你将关键字前后数据找
  出来进行分析
```

8.3.4　子任务 4　练习基础正则表达式

练习文件的内容如下。文件共有 22 行,最下面一行为空白行。将该文件复制到 root 的家目录/root 下(文件可联系作者)。

```
[root@RHEL7-2 ~]# pwd
/root
[root@RHEL7-2 ~]# vim /root/regular_express.txt
"Open Source" is a good mechanism to develop programs.
apple is my favorite food.
Football game is not use feet only.
this dress doesn't fit me.
However, this dress is about $3183 dollars.^M
GNU is free air not free beer.^M
Her hair is very beauty.^M
I can't finish the test.^M
Oh! The soup taste good.^M
motorcycle is cheap than car.
This window is clear.
```

```
the symbol '*' is represented as start.
Oh! My god!
The gd software is a library for drafting programs.^M
You are the best is mean you are the no. 1.
The world <Happy> is the same with "glad".
I like dog.
google is the best tools for search keyword.
goooooogle yes!
go! go! Let's go.
# I am Bobby
```

(1) 查找特定字符串

假设要从 regular_express.txt 文件当中取得 the 这个特定字符串,最简单的方式是:

```
[root@RHEL7-2 ~]# grep -n 'the' /root/regular_express.txt
8:I can't finish the test.
12:the symbol '*' is represented as start.
15:You are the best is mean you are the no. 1.
16:The world <Happy> is the same with "glad".
18:google is the best tools for search keyword.
```

如果想要反向选择呢?也就是说,当该行没有 the 这个字符串时才显示在屏幕上。

```
[root@RHEL7-2 ~]# grep -vn 'the' /root/regular_express.txt
```

这时屏幕上出现的行列为除了 8、12、15、16、18 五行之外的其他行。接下来,如果想要获得不分大小写的 the 字符串,则执行如下命令。

```
[root@RHEL7-2 ~]# grep -in 'the' /root/regular_express.txt
8:I can't finish the test.
9:Oh! The soup taste good.
12:the symbol '*' is represented as start.
14:The gd software is a library for drafting programs.
15:You are the best is mean you are the no. 1.
16:The world <Happy> is the same with "glad".
18:google is the best tools for search keyword.
```

除了多了两行(9、14 行)之外,第 16 行也多了一个 The 的关键字被标出了颜色。

(2) 利用中括号[]搜寻集合字符

搜寻 test 或 taste 这两个单词时会发现,它们有共同的"t?st",这种情况可以用下面的语句来搜寻:

```
[root@RHEL7-2 ~]# grep -n 't[ae]st' /root/regular_express.txt
8:I can't finish the test.
9:Oh! The soup taste good.
```

其实[]里面不论有几个字符,都只代表某一个字符,所以,上面的例子说明了需要的字符串是 tast 或 test。而如果想要搜寻到有“oo”的字符时，则使用如下命令：

```
[root@RHEL7-2 ~]# grep -n 'oo' /root/regular_express.txt
1:"Open Source" is a good mechanism to develop programs.
2:apple is my favorite food.
3:Football game is not use feet only.
9:Oh! The soup taste good.
18:google is the best tools for search keyword.
19:goooooogle yes!
```

如果不想让“oo”前面有“g”的行显示出来，可以利用在集合字节的反向选择[^]来完成。

```
[root@RHEL7-2 ~]# grep -n '[^g]oo' /root/regular_express.txt
2:apple is my favorite food.
3:Football game is not use feet only.
18:google is the best tools for search keyword.
19:goooooogle yes!
```

第 1、9 行不见了，因为这两行的 oo 前面出现了 g。第 2、3 行没有疑问，因为 foo 与 Foo 均可被接受。第 18 行虽然有 google 的 goo，但是因为该行后面出现了 tool 中的 too，所以该行也被列出来。也就是说，18 行里面虽然出现了不要的项目(goo)，但是由于有需要的项目(too)，因此符合字符串搜寻的要求。

至于第 19 行，同样，因为 goooooogle 里面的 oo 前面可能是 o，例如 go(ooo)oogle，所以这一行也符合需求。

再者，假设 oo 前面不想有小写字母，可以这样写：[^abcd...z]oo。但是这样似乎不怎么方便，由于小写字母的 ASCII 上编码的顺序是连续的，因此，可以简化为

```
[root@RHEL7-2 ~]# grep -n '[^a-z]oo' regular_express.txt
3:Football game is not use feet only.
```

也就是说，如果一组集合字节中的字母或数字是连续的，就可以使用[a－z]、[A－Z]、[0－9]等方式来书写。那么如果要求字符串是数字与英文呢？那就将其全部写在一起，变成[a－zA－Z0－9]。例如，要获取有数字的那一行：

```
[root@RHEL7-2 ~]# grep -n '[0-9]' /root/regular_express.txt
5:However, this dress is about $3183 dollars.
15:You are the best is mean you are the no. 1.
```

由于考虑到语系对于编码顺序的影响，因此除了连续编码使用减号“－”之外，也可以使用如下的方法来取得前面两个测试的结果：

```
[root@RHEL7-2 ~]# grep -n '[^[:lower:]]oo' /root/regular_express.txt
# [:lower:]代表的就是 a~z 的意思。请参考表 8-12 的说明
[root@RHEL6 ~]# grep -n '[[:digit:]]' /root/regular_express.txt
```

(3) 行首与行尾字节^ $

本小节开头的练习文件中可以查询到一行字串里面有“the”，如果要让“the”只在行首才列出，命令如下：

```
[root@RHEL7-2 ~]# grep -n '^the' /root/regular_express.txt
12:the symbol '*' is represented as start.
```

此时，只剩下第 12 行了，因为只有第 12 行的行首是“the”。此外，如果想将开头是小写字母的那一行列出，可以这样写：

```
[root@RHEL7-2 ~]# grep -n '^[a-z]' /root/regular_express.txt
2:apple is my favorite food.
4:this dress doesn't fit me.
10:motorcycle is cheap than car.
12:the symbol '*' is represented as start.
18:google is the best tools for search keyword.
19:goooooogle yes!
20:go! go! Let's go.
```

如果不想要开头是英文字母，则可以这样写：

```
[root@RHEL7-2 ~]# grep -n '^[^a-zA-Z]' /root/regular_express.txt
1:"Open Source" is a good mechanism to develop programs.
21:# I am Bobby
```

注意，符号^在字符集合符号(括号[])之内与之外的意义是不同的。在[]内代表“反向选择”，在[]之外则代表定位在行首。反过来思考，如果想要找出行尾结束为小数点(.)的那一行，命令如下：

```
[root@RHEL7-2 ~]# grep -n '\.$' /root/sample.txt
1:"Open Source" is a good mechanism to develop programs.
2:apple is my favorite food.
3:Football game is not use feet only.
4:this dress doesn't fit me.
10:motorcycle is cheap than car.
11:This window is clear.
12:the symbol '*' is represented as start.
15:You are the best is mean you are the no. 1.
16:The world <Happy> is the same with "glad".
17:I like dog.
18:google is the best tools for search keyword.
20:go! go! Let's go.
```

值得注意的是，因为小数点具有其他意义(下面会介绍)，所以必须要使用跳转字节(\)解除其特殊意义。不过，或许会觉得奇怪，第 5～9 行最后面也是“.”。为何无法打印出来？这里就牵涉了 Windows 平台的软件对于断行字符的判断问题了。我们使用 cat -A 将第 5 行拿出来看，会发现代码如下：

```
[root@RHEL7-2 ~]# cat -An /root/regular_express.txt | head -n 10 | tail -n 6
     5  However, this dress is about $3183 dollars.^M$
     6  GNU is free air not free beer.^M$
     7  Her hair is very beauty.^M$
     8  I can't finish the test.^M$
     9  Oh! The soup taste good.^M$
    10  motorcycle is cheap than car.$
```

由此，可以发现第 5～9 行为 Windows 的断行字节(^M$)，正常的 Linux 应该只有第 10 行显示的那样($)。所以，也就找不到第 5～9 行了。这样就可以了解“^”与“$”的意义。

如果想要找出哪一行是空白行，即该行没有输入任何数据，命令如下：

```
[root@RHEL7-2 ~]# grep -n '^$' /root/regular_express.txt
22:
```

因为只有行首和行尾有(^$)，所以就可以找出空白行了。再者，假设已经知道在一个 shell 程序脚本或者是配置文件中，空白行与开头为 # 的那一行是注释，因此如果要将数据打印出来给别人参考时，可以将这些数据省略以节省纸张，那么应怎么做呢？以/etc/rsyslog.conf 这个文件作为范例，可以参考以下输出的结果：

```
[root@RHEL7-2 ~]# cat -n /etc/rsyslog.conf
#结果可以发现有 33 行的输出，很多空白行与 # 开头的注释行
[root@RHEL7-2 ~]# grep -v '^$' /etc/rsyslog.conf | grep -v '^#'
# 结果仅有 10 行，其中第一个"-v '^$'"代表不要空白行
# 第二个"-v '^#'"代表不要开头是#的那一行
```

(4) 任意一个字符“.”与重复字节“*”

我们知道万用字符“*”可以用来代表任意(0 或多个)字符，但是正则表示法并不是万用字符，两者之间是不相同的。至于正则表示法中的“.”，则代表“绝对有一个任意字符”的意思。这两个符号正则表示法的含义如下。

- .(小数点)：代表一定有一个任意字符。
- *(星号)：代表重复前一个字符 0 到无穷多次的意思，为组合形态。

假设需要找出“g?? d”的字符串，即共有四个字符，开头是“g”而结尾是“d”，命令如下：

```
[root@RHEL7-2 ~]# grep -n 'g..d' /root/regular_express.txt
1:"Open Source" is a good mechanism to develop programs.
9:Oh! The soup taste good.
16:The world <Happy> is the same with "glad".
```

因为强调 g 与 d 之间一定要存在两个字符，因此，第 13 行的 god 与第 14 行的 gd 就不会被列出来。如果想要列出有 oo、ooo、oooo 等数据，也就是说，至少要有两个(含)o 以上，该如何操作呢？是 o*、oo* 还是 ooo* 呢？

因为 * 代表的是“重复 0 个或多个前面的 RE 字符”的意义，因此，“o*”代表的是“拥有空字符或一个 o 以上的字符”。注意，因为允许空字符(就是有没有字符都可以)，因此“grep

-n 'o * ' regular_express. txt”命令会把所有的数据都列出来。

那么如果是“oo *”呢？则第一个 o 肯定存在，第二个 o 则是可有可无的，或是有多个 o，所以，凡是含有 o、oo、ooo、oooo 等，都会被列出来。

同理，当需要“至少两个 o 以上的字符串”时，就需要 ooo * ：

```
[root@RHEL7-2 ~]# grep -n 'ooo* ' /root/regular_express.txt
1:"Open Source" is a good mechanism to develop programs.
2:apple is my favorite food.
3:Football game is not use feet only.
9:Oh! The soup taste good.
18:google is the best tools for search keyword.
19:goooooogle yes!
```

如果想让字符串开头与结尾都是 g，但是两个 g 之间仅能存在至少一个 o，即为 gog、goog、gooog 等，该如何操作呢？

```
[root@RHEL7-2 ~]# grep -n 'goo*g' regular_express.txt
18:google is the best tools for search keyword.
19:goooooogle yes!
```

如果想要找出以 g 开头且以 g 结尾的字串，当中的字节可有可无，该如何操作？是“g * g”吗？下面测试一下。

```
[root@RHEL7-2 ~]# grep -n 'g*g' /root/regular_express.txt
1:"Open Source" is a good mechanism to develop programs.
3:Football game is not use feet only.
9:Oh! The soup taste good.
13:Oh! My god!
14:The gd software is a library for drafting programs.
16:The world <Happy> is the same with "glad".
17:I like dog.
18:google is the best tools for search keyword.
19:goooooogle yes!
20:go! go! Let's go.
```

测试的结果竟然出现了很多行，因为 g * g 里面的 g * 代表“空字符或一个以上的 g”再加上后面的 g，因此，整个正则表达式的内容就是 g、gg、ggg、gggg，因此，只要该行当中有一个以上的 g 就符合所需了。

那么该如何满足 g...g 的需求呢？利用任意一个字符“.”，即“g. * g”。因为“ * ”可以是 0 个或多个重复前面的字符，而“.”是任意字符，所以“. * ”就代表 0 个或多个任意字符。

```
[root@RHEL7-2 ~]# grep -n 'g.*g' /root/regular_express.txt
1:"Open Source" is a good mechanism to develop programs.
14:The gd software is a library for drafting programs.
18:google is the best tools for search keyword.
19:goooooogle yes!
20:go! go! Let's go.
```

因为是表示以 g 开头且结尾，中间任意字符均可接受，所以，第 1、14、20 行是可接受的。这个“. *”的 RE（正则表达式）表示任意字符很常见，希望大家能够理解并且熟悉。

如果想要找出任意数字的行列呢？因为仅有数字，所以可以这样做：

```
[root@RHEL7-2 ~]# grep -n '[0-9][0-9]*' /root/regular_express.txt
5:However, this dress is about $3183 dollars.
15:You are the best is mean you are the no. 1.
```

虽然使用 grep -n '[0-9]' regular_express.txt 也可以得到相同的结果，但希望大家能够理解上面命令中 RE 表示法的意义。

(5) 限定连续 RE 字符的范围“{}”

在上面的代码中，可以利用“. ”与 RE 字符及“ * ”来设置 0 个到无限多个重复字符，那么如果想要限制一个范围区间内的重复字符数呢？举例来说，要找出 2～5 个 o 的连续字符串，该如何操作？这时就要用到限定范围的字符“{}”。但因为 “{}”在 shell 里有特殊的意义，因此，必须要使用转义字符“\”让其失去特殊意义。

要找到两个 o 的字符串，可以用如下命令：

```
[root@RHEL7-2 ~]# grep -n 'o 2' /root/regular_express.txt
1:"Open Source" is a good mechanism to develop programs.
2:apple is my favorite food.
3:Football game is not use feet only.
9:Oh! The soup taste good.
18:google is the best tools for search keyword.
19:goooooogle yes!
```

这样看似乎与 ooo* 的字符没有什么差异，因为第 19 行依旧有多个 o。那么换个搜寻的字符串，假设要找出 g 后面接 2～5 个 o，然后再接一个 g 的字符串，应该这样操作：

```
[root@RHEL7-2 ~]# grep -n 'go 2,5g' /root/regular_express.txt
18:google is the best tools for search keyword.
```

第 19 行没有被选取（因为 19 行有 6 个 o）。那么，如果想要的是 2 个 o 以上的字符串，比如 goooo...g，则可以使用如下命令：

```
[root@RHEL7-2 ~]# grep -n 'go 2,g' /root/regular_express.txt
18:google is the best tools for search keyword.
19:goooooogle yes!
```

8.3.5　子任务 5　基础正则表达式的特殊字符汇总

通过对上面几个简单范例的总结，可以将基础正则表示的特殊字符汇总成一个表，如表 8-11 所示。

表 8-11　基础正则表示的特殊字符汇总

RE 字符	意 义 与 范 例
^	word 意义：待搜寻的字串(word)在行首 范例：搜寻行首以＃开始的一行，并列出行号，代码如下 `grep -n '^#' regular_express.txt`
word $	意义：待搜寻的字符串(word)在行尾 范例：将行尾为“!”的一行列出来，并列出行号，代码如下 `grep -n '!$' regular_express.txt`
.	意义：代表一定有一个任意字节的字符 范例：搜寻的字串可以是“eve”“eae”“eee”“e e”，但不能仅有“ee”，即 e 与 e 中间一定仅有一个字符。而空白字符也是字符。代码如下 `grep -n 'e.e' regular_express.txt`
\	意义：转义字符，将特殊符号的特殊意义去除 范例：搜寻含有单引号的一行，代码如下 `grep -n ’ regular_express.txt`
*	意义：重复 0 到无穷数量的前一个 RE 字符 范例：找出含有“es”“ess”“esss”等的字串。注意，因为 * 可以是 0 个，所以 es 也是符合要求的搜寻字符串。另外，因为 * 为重复“前一个 RE 字符”的符号，因此，在 * 之前必须紧接一个 RE 字符，例如，任意字符为“. * ”。代码如下 `grep -n 'ess* ' regular_express.txt`
[list]	意义：字节集合的 RE 字符，里面列出想要选取的字节 范例：搜寻含有“gl”或“gd”的一行。需要特别留意的是，在[]当中“仅代表一个待搜寻的字符”，例如“a[afl]y”代表搜寻的字符串可以是 aay、afy、aly，即[afl]代表 a、f 或 l 的意思。代码如下 `grep -n 'g[ld]' regular_express.txt`
[n1－n2]	意义：字符集合的 RE 字符，里面列出想要选取的字符范围 范例：搜寻含有任意数字的一行。需特别注意：在字符集合[]中的减号有特殊意义，代表两个字符之间的所有连续字符。但这个连续与否与 ASCII 编码有关，因此，所用编码需要设置正确(在 bash 当中，需要确定 LANG 与 LANGUAGE 的变量是否正确)。例如，所有大写字符则为“A～Z”，代码如下 `grep -n '[A-Z]' regular_express.txt`
[^list]	意义：字符集合的 RE 字符，里面列出不要的字符串或范围 范例：搜寻的字符串可以是“oog”“ood”，但不能是“oot”，“^”在[]内时，代表的意义是“反向选择”的意思。例如，不选取大写字符，则为[^A－Z]。但是，需要特别注意的是，如果以“grep -n[^A－Z] regular_express. txt”来搜寻，会发现该文件内的所有行都被列出，为什么？因为这个[^A－Z]是“非大写字符”的意思。代码如下 `grep -n 'oo[^t]' regular_express.txt`
\{n,m\}	意义：连续 n～m 数量的“前一个 RE 字符”。若为\{n\}，则是连续 n 个的前一个 RE 字符。若是\{n,\}，则是连续 n 个以上的前一个 RE 字符 范例：在 g 与 g 之间有 2～3 个 o 存在的字符串，即“goog”“gooog”，代码如下 `grep -n 'go\{2,3\}g' regular_express.txt`

8.4 任务 4 掌握输入/输出重定向及管道命令的应用

8.4.1 子任务 1 使用重定向

重定向就是不使用系统的标准输入端口、标准输出端口或标准错误端口，而进行重新指定，所以重定向分为输入重定向、输出重定向和错误重定向。通常情况下重定向到一个文件。在 shell 中，重定向主要依靠重定向符实现，即在 shell 中检查命令行中有无重定向符来决定是否需要实施重定向。表 8-12 列出了常用的重定向符。

表 8-12 重定向符

重定向符	说　明
4<	实现输入重定向。输入重定向并不经常使用，因为大多数命令都以参数的形式在命令行中指定输入文件的文件名。但是当使用一个不接受文件名为输入参数的命令，而需要的输入又是在一个已存在的文件中时，可以用输入重定向解决问题
>或>>	实现输出重定向。输出重定向比输入重定向更常用。输出重定向使用户能把一个命令的输出重定向到一个文件中，而不是显示在屏幕上。很多情况下都可以使用这种功能。例如，如果某个命令的输出很多，在屏幕上不能完全显示，即可把它重定向到一个文件中，稍后再用文本编辑器打开这个文件
2>或 2>>	实现错误重定向
&>	同时实现输出重定向和错误重定向

注意：在实际执行命令之前，命令解释程序会自动打开（如果文件不存在则自动创建）且清空该文件（文中已存在的数据将被删除）。当命令完成时，命令解释程序会正确地关闭该文件，而命令在执行时并不知道它的输出流已被重定向。

下面举几个使用重定向的例子。

（1）将 ls 命令生成的/tmp 目录的清单存到当前目录中的 dir 文件中。

```
$ls -l /tmp >dir
```

（2）将 ls 命令生成的/etc 目录的清单以追加的方式存到当前目录中的 dir 文件中。

```
$ls -l /tmp >>dir
```

（3）将 passwd 文件的内容作为 wc 命令的输入。

```
$wc</etc/passwd
```

（4）将 myprogram 命令的错误信息保存在当前目录下的 err_file 文件中。

```
$myprogram 2>err_file
```

(5) 将 myprogram 命令的输出信息和错误信息保存在当前目录下的 output_file 文件中。

```
$myprogram &>output_file
```

(6) 将 ls 命令的错误信息保存在当前目录下的 err_file 文件中。

```
$ls -l 2>err_file
```

注意:该命令并没有产生错误信息,但 err_file 文件中的原文件内容会被清空。

当输入重定向符时,命令解释程序会检查目标文件是否存在:如果不存在,命令解释程序将会根据给定的文件名创建一个空文件;如果文件已经存在,命令解释程序则会清除其内容并准备写入命令的输出结果。这种操作方式表明:当重定向到一个已存在的文件时需要十分小心,数据很容易在用户还没有意识到之前就丢失了。

Bash 输入/输出重定向可以通过使用下面的选项设置为不覆盖已存在文件:

```
$set -o noclobber
```

这个选项仅用于对当前命令解释程序输入/输出进行重定向,而其他程序仍可能覆盖已存在的文件。

(7) /dev/null。空设备的一个典型用法,是丢弃从 find 或 grep 等命令送来的错误信息。

```
$grep delegate /etc/* 2>/dev/null
```

上面的 grep 命令的含义是从/etc 目录下的所有文件中搜索包含 delegate 字符串的所有行。由于是在普通用户的权限下执行该命令,grep 命令是无法打开某些文件的,系统会显示一连串“未得到允许”的错误提示。通过将错误重定向到空设备,可以在屏幕上得到有用的输出。

8.4.2 子任务 2 使用管道

许多 Linux 命令具有过滤特性,即一条命令通过标准输入端口接收一个文件中的数据,命令执行后产生的结果数据又通过标准输出端口送给后一条命令,作为该命令的输入数据。后一条命令也是通过标准输入端口接收输入数据。

shell 提供管道命令“|”将这些命令前后衔接在一起,形成一条管道线。格式为

```
命令 1|命令 2|...|命令 n
```

管道线中的每一条命令都作为一个单独的进程运行,每一条命令的输出作为下一条命令的输入。由于管道线中的命令总是从左到右顺序执行的,因此管道线是单向的。

管道线的实现创建了 Linux 系统管道文件并进行重定向,但是管道不同于 I/O 重定向,输入重定向导致一个程序的标准输入来自某个文件,输出重定向是将一个程序的标准输

出写到一个文件中，而管道是直接将一个程序的标准输出与另一个程序的标准输入相连接，不需要经过任何中间文件。

例如：

```
$who >tmpfile
```

一般情况通过运行 who 命令找出谁已经登录到系统中。该命令的输出结果是每个用户对应一行数据，其中包含了一些有用的信息，将这些信息保存在临时文件中。

现在运行下面的命令：

```
$wc -l <tmpfile
```

该命令会统计临时文件的行数，最后的结果是登录并进入系统中的用户数。

可以将以上两个命令组合起来。

```
$who|wc -l
```

管道符号告诉命令解释程序将左边的命令(在本例中为 who)的标准输出流连接到右边的命令(在本例中为 wc -l)的标准输入流。现在 who 命令的输出不经过临时文件就可以直接送到 wc 命令中了。

下面再举几个使用管道的例子。

(1) 以长格式递归的方式分屏显示/etc 目录下的文件和目录列表。

```
$ls -Rl /etc | more
```

(2) 分屏显示文本文件/etc/passwd 的内容。

```
$cat /etc/passwd | more
```

(3) 统计文本文件/etc/passwd 的行数、字数和字符数。

```
$cat /etc/passwd | wc
```

(4) 查看是否存在 john 用户账号。

```
$cat /etc/passwd | grep john
```

(5) 查看系统是否安装了 apache 软件包。

```
$rpm -qa | grep apache
```

(6) 显示文本文件中的若干行。

```
$tail +15 myfile | head -3
```

管道仅能操纵命令的标准输出流。如果标准错误输出未重定向，那么任何写入其中的信息都会在终端屏幕上显示。管道可用来连接两个以上的命令。由于使用了一种被称为过滤器的服务程序,多级管道在 Linux 中是很普遍的。过滤器只是一段程序,它从自己的标准输入流读入数据,然后写到自己的标准输出流中,这样就能沿着管道过滤数据了。

```
$  who|grep ttyp| wc -l
```

上面代码中,who 命令的输出结果由 grep 命令来处理,而 grep 命令则过滤掉(丢弃)所有不包含字符串"ttyp"的行。这个输出结果经过管道送到 wc 命令,而该命令的功能是统计剩余的行数,这些行数与网络用户的人数相对应。

Linux 系统一个最大的优势就是按照这种方式将一些简单的命令连接起来,形成更复杂、功能更强大的命令。那些标准的服务程序仅仅是一些管道应用的单元模块,在管道中它们的作用更加明显。

8.5 项目实录 使用 vim 编辑器

1. 观看录像

扫描二维码观看录像。

2. 项目实训目的

- 掌握 vim 编辑器的启动与退出的方法。
- 掌握 vim 编辑器的三种模式及使用方法。
- 熟悉 C/C++ 编译器 gcc 的使用方法。

3. 项目背景

在 Linux 操作系统中设计一个 C 语言程序,当程序运行时显示的运行结果如图 8-6 所示。

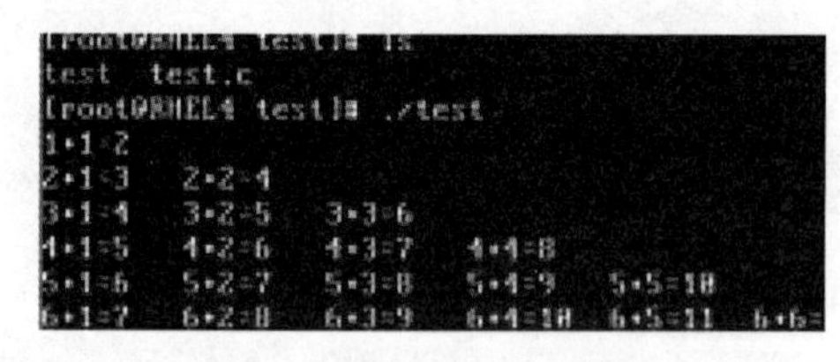

图 8-6 程序的运行结果

4. 项目实训内容

练习 vim 编辑器启动与退出的方法,练习 vim 编辑器的使用方法,练习 C/C++ 编译器 gcc 的使用方法。

5. 做一做

根据项目实录录像进行项目的实训,检查学习效果。

8.6　练习题

一、填空题

1. ________可以使企业内部局域网与Internet之间或者与其他外部网络间互相隔离、限制网络互访，以此来保护系统。

2. 由于核心在内存中是受保护的区块，因此必须通过________将输入的命令与Kernel沟通，以便让Kernel可以控制硬件正确无误地工作。

3. 系统合法的shell均写在________文件中。

4. 用户默认登录取得的shell记录于________的最后一个字段。

5. bash的功能主要有________、________、________、________、________、________等。

6. shell变量有其规定的作用范围，可以分为________与________。

7. ________可以观察目前bash环境下的所有变量。

8. 通配符主要有________、________、________等。

9. 正则表示法就是处理字符串的方法，是以________为单位来进行字符串的处理的。

10. 正则表示法通过一些特殊符号的辅助，可以让使用者轻易地________、________、________某个或某些特定的字符串。

11. 正则表示法与通配符是完全不一样的。________代表的是bash操作接口的一个功能，________则是一种字符串处理的表示方式。

二、简述题

1. vim的3种运行模式是什么？如何切换？

2. 什么是重定向？什么是管道？什么是命令替换？

3. shell变量有哪两种？分别如何定义？

4. 如何设置用户自己的工作环境？

5. 关于正则表达式的练习，首先要设置好环境，可输入以下命令：

```
$cd
$cd /etc
$ls -a >~/data
$cd
```

这样，/etc目录下的所有文件的列表就会保存在主目录下的data文件中。

写出可以在data文件中查找满足条件的所有行的正则表达式。

(1) 以“P”开头。

(2) 以“y”结尾。

(3) 以“m”开头且以“d”结尾。

(4) 以“e”“g”或“l”开头。

(5) 包含“o”，它后面跟着“u”。

(6) 包含“o”，隔一个字母之后是“u”。

(7) 以小写字母开头。

(8) 包含一个数字。

(9) 以“s”开头,包含一个“n”。

(10) 只含有4个字母。

(11) 只含有4个字母,但不包含“f”。

8.7 超链接

单击 http://linux.sdp.edu.cn/kcweb 和 http://www.icourses.cn/scourse/course_2843.html,访问并学习网站中学习情境的相关内容。

项目九　学习 shell script

项目背景

如果想要管理好自己的主机，那么一定要好好学习 shell script。shell script 有点像 DOS 操作系统下的批处理，即将一些命令汇总起来一次性运行。但是 shell script 拥有更强大的功能，它可以进行类似程序(program)的撰写，并且不需要经过编译(compile)就能够运行，非常方便。同时，还可以通过 shell script 简化我们日常的管理工作。在整个 Linux 的环境中，一些服务(service)的启动都是通过 shell script 运行的，如果对 script 不了解，一旦发生问题，就会影响工作。

职业能力目标和要求

- 理解 shell script。
- 掌握判断式的用法。
- 掌握条件判断式的用法。
- 掌握循环的用法。

9.1　任务 1　shell script 概述

9.1.1　子任务 1　了解 shell script

什么是 shell script(程序化脚本)呢？从字面意义上分析可将其分为两部分。shell 是在命令行界面下与系统沟通的一个工具接口；script 就是“脚本、剧本”的意思。换句话说，shell script 是针对 shell 所写的“脚本”。

shell script 是利用 shell 的功能所写的一个“程序(program)”，这个程序是使用纯文本文件将一些 shell 的语法与命令(含外部命令)写在里面，搭配正则表达式、管道命令与数据流重定向等功能，以达到想要的处理目的。

可以把 shell script 简单地看成批处理文件，也可以说是一个程序语言，并且这个程序语言由于都是利用 shell 与相关工具命令组成的，所以不需要编译即可运行。另外，shell script 还具有不错的排错(debug)工具，所以，可以帮助系统管理员快速管理好主机。

9.1.2 子任务 2 编写与执行一个 shell script

1. 撰写 shell script 代码的注意事项

- 命令的执行是从上而下、从左向右进行的。
- 命令、选项与参数间的多个空格都会被忽略。
- 空白行也将被忽略,并且 Tab 键所生成的空白同样被视为空格键。
- 如果读取到一个 Enter 符号(CR),就尝试开始运行该行(或该串)命令。
- 如果一行的内容太多,则可以使用"\[Enter]"延伸至下一行。
- "#"可作为注释。任何加在 # 后面的数据将全部被视为注释文字而被忽略。

2. 运行 shell script 程序

现在假设程序文件名是 /home/dmtsai/shell. sh,那么如何运行这个文件呢?很简单,可以用下面几种方法。

(1) 直接下达命令。shell. sh 文件必须要具备可读与可运行(rx)的权限。

- 绝对路径:使用 /home/dmtsai/shell. sh 下达命令。
- 相对路径:假设工作目录在 /home/dmtsai/中,使用 ./shell. sh 来运行。
- 使用变量 PATH 功能:将 shell. sh 放在 PATH 指定的目录内,例如~/bin/。

(2) 以 bash 程序来运行:通过"bash shell. sh"或"sh shell. sh"运行。

由于 Linux 默认使用者家目录下的~/bin 目录会被设置到 $PATH 内,所以也可以将 shell. sh 创建在/home/dmtsai/bin/下(~/bin 目录需要自行设置)。此时,若 shell. sh 在~/bin 内且具有 rx 的权限,直接输入 shell. sh 即可运行该脚本程序。

为什么"sh shell. sh"也可以运行呢?这是因为/bin/sh 其实就是/bin/bash,使用 sh shell. sh 即告诉系统,要直接以 bash 的功能运行 shell. sh 这个文件内的相关命令,所以此时 shell. sh 只要有 r 的权限即可运行。也可以利用 sh 的参数,如-n 及-x 来检查与追踪 shell. sh 的语法是否正确。

3. 编写第一个 shell script 程序

```
[root@RHEL7-1 ~]# mkdir scripts; cd scripts
[root@RHEL7-1 scripts]# vim sh01.sh
#!/bin/bash
# Program:
# This program shows "Hello World!" in your screen.
# History:
# 2012/08/23BobbyFirst release
PATH=/bin:/sbin:/usr/bin:/usr/sbin:/usr/local/bin:/usr/local/sbin:~/bin
export PATH
echo -e "Hello World! \a \n"
exit 0
```

在本项目中,请将所有撰写的脚本放置到家目录的~/scripts 这个目录内,以利于管理。下面分析一下上面的程序。

(1) 第一行"#!/bin/bash"宣告这个脚本使用的 shell 名称。因为此处使用的是 bash,所以必须要以"#! /bin/bash"来宣告这个文件使用了 bash 的语法,当这个程序被运行时，就能够加载 bash 的相关环境配置文件（一般来说就是 non-login shell 的～/. bashrc），并且运行 bash 可使下面的命令能够运行，这很重要。在很多情况下，如果没有设置这一行，那么该程序很可能会无法运行，因为系统可能无法判断该程序需要使用什么 shell 来运行。

（2）程序内容的说明。整个脚本当中，除了第一行的“#!”是用来声明 shell 之外，其他的带#的行都是“注释”。所以上面的程序当中，第二行以下就是用来说明整个程序的基本数据。

提示：一定要养成说明该脚本的内容与功能、版本信息、作者与联络方式、建立日期、历史记录等的习惯，这将有助于未来程序的改写与调试。

（3）主要环境变量的声明。建议务必将一些重要的环境变量设置好，PATH 与 LANG（如果使用与输出相关的信息时）最重要。如此一来，可以让这个程序在运行时直接执行一些外部命令，而不必写出绝对路径。

（4）主要程序部分。在这个例子中，就是 echo 那一行。

（5）确认运行成果（定义回传值）。一个命令的运行成功与否，可以使用“$?”这个变量进行查看，也可以利用 exit 这个命令让程序中断，并且给系统回传一个数值。在这个例子中，使用 exit 0，代表离开脚本并且给系统回传了一个 0，所以当运行完这个脚本后，若接着执行“echo $?”，则可得到 0 的值。利用这个 exit *n*（*n* 是数字）的功能，还可以自定义错误信息，让这个程序变得更加智能。

该程序的运行结果如下：

```
[root@RHEL7-1 scripts]# sh sh01.sh
Hello World !
```

此时应该会听到“咚”的一声，这是 echo 加上-e 选项的原因。当完成这个小脚本之后，会感觉写脚本程序很简单。

另外，也可以利用“chmod a+x sh01. sh; ./sh01. sh”运行这个脚本。

9.1.3　子任务 3　养成撰写 shell script 的良好习惯

一个良好习惯的养成很重要，在刚开始撰写程序的时候最容易忽略这一部分，认为程序写出来就可以了，其他的不重要。其实，如果程序的说明能够更清楚，那么对自己会有更大的帮助。

建议一定要养成撰写脚本的良好习惯，在脚本的文件头应包含如下内容：

- script 的功能；
- script 的版本信息；
- script 的作者与联络方式；
- script 的版权声明方式；
- script 的历史记录；
- script 内较特殊的命令，使用“绝对路径”的方式来执行；
- script 运行时需要的环境变量预先声明与设置。

除了记录这些信息之外，在较为特殊的程序部分，个人建议务必要加上注解说明。此外,程序的撰写建议使用嵌套方式,最好能以 Tab 键的空格缩排,这样程序会非常漂亮、有条理,可以很轻松地阅读与调试。另外,撰写 script 的工具最好使用 vim 而不是 vi,因为 vim 有额外的语法检验机制,能够在开始撰写时就发现语法方面的问题。

9.2 任务 2 练习简单的 shell script

9.2.1 子任务 1 完成简单的范例

1. 对话式脚本:变量内容由使用者决定

很多时候需要使用者输入一些内容,以保证程序顺利运行。

要求:使用 read 命令撰写一个 script。让用户输入 first name 与 last name 后,在屏幕上显示“Your full name is:”的内容:

```
[root@RHEL7-1 scripts]# vim sh02.sh
#!/bin/bash
# Program:
#User inputs his first name and last name.  Program shows his full name.
# History:
# 2012/08/23BobbyFirst release
PATH=/bin:/sbin:/usr/bin:/usr/sbin:/usr/local/bin:/usr/local/sbin:~/bin
export PATH
read -p "Please input your first name: " firstname          //提示使用者输入
read -p "Please input your last name:  " lastname           //提示使用者输入
echo -e "\nYour full name is: $firstname $lastname"         //结果由屏幕输出
[root@RHEL7-1 scripts]# sh sh02.sh
```

2. 随日期变化:利用 date 进行文件的创建

假设服务器内有数据库,数据库每天的数据都不一样,当备份数据库时,希望将每天的数据都备份成不同的文件名,保证旧的数据也被保存下来而不被覆盖。

考虑到每天的“日期”并不相同,所以可以将文件名起成类似“backup.2012-010-14.data”的形式,这样每天就有一个不同的文件名了。

例如创建三个空的文件(通过 touch),文件名开头由用户输入,假设用户输入“filename”,而今天的日期是 2012/10/07,若想要以前天、昨天、今天的日期来创建这些文件,即 filename_20121005、filename_20121006、filename_20121007,可编写程序如下。

```
[root@RHEL7-1 scripts]# vim sh03.sh
#!/bin/bash
# Program:
#Program creates three files, which named by user's input and date command.
# History:
# 2012/08/23BobbyFirst release
PATH=/bin:/sbin:/usr/bin:/usr/sbin:/usr/local/bin:/usr/local/sbin:~/bin
```

```
export PATH

//让使用者输入文件的名称,并获得 fileuser 这个变量
echo -e "I will use 'touch' command to create 3 files."    //纯粹显示信息
read -p "Please input your filename: " fileuser            //提示用户输入
//为了避免用户随意按 Enter 键,利用变量功能分析是否设置了文件名
filename=${fileuser:-"filename"}                          //开始判断是否设置了文件名
//开始利用 date 命令获取所需要的文件名
date1=$(date --date='2 days ago'  +%Y%m%d) //前两天的日期,注意"+"号前面有个空格
date2=$(date --date='1 days ago'  +%Y%m%d) //前一天的日期,注意"+"号前面有个空格
date3=$(date +%Y%m%d)                      //今天的日期
file1=${filename}${date1}                  //以下三行设置文件名
file2=${filename}${date2}
file3=${filename}${date3}
touch "$file1"                             //以下三行创建文件
touch "$file2"
touch "$file3"
[root@RHEL7-1 scripts]# sh sh04.sh
[root@RHEL7-1 scripts]# ll
```

分两种情况运行 sh03. sh：一种情况是直接按 Enter 键查阅文件名是什么；另一种情况可以输入一些字符，同时判断脚本设计是否正确。

3. 数值运算：简单的加减乘除

可以使用 declare 定义变量的类型，利用"$(计算式)"进行数值运算。不过可惜的是，bash shell 默认仅支持到整数。下面的例子要求用户输入两个变量，然后将两个变量的内容相乘，最后输出相乘的结果。

```
[root@RHEL7-1 scripts]# vim sh04.sh
#!/bin/bash
# Program:
#User inputs 2 integer numbers; program will cross these two numbers.
# History:
# 2012/08/23BobbyFirst release
PATH=/bin:/sbin:/usr/bin:/usr/sbin:/usr/local/bin:/usr/local/sbin:~/bin
export PATH
echo -e "You SHOULD input 2 numbers, I will cross them! \n"
read -p "first number:  " firstnu
read -p "second number: " secnu
total=$(($firstnu*$secnu))
echo -e "\nThe result of $firstnu× $secnu is ==>$total"
[root@RHEL7-1 scripts]# sh sh04.sh
```

在数值的运算上，可以使用"declare -i total= $firstnu * $secnu"，也可以使用上面的方式表示。建议使用下面的方式进行运算：

```
var=$((运算内容))
```

这样不但容易记忆,而且比较方便。两个小括号内可以加上空白字符。数值运算上的处理,则有+、-、*、/、%等,其中“%”表示取余数。

```
[root@RHEL7-1 scripts]# echo $((13 %3))
1
```

9.2.2 子任务 2 了解脚本运行方式的差异

不同的脚本运行方式会形成不一样的结果,尤其对 bash 的环境影响很大。脚本的运行方式除了前面小节谈到的方式之外,还可以利用 source 或小数点“.”来运行。那么这些运行方式有何不同呢?

1. 利用直接运行的方式运行脚本

当使用 9.2.1 小节提到的直接命令(无论是绝对路径/相对路径还是 $PATH 内的路径),或者是利用 bash(或 sh)来执行脚本时,该脚本都会使用一个新的 bash 环境来运行脚本内的命令。也就是说,使用这种执行方式时,其实脚本是在子程序的 bash 内运行的,并且当子程序运行结束后,在子程序内的各项变量或动作将会结束而不会传回到父程序中。这是什么意思呢?

以刚刚提到的 sh02.sh 这个脚本来说明。这个脚本可以让使用者自行配置两个变量,分别是 firstname 与 lastname,想一想,如果直接运行该命令时,该命令配置的 firstname 会不会生效?看一下下面的运行结果:

```
root@RHEL7-1 scripts]# echo $firstname $lastname       //首先确认这两个变量并不存在
[root@RHEL7-1 scripts]# sh sh02.sh
Please input your first name: Bobby                      //这个名字是读者自己输入的
Please input your last name: Yang
Your full name is: Bobby Yang                       //看吧!在脚本运行中,这两个变量会生效
[root@RHEL7-1 scripts]# echo $firstname  $lastname
                                          //事实上,这两个变量在父程序的 bash 中还是不存在
```

从上面的结果可以看出,sh02.sh 配置完成的变量在 bash 环境下无效。怎么回事呢?下面用图 9-1 来说明。当使用直接运行的方法来处理时,系统会开辟一个新的 bash 来运行 sh02.sh 里面的命令,因此 firstname、lastname 等变量其实是在图 9-1 中的子程序 bash 内运行的。当 sh02.sh 运行完毕后,子程序 bash 内的所有数据便被移除,因此在上面的练习中,在父程序下执行 echo $ firstname 时,就看不到任何内容了。

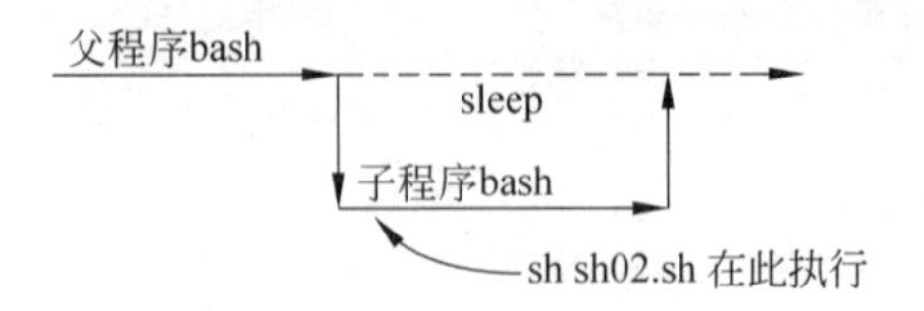

图 9-1 sh02.sh 在子程序中运行

2. 利用 source 运行脚本:在父程序中运行

如果使用 source 运行命令,会出现什么情况呢?请看下面的例子。

```
[root@RHEL7-1 scripts]# source sh02.sh
Please input your first name: Bobby              //这个名字是由用户输入的
Please input your last name: Yang

Your full name is: Bobby Yang                    //在运行 script 时,这两个变量会生效
[root@RHEL7-1 scripts]# echo  $firstname  $lastname
Bobby Yang                                       //有数据产生
```

变量生效了,为什么呢？因为 sh02.sh 会在父程序中运行,因此各项操作都会在原来的 bash 内生效。这也是为什么不注销系统而要让某些写入～/.bashrc 的设置生效时,需要使用"source～/.bashrc"而不能使用"bash ～/.bashrc"的原因。source 对 script 的运行方式可以通过图 9-2 来说明。

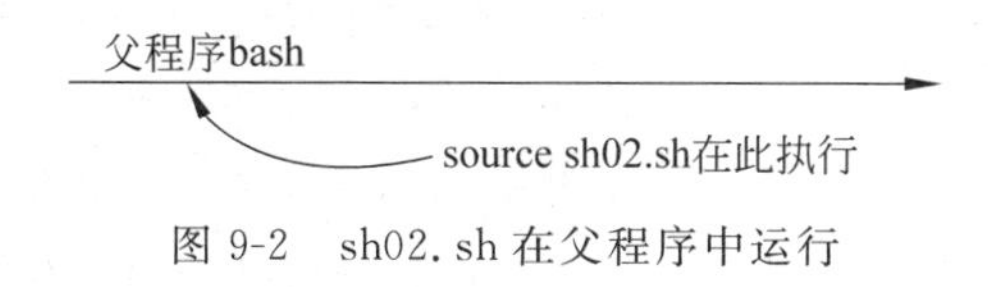

图 9-2　sh02.sh 在父程序中运行

9.3　任务 3　用好判断式

在项目 7 的讨论中,如果想要判断一个目录是否存在,当时使用的是 ls 命令搭配数据流重导向,最后配合"$?"来决定后续的命令进行与否。但是否有更简单的方式可以进行"条件判断"呢？当然有,那就是 test 命令。

9.3.1　子任务 1　利用 test 命令的测试功能

当需要检测系统上某些文件或者是相关的属性时,利用 test 命令是最好的选择。举例来说,要检查/dmtsai 是否存在时,使用如下代码:

```
[root@RHEL7-1 ~]# test -e /dmtsai
```

运行结果并不会显示任何信息,但最后可以通过 $?、&& 及 || 来显示整个结果。例如,将上面的例子改写成如下代码:

```
[root@RHEL7-1 ~]# test -e /dmtsai && echo "exist" || echo "Not exist"
Not exist            //结果显示/dmtsai 不存在
```

我们知道-e 用来测试一个文件或目录是否存在。如果要测试一下文件名是什么时,还有其他一些选项可以使用,见表 9-1。

现在就利用 test 来写几个简单的例子。首先,输入一个文件名,可以判断:

- 这个文件是否存在,若不存在则给出"Filename does not exist"的信息,并中断程序;
- 若这个文件存在,则判断其是文件还是目录,结果输出"Filename is regular file"或"Filename is directory";

• 判断一下执行者的身份对这个文件或目录所拥有的权限，并输出权限数据。

表 9-1　test 命令各选项的作用

类　别	测试的标志	代表的意义
关于某个文件名的"文件类型"判断，如 test -e filename 表示文件名存在与否	-e	该"文件名"是否存在(常用)
	-f	该"文件名"是否存在且为文件(file)(常用)
	-d	该"文件名"是否存在且为目录(directory)(常用)
	-b	该"文件名"是否存在且为一个块设备
	-c	该"文件名"是否存在且为一个字符设备
	-S	该"文件名"是否存在且为一个 Socket 文件
	-p	该"文件名"是否存在且为一个 FIFO (pipe)文件
	-L	该"文件名"是否存在且为一个连接档
关于文件的权限检测，如 test-r filename 表示可读否(root 权限常有例外)	-r	检测该文件名是否存在且具有"可读"的权限
	-w	检测该文件名是否存在且具有"可写"的权限
	-x	检测该文件名是否存在且具有"可运行"的权限
	-u	检测该文件名是否存在且具有 SUID 的属性
	-g	检测该文件名是否存在且具有 SGID 的属性
	-k	检测该文件名是否存在且具有 Sticky bit 的属性
	-s	检测该文件名是否存在且为非空白文件
两个文件之间的比较，如 test file1 -nt file2	-nt	判断 file1 是否比 file2 新
	-ot	判断 file1 是否比 file2 旧
	-ef	判断 file1 与 file2 是否为同一文件，可用在 hard link 的判定上。主要意义在判定两个文件是否均指向同一个索引节点
关于两个整数之间的判定，如 test n1 -eq n2	-eq	两数值相等
	-ne	两数值不等
	-gt	n1 大于 n2
	-lt	n1 小于 n2
	-ge	n1 大于等于 n2
	-le	n1 小于等于 n2
判定字符串数据	test -z string	判定字符串是否为 0，若 string 为空字符串，则为 true
	test -n string	判定字串是否非 0，若 string 为空字符串，则为 false。注：-n 也可省略
	test str1＝str2	判定 str1 是否等于 str2。若相等，则回传 true
	test str1！＝str2	判定 str1 是否不等于 str2。若相等，则回传 false
多重条件判定，如 test -r filename -a -x filename	-a	两状况同时成立。例如，test -r file -a -x file，则 file 同时具有 r 与 x 权限时，才回传 true
	-o	两状况任何一个成立。例如，test -r file -o -x file，则 file 具有 r 或 x 权限时，就可回传 true
	！	反相状态，如 test！ -x file，当 file 不具有 x 时，回传 true

注意：可以先自行创建，然后再与下面的结果比较。注意利用 test、&& 和 ‖ 等标志。

```
[root@RHEL7-1 scripts]# vim sh05.sh
#!/bin/bash
# Program:
#     User input a filename, program will check the flowing:
#     1.) exist? 2.) file/directory? 3.) file permissions
# History:
# 2018/08/25BobbyFirst release
PATH=/bin:/sbin:/usr/bin:/usr/sbin:/usr/local/bin:/usr/local/sbin:~/bin
export PATH
//让使用者输入文件名,并且判断使用者是否输入了字符串
echo -e "Please input a filename, I will check the filename's type and \
permission. \n\n"
read -p "Input a filename : " filename
test -z $filename && echo "You MUST input a filename." && exit 0
//判断文件是否存在,若不存在则显示信息并结束脚本
test ! -e $filename && echo "The filename '$filename' DO NOT exist" && exit 0
test -f $filename && filetype="regulare file"          //开始判断文件的类型与属性
test -d $filename && filetype="directory"
test -r $filename && perm="readable"
test -w $filename && perm="$perm writable"
test -x $filename && perm="$perm executable"
echo "The filename: $filename is a $filetype"          //开始输出信息
echo "And the permissions are : $perm"
```

运行结果如下:

```
[root@RHEL7-1 scripts]# sh sh05.sh
```

运行这个脚本后,会依据输入的文件名进行检查。先看是否存在,再看是文件还是目录类型,最后判断权限。但是必须要注意的是,由于 root 在很多权限的限制上都是无效的,所以使用 root 运行这个脚本时,常常会发现与 ls -l 观察到的结果并不相同。所以,建议使用一般用户来运行这个脚本。不过必须使用 root 的身份先将这个脚本转移给用户,否则一般用户无法进入/root 目录。

9.3.2 子任务 2 利用判断符号

除了使用 test 之外,还可以利用判断符号“[]”进行数据的判断。举例来说,如果想要知道 $ HOME 这个变量是否为空时,可以这样做:

```
[root@RHEL7-1 ~]#[-z "$HOME"] ; echo $ ?
```

因为中括号用在很多地方,包括通配符与正则表达式等,所以如果要在 bash 的语法中使用中括号作为 shell 的判断式时,必须要注意中括号的两端需要有空格字符来分隔。假设空格键使用“□”符号来表示,应写为

```
[□"$HOME"□==□"$MAIL"□]
```

注意：上面的判断式中使用了两个等号“==”。其实在 bash 中使用一个等号与两个等号的结果是一样的。不过在一般惯用程序的写法中，一个等号代表“变量的设置”，两个等号则是代表“逻辑判断(是否)”。由于在中括号内重点是“判断”而非“设置变量”，因此建议使用两个等号。

上面的例子说明，两个字符串 $HOME 与 $MAIL 有相同的意思，相当于 test $HOME = $MAIL。如果没有空格分隔，例如写成[$HOME== $MAIL]时，bash 就会显示错误信息。因此，一定要注意：

- 在中括号[]内的每个组件都需要有空格键来分隔；
- 在中括号内的变量，最好都以双引号括起来；
- 在中括号内的常数，最好都以单引号或双引号括起来。

为什么要这么麻烦呢？举例来说，假如设置了 name="Bobby Yang"，然后可以用以下代码判定：

```
[root@RHEL7-1 ~]# name="Bobby Yang"
[root@RHEL7-1 ~]# [ $name=="Bobbby"]
bash: [: too many arguments]
```

bash 显示出错误信息“太多参数”(arguments)。这是因为 $name 如果没有使用双引号括起来，那么上面的判断式会变成：

```
[ Bobby Yang =="Bobby" ]
```

上面的表达式肯定不对。因为一个判断式仅能有两个数据的比对，上面 Body、Yang 还有 Bobby 就是三个数据。正确的应该是：

```
[ "Boby Yang" =="Bobby" ]
```

另外，中括号的使用方法与 test 几乎一样，只是中括号经常用在条件判断式 if...then...if 的情况中。

现在使用中括号的判断来做一个小案例，案例要求如下：

- 当运行一个程序的时候，这个程序会让用户选择 Y 或 N；
- 如果用户输入 Y 或 y 时，显示“OK, continue”；
- 如果用户输入 n 或 N 时，显示“Oh, interrupt!”；
- 如果不是 Y、y、N、n 之内的字符，就显示“I don't know what your choice is”。

提示：需要利用中括号、&& 与 ‖ 。

```
[root@RHEL7-1 scripts]# vim sh06.sh
#!/bin/bash
# Program:
#     This program shows the user's choice
# History:
# 2018/08/25BobbyFirst release
```

```
PATH=/bin:/sbin:/usr/bin:/usr/sbin:/usr/local/bin:/usr/local/sbin:~/bin
export PATH
read -p "Please input (Y/N): " yn
[ "$yn" =="Y" -o "$yn" =="y" ] && echo "OK, continue" && exit 0
[ "$yn" =="N" -o "$yn" =="n" ] && echo "Oh, interrupt!" && exit 0
echo "I don't know what your choice is" && exit 0
```

提示：由于输入正确(Yes)的方法有大小写之分，不论输入大写 Y 或小写 y 都可以，所以判断式内要有两个判断才行。由于是任何一个输入(大写或小写的 Y/y)成立即可，所以这里使用-o(或)连接两个判断。

9.3.3 子任务 3 使用 shell script 的默认变量($0, $1,…)

我们知道命令可以带有选项与参数，例如 ls -la 可以查看包含隐藏文件的所有属性与权限。那么 shell script 能不能在脚本文件名后面带有参数呢?

假如需要根据程序的运行让一些变量去执行不同的任务时，本项目一开始是使用 read 的功能来完成的，但 read 需要手动由键盘输入。如果通过命令后面加参数的方式，当命令执行时就不需要手动再次输入一些变量，这样执行命令会更加简单方便。

那么，script 是怎么实现这个功能的呢? 其实 script 针对参数已经设置好了一些变量名称。对应如下：

```
/path/to/scriptname  opt1  opt2  opt3  opt4
       $0             $1    $2    $3    $4
```

运行的脚本文件名为 $0 这个变量，第一个连接的参数就是 $1，所以，只要在 script 里面善用 $1，就可以很简单地立即执行某些命令功能了。除了这些数字的变量之外，还有一些较为特殊的变量可以在 script 内用来调用这些参数。

- $# ：代表后面所接参数的“个数”。
- $@ ：代表“ "$1" "$2" "$3" "$4" ”之意，每个变量是独立的(用双引号括起来)。
- $* ：代表“ "$1c$2c$3c$4" ”，其中 c 为分隔字符，默认为空格键，所以本例中代表“ "$1 $2 $3 $4" ”之意。

$@与 $* 有所不同，不过一般情况下直接写成 $@即可。下面完成一个例子：假设要运行一个可以携带参数的 script，运行该脚本后屏幕会显示如下的数据：

- 程序的文件名是什么；
- 共有几个参数；
- 若参数的个数小于 2，则告诉用户参数数量太少；
- 全部的参数内容；
- 第一个参数；
- 第二个参数。

```
[root@RHEL7-1 scripts]# vim sh07.sh
#!/bin/bash
# Program:
```

```
#       Program shows the script name, parameters...
# History:
# 2018/02/17BobbyFirst release
PATH=/bin:/sbin:/usr/bin:/usr/sbin:/usr/local/bin:/usr/local/sbin:~/bin
export PATH

echo "The script name is              ==>$0"
echo "Total parameter number is       ==>$#"
[ "$#" -lt 2 ] && echo "The number of parameter is less than 2.  Stop here." \
  && exit 0
echo "Your whole parameter is         ==>'$@'"
echo "The 1st parameter               ==>$1"
echo "The 2nd parameter               ==>$2"
```

执行结果如下(第一次使用一个参数 par1 运行,第二次使用 4 个参数运行):

```
[root@RHEL7-1 scripts]#sh sh07.sh  par1
The script name is              ==> sh07.sh
Total parameter number is       ==> 1
The number of parameter is less than 2.  Stop here.
[root@RHEL7-1 scripts]#sh sh07.sh  par1  par2  par3 par4
The script name is              ==> sh07.sh
Total parameter number is       ==> 4
Your whole parameter is         ==> 'par1 par2 par3 par4'
The 1st parameter               ==> par1
The 2nd parameter               ==> par2
```

9.3.4 子任务 4 参数变量号码的偏移

脚本后面所接的变量是否能够进行偏移(shift)呢?什么是偏移?我们直接以下面的范例来说明。下面将上例中 sh07.sh 的内容稍做变化,用来显示每次偏移后参数的变化情况。

```
[root@RHEL7-1 scripts]# vim sh08.sh
#!/bin/bash
# Program:
#       Program shows the effect of shift function.
# History:
# 2018/02/17 Bobby First release
PATH=/bin:/sbin:/usr/bin:/usr/sbin:/usr/local/bin:/usr/local/sbin:~/bin
export PATH

echo "Total parameter number is ==>$#"
echo "Your whole parameter is   ==>'$@'"
shift    //进行第一次"一个变量的偏移"
echo "Total parameter number is ==>$#"
echo "Your whole parameter is   ==>'$@'"
shift 3  //进行第二次"三个变量的偏移"
```

```
echo "Total parameter number is ==>$#"
echo "Your whole parameter is   ==>'$@'"
```

运行结果如下：

```
[root@RHEL7-1 scripts]# sh sh08.sh one two three four five six  //给定六个参数
Total parameter number is ==>6   //最原始的参数变量情况
Your whole parameter is    ==>'one two three four five six'
Total parameter number is ==>5   //第一次偏移,观察下面,发现第一个 one 不见了
Your whole parameter is    ==>'two three four five six'
Total parameter number is ==>2   //第二次偏移三个,two three four 不见了
Your whole parameter is    ==>'five six'
```

仅看结果就可以知道，偏移时会移动变量，而且 shift 后面可以接数字，代表去掉最前面的几个参数。上面的运行结果中，第一次进行偏移后显示情况是“one two three four five six”；第二次直接去掉三个，就变成“five six”了。

上面这些例子都很简单，几乎都是利用 bash 的相关功能，下面开始使用条件判断式来进行一些个别功能的设置。

9.4　任务 4　使用条件判断式

只要讲到“程序”，那么条件判断式“if...then”是肯定要学习的。因为很多时候必须要依据某些数据来判断程序该如何进行。举例来说，在前面的 sh06.sh 范例中练习过当使用者输入 Y/N 时输出不同的信息，简单的方式可以利用 && 与 ||，但如果还想运行更多命令，就要用到 if...then 了。

9.4.1　子任务 1　利用 if...then

if...then 是最常见的条件判断式。简单来说，就是当符合某个条件判断时，就进行某项工作。if...then 的判断还有多层次的情况，下面将分别介绍。

1. 单层、简单条件判断式

如果只有一个判断式，那么可以简单地写为

```
if [条件判断式]; then
        当条件判断式成立时,可以执行的命令
fi   //将 if 反过来写,就成为 fi 了,即结束 if 之意
```

需要特别注意的是如果有多个条件要判断时，除了“将多个条件写入一个中括号内的情况”之外，还可以用多个中括号来隔开，而括号与括号之间，则以 && 或 || 来隔开，& 代表 AND，|| 代表 or。所以，在使用中括号的判断式中，&& 及 || 就与命令执行的状态不同了。举例来说，将 sh06.sh 里面的判断式进行修改为

```
[ "$yn" =="Y" -o "$yn" =="y" ]
```

上式可替换为

```
[ "$yn" =="Y" ]||[ "$yn" =="y" ]
```

之所以这样改,有的人是由于习惯问题,还有的人则是因为喜欢一个中括号仅有一个判断式的原因。下面将 sh06.sh 这个脚本修改为 if...then 的样式。

```
[root@RHEL7-1 scripts]# cp sh06.sh sh06-2.sh     //这样改得比较快
[root@RHEL7-1 scripts]# vim sh06-2.sh
#!/bin/bash
# Program:
#       This program shows the user's choice
# History:
# 2018/08/25 Bobby First release
PATH=/bin:/sbin:/usr/bin:/usr/sbin:/usr/local/bin:/usr/local/sbin:~/bin
export PATH
read -p "Please input (Y/N): " yn
if [ "$yn" =="Y" ]||[ "$yn" =="y" ]; then
      echo "OK, continue"
      exit 0
fi
if [ "$yn" =="N" ]||[ "$yn" =="n" ]; then
      echo "Oh, interrupt!"
      exit 0
fi
echo "I don't know what your choice is" && exit 0
```

2. 多重、复杂条件判断式

在同一个数据的判断中,如果该数据需要进行多种不同的判断时,应该怎么做呢?举例来说,上面的 sh06.sh 脚本中,只要对 $ yn 进行一次判断(仅进行一次 if 的判断,不想做多次 if 的判断),此时必须用到下面的语法:

```
# 一个条件判断,分成功进行与失败进行 (else)
if [条件判断式]; then
      当条件判断式成立时,可以执行的代码;
else
      当条件判断式不成立时,可以执行的代码;
fi
```

如果考虑更复杂的情况,则可以使用下面的语法:

```
# 多个条件判断 (if...elif...elif...else) 分多种不同情况运行
if [条件判断式一]; then
      当条件判断式一成立时,可以执行的代码;
```

```
elif [条件判断式二]; then
      当条件判断式二成立时,可以执行的代码;
else
      当条件判断式一与二均不成立时,可以执行的代码;
fi
```

注意：elif 也是一个判断式,因此出现 elif 后面都要接 then 来处理。但是 else 已经是最后的条件不成立的情况了,所以 else 后面并没有 then。

可将 sh08-2. sh 改写成如下命令：

```
[root@RHEL7-1 scripts]# cp sh06-2.sh sh06-3.sh
[root@RHEL7-1 scripts]# vim sh06-3.sh
#!/bin/bash
# Program:
#       This program shows the user's choice
# History:
# 2018/08/25 Bobby First release
PATH=/bin:/sbin:/usr/bin:/usr/sbin:/usr/local/bin:/usr/local/sbin:~/bin
export PATH

read -p "Please input (Y/N): " yn

if [ "$yn" =="Y" ]||[ "$yn" =="y" ]; then
      echo "OK, continue"
elif [ "$yn" =="N" ]||[ "$yn" =="n" ]; then
      echo "Oh, interrupt!"
else
      echo "I don't know what your choice is"
fi
```

程序变得很简单,而且依序判断,可以避免出现重复判断的状况,这样较容易程序的设计。

下面再来进行另外一个案例的设计。一般来说,如果不希望用户由键盘输入额外的数据时,可以使用前面提到的参数功能(＄1),让用户在执行命令时就将参数带进去。现在想让用户输入 hello 这个关键字时,利用参数的方法可以这样依序设计：

- 判断＄1 是否为 hello,如果是,显示“Hello, how are you ?”;
- 如果没有加任何参数,提示用户必须使用的参数;
- 如果加入的参数不是 hello,提醒用户仅能使用 hello 为参数。

整个程序如下：

```
[root@RHEL7-1 scripts]# vim sh09.sh
#!/bin/bash
# Program:
#Check $1 is equal to "hello"
# History:
# 2018/08/28 BobbyFirst release
```

```
PATH=/bin:/sbin:/usr/bin:/usr/sbin:/usr/local/bin:/usr/local/sbin:~/bin
export PATH

if [ "$1" =="hello" ]; then
      echo "Hello, how are you ?"
elif [ "$1" =="" ]; then
      echo "You MUST input parameters, ex>{$0 someword}"
else
      echo "The only parameter is 'hello', ex>{$0 hello}"
fi
```

然后执行这个程序，在 $1 的位置输入 hello，如果没有输入与随意输入，就可以看到不同的输出。下面继续来做一个较复杂的例子。

在前面已经学会了 grep 这个好用的命令，现在再学习 netstat 这个命令，这个命令可以查询到目前主机开启的网络服务器端口(service ports)。可以利用"netstat -tuln"获得目前主机启动的服务，得到类似下面的信息。

```
[root@RHEL7-1 ~]# netstat  -tuln
Active Internet connections (only servers)
Proto Recv-Q Send-Q Local Address      Foreign Address    State
tcp        0      0 0.0.0.0:111        0.0.0.0:*          LISTEN
tcp        0      0 127.0.0.1:631      0.0.0.0:*          LISTEN
tcp        0      0 127.0.0.1:25       0.0.0.0:*          LISTEN
tcp        0      0 :::22              :::*               LISTEN
udp        0      0 0.0.0.0:111        0.0.0.0:*
udp        0      0 0.0.0.0:631        0.0.0.0:*
#封包格式           本地 IP:端口        远程 IP:端口       是否监听
```

上面的重点是"Local Address(本地主机的 IP 与端口对应)"，代表的是本机所启动的网络服务。IP 的部分说明该服务位于哪个接口，若为 127.0.0.1 则是仅针对本机开放，若是 0.0.0.0 或 ::: 则代表对整个 Internet 开放。每个端口(port)都有其特定的网络服务，几个常见的 port 与相关网络服务的关系如下：

- 80：WWW；
- 22：ssh；
- 21：ftp；
- 25：mail；
- 111：RPC(远程程序呼叫)；
- 631：CUPS(通用 UNIX 打印系统)。

假设主机要检测的是比较常见的 port 21、22、25 及 80 时，那么如何通过 netstat 检测主机是否开启了这四个主要的网络服务端口呢？由于每个服务的关键字都是接在冒号后面，所以可以选取类似":80"来检测。请看下面的程序：

```
[root@RHEL7-1 scripts]# vim sh10.sh
#!/bin/bash
# Program:
```

```
#    Using netstat and grep to detect WWW,SSH,FTP and Mail services.
# History:
# 2018/08/28 Bobby First release
PATH=/bin:/sbin:/usr/bin:/usr/sbin:/usr/local/bin:/usr/local/sbin:~/bin
export PATH

//先提供一些提示信息
echo "Now, I will detect your Linux server's services!"
echo -e "The www, ftp, ssh, and mail will be detect! \n"

//开始进行一些测试的工作,并且输出一些信息
testing=$(netstat -tuln | grep ":80 ")    //检测 port 80 是否存在
if [ "$testing" !="" ]; then
      echo "WWW is running in your system."
fi
testing=$(netstat -tuln | grep ":22 ")    //检测 port 22 是否存在
if [ "$testing" !="" ]; then
      echo "SSH is running in your system."
fi
testing=$(netstat -tuln | grep ":21 ")    //检测 port 21 是否存在
if [ "$testing" !="" ]; then
      echo "FTP is running in your system."
fi
testing=$(netstat -tuln | grep ":25 ")    //检测 port 25 是否存在
if [ "$testing" !="" ]; then
      echo "Mail is running in your system."
fi
```

实际运行这个程序就可以看到主机有没有启动这些服务,这是一个很有趣的程序。条件判断式还可以做得更复杂。举例来说,有个学生想要计算自己还有多长时间毕业,那么能不能写个脚本程序,输入毕业的日期,帮他计算还有多少天毕业?

由于日期要用相减的方式来处置,所以可以通过使用 date 显示日期与时间,将其转为由 1970-01-01 积累而来的秒数,通过秒数相减获得剩余的秒数后,再换算为天数即可。整个脚本的制作流程是这样的:

- 用户先输入他的毕业日期;
- 再由现在的日期比对毕业日期;
- 由两个日期的比较来显示"还需要多长时间"毕业。

利用"date --date="YYYMDD" +%s"转成秒数后,接下来的动作就容易多了。如果已经写完了程序,可以对照下面的写法。

```
[root@RHEL7-1 scripts]# vim shell.sh
#!/bin/bash
# Program:
#      You input your demobilization date, I calculate how many days
#      before you demobilize.
# History:
# 2018/08/29 Bobby First release
```

```
PATH=/bin:/sbin:/usr/bin:/usr/sbin:/usr/local/bin:/usr/local/sbin:~/bin
export PATH

//告诉使用者这个程序的用途,并且介绍应该如何输入日期的格式
echo "This program will try to calculate :"
echo "How many days before your demobilization date..."
read -p "Please input your demobilization date (YYYYMMDD ex>20120401): " date2

//利用正则表达式测试这个输入的内容是否正确,
date_d=$(echo $date2 |grep '[0-9]{8}')              //看看是否有 8 个数字
if [ "$date_d" =="" ]; then
      echo "You input the wrong date format..."
   exit 1
fi

//开始计算日期
declare -i date_dem='date --date="$date2"  +%s'    //毕业日期的秒数,注意+前面的空格
declare -i date_now='date  +%s'                    //现在日期的秒数,注意+前面的空格
declare -i date_total_s=$(($date_dem-$date_now))//剩余秒数统计
declare -i date_d=$(($date_total_s/60/60/24))    //转为日数,用除法(一天=24×60×60(秒))
if [ "$date_total_s" -lt "0" ]; then               //判断是否已毕业
      echo "You had been demobilization before: " $((-1*$date_d)) " ago"
else
      declare -i date_h=$(($(($date_total_s-$date_d*60*60*24))/60/60))
      echo "You will demobilize after $date_d days and $date_h hours."
fi
```

这个程序可以计算毕业日期。如果已经毕业,还可以知道毕业了多长时间。

9.4.2 子任务 2 利用 case...esac 判断

9.4.1 小节提到的"if...then...fi"对于变量的判断是以"比较"的方式来分辨的,如果符合状态就进行某些行为,并且通过较多层次(就是 elif...)的方式进行含多个变量的程序撰写,比如小程序 sh09. sh 就是用这样的方式来撰写的。但是如果有多个既定的变量内容,例如 sh09. sh 中所需要的变量是"hello"及空字符两个,那么只要针对这两个变量进行设置就可以了。这时使用 case...in...esac 更为方便。

```
case $变量名称 in    //关键字为 case,变量前有$符号
  "第一个变量内容") //每个变量内容建议用双引号括起来,关键字则为小括号")"
      程序段
      ;;            //每个类别结尾使用两个连续的分号来处理
  "第二个变量内容")
      程序段
      ;;
  *)                //最后一个变量内容都会用 * 来代表所有其他值
      不包含第一个变量内容与第二个变量内容的其他程序运行段
      exit 1
```

```
        ;;
esac                        //最终的 case 结尾。思考一下 case 反过来写是什么
```

要注意的是，这段代码以 case 开头，结尾自然就是将 case 的英文反过来写。另外，每一个变量内容对应的程序段最后都需要两个分号(;;)代表该程序段落的结束，最后为什么需要有 * 这个变量内容呢？这是因为，如果使用者不是输入第一或第二个变量内容时，可以告诉用户相关的信息。将 sh09. sh 的案例进行如下修改。

```
[root@RHEL7-1 scripts]# vim sh09-2.sh
#!/bin/bash
# Program:
#       Show "Hello" from $1... by using case ... esac
# History:
# 2012/08/29BobbyFirst release
PATH=/bin:/sbin:/usr/bin:/usr/sbin:/usr/local/bin:/usr/local/sbin:~/bin
export PATH

case $1 in
  "hello")
        echo "Hello, how are you ?"
        ;;
  "")
        echo "You MUST input parameters, ex>{$0 someword}"
        ;;
  *)    //相当于通配符,0~无穷多个任意字符
        echo "Usage $0 {hello}"
        ;;
esac
```

在上面这个案例中，如果输入“sh sh09-2. sh test”并运行，屏幕上就会出现“Usage sh09-2. sh {hello}”的字样，告诉用户仅能够使用 hello。这样的方式对于需要某些固定字符作为变量内容来执行的程序显得更加方便。系统的很多服务的启动 scripts 都是使用这种写法。举例来说，Linux 的服务启动放置目录在/etc/init. d/中，该目录下有个 syslog 的服务，如果想要重新启动这个服务，可以输入：

```
/etc/init.d/syslog  restart
```

以上的重点是 restart。如果使用“less /etc/init. d/syslog”查阅一下，就会看到它使用的是 case 语法，并且会规定某些既定的变量内容。可以直接执行 /etc/init. d/syslog，该 script 会列出有哪些后续的变量可以使用。

一般来说，使用“case 变量 in”时，当中的“$变量”一般有两种取得的方式。

- 直接执行式：例如上面提到的，利用“script. sh variable”的方式直接赋给 $1 这个变量的内容，这也是在/etc/init. d 目录下大多数程序的设计方式。
- 互动式：通过 read 命令来让用户输入变量的内容。

下面以一个例子进一步说明：让用户能够输入 one、two、three，并且将用户的变量显示

到屏幕上。如果不是 one、two、three 时，告诉用户仅有这三种选择。

```
[root@RHEL7-1 scripts]# vim sh12.sh
#!/bin/bash
# Program:
#       This script only accepts the flowing parameter: one, two or three.
# History:
# 2012/08/29BobbyFirst release
PATH=/bin:/sbin:/usr/bin:/usr/sbin:/usr/local/bin:/usr/local/sbin:~/bin
export PATH

echo "This program will print your selection !"
# read -p "Input your choice: " choice          //暂时取消,可以替换
# case $choice in                               //暂时取消,可以替换
case $1 in                                      //现在使用,可以用上面两行替换
  "one")
      echo "Your choice is ONE"
      ;;
  "two")
      echo "Your choice is TWO"
      ;;
  "three")
      echo "Your choice is THREE"
      ;;
  *)
      echo "Usage $0 {one|two|three}"
      ;;
esac
```

此时，可以使用“sh sh12. sh two”的方式执行命令。上面使用的是直接执行的方式，如果使用互动式时，只需将上面第 10、11 行的“#”去掉，并将 12 行加上注解(#)，就可以让用户输入参数了。

9.4.3 子任务 3 利用函数的功能

什么是函数(function)的功能？简单来说，函数在 shell script 中相当于一个自定义执行的命令，最大的作用是可以简化程序代码。举例来说，上面的 sh12. sh 中，每个输入结果 one、two、three 其实输出的内容都一样，所以可以使用 function 来简化程序。function 的语法如下所示。

```
function fname() {
    程序段
}
```

fname 就是自定义的执行命令名称，而程序段就是要其执行的内容。要注意的是，因为 shell script 的运行方式是由上而下、由左向右，因此在 shell script 中的 function 的设置一定要在程序的最前面，这样才能够在运行时找到可用的程序段。下面将 sh12. sh 改写一下，自定义一个名为 printit 的函数。

```
[root@RHEL7-1 scripts]# vim sh12-2.sh
#!/bin/bash
# Program:
#       Use function to repeat information.
# History:
# 2012/08/29BobbyFirst release
PATH=/bin:/sbin:/usr/bin:/usr/sbin:/usr/local/bin:/usr/local/sbin:~/bin
export PATH

function printit(){
      echo -n "Your choice is "          # 加上 -n 可以不断行并继续在同一行显示
}

echo "This program will print your selection !"
case $1 in
  "one")
      printit; echo $1|tr 'a-z' 'A-Z'   # 将参数做大小写的转换
      ;;
  "two")
      printit; echo $1|tr 'a-z' 'A-Z'
      ;;
  "three")
      printit; echo $1|tr 'a-z' 'A-Z'
      ;;
  *)
      echo "Usage $0 {one|two|three}"
      ;;
esac
```

上面的例子定义了一个 printit 函数，所以，当在后续的程序段中只要运行 printit，就表示 shell script 要去执行“function printit ...”中的那几个程序段。当然，上面这个例子太简单了，所以不会觉得 function 有什么大作用。不过，如果某些程序代码多次在 script 中重复时，function 就非常有用了，不但可以简化程序代码，还可以做成类似“模块”的函数段。

提示：建议读者可以使用类似 vim 的编辑器到/etc/init.d/目录下查阅一下所看到的文件，并且自行追踪一下每个文件的执行情况，相信会有许多心得。

另外，function 也拥有内置变量。它的内置变量与 shell script 非常类似，函数名称用 ＄0 代表，而后续的变量以 ＄1，＄2…来取代。

“function fname() {程序段}”内的 ＄0，＄1…与 shell script 的 ＄0 是不同的。例如 sh12-2. sh，假如执行“sh sh12-2. sh one”，表示在 shell script 内的 ＄1 为 one 这个单词，但是在 printit()内的 ＄1 则与这个 one 无关。

将上面的例子再次改写一下。

```
[root@RHEL7-1 scripts]# vim sh12-3.sh
#!/bin/bash
# Program:
```

```
#      Use function to repeat information.
# History:
# 2012/08/29BobbyFirst release
PATH=/bin:/sbin:/usr/bin:/usr/sbin:/usr/local/bin:/usr/local/sbin:~/bin
export PATH

function printit(){
      echo "Your choice is $1"            //$1 必须参考下面命令的执行
}

echo "This program will print your selection!"
case $1 in
  "one")
      printit 1                           //请注意,printit 命令后面还有参数
      ;;
  "two")
      printit 2
      ;;
  "three")
      printit 3
      ;;
  *)
      echo "Usage $0 {one|two|three}"
      ;;
esac
```

在上面的例子中,如果输入"sh sh12-3. sh one",就会出现"Your choice is 1"的内容。为什么是 1 呢? 因为在程序段落中写了"printit 1",那个 1 就会成为 function 中的 $1。function 本身比较复杂,这里只要了解基本用法就可以了。

9.5 任务 5 使用循环

除了 if...then...fi 这种条件判断式之外,循环就是程序当中最重要的一环了。循环可以不停地运行某个程序段落,直到使用者配置的条件达成为止,所以,重点是条件的达成是什么。除了这种依据判断式达成与否的不定循环之外,还有另外一种已经固定要运行多少次循环,可称为固定循环。

9.5.1 子任务 1 while do done 及 until do done

一般来说,不定循环最常见的有以下两种状态。

```
while [ condition ]          //中括号内的状态就是判断式
do                           //do 是循环的开始
      程序段落
done                         //done 是循环的结束
```

while 的中文是"当……时",所以,这种方式的含义是"当 condition 条件成立时,进行循环,直到 condition 的条件不成立才停止"。还有另外一种不定循环的方式。

```
until [ condition ]
do
        程序段落
done
```

这种方式恰恰与 while 相反,它表达的含义是当 condition 条件成立时终止循环,否则持续运行循环的程序段。下面以 while 来做个简单的练习。假设要结束程序的运行,需要用户输入 yes 或者是 YES,否则一直运行并提示用户输入字符。

```
[root@RHEL7-1 scripts]# vim sh13.sh
#!/bin/bash
# Program:
#       Repeat question until user input correct answer.
# History:
# 2012/08/29BobbyFirst release
PATH=/bin:/sbin:/usr/bin:/usr/sbin:/usr/local/bin:/usr/local/sbin:~/bin
export PATH

while [ "$yn" !="yes" -a "$yn" !="YES" ]
do
        read -p "Please input yes/YES to stop this program: " yn
done
echo "OK! you input the correct answer."
```

上面这个例题的意思是:当 $yn 这个变量不是 yes 或 YES 时,才进行循环内的程序;如果 $yn 是 yes 或 YES 时,离开循环。使用 until 的代码如下。

```
[root@RHEL7-1 scripts]# vim sh13-2.sh
#!/bin/bash
# Program:
#       Repeat question until user input correct answer.
# History:
# 2005/08/29BobbyFirst release
PATH=/bin:/sbin:/usr/bin:/usr/sbin:/usr/local/bin:/usr/local/sbin:~/bin
export PATH

until [ "$yn" =="yes" -o "$yn" =="YES" ]
do
        read -p "Please input yes/YES to stop this program: " yn
done
echo "OK! you input the correct answer."
```

如果想要计算 1+2+3+…+100 的值，要利用循环，可以使用如下程序。

```
[root@RHEL7-1 scripts]# vim sh14.sh
#!/bin/bash
# Program:
#       Use loop to calculate "1+2+3+...+100" result.
# History:
# 2005/08/29BobbyFirst release
PATH=/bin:/sbin:/usr/bin:/usr/sbin:/usr/local/bin:/usr/local/sbin:~/bin
export  PATH

s=0                                 //这是累加的数值变量
i=0                                 //这是累计的数值，即 1、2、3…
while [ "$i" !="100" ]
do
      i=$(($i+1))                   //每次 i 都会添加 1
      s=$(($s+$i))                  //每次都会累加一次
done
echo "The result of '1+2+3+...+100' is ==>$s"
```

当运行了“sh sh14. sh”之后，就可以得到 5050 这个数据了。

提示：如果想要让用户自行输入一个数字，让程序由“1+2+…”直到输入的数字为止，该如何编写代码呢？

9.5.2 子任务 2 for...do...done(固定循环)

while、until 的循环方式必须符合某个条件的状态，而 for 这种语法则是已经知道要进行几次循环的状态。语法如下：

```
for var in con1 con2 con3 ...
do
      程序段
done
```

$var 的变量内容在循环工作时会出现如下情况：

- 第一次循环时，$var 的内容为 con1；
- 第二次循环时，$var 的内容为 con2；
- 第三次循环时，$var 的内容为 con3。

……

我们可以做个简单的练习。假设有三种动物，分别是 dog、cat、elephant，如果每一行都按“There are dogs...”之类的样式输出，则可以编写程序如下。

```
[root@RHEL7-1 scripts]# vim sh15.sh
#!/bin/bash
# Program:
#   Using for ... loop to print 3 animals
# History:
# 2012/08/29BobbyFirst release
```

```
PATH=/bin:/sbin:/usr/bin:/usr/sbin:/usr/local/bin:/usr/local/sbin:~/bin
export PATH

for animal in dog cat elephant
do
      echo "There are ${animal}s...."
done
```

让我们想象另外一种情况，由于系统里面的各种账号都是写在/etc/passwd内的第一列，能不能通过管道命令的cut找出账号名称后，以id及finger分别检查用户的识别码与特殊参数呢？由于不同的Linux系统里的账号都不一样，此时查找/etc/passwd并使用循环处理，就是一个可行的方案。程序如下：

```
[root@RHEL7-1 scripts]# vim sh16.sh
#!/bin/bash
# Program
#       Use id, finger command to check system account's information.
# History
# 2012/02/18 Bobby first release
PATH=/bin:/sbin:/usr/bin:/usr/sbin:/usr/local/bin:/usr/local/sbin:~/bin
export PATH
users=$(cut -d ':' -f1 /etc/passwd)          //获取账号名称
for username in $users                        //开始循环
do
        id $username
        finger $username
done
```

运行上面的脚本后，系统账号就会被找出来检查。这个动作还可以用在每个账号的删除、重整中。换个角度来看，如果现在需要一连串的数字来进行循环呢？举例来说，要想利用ping命令进行网络状态的实际检测，要侦测的域是本机所在的192.168.1.1～192.168.1.100。由于有100台主机，此时可以编写如下的程序：

```
[root@RHEL7-1 scripts]# vim sh17.sh
#!/bin/bash
# Program
#       Use ping command to check the network's PC state.
# History
# 2012/02/18 Bobby first release
PATH=/bin:/sbin:/usr/bin:/usr/sbin:/usr/local/bin:/usr/local/sbin:~/bin
export PATH
network="192.168.1"                      //先定义一个网络号(网络 ID)
for sitenu in $(seq 1 100)               //seq为 sequence(连续)的缩写
do
    //下面的语句获得的 ping 的回传值是正确的还是失败的
    ping -c 1 -w  1  ${network}.${sitenu} &> /dev/null && result=0||result=1
    //开始显示的结果是正确的还是错误的
    if [ "$result" ==0 ]; then
```

```
            echo "Server ${network}.${sitenu} is UP."
        else
            echo "Server ${network}.${sitenu} is DOWN."
        fi
done
```

命令运行之后就可以显示出 192.168.1.1～192.168.1.100 共 100 台主机目前是否能与你的机器连通。这个范例的重点在 $(seq ..)，seq 是连续(sequence)的缩写，代表后面接的两个数值是一直连续的，如此一来，就能够轻松地将连续数字带入程序中了。

最后，让我们尝试使用判断式加上循环的功能撰写程序。如果想要让用户输入某个目录名，然后找出某个目录内的文件的权限，该如何做呢？程序如下。

```
[root@RHEL7-1 scripts]# vim sh18.sh
#!/bin/bash
# Program:
#       User input dir name, I find the permission of files.
# History:
# 2012/08/29BobbyFirst release
PATH=/bin:/sbin:/usr/bin:/usr/sbin:/usr/local/bin:/usr/local/sbin:~/bin
export PATH

//先看看这个目录是否存在
read -p "Please input a directory: " dir
if [ "$dir" == ""  -o ! -d "$dir" ]; then
      echo "The $dir is NOT exist in your system."
      exit 1
fi

//开始测试文件
filelist=$(ls $dir)          //列出所有在该目录下的文件名称
for filename in $filelist
do
      perm=""
      test -r "$dir/$filename" && perm="$perm readable"
      test -w "$dir/$filename" && perm="$perm writable"
      test -x "$dir/$filename" && perm="$perm executable"
      echo "The file $dir/$filename's permission is $perm "
done
```

9.5.3 子任务 3 for...do...done 的数值处理

除了上述的方法之外，for 循环还有另外一种写法。语法格式为

```
for ( 初始值; 限制值; 执行步长 )
do
      程序段
done
```

这种语法适合数值方式的运算，在 for 后面括号内的参数的意义如下。

- 初始值：某个变量在循环中的起始值，直接以类似 i=1 的方式设置完成。
- 限制值：当变量的值在这个限制值的范围内，继续进行循环，如 i<=100。
- 执行步长：每进行一次循环时，变量的变化量为 1，如 i=i+1。

注意：在"执行步长"的设置上，如果每次增加 1，可以使用类似"i++"的方式。下面以这种方式进行从 1 累加到用户输入的数值的循环示例。

```
[root@RHEL7-1 scripts]# vim sh19.sh
#!/bin/bash
# Program:
#       Try do calculate 1+2+...+${your_input}
# History:
# 2012/08/29BobbyFirst release
PATH=/bin:/sbin:/usr/bin:/usr/sbin:/usr/local/bin:/usr/local/sbin:~/bin
export PATH
read -p "Please input a number, I will count for 1+2+…+your_input: " nu
s=0
for (( i=1; i<=$nu; i=i+1 ))
do
  s=$(($s+$i))
done
echo "The result of '1+2+3+…+$nu' is ==>$s"
```

9.6　任务 6　对 shell script 进行追踪与调试

script 在运行之前，最怕的就是出现语法错误，有没有办法不需要透过直接运行该 script 就可以判断是否有问题呢？当然可以。下面就直接以 bash 的相关参数进行判断。

```
[root@RHEL6 ~]# sh [-nvx] scripts.sh
```

选项与参数意义如下。

-n：不要执行 script，仅查询语法的问题。

-v：在执行 script 前，先将 script 的内容输出到屏幕上。

-x：将使用到的 script 内容显示到屏幕上，这是很有用的参数。

【例 9-1】 测试 sh16.sh 有无语法的问题。

```
[root@RHEL7-1 ~]# sh -n sh16.sh
//若语法没有问题，则不会显示任何信息
```

【例 9-2】 将 sh15.sh 的运行过程全部列出来。

```
[root@RHEL7-1 ~]# sh  -x  sh15.sh
+PATH=/bin:/sbin:/usr/bin:/usr/sbin:/usr/local/bin:/usr/local/sbin:/root/bin
```

```
+export PATH
+for animal in dog cat elephant
+echo 'There are dogs... '
There are dogs...
+for animal in dog cat elephant
+echo 'There are cats... '
There are cats...
+for animal in dog cat elephant
+echo 'There are elephants... '
There are elephants...
```

例 9-2 中执行的结果并不会有颜色的显示。在输出的信息中，在加号后面的数据都是命令串，使用 sh -x 的方式可以将命令执行过程也显示出来，用户可以判断程序代码执行到哪一段时会出现哪些相关的信息。这个功能非常有用，通过显示完整的命令串，就能够依据输出的错误信息来改正脚本了。

熟悉 sh 的用法，可以在管理 Linux 的过程中得心应手。至于在 shell scripts 的学习方法上，需要多看、多模仿并修改成自己需要的样式。网络上有相当多的人开发了一些很有用的 script，如果可以将对方的 script 改成适合自己主机的程序，那么学习起来将会事半功倍。

另外，Linux 系统本来有很多的服务启动脚本，如果想知道每个 script 的功能，可以直接用 vim 进入该 script 进行查阅。举例来说，我们之前一直提到的/etc/init. d/syslog 的作用是什么？利用 vim 去查阅最前面的几行字，会出现如下信息：

```
# description: Syslog is the facility by which many daemons use to log \
# messages to various system log files.  It is a good idea to always \
# run syslog.
### BEGIN INIT INFO
# Provides: $syslog
### END INIT INFO
```

简单来说，这个脚本在启动一个名为 syslog 的常驻程序(daemon)，这个常驻程序可以帮助很多系统服务器记载它们的登录文件(log file)，建议一直启动 syslog。

9.7 项目实录 使用 shell script 编程

1. 观看录像

实训前请扫描二维码观看录像。

2. 项目实训目的

- 掌握 shell 环境变量、管道、输入输出重定向的使用方法。
- 熟悉 shell 程序设计的方法。

3. 项目背景

某单位的系统管理员计划用 shell 编写一个程序实现 USB 设备的自动挂载。程序的功能如下。

- 运算程序时,提示用户输入"y"或"n",确定是不是挂载 USB 设备。如果用户输入"y",则挂载这个 USB 设备。
- 提示用户输入"y"或"n",确定是不是复制文件。如果用户输入"y",则显示文件列表,然后提示用户是否复制文件。
- 程序根据用户输入的文件名复制相应的文件,然后提示是否将计算机中的文件复制到 USB 中。
- 完成文件的复制以后,提示用户是否卸载 USB 设备。

4. 项目实训内容

练习 shell 程序的设计方法及 shell 环境变量、管道、输入输出重定向的使用方法。

5. 做一做

根据项目实录录像进行项目的实训,检查学习效果。

9.8 练习题

一、填空题

1. shell script 是利用________的功能所写的一个程序(program),这个程序使用纯文本文档,将一些________写在里面,搭配________、________与________等功能,以达到处理目的。

2. 在 shell script 的文件中,命令是从________而________、从________向________进行分析与执行的。

3. shell script 的运行至少需要有________的权限,若需要直接执行命令,则需要拥有________的权限。

4. 养成良好的程序撰写习惯,第一行要声明________,第二行以后则声明________、________、________等。

5. 对话式脚本可使用________命令达到目的。要创建每次执行脚本都有不同结果的数据,可使用________命令来完成。

6. script 的执行若以 source 来执行时,代表在________的 bash 内运行。

7. 若需要判断式,可使用________或________来处理。

8. 条件判断式可使用________来判断,若在固定变量内容的情况下,可使用________来处理。

9. 循环主要分为________和________,配合 do、done 完成所需任务。

10. 假如脚本文件名为 script. sh,可以使用________命令进行程序的调试。

二、实践习题

1. 创建一个 script,当运行该 script 时可以显示:①目前的身份(用 whoami);②目前所在的目录(用 pwd)。

2. 自行创建一个程序,该程序可以用来计算"还有几天可以过生日"。

3. 让用户输入一个数字,程序可以由"1+2+3+…"一直累加到用户输入的数字为止。

4. 撰写一个程序,其作用是:①查看/root/test/logical 这个名称是否存在;②若不存在,使用 touch 创建一个文件,创建完成后离开;③如果存在,判断该名称是否为文件,若为文件则将之删除后创建一个目录,文件名为 logical,之后离开;④如果存在,而且该名称为目录,则移除此目录。

5. 我们知道/etc/passwd 里面以":"来分隔,第一栏为账号名称。请写一个程序,可以将 /etc/passwd 的第一栏取出,而且每一栏都以一行字串"The 1 account is "root""来显示,1 表示行数。

9.9 超链接

单击 http://linux.sdp.edu.cn/kcweb 及 http://www.icourses.cn/scourse/course_2843.html,访问并学习网站中学习情境的相关内容。

项目十　使用 gcc 和 make 调试程序

项目背景

程序写好了，接下来要进行调试。程序调试对于程序员或管理员来说是至关重要的一个环节。

职业能力目标和要求

- 理解程序调试的方法。
- 掌握利用 gcc 进行调试的方法。
- 掌握使用 make 编译程序的方法。

10.1　任务 1　了解程序的调试

编程是一件复杂的工作，难免会出错。有这样一个典故：早期的计算机体积庞大，有一次一台计算机不能正常工作，工程师们找了半天原因，最后发现是一只臭虫钻进了计算机中造成的。从此以后，程序中的错误就叫作 Bug(臭虫)，而找到这些 Bug 并加以纠正的过程就叫作调试(Debug)。调试是一件非常复杂的工作，要求程序员概念明确、逻辑清晰、性格沉稳，还需要一点运气。调试的技能在后续的学习中慢慢培养，但首先要清楚程序中的 Bug 分为哪几类。

10.1.1　子任务 1　编译时错误

编译器只能翻译语法正确的程序，否则无法生成可执行文件。对于自然语言来说，一点语法错误不是很严重的问题，因为仍然可以读懂句子，而编译器就没那么宽容了，哪怕只是一个很小的语法错误，编译器都会输出一条错误提示信息，然后“罢工”。虽然大部分情况下编译器给出的错误提示信息就是出错的代码行，但也有个别时候编译器给出的错误提示信息帮助不大，甚至会误导我们。在开始学习编程的前几个星期，会花大量的时间纠正语法错误。等有了一些经验之后，还是会犯这样的错误，不过错误会少得多，而且能更快地发现错误的原因。等到经验更加丰富之后就会觉得，语法错误是最简单、最低级的错误，编译器的错误提示也就那么几种，即使错误提示存在误导，也能够立刻找出真正的错误原因。相比下面两种错误，语法错误解决起来要容易得多。

10.1.2 子任务2 运行时错误

编译器检查不出运行错误，仍然可以生成可执行文件，但在运行时会出错，从而导致程序崩溃。对于一些简单程序来说，运行时出现错误的情况很少，不过到了后面的章节会遇到越来越多的运行时错误。读者在以后的学习中要时刻注意区分编译时和运行时这两个概念，不仅在调试时需要区分这两个概念，在学习C语言的很多语法时都需要区分这两个概念，有些事情在编译时做，有些事情则必须在运行时做。

10.1.3 子任务3 逻辑错误和语义错误

第三类错误是逻辑错误和语义错误。如果程序里有逻辑错误，编译和运行都会很顺利，也没有产生任何错误信息，但是程序没有做它该做的事情。当然，计算机只会按编写的程序去做，问题在于编写的程序不是自己真正想要的，这意味着程序的意思(即语义)是错的。找到逻辑错误的原因需要十分清醒的头脑，要通过观察程序的输出并回过头来判断它到底在做什么。

读者应掌握的最重要的技巧之一就是调试。调试的过程可能会让人感到沮丧，但调试也是编程中最需要动脑、最有挑战也是最有乐趣的部分。从某种角度看，调试就像侦探工作，根据掌握的线索推断是什么原因和过程导致了错误的结果。调试也像是一门实验科学，每次想到哪里可能有错，就修改程序然后再试一次，如果假设是对的，就能得到预期的结果，就可以接着调试下一个Bug，一步一步逼近正确的程序；假设错误，只好另外再找思路再做假设。

也有一种观点认为，编程和调试是一回事，编程的过程就是逐步调试直到获得期望的结果。可以总是从一个能正确运行的小程序开始，每做一步小的改动立刻进行调试，这样做的好处是总有一个正确的程序做参考：如果正确就继续；如果不正确，那么一定是刚才的小改动出了问题。例如，Linux操作系统包含了成千上万行代码，但它也不是一开始就规划好了内存管理、设备管理、文件系统、网络等大的模块，一开始它仅仅是Linus Torvalds用来琢磨Intel 80386芯片而写的小程序。Larry Greenfield曾经说过："Linus的早期工程之一是编写一个交替打印AAAA和BBBB的程序，这玩意儿后来进化成了Linux。"(引自*The Linux User's Guide Betal*版。)

10.2 任务2 使用传统程序语言进行编译

经过上面的介绍之后，读者应该比较清楚地知道原始码、编译器、函数库与运行文件之间的相关性了。不过，对详细的流程可能还不是很清楚，下面以一个简单的程序范例来说明整个编译的过程。

10.2.1　子任务 1　安装 GCC

1. 认识 GCC

GCC(GNU Compiler Collection,GNU 编译器集合)是一套由 GNU 开发的编程语言编译器,它是一套 GNU 编译器套装,以 GPL 许可证所发行的自由软件,也是 GNU 计划的关键部分。GCC 原本作为 GNU 操作系统的官方编译器,现已被大多数类 UNIX 操作系统(如 Linux、BSD、Mac OS X 等)采纳为标准的编译器,GCC 同样适用于微软的 Windows。GCC 是自由软件过程发展中的著名例子,由自由软件基金会以 GPL 协议发布。

GCC 原名为 GNU C 语言编译器(GNU C Compiler),因为原来只能处理 C 语言。随着技术的发展,GCC 也得到了扩展,变得既可以处理 C++,又可以处理 Fortran、Pascal、Objective-C、Java,以及 Ada 与其他语言。

2. 安装 GCC

(1) 检查是否安装了 GCC。

```
[root@rhel7-1~]# rpm -qa|grep gcc
compat-libgcc-298-2.98-138
libgcc-4.1.2-46.el5
gcc-4.1.2-46.el5
gcc-c++-4.1.2-46.el5
```

以上代码表示已经安装了 GCC。

(2) 如果没有安装 GCC 软件包。

如果系统还没有安装 GCC 软件包,可以使用 yum 命令安装所需软件包。

① 挂载 ISO 安装镜像。

```
//挂载光盘到 /iso 下
[root@rhel7-1 ~]# mkdir /iso
[root@rhel7-1 ~]# mount /dev/cdrom /iso
```

② 制作用于安装的 yum 源文件。

```
[root@rhel7-1 ~]# vim /etc/yum.repos.d/dvd.repo
//dvd.repo 文件的内容如下(后面不再赘述):
# /etc/yum.repos.d/dvd.repo
# or for ONLY the media repo, do this:
# yum --disablerepo=\* --enablerepo=c8-media [command]
[dvd]
name=dvd
baseurl=file:///iso                //特别注意本地源文件的表示中有 3 个"/"
gpgcheck=0
enabled=1
```

③ 使用 yum 命令查看 GCC 软件包的信息,如图 10-1 所示。

```
[root@rhel7-1 ~]# yum info gcc
```

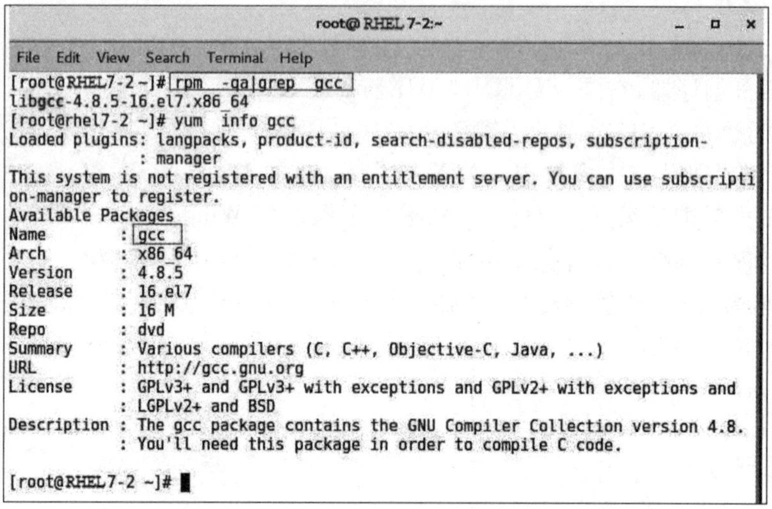

```
root@RHEL7-2:~
File Edit View Search Terminal Help
[root@RHEL7-2 ~]# rpm  -qa|grep  gcc
libgcc-4.8.5-16.el7.x86_64
[root@rhel7-2 ~]# yum  info gcc
Loaded plugins: langpacks, product-id, search-disabled-repos, subscription-
              : manager
This system is not registered with an entitlement server. You can use subscripti
on-manager to register.
Available Packages
Name        : gcc
Arch        : x86_64
Version     : 4.8.5
Release     : 16.el7
Size        : 16 M
Repo        : dvd
Summary     : Various compilers (C, C++, Objective-C, Java, ...)
URL         : http://gcc.gnu.org
License     : GPLv3+ and GPLv3+ with exceptions and GPLv2+ with exceptions and
            : LGPLv2+ and BSD
Description : The gcc package contains the GNU Compiler Collection version 4.8.
            : You'll need this package in order to compile C code.

[root@RHEL7-2 ~]#
```

图 10-1　使用 yum 命令查看 GCC 软件包的信息

④ 使用 yum 命令安装 GCC。

```
[root@RHEL7-1 ~]# yum clean all                    //安装前先清除缓存
[root@rhel7-1 ~]# yum install gcc -y
```

正常安装完成后的提示信息为

```
Installed:
  gcc.x86_64 0:4.4.8-3.el6
Dependency Installed:
  cloog-ppl.x86_64 0:0.15.8-1.2.el6      cpp.x86_64 0:4.4.8-3.el6
  glibc-devel.x86_64 0:2.12-1.107.el6    glibc-headers.x86_64 0:2.12-1. 107.el6
  kernel-headers.x86_64 0:2.6.32-358.el6 mpfr.x86_64 0:2.4.1-6.el6
  ppl.x86_64 0:0.10.2-11.el6
Complete!
```

所有软件包安装完毕之后,可以使用 rpm 命令再一次进行查询。

```
[root@RHEL7-1 etc]# rpm -qa | grep gcc
libgcc-4.4.8-3.el6.x86_64
gcc-4.4.8-3.el6.x86_64
```

10.2.2　子任务 2　单一程序:打印 Hello World

以 Linux 中最常见的 C 语言撰写第一个程序。第一个程序最常见的就是在屏幕上打印出“Hello World”。如果读者对 C 语言有兴趣,可参考相关的书籍,本书只给出简单的例子。

提示：先确认 Linux 系统中已经安装了 GCC。如果尚未安装 GCC，请使用 RPM 安装。安装完成 GCC 之后，再继续下面的内容。

1. 编辑程序代码，即源码

```
[root@RHEL7-1 ~]# vim  hello.c   //用 C 语言编写的程序扩展名(建议用.c)
#include <stdio.h>
int main(void)
{
        printf("Hello World\n");
}
```

上面是用 C 语言编写的一个程序文件。第一行的“#”并不是注解。

2. 开始编译与测试、运行程序

```
[root@RHEL7-1 ~]# gcc hello.c
[root@RHEL7-1 ~]# ll hello.c a.out
-rwxr-xr-x 1 root root 4725 Jun 5 02:41 a.out    //此时会生成这个文件名
-rw-r--r--1 root root 72 Jun 5 02:40 hello.c
[root@RHEL6 ~]# ./a.out
Hello World  //输出的结果
```

在默认的状态下，如果直接以 GCC 编译源代码，并且没有加上任何参数，则执行文件的文件名会被自动设置为 a. out 这个文件名，所以就能够直接执行. /a. out 这个文件。

上面的例子很简单。hello. c 就是源代码，而 GCC 是编译器，a. out 就是编译成功的可执行文件。但如果想要生成目标文件(object file)来进行其他的操作，而且执行文件的文件名也不要用默认的 a. out，该如何做呢？可以将上面的第 2 个步骤改写如下。

```
[root@RHEL7-1 ~]# gcc -c hello.c
[root@RHEL7-1 ~]# ll hello*
-rw-r--r--1 root root 72 Jun 5 02:40 hello.c
-rw-r--r--1 root root 868 Jun 5 02:44 hello.o  //生成的目标文件
[root@RHEL7-1 ~]# gcc -o hello hello.o
[root@RHEL7-1 ~]# ll hello*
-rwxr-xr-x 1 root root 4725 Jun 5 02:47 hello    //可执行文件(-o 的结果)
-rw-r--r--1 root root 72 Jun 5 02:40 hello.c
-rw-r--r--1 root root 868 Jun 5 02:44 hello.o
[root@RHEL7-1 ~]# ./hello
Hello World
```

这个步骤主要是利用 hello. o 这个目标文件生成一个名为 hello 的执行文件。通过这个操作，可以得到 hello 及 hello. o 两个文件，真正可以执行的是 hello 这个二进制文件(binary program)。

10.2.3　子任务 3　主程序、子程序链接、子程序的编译

有时在一个主程序里又调用了另一个子程序，这是很常见的一个程序写法，因为可以增加整个程序的易读性。在下面的例子中，以 thanks. c 主程序调用 thanks_2. c 子程序，写

法很简单。

1. 撰写所需要的主程序、子程序

```
[root@RHEL7-1 ~]# vim thanks.c
#include <stdio.h>
int main(void)
{
    printf("Hello World\n");
    thanks_2();
}
//上面的 thanks_2(); 那一行就是调用子程序!

[root@RHEL7-1 ~]# vim thanks_2.c
#include <stdio.h>
void thanks_2(void)
{
    printf("Thank you!\n");
}
```

2. 进行程序的编译与链接(Link)

(1) 开始将源码编译成为可执行的二进制文件(binary file)。

```
[root@RHEL7-1 ~]# gcc -c thanks.c thanks_2.c
[root@RHEL7-1 ~]# ll thanks*
-rw-r--r--1 root root 76 Jun 5 16:13 thanks_2.c
-rw-r--r--1 root root 856 Jun 5 16:13 thanks_2.o   //编译生成的目标文件
-rw-r--r--1 root root 92 Jun 5 16:11 thanks.c
-rw-r--r--1 root root 908 Jun 5 16:13 thanks.o     //编译生成的目标文件
[root@RHEL6 ~]# gcc -o thanks thanks.o thanks_2.o
[root@RHEL6 ~]# ll thanks*
-rwxr-xr-x 1 root root 4870 Jun 5 16:17 thanks     //最终会生成可执行文件
```

(2) 执行可执行文件。

```
[root@RHEL7-1 ~]# ./thanks
Hello World
Thank you!
```

由于源代码文件有时并非只有一个文件,所以无法直接进行编译,此时就需要先生成目标文件,然后再以链接制作成二进制可执行文件。另外,如果升级了 thanks_2.c 这个文件的内容,则只需要重新编译 thanks_2.c 来产生新的 thanks_2.o,然后再以链接制作出新的二进制可执行文件即可,而不必重新编译其他没有改动过的源码文件,这对于软件开发者来说是一项很重要的功能。

此外,如果想要让程序在运行的时候具有比较好的性能,或者是具有其他的调试功能,可以在编译过程中加入适当的参数,如下面的例子。

```
[root@RHEL7-1 ~]# gcc -O -c thanks.c thanks_2.c   //-O 为生成优化的参数
[root@RHEL7-1 ~]# gcc -Wall -c  thanks.c thanks_2.c
thanks.c: In function 'main':
thanks.c:5: warning: implicit declaration of function 'thanks_2'
thanks.c:6: warning: control reaches end of non-void function
//-Wall 用于产生更详细的编译过程信息。上面的信息为警告信息 (warning),所以不理会也没
  有关系
```

提示：至于更多的 GCC 额外参数功能，请使用 man gcc 命令查看并学习。

10.2.4　子任务 4　调用外部函数库：加入链接的函数库

刚才只是在屏幕上打印出一些文字，如果需要用到数学公式的计算该怎么办呢？例如想要计算出三角函数中的 sin(90°)。要注意的是，大多数的程序语言都是使用弧度而不是"角度"，180°等于 3.14 弧度。给出下面一个程序。

```
[root@RHEL7-1 ~]# vim sin.c
#include <stdio.h>
int main(void)
{
    float value;
    value =sin ( 3.14 / 2 );
    printf("%f\n",value);
}
```

应如何编译这个程序呢？可以先直接编译：

```
[root@RHEL7-1 ~]# gcc sin.c
sin.c: In function 'main':
sin.c:5: warning: incompatible implicit declaration of built-in function 'sin'
/tmp/ccsfvijY.o: In function 'main':
sin.c:(.text+0x1b): undefined reference to 'sin'
collect2: ld returned 1 exit status
//注意最后两行,有个错误信息,代表没有编译成功
```

"undefined reference to sin"的意思是"没有 sin 的相关定义参考值"，这是因为 C 语言里面的 sin 函数是写在 libm.so 这个函数库中，并没有在源码里面将这个函数库功能加进去。在编译时加入额外函数库链接的方式即可。

```
[root@RHEL7-1 ~]# gcc sin.c -lm -L/lib -L/usr/lib     //重点是 -lm
[root@RHEL7-1 ~]# ./a.out                             //尝试执行新文件
1.000000
```

使用 GCC 编译时所加入的-lm 是有意义的，可以拆成两部分来分析。

- -l：加入某个函数库(library)。
- m：表示 libm.so 函数库，其中，lib 与扩展名(.a 或.so)不需要写。

所以-lm 表示使用 libm.so(或 libm.a)函数库。-L 后面接的是路径，表示需要的函数库

libm. so 应到/lib 或/usr/lib 中寻找。

注意：由于 Linux 默认是将函数库放置在/lib 与/usr/lib 中，所以没有写-L/lib 或-L/usr/lib 也没有关系。如果使用的函数库并非放置在这两个目录下，那么-L/path 就很重要了。

除了链接的函数库之外，Sin. c 的第一行"#include <stdio. h>"说明是要将一些定义数据由 stdio. h 这个文件读入，包括 printf 的相关设置。这个文件是放置在/usr/include/stdio. h 中的，如果该文件并非放置在这里，就可以使用下面的方式来定义要读取的 include 文件放置的目录。

```
[root@RHEL7-1 ~]# gcc sin.c -lm -I/usr/include
```

-I/path 后面接的路径(Path)就是设置要去寻找相关的 include 文件的目录。默认值放置在/usr/include 下，除非 include 文件放置在其他路径中，否则可以忽略这个选项。

通过上面的几个小范例，大家应该对 GCC 以及源码有了一定的认识。接下来说明一下 GCC 的简易使用方法。

10.2.5 子任务 5 GCC 的简易用法(编译、参数与链接)

前面说过，GCC 是 Linux 上最标准的编译器，GCC 是由 GNU 计划所维护的。既然 GCC 对于 Linux 上的 Open source 很重要，那么就列举几个 GCC 常见的参数。

```
//仅将原始码编译为目标文件,并不实现链接等功能
[root@RHEL7-1 ~]# gcc -c hello.c
//会自动生成 hello.o 文件,但是并不会生成二进制可执行文件

//在编译的时候,依据作业环境优化执行速度
[root@RHEL7-1 ~]# gcc -O hello.c -c
//会自动生成 hello.o 文件并且进行优化

//在进行二进制文件的制作时,将链接的函数库与相关的路径填入
[root@RHEL7-1 ~]# gcc sin.c -lm -L/usr/lib -I/usr/include
//在最终链接成二进制文件的时候较常执行这个命令
//-lm 指的是 libm.so 或 libm.a 函数库文件
//-L 后面接的路径是上面那个函数库的搜索目录
//-I 后面接的是源码内的 include 文件的所在目录

//将编译的结果生成某个特定文件
[root@RHEL7-1 ~]# gcc -o hello hello.c
//-o 后面接的是要输出的二进制文件的文件名

//在编译的时候,输出较多的信息说明
[root@RHEL7-1 ~]# gcc -o hello hello.c -Wall
//加入 -Wall 之后,程序的编译会变得较为严谨,所以警告信息也会显示出来
```

通常称-Wall 或者-O 这些非必要的参数为标志(FLAGS)，因为使用的是 C 程序语言，所以有时也会简称这些标志为 CFLAGS，这些变量偶尔会被使用，尤其会在 make 相关用法中被使用。

10.3　任务 3　使用 make 进行宏编译

在项目九中提到过 make 可以简化编译过程中的命令，同时还具有许多很方便的功能，下面就使用 make 来简化编译命令的流程。

10.3.1　子任务 1　为什么要用 make

先来看一个案例，假设执行文件中包含了四个源代码文件，分别是 main.c、haha.c、sin_value.c 和 cos_value.c，这四个文件的功能如下所示。

- main.c：主要目的是让用户输入角度数据与调用其他 3 个子程序。
- haha.c：输出一些信息。
- sin_value.c：计算用户输入的角度(360)，用正弦数值。
- cos_value.c：计算用户输入的角度(360)，用余弦数值。

由于这四个文件之间有相关性，并且用到了数学函数公式，所以如果想让这个程序可以运行，就需要进行编译。

(1) 先进行目标文件的编译，最终会有四个 *.o 的文件名出现。

```
[root@RHEL7-1 ~]# gcc -c main.c
[root@RHEL7-1 ~]# gcc -c haha.c
[root@RHEL7-1 ~]# gcc -c sin_value.c
[root@RHEL7-1 ~]# gcc -c cos_value.c
```

(2) 再链接形成可执行文件 main，并加入 libm 的数学函数，以生成可执行文件。

```
[root@RHEL7-1 ~]# gcc -o main main.o haha.o sin_value.o cos_value.o \
-lm -L/usr/lib -L/lib
```

(3) 程序运行后，必须输入姓名、360°角的角度值进行计算。

```
[root@RHEL7-1 ~]# ./main
Please input your name: Bobby                         //先输入名字
Please enter the degree angle (ex>90): 30             //输入以 360°角为主的角度
Hi, Dear Bobby, nice to meet you.                     //后面三行为输出的结果
The Sin is:  0.50
The Cos is:  0.87
```

编译的过程需要进行很多操作，而且如果要重新编译，则上述的流程需要重复一遍。能不能用一个步骤就全部完成上面所有的操作呢？利用 make 这个工具就可以。先在这个目录下创建一个名为 makefile 的文件，代码如下。

```
# 先编辑 makefile 这个规则文件,内容是制作出 main 这个可执行文件
[root@RHEL7-1 ~]# vim makefile
main: main.o haha.o sin_value.o cos_value.o
        gcc -o main main.o haha.o sin_value.o cos_value.o -lm
# 注意: 第二行的 gcc之前是 Tab 键产生的空格

# 尝试使用 makefile 制定的规则进行编译
[root@RHEL7-1 ~]# rm -f main *.o          //先将之前的目标文件删除
[root@RHEL7-1 ~]# make
cc    -c -o main.o main.c
cc    -c -o haha.o haha.c
cc    -c -o sin_value.o sin_value.c
cc    -c -o cos_value.o cos_value.c
gcc -o main main.o haha.o sin_value.o cos_value.o -lm
# 此时 make 会读取 makefile 的内容,并根据内容直接编译相关的文件

# 在不删除任何文件的情况下,重新进行一次编译
[root@RHEL7-1 ~]# make
make: 'main' is up to date.
```

10.3.2 子任务2 了解 makefile 的基本语法与变量

make 的语法十分复杂,这里仅列出一些基本的规则。

```
目标(target): 目标文件 1 目标文件 2
<tab>gcc -o  欲创建的可执行文件 目标文件 1 目标文件 2
```

目标(target)就是想要创建的信息,而目标文件就是具有相关性的一些文件,创建可执行文件的语句为第二行。要特别注意,该命令必须以 Tab 键作为开头。语法规则如下:

- 在 makefile 当中的#代表注解。
- Tab 键需要在命令行(例如 gcc 这个编译器命令)的最前面。
- 目标(target)与相关文件(就是目标文件)之间需以":"隔开。

如果有两个以上的执行操作时,希望执行一个命令就直接清除所有的目标文件与可执行文件,那么该如何制作 makefile 文件呢?方法如下:

```
# 先编辑 makefile 来建立新的规则,此规则的目标名称为 clean
[root@RHEL7-1 ~]# vim makefile
main: main.o haha.o sin_value.o cos_value.o
      gcc -o main main.o haha.o sin_value.o cos_value.o -lm
clean:
      rm -f main main.o haha.o sin_value.o cos_value.o
# 以新的目标(clean)测试,看看执行 make 的结果
[root@RHEL7-1 ~]# make clean           //通过 make 以 clean 为目标
rm -rf main main.o haha.o sin_value.o cos_value.o
```

这样 makefile 中至少有两个目标,分别是 main 与 clean,如果想要创建 main,输入"make main";如果想要清除信息,输入"make clean"即可。如果想要先清除目标文件再编

译 main 程序，可以输入“make clean main”。示例代码如下：

```
[root@RHEL7-1 ~]# make clean main
rm -rf main main.o haha.o sin_value.o cos_value.o
cc -c -o main.o main.c
cc -c -o haha.o haha.c
cc -c -o sin_value.o sin_value.c
cc -c -o cos_value.o cos_value.c
gcc -o main main.o haha.o sin_value.o cos_value.o -lm
```

现在 makefile 里面重复的数据还是比较多，可以再通过 shell script 的“变量”进一步简化 makefile。

```
[root@RHEL7-1 ~]# vim makefile
LIBS =-lm
OBJS =main.o haha.o sin_value.o cos_value.o
main: ${OBJS}
      gcc -o main ${OBJS} ${LIBS}
clean:
        rm -f main ${OBJS}
```

变量与 bash shell script 中的语法不太相同，此处变量的基本语法如下。

- 变量与变量内容以“=”隔开，同时两边可以有空格。
- 变量左边不可以有<tab>，例如上面范例的第一行 LIBS 左边不可以是<tab>。
- 变量与变量内容在“=”两边不能有“:”。
- 习惯上，变量最好是以大写字母为主。
- 运用变量时，使用 ${变量}或 $(变量)。
- 该 shell 的环境变量可以被套用的，例如 CFLAGS 这个变量。
- 在命令行模式下也可以定义变量。

由于 GCC 在进行编译的行为时会主动读取 CFLAGS 环境变量，所以，可以直接在 shell 中定义这个环境变量，也可以在 makefile 文件中定义，或者在命令行中定义。例如：

```
[root@RHEL7-1 ~]# CFLAGS="-Wall" make clean main
# 这个操作在 make 上进行编译时，会取用 CFLAGS 的变量内容
```

也可以使用如下代码：

```
[root@RHEL7-1 ~]# vim makefile
LIBS =-lm
OBJS =main.o haha.o sin_value.o cos_value.o
CFLAGS =-Wall
main: ${OBJS}
      gcc -o main ${OBJS} ${LIBS}
clean:
      rm -f main ${OBJS}
```

可以利用命令行进行环境变量的输入，也可以在文件内直接指定环境变量。但如果

CFLAGS 的内容在命令行与 makefile 中并不相同,以哪种方式的输入为主呢?环境变量的使用规则如下:

- make 命令行后面加上的环境变量优先;
- makefile 中指定的环境变量放在第二位;
- shell 原本具有的环境变量放在第三位。

此外,还有一些特殊的变量需要了解。$@代表目前的目标(target),所以也可以将 makefile 改成如下内容。

```
[root@RHEL7-1 ~]# vim makefile
LIBS =-lm
OBJS =main.o haha.o sin_value.o cos_value.o
CFLAGS =-Wall
main: ${OBJS}
      gcc -o $@${OBJS} ${LIBS}        //$@就是 main
clean:
      rm -f main ${OBJS}
```

10.4 练习题

一、填空题

1. 源码大多是________文件,需要通过________操作后,才能够制作出 Linux 系统能够认识的可运行的________。

2. ________可以加速软件的升级速度,让软件效率更高,漏洞修补更及时。

3. 在 Linux 系统中,最标准的 C 语言编译器为________。

4. 在编译的过程中,可以通过其他软件提供的________使用该软件的相关机制与功能。

5. 为了简化编译过程中复杂的命令输入,可以通过________与________规则定义来简化程序的升级、编译与链接等操作。

二、简答题

简述 Bug 的分类。

10.5 超链接

单击 http://linux.sdp.edu.cn/kcweb 和 http://www.icourses.cn/scourse/course_2843.html,访问并学习网站中学习情境的相关内容。

项目十一　Linux 下 C 语言程序设计入门

项目背景

深入学习 Linux 下的编程是十分重要的。本项目会以实例的形式重点介绍 Linux 下 C 语言程序的编写与调试。

职业能力目标和要求

- 了解如何在 Linux 下编写 C 语言程序。
- 了解进程中 C 语言程序实例的编写方法。
- 了解文件操作中 C 语言程序实例的编写方法。
- 了解时间概念中 C 语言程序实例的编写方法。

11.1　项目实施

项目成功实施的前提是读者对项目七中的内容已经了如指掌，特别是掌握了 gcc、make、makefile 等内容。

11.1.1　进程程序设计实例

1. 认识进程的标志

进程都有一个 ID，那么怎么得到进程的 ID 呢？系统调用 getpid 可以得到进程的 ID，而 getppid 可以得到父进程(创建调用该函数进程的进程)的 ID。

```
#include <unistd>
pid_t getpid(void);
pid_t getppid(void);
```

进程是为程序服务的，而程序是为用户服务的。系统为了找到进程的用户名，还为进程和用户建立联系，这个用户称为进程的所有者。相应地每一个用户也有一个用户 ID，通过系统调用 getuid 可以得到进程的所有者的 ID。由于进程要用到一些资源，而 Linux 对系统资源是进行保护的。为了获取一定资源，进程还有一个有效用户 ID。这个 ID 和系统的资源使用情况有关，涉及进程的权限。通过系统调用 geteuid 可以得到进程的有效用户 ID。与用户 ID 相对应的进程还有一个组 ID 和有效组 ID。系统调用 getgid 和 getegid 可以分别得到组 ID 和有效组 ID。

```
#include <unistd>
#include <sys/types.h>
uid_t getuid(void);
uid_t geteuid(void);
gid_t getgid(void);
git_t getegid(void);
```

有时候还会对用户的其他信息感兴趣(登录名称等),这时可以调用 getpwuid 来得到。

```
struct passwd {
    char *pw_name;           //登录名称
    char *pw_passwd;         //登录口令
    uid_t pw_uid;            //用户 ID
    gid_t pw_gid;            //用户组 ID
    char *pw_gecos;          //用户的真名
    char *pw_dir;            //用户的目录
    char *pw_shell;          //用户的 shell
};
#include <pwd.h>
#include <sys/types.h>
struct passwd *getpwuid(uid_t uid);
```

下面通过一个实例来实践一下上面所学习的几个函数。

(1) 使用 yum 安装 gcc(略)。

(2) 编写源码程序。

```
[root@localhost~]# mkdir /testc
[root@localhost~]# cd /testc
[root@localhost testc]# vim proccess01.c
```

下面是 proccess01.c 的源代码。

```
#include <unistd.h>
#include <pwd.h>
#include <sys/types.h>
#include <stdio.h>
int main(int argc,char **argv)
{
   pid_t my_pid,parent_pid;
   uid_t my_uid,my_euid;
   gid_t my_gid,my_egid;
   struct passwd *my_info;
   my_pid=getpid();
   parent_pid=getppid();
   my_uid=getuid();
   my_euid=geteuid();
```

```
    my_gid=getgid();
    my_egid=getegid();
    my_info=getpwuid(my_uid);
    printf("Process ID:%ld\n",my_pid);
    printf("Parent ID:%ld\n",parent_pid);
    printf("User ID:%ld\n",my_uid);
    printf("Effective User ID:%ld\n",my_euid);
    printf("Group ID:%ld\n",my_gid);
    printf("Effective Group ID:%ld\n",my_egid);
    if(my_info)
    {
        printf("My Login Name:%s\n" ,my_info->pw_name);
        printf("My Password :%s\n" ,my_info->pw_passwd);
        printf("My User ID :%ld\n",my_info->pw_uid);
        printf("My Group ID :%ld\n",my_info->pw_gid);
        printf("My Real Name:%s\n" ,my_info->pw_gecos);
        printf("My Home Dir :%s\n", my_info->pw_dir);
        printf("My Work Shell:%s\n", my_info->pw_shell);
    }
}
```

(3) 调试程序。

```
[root@localhost testc]# gcc -c proccess01.c
[root@localhost testc]# ll proccess*
[root@localhost testc]# gcc -o proccess01 proccess01.o
[root@localhost testc]# ./proccess01
```

下面是运行结果:

```
Process ID:14352
Parent ID:5778
User ID:0
Effective User ID:0
Group ID:0
Effective Group ID:0
My Login Name:root
My Password :x
My User ID :0
My Group ID :0
My Real Name:root
My Home Dir :/root
My Work Shell:/bin/bash
[root@localhost testc]#
```

2. 创建一般进程

创建一个进程的系统调用很简单,只要调用 fork()函数即可。

```
#include <unistd.h>
pid_t fork();
```

当一个进程调用了 fork()函数以后，系统会创建一个子进程。这个子进程和父进程的 ID 不同，其他的内容都是一样的。为了区分父进程和子进程，必须跟踪 fork()的返回值。当 fork()调用失败的时候(内存不足或者是用户的进程数已达到最高值)，fork()返回-1。fork()调用成功的返回值有重要作用。对于父进程而言，fork()返回子进程的 ID，而对于 fork()子进程则返回 0。根据这个返回值可以区分父子进程。

父进程为什么要创建子进程呢？因为 Linux 是一个多用户操作系统，在同一时间会有许多用户在争夺系统的资源，有时父进程为了早一点完成任务就创建子进程来争夺资源。一旦子进程被创建，父进程和子进程一起从 fork()处继续执行，相互竞争系统的资源。有时候希望子进程继续执行，而父进程暂停，直到子进程完成任务。这个时候可以调用 wait 或者 waitpid。

```
#include <sys/types.h>
#include <sys/wait.h>
pid_t wait(int * stat_loc);
pid_t waitpid(pid_t pid,int * stat_loc,int options);
```

wait 系统调用会使父进程阻塞，直到一个子进程结束或者是父进程接收到了一个信号。如果没有父进程、没有子进程或者它的子进程已经结束，wait 会立即返回。成功时(因一个子进程结束)wait 将返回子进程的 ID，否则返回-1，并设置全局变量 errno. stat_loc 来保存子进程的退出状态。子进程调用 exit、_exit 或者是 return 来设置这个值。为了得到这个值，Linux 定义了几个宏来测试这个返回值。

- WIFEXITED：判断子进程退出值是非 0。
- WEXITSTATUS：判断子进程的退出值(当子进程退出时为非 0)。
- WIFSIGNALED：由于子进程有没有获得的信号而退出。
- WTERMSIG：子进程没有获得的信号(在 WIFSIGNALED 为真时才有意义)。

waitpid 等待指定的子进程直到子进程返回。如果 pid 为正值则等待指定的进程(pid)，如果为 0 则等待任何一个组 ID 和调用者的组 ID 相同的进程。为-1 时则等同于 wait 调用，小于-1 时则等待任何一个组 ID 等于 pid 绝对值的进程。

stat_loc 和 wait 的意义一样。options 可以决定父进程的状态，可以取以下两个值。

- WNOHANG：当没有子进程存在时，父进程立即返回。
- WUNTACHED：当子进程结束时，waitpid 返回。

但是子进程的退出状态不可得到。父进程创建子进程后，子进程一般要执行不同的程序。为了调用系统程序，可以使用 exec 族系统调用。exec 族调用有以下 5 个函数：

```
#include <unistd.h>
int execl(const char * path,const char * arg,...);
int execlp(const char * file,const char * arg,...);
int execle(const char * path,const char * arg,...);
int execv(const char * path,char * const argv[]);
int execvp(const char * file,char * const argv[]);
```

exec 族调用可以执行给定程序。关于 exec 族调用的详细解说可以参考系统手册。

下面介绍一个实例。注意编译的时候要加-lm 以便连接数学函数库。

```
#include <unistd.h>
#include <sys/types.h>
#include <sys/wait.h>
#include <stdio.h>
#include <errno.h>
#include <math.h>
void main(void)
{
    pid_t child;
    int status;
    printf("This will demostrate how to get child status\n");
    if((child=fork())==-1)
    {
        printf("Fork Error :%s\n",strerror(errno)); exit(1);
    }
    else if(child==0)
    {
        int i;
        printf("I am the child:%ld\n",getpid());
        for(i=0;i<1000000;i++)
        sin(i);
        i=5;
        printf("I exit with %d\n",i); exit(i);
    }
    while(((child=wait(&status))==-1)&(errno==EINTR));
    if(child==-1)
    printf("Wait Error:%s\n",strerror(errno));
    else if(!status)
    printf("Child %ld terminated normally return status is zero\n", child);
    else if(WIFEXITED(status))
    printf("Child % ld  terminated  normally  return  status  is  % d \ n",  child,
WEXITSTATUS(status));
    else if(WIFSIGNALED(status))
    printf("Child %ld terminated due to signal %d znot caught\n", child,WTERMSIG
(status));
}
```

strerror()函数会返回一个指定的错误号的错误信息的字符串。

编译过程如下。

```
[root@localhost testc]#  gcc   proccess02.c  -lm -L/lib -L/usr/lib
proccess02.c: In function "main":
proccess02.c:14: 警告：隐式声明与内建函数"exit"不兼容
proccess02.c:23: 警告：隐式声明与内建函数"exit"不兼容
proccess02.c:8:  警告："main"的返回类型不是"int"
[root@localhost testc]# ./a.out
This will demostrate how to get child status
```

```
I am the child:26530
I exit with 5
Child 26530 terminated normally return status is 5
```

11.1.2 文件操作程序设计实例

1. 文件的创建和读写

假设已经知道了标准级的文件操作的各个函数(fopen()、fread()、fwrite()等)。当需要打开一个文件进行读写操作时,可以使用系统调用函数 open()。操作完成以后调用另外一个 close()函数进行关闭。

```
#include <fcntl.h>
#include <unistd.h>
#include <sys/types.h>
#include <sys/stat.h>
int open(const char * pathname,int flags);
int open(const char * pathname,int flags,mode_t mode);
int close(int fd);
```

open()函数有两种形式。其中,pathname 是要打开的文件名(包含路径名称,默认是在当前路径下面),flags 可以取下面的一个值或者是几个值的组合。

- O_RDONLY:以只读的方式打开文件。
- O_WRONLY:以只写的方式打开文件。
- O_RDWR:以读写的方式打开文件。
- O_APPEND:以追加的方式打开文件。
- O_CREAT:创建一个文件。
- O_EXEC:如果使用了 O_CREAT 而且文件已经存在,就会发生一个错误。
- O_NOBLOCK:以非阻塞的方式打开一个文件。
- O_TRUNC:如果文件已经存在,则删除文件的内容。

前面三个标志只能使用任意的一个。如果使用了 O_CREATE 标志,那么要使用 open 的第二种形式,还要指定 mode 标志,用来表示文件的访问权限。mode 可以是以下情况的组合。

- S_IRUSR:用户可以读。
- S_IWUSR:用户可以写。
- S_IXUSR:用户可以执行。
- S_IRWXU:用户可以读写并执行。
- S_IRGRP:组可以读。
- S_IWGRP:组可以写。
- S_IXGRP:组可以执行。
- S_IRWXG:组可以读写执行。
- S_IROTH:其他人可以读。
- S_IWOTH:其他人可以写。

- S_IXOTH：其他人可以执行。
- S_IRWXO：其他人可以读写并执行。
- S_ISUID：设置用户执行 ID。
- S_ISGID：设置组的执行 ID。

也可以用数字来代表各个位的标志。Linux 总共用 5 个数字来表示文件的各种权限。第一位表示设置用户 ID,第二位表示设置组 ID,第三位表示用户自己的权限位,第四位表示组的权限,最后一位表示其他人的权限。每个数字可以取 1(执行权限)、2(写权限)、4(读权限)、0(什么也没有)或者是这几个值的和。比如要创建一个用户读写及执行操作,组没有权限,其他人有读和执行的权限。设置用户 ID 位可以使用的模式是 1(设置用户 ID)、0(组没有权限)、7(1+2+4)、0(没有权限)、5(1+4)。即“10705：open("temp",O_CREAT,10705);”。如果打开文件成功,open()函数会返回一个文件描述符。以后对文件的所有操作都可以通过对这个文件描述符进行。当操作完成以后,要关闭文件,只要调用 close()函数就可以了。其中 fd 是要关闭的文件描述符。文件打开以后,就要对文件进行读写。可以调用 read()和 write()函数进行文件的读写操作。

```
#include <unistd.h>
ssize_t read(int fd, void * buffer,size_t count);
ssize_t write(int fd, const void * buffer,size_t count);
```

fd 是要进行读写操作的文件描述符,buffer 是要写入文件内容或读出文件内容的内存地址,count 是要读写的字节数。

对于普通的文件,read 从指定的文件(fd)中读取 count 字节到 buffer 缓冲区中(记住必须提供一个足够大的缓冲区),同时返回 count。

如果 read 读到了文件的结尾或者被一个信号所中断,返回值会小于 count。

如果是由信号中断引起没有返回数据,read 会返回－1,且设置 errno 为 EINTR。

当程序读到了文件结尾的时候,read 会返回 0。

write 从 buffer 中写 coun 个 t 字节到 fd 文件中,成功时返回实际所写的字节数。

下面介绍一个实例,这个实例用于复制文件。

```
#include <unistd.h>
#include <fcntl.h>
#include <stdio.h>
#include <sys/types.h>
#include <sys/stat.h>
#include <errno.h>
#include <string.h>
#define BUFFER_SIZE 1024
int main(int argc,char **argv)
{
    int from_fd,to_fd;
    int bytes_read,bytes_write;
    char buffer[BUFFER_SIZE];
    char * ptr;
    if(argc!=3)
```

```
    {
        fprintf(stderr,"Usage:%s fromfile tofile\n\a",argv[0]);
        exit(1);
    }
    //打开源文件
    if((from_fd=open(argv[1],O_RDONLY))==-1)
    {
        fprintf(stderr,"Open %s Error:%s\n",argv[1],strerror(errno));
        exit(1);
    }
    //创建目标文件
    if((to_fd=open(argv[2],O_WRONLY|O_CREAT,S_IRUSR|S_IWUSR))==-1)
    {
        fprintf(stderr,"Open %s Error:%s\n",argv[2],strerror(errno));
        exit(1);
    }
    //以下是经典的复制文件的代码
    while(bytes_read=read(from_fd,buffer,BUFFER_SIZE))
    {
        //一个致命的错误发生了
        if((bytes_read==-1)&&(errno!=EINTR))
        break;
        else if(bytes_read>0)
        {
            ptr=buffer;
            while(bytes_write=write(to_fd,ptr,bytes_read))
            {   //一个致命的错误发生了
                if((bytes_write==-1)&&(errno!=EINTR))break;
                //写完了所有读出的字节
                else if(bytes_write==bytes_read) break;
                //只写了一部分字节,继续写
                else if(bytes_write>0)
                {
                    ptr+=bytes_write;
                    bytes_read-=bytes_write;
                }
            }
            //写的时候发生了致命错误
            if(bytes_write==-1)break;
        }
    }
    close(from_fd);
    close(to_fd);
    exit(0);
}
```

编译过程如下。这个程序需要两个参数,其功能是将参数 1 复制为参数 2。本例中,是将源码程序复制成 test.c。过程如下:

```
[root@localhost testc]# vim file01.c
[root@localhost testc]# gcc file01.c
[root@localhost testc]# ./a.out file01.c test.c
[root@localhost testc]# ls
a.out     pro1          proccess01.c  proccess02    proccess02.o  test.c
file01.c  proccess01    proccess01.o  proccess02.c  proccess03.c
```

2. 文件的各个属性

文件具有各种各样的属性，除了上面所知道的文件权限以外，文件还有创建时间、大小等属性。有时候要判断文件是否可以进行某种操作(读、写等)，这时可以使用 access()函数。

```
#include <unistd.h>
int access(const char * pathname,int mode);
```

其中，pathname 是文件名称，mode 是我们要判断的属性。可以取以下值或者是组合。

- R_OK：文件可以读。
- W_OK：文件可以写。
- X_OK：文件可以执行。
- F_OK：文件存在。

当测试成功时，函数返回 0，否则如果有一个条件不符时则返回−1。如果要获得文件的其他属性，可以使用 stat()或者 fstat()函数。

```
#include <sys/stat.h>
#include <unistd.h>
int stat(const char * file_name,struct stat * buf);
int fstat(int filedes,struct stat * buf);
struct stat {
    dev_t st_dev;                   //设备
    ino_t st_ino;                   //节点
    mode_t st_mode;                 //模式
    nlink_t st_nlink;               //硬连接
    uid_t st_uid;                   //用户 ID
    gid_t st_gid;                   //组 ID
    dev_t st_rdev;                  //设备类型
    off_t st_off;                   //文件字节数
    unsigned long st_blksize;       //块大小
    unsigned long st_blocks;        //块数
    time_t st_atime;                //最后一次访问的时间
    time_t st_mtime;                //最后一次修改的时间
    time_t st_ctime;                //最后一次改变的时间(指属性)
};
```

stat 用来判断没有打开的文件，而 fstat()函数用来判断打开的文件。使用最多的属性是 st_mode。通过这个属性可以判断给定的文件是一个普通文件还是一个目录、连接等。可以使用下面几个宏来判断。

- S_ISLNK(st_mode):确定是否是一个连接。
- S_ISREG:确定是否是一个常规文件。
- S_ISDIR:确定是否是一个目录。
- S_ISCHR:确定是否是一个字符设备。
- S_ISBLK:确定是否是一个块设备。
- S_ISFIFO:确定是否是一个 FIFO 文件。
- S_ISSOCK:确定是否是一个 SOCKET 文件。

3. 目录文件的操作

在编写程序时,有时候会得到当前的工作路径。C 库函数提供了 getcwd 来解决这个问题。

```
#include <unistd.h>
char * getcwd(char * buffer,size_t size);
```

提供一个 size 大小的 buffer,getcwd 会把当前的路径复制到 buffer 中。如果 buffer 太小,函数会返回-1 和一个错误号。Linux 提供了大量的目录操作函数,下面是几个比较简单和常用的函数。

```
#include <dirent.h>
#include <unistd.h>
#include <fcntl.h>
#include <sys/types.h>
#include <sys/stat.h>
int mkdir(const char * path,mode_t mode);
DIR * opendir(const char * path);
struct dirent * readdir(DIR * dir);
void rewinddir(DIR * dir);
off_t telldir(DIR * dir);
void seekdir(DIR * dir,off_t off);
int closedir(DIR * dir);
struct dirent {
    long d_ino;
    off_t d_off;
    unsigned short d_reclen;
    char d_name[NAME_MAX+1];          //文件名称
};
```

mkdir 很容易就创建了一个目录;opendir 用于打开一个目录为以后读操作做准备;readdir 用于读一个打开的目录;rewinddir 用来重读目录,与 rewind 函数一样;closedir 用于关闭一个目录;telldir 和 seekdir 类似于 ftee()和 fseek()函数。

下面开发一个小程序,这个程序有一个参数,如果这个参数是一个文件名,可以输出这个文件的大小和最后修改的时间;如果是一个目录,可以输出这个目录下所有文件的大小和修改时间。

```
#include <unistd.h>
#include <stdio.h>
```

```
#include <errno.h>
#include <sys/types.h>
#include <sys/stat.h>
#include <dirent.h>
include <time.h>
static int get_file_size_time(const char * filename)
{
    struct stat statbuf;
    if(stat(filename,&statbuf)==-1)
    {
        printf("Get stat on %s Error:%s\n", filename,strerror(errno));
        return(-1);
    }
    if(S_ISDIR(statbuf.st_mode))return(1);
    if(S_ISREG(statbuf.st_mode))
        printf("%s size:%ld bytes\tmodified at %s", filename,statbuf.st_size,
        ctime(&statbuf.st_mtime));
    return(0);
}
int main(int argc,char **argv)
{
    DIR * dirp;
    struct dirent * direntp;
    int stats;
    if(argc!=2)
    {
        printf("Usage:%s filename\n\a",argv[0]);
        exit(1);
    }
    if(((stats=get_file_size_time(argv[1]))==0)||(stats==-1))exit(1);
    if((dirp=opendir(argv[1]))==NULL)
    {
        printf("Open Directory %s Error:%s\n", argv[1],strerror(errno));
        exit(1);
    }
    while((direntp=readdir(dirp))!=NULL)
        if(get_file_size_time(direntp->d_name)==-1)break;
    closedir(dirp);
    exit(1);
}
```

编译过程如下。这个程序有一个参数,如果这个参数是一个文件名,输出这个文件的大小和最后修改的时间;如果是一个目录,输出这个目录下所有文件的大小和修改时间(参数分别取 file02.c 文件及 dir1 目录)。

```
[root@localhost testc]# vim file02.c
[root@localhost testc]# gcc file02.c
[root@localhost testc]# ./a.out file02.c
file02.c size:979 bytes modified at Sat Jan 4 21:02:12 2014
```

```
[root@localhost testc]# ./a.out dir1
file01.c size:1374 bytes        modified at Sat Jan  4 20:28:26 2014
proccess03.c size:701 bytes     modified at Sat Jan  4 20:04:34 2014
pro1 size:5907 bytes            modified at Sat Jan  4 17:33:25 2014
```

4. 管道文件

Linux 提供了许多过滤和重定向程序,比如 morecat 等。还提供了＜ ＞、|、≪等重定向操作符。在这些过滤和重定向程序中,都用到了管道这种特殊的文件。系统调用 pipe 可以创建一个管道。

```
#include<unistd.h>
int pipe(int fildes[2]);
```

当调用成功时,可以访问文件描述符 fildes[0]、fildes[1]。其中,fildes[0]是用来读的文件描述符,而 fildes[1]是用来写的文件描述符。在实际使用中是通过创建一个子进程,然后使用一个进程写、一个进程读。

```
#include <stdio.h>
#include <stdlib.h>
#include <unistd.h>
#include <string.h>
#include <errno.h>
#include <sys/types.h>
#include <sys/wait.h>
#define BUFFER 255
int main(int argc,char **argv)
{
    char buffer[BUFFER+1];
    int fd[2];
    if(argc!=2)
    {
        fprintf(stderr,"Usage:%s string\n\a",argv[0]);
        exit(1);
    }
    if(pipe(fd)!=0)
    {
        fprintf(stderr,"Pipe Error:%s\n\a",strerror(errno));
        exit(1);
    }
    if(fork()==0)
    {
        close(fd[0]);
        printf("Child[%d] Write to pipe\n\a",getpid());
        snprintf(buffer,BUFFER,"%s",argv[1]);
        write(fd[1],buffer,strlen(buffer));
        printf("Child[%d] Quit\n\a",getpid());
        exit(0);
    }
```

```
    else
    {
        close(fd[1]);
        printf("Parent[%d] Read from pipe\n\a",getpid());
        memset(buffer,'\0',BUFFER+1);
        read(fd[0],buffer,BUFFER);
        printf("Parent[%d] Read:%s\n",getpid(),buffer);
        exit(1);
    }
}
```

为了实现重定向操作，需要调用另外一个函数 dup2()。

```
#include <unistd.h>
int dup2(int oldfd,int newfd);
```

dup2()将用 oldfd 文件描述符来代替 newfd 文件描述符，同时关闭 newfd 文件描述符。也就是说，所有指向 newfd 的操作都转到 oldfd 上面。

下面学习一个例子(file03.c)，这个例子将标准输出重定向到一个文件。

```
#include <unistd.h>
#include <stdio.h>
#include <errno.h>
#include <fcntl.h>
#include <string.h>
#include <sys/types.h>
#include <sys/stat.h>
#define BUFFER_SIZE 1024
int main(int argc,char * * argv)
{
    int fd;
    char buffer[BUFFER_SIZE];
    if(argc!=2)
    {
        fprintf(stderr,"Usage:%s outfilename\n\a",argv[0]);
        exit(1);
    }
    if((fd=open(argv[1],O_WRONLY|O_CREAT|O_TRUNC,S_IRUSR|S_IWUSR))==-1)
    {
        fprintf(stderr,"Open %s Error:%s\n\a",argv[1],strerror(errno));
        exit(1);
    }
    if(dup2(fd,STDOUT_FILENO)==-1)
    {
        fprintf(stderr,"Redirect Standard Out Error:%s\n\a",strerror(errno));
        exit(1);
    }
    fprintf(stderr,"Now,please input string");
```

```
    fprintf(stderr,"(To quit use CTRL+D)\n");
    while(1)
    {
        fgets(buffer,BUFFER_SIZE,stdin);
        if(feof(stdin))break;
        write(STDOUT_FILENO,buffer,strlen(buffer));
    }
    exit(0);
}
```

编译过程如下。这个程序有一个参数,也就是屏幕输出结果存入的文件。

```
[root@localhost testc]# vim file03.c
[root@localhost testc]# gcc file03.c
[root@localhost testc]# ./a.out outfile
Now,please input string(To quit use Ctrl+D)
I am a student!
I like study Linux Operating System.
[root@localhost testc]# cat outfile
I am a student!
I like study Linux Operating System.
```

学习好了文件的操作就可以写出一些比较有用的程序了,可以编写诸如 dir、mkdir、cp、mv 等常用的文件操作命令。读者不妨试一试。

11.1.3 时间概念程序设计实例

1. 时间表示

在程序中,经常要输出系统当前的时间,比如使用 date 命令输出日期。这时可以使用下面两个函数。

```
#include <time.h>
time_t time(time_t *tloc);
char *ctime(const time_t *clock);
```

time()函数返回从 1970 年 1 月 1 日 0 点以来的秒数,存储在 time_t 结构中。不过这个函数的返回值并没有什么实际意义。这个时候可以使用第二个函数将秒数转化为字符串,这个函数的返回类型是固定的,一个可能值为“Thu Dec 7 14:58:59 2000”,这个字符串的长度是固定值 26。

2. 时间的测量

有时候要计算程序执行的时间,比如要对算法进行时间分析,这时可以使用下面的函数:

```
#include <stdio.h>
#include <stdlib.h>
#include <math.h>
```

```
//算法分析
void function()
{
    unsigned int i,j;
    double y;
    for(i=0;i<1000;i++)
                  for(j=0;j<1000;j++)
                          y++;
}

main()
{
    struct timeval tpstart,tpend;
    double timeuse;

    gettimeofday(&tpstart,NULL);                //开始时间
    function();
    gettimeofday(&tpend,NULL);                  //结束时间

    //计算执行时间
    timeuse=1000000*(tpend.tv_sec-tpstart.tv_sec)+tpend.tv_usec-tpstart.tv_
usec;
    timeuse/=1000000;

    printf("Used Time:%f\n",timeuse);
    exit(0);
}
```

这个程序输出函数的执行时间，可以使用它来进行系统性能的测试，或者是进行函数算法的效率分析。一个可能的输出结果是"Used Time：0.006978"。

编译过程如下：

```
[root@localhost testc]# vim time01.c
[root@localhost testc]# gcc time01.c
[root@localhost testc]# ./a.out
Used Time:0.006978
```

3. 计时器的使用

Linux 操作系统为每一个进程提供了 3 个内部间隔计时器。

- ITIMER_REAL：减少实际时间，发出 SIGALRM 信号。
- ITIMER_VIRTUAL：减少有效时间(进程执行的时间)，产生 SIGVTALRM 信号。
- ITIMER_PROF：减少进程的有效时间和系统时间(为进程调度用的时间)。

具体的操作函数是：

```
#include <sys/time.h>
int getitimer(int which,struct itimerval *value);
int setitimer(int which,struct itimerval *newval, struct itimerval *oldval);
struct itimerval {
```

```
    struct timeval it_interval;
    struct timeval it_value;
}
```

- getitimer()函数得到间隔计时器的时间值,保存在 value 中。
- setitimer()函数设置间隔计时器的时间值为 newval,并将旧值保存在 oldval 中。which 表示使用三个计时器中的哪一个。
- itimerval 结构中的 it_value 是减少的时间,当这个值为 0 时就发出相应的信号,然后设置为 it_interval 值。

```
#include <sys/time.h>
#include <stdio.h>
#include <unistd.h>
#include <signal.h>
#include <string.h>
#define PROMPT "时间已经过去了两秒钟\n\a"
char *prompt=PROMPT;
unsigned int len;
void prompt_info(int signo)
{
    write(STDERR_FILENO,prompt,len);
}
void init_sigaction(void)
{
    struct sigaction act;
    act.sa_handler=prompt_info;
    act.sa_flags=0;
    sigemptyset(&act.sa_mask);
    sigaction(SIGPROF,&act,NULL);
}
void init_time()
{
    struct itimerval value;
    value.it_value.tv_sec=2;
    value.it_value.tv_usec=0;
    value.it_interval=value.it_value;
    setitimer(ITIMER_PROF,&value,NULL);
}
int main()
{
    len=strlen(prompt);
    init_sigaction();
    init_time();
    while(1);
    exit(0);
}
```

这个程序每执行两秒之后会输出一个提示:“时间已经过去了两秒钟”。

编译过程如下：

```
[root@localhost testc]# vim time02.c
[root@localhost testc]# gcc time02.c
[root@localhost testc]# ./a.out
```

11.1.4 熟悉Linux网络编程

Linux系统的一个主要特点是网络功能非常强大。随着网络的日益普及，基于网络的应用也将越来越多。在这个网络时代，掌握了Linux的网络编程技术，即可立于不败之地。学习Linux的网络编程，可以让人们真正体会到网络的魅力。

网络程序和普通程序的最大区别是其由两部分组成：客户端和服务器端。网络程序是服务器程序先启动，然后等待客户端的程序运行并建立连接。一般来说，服务器端的程序在一个端口上监听，等待客户端的程序发来请求。

1. 初级网络函数介绍(TCP)

Linux系统是通过提供套接字(socket)来进行网络编程的。网络程序通过对socket和其他几个函数的调用，会返回一个通信的文件描述符，可以将这个描述符看成普通文件的描述符来操作，这就是Linux设备无关性的优势。可以通过向描述符进行读写操作来实现网络之间的数据交流。

(1) socket int socket(int domain,int type,int protocol)

domain：说明网络程序所在的主机采用的通信协议簇(AF_UNIX和AF_INET等)。AF_UNIX只能够用于单一的UNIX系统进程间通信，而AF_INET是针对Internet的，因而可以允许在远程主机之间通信(当执行man socket时会发现domain可选项是PF_*而不是AF_*，因为glibc是posix的实现，所以用PF代替了AF，不过都可以使用)。

type：网络程序所采用的通信协议(SOCK_STREAM、SOCK_DGRAM等)。SOCK_STREAM表明用的是TCP，这样会提供按顺序、可靠、双向、面向连接的比特流。SOCK_DGRAM表明用的是UDP，这样只会提供定长的、不可靠、无连接的通信。

protocol：由于指定了type，所以这个地方一般只要用0来代替即可。socket为网络通信做基本的准备，成功时返回文件描述符，失败时返回−1。查看errno可知道出错的详细情况。

(2) bind int bind(int sockfd,struct sockaddr *my_addr,int addrlen)

sockfd：这是因socket调用而返回的文件描述符。

addrlen：这是sockaddr结构的长度。

my_addr：这是一个指向sockaddr的指针。在＜linux/socket.h＞中有sockaddr的定义为"struct sockaddr{unisgned short as_family; char sa_data[14];};"。不过由于系统的兼容性，一般不用这个头文件，而使用另外一个结构(struct sock addr_in)来代替。在＜linux/in.h＞中有sockaddr_in的定义："struct sockaddr_in{unsigned short sin_family; unsigned short int sin_port; struct in_addr sin_addr; unsigned char sin_zero[8];}"。通常主要使用Internet，所以sin_family一般为AF_INET。sin_addr设置为INADDR_ANY表示可以和任何的主机通信，sin_port是要监听的端口号，sin_zero[8]是用来填充的。bind将本地的

端口同 socket 返回的文件描述符捆绑在一起,成功时返回 0,失败的情况和 socket 一样。

(3) listen int listen(int sockfd,int backlog)

sockfd 是 bind 后的文件描述符。backlog 用于设置请求排队的最大长度,当有多个客户端程序和服务端相连时,使用这个表示可以介绍的排队长度。listen()函数将 bind 的文件描述符变为监听套接字,返回的情况和 bind 一样。

(4) accept int accept(int sockfd, struct sockaddr * addr,int * addrlen)

sockfd 是 listen 后的文件描述符。addr 和 addrlen 是用来填写客户端的程序的,服务器端只要传递指针就可以了。bind、listen 和 accept 是服务器端用的函数。accept 调用时,服务器端的程序会一直阻塞,直到有一个客户程序发出了连接。accept 成功时返回最后的服务器端的文件描述符,这个时候服务器端就可以向该描述符写信息了。失败时返回-1。

(5) connect int connect(int sockfd, struct sockaddr * serv_addr,int addrlen)

sockfd: socket 返回的文件描述符。

serv_addr: 存储了服务器端的连接信息。其中,sin_add 是服务器端的地址。

addrlen: serv_addr 的长度,connect()函数是客户端用来同服务器端建立连接的。成功时返回 0,sockfd 是同服务器端通信的文件描述符,失败时返回-1。

2. 简单网络编程实例

(1) 服务器端程序(server.c)

```
#include <stdlib.h>
#include <stdio.h>
#include <errno.h>
#include <string.h>
#include <netdb.h>
#include <sys/types.h>
#include <netinet/in.h>
#include <sys/socket.h>
int main(int argc, char * argv[])
{
    int sockfd,new_fd;
    struct sockaddr_in server_addr;
    struct sockaddr_in client_addr;
    int sin_size,portnumber;
    char hello[]="Hello! Are You Fine? \n";
    if(argc!=2)
    {
        fprintf(stderr,"Usage:%s portnumber\a\n",argv[0]);
        exit(1);
    }
    if((portnumber=atoi(argv[1]))<0)
    {
        fprintf(stderr,"Usage:%s portnumber\a\n",argv[0]);
        exit(1);
    }
    //服务器端开始建立 socket 描述符
    if((sockfd=socket(AF_INET,SOCK_STREAM,0))==-1)
```

```
    {
        fprintf(stderr,"Socket error:%s\n\a",strerror(errno));
        exit(1);
    }
    //服务器端填充 sockaddr 结构
    bzero(&server_addr,sizeof(struct sockaddr_in));
    server_addr.sin_family=AF_INET;
    server_addr.sin_addr.s_addr=htonl(INADDR_ANY);
    server_addr.sin_port=htons(portnumber);
    //捆绑 sockfd 描述符
    if(bind(sockfd,(struct sockaddr *)(&server_addr),sizeof(struct sockaddr))==-1)
    {
        fprintf(stderr,"Bind error:%s\n\a",strerror(errno));
        exit(1);
    }
    //监听 sockfd 描述符
    if(listen(sockfd,5)==-1)
    {
        fprintf(stderr,"Listen error:%s\n\a",strerror(errno));
        exit(1);
    }
    while(1)
    {   //服务器阻塞,直到客户程序建立连接
        sin_size=sizeof(struct sockaddr_in);
        if((new_fd=accept(sockfd,(struct sockaddr *)(&client_addr),&sin_size ))==-1)
        {
            fprintf(stderr,"Accept error:%s\n\a",strerror(errno));
            exit(1);
        }
        fprintf(stderr,"Server get connection from %s\n", inet_ntoa(client_
        addr.sin_addr));
        if(write(new_fd,hello,strlen(hello))==-1)
        {
            fprintf(stderr,"Write Error:%s\n",strerror(errno));
            exit(1);
        }
        //这个通信已经结束
        close(new_fd);
        //循环到下一个操作
    }
    close(sockfd);
    exit(0);
}
```

(2) 客户端程序(client.c)

```
#include <stdlib.h>
#include <stdio.h>
#include <errno.h>
```

```
#include <string.h>
#include <netdb.h>
#include <sys/types.h>
#include <netinet/in.h>
#include <sys/socket.h>
int main(int argc, char * argv[])
{
    int sockfd;
    char buffer[1024];
    struct sockaddr_in server_addr;
    struct hostent * host;
    int portnumber,nbytes;
    if(argc!=3)
    {
        fprintf(stderr,"Usage:%s hostname portnumber\a\n",argv[0]);
        exit(1);
    }
    if((host=gethostbyname(argv[1]))==NULL)
    {
        fprintf(stderr,"Gethostname error\n");
        exit(1);
    }
    if((portnumber=atoi(argv[2]))<0)
    {
        fprintf(stderr,"Usage:%s hostname portnumber\a\n",argv[0]);
        exit(1);
    }
    //客户程序开始建立 sockfd 描述符
    if((sockfd=socket(AF_INET,SOCK_STREAM,0))==-1)
    {
        fprintf(stderr,"Socket Error:%s\a\n",strerror(errno));
        exit(1);
    }
    //客户程序填充服务端的资料
    bzero(&server_addr,sizeof(server_addr));
    server_addr.sin_family=AF_INET;
    server_addr.sin_port=htons(portnumber);
    server_addr.sin_addr= * ((struct in_addr * )host->h_addr);
    //客户程序发起连接请求
    if(connect (sockfd, (struct sockaddr * ) (&server _ addr), sizeof (struct
    sockaddr) )==-1)
    {
        fprintf(stderr,"Connect Error:%s\a\n",strerror(errno));
        exit(1);
    }
    //连接成功了
    if((nbytes=read(sockfd,buffer,1024))==-1)
    {
        fprintf(stderr,"Read Error:%s\n",strerror(errno));
        exit(1);
```

```
    }
    buffer[nbytes]='\0';
    printf("I have received:%s\n",buffer);
    //结束通信
    close(sockfd);
    exit(0);
}
```

编译过程如下：

```
[root@localhost testc]# vim server.c
[root@localhost testc]# vim client.c
[root@localhost testc]# gcc -c server.c
[root@localhost testc]# gcc -o server server.o
[root@localhost testc]# ll server*
-rwxr-xr-x 1 root root 6822 01-05 14:03 server
-rw-r--r--1 root root 1788 01-05 13:59 server.c
-rw-r--r--1 root root 2524 01-05 14:03 server.o
[root@localhost testc]# gcc -c client.c
[root@localhost testc]# gcc -o client client.o
[root@localhost testc]# ./server 8888&
[1] 11770
[root@localhost testc]# ./client localhost 8888
Server get connection from 127.0.0.1
I have received:Hello! Are You Fine?
```

先运行./server portnumber&(portnumber随便取一个大于1204且不在/etc/services中出现的号码，比如用8888)，然后运行./client localhost 8888，看看有什么结果(也可以用telnet和netstat试一试)。上面是一个最简单的网络程序。

总的来说，网络程序是由两个部分组成，即客户端和服务器端。它们的建立步骤如下。

(1) 服务器端：socket→bind→listen→accept。

(2) 客户端：socket→connect。

3. 服务器和客户机的信息函数

(1) 字节转换函数

在网络中有许多类型的机器，这些机器表示数据的字节顺序是不同的。比如i386芯片是低字节在内存地址的低端，高字节在高端，而alpha芯片却相反。为了统一起来，在Linux系统中有专门的字节转换函数。

```
unsigned long int htonl(unsigned long int hostlong)
unsigned short int htons(unisgned short int hostshort)
unsigned long int ntohl(unsigned long int netlong)
unsigned short int ntohs(unsigned short int netshort)
```

在这四个转换函数中，h代表host，n代表network，s代表short，l代表long。第一个函数的意义是将本机上的long数据转化为网络上的long。其他几个函数的意义也差不多。

(2) IP 和域名的转换

在网络上标志一台计算机可以用 IP 地址或者是用域名，那么如何进行转换呢？参考下面的代码。

```
struct hostent * gethostbyname(const char * hostname)
struct hostent * gethostbyaddr(const char * addr,int len,int type)
//在<netdb.h>中有 struct hostent 的定义
struct hostent{
    char * h_name;                  //主机的正式名称
    char * h_aliases;               //主机的别名
    int h_addrtype;                 //主机的地址类型 AF_INET
    int h_length;                   //主机的地址长度。对于 IP4 是 4 字节 32 位
    char **h_addr_list;             //主机的 IP 地址列表
}
#define h_addr h_addr_list[0]       //主机的第一个 IP 地址
```

gethostbyname 可以将计算机名(如 linux. long. com)转换为一个结构指针。在这个结构中储存了域名的信息。gethostbyaddr 可以将一个 32 位的 IP 地址(C0A80001)转换为结构指针。这两个函数失败时返回 NULL 且设置 h_errno 错误变量，调用 h_strerror()可以得到详细的出错信息。

(3) 字符串的 IP 和 32 位的 IP 转换

在网络上面用的 IP 都是点分十进制形式(192. 168. 0. 1)表示的，而在 struct in_addr 结构中用的是 32 位的 IP 地址。上面那个 32 位 IP(C0A80001)是 192. 168. 0. 1。为了转换可以使用下面两个函数：

```
int inet_aton(const char * cp,struct in_addr * inp)
char * inet_ntoa(struct in_addr in)
```

其中，a 代表 ascii，n 代表 network。第一个函数表示将 a. b. c. d 的 IP 地址转换为 32 位的 IP 地址，存储在 inp 指针里面。第二个函数是将 32 位 IP 地址转换为 a. b. c. d 的格式。

(4) 服务信息函数

在网络程序中有时候需要知道端口、IP 地址和服务信息。这时可以使用以下几个函数：

```
int getsockname(int sockfd,struct sockaddr * localaddr,int * addrlen)
int getpeername(int sockfd,struct sockaddr * peeraddr, int * addrlen)
struct servent * getservbyname(const char * servname,const char * protoname)
struct servent * getservbyport(int port,const char * protoname)
struct servent {
    char * s_name;              //正式服务名
    char * * s_aliases;         //别名列表
    int s_port;                 //端口号
    char * s_proto;             //使用的协议
}
```

一般很少使用这几个函数。

对于客户端,在 connect 调用成功后,使用可得到系统分配的端口号。

对于服务端,用 INADDR_ANY 填充后,可以在 accept 调用成功后使用,并得到连接和 IP 地址。

在网络上有许多的默认端口和服务,比如端口 21 对应 ftp,80 对应 WWW。为了得到指定的端口号的服务,可以调用第四个函数。相反为了得到端口号,可以调用第三个函数。

4. 服务器和客户机的信息函数实例

```
#include <netdb.h>
#include <stdio.h>
#include <stdlib.h>
#include <sys/socket.h>
#include <netinet/in.h>
int main(int argc ,char * * argv)
{
    struct sockaddr_in addr;
    struct hostent * host;
    char * * alias;
    if(argc<2)
    {
        fprintf(stderr,"Usage:%s hostname|ip..\n\a",argv[0]);
        exit(1);
    }
    argv++;
    for(; * argv!=NULL;argv++)
    {   //这里假设是 IP
        if(inet_aton( * argv,&addr.sin_addr)!=0)
        {
            host=gethostbyaddr((char * )&addr.sin_addr,4,AF_INET);
            printf("Address information of Ip %s\n", * argv);
        }
        else
        {   //失败,难道是域名
            host=gethostbyname( * argv);
            printf("Address information of host %s\n", * argv);
        }
        if(host==NULL)
        {   //没有找到符合条件的,不再进行查找
            fprintf(stderr,"No address information of %s\n", * argv);
            continue;
        }
        printf("Official host name %s\n",host->h_name);
        printf("Name aliases:");
        for(alias=host->h_aliases; * alias!=NULL;alias++)
                printf("%s ,", * alias);
        printf("\nIP address:");
        for(alias=host->h_addr_list; * alias!=NULL;alias++)
            printf("%s ,",inet_ntoa( * (struct in_addr * )( * alias)));
    }
    printf("\n");
}
```

在这个例子中,为了判断用户输入的是 IP 还是域名,我们调用了两个函数。第一次假设输入的是 IP,所以调用 inet_aton。如果失败则调用 gethostbyname 而得到信息。

编译过程如下。本机的 IP 地址是 192.168.1.1,本机的域名为 www.long.com,已在 /etc/hosts 文件中进行了解析。

```
[root@localhost testc]# gcc IP-domain.c
[root@localhost testc]# ./a.out 192.168.1.1
Address information of Ip 192.168.1.1
Official host name www.long.com
Name aliases:
Ip address:192.168.1.1 ,
[root@localhost testc]# ./a.out www.long.com
Address information of host www.long.com
Official host name www.long.com
Name aliases:
Ip address:192.168.1.1
```

5. 网络编程中的读写函数

一旦建立了连接,下一步就是进行通信了。在 Linux 中把前面建立的通道看成文件描述符,这样服务器端和客户端进行通信时,只要往文件描述符中读写内容即可,类似于向文件中读写。

(1) 写函数 write ssize_t write(int fd,const void * buf,size_t nbytes)

write()函数将 buf 中的 nbytes 字节内容写入文件描述符 fd 中。成功时返回写的字节数;失败时返回-1,并设置 errno 变量值。在网络程序中,当向套接字文件描述符写时有两种可能。

① write 的返回值大于 0,表示写了部分或者是全部的数据。

② 返回的值小于 0,说明此时出现了错误,需要根据错误类型来处理。如果错误为 EINTR,表示在写的时候出现了中断错误;如果为 EPIPE,表示网络连接出现了问题(对方已经关闭了连接)。

为了处理以上的情况,可以自己编写一个写函数来处理这几种情况,代码如下:

```
int my_write(int fd,void *buffer,int length)
{
    int bytes_left;
    int written_bytes;
    char *ptr;
    ptr=buffer;
    bytes_left=length;
    while(bytes_left>0)
    {  //开始写
        written_bytes=write(fd,ptr,bytes_left);
        if(written_bytes<=0)          //出错了
        {
            if(errno==EINTR)          //中断错误并继续写
                written_bytes=0;
            else                      //其他错误
```

```
            eturn(-1);
        }
        bytes_left-=written_bytes;
        ptr+=written_bytes;              //从剩下的地方继续写
    }
    return(0);
}
```

(2) 读函数 read ssize_t read(int fd,void * buf,size_t nbyte)

read()函数是负责从fd中读取内容。成功时,read()返回实际所读的字节数。如果返回的值是0,表示已经读到文件的结尾。小于0表示出现了错误,如果错误为EINTR,说明读是由中断引起的;如果是ECONNREST,表示网络连接出了问题。与上面一样,读者可以自己写一个读函数:

```
int my_read(int fd,void * buffer,int length)
{
    int bytes_left;
    int bytes_read;
    char * ptr;
    bytes_left=length;
    while(bytes_left>0)
    {
        bytes_read=read(fd,ptr,bytes_read);
        if(bytes_read<0)
        {
            if(errno==EINTR)
                bytes_read=0;
            else return(-1);
        }
        else if(bytes_read==0) break;
        bytes_left-=bytes_read;
        ptr+=bytes_read;
    }
    return(length-bytes_left);
}
```

(3) 数据的传递

有了上面的两个函数,就可以向客户端或者是服务器端传递数据了。比如要传递一个结构,可以使用如下方式。

```
//客户端向服务器端写
struct my_struct my_struct_client;
write(fd,(void *)&my_struct_client,sizeof(struct my_struct);
//服务器端读
char buffer[sizeof(struct my_struct)];
struct *my_struct_server;
read(fd,(void *)buffer,sizeof(struct my_struct));
my_struct_server=(struct my_struct *)buffer;
```

在网络上传递数据时一般都是把数据转化为 char 类型的数据传递。接收的时候也是一样。没有必要在网络上传递指针(因为传递指针是没有任何意义的,必须传递指针所指向的内容)。

6. 用户数据报传送实例

前面已经学习了网络程序的很大一部分内容,Linux 下的大部分程序都是用上面所学的知识来编写的。可以找一些源程序参考一下。下面简单介绍一下基于 UDP 的网络程序。

(1) 两个常用的函数

```
int recvfrom(int sockfd,void * buf,int len,unsigned int flags,struct socka ddr
 * from int * fromlen)
int sendto (int sockfd, const void  * msg, int len, unsigned int flags, struct s
ockaddr * to int tolen)
```

sockfd、buf、len 的意义和 read、write 一样,分别表示套接字描述符、发送或接收的缓冲区及大小。recvfrom 负责从 sockfd 接收数据,如果 from 不是 NULL,那么在 from 里面存储了信息来源的情况。如果对信息的来源不感兴趣,可以将 from 和 fromlen 设置为 NULL。sendto 负责向 to 发送信息,此时在 to 里面存储了收信息方的详细资料。

(2) 一个用户数据报传送的实例

① 服务器端程序。

```
//服务端程序  server-udp.c
#include <stdlib.h>
#include <stdio.h>
#include <errno.h>
#include <string.h>
#include <unistd.h>
#include <netdb.h>
#include <sys/socket.h>
#include <netinet/in.h>
#include <sys/types.h>
#include <arpa/inet.h>
#define SERVER_PORT 8888
#define MAX_MSG_SIZE 1024

void udps_respon(int sockfd)
{
    struct sockaddr_in addr;
    int n;
           socklen_t addrlen;
    char msg[MAX_MSG_SIZE];

    while(1)
    {     //从网络上读,再写到网络上
          memset(msg, 0, sizeof(msg));
          addrlen =sizeof(struct sockaddr);
```

```
            n=recvfrom(sockfd,msg,MAX_MSG_SIZE,0,
        (struct sockaddr * )&addr,&addrlen);
        //显示服务端已经收到了信息
        fprintf(stdout,"I have received %s",msg);
        sendto(sockfd,msg,n,0,(struct sockaddr * )&addr,addrlen);
    }
}

int main(void)
{
    int sockfd;
    struct sockaddr_in addr;

    sockfd=socket(AF_INET,SOCK_DGRAM,0);
    if(sockfd<0)
    {
        fprintf(stderr,"Socket Error:%s\n",strerror(errno));
        exit(1);
    }
    bzero(&addr,sizeof(struct sockaddr_in));
    addr.sin_family=AF_INET;
    addr.sin_addr.s_addr=htonl(INADDR_ANY);
    addr.sin_port=htons(SERVER_PORT);
    if(bind(sockfd,(struct sockaddr * )&addr,sizeof(struct sockaddr_in))<0)
    {
        fprintf(stderr,"Bind Error:%s\n",strerror(errno));
        exit(1);
    }
    udps_respon(sockfd);
    close(sockfd);
}
```

② 客户端程序。

```
//客户端程序 client-udp.c
#include <stdlib.h>
#include <stdio.h>
#include <errno.h>
#include <string.h>
#include <unistd.h>
#include <netdb.h>
#include <sys/socket.h>
#include <netinet/in.h>
#include <sys/types.h>
#include <arpa/inet.h>
#define MAX_BUF_SIZE 1024

void udpc_requ(int sockfd,const struct sockaddr_in * addr,socklen_t len)
{
    char buffer[MAX_BUF_SIZE];
    int n;
```

```
    while(fgets(buffer,MAX_BUF_SIZE,stdin))
    {   //从键盘读入,写到服务器端
        sendto(sockfd,buffer,strlen(buffer),0,addr,len);
        bzero(buffer,MAX_BUF_SIZE);
        //从网络上读,写到屏幕上
                memset(buffer, 0, sizeof(buffer));
        n=recvfrom(sockfd,buffer,MAX_BUF_SIZE, 0, NULL, NULL);
        if(n <=0)
        {
            fprintf(stderr, "Recv Error %s\n", strerror(errno));
            return;
        }
        buffer[n]=0;
        fprintf(stderr, "get %s", buffer);
    }
}


int main(int argc,char * * argv)
{
      int sockfd,port;
        struct sockaddr_in addr;
        if(argc!=3)
        {
            fprintf(stderr,"Usage:%s server_ip server_port\n",argv[0]);
            exit(1);
        }
        if((port=atoi(argv[2]))<0)
        {
            fprintf(stderr,"Usage:%s server_ip server_port\n",argv[0]);
            exit(1);
        }
        sockfd=socket(AF_INET,SOCK_DGRAM,0);
        if(sockfd<0)
        {
                fprintf(stderr,"Socket  Error:%s\n",strerror(errno));
                exit(1);
        }
        //填充服务器端的资料
        bzero(&addr,sizeof(struct sockaddr_in));
        addr.sin_family=AF_INET;
        addr.sin_port=htons(port);
        if(inet_aton(argv[1],&addr.sin_addr)<0)
        {
            fprintf(stderr,"Ip error:%s\n",strerror(errno));
            exit(1);
        }
        if(connect(sockfd, (struct sockaddr * ) &addr, sizeof (struct sockaddr_
        in)) ==-1)
```

```
    {
        fprintf(stderr, "connect error %s\n", strerror(errno));
        exit(1);
    }
    udpc_requ(sockfd,&addr,sizeof(struct sockaddr_in));
    close(sockfd);
}
```

③ 编译文件 makefile。

```
//编译文件 Makefile
all:serve client
server:server.c
        gcc -o server server.c
client:client.c
        gcc -o client client.c
clean:
        rm -f server
        rm -f client
        rm -f core
```

④ 编译过程(使用 makefile,文件内容如上所示。编译方法请参考项目七)。

```
[root@localhost testc]# vim makefile
[root@localhost testc]# make
gcc -o server server.c
gcc -o client client.c
client.c: In function 'udpc_requ':
```

⑤ 运行 UDP Server 程序。执行“./server &”命令来启动服务程序。可以使用 netstat -ln 命令来观察服务程序绑定的 IP 地址和端口,部分输出信息如下:

```
Active Internet connections (only servers)
Proto Recv-Q Send-Q Local Address Foreign Address State
tcp 0 0 0.0.0.0:32768 0.0.0.0:* LISTEN
tcp 0 0 0.0.0.0:111 0.0.0.0:* LISTEN
tcp 0 0 0.0.0.0:6000 0.0.0.0:* LISTEN
tcp 0 0 127.0.0.1:631 0.0.0.0:* LISTEN
udp 0 0 0.0.0.0:32768 0.0.0.0:*
udp 0 0 0.0.0.0:8888 0.0.0.0:*
udp 0 0 0.0.0.0:111 0.0.0.0:*
udp 0 0 0.0.0.0:882 0.0.0.0:*
```

可以看到 udp 处有“0.0.0.0:8888”的内容,说明服务程序已经正常运行,可以接收主机上任何 IP 地址且端口为 8888 的数据。

思考:这时如果在客户端输入“./client 192.168.1.1 8888”,然后输入一段文字,看服务器(192.168.1.1)与客户端有何变化。

11.2 项目实训 编写、调试、运行一个 C 语言程序

1. 实训目的

- 掌握 Linux 下 C 语言编程的基本方法。
- 掌握简单进程程序的设计方法与技巧。
- 掌握文件操作程序的设计方法与技巧。
- 掌握时间概念程序的设计方法与技巧。
- 掌握简单的网络编程方法。

2. 实训内容

练习 Linux 系统下 C 语言程序设计的方法与技巧。

3. 实训练习

- 练习进程程序的编写。
- 练习文件操作程序的编写。
- 练习时间概念程序的编写。
- 练习网络编程。

4. 实训报告

按要求完成实训报告。

11.3 练习题

1. 简单说明进程程序设计需要的函数以及如何创建一个进程。
2. 简单说明文件操作程序设计需要的函数。
3. 如何编写一个具有复制功能的文件操作程序?
4. 如何编写计数器程序?
5. 如何编写一下简单的服务器端和客户端的程序?
6. 如何编写一个用户数据报传送的程序?

11.4 超链接

单击 http://www.icourses.cn/scourse/course_2843.html 和 http://linux.sdp.edu.cn/kcweb,访问并学习国家精品资源共享课程网站和国家精品课程网站的相关内容。

第四部分

网络安全

项目十二　配置与管理防火墙

项目背景

某高校组建了校园网，并且已经架设了 Web、FTP、DNS、DHCP、E-mail 等功能的服务器来为校园网用户提供服务，现有如下问题需要解决。

(1) 需要架设防火墙以实现校园网的安全。

(2) 需要将子网连接在一起构成整个校园网。

(3) 由于校园网使用的是私有地址，需要进行网络地址转换，使校园网中的用户能够访问互联网。

该项目实际上是由 Linux 的防火墙与代理服务器——iptables 和 squid 来完成的，通过该角色部署 iptables、NAT、squid，能够实现上述功能。

职业能力目标和要求

- 了解防火墙的分类及工作原理。
- 了解 NAT。
- 掌握 iptables 防火墙的配置。
- 掌握 firewalld 防火墙的配置。
- 掌握服务的访问控制列表。
- 掌握利用 iptables 实现 NAT。

12.1　相关知识

12.1.1　防火墙概述

1. 什么是防火墙

防火墙的本义是指一种防护建筑物，古代建造木质结构房屋的时候，为防止火灾的发生和蔓延，人们在房屋周围将石块堆砌成石墙，这种防护构筑物就被称为"防火墙"。

通常所说的网络防火墙是套用了古代的防火墙的喻义，它指的是隔离在本地网络与外界网络之间的一道防御系统。防火墙可以使企业内部局域网与 Internet 之间或者与其他外部网络间互相隔离、限制网络互访，以此来保护内部网络。

防火墙通常具备以下几个特点。

(1) 位置的权威性

网络规划中,防火墙必须位于网络的主干线路。只有当防火墙是内、外部网络之间通信的唯一通道时,才可以全面、有效地保护企业内部的网络安全。

(2) 检测的合法性

防火墙最基本的功能是确保网络流量的合法性,只有满足防火墙策略的数据包才能够进行相应转发。

(3) 性能的稳定性

防火墙处于网络边缘,它是连接网络的唯一通道,时刻都会经受网络入侵的考验,所以其稳定性对于网络安全而言至关重要。

2. 防火墙的种类

防火墙的分类方法多种多样,从传统意义上讲,防火墙大致可以分为三大类,分别是包过滤、应用代理和状态检测。无论防火墙的功能多么强大,性能多么完善,归根结底都是在这3种技术的基础上进行功能扩展的。

(1) 包过滤技术

包过滤是最早使用的一种防火墙技术,它检查接收每一个数据包,查看包中可用的基本信息,如源地址和目的地址、端口号和协议等。然后将这些信息与设立的规则相比较,符合规则的数据包通过,否则将被拒绝,数据包被丢弃。

现在的防火墙所使用的包过滤技术基本上都属于动态包过滤技术,它的前身是静态包过滤技术,也是包过滤防火墙的第一代模型,虽然适当地调整和设置过滤规则可以使防火墙更加安全有效,但是这种技术只能根据预设的过滤规则进行判断,显得有些笨拙。后来人们对包过滤技术进行了改进,并把这种改进后的技术称为动态包过滤。在保持静态包过滤技术所有优点的基础上,动态包过滤功能还会对已经成功与计算机连接的报文传输进行跟踪,并且判断该连接所发送的数据包是否会对系统构成威胁,从而有效地阻止有害数据的继续传输。虽然与静态包过滤技术相比,动态包过滤技术需要消耗更多的系统资源,消耗更多的时间来完成包过滤工作,但是目前市场上几乎已经见不到静态包过滤技术的防火墙了,能选择的,大部分是动态包过滤技术的防火墙。

包过滤防火墙根据建立的一套规则,检查每一个通过的网络包,或者丢弃,或者通过。它需要配置多个地址,表明它有两个或两个以上网络连接或接口。例如,作为防火墙的设备可能有两块网卡(NIC),一块连到内部网络,另一块连到公共的Internet。

(2) 应用代理技术

随着网络技术的不断发展,包过滤防火墙的不足不断显现,人们发现一些特殊的报文攻击可以轻松地突破包过滤防火墙的保护,例如SYN攻击和ICMP洪水等。因此,人们需要一种更为安全的防火墙保护技术,在这种需求下,应用代理技术防火墙诞生了。一时间,以代理服务器作为专门为用户保密或者突破访问限制的数据转发通道,在网络中被广泛使用。

代理防火墙接受来自内部网络用户的通信请求,然后建立与外部网络服务器单独的连接,其采取的是一种代理机制,可以为每个应用服务器建立一个专门的代理。所以内、外部网络之间的通信不是直接的,它们都需要先经过代理服务器的审核,通过审核后再由代理服务器代为连接。内、外部网络主机没有任何直接会话的机会,从而加强了网络的安全性。应用代理技术并不只是在代理设备中嵌入包过滤技术，而是一种被称为应用协议分析的新技术。

应用协议分析技术工作在OSI模型的最高层应用层上，也就是说防火墙所接触到的所有数据形式和用户所看到的是一样的，而不是带着IP地址和端口号等的数据形式。对于应用层的数据过滤要比包过滤更为烦琐和严格，它可以更有效地检查数据是否存在危害。而且，由于应用代理防火墙工作在应用层，防火墙还可以实现双向限制，在过滤外部网络有害数据的同时也监控着内部网络的数据，管理员可以配置防火墙实现一个身份验证和连接限时功能，从而进一步防止内部网络信息泄露所带来的隐患。

代理防火墙通常支持的一些常见的应用服务有HTTP、HTTPS/SSL、SMTP、POP3、IMAP、NNTP、TELNET、FTP和IRC。

虽然应用代理技术比包过滤技术更加完善，但是应用代理防火墙也存在问题，当用户对网速要求较高时，应用代理防火墙就会成为网络出口的瓶颈。防火墙需要为不同的网络服务建立专门的代理服务，而代理程序为内、外部网络建立连接时需要时间，所以会增加网络延时，但对于性能可靠的防火墙可以忽略该影响。

(3) 状态检测技术

状态检测技术是继包过滤和应用代理技术之后发展的防火墙技术，它是基于动态包过滤技术之上发展而来的新技术。这种防火墙加入了一种被称为状态检测的模块，它会在不影响网络正常工作的情况下，采用抽取相关数据的方法对网络通信的各个层进行监测，并根据各种过滤规则做出安全决策。

状态检测技术保留了包过滤技术中对数据包的头部、协议、地址、端口等信息进行分析的功能，并进一步发展会话过滤功能。在每个连接建立时，防火墙都会为这个连接构造一个会话状态，里面包含了这个连接数据包的所有信息，以后这个连接都基于这个状态信息进行。这种检测方法的优点是能对每个数据包的内容进行监控，一旦建立了一个会话状态，则后面的数据传输都要以这个会话状态作为依据。例如，一个连接的数据包源端口号为8080，那么在这以后的数据传输过程中防火墙都会审核这个包的源端口是不是8080，如果不是就拦截这个数据包。而且，会话状态的保留是有时间限制的，在限制的范围内如果没有再进行数据传输，这个会话状态就会被丢弃。状态检测可以对包的内容进行分析，从而摆脱了传统防火墙仅局限于过滤包头信息的弱点，而且这种防火墙可以不必开放过多的端口，从而进一步杜绝了可能因开放过多端口而带来的安全隐患。

12.1.2 iptables与firewalld

早期的Linux系统采用过ipfwadm作为防火墙，但在Linux 2.2.0核心中被ipchains所取代。

Linux 2.4版本发布后，netfilter/iptables信息包过滤系统正式使用。它引入了很多重要的改进，比如基于状态的功能，基于任何TCP标记和MAC地址的包过滤，更灵活的配置和记录功能，强大而且简单的NAT功能和透明代理功能等，然而，最重要的变化是引入了模块化的架构方式，这使得iptables运用和功能扩展更加方便灵活。

netfilter/iptables IP数据包过滤系统实际上是由netfilter和iptables两个组件构成。

netfilter 是集成在内核中的一部分,它的作用是定义、保存相应的规则。而 iptables 是一种工具,用来修改信息的过滤规则及其他配置。用户可以通过 iptables 来设置适合当前环境的规则,而这些规则会保存在内核空间中。如果将 nefilter/iptable 数据包过滤系统比作一辆功能完善的汽车,那么 netfilter 就像是发动机以及车轮等部件,它可以让车发动、行驶。而 iptables 则像方向盘、刹车、油门,汽车行驶的方向、速度都要靠 iptables 来控制。

对于 Linux 服务器而言,采用 netfilter/iptables 数据包过滤系统能够节约软件成本,并可以提供强大的数据包过滤控制功能,iptables 是理想的防火墙解决方案。

在 RHEL 7 系统中,firewalld 防火墙取代了 iptables 防火墙。实际上 iptables 与 firewalld 都不是真正的防火墙,它们都只是用来定义防火墙策略的防火墙管理工具而已,或者说,它们只是一种服务。iptables 服务会把配置好的防火墙策略交由内核层面的 netfilter 网络过滤器来处理,而 firewalld 服务则是把配置好的防火墙策略交由内核层面的 nftables 包过滤框架来处理。换句话说,当前在 Linux 系统中其实存在多个防火墙管理工具,旨在方便运维人员管理 Linux 系统中的防火墙策略,我们只需要配置妥当其中的一个就足够了。虽然这些工具各有优劣,但它们在防火墙策略的配置思路上是一致的。

12.1.3 iptables 工作原理

netfilter 是 Linux 核心中的一个通用架构,它提供了一系列的"表"(Tables),每个表由若干"链"(Chains)组成,每条链可以由一条或数条"规则"(Rules)组成。实际上,netfilter 是表的容器,表是链的容器,而链又是规则的容器。

1. iptables 名词解释

(1) 规则

设置过滤数据包的具体条件,如 IP 地址、端口、协议以及网络接口等信息,iptables 规则如表 12-1 所示。

表 12-1 iptables 规则

条 件	说 明
Address	针对封包内的地址信息进行比对。可对来源地址(Source Address)、目的地址(Destination Address)与网络卡地址(MAC Address)进行比对
Port	封包内存放于 Transport 层的 Port 信息设定比对的条件,可用来比对的 Port 信息包含:来源 Port(Source Port)、目的 Port(Destination Port)
Protocol	通信协议指的是某一种特殊种类的通信规则。netfilter 可以比对 TCP、UDP 或者 ICMP 等协议
Interface	接口指的是封包接收或者输出的网络适配器名称
Fragment	不同网络接口的网络系统会有不同的封包长度的限制。如封包跨越至不同的网络系统时,可能会将封包进行裁切(Fragment)。可以针对裁切后的封包信息进行监控与过滤
Counter	可针对封包的计数单位进行条件比对

(2) 动作

当数据包经过 Linux 时,若 netfilter 检测该包符合相应规则,则会对该数据包进行相应的处理,iptables 动作如表 12-2 所示。

表 12-2　iptables 动作

动　作	说　　明
ACCEPT	允许数据包通过
DROP	丢弃数据包
REJECT	丢弃包，并返回错误信息
LOG	将符合该规则的数据包写入日志
QUEUE	传送给应用和程序处理该数据包

（3）链

数据包传递过程中，不同的情况下所要遵循的规则组合形成了链。规则链可以分为以下两种。

- 内置链(Build-in Chains)。
- 用户自定义链(User-Defined Chains)。

netfilter 常用的为内置链。它一共有 5 条链，如表 12-3 所示。

表 12-3　iptables 内置链

动　作	说　　明
PREROUTING	数据包进入本机，进入路由表之前
INPUT	通过路由表后，目的地为本机
OUTPUT	由本机产生，向外转发
FORWARD	通过路由表后，目的地不为本机
POSTROUTING	通过路由表后，发送至网卡接口之前

netfilter 的 5 条链相互关联，如图 12-1 所示。

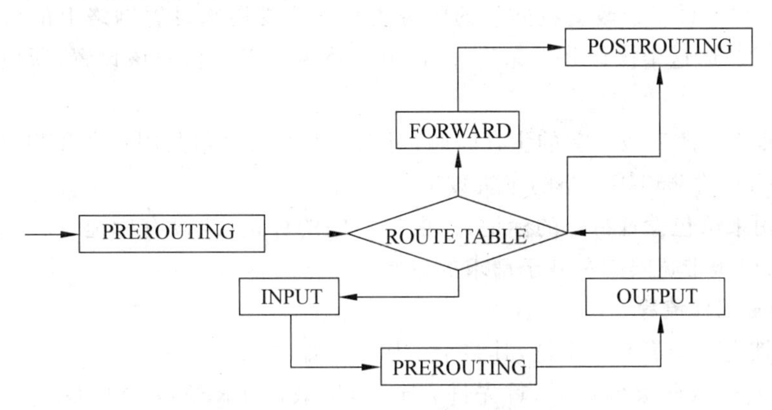

图 12-1　iptables 数据包转发流程图

（4）表(table)

接收数据包时，netfilter 会提供以下 3 种数据包处理的功能：

- 过滤；
- 地址转换；
- 变更。

netfilter 根据数据包的处理需要，将链进行组合，设计了 3 个表：filter、nat 以及

mangle。

① filter。它是 netfilter 默认的表，通常使用该表进行过滤的设置，其包含以下内置链。

- INPUT：应用于发往本机的数据包。
- FORWARD：应用于路由经过本地的数据包。
- OUTPUT：本地产生的数据包。

filter 表过滤功能强大，几乎能够设定所有的动作。

② nat。当数据包建立新的连接时，该 nat 表能够修改数据包，并完成网络地址转换。它包含以下 3 个内置链。

- PREROUTING：修改到达的数据包。
- OUTPUT：路由之前，修改本地产生的数据包。
- POSTROUTING：数据包发送前，修改该包。

nat 表仅用于网络地址转换，也就是转换包的源地址或目标地址，其具体的动作有 DNAT、SNAT 以及 MASQUERADE，下面的内容将会详细介绍。

③ mangle。该表用在数据包的特殊变更操作，如修改 TOS 等特性。Linux 2.4.17 内核以前，它包含两个内置链：PREROUTING 和 OUTPUT。Linux 2.4.18 内核发布后，mangle 表对其他 3 个链提供了支持。

- PREROUTING：路由之前，修改接收的数据包。
- INPUT：应用于发送给本机的数据包。
- FORWARD：修改经过本机路由的数据包。
- OUTPUT：路由之前，修改本地产生的数据包。
- POSTROUTING：数据包发送出去之前，修改该包。

mangle 表能够支持 TOS、TTL 以及 MARK 的操作。

TOS 操作用来设置或改变数据包的服务类型。这常用来设置网络上的数据包如何被路由等策略。注意，这个操作并不完善，而且很多路由器不会检查该设置，所以不必进行该操作。

TTL 操作用来改变数据包的生存时间，可以让所有数据包共用一个 TTL 值。这样，能够防止通过 TTL 检测连接网络的主机数量。

MARK 用来给包设置特殊的标记，并根据不同的标记(或没有标记)决定不同的路由。用这些标记可以做带宽限制和基于请求的分类。

2. iptables 工作流程

iptables 拥有 3 个表和 5 个链，其整个工作流程如图 12-2 所示。

(1) 数据包进入防火墙以后，首先进入 mangle 表的 PREROUTING 链。如果有特殊设定，会更改数据包的 TOS 等信息。

(2) 然后数据包进入 nat 表的 PREROUTING 链。如有规则设置，通常进行目的地址转换。

(3) 数据包经过路由，判断该包是发送给本机，还是需要向其他网络转发。

(4) 如果是转发，就发送给 mangle 表的 FORWARD 链，根据需要进行相应的参数修改，然后对发送给 filter 表的 FORWARD 链进行过滤，再转发给 mangle 表的 POSTROUTING 链。如有设置，则进行参数调整，然后发给 nat 表的 POSTROUTING 链。

根据需要，可能会进行网络地址转换，修改数据包的源地址，最后数据包发送给网卡，转发给外部网络。

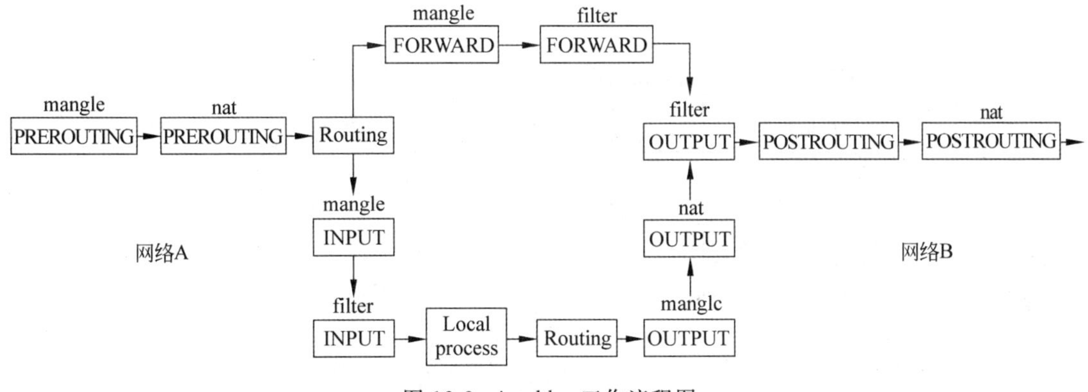

图 12-2　iptables 工作流程图

(5) 如果目的地为本机，数据包则会进入 mangle 的 INPUT 链；经过处理，进入 filter 表的 INPUT 链；经过相应的过滤，进入本机的处理进程。

(6) 本机产生的数据包，首先进入路由，然后分别经过 mangle、nat 以及 filter 的 OUTPUT 链进行相应的操作，再进入 mangle、nat 的 POSTROUTING 链并向外发送。

12.1.4　NAT 的基本知识

网络地址转换器 NAT(Network Address Translator)位于使用专用地址的 Intranet 和使用公用地址的 Internet 之间，主要具有以下几种功能。

(1) 从 Intranet 传出的数据包由 NAT 将它们的专用地址转换为公用地址。

(2) 从 Internet 传入的数据包由 NAT 将它们的公用地址转换为专用地址。

(3) 支持多重服务器和负载均衡。

(4) 实现透明代理。

在内部网络中计算机使用了未注册的专用 IP 地址，而在与外部网络通信时使用了注册的公用 IP 地址，从而大大降低了连接成本。同时 NAT 也起到了将内部网络隐藏起来，保护内部网络的作用。因为对外部用户来说只有使用公用 IP 地址的 NAT 是可见的，类似于防火墙的安全措施。

1. NAT 的工作过程

(1) 客户机将数据包发给运行 NAT 的计算机。

(2) NAT 将数据包中的端口号和专用的 IP 地址换成它自己的端口号和公用的 IP 地址，然后将数据包发给外部网络的目的主机，同时记录一个跟踪信息在镜像表中，以便向客户机发送回答信息。

(3) 外部网络发送回答信息给 NAT。

(4) NAT 将所收到的数据包的端口号和公用 IP 地址，转换为客户机的端口号和内部网络使用的专用 IP 地址，并转发给客户机。

以上步骤对于网络内部的主机和网络外部的主机都是透明的，对它们来讲就如同直接通信一样，如图 12-3 所示。

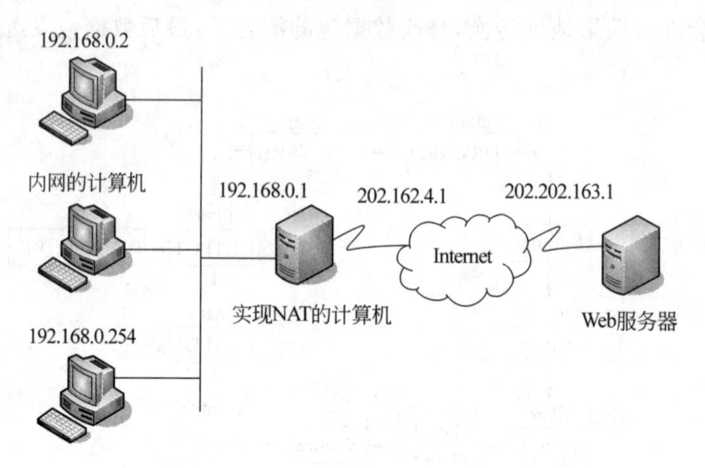

图 12-3 NAT 的工作过程

NAT 的工作过程如下。

(1) 192.168.0.2 用户使用 Web 浏览器连接到位于 202.202.163.1 的 Web 服务器，则用户计算机将创建带有下列信息的 IP 数据包。

目标 IP 地址：202.202.163.1；

源 IP 地址：192.168.0.2；

目标端口：TCP 端口 80；

源端口：TCP 端口 1350。

(2) IP 数据包转发到运行 NAT 的计算机上，它将传出的数据包地址转换成下面的形式。

目标 IP 地址：202.202.163.1；

源 IP 地址：202.162.4.1；

目标端口：TCP 端口 80；

源端口：TCP 端口 2 500。

(3) NAT 协议在表中保留了{192.168.0.2，TCP 1350}到{202.162.4.1，TCP 2500}的映射，以便回传。

(4) 转发的 IP 数据包是通过 Internet 发送的。Web 服务器响应通过 NAT 协议发回和接收。接收时，数据包包含下面的公用地址信息。

目标 IP 地址：202.162.4.1；

源 IP 地址：202.202.163.1；

目标端口：TCP 端口 2 500；

源端口：TCP 端口 80。

(5) NAT 协议检查转换表，将公用地址映射到专用地址，并将数据包转发给位于 192.168.0.2 的计算机。转发的数据包包含以下地址信息。

目标 IP 地址：192.168.0.2；

源 IP 地址：202.202.163.1；

目标端口：TCP 端口 1 350；

源端口：TCP 端口 80。

对于来自 NAT 协议的传出数据包，源 IP 地址（专用地址）被映射到 ISP 分配的地址（公用地址），并且 TCP/UDP 端口号也会被映射到不同的 TCP/UDP 端口号。

对于到 NAT 协议的传入数据包，目标 IP 地址（公用地址）被映射到源 Internet 地址（专用地址），并且 TCP/UDP 端口号被重新映射回源 TCP/UDP 端口号。

2. NAT 的分类

(1) 源 NAT（Source NAT，SNAT），指修改第一个包的源 IP 地址。SNAT 会在包送出之前的最后一刻做好后路由（Post-Routing）的动作。Linux 中的 IP 伪装（MASQUERADE）就是 SNAT 的一种特殊形式。

(2) 目的 NAT（Destination NAT，DNAT），指修改第一个包的目的 IP 地址。DNAT 总是在包进入后立刻进行前路由（Pre-Routing）的动作。端口转发、负载均衡和透明代理均属于 DNAT。

12.2　项目设计及准备

12.2.1　项目设计

网络建立初期，人们只考虑如何实现通信而忽略了网络的安全。防火墙可以使企业内部的局域网与 Internet 之间或者与其他外部网络互相隔离、限制网络互访来保护内部网络。

大量拥有内部地址的机器组成了企业内部网，那么如何连接内部网与 Internet？iptables、firewalld、NAT 服务器将是很好的选择，它们能够解决内部网访问 Internet 的问题并提供访问的优化和控制功能。

本项目设计在安装有企业版 Linux 网络操作系统的服务器上安装 iptabels、firewalld，配置 NAT。

12.2.2　项目准备

部署 iptables 和 firewalld 应满足下列需求。

(1) 安装好的企业版 Linux 网络操作系统，并且必须保证常用服务正常工作。客户端使用 Linux 或 Windows 网络操作系统。服务器和客户端能够通过网络进行通信。

(2) 或者利用虚拟机进行网络环境的设置。

(3) 3 台安装好 RHEL 7.4 的计算机。

(4) 本项目要完成的任务如下：

① 安装与简单配置 iptables；

② 安装与配置 firewalld；

③ 配置服务的访问控制列表；

④ 配置 SNAT 和 DNAT。

说明：本项目最后是一个综合任务，该任务把 iptables、firewalld、SNAT、DNAT 等主要配置整合到一起，以达到融会贯通的目的，实用而有趣。

12.3 项目实施

12.3.1 任务 1 安装、启动 iptables

1. 检查 iptables 是否已经安装,没有安装则使用 yum 命令安装

从 RHEL 7 开始,iptables 已经不是默认的防火墙配置软件,它已经改为 firewalld 并且已经安装完成。如果还要配置 iptables,则一定安装 iptables-services 软件,否则无法使用 iptables。

(1) 挂载 ISO 安装镜像。

```
[root@RHEL7-1 ~]#mkdir /iso
[root@RHEL7-1 ~]#mount /dev/cdrom /iso
mount: /dev/sr0 is write-protected, mounting read-only
```

(2) 制作用于安装的 yum 源文件。

```
//dvd.repo 文件的内容如下:
#/etc/yum.repos.d/dvd.repo
#or for ONLY the media repo, do this:
#yum --disablerepo=\* --enablerepo=c6-media [command]
[dvd]
name=dvd
baseurl=file:///iso                    //特别注意本地源文件的表示,用 3 个"/"
gpgcheck=0
enabled=1
```

(3) 使用 yum 命令查看 iptables 和 iptables-services 软件包。

```
[root@RHEL7-1 ~]#yum clean all                          //安装前先清除缓存
[root@RHEL7-1 ~]#yum install iptables iptables-services -y
```

2. iptables 服务的启动、停止、重新启动、随系统启动

默认状态下,firewalld 服务是启动的,需先停止 firewalld 服务后再启动 iptables。

```
[root@RHEL7-1 ~]#systemctl status firewalld
[root@RHEL7-1 ~]#systemctl status iptables
[root@RHEL7-1 ~]#systemctl stop firewalld
[root@RHEL7-1 ~]#systemctl start iptables
[root@RHEL7-1 ~]#systemctl enable iptables
```

12.3.2 任务 2 认识 iptables 的基本语法

如果想灵活运用 iptables 来加固系统安全,就必须熟练地掌握 iptables 的语法格式。

iptables 的语法格式为

```
iptables [-t 表名] -命令 -匹配 -j 动作/目标
```

1. 表选项

iptables 内置了 filter、nat 和 mangle 3 张表，使用-t 参数可以来设置规则对哪张表生效。例如，如果对 nat 表设置规则，可以在-t 参数后面加上 nat，如下所示：

```
iptables -t nat -命令 -匹配 -j 动作/目标
```

其中，-t 参数是可以省略的。如果省略了-t 参数，则表示对 filter 表进行操作。例如：

```
iptables -A INPUT -p icmp -j DROP
```

2. 命令选项

命令选项是指定对提交的规则要做什么样的操作。例如添加/删除规则，或者查看规则列表等。下面先来介绍一些最常用的命令。

(1) -P 或--policy。

作用：定义默认的策略，所有不符合规则的包都被强制使用这个策略。例如：

```
iptables -t filter -P INPUT DROP
```

注意：只有内建的链才可以使用规则。

(2) -A 或--append。

作用：在所选择的链的最后添加一条规则。例如：

```
iptables -A OUTPUT -p udp --sport 25 -j DROP
```

(3) -D 或--delete。

作用：从所选链中删除规则。例如：

```
iptables -D INPUT -p icmp -j DROP
```

注意：删除规则的时候可以把规则完整地写出来删除，就像创建规则时一样，但是更快的是指定规则在所选链中的序号。

(4) -L 或--list。

作用：显示所选链的所有规则。如果没有指定链，则显示指定表中的所有链。例如：

```
iptables -t nat -L
```

注意：如果没有指定-t 参数，就显示默认表 filter 中的所有链。

(5) -F 或--flush。

作用：清空所选的链中的规则。如果没有指定链，则清空指定表中的所有链的规则。例如：

```
iptables -F OUTPUT
```

(6) -I 或--insert。

作用：根据给出的规则序号向所选链中插入规则。如果序号为 1，规则会被插入链的头部。如果序号为 2，则表示将规则插入第二行（必须已经至少有一条规则，否则会出错），以此类推。例如：

```
iptables -I INPUT 1 -p tcp --dport 80 -j ACCEPT
```

注意：iptables 对参数的大小写比较敏感，也就是说大写的参数-P 和小写的参数-p 表示不同的意思。

3. 匹配选项

匹配选项用来指定需要过滤的数据包所具备的条件。换句话说就是在过滤数据包的时候，iptables 根据什么来判断到底是允许数据包通过，还是不允许数据包通过，过滤的角度通常可以是源地址、目的地址、端口号或状态等信息。如果使用协议进行匹配，就是告诉 iptables 从所使用的协议里来进行判断是否丢弃这些数据包。在 TCP/IP 的网络环境里，大多数的数据包所使用的协议不是 TCP 类型的就是 UDP 类型的，还有一种是 ICMP 类型的数据包，例如 ping 命令所使用的就是 ICMP 协议。下面先来介绍一些较为常用的匹配选项。更多介绍请参考相关文献。

(1) -p 或--protocol。

作用：匹配指定的协议。例如：

```
iptables -A INPUT -p udp -j DROP
```

注意：设置协议时可以使用它们对应的整数值。例如 ICMP 的值是 1，TCP 的值是 6，UDP 的值是 17，默认设置为 ALL，相应数值是 0，仅代表匹配 TCP、UDP 和 ICMP 协议。

(2) --sport 或--source -port。

作用：基于 TCP 包的源端口来匹配包，也就是说通过检测数据包的源端口是不是指定的来判断数据包的去留。例如：

```
iptables -A INPUT -p tcp --sport 80 -j ACCEPT
```

注意：如果不指定此项，则表示针对所有端口。

(3) --dport 或 --destination -port。

作用：基于 TCP 包的目的端口来匹配包，也就是说通过检测数据包的目的端口是不是指定的来判断数据包的去留。端口的指定形式和--sport 完全一样。例如：

```
iptables -I INPUT -p tcp --dport 80 -j ACCEPT
```

注意：如果不指定此项，则表示针对所有端口。

(4) -s 或--src 或--source。

作用：以 IP 源地址匹配包。例如：

```
iptables -A INPUT -s 1.1.1.1 -j DROP
```

注意：在地址前加英文感叹号表示取反，注意感叹号后加空格，如，“! -s ! 192.168.0.0/24”表示除此地址外的所有地址。

（5）-d 或--dst 或--destination。

作用：基于 TCP 包的目的端口来匹配包，也就是说，通过检测数据包的目的端口是不是指定的来判断数据包的去留。端口的指定形式和-sport 一致。例如：

```
iptables -I OUTPUT -d 192.168.1.0/24 -j ACCEPT
```

（6）-i 或--in-interface。

作用：以数据包进入本地所使用的网络接口来匹配。例如：

```
iptables -A INPUT -i ens33 -j ACCEPT
```

注意：这个匹配操作只能用于 INPUT、FORWARD 和 PREROUTING 这 3 个链，否则会报错。

（7）-o 或--out-interface。

作用：以包离开本地所使用的网络接口来匹配包。接口的指定形式和-i 一致。例如：

```
iptables -A OUTPUT -o ens33 -j ACCEPT
```

4. 动作/目标选项

动作/目标决定符合条件的数据包将如何处理，其中最基本的有 ACCEPT 和 DROP。介绍常用的动作/目标如表 12-4 所示。

表 12-4　动作/目标选项

动作/目标	说　明
ACCEPT	允许符合条件的数据包通过。也就是接受这个数据包，允许它去往目的地
DROP	拒绝符合条件的数据包通过。也就是丢弃该数据包
REJECT	REJECT 和 DROP 都会将数据包丢弃，区别在于 REJECT 除了丢弃数据包外，还向发送者返回错误信息
REDIRECT	将数据包重定向到本机或另一台主机的某个端口，通常用于实现透明代理或对外开放内网的某些服务
SNAT	用来做源网络地址转换的，也就是更换数据包的源 IP 地址
DNAT	与 SNAT 对应，将目的网络地址进行转换，也就是更换数据包的目的 IP 地址
MASQUERADE	和 SNAT 的作用相同，区别在于它不需要指定--to-source。MASQUERADE 是被专门设计用于那些动态获取 IP 地址的连接的，比如，拨号上网、DHCP 连接等
LOG	用来记录与数据包相关的信息。这些信息可以用来帮助排除错误。LOG 会返回数据包的有关细节，如 IP 头的大部分和其他有趣的信息

注意：① SNAT 只能用在 nat 表的 POSTROUTING 链里。只要连接的第一个符合条件的包被 SNAT 了，那么这个连接的其他所有的数据包都会自动地被 SNAT。

② DNAT 只能用在 nat 表的 PREROUTING 和 OUTPUT 链中，或者是被这两条链调用的链里。包含 DANT 的链不能被除此之外的其他链调用，如 POSTROUTING。

12.3.3 任务 3 设置默认策略

在 iptables 中,所有的内置链都会有一个默认策略。当通过 iptables 的数据包不符合链中的任何一条规则时,则按照默认策略来处理数据包。

定义默认策略的命令格式为

```
iptables [-t 表名] -P 链名 动作
```

【例 12-1】 将 filter 表中 INPUT 链的默认策略定义为 DROP(丢弃数据包)。

```
[root@RHEL7-1 ~]#iptables -P INPUT DROP
```

【例 12-2】 将 nat 表中 OUTPUT 链的默认策略定义为 ACCEPT(接收数据包)。

```
[root@RHEL7-1 ~]#iptables -t nat -P OUTPUT ACCEPT
```

12.3.4 任务 4 配置 iptables 规则

1. 查看 iptables 规则

查看 iptables 规则的命令格式为

```
iptables [-t 表名] -L 链名
```

【例 12-3】 查看 nat 表中所有链的规则。

```
[root@RHEL7-1 ~]#iptables -t nat -L
Chain PREROUTING(policy ACCEPT)
target prot opt source destination

Chain POSTROUTING(pclicy ACCEPT)
target prot opt source destination

Chain OUTPUT(Policy ACCEPT)
target prot opt source destination
```

【例 12-4】 查看 filter 表中 FORWARD 链的规则。

```
[root@server ~]#iptables -L FORWARD
Chain FORWARD (policy ACCEPT)
target prot opt source destination
REJECT all --anywhere anywhere reject-with icmp-host-prohibited
```

2. 添加、删除、修改规则

【例 12-5】 为 filter 表的 INPUT 链添加一条规则,规则为拒绝所有使用 ICMP 协议的数据包。

```
[root@RHEL7-1 ~]#iptables -F INPUT      //先清除 INPUT 链
[root@RHEL7-1 ~]#iptables -A INPUT -p icmp -j DROP
#查看规则列表
[root@server ~]#iptables -L INPUT
Chain INPUT(policy ACCEPT)
target        prot        opt    source              destination
DROP          icmp        --     anywhere            anywhere
```

【例 12-6】 为 filter 表的 INPUT 链添加一条规则,规则为允许访问 TCP 协议的 80 端口的数据包通过。

```
[root@RHEL7-1 ~]#iptables -A INPUT -p tcp --dport 80 -j ACCEPT
#查看规则列表
[root@server ~]#iptables -L INPUT
Chain INPUT(policy ACCEPT)
target        prot        opt    source           destination
DROP          icmp        --     anywhere         anywhere
ACCEPT        tcp         --     anywhere         anywhere          tcp dpt:http
```

【例 12-7】 在 filter 表中 INPUT 链的第 2 条规则前插入一条新规则,规则为不允许访问 TCP 协议的 53 端口的数据包通过。

```
[root@RHEL7-1 ~]#iptables -I INPUT 2 -p tcp --dport 53 -j DROP
#查看规则列表
[root@RHEL7-1 ~]#iptables -L INPUT
Chain INPUT(policy ACCEPT)
target        prot        opt    source           destination
DROP          icmp        --     anvwhere         anywhere
DROP          tcp         --     anywhere         anywhere        tcp dpt:domain
ACCEPT        tcp         --     anvwhere         anywhere        tcp dpt:http
```

【例 12-8】 在 filter 表中 INPUT 链的第一条规则前插入一条新规则,规则为允许源 IP 地址属于 172.16.0.0/16 网段的数据包通过。

```
[root@RHEL7-1 ~]#iptables -I INPUT -s 172.16.0.0/16 -j ACCEPT
#查看规则列表
[root@RHEL7-1 ~]#iptables -L INPUT
Chain INPUT(policy ACCEPT)
target    prot        opt    source           destination
ACCEPT    all         --     172.16.0.0/16    anywhere
DROP      icmp        --     anvwhere         anywhere
DROP      tcp         --     anywhere         anywhere          tcp dpt:domain
ACCEPT    tcp         --     anvwhere         anywhere          tcp dpt:http
```

【例 12-9】 删除 filter 表中 INPUT 链的第 2 条规则。

```
[root@RHEL7-1 ~]#iptables -D INPUT -p icmp -j DROP
#查看规则列表
```

```
[root@RHEL7-1 ~]#iptables -L INPUT
Chain INPUT (policy DROP)
target     prot  opt   source              destination
ACCEPT     all   --    172.16.0.0/16       anywhere
DROP       icmp  --    anywhere            anywhere
DROP       tcp   --    anywhere            anywhere            tcp dpt:domain
ACCEPT     tcp   --    anywhere            anywhere            tcp dpt:http
```

当某条规则过长时，可以使用数字代码来简化操作。使用--line -n 参数来查看规则代码。

```
[root@RHEL7-1 ~]#iptables -L INPUT --line -n
Chain INPUT (policy DROP)
num  target     prot  opt  source              destination
1    ACCEPT     all   --   172.16.0.0/16       0.0.0.0/0
2    DROP       tcp   --   0.0.0.0/0           0.0.0.0/0        tcp dpt:53
3    ACCEPT     tcp   --   0.0.0.0/0           0.0.0.0/0        tcp dpt:80
//直接使用规则代码进行删除
[root@RHEL7-1 ~]#iptables -D INPUT 2
//查看规则列表
[root@RHEL7-1 ~]#iptables -L INPUT --line -n
Chain INPUT (policy DROP)
num  target     prot  opt  source              destination
1    ACCEPT     all   --   172.16.0.0/16       0.0.0.0/0
2    ACCEPT     tcp   --   0.0.0.0/0           0.0.0.0/0              tcp dpt:80
```

【例 12-10】 清除 filter 表中 INPUT 链的所有规则。

```
[root@RHEL7-1 ~]#iptables -F INPUT
//查看规则列表
[root@server ~]#iptables -L INPUT
Chain INPUT (policy DROP)
target     prot      opt      source                destination
```

3. 保存规则与恢复

iptables 提供了两个很有用的工具来保存和恢复规则，这在规则集较为庞大的时候非常实用。它们分别是 iptables-save 和 iptables-restore。

iptables-save 用来保存规则，它的用法比较简单，其命令格式为

```
iptables-save [-c] [-t 表名]
```

其中，

-c：保存包和字节计数器的值。这可以使在重启防火墙后不丢失对包和字节的统计。

-t：用来选择保存哪张表的规则，如果不跟-t 参数，则保存所有的表。

当使用 iptables-save 命令后可以在屏幕上看到输出结果，其中 * 表示的是表的名字，它下面跟的是该表中的规则集。

```
[root@RHEL7-1 ~]#iptables-save
#Generated by iptables-save v1.4.7 on Sun Dec 15 16:36:38 2013
*nat
:PREROUTING ACCEPT [78:6156]
:POSTROUTING ACCEPT [21:1359]
:OUTPUT ACCEPT [21:1359]
COMMIT
#Completed on Sun Dec 15 16:36:38 2013
#Generated by iptables-save v1.4.7 on Sun Dec 15 16:36:38 2013
*filter
:INPUT DROP [2:66]
:FORWARD ACCEPT [0:0]
:OUTPUT ACCEPT [0:0]
COMMIT
#Completed on Sun Dec 15 16:36:38 2013
```

可以使用重定向命令来保存这些规则集。

```
[root@RHEL7-1 ~]#iptables-save >/etc/iptables-save
```

iptables-restore 用来装载由 iptables-save 保存的规则集。其命令格式为

```
iptables-restore [-c] [-n]
```

其中，

-c：如果加上该参数，表示要求装入包和字节计数器。

-n：表示不要覆盖已有的表或表内的规则。默认情况是清除所有已存在的规则。

使用重定向来恢复由 iptables-save 保存的规则集。

```
[root@RHEL7-1 ~]#iptables-restore</etc/iptables-save
```

12.3.5 任务5 使用 firewalld 服务

RHEL 7 系统中集成了多款防火墙管理工具，其中 firewalld（Dynamic Firewall Manager of Linux systems，Linux 系统的动态防火墙管理器）服务是默认的防火墙配置管理工具，它拥有基于 CLI（命令行界面）和基于 GUI（图形用户界面）的两种管理方式。

相较于传统的防火墙管理配置工具，firewalld 支持动态更新技术并加入了区域（zone）的概念。简单来说，区域就是 firewalld 预先准备了几套防火墙策略集合（策略模板），用户可以根据生产场景的不同而选择合适的策略集合，从而实现防火墙策略之间的快速切换。例如，我们有一台笔记本电脑，每天都要在办公室、咖啡厅和家里使用。按常理来讲，这三者的安全性按照由高到低的顺序排列，应该是家庭、公司办公室、咖啡厅。当前，我们希望为这台笔记本电脑指定如下防火墙策略规则：在家中允许访问所有服务；在办公室内仅允许访问文件共享服务；在咖啡厅仅允许上网浏览。以往，我们需要频繁地手动设置防火墙策略规则，而现在只需要预设好区域集合，然后轻点鼠标就可以自动切换，这极大地提升了防火墙

策略的应用效率。firewalld 中常见的区域名称(默认为 public)以及相应的策略规则如表 12-5 所示。

表 12-5　firewalld 中常用的区域名称及策略规则

区　域	默认策略规则
trusted	允许所有的数据包
home	拒绝流入的流量,除非与流出的流量相关;如果流量与 ssh、mdns、ipp-client、amba-client 与 dhcpv6-client 服务相关,则允许流量
internal	等同于 home 区域
work	拒绝流入的流量,除非与流出的流量相关;如果流量与 ssh、ipp-client 与 dhcpv6-client 服务相关,则允许流量
public	拒绝流入的流量,除非与流出的流量相关;如果流量与 ssh、dhcpv6-client 服务相关,则允许流量
external	拒绝流入的流量,除非与流出的流量相关;如果流量与 ssh 服务相关,则允许流量
dmz	拒绝流入的流量,除非与流出的流量相关;如果流量与 ssh 服务相关,则允许流量
block	拒绝流入的流量,除非与流出的流量相关
drop	拒绝流入的流量,除非与流出的流量相关

1. 使用终端管理工具

命令行终端是一种极富效率的工作方式,firewall-cmd 是 firewalld 防火墙配置管理工具的 CLI(命令行界面)版本。它的参数一般都是以"长格式"来提供的,但幸运的是 RHEL 7 系统支持部分命令的参数补齐。现在除了能用 Tab 键自动补齐命令或文件名等内容之外,还可以用 Tab 键来补齐表 12-6 中所示的长格式参数。

表 12-6　firewall-cmd 命令中使用的参数以及作用

参　数	作　用
--get-default-zone	查询默认的区域名称
--set-default-zone=＜区域名称＞	设置默认的区域,使其永久生效
--get-zones	显示可用的区域
--get-services	显示预先定义的服务
--get-active-zones	显示当前正在使用的区域与网卡名称
--add-source=	将源自此 IP 或子网的流量导向指定的区域
--remove-source=	不再将源自此 IP 或子网的流量导向某个指定区域
--add-interface=＜网卡名称＞	将源自该网卡的所有流量都导向某个指定区域
--change-interface=＜网卡名称＞	将某个网卡与区域进行关联
--list-all 或--list-all-zones	显示当前区域的网卡配置参数、资源、端口以及服务等信息
--add-service=＜服务名＞	设置默认区域允许该服务的流量
--add-port=＜端口号/协议＞	设置默认区域允许该端口的流量
--remove-service=＜服务名＞	设置默认区域不再允许该服务的流量
--remove-port=＜端口号/协议＞	设置默认区域不再允许该端口的流量
--reload	让"永久生效"的配置规则立即生效,并覆盖当前的配置规则
--panic-on	开启应急状况模式
--panic-off	关闭应急状况模式

与 Linux 系统中其他的防火墙策略配置工具一样，使用 firewalld 配置的防火墙策略默认为运行时（Runtime）模式，又称为当前生效模式，而且随着系统的重启会失效。如果想让配置策略一直存在，就需要使用永久（Permanent）模式了，方法就是在用 firewall -cmd 命令正常设置防火墙策略时添加--permanent 参数，这样配置的防火墙策略就可以永久生效。但是，永久模式有一个"不近人情"的特点，就是使用它设置的策略只有在系统重启之后才能自动生效。如果想让配置的策略立即生效，需要手动执行 firewall -cmd --reload 命令。

接下来的实验都很简单，但是一定要仔细查看使用的是 Runtime 模式还是 Permanent 模式。如果不关注这个细节，即使正确配置了防火墙策略，也可能无法达到预期的效果。

（1）查看 firewalld 服务当前所使用的区域。

```
[root@RHEL7-1 ~]#systemctl stop iptables
[root@RHEL7-1 ~]#systemctl start firewalld
[root@RHEL7-1 ~]#firewall-cmd  --get-default-zone
public
```

（2）查询 ens33 网卡在 firewalld 服务中的区域。

```
[root@RHEL7-1 ~]#firewall-cmd  --get-zone-of-interface=ens33
public
```

（3）把 firewalld 服务中 ens33 网卡的默认区域修改为 external，并在系统重启后生效。分别查看当前与永久模式下的区域名称。

```
[root@RHEL7-1 ~]#firewall-cmd  --permanent --zone=external
--change-interface=ens33
success
[root@RHEL7-1 ~]#firewall-cmd  --get-zone-of-interface=ens33
external
[root@RHEL7-1 ~]#firewall-cmd  --permanent  --get-zone-of-interface=ens33
no zone
```

（4）把 firewalld 服务的当前默认区域设置为 public。

```
[root@RHEL7-1 ~]#firewall-cmd  --set-default-zone=public
success
[root@RHEL7-1 ~]#firewall-cmd  --get-default-zone
public
```

（5）启动/关闭 firewalld 防火墙服务的应急状况模式，阻断一切网络连接（当远程控制服务器时请慎用）。

```
[root@RHEL7-1 ~]#firewall-cmd  --panic-on
success
[root@RHEL7-1 ~]#firewall-cmd  --panic-off
success
```

(6) 查询 public 区域是否允许请求 SSH 和 HTTPS 协议的流量。

```
[root@RHEL7-1 ~]#firewall-cmd  --zone=public  --query-service=ssh
yes
[root@RHEL7-1 ~]#firewall-cmd  --zone=public  --query-service=https
no
```

(7) 把 firewalld 服务中请求 HTTPS 协议的流量设置为永久允许,并立即生效。

```
[root@RHEL7-1 ~]#firewall-cmd  --zone=public  --add-service=https
success
[root@RHEL7-1 ~]#firewall-cmd  --permanent  --zone=public  --add-service
=https
success
[root@RHEL7-1 ~]#firewall-cmd  --reload
success
```

(8) 把 firewalld 服务中请求 HTTP 协议的流量设置为永久拒绝,并立即生效。

```
[root@RHEL7-1 ~]#firewall-cmd  --permanent  --zone=public  --remove-
service=http
success
[root@RHEL7-1 ~]#firewall-cmd  --reload
success
```

(9) 把在 firewalld 服务中访问 8088 和 8089 端口的流量策略设置为允许,但仅限当前生效。

```
[root@RHEL7-1 ~]#firewall-cmd  --zone=public  --add-port=8088-8089/tcp
success
[root@RHEL7-1 ~]#firewall-cmd  --zone=public  --list-ports
8088-8089/tcp
```

firewalld 中的富规则表示更细致、更详细的防火墙策略配置,它可以针对系统服务、端口号、源地址和目标地址等诸多信息进行更有针对性的策略配置。它的优先级在所有的防火墙策略中也是最高的。

2. 使用图形管理工具

firewall-config 是 firewalld 防火墙配置管理工具的 GUI(图形用户界面)版本,几乎可以实现所有以命令行来执行的操作。毫不夸张地说,即使读者没有扎实的 Linux 命令基础,也完全可以通过它来妥善配置 RHEL 7 中的防火墙策略。

在终端中输入命令 firewall-config 或者依次选择 Applications→Sundry→Firewall,打开如图 12-4 所示的界面,其功能具体如下。

① 选择运行时(Runtime)模式或永久(Permanent)模式的配置。

② 可选的策略集合区域列表。

③ 常用的系统服务列表。

④ 当前正在使用的区域。

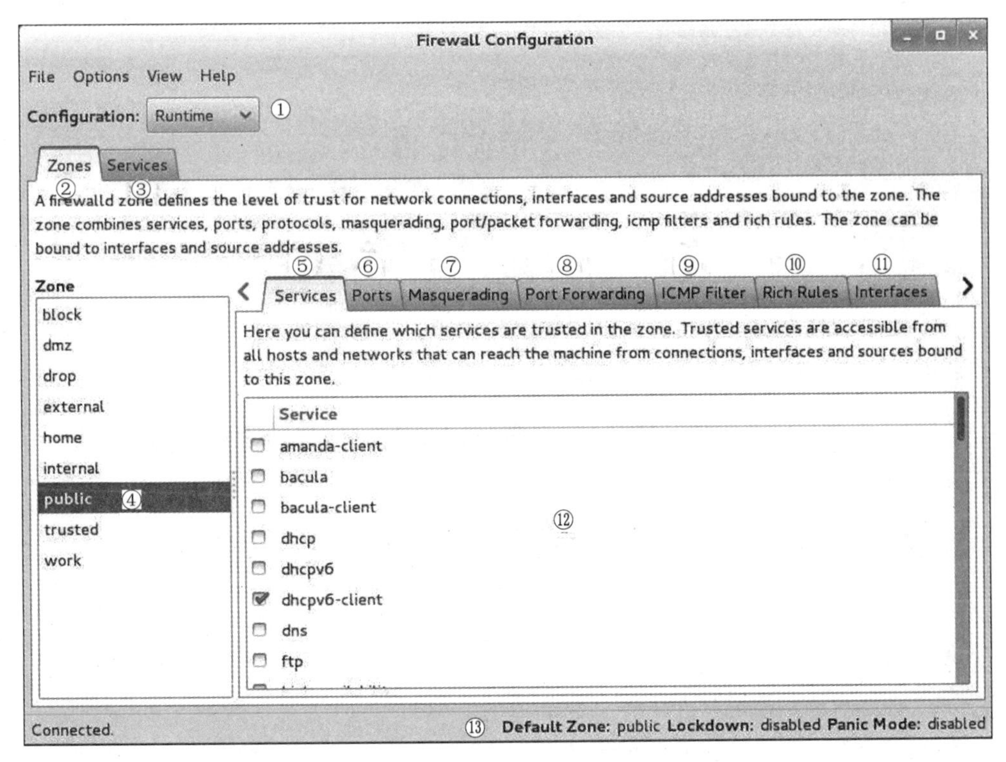

图 12-4　firewall-config 的界面

⑤ 管理当前被选中区域中的服务。

⑥ 管理当前被选中区域中的端口。

⑦ 开启或关闭 SNAT(源地址转换协议)技术。

⑧ 设置端口转发策略。

⑨ 控制请求 ICMP 服务的流量。

⑩ 管理防火墙的富规则。

⑪ 管理网卡设备。

⑫ 被选中区域的服务。若选中了相应服务前面的复选框,则表示允许与之相关的流量。

⑬ firewall-config 工具的运行状态。

注意:*在使用 firewall-config 工具配置完防火墙策略之后,无须进行二次确认,因为只要有修改内容,它就自动进行保存。下面进行动手实践环节。*

(1) 先将当前区域中请求 HTTP 服务的流量设置为允许,但仅限当前生效。具体配置如图 12-5 所示。

(2) 尝试添加一条防火墙策略规则,使其放行访问 8088~8089 端口(TCP 协议)的流量,并将其设置为永久生效,以达到系统重启后防火墙策略依然生效的目的。在按照图 12-6 所示的界面配置完毕之后,还需要在 Options 菜单中单击 Reload Firewalld 命令,让配置的防火墙策略立即生效(见图 12-7)。这与在命令行中执行--reload 参数的效果一样。

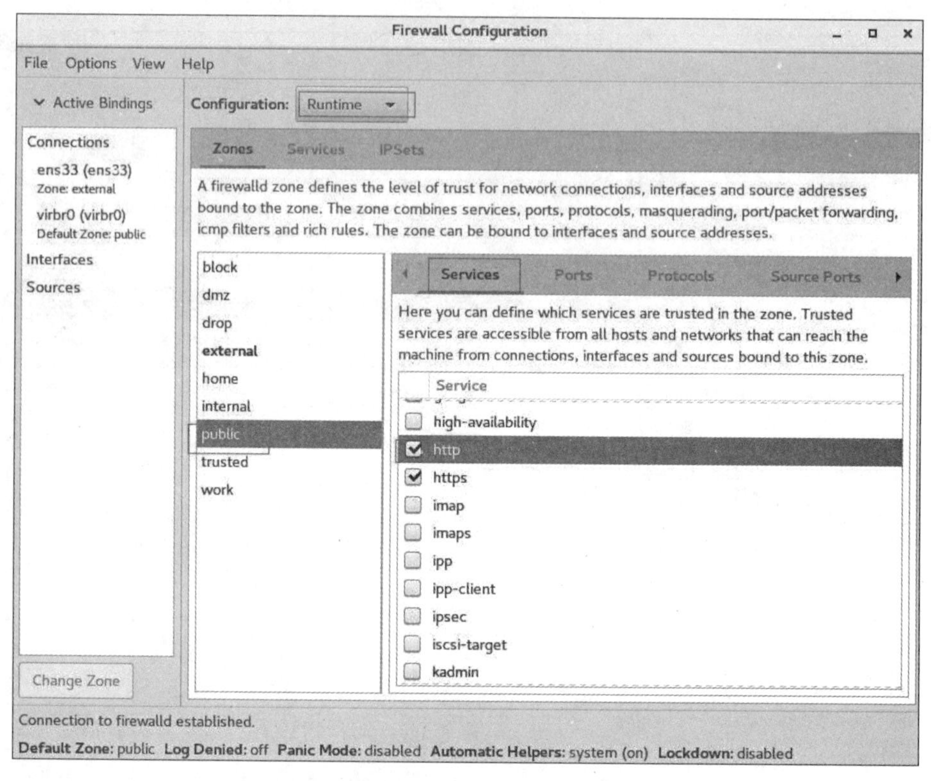

图 12-5　放行请求 http 服务的流量

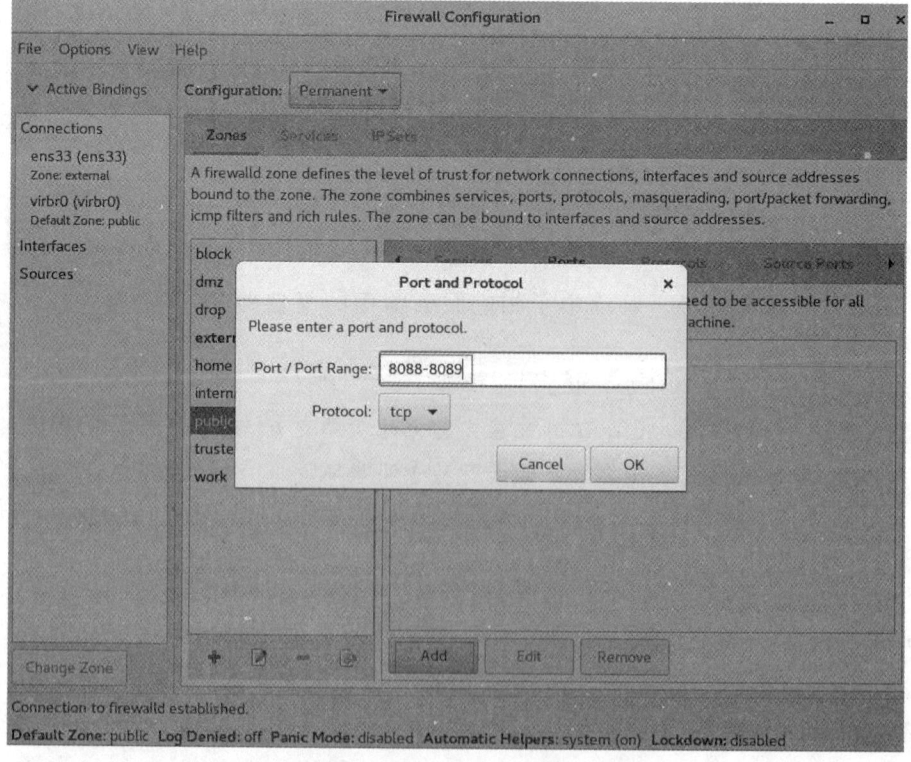

图 12-6　放行访问 8088-8089 端口的流量

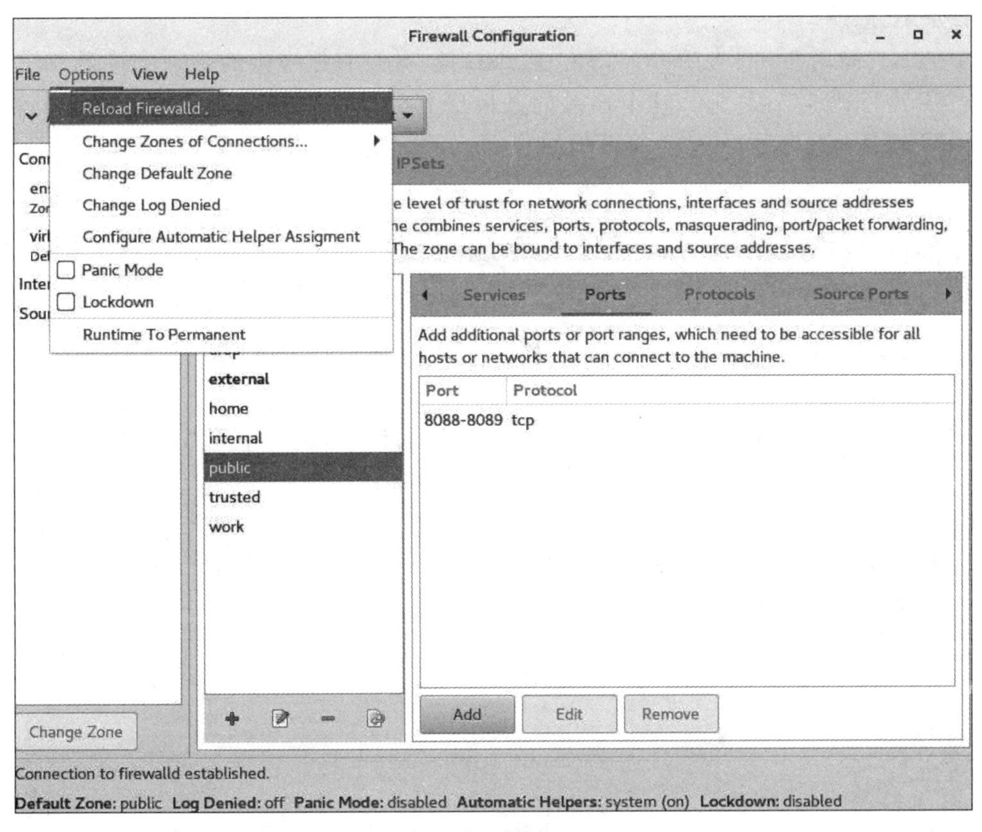

图 12-7　让配置的防火墙策略规则立即生效

12.3.6　任务 6　实现 NAT(网络地址转换)

1. iptables 实现 NAT

iptables 防火墙利用 nat 表能够实现 NAT 功能，将内网地址与外网地址进行转换，完成内、外网的通信。nat 表支持以下 3 种操作。

- SNAT：改变数据包的源地址。防火墙会使用外部地址，替换数据包的本地网络地址。这样使网络内部主机能够与网络外部通信。
- DNAT：改变数据包的目的地址。防火墙接收到数据包后，会将该包目的地址进行替换，重新转发到网络内部的主机。当应用服务器处于网络内部时，防火墙接收到外部的请求，会按照规则设定，将访问重定向到指定的主机上，使外部的主机能够正常访问网络内部的主机。
- MASQUERADE：MASQUERADE 的作用与 SNAT 完全一样，改变数据包的源地址。因为对每个匹配的包，MASQUERADE 都要自动查找可用的 IP 地址，而不像 SNAT 用的 IP 地址是配置好的。所以会加重防火墙的负担。当然，如果接入外网的地址不是固定地址，而是 ISP 随机分配的，使用 MASQUERADE 将会非常方便。

2. 配置 SNAT

SNAT 功能是进行源 IP 地址转换，也就是重写数据包的源 IP 地址。若网络内部主机采用共享方式，访问 Internet 连接时就需要用到 SNAT 的功能，将本地的 IP 地址替换为公网的合法 IP 地址。

SNAT 只能用在 nat 表的 POSTROUTING 链,并且只要连接的第一个符合条件的包被 SNAT 进行地址转换,那么这个连接的其他所有的包都会自动完成地址替换工作,而且这个规则会应用于这个连接的其他数据包。SNAT 使用选项--to-source,其命令语法如下。

```
iptables -t nat -A POSTROUTING -s IP1(内网地址) -o 网络接口 -j SNAT --to-source
IP2
```

本命令使得 IP1(内网私有源地址)转换为公用 IP 地址 IP2。

3. 配置 DNAT

DNAT 能够完成目的网络地址转换的功能,换句话说,就是重写数据包的目的 IP 地址。DNAT 是非常实用的。例如,企业 Web 服务器在网络内部,其使用私网地址,没有可在 Internet 上使用的合法 IP 地址。这时,互联网的其他主机是无法与其直接通信的,那么,可以使用 DNAT,防火墙的 80 端口接收数据包后,通过转换数据包的目的地址,信息会转发给内部网络的 Web 服务器。

DNAT 需要在 nat 表的 PREROUTING 链设置,配置参数为--to-destination,其命令格式如下。

```
iptables -t nat -A PREROUTING -d IP1 -i 网络接口 -p 协议 --dport 端口 -j  DNAT
--to-destination IP2
```

其中,IP1 为 NAT 服务器的公网地址,IP2 为访问的内网 Web 的 IP 地址。

DNAT 主要能够完成以下功能:iptables 能够接收外部的请求数据包,并转发至内部的应用服务器,整个过程是透明的,访问者感觉像直接在与内网服务器进行通信一样,如图 12-8 所示。

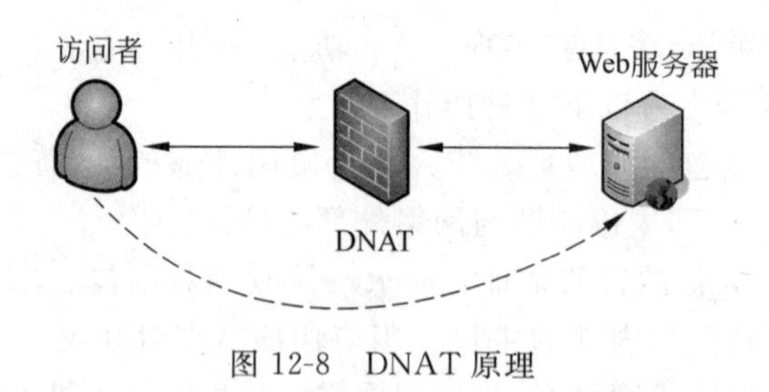

图 12-8 DNAT 原理

4. MASQUERADE

MASQUERADE 和 SNAT 作用相同,也是提供源地址转换的操作,但它是针对外部接口为动态 IP 地址而设计的,不需要使用--to -source 指定转换的 IP 地址。如果网络采用的是拨号方式接入 Internet,而没有对外的静态 IP 地址,那么建议使用 MASQUERADE。

【例 12-11】 公司内部网络有 230 台计算机,网段为 192.168.10.0/24,并配有一台拨号主机,使用接口 ppp0 接入 Internet,所有客户端通过该主机访问互联网。这时,需要在拨号主机进行设置,将 192.168.0.0/24 的内部地址转换为 ppp0 的公网地址,如下所示。

```
[root@RHEL7-1 ~]#iptables -t nat -A POSTROUTING -o ppp0
           -s 192.168.0.0/24 -j MASQUERADE
```

注意：MASQUERADE 是特殊的过滤规则，它只可以伪装从一个接口到另一个接口的数据。

5. 连接跟踪

(1) 连接跟踪的含义

通常，在 iptables 防火墙的配置都是单向的，例如，防火墙仅在 INPUT 链允许主机访问 Google 站点，这时，请求数据包能够正常发送至 Google 服务器，但是，当服务器的回应数据包抵达时，因为没有配置允许的策略，则该数据包将会被丢弃，无法完成整个通信过程。所以，配置 iptables 时需要配置出站、入站规则，这无疑增大了配置的复杂度。实际上，连接跟踪能够简化该操作。

连接跟踪依靠数据包中的特殊标记，对连接状态 state 进行检测，netfilter 能够根据状态决定数据包的关联，或者分析每个进程对应数据包的关系，决定数据包的具体操作。连接跟踪支持 TCP 和 UDP 通信，更加适用于数据包的交换。

连接跟踪通常会提高通信的效率，因为对于一个已经建立好的连接，剩余的通信数据包将不再需要接受链路中规则的检查，这将有效缩短 iptables 的处理时间，当然，连接跟踪需要占用更多的内存。

连接跟踪存在 4 种数据包的状态，如下所示。

- NEW：想要新建立连接的数据包。
- INVALID：无效的数据包，例如损坏或者不完整的数据包。
- ESTABLISHED：已经建立连接的数据包。
- RELATED：与已经发送的数据包有关的数据包，例如，建立连接后发送的数据包或者对方返回的响应数据包。同时使用该状态进行设定，简化 iptables 的配置操作。

(2) iptbles 连接状态配置

配置 iptables 的连接状态，使用选项-m，并指定 state 参数，选项--state 后跟状态，命令格式如下。

```
-m state --state<状态>
```

假如，允许已经建立连接的数据包，以及已发送数据包相关的数据包通过，则可以使用-m 选项，并设置接受 ESTABLISHED 和 RELATED 状态的数据包，如下所示。

```
[root@RHEL7-1 ~]#iptables -I INPUT -m state --state
                ESTABLISHED, RELATED -j ACCEPT
```

12.3.7　任务 7　NAT 综合案例

1. 企业环境

公司网络拓扑图如图 12-9 所示。内部主机使用 192.168.10.0/24 网段的 IP 地址，并且使用 Linux 主机作为服务器连接互联网，外网地址为固定地址 202.112.113.112。现需要满足如下要求。

(1) 配置 SNAT 保证内网用户能够正常访问 Internet;

(2) 配置 DNAT 保证外网用户能够正常访问内网的 Web 服务器。

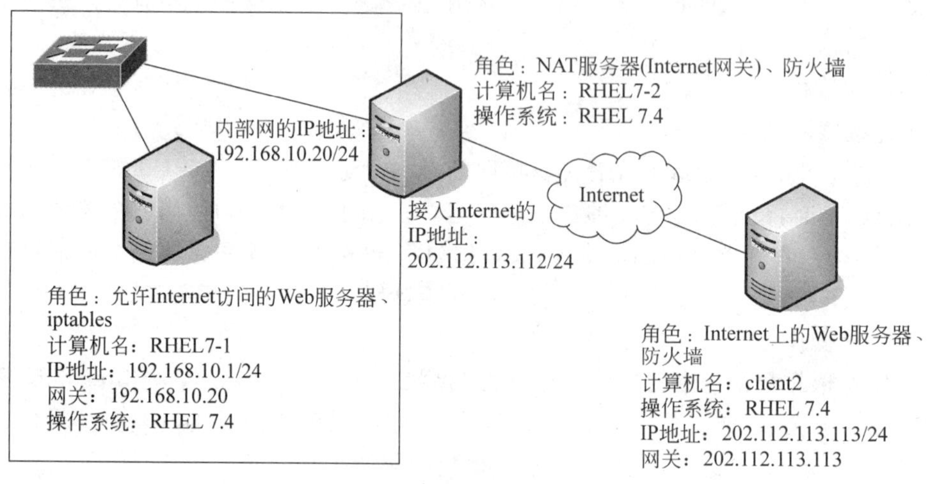

图 12-9 企业网络拓扑图

Linux 服务器和客户端的信息如表 12-7 所示(可以使用 VM 的克隆技术快速安装需要的 Linux 客户端)。

表 12-7 Linux 服务器和客户端的地址及 MAC 信息

主 机 名 称	操作系统	IP 地 址	角 色
内网服务器：RHEL 7-1	RHEL 7	192.168.10.1(VMnet1)	Web 服务器、iptables 防火墙
防火墙：RHEL 7-2	RHEL 7	IP1：192.168.10.20(VMnet1) IP2：202.112.113.112(VMnet8)	iptables、SNAT、DNAT
外网 Linux 客户端：client2	RHEL 7	202.112.113.113(VMnet8)	Web、firewalld

2. 解决方案

1) 第一部分：配置 SNAT 并测试

(1) 搭建并测试环境。具体步骤如下。

① 根据图 12-9 和表 12-7 配置 RHEL7-1、RHEL7-2 和 client2 的 IP 地址、子网掩码、网关等信息。RHEL7-2 要安装双网卡,同时计算机的网络连接方式一定要注意。

② 在 RHEL7-1 上,测试与 RHEL7-2 和 client2 的连通性。

```
[root@RHEL7-1 ~]#ping 192.168.10.20          //通
[root@RHEL7-1 ~]#ping 202.112.113.112        //通
[root@RHEL7-1 ~]#ping 202.112.113.113        //不通
```

③ 在 RHEL7-2 上测试与 RHEL7-1 和 client2 的连通性,都是畅通的。

④ 在 client2 上,测试与 RHEL7-1 和 RHEL7-2 的连通性。

RHEL7-1 与 client2 是不通的。

（2）在 RHEL7-2 上配置防火墙 SNAT。

```
[root@client1 ~]#cat /proc/sys/net/ipv4/ip_forward
1                                              //确认开启路由存储转发,其值为 1
[root@RHEL7-2 ~]#mount /dev/cdrom /iso
[root@RHEL7-2 ~]#yum clean all
[root@RHEL7-2 ~]#yum install iptables iptables-services -y
[root@RHEL7-2 ~]#systemctl stop firewalld
[root@RHEL7-2 ~]#systemctl start iptables
[root@RHEL7-2 ~]#iptables -F
[root@RHEL7-2 ~]#iptables -L
[root@RHEL7-2 ~]#iptables -t nat -L
[root@RHEL7-2 ~]#iptables -t nat -A POSTROUTING -s 192.168.10.0/24 -j SNAT --to
-source 202.112.113.112
[root@RHEL7-2 ~]#iptables -t nat -L
…
target     prot  opt  source            destination
SNAT       all   --   192.168.10.0/24   anywhere             to:202.112.113.112
```

（3）在外网 client2 上配置供测试的 Web。

```
[root@client2 ~]#mount /dev/cdrom /iso
[root@client2 ~]#yum clean all
[root@client2 ~]#yum install httpd -y
[root@client2 ~]#firewall-cmd  --permanent  --add-service=http
[root@client2 ~]#firewall-cmd  --reload
[root@client2 ~]#firewall-cmd-list-all
[root@client2 ~]#systemctl restart httpd
[root@client2 ~]#netstat -an |grep :80              //查看 80 端口是否开放
[root@client2 ~]#firefox 127.0.0.1
```

（4）在内网 RHEL7-1 上测试 SNAT 配置是否成功。

```
[root@RHEL7-1 ~]#ping 202.112.113.113
[root@RHEL7-1 ~]#firefox 202.112.113.113
```

应该网络畅通，且能访问到外网的默认网站。

请读者在 client2 上查看/var/log/httpd/access_log 中是否包含源地址 192.168.10.1，说明理由，并确认是否包含 202.112.113.112。

2）第二部分：配置 DNAT 并测试

（1）在 RHEL7-1 上配置内网 Web 及防火墙。

```
[root@RHEL7-1 ~]#mount /dev/cdrom /iso
[root@RHEL7-1 ~]#yum clean all
[root@RHEL7-1 ~]#yum install httpd -y
[root@RHEL7-1 ~]#systemctl restart httpd
[root@RHEL7-1 ~]#systemctl enable httpd
[root@RHEL7-1 ~]#systemctl stop firewalld
[root@RHEL7-1 ~]#systemctl start iptables
```

```
[root@RHEL7-1 ~]#systemctl enable iptables
[root@RHEL7-1 ~]#systemctl status  iptables
[root@RHEL7-1 ~]#iptables -F
[root@RHEL7-1 ~]#iptables -L
[root@RHEL7-1 ~]#systemctl enable  iptables
[root@RHEL7-1 ~]#systemctl enable  iptables
[root@RHEL7-1 ~]#iptables -A INPUT -p tcp --dport 80 -j ACCEPT
[root@RHEL7-1 ~]#iptables -A INPUT -i lo -j ACCEPT      //允许访问回环地址
[root@RHEL7-1 ~]#iptables -A INPUT  -m  state --state  ESTABLISHED,RELATED
-j ACCEPT
[root@RHEL7-1 ~]#iptables -A INPUT -j REJECT            //其他访问都拒绝
[root@RHEL7-1 ~]#vim /var/wwww/html/index.html          //修改默认网站内容供测试
[root@RHEL7-1 ~]#iptables -I INPUT -p icmp -j ACCEPT    //插入允许 ping 命令的条目
[root@RHEL7-1 ~]#iptables -L
Chain INPUT (policy ACCEPT)
target   prot  opt  source      destination
ACCEPT   icmp  --   anywhere    anywhere
ACCEPT   tcp   --   anywhere    anywhere     tcp dpt:http
ACCEPT   all   --   anywhere    anywhere
         all   --   anywhere    anywhere     state RELATED,ESTABLISHED
ACCEPT   all   --   anywhere    anywhere     state RELATED,ESTABLISHED
REJECT   all   --   anywhere    anywhere     reject-with icmp-port-unreachable
…
[root@RHEL7-1 ~]#service iptables save
[root@RHEL7-1 ~]#cat /etc/sysconfig/iptables -n
      1 : #Generated by iptables-save v1.4.21 on Sun Jul 29 09:03:05 2018
      2 : *filter
      3 : INPUT ACCEPT [0:0]
      4 : FORWARD ACCEPT [0:0]
      5 : OUTPUT ACCEPT [1:146]
      6 : -A INPUT -p icmp -j ACCEPT
      7 : -A INPUT -p tcp -m tcp --dport 80 -j ACCEPT
      8 : -A INPUT -i lo -j ACCEPT
      9 : -A INPUT -m state --state RELATED,ESTABLISHED
     10 : -A INPUT -m state --state RELATED,ESTABLISHED -j ACCEPT
     11 : -A INPUT -j REJECT --reject-with icmp-port-unreachable
     12 : COMMIT
     13 : #Completed on Sun Jul 29 09:03:05 2018
```

（2）在防火墙 RHEL7-2 上配置 DNAT。

```
[root@client1 ~]#iptables -t nat -A PREROUTING -d 202.112.113.112 -p tcp --dport
80 -j DNAT --to-destination 192.168.10.1:80
```

（3）在外网 client2 上测试。

```
[root@client2 ~]#ping 192.168.10.1
[root@client2 ~]#firefox 202.112.113.112
```

12.3.8　任务8　配置服务的访问控制列表

TCP Wrappers 是 RHEL 7 系统中默认启用的一款流量监控程序，它能够根据来访主机的地址与本机的目标服务程序做出允许或拒绝的操作。换句话说，Linux 系统中其实有两种防火墙，第一种是前面讲到的基于 TCP/IP 协议的流量过滤工具；第二种是 TCP Wrappers 服务，这是能允许或禁止 Linux 系统提供服务的防火墙，从而在更高层面保护了 Linux 系统的安全运行。

TCP Wrappers 服务的防火墙策略由两个控制列表文件所控制，用户可以编辑允许控制列表文件来放行对服务的请求流量，也可以编辑拒绝控制列表文件来阻止对服务的请求流量。控制列表文件修改后会立即生效，系统将会先检查允许控制列表文件(/etc/hosts.allow)，如果匹配到相应的允许策略则放行流量；如果没有匹配到相应的允许策略，则需进一步匹配拒绝控制列表文件(/etc/hosts.deny)，若找到匹配项则拒绝该流量。如果这两个文件全都没有匹配到，则默认放行流量。

TCP Wrappers 服务的控制列表文件配置起来并不复杂，常用的参数如表 12-8 所示。

表 12-8　TCP Wrappers 服务的控制列表文件中常用的参数

客户端类型	示　　例	满足示例的客户端列表
单一主机	192.168.10.10	IP 地址为 192.168.10.10 的主机
指定网段	192.168.10 或 192.168.10.0/255.255.255.0	IP 段为 192.168.10.0/24 的主机
指定 DNS 后缀	.linuxprobe.com	所有 DNS 后缀为.linuxprobe.com 的主机
指定主机名称	www.linuxprobe.com	主机名称为 www.linuxprobe.com 的主机
指定所有客户端	ALL	所有主机全部包括在内

在配置 TCP Wrappers 服务时需要遵循两个原则。

(1) 编写拒绝策略规则时，填写的是服务名称，而非协议名称。

(2) 建议先编写拒绝策略规则，再编写允许策略规则，以便直观地看到相应的效果。

下面编写拒绝策略规则文件，禁止访问本机 sshd 服务的所有流量(无须在/etc/hosts.deny 文件中修改原有的注释信息)。

```
[root@RHEL7-1 ~]#vim /etc/hosts.deny
#
#hosts.deny    This file contains access rules which are used to
#              deny connections to network services that either use
#              the tcp_wrappers library or that have been
#              started through a tcp_wrappers-enabled xinetd.
#
#              The rules in this file can also be set up in
#              /etc/hosts.allow with a 'deny' option instead.
#
#              See 'man 5 hosts_options' and 'man 5 hosts_access'
#              for information on rule syntax.
#              See 'man tcpd' for information on tcp_wrappers
```

```
sshd:*

[root@RHEL7-1 ~]#ssh 192.168.10.1
ssh_exchange_identification: read: Connection reset by peer
```

接下来，在允许策略规则文件中添加一条规则，使其放行源自192.168.10.0/24网段，访问本机sshd服务的所有流量。可以看到，服务器立刻就放行了访问sshd服务的流量，效果非常直观。

```
[root@RHEL7-1 ~]#vim /etc/hosts.allow
#
#hosts.allow   This file contains access rules which are used to
#               allow or deny connections to network services that
#               either use the tcp_wrappers library or that have been
#               started through a tcp_wrappers-enabled xinetd.
#
#               See 'man 5 hosts_options' and 'man 5 hosts_access'
#               for information on rule syntax.
#               See 'man tcpd' for information on tcp_wrappers
sshd:192.168.10.0/24

[root@RHEL7-1 ~]#ssh 192.168.10.1
root@192.168.10.1's password:
Last login: Fri Jul 27 20:03:30 2018 from 192.168.10.20
ABRT has detected 1 problem(s). For more info run: abrt-cli list --since 1532700609
```

12.4 企业实战与应用

12.4.1 企业环境及需求

1. 企业环境

200台客户机，IP地址范围为192.168.1.1～192.168.1.1.254，子网掩码为255.255.255.0。

E-mail服务器：IP地址为192.168.1.254，子网掩码为255.255.255.0。

FTP服务器：IP地址为192.168.1.253，子网掩码为255.255.255.0。

Web服务器：IP地址为192.168.1.252，子网掩码为255.255.255.0。

企业网络拓扑图如图12-10所示。

2. 配置要求

所有内网计算机需要经常访问互联网，并且职员会使用即时通信工具与客户进行沟通，企业网络DMZ隔离区搭建有E-mail、FTP和Web服务器，其中E-mail和FTP服务器对内部员工开放，仅需要发布Web站点，并且管理员会通过外网进行远程管理。为了保证整个网络的安全性，现在需要添加iptables防火墙，配置相应的策略。

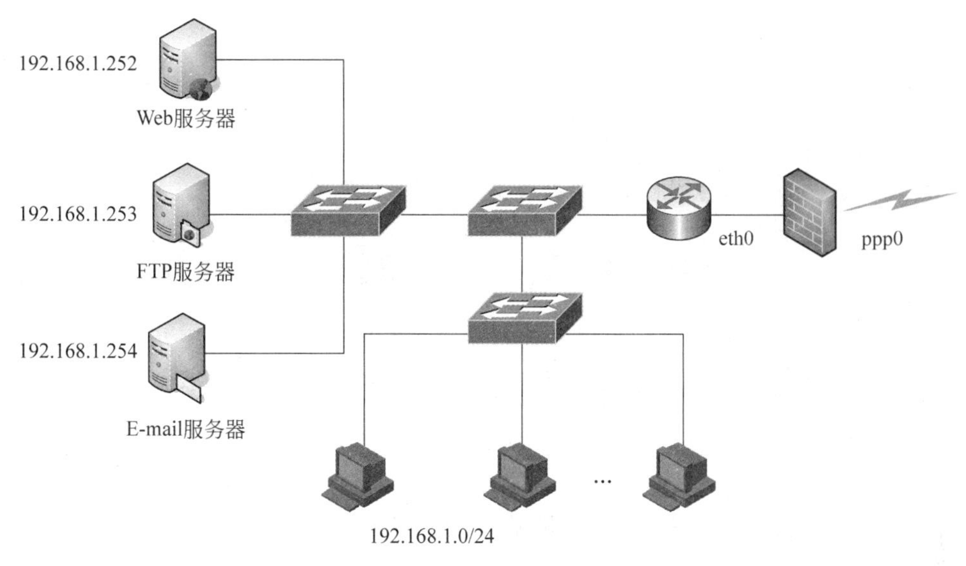

图 12-10　企业网络拓扑图

12.4.2　需求分析

企业的内部网络为了保证安全性，需要首先删除所有规则设置，并将默认规则设置为DROP，然后开启防火墙对于客户机的访问限制，打开 Web、MSN、QQ 以及 E-mail 的相应端口，并允许外部客户端登录 Web 服务器的 80、22 端口。

12.4.3　解决方案

1. 配置默认策略

（1）删除策略。

```
[root@RHEL7-1 ~]#iptables -F [root@RHEL7-1 ~]#iptables -X
[root@RHEL7-1 ~]#iptables -Z
[root@RHEL7-1 ~]#iptables -F -t nat
[root@RHEL7-1 ~]#iptables -X -t nat
[root@RHEL7-1 ~]#iptables -Z -t nat
```

（2）设置默认策略。

```
[root@RHEL7-1 ~] #iptables -P INPUT DROP
[root@RHEL7-1 ~] #iptables -P FORWARD DROP
[root@RHEL7-1 ~] #iptables -P OUTPUT ACCEPT
[root@RHEL7-1 ~] #iptables -t nat -P PREROUTING ACCEPT
[root@RHEL7-1 ~] #iptables -t nat -P OUTPUT ACCEPT
[root@RHEL7-1 ~] #iptables -t nat -P POSTROUTING ACCEPT
```

2. 回环地址

有些服务的测试需要使用回环地址，为了保证各服务的正常工作，需要允许回环地址的通信,如下所示。

```
[root@RHEL7-1 ~] #iptables -A INPUT -i lo -j ACCEPT
```

3. 连接状态设置

为了简化防火墙的配置操作,并提高检查的效率,需要添加连接状态设置,如下所示。

```
[root@RHEL7-1 ~] #iptables -A INPUT -m state --state ESTABLISHED,RELATED
    -j ACCEPT
```

连接跟踪存在 4 种数据包状态。

- NEW:想要新建连接的数据包。
- INVALID:无效的数据包,例如损坏或者不完整的数据包。
- ESTABLISHED:已经建立连接的数据包。
- RELATED:与已经发送的数据包有关的数据包。

4. 设置 80 端口转发

```
[root@RHEL7-1 ~] #iptables -A FORWARD -p tcp --dport 80 -j ACCEPT
```

5. DNS 相关设置

为了客户机能够正常使用域名访问 Internet,还需要允许内网计算机与外部 DNS 服务器的数据转发。开启 DNS 使用 UDP、TCP 的 53 端口,如下所示。

```
[root@RHEL7-1 ~] #iptables -A FORWARD -p udp --dport 53 -j ACCEPT
[root@RHEL7-1 ~] #iptables -A FORWARD -p tcp --dport 53 -j ACCEPT
```

6. 允许访问服务器的 SSH

SSH 使用 TCP 协议端口 22,如下所示。

```
[root@RHEL7-1 ~] #iptables -A INPUT -p tcp --dport 22 -j ACCEPT
```

7. 允许内网主机登录 MSN 和 QQ

QQ 能够使用 TCP 80、8000、443 及 UDP 8000、4000 登录,而 MSN 通过 TCP 1863、443 验证。因此,只需要允许这些端口的 FORWARD 转发(拒绝则相反)即可以正常登录,如下所示。

```
[root@RHEL7-1 ~] #iptables -A FORWARD -p tcp --dport 80 -j ACCEPT
[root@RHEL7-1 ~] #iptables -A FORWARD -p tcp --dport 1863 -j ACCEPT
[root@RHEL7-1 ~] #iptables -A FORWARD -p tcp --dport 443 -j ACCEPT
[root@RHEL7-1 ~] #iptables -A FORWARD -p tcp --dport 8000 -j ACCEPT
[root@RHEL7-1 ~] #iptables -A FORWARD -p udp --dport 8000 -j ACCEPT
[root@RHEL7-1 ~] #iptables -A FORWARD -p udp --dport 4000 -j ACCEPT
```

8. 允许内网主机收发邮件

客户端发送邮件时访问邮件服务器的 TCP 25 端口;接收邮件时可能使用的端口则较

多,UDP 协议以及 TCP 协议的端口有 110、143、993 以及 995。如下所示。

```
[root@RHEL7-1 ~]#iptables -A FORWARD -p tcp --dport 25 -j ACCEPT
[root@RHEL7-1 ~]#iptables -A FORWARD -p tcp --dport 110 -j ACCEPT
[root@RHEL7-1 ~]#iptables -A FORWARD -p udp --dport 110 -j ACCEPT
[root@RHEL7-1 ~]#iptables -A FORWARD -p tcp --dport 143 -j ACCEPT
[root@RHEL7-1 ~]#iptables -A FORWARD -p udp --dport 143 -j ACCEPT
[root@RHEL7-1 ~]#iptables -A FORWARD -p tcp --dport 993 -j ACCEPT
[root@RHEL7-1 ~]#iptables -A FORWARD -p udp --dport 993 -j ACCEPT
[root@RHEL7-1 ~]#iptables -A FORWARD -p tcp --dport 995 -j ACCEPT
[root@RHEL7-1 ~]#iptables -A FORWARD -p udp --dport 995 -j ACCEPT
```

9. NAT 设置

由于局域网的地址为私网地址,在公网上是不合法的,所以必须将私网地址转为服务器的外部地址进行伪装,连接外部接口为 ppp0,具体配置如下所示。

```
[root@RHEL7-1 ~]#iptables -t nat -A POSTROUTING -o ppp0 -s 192.168.1.0/24
-j MASQUERADE
```

MASQUERADE 和 SNAT 作用一样,同样是提供源地址转换的操作,但是 MASQUERADE 是针对外部接口为动态 IP 地址来设置的,不需要使用--to-source 指定转换的 IP 地址。如果网络采用的是拨号方式接入互联网,而没有对外的静态 IP 地址(主要用在动态获取 IP 地址的连接,比如 ADSL 拨号、DHCP 连接等),那么建议使用 MASQUERADE。

注意:MASQUERADE 是特殊的过滤规则,其只可以映射从一个接口到另一个接口的数据。

10. 内部机器对外发布 Web

内网 Web 服务器 IP 地址为 192.168.1.252,通过设置,当公网客户端访问服务器时,防火墙将请求映射到内网的 192.168.1.252 的 80 端口,如下所示。

```
[root@RHEL7-1 ~]#iptables -t nat -A PREROUTING -i ppp0 -p tcp
                 --dport 80 -j DNAT --to-destination 192.168.1.252:80
```

12.5 项目实录

1. 观看录像

实训前请扫描二维码观看录像。

2. 项目背景

假如某公司需要 Internet 接入,由 ISP 分配 IP 地址 202.112.113.112。采用 iptables 作为 NAT 服务器接入网络,内部采用 192.168.1.0/24 地址,外部采用 202.112.113.112 地址。为确保安全,需要配置防火墙功能,要求内部仅能够访问 Web、DNS 及 E-mail 3 台服务器;内部 Web 服务器 192.168.1.2 通过端口映像方式对外提供服务。配置 netfilter/iptables 网络拓扑如图 12-11 所示。

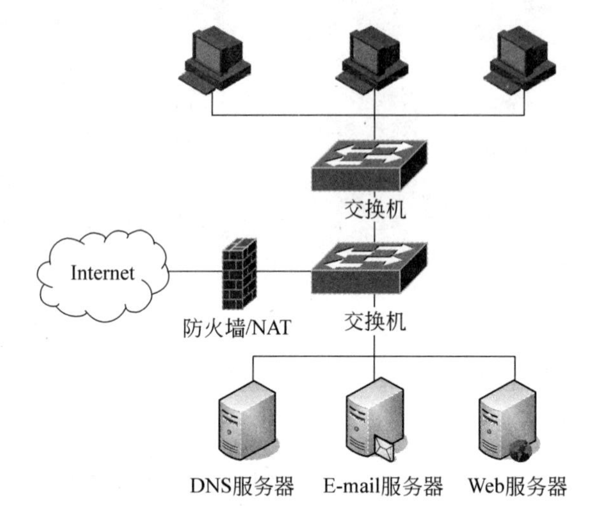

图 12-11　配置 netfilter/iptables 网络拓扑

3. 深度思考

在观看录像时思考以下几个问题。

(1) 为何要设置两块网卡的 IP 地址? 如何设置网卡的默认网关?

(2) 为何要清除默认规则?

(3) 如何接受或拒绝 TCP、UDP 的某些端口?

(4) 如何屏蔽 ping 命令? 如何屏蔽扫描信息?

(5) 如何使用 SNAT 来实现内网访问互联网? 如何实现透明代理?

(6) 在客户端如何设置 DNS 服务器地址?

(7) 谈谈 firewalld 与 iptables 的不同使用方法。

(8) iptables 中的-A 和-I 两个参数有何区别? 试举个例子。

4. 做一做

根据项目要求及录像内容,将项目完整无缺地完成。

12.6 练习题

一、填空题

1. ________可以使企业内部局域网与 Internet 之间或者与其他外部网络间互相隔离、限制网络互访,以此来保护________。

2. 防火墙大致可以分为 3 大类,分别是________、________和________。

3. ________是 Linux 核心中的一个通用架构,它提供了一系列的表,每个表由若干________组成,而每条链可以由一条或数条________组成。实际上,netfilter 是________的容器,表是链的容器,而链又是________的容器。

4. 接收数据包时，netfilter 提供 3 种数据包处理的功能：________、________和________。

5. netfilter 设计了 3 个表：________、________以及________。

6. ________表仅用于网络地址转换，其具体的动作有________、________以及________。

7. ________是 netfilter 默认的表，通常使用该表进行过滤的设置，它包含以下内置链：________、________和________。

8. 网络地址转换器 NAT（Network Address Translator）位于使用专用地址的________和使用公用地址的________之间。

二、选择题

1. 在 Linux 2.6 以后的内核中，提供 TCP/IP 包过滤功能的软件叫（　　）。

A. rarp　　B. route　　C. iptables　　D. filter

2. 在 Linux 操作系统中，可以通过 iptables 命令来配置内核中集成的防火墙，若在配置脚本中添加 iptables 命令 # iptables -t nat -A PREROUTING -p tcp -s 0/0 -d 61.129.3.88 --dport 80 -j DNAT -to-destination 192.168.0.18，其作用是（　　）。

A. 将对 192.168.0.18 的 80 端口的访问转发到内网的 61.129.3.88 主机上

B. 将对 61.129.3.88 的 80 端口的访问转发到内网的 192.168.0.18 主机上

C. 将对 192.168.0.18 的 80 端口映射到内网的 61.129.3.88 的 80 端口

D. 禁止对 61.129.3.88 的 80 端口的访问

3. John 计划在他的局域网建立防火墙，防止 Internet 直接进入局域网，反之亦然。在防火墙上他不能用包过滤或 SOCKS 程序，而且他想要提供给局域网用户仅有的几个 Internet 服务和协议。John 应该使用的防火墙类型最好的是（　　）。

A. 使用 squid 代理服务器　　B. NAT

C. IP 转发　　D. IP 伪装

4. 关于 IP 伪装的适当描述正确的是（　　）。

A. 它是一个转化包的数据的工具

B. 它的功能就像 NAT 系统：转换内部 IP 地址到外部 IP 地址

C. 它是一个自动分配 IP 地址的程序

D. 它是一个连接内部网到 Internet 的工具

5. 不属于 iptables 操作的是（　　）。

A. ACCEPT　　B. DROP 或 REJECT

C. LOG　　D. KILL

6. 假设要控制来自 IP 地址 199.88.77.66 的 ping 命令，可用的 iptables 命令为（　　）。

A. iptables -a INPUT -s 199.88.77.66 -p icmp -j DROP

B. iptables -A INPUT -s 199.88.77.66 -p icmp -j DROP

C. iptables -A input -s 199.88.77.66 -p icmp -j drop

D. iptables -A input -S 199.88.77.66 -P icmp -J DROP

7. 如果想防止 199.88.77.0/24 网络用 TCP 分组连接端口 21，iptables 命令为（　　）。

A. iptables -A FORWARD -s 199.88.77.0/24 -p tcp --dport 21 -j REJECT

B. iptables -A FORWARD -s 199.88.77.0/24 -p tcp -dport 21 -j REJECT

C. iptables -a forward -s 199.88.77.0/24 -p tcp --dport 21 -j reject

D. iptables -A FORWARD -s 199.88.77.0/24 -p tcp -dport 21 -j DROP

三、简述题

1. 简述防火墙的概念、分类及作用。
2. 简述 iptables 的工作过程。
3. 简述 NAT 的工作过程。
4. 在 RHEL 7 系统中，iptables 是否已经被 firewalld 服务彻底取代？
5. 简述防火墙策略规则中 DROP 和 REJECT 的不同之处。
6. 如何把 iptables 服务的 INPUT 规则链默认策略设置为 DROP？
7. 怎样编写一条防火墙策略规则，使得 iptables 服务可以禁止源自 192.168.10.0/24 网段的流量访问本机的 sshd 服务(22 端口)？
8. 简述 firewalld 中区域的作用。
9. 如何在 firewalld 中把默认的区域设置为 dmz？
10. 如何让 firewalld 中以永久(Permanent)模式配置的防火墙策略规则立即生效？
11. 使用 SNAT 技术的目的是什么？
12. TCP Wrappers 服务分别有允许策略配置文件和拒绝策略配置文件，请问匹配顺序是什么？

12.7 超链接

单击 http://www.icourses.cn/scourse/course_2843.html，访问并学习国家精品资源共享课程网站中学习情境的相关内容。

项目十三　配置与管理代理服务器

项目背景

某高校组建了校园网，并且已经架设了 Web、FTP、DNS、DHCP 及 E-mail 等功能的服务器来为校园网用户提供服务，现有如下问题需要解决。

(1) 需要架设防火墙以实现校园网的安全。

(2) 由于校园网使用的是私有地址，需要进行网络地址转换，使校园网中的用户能够访问互联网。

该项目实际上是由 Linux 的防火墙与代理服务器，即 iptables 和 squid 来完成的，通过该角色部署 iptables、NAT、squid，能够实现上述功能。项目十二已经完成了 iptables、NAT 的学习，现在学习关于代理服务器的知识和技能。

职业能力目标和要求

- 了解代理服务器的基本知识。
- 掌握 squid 代理服务器的配置。

13.1　相关知识

代理服务器(Proxy Server)等同于内网与 Internet 的桥梁。普通的 Internet 访问是一个典型的客户机与服务器结构：用户利用计算机上的客户端程序，如浏览器发出请求，远端 WWW 服务器程序响应请求并提供相应的数据。而 Proxy 处于客户机与服务器之间，对于服务器来说，Proxy 是客户机，Proxy 提出请求，服务器响应；对于客户机来说，Proxy 是服务器，它接受客户机的请求，并将服务器上传的数据转给客户机。它的作用如同现实生活中的代理服务商。

13.1.1　代理服务器的工作原理

当客户端在浏览器中设置好 Proxy 服务器后，所有使用浏览器访问 Internet 站点的请求都不会直接发给目的主机，而是首先发送至代理服务器，代理服务器接收到客户端的请求以后，由代理服务器向目的主机发出请求，并接收目的主机返回的数据，存放在代理服务器的硬盘，然后再由代理服务器将客户端请求的数据转发给客户端。具体流程如图 13-1 所示。

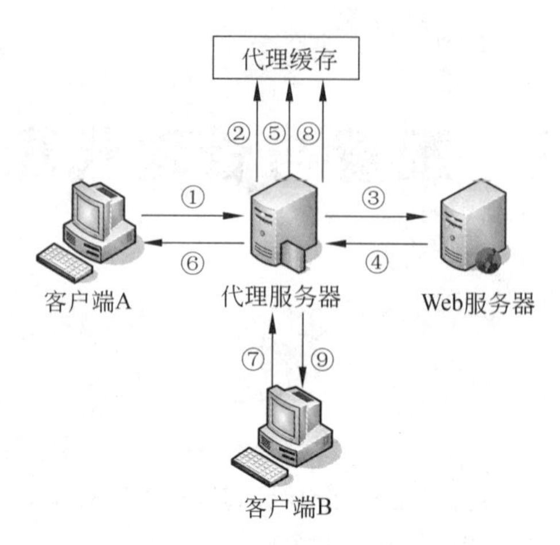

图 13-1　代理服务器工作原理

① 当客户端 A 对 Web 服务器端提出请求时,此请求会首先发送到代理服务器。

② 代理服务器接收到客户端 A 请求后,会检查缓存中是否存有客户端 A 所需要的数据。

③ 如果代理服务器没有客户端 A 所请求的数据,它将会向 Web 服务器提交请求。

④ Web 服务器响应请求的数据。

⑤ 代理服务器从服务器获取数据后,会保存至本地的缓存,以备以后查询使用。

⑥ 代理服务器向客户端 A 转发 Web 服务器的数据。

⑦ 客户端 B 访问 Web 服务器,向代理服务器发出请求。

⑧ 代理服务器查找缓存记录,确认已经存在 Web 服务器的相关数据。

⑨ 代理服务器直接回应查询的信息,而不需要再去服务器进行查询。从而达到节约网络流量和提高访问速度的目的。

13.1.2　代理服务器的作用

(1) 提高访问速度。因为客户要求的数据存于代理服务器的硬盘中,因此下次这个客户或其他客户再要求相同目的站点的数据时,就会直接从代理服务器的硬盘中读取,代理服务器起到了缓存的作用,热门站点有很多客户访问时,代理服务器的优势更为明显。

(2) 用户访问限制。因为所有使用代理服务器的用户都必须通过代理服务器访问远程站点,因此在代理服务器上就可以设置相应的限制,以过滤或屏蔽某些信息。这是局域网网管对局域网用户访问范围限制最常用的办法,也是局域网用户为什么不能浏览某些网站的原因。拨号用户如果使用代理服务器,同样必须服从代理服务器的访问限制。

(3) 安全性得到提高。无论是上聊天室还是浏览网站,目的网站只能知道使用的代理服务器的相关信息,而客户端真实 IP 就无法测知,这就使得使用者的安全性得以提高。

13.2　项目设计及准备

13.2.1　项目设计

网络建立初期,人们只考虑如何实现通信而忽略了网络的安全。而防火墙可以使企业内部局域网与 Internet 之间或者与其他外部网络互相隔离、限制网络互访来保护内部网络。

大量拥有内部地址的机器组成了企业内部网，那么如何连接内部网与 Internet？代理服务器将是很好的选择，它能够解决内部网访问 Internet 的问题并提供访问的优化和控制功能。

本项目设计在安装有企业版 Linux 网络操作系统的服务器上安装 squid 代理服务器。

13.2.2　项目准备

部署 squid 代理服务器应满足下列需求。

(1) 安装好的企业版 Linux 网络操作系统，并且必须保证常用服务正常工作。客户端使用 Linux 或 Windows 网络操作系统。服务器和客户端能够通过网络进行通信。

(2) 或者利用虚拟机进行网络环境的设置。如果模拟互联网的真实情况，则需要 3 台虚拟机，如表 13-1 所示。

表 13-1　Linux 服务器和客户端的地址及 MAC 信息

主机名称	操作系统	IP 地址	角色
内网服务器：RHEL7-1	RHEL 7	192.168.10.1(VMnet1)	Web 服务器、iptables 防火墙
squid 代理服务器：RHEL7-2	RHEL 7	IP1：192.168.10.20(VMnet1) IP2：202.112.113.112(VMnet8)	iptables、squid
外网 Linux 客户端：client2	RHEL 7	202.112.113.113(VMnet8)	Web、firewalld

13.3　项目实施

13.3.1　任务 1　安装、启动、停止与随系统启动 squid 服务

对 Web 用户来说，squid 是一个高性能的代理缓存服务器，可以加快内部网浏览 Internet 的速度，提高客户机的访问命中率。squid 不仅支持 HTTP 协议，还支持 FTP、gopher、SSL 和 WAIS 等协议。和一般的代理缓存软件不同，squid 用一个单独的、非模块化的 I/O 驱动的进程来处理所有的客户端请求。

squid 将数据元缓存在内存中，同时也缓存 DNS 查寻的结果，除此之外，它还支持非模块化的 DNS 查询，对失败的请求进行消极缓存。squid 支持 SSL，支持访问控制。由于使用了 ICP，squid 能够实现重叠的代理阵列，从而最大限度地节约带宽。

squid 由一个主要的服务程序 squid，一个 DNS 查询程序 dnsserver，几个重写请求和执行认证的程序，以及几个管理工具组成。当 squid 启动以后，它可以派生出指定数目的 dnsserver 进程，而每一个 dnsserver 进程都可以执行单独的 DNS 查询，这样一来就大大减少了服务器等待 DNS 查询的时间。

squid 的另一个优越性在于它使用访问控制清单(ACL)和访问权限清单(ARL)。访问控制清单和访问权限清单通过阻止特定的网络连接来减少潜在的 Internet 非法连接，可以使用这些清单来确保内部网的主机无法访问有威胁的或不适宜的站点。

squid 的主要功能如下所示。

- 代理和缓存 HTTP、FTP 和其他的 URL 请求。
- 代理 SSL 请求。
- 支持多级缓存。
- 支持透明代理。
- 支持 ICP、HTCP、CARP 等缓存摘要。
- 支持多种方式的访问控制和全部请求的日志记录。
- 提供 HTTP 服务器加速。
- 能够缓存 DNS 查询。

squid 的官方网站是 http://www.squid.cache.org。

1. squid 软件包与常用配置项

(1) squid 软件包

- 软件包名：squid;
- 服务名：squid;
- 主程序：/usr/sbin/squid;
- 配置目录：/etc/squid/;
- 主配置文件：/etc/squid/squid.conf;
- 默认监听端口：TCP 3128;
- 默认访问日志文件：/var/log/squid/access.log。

(2) 常用配置项

- http_port 3128;
- access_log /var/log/squid/access.log;
- visible_hostname proxy.example.com。

2. 安装、启动、停止 squid 服务(在 RHEL7-2 上安装)

```
[root@RHEL7-2 ~]#rpm -qa |grep squid
[root@RHEL7-2 ~]#mount /dev/cdrom /iso
[root@RHEL7-2 ~]#yum clean all                    //安装前先清除缓存
[root@RHEL7-2 ~]#yum install squid -y
[root@RHEL7-2 ~]#systemctl start squid            //启动 squid 服务
[root@RHEL7-2 ~]#systemctl enable squid           //开机时自动启动
```

13.3.2 任务 2 配置 squid 服务器

squid 服务的主配置文件是/etc/squid/squid.conf，用户可以根据自己的实际情况修改相应的选项。

1. 几个常用的选项

与之前配置过的服务程序大致类似，squid 服务程序的配置文件也是存放在/etc 目录下一个以服务名称命名的目录中。表 13-2 是一些常用的 squid 服务程序配置参数。

表 13-2　常用的 squid 服务程序配置参数以及作用

参　　数	作　　用
http_port 3128	监听的端口号
cache_mem 64M	内存缓冲区的大小
cache_dir ufs /var/spool/squid 2000 16 256	硬盘缓冲区的大小
cache_effective_user squid	设置缓存的有效用户
cache_effective_group squid	设置缓存的有效用户组
dns_nameservers [IP 地址]	一般不设置，而是用服务器默认的 DNS 地址
cache_access_log /var/log/squid/access. log	访问日志文件的保存路径
cache_log /var/log/squid/cache. log	缓存日志文件的保存路径
visible_hostname www. smile. com	设置 squid 服务器的名称

(1) http_port 3128

定义 squid 监听 HTTP 客户连接请求的端口。默认是 3128，如果使用 HTTPD 加速模式则为 80。可以指定多个端口，但是所有指定的端口都必须在一条命令行上，各端口间用空格分开。

http_port 字段还可以指定监听来自某些 IP 地址的 HTTP 请求，这种功能经常被使用。当 squid 服务器有两块网卡，一块用于和内网通信，另一块和外网通信时，管理员希望 squid 仅监听来自内网的客户端请求，而不是监听来自外网的客户端请求，在这种情况下，就需要使用 IP 地址和端口号写在一起的方式，例如，让 squid 在 8080 端口只监听内网接口上的请求，如下所示。

```
http_port  192.168.2.254:8080
```

(2) cache_mem 512MB

内存缓冲设置是指需要使用多少内存来作为高速缓存。这是一个不太好设置的数值，因为每台服务器内存的大小和服务群体都不相同，但有一点是可以肯定的，就是缓存设置越大，对提高客户端的访问速度越有利。究竟配置多少合适呢？如果设置太大，可能导致服务器的整体性能下降；设置太小，客户端访问速度又得不到实质性的提高。建议根据服务器提供的功能多少而定，如果服务器只是用作代理服务器，平时只是共享上网用，可以把缓存设置为实际内存的一半甚至更多(视内存总容量而定)。如果服务器本身还提供其他较多的服务，那么缓存的设置最好不要超过实际内存的 1/3。

(3) cache_dir ufs /var/spool/squid 4096 16 256

用于指定硬盘缓冲区的大小。其中，ufs 是指缓冲的存储类型，一般为 ufs；/var/spool/squid 是指硬盘缓冲存放的目录；4096 是指缓存空间最大为 4096MB。16 是指在硬盘缓存目录下建立的第一级子目录的个数，默认为 16；256 是指可以建立的二级子目录的个数，默认为 256。当客户端访问网站的时候，squid 会从自己的缓存目录中查找客户端请求的文件。可以选择任意分区作为硬盘缓存目录，最好选择较大的分区，例如/usr 或者/var 等。建议使用单独的分区，可以选择闲置的硬盘，将其分区后挂载到/cache 目录下。

(4) cache_effective_user squid

设置使用缓存的有效用户。在利用 RPM 格式的软件包安装服务时,安装程序会自动建立一个名为 squid 的用户供 squid 服务使用。如果系统没有该用户,管理员可以自行添加,或者更换其他权限较小的用户,如 nobody 用户,如下所示。

```
cache_effective_user nobody
```

(5) cache_effective_group squid

设置使用缓存的有效用户组,默认为 squid 组,也可更改。

(6) dns_nameservers 220.206.160.100

设置有效的 DNS 服务器的地址。为了能使 squid 代理服务器正确地解析出域名,必须指定可用的 DNS 服务器。

(7) cache_access_log /var/log/squid/access.log

设置访问记录的日志文件。该日志文件主要记录用户访问 Internet 的详细信息。

(8) cache_log /var/log/squid/cache.log

设置缓存日志文件。该文件记录缓存的相关信息。

(9) cache_store_log /var/log/squid/store.log

设置网页缓存日志文件。网页缓存日志记录了缓存中存储对象的相关信息,例如存储对象的大小、存储时间、过期时间等。

(10) visible_hostname 192.168.10.3

visible_hostname 字段用来帮助 squid 得知当前的主机名,如果不设置此项,在启动 squid 的时候就会碰到"FATAL: Could not determine fully qualified hostname. Please set 'visible hostname'"这样的提示。当访问发生错误时,该选项的值会出现在客户端错误提示的网页中。

(11) cache_mgr master@smile.com

设置管理员的邮件地址。当客户端出现错误时,该邮件地址会出现在网页提示中,这样用户就可以写信给管理员告知发生的事情。

2. 设置访问控制列表

squid 代理服务器是 Web 客户机与 Web 服务器之间的中介,它实现访问控制,决定哪一台客户机可以访问 Web 服务器以及如何访问。squid 服务器通过检查具有控制信息的主机和域的访问控制列表(ACL)来决定是否允许某客户机进行访问。ACL 是要控制客户的主机和域的列表。使用 acl 命令可以定义 ACL,该命令在控制项中创建标签。用户可以使用 http_access 等命令定义这些控制功能,可以基于多种 ACL 选项,如源 IP 地址、域名,甚至时间和日期来使用 acl 命令定义系统或者系统组。

(1) acl

acl 命令的格式如下。

```
acl 列表名称 列表类型 [-i] 列表值
```

其中,列表名称用于区分 squid 的各个访问控制列表,任何两个访问控制列表都不能用相同的列表名。一般来说，为了便于区分列表的含义，应尽量使用意义明确的列表名称。

列表类型用于定义可被 squid 识别的类别。例如，可以通过 IP 地址、主机名、域名、日期和时间等。常见的列表类型如表 13-3 所示。

表 13-3　ACL 列表类型

类　　型	说　　明
src ip-address/netmask	客户端源 IP 地址和子网掩码
src addr1-addr4/netmask	客户端源 IP 地址范围
dst ip-address/netmask	客户端目标 IP 地址和子网掩码
myip ip-address/netmask	本地套接字 IP 地址
srcdomain domain	源域名(客户机所属的域)
dstdomain domain	目的域名(Internet 中的服务器所属的域)
srcdom_regex expression	对源 URL 做正则匹配表达式
dstdom_regex expression	对目的 URL 做正则匹配表达式
time	指定时间。用法：acl aclname time [day-abbrevs] [h1：m1-h2：m2]。其中，day-abbrevs 可以为 S(sunday)、M(monday)、T(tuesday)、W(wednesday)、H(thursday)、F(friday)、A(saturday)。注意：h1：m1 一定要比 h2：m2 小
port	指定连接端口，如 acl SSL_ports port 443
Proto	指定所使用的通信协议，如 acl allowprotolist proto HTTP
url_regex	设置 URL 规则匹配表达式
urlpath_regex：URL-path	设置略去协议和主机名的 URL 规则匹配表达式

更多的 ACL 类型表达式可以查看 squid. conf 文件。

(2) http_access

设置允许或拒绝某个访问控制列表的访问请求。命令格式如下：

```
http_access  [allow|deny]  访问控制列表的名称
```

squid 服务器在定义了访问控制列表后，会根据 http_access 选项的规则允许或禁止满足一定条件的客户端的访问请求。

【例 13-1】 拒绝所有的客户端的请求。

```
acl all src 0.0.0.0/0.0.0.0
http_access deny all
```

【例 13-2】 禁止 192.168.1.0/24 网段的客户机上网。

```
acl client1 src 192.168.1.0/255.255.255.0
http_access deny client1
```

【例 13-3】 禁止用户访问域名为 www. playboy. com 的网站。

```
acl baddomain dstdomain www.playboy.com
http_access deny baddomain
```

【例 13-4】 禁止 192.168.1.0/24 网络的用户在周一到周五的 9:00—18:00 上网。

```
acl client1 src 192.168.1.0/255.255.255.0
acl badtime time MTWHF 9:00-18:00
http_access deny client1 badtime
```

【例 13-5】 禁止用户下载 *.mp3、*.exe、*.zip 和 *.rar 类型的文件。

```
acl badfile urlpath_regex -i \.mp3$\.exe$\.zip$\.rar$
http_access deny badfile
```

【例 13-6】 屏蔽 www.whitehouse.gov 站点。

```
acl badsite dstdomain -i www.whitehouse.gov
http_access deny badsite
```

其中,-i 表示忽略大小写字母,默认情况下 squid 是区分大小写的。

【例 13-7】 屏蔽所有包含 sex 的 URL 路径。

```
acl sex url_regex -i sex
http_access deny sex
```

【例 13-8】 禁止访问 22、23、25、53、110、119 这些危险端口。

```
acl dangerous_port port 22 23 25 53 110 119
http_access deny dangerous_port
```

如果不确定哪些端口具有危险性,也可以采取更为保守的方法,就是只允许访问安全的端口。

默认的 squid.conf 包含了下面的安全端口 ACL,如下所示。

```
acl safe_port1 port 80              //http
acl safe_port2 port 21              //ftp
acl safe_port3 port 443 563         //https,snews
acl safe_port4 port 70              //gopher
acl safe_port5 port 210             //wais
acl safe_port6 port 1025-65535      //unregistered  ports
acl safe_port7 port 280             //http-mgmt
acl safe_port8 port 488             //gss-http
acl safe_port9 port 591             //filemaker
acl safe_port10 port 777            //multiling http
acl safe_port11 port 210            //waisp
http_access deny !safe_port1
http_access deny !safe_port2
        ...
http_access deny !safe_port11
```

http_access deny ! safe_port1 表示拒绝所有的非 safe_ports 列表中的端口。这样设置

系统的安全性得到了进一步的保障。其中“!”表示取反。

注意：由于 squid 是按照顺序读取访问控制列表的，所以合理地安排各个访问控制列表的顺序至关重要。

13.4 企业实战与应用

利用 squid 和 NAT 功能可以实现透明代理。透明代理的意思是客户端根本不需要知道有代理服务器的存在，客户端不需要在浏览器或其他的客户端工作中做任何设置，只需要将默认网关设置为 Linux 服务器的 IP 地址即可(内网 IP 地址)。透明代理服务的典型应用环境如图 13-2 所示。

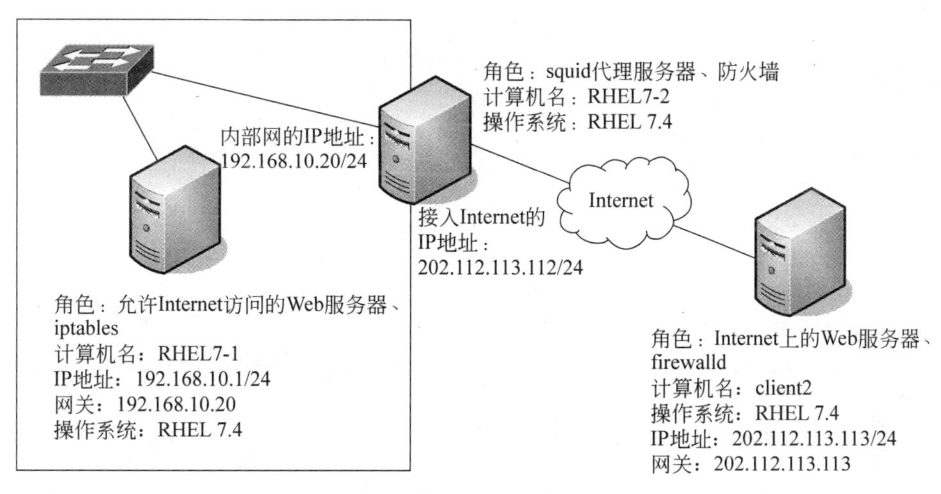

图 13-2　透明代理服务的典型应用环境

1. 实例要求

图 13-2 中的相关要求如下。

(1) 客户端在设置代理服务器地址和端口的情况下能够访问互联网上的 Web 服务器。

(2) 客户端不需要设置代理服务器地址和端口就能够访问互联网上的 Web 服务器，即透明代理。

(3) 代理服务器仅配置代理服务，内存为 2GB；硬盘为 SCSI 硬盘，容量为 200GB；设置 10GB 空间为硬盘缓存，要求所有客户端都可以上网。

2. 客户端需要配置代理服务器的解决方案

(1) 部署网络环境配置。

本实训由 3 台 Linux 虚拟机组成，一台是 squid 代理服务器(RHEL7-2)，双网卡(IP1 为 192.168.10.20/24，连接 VMnet1；IP2 为 202.112.113.112/24，连接 VMnet8)；一台是安装 Linux 操作系统的 squid 客户端(RHEL7-1，IP 为 192.168.10.1/24，连接 VMnet1)；还有一台是互联网上的 Web 服务器，也安装了 Linux(IP 为 202.112.113.113/24，连接 VMnet8)。

请读者注意各网卡的网络连接方式是 VMnet1 还是 VMnet8。各网卡的 IP 地址信息可以使用项目二中讲的方法进行永久设置,后面的实训也会沿用。

① 在 RHEL7-1 上使用 ifconfig 设置 IP 地址等信息,重启后会失效。也可以使用其他方法。

```
[root@RHEL7-1 ~]#ifconfig ens33 192.168.10.1 netmask 255.255.255.0
[root@RHEL7-1 ~]#route add default gw 192.168.10.20      //网关一定要设置
```

② 在 client2 上不要设置网关,或者把网关设置成自己。

```
[root@client2 ~]#ifconfig ens33 202.112.113.113 netmask 255.255.255.0
[root@client2 ~]#mount /dev/cdrom/iso                        //挂载安装光盘
[root@client2 ~]#yum clean all
[root@client2 ~]#yum install htppd -y                        //安装 Web
[root@client2 ~]#systemctl start httpd
[root@client2 ~]#systemctl enable httpd
[root@client2 ~]#systemctl start firewalld
[root@client2 ~]#firewall-cmd --permanent --add-service=http
                                                             //让防火墙放行 HTTPD 服务
[root@client2 ~]#firewall-cmd --reload
```

③ 在 RHEL7-2 代理服务器上,停止 firewalld 启用 iptables。

```
[root@client1 ~]#hostnamectl set-hostname  RHEL7-2     //改名字为 RHEL7-2
[root@RHEL7-2 ~]#ifconfig ens33 192.168.10.20 netmask 255.255.255.0
[root@RHEL7-2 ~]#ifconfig ens38 202.112.113.112 netmask 255.255.255.0
[root@RHEL7-2 ~]#ping 192.168.10.1
[root@RHEL7-2 ~]#ping 202.112.113.113
[root@RHEL7-2 ~]#systemctl stop firewalld
[root@RHEL7-2 ~]#systemctl start iptables
[root@RHEL7-2 ~]#iptables -F                                 //清除防火墙的影响
[root@RHEL7-2 ~]#iptables -L
```

(2) 在 RHEL7-2 上安装、配置 squid 服务(前面已安装)。

```
[root@RHEL7-2 ~]#vim /etc/squid/squid.conf
acl localnet src 192.0.0.0/8
http_access allow localnet
http_access deny all
```

上面 3 行的意思是定义 192.0.0.0 的网络为 localnet,允许访问 localnet,其他都被拒绝。

```
cache_dir ufs /var/spool/squid 10240 16 256
#设置硬盘缓存大小为 10GB,目录为/var/spool/squid。一级子目录 16 个,二级子目录 256 个
http_port 3128
visible_hostname RHEL7-2
[root@RHEL7-2 ~]#systemctl start squid
[root@RHEL7-2 ~]#systemctl enable squid
```

(3) 在 Linux 客户端 RHEL7-1 上测试代理设置是否成功。

① 打开 Firefox 浏览器,配置代理服务器。在浏览器中按下 Alt 键调出菜单,依次选择 Edit(编辑)→Perferences(首选项)→Advanced(高级)→Network(网络)→Settings(设置)命令,打开"连接设置"对话框,单击 Manual Proxy(手动配置代理),将代理服务器地址设为 192.168.10.20,端口设为 3128,如图 13-3 所示。设置完成后单击 OK 按钮退出。

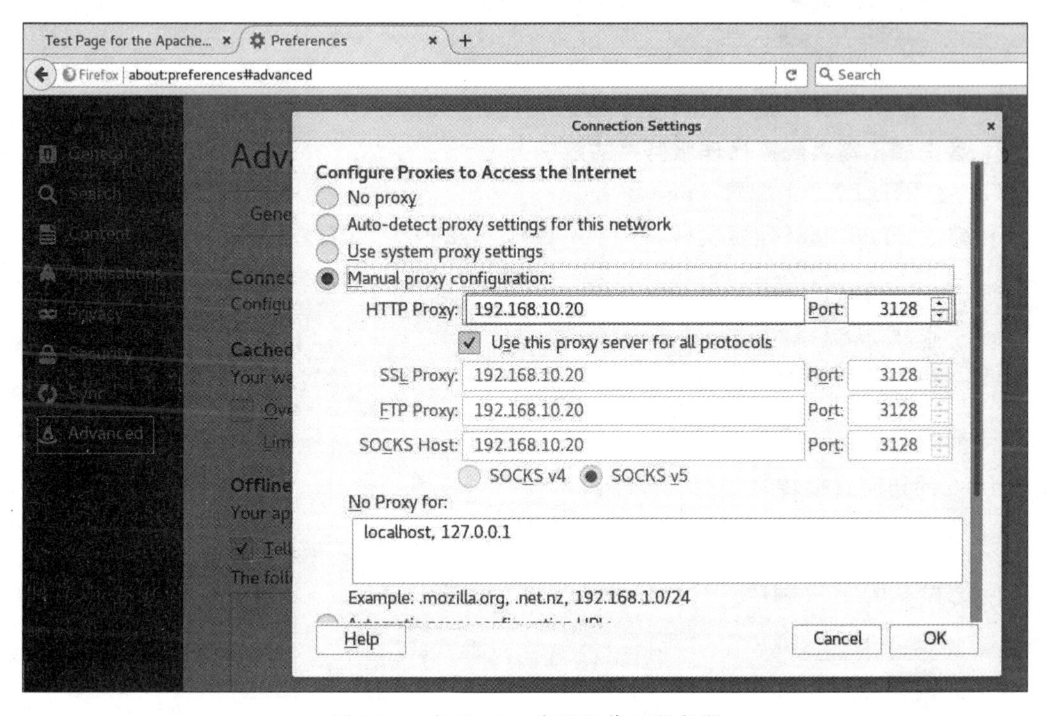

图 13-3　在 Firefox 中配置代理服务器

② 在浏览器地址栏输入 http://202.112.113.113,按 Enter 键,结果出现如图 13-4 所示的界面。

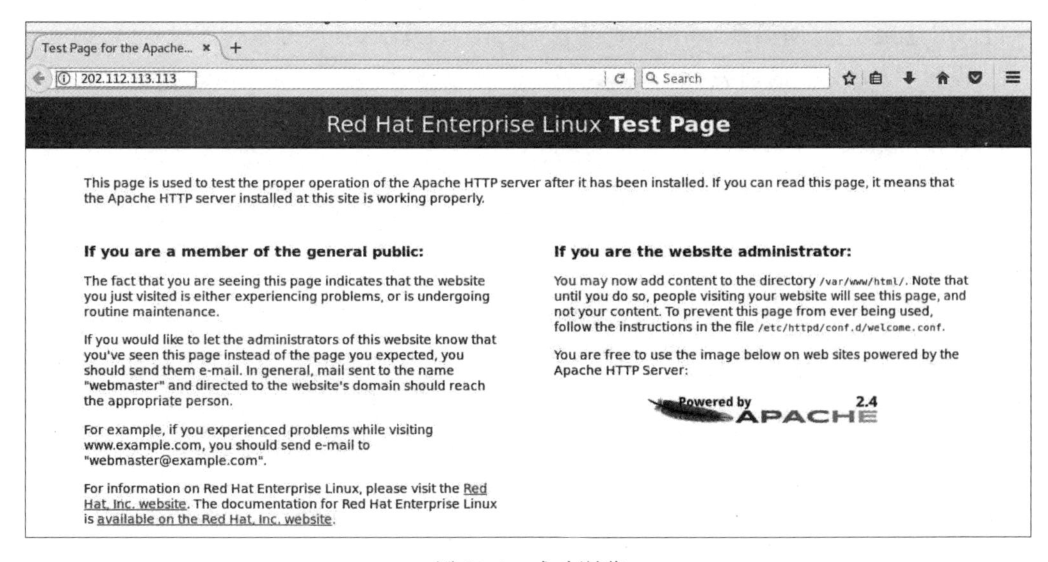

图 13-4　成功浏览

提示：要使用“iptables -F”命令先清除防火墙的影响，再进行测试，否则会出现错误界面。

(4) 在 Linux 服务器端 RHEL7-2 上查看日志文件。

```
[root@RHEL7-2 ~]#vim /var/log/squid/access.log
532869125.169 5 192.168.10.1 TCP_MISS/403 4379 GET http://202.112.113.113/ -HIER_
DIRECT/202.112.113.113 text/html
```

思考：在 Web 服务器 client2 上的日志文件有何记录？不妨做一做。

3. 客户端不需要配置代理服务器的解决方案

(1) 在 RHEL7-2 上配置 squid 服务。

① 修改 squid. conf 配置文件，将 http_port 3128 改为如下内容并重新加载该配置。

```
[root@RHEL7-2 ~]#vim  /etc/squid/squid.conf
http_port 192.168.10.20:3128 transparent
[root@RHEL7-2 ~]#systemctl restart squid
```

② 清除 iptables 的影响，并添加 iptables 规则。将源网络地址为 192. 168. 10. 0、TCP 端口为 80 的访问直接转向 3128 端口。

```
[root@RHEL7-2 ~]#systemctl stop firewalld
[root@RHEL7-2 ~]#systemctl restart iptables
[root@RHEL7-2 ~]#iptables -F
[root@RHEL7-2 ~]#iptables -t nat -I PREROUTING  -s 192.168.10.0/24 -p tcp
--dport 80 -j REDIRECT --to-ports 3128
```

(2) 在 Linux 客户端 RHEL7-1 上测试代理设置是否成功。

① 打开 Firefox 浏览器，配置代理服务器。在浏览器中按下 Alt 键调出菜单，依次选择 Edit(编辑)→Perferences(首选项)→Advanced(高级)→Network(网络)→Settings(设置)命令，打开“连接设置”对话框，单击 No proxy(无代理)选项，将代理服务器设置清空。

② 设置 RHEL7-1 的网关为 192. 168. 10. 20。(删除网关命令是将 add 改为 del。)

```
[root@RHEL7-1 ~]#route add default gw 192.168.10.20      //网关一定要设置
```

③ 在 RHEL7-1 浏览器地址栏中输入 http：//202. 112. 113. 113，然后按 Enter 键，显示测试成功。

(3) 在 Web 服务器端 client2 上查看日志文件。

```
[root@client2 ~]#vim /var/log/httpd/access_log
202.112.113.112 - - [28/Jul/2018:23:17:15 +0800] "GET /favicon.ico HTTP/1.1" 404
209 "-" "Mozilla/5.0 (X11; Linux x86_64; rv:52.0) Gecko/20100101 Firefox/52.0"
```

注意：RHEL 7 的 Web 服务器日志文件是/var/log/httpd/access_log，RHEL 6 中的 Web 服务器的日志文件是/var/log/httpd/access. log。

4. 反向代理的解决方案

如果外网 client 要访问内网 RHEL7-1 的 Web 服务器，这时可以使用反向代理。

(1) 在 RHEL7-1 上安装 HTTPD 服务并启动，以便让防火墙通过。

```
[root@RHEL7-1 ~]#yum install httpd -y
[root@RHEL7-1 ~]#systemctl start firewalld
[root@RHEL7-1 ~]#firewall-cmd --permanent --add-service=http
[root@RHEL7-1 ~]#firewall-cmd --reload
[root@RHEL7-1 ~]#systemctl start httpd
[root@RHEL7-1 ~]#systemctl enable httpd
```

(2) 在 RHEL7-2 上配置反向代理。（特别注意下面代码中的 7～9 行，意思是先定义一个 localnet 网络，其网络 ID 是 202.0.0.0，后面再允许该网段访问，其他网段拒绝访问。）

```
[root@RHEL7-2 ~]#systemctl stop iptables
[root@RHEL7-2 ~]#systemctl start firewalld
[root@RHEL7-2 ~]#firewall-cmd --permanent --add-service=squid
[root@RHEL7-2 ~]#firewall-cmd --permanent --add-port=80/tcp
[root@RHEL7-2 ~]#firewall-cmd --reload
[root@RHEL7-2 ~]#vim/etc/squid/squid.conf
acl localnet src 202.0.0.0/8
http_access allow localnet
http_access deny all
http_port 202.112.113.112:80 vhost
cache_peer 192.168.10.1 parent 80 0 originserver weight=5 max_conn=30
[root@RHEL7-2 ~]#systemctl restart squid
```

(3) 在外网 client2 上进行测试。（浏览器的代理服务器设为 No proxy。）

```
[root@client2 ~]#firefox 202.112.113.112
```

5. 几种错误的解决方案（以反向代理为例）

(1) 如果防火墙设置不好，会出现如图 13-5 所示的错误界面。

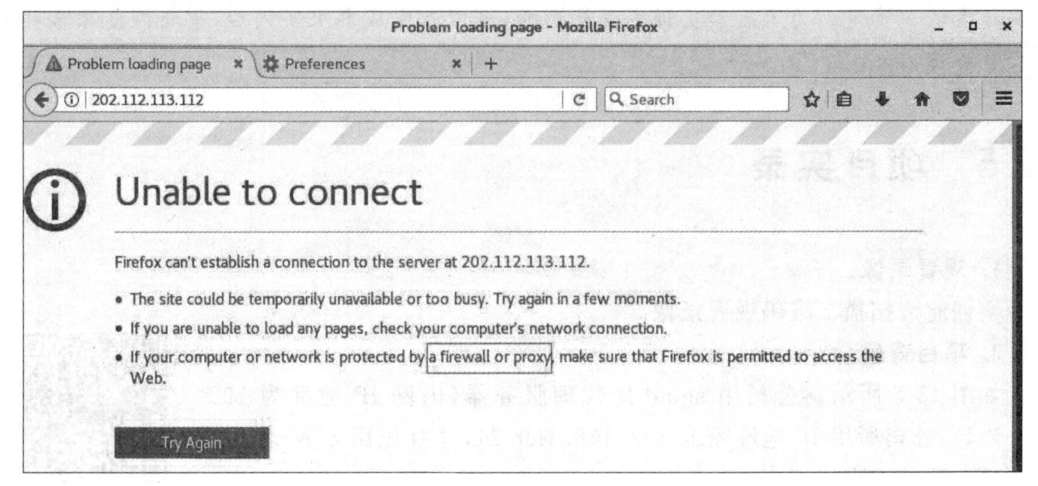

图 13-5　不能正常连接

解决方案：在 RHEL7-2 上设置防火墙。当然也可以使用 stop 命令停止全部防火墙。

```
[root@RHEL7-2 ~]#systemctl stop iptables
[root@RHEL7-2 ~]#systemctl start firewalld
[root@RHEL7-2 ~]#firewall-cmd --permanent --add-service=squid
[root@RHEL7-2 ~]#firewall-cmd --permanent --add-port=80/tcp
[root@RHEL7-2 ~]#firewall-cmd --reload
```

(2) acl 列表设置不对,可能会出现如图 13-6 所示的错误界面。

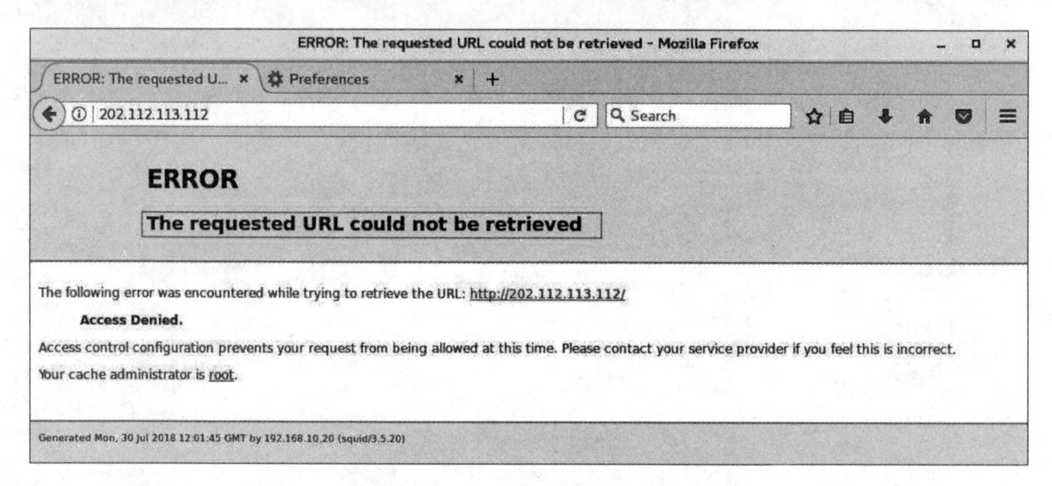

图 13-6 不能被检索

解决方案：在 RHEL7-2 上的配置文件中增加或修改如下语句：

```
[root@RHEL7-2 ~]#vim/etc/squid/squid.conf
acl localnet src 202.0.0.0/8
http_access allow localnet
http_access deny all
```

说明：防火墙是非常重要的保护工具,许多网络故障都是由于防火墙配置不当引起的,需要读者认识清楚。为了后续实训不受此影响,可以在完成本次实训后,重新恢复原来的初始安装备份。

13.5 项目实录

1. 观看录像

实训前请扫描二维码观看录像。

2. 项目背景

如图 13-7 所示。公司用 squid 作代理服务器(内网 IP 地址为 192.168.1.1),公司所用 IP 地址段为 192.168.1.0/24,并且想用 8080 作为代理端口。项目需求如下：

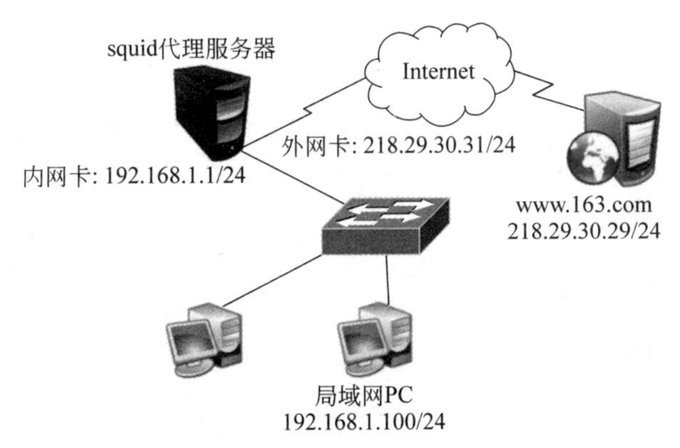

图 13-7　代理服务的典型应用环境

(1) 客户端在设置代理服务器地址和端口的情况下能够访问互联网上的 Web 服务器。

(2) 客户端不需要设置代理服务器地址和端口就能够访问互联网上的 Web 服务器,即透明代理。

(3) 配置反向代理并测试。

3. 做一做

根据项目要求及录像内容,将项目完整地完成。

13.6　练习题

一、填空题

1. 代理服务器(Proxy Server)等同于内网与________的桥梁。

2. 普通的 Internet 访问是一个典型的________结构:用户利用计算机上的客户端程序,如浏览器发出请求,远端 WWW 服务器程序响应请求并提供相应的数据。

3. Proxy 处于客户机与服务器之间。对于服务器来说,Proxy 是________,Proxy 提出请求,服务器响应;对于客户机来说,Proxy 是________,它接受客户机的请求,并将服务器上传来的数据转给________。

4. 当客户端在浏览器中设置好 Proxy 服务器后,所有使用浏览器访问 Internet 站点的请求都不会直接发给________,而是首先发送至________。

二、简述题

1. 简述代理服务器的工作原理和作用。

2. 配置透明代理的目的是什么?如何配置透明代理?

13.7　综合案例分析

1. 某学校搭建一台代理服务器,需要提高内网访问互联网速度并能够对内部教职工的上网行为进行限制,请采用 squid 代理服务器软件,对内部网络进行优化。

请写出需求分析及详细的解决方案。

2. 由公司内部搭建了 Web 服务器和 FTP 服务器，为了满足公司需求，要求使用 Linux 构建安全、可靠的防火墙。网络拓扑如图 13-8 所示，具体要求如下。

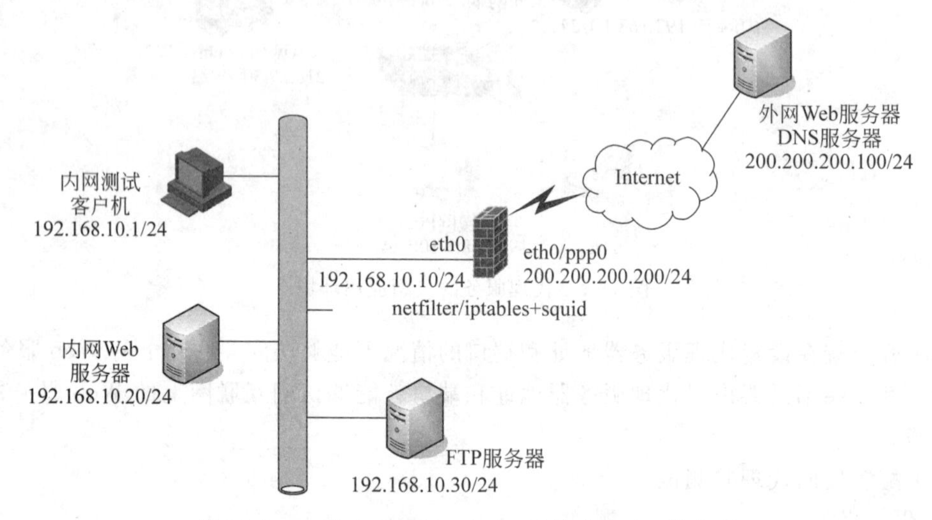

图 13-8 netfilter/iptables 和 squid 综合实验网络拓扑

(1) 防火墙自身要求安全、可靠，不允许网络中任何人访问；防火墙出问题，只允许在防火墙主机上进行操作。

(2) 公司内部的 Web 服务器要求通过地址映射发布出去，且只允许外部网络用户访问 Web 服务器的 80 端口，而且通过有效的 DNS 注册。

(3) 公司内部的员工必须通过防火墙才能访问内部的 Web 服务器，不允许直接访问。

(4) FTP 服务器只对公司内部用户起作用，且只允许内部用户访问 FTP 服务器的 21 和 20 端口，不允许外部网络用户访问。

(5) 公司内部的员工要求通过透明代理上网(不需要在客户机浏览器上做任何设置，就可以上网)。

(6) 内部用户所有的 IP 地址必须通过 NAT 转换之后才能够访问外网。

使用 netfilter/iptables 和 squid 解决以上问题，写出详细的解决方案。

13.8 超链接

单击 http://www.icourses.cn/scourse/course_2843.html，访问并学习国家精品资源共享课程网站中学习情境的相关内容。

项目十四　配置与管理 VPN 服务器

项目背景

某高校组建了校园网，并且已经架设了 Web、FTP、DNS、DHCP 和 E-mail 等功能的服务器来为校园网用户提供服务，现有以下问题需要解决。

只要能够访问互联网，不论是在家中还是出差在外，都可以轻松访问未对外开放的校园网内部资源（文件和打印共享、Web 服务、FTP 服务、OA 系统等）。

要解决这个问题则需要开通校园网远程访问功能。即在 Linux 服务器上安装与配置 VPN 服务器。

职业能力目标和要求

- 理解远程访问 VPN 的构成和连接过程。
- 掌握配置并测试远程访问 VPN 的方法。

14.1　相关知识

14.1.1　VPN 工作原理

VPN（Virtual Private Network，虚拟专用网络）是专用网络的延伸，它模拟点对点专用连接的方式，通过 Internet 或 Intranet 在两台计算机之间传送数据，是"线路中的线路"，具有良好的保密性和抗干扰能力。虚拟专用网提供了通过公用网络安全地对企业内部专用网络远程访问的连接方式。虚拟专用网是对企业内部网的扩展，虚拟专用网可以帮助远程用户、公司分支机构、商业伙伴及供应商同公司的内部网建立可靠的安全连接，并保证数据安全传输。

虚拟专用网是使用 Internet 或其他公共网络来连接分散在各个不同地理位置的本地网络，在效果上和真正的专用网一样。如图 14-1 所示，说明了如何通过隧道技术实现 VPN。

假设现在有一台主机想要通过 Internet 网络连入公司的内部网。首先该主机通过拨号等方式连接到 Internet，然后再通过 VPN 拨号方式与公司的 VPN 服务器建立一条虚拟连接，在建立连接的过程中，双方必须确定采用何种 VPN 协议和连接线路的路由路径等。当隧道建立完成后，用户与公司内部网之间要利用该虚拟专用网进行通信时，发送方会根据所使用的 VPN 协议，对所有的通信信息进行加密，并重新添加上数据报的报头封装成为在公共网络上发送的外部数据报，然后通过公共网络将数据发送至接收方。接收方在接收到该

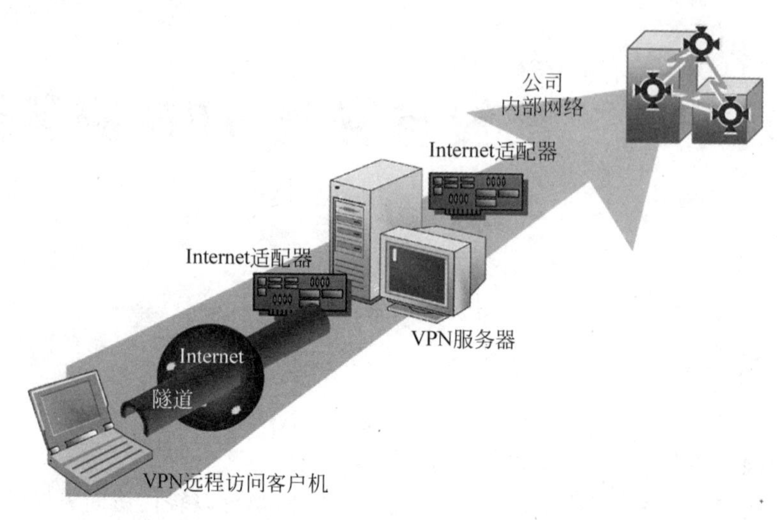

图 14-1 VPN 工作原理图

信息后也根据所使用的 VPN 协议对数据进行解密。由于在隧道中传送的外部数据报的数据部分(即内部数据报)是加密的,因此在公共网络上所经过的路由器都不知道内部数据报的内容,确保了通信数据的安全。同时由于会对数据报进行重新封装,所以可以实现其他通信协议数据报在 TCP/IP 网络中传输。

14.1.2 VPN 的特点和应用

1. VPN 的特点

要实现 VPN 连接,局域网内就必须先建立一个 VPN 服务器。VPN 服务器必须拥有一个公共 IP 地址,一方面连接企业内部的专用网络,另一方面用来连接到 Internet。当客户机通过 VPN 连接与专用网络中的计算机进行通信时,先由 ISP 将所有的数据传送到 VPN 服务器,然后再由 VPN 服务器负责将所有的数据传送到目的计算机。

VPN 具有以下特点。

(1) 费用低廉。远程用户登录到 Internet 后,以 Internet 作为通道与企业内部专用网络连接,大大降低了通信费用,而且企业可以节省购买和维护通信设备的费用。

(2) 安全性高。VPN 使用三方面的技术(通信协议、身份认证和数据加密)保证了通信的安全性。当客户机向 VPN 服务器发出请求时,VPN 服务器响应请求并向客户机发出身份质询,然后客户机将加密的响应信息发送到 VPN 服务器,VPN 服务器根据数据库检查该响应,如果账户有效,VPN 服务器接受此连接。

(3) 支持最常用的网络协议。由于 VPN 支持最常用的网络协议,所以诸如以太网、TCP/IP 和 IPX 网络上的客户机可以很容易地使用 VPN。不仅如此,任何支持远程访问的网络协议在 VPN 中也同样支持,这意味着可以远程运行依赖于特殊网络协议的程序,因此可以减少安装和维护 VPN 连接的费用。

(4) 有利于 IP 地址安全。VPN 在 Internet 中传输数据时是加密的,Internet 上的用户只能看到公用 IP 地址,而看不到数据包内包含的专用 IP 地址,因此保护了 IP 地址安全。

(5) 管理方便灵活。构架 VPN 只需较少的网络设备和物理线路,无论是分公司还是远程访问用户，均只需通过一个公用网络接口或 Internet 的路径即可进入企业内部网络。公用网承担了网络管理的重要工作，关键任务是可获得所必需的带宽。

(6) 完全控制主动权。VPN 使企业可以利用 ISP 的设施和服务，同时又完全掌握着自己网络的控制权。比如，企业可以把拨号访问交给 ISP 去做，而自己负责用户的查验、访问权、网络地址、安全性和网络变化管理等重要工作。

2. VPN 的应用场合

VPN 的实现可以分为软件和硬件两种方式。Windows 服务器版的操作系统以完全基于软件的方式实现了虚拟专用网，成本非常低廉。无论身处何地，只要能连接到 Internet，就可以与企业网在 Internet 上的虚拟专用网相关联，登录到内部网络浏览或交换信息。

一般来说，VPN 在以下两种场合使用。

(1) 远程客户端通过 VPN 连接到局域网。总公司(局域网)的网络已经连接到 Internet，而用户在远程拨号连接 ISP 连上 Internet 后，就可以通过 Internet 来与总公司(局域网)的 VPN 服务器建立 PPTP 或 L2TP 的 VPN，并通过 VPN 安全地传送信息。

(2) 两个局域网通过 VPN 互联。两个局域网的 VPN 服务器都连接到 Internet，并且通过 Internet 建立 PPTP 或 L2TP 的 VPN，它可以让两个网络之间安全地传送信息，不用担心在 Internet 上传送时泄密。

除了使用软件方式实现外，VPN 的实现需要建立在交换机、路由器等硬件设备上。目前，在 VPN 技术和产品方面，最具有代表性的是 Cisco 和华为 3Com。

14.1.3　VPN 协议

隧道技术是 VPN 技术的基础，在创建隧道过程中，隧道的客户机和服务器双方必须使用相同的隧道协议。按照开放系统互联参考模型(OSI)的划分，隧道技术可以分为第 2 层和第 3 层隧道协议。第 2 层隧道协议使用帧作为数据交换单位。PPTP、L2TP 都属于第 2 层隧道协议，它们都是将数据封装在点对点协议(PPP)帧中通过互联网发送的。第 3 层隧道协议使用包作为数据交换单位。IPoverIP 和 IPSec 隧道模式都属于第 3 层隧道协议，它们都是将 IP 包封装在附加的 IP 包头中通过 IP 网络传送的。下面介绍几种常见的隧道协议。

1. PPTP

PPTP(Point-to-Point Tunneling Protocol，点对点隧道协议)是 PPP(点对点)的扩展，并协调使用 PPP 的身份验证、压缩和加密机制。它允许对 IP、IPX 或 NetBEUI 数据流进行加密，然后封装在 IP 包头中通过诸如 Internet 这样的公共网络发送，从而实现多功能通信。

只有 IP 网络才可以建立 PPTP 的 VPN。两个局域网之间若通过 PPTP 来连接，则两端直接连接到 Internet 的 VPN 服务器必须要执行 TCP/IP 通信协议，但网络中的其他计算机不一定需要执行 TCP/IP，它们可以执行 TCP/IP、IPX 或 NetBEUI 通信协议。因为当它们通过 VPN 服务器与远程计算机通信时，这些不同通信协议的数据包会被封装到 PPP 的数据包内，然后经过 Internet 传送，信息到达目的地后，再由远程的 VPN 服务器将其还原为 TCP/IP、IPX 或 NetBEUI 数据包。但需要注意的是，PPTP 会话不能通过代理服务器进行。

2. L2TP

L2TP(Layer Two Tunneling Protocol，第 2 层隧道协议)是基于 RFC 的隧道协议，该

协议依赖于加密服务的 Internet 安全性(IPSec)。该协议允许客户通过其间的网络建立隧道,L2TP 还支持信道认证,但它没有规定信道保护的方法。

3. IPSec

IPSec 是由 IETF(Internet Engineering Task Force)定义的一套在网络层提供 IP 安全性的协议。它主要用于确保网络层之间的安全通信。该协议使用 IPSec 协议集保护 IP 网和非 IP 网上的 L2TP 业务。在 IPSec 协议中,一旦 IPSec 通道建立,在通信双方网络层之上的所有协议(如 TCP、UDP、SNMP、HTTP、POP 等)就要经过加密,但不管这些通道构建时所采用的安全和加密方法如何。

14.2 项目设计及准备

14.2.1 项目设计

在进行 VPN 网络构建之前,我们有必要进行 VPN 网络拓扑规划。图 14-2 所示是一个小型的 VPN 实验网络环境(可以通过 VMware 虚拟机实现该网络环境)。

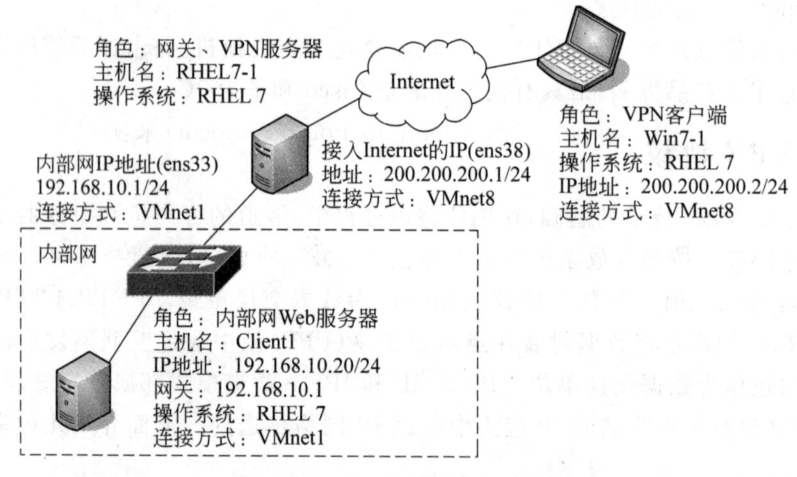

图 14-2 VPN 实验网络拓扑结构

14.2.2 项目准备

部署远程访问 VPN 服务之前,应做如下准备。

(1) PPTP 服务、E-mail 服务、Web 服务和 iptables 防火墙服务均部署在一台安装有 Red Hat Enterprise Linux 7 操作系统的服务器上,服务器名为 VPN,该服务器通过路由器接入 Internet。

(2) VPN 服务器至少要有两个网络连接。分别为 ens33 和 ens38,其中 ens33 连接到内部局域网 192.168.10.0 网段,IP 地址为 192.168.10.1;ens38 连接到公用网络 200.200.200.0 网段,IP 地址为 200.200.200.1。在虚拟机设置中 ens33 使用 VMnet1,ens38 使用 VMnet8。

(3) 在内部网客户主机 client1 上,为了实验方便,安装 Web 服务器,供测试用。其网卡使用 VMnet1。

(4) VPN 客户端 Win7-1 的配置信息如图 14-2 所示。其网卡使用 VMnet8。

(5) 合理规划分配给 VPN 客户端的 IP 地址。VPN 客户端在请求建立 VPN 连接时，VPN 服务器需要为其分配内部网络的 IP 地址。配置的 IP 地址也必须是内部网络中不使用的 IP 地址，地址的数量根据同时建立 VPN 连接的客户端数量来确定。在本任务中部署远程访问 VPN 时，使用静态 IP 地址池为远程访问客户端分配 IP 地址，地址范围采用 192.168.10.11～192.168.10.19，以及 192.168.10.101～192.168.10.180。

(6) 客户端在请求 VPN 连接时，服务器要对其进行身份验证，因此应合理规划需要建立 VPN 连接的用户账户。

关于本实验环境的一个说明：VPN 服务器和 VPN 客户端实际上应该在 Internet 的两端，一般不会在同一网络中。为了实验方便，省略了它们之间的路由器。

14.3 项目实施

14.3.1 任务 1 安装 VPN 服务器

Linux 环境下的 VPN 由 VPN 服务器模块(Point-to-Point Tunneling Protocol Daemon，PPTPD)和 VPN 客户端模块(Point-to-Point Tunneling Protocol，PPTP)共同构成。PPTPD 和 PPTP 都是通过 PPP(Point to Point Protocol)来实现 VPN 功能的。而 MPPE(Microsoft 点对点加密)模块是用来支持 Linux 与 Windows 之间连接的。如果不需要 Windows 计算机参与连接，则不需要安装 MPPE 模块。PPTPD、PPTP 和 MPPE Module 一起统 PPTP 服务器。

安装 PPTP 服务器需要内核支持 MPPE(在需要与 Windows 客户端连接的情况下需要)和 PPP 2.4.3 及以上版本模块。而 Red Hat Enterprise Linux 7 默认已安装了 2.4.5 版本的 PPP，而 2.6.18 内核也已经集成了 MPPE，因此只需再安装 PPTP 软件包即可。

1. 下载所需要的安装包文件

读者可直接从 https://centos.pkgs.org/7/epel-x86_64/pptpd-1.4.0-2.el7.x86_64.rpm.html 网上下载 pptpd 软件包 pptpd-1.4.0-2.el7.x86_64.rpm，或者向作者索要，并将该文件复制到/vpn-rpm 目录下。

2. 在 VPN 服务器 RHEL7-1 上安装已下载的安装包文件

执行如下命令。

```
[root@RHEL7-1 ~]#cd /vpn-rpm
[root@RHEL7-1 vpn-rpm]#rpm -ivh pptpd-1.4.0-2.el7.x86_64.rpm
warning: pptpd-1.4.0-2.el7.x86_64.rpm: Header V3 RSA/SHA256 Signature, key ID
352c64e5: NOKEY
Preparing...                          ####################################[100%]
Updating / installing...
   1:pptpd-1.4.0-2.el7                ####################################[100%]
[root@RHEL7-1 vpn-rpm]#rpm -qa |grep pptp
pptpd-1.4.0-2.el7.x86_64
```

3. 安装完成之后可以使用下面的命令查看系统的 ppp 是否支持 MPPE 加密

```
[root@RHEL7-1 ~]#strings  '/usr/sbin/pppd'|grep  -i  mppe|wc  --lines
43
```

如果以上命令输出为 0 则表示不支持;输出为 30 或更大的数字就表示支持。

14.3.2 任务 2 配置 VPN 服务器

配置 VPN 服务器,需要修改/etc/pptpd. conf、/etc/ppp/chap-secrets 和/etc/ppp/options. pptpd 三个文件。/etc/pptpd. conf 文件是 VPN 服务器的主配置文件,在该文件中需要设置 VPN 服务器的本地地址和分配给客户端的地址段。/etc/ppp/chap-secrets 是 VPN 用户账号文件,该账号文件保存 VPN 客户端拨入时所需要的验证信息。/etc/ppp/options. pptpd 用于设置在建立连接时的加密、身份验证方式和其他的一些参数设置。

提示:*每次修改完配置文件后,必须要重新启动 PPTP 服务才能使配置生效。*

1. 网络环境配置

(1) 在 VPN 服务器 RHEL7-1 上进行配置。为了能够正常监听 VPN 客户端的连接请求,VPN 服务器需要配置两个网络接口。一个和内网连接,另外一个和外网连接。在此为 VPN 服务器配置了 ens33 和 ens38 两个网络接口。其中 ens33 接口用于连接内网,IP 地址为 192.168.10.1;ens38 接口用于连接外网,IP 地址为 200.200.200.1。(可使用其他长效方式配置 IP 地址)

```
[root@RHEL7-1 vpn-rpm]#ifconfig ens33 192.168.10.1
[root@RHEL7-1 vpn-rpm]#ifconfig ens38 200.200.200.1
[root@RHEL7-1 vpn-rpm]#ifconfig
```

(2) 同理,在 client1 上配置 IP 地址为 192.168.10.20/24,并安装 Web 服务器。

① 挂载 ISO 安装镜像。

```
//挂载光盘到 /iso 目录下
[root@client1 ~]#mkdir /iso
[root@client1 ~]#mount /dev/cdrom /iso
```

② 制作用于安装的 yum 源文件。

```
[root@client1 ~]#vim /etc/yum.repos.d/dvd.repo
```

dvd. repo 文件的内容如下。

```
#/etc/yum.repos.d/dvd.repo
#or for ONLY the media repo, do this:
#yum --disablerepo=\* --enablerepo=c8-media [command]
[dvd]
name=dvd
baseurl=file:///iso                //特别要注意本地源文件的表示,用 3 个"/"
gpgcheck=0
```

```
enabled=1
[root@client1 ~]#mount /dev/cdrom /iso
[root@client1 ~]#yum install httpd -y
[root@client1 ~]#firewall-cmd --permanent --add-service=http
success
[root@client1 ~]#firewall-cmd --reload
success
[root@client1 ~]#systemctl restart httpd
[root@client1 ~]#systemctl enable httpd
[root@client1 ~]#firefox 192.168.10.20
```

能够正常访问默认页面。

(3) 在 Win7-1 上配置 IP 地址为 200.200.200.2/24。

提示：如果希望重启后 IP 地址仍然有效，请使用配置文件或系统菜单修改 IP 地址。

在 RHEL7-1 上测试这 3 台计算机的连通性。

```
[root@RHEL7-1 vpn-rpm]#ping 192.168.10.20 -c 2
PING 192.168.10.20 (192.168.10.20) 56(84) bytes of data.
64 bytes from 192.168.10.20: icmp_seq=1 ttl=64 time=0.335 ms
64 bytes from 192.168.10.20: icmp_seq=2 ttl=64 time=0.364 ms

---192.168.10.20 ping statistics ---
2 packets transmitted, 2 received, 0%packet loss, time 1000ms
rtt min/avg/max/mdev =0.335/0.349/0.364/0.023 ms
[root@RHEL7-1 vpn-rpm]#ping 200.200.200.2 -c 2
PING 200.200.200.2 (200.200.200.2) 56(84) bytes of data.
64 bytes from 200.200.200.2: icmp_seq=1 ttl=128 time=1.20 ms
64 bytes from 200.200.200.2: icmp_seq=2 ttl=128 time=0.262 ms

---200.200.200.2 ping statistics ---
2 packets transmitted, 2 received, 0%packet loss, time 1000ms
rtt min/avg/max/mdev =0.262/0.731/1.201/0.470 ms
```

提示：RHEL7-1 极有可能与 client(200.200.200.2/24)无法连通，其原因可能是防火墙，将 client 的防火墙停掉即可。

2. 修改主配置文件

PPTP 服务的主配置文件“/etc/pptpd.conf”有如下两项参数的设置工作非常重要，只有在正确合理地设置这两项参数的前提下，VPN 服务器才能够正常启动。

根据前述的实验网络拓扑环境，我们需要在配置文件的最后加入如下两行语句。

```
localip   192.168.1.100                                //在建立 VPN 连接后分配给 VPN 服务
                                                         器的 IP 地址，即 ppp0 的 IP 地址
remoteip  192.168.10.11-19,192.168.10.101-180          //在建立 VPN 连接后，分配给客户端的
                                                         可用 IP 地址池
```

参数说明如下。

(1) localip：设置 VPN 服务器本地的地址。localip 参数定义了 VPN 服务器本地的地

址,客户机在拨号后 VPN 服务器会自动建立一个 ppp0 网络接口供访问客户机使用,这里定义的就是 ppp0 的 IP 地址。

(2) remoteip:设置分配给 VPN 客户机的地址段。remoteip 定义了分配给 VPN 客户机的地址段。当 VPN 客户机拨号到 VPN 服务器后,服务器会从这个地址段中分配一个 IP 地址给 VPN 客户机,以便 VPN 客户机能够访问内部网络。可以使用"-"符号指示连续的地址,使用","符号表示分隔不连续的地址。

注意:为了保证安全性,localip 和 remoteip 尽量不要在同一个网段。

在上面的配置中一共指定了 89 个 IP 地址。如果有超过 89 个客户同时进行连接,超额的客户将无法连接成功。

3. 配置账户文件

账户文件"/etc/ppp/chap-secrets"保存了 VPN 客户机拨入时所使用的账户名、口令和分配的 IP 地址,该文件中每个账户的信息为独立的一行,格式如下。

```
账户名 服务 口令 分配给该账户的 IP 地址
```

本例中文件内容如下所示。

```
[root@RHEL7-1 ~]#vim /etc/ppp/chap-secrets
//下面一行以 smile 用户连接成功后,获得的 IP 地址为 192.168.10.159
"smile"        pptpd           "123456"          "192.168.10.159"
//下面一行以 public 用户连接成功后,获得的 IP 地址可从 IP 地址池中随机抽取
"public"       pptpd           "123456"          "*"
```

提示:本例中分配给 public 账户的 IP 地址参数值为"*",表示 VPN 客户机的 IP 地址由 PPTP 服务随机在地址段中选择,这种配置适合多人共同使用的公共账户。

4. /etc/ppp/options-pptpd

该文件各项参数及具体含义如下所示。

```
[root@RHEL7-1 ~]#grep  -v  "^#" /etc/ppp/options.pptpd |grep -v "^$"
name pptpd         //相当于身份验证时的域,一定要和/etc/ppp/chap-secrets 中的内容对应
refuse-pap                //拒绝 pap 身份验证
refuse-chap               //拒绝 chap 身份验证
refuse-mschap             //拒绝 mschap 身份验证
require-mschap-v2         //采用 mschap-v2 身份验证方式
require-mppe-128          //在采用 mschap-v2 身份验证方式时要使用 MPPE 进行加密
ms-dns 192.168.0.9        //给客户端分配 DNS 服务器地址
ms-wins 192.168.0.202     //给客户端分配 WINS 服务器地址
proxyarp                  //启动 ARP 代理
debug                     //开启调试模式,相关信息同样记录在 /var/logs/message 中
lock                      //锁定客户端 PTY 设备文件
nobsdcomp                 //禁用 BSD 压缩模式
novj
novjccomp                 //禁用 Van Jacobson 压缩模式
nologfd                   //禁止将错误信息记录到标准错误输出设备(stderr)
```

可以根据自己网络的具体环境设置该文件。

至此，我们安装并配置的 VPN 服务器已经可以连接了。

5. 打开 Linux 内核路由功能

为了能让 VPN 客户端与内网互联，还应打开 Linux 系统的路由转发功能，否则 VPN 客户端只能访问 VPN 服务器的内部网卡 eth0。执行下面的命令可以打开 Linux 路由转发功能。

```
[root@RHEL7-1 ~]#vim /etc/sysctl.conf
net.ipv4.ip_forward =1                          //数值改为 1
[root@RHEL7-1 ~]#sysctl -p                      //启用转发功能
net.ipv4.ip_forward =1
```

6. 让 SELinux 放行

```
[root@RHEL7-1 vpn-rpm]#setenforce 0
```

7. 启动 VPN 服务

(1) 可以使用下面的命令启动 VPN 服务，并加入开机自动启动。

```
[root@RHEL7-1 vpn-rpm]#systemctl start pptpd
[root@RHEL7-1 vpn-rpm]#systemctl enable pptpd
Created symlink from /etc/systemd/system/multi - user. target. wants/pptpd.
service to /usr/lib/systemd/system/pptpd.service.
```

(2) 可以使用下面的命令停止 VPN 服务。

```
[root@RHEL7-1 ~]#systemctl stop pptpd
```

(3) 可以使用下面的命令重新启动 VPN 服务。

```
[root@RHEL7-1 ~]#systemctl restart pptpd
```

8. 设置 VPN 服务可以穿透 Linux 防火墙

VPN 服务使用 TCP 的 1723 端口和编号为 47 的 IP(GRE 常规路由封装)。如果 Linux 服务器开启了防火墙功能，就需关闭防火墙功能或设置允许 TCP 的 1723 端口和编号为 47 的 IP 通过。由于 RHEL 7 的默认防火墙是 firewalld，所以可以使用下面的命令开放 TCP 的 1723 端口和编号为 47 的 IP。

```
[root@RHEL7-1 ~]#systemctl stop firewalld
[root@RHEL7-1 ~]#iptables -A INPUT -p tcp --dport 1723 -j ACCEPT
[root@RHEL7-1 ~]#iptables -A INPUT -p gre -j ACCEPT
```

14.3.3　任务 3　配置 VPN 客户端

在 VPN 服务器设置并启动成功后，就需要配置远程的客户端以便可以访问 VPN 服务了。现在最常用的 VPN 客户端通常采用 Windows 操作系统或者 Linux 操作系统，本节将以配置采用 Windows 7 操作系统的 VPN 客户端为例，说明在 Windows 7 操作系统环境中 VPN 客户端的配置方法。

Windows 7 操作系统环境中在默认情况下已经安装有 VPN 客户端程序，在此仅需要学习简单的 VPN 连接的配置工作。

1. 建立 VPN 连接

建立 VPN 连接的具体步骤如下。

(1) 保证 Win7-1 的 IP 地址设置为 200.200.200.2/24，并且与 VPN 服务器的通信是畅通的，如图 14-3 所示。

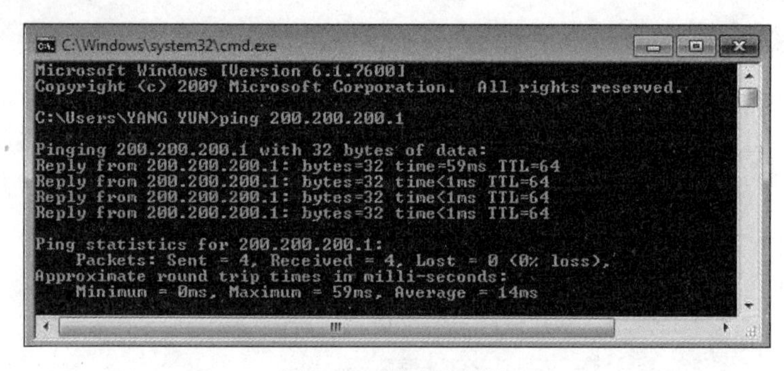

图 14-3 测试连通性

(2) 右击桌面上的“网络”→“属性”，或者单击右下角的网络图标并选中“打开网络和共享”，打开“网络和共享中心”对话框，如图 14-4 所示。

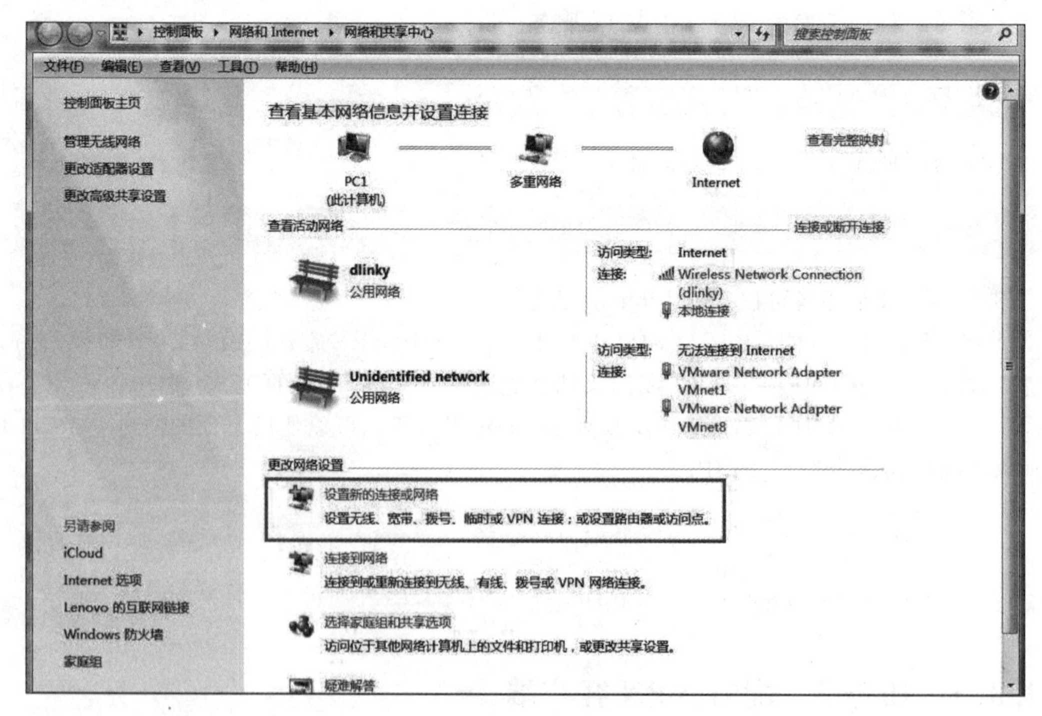

图 14-4 “网络和共享中心”对话框

(3) 单击“设置新的连接或网络”，出现图 14-5 所示的“设置连接或网络”对话框。

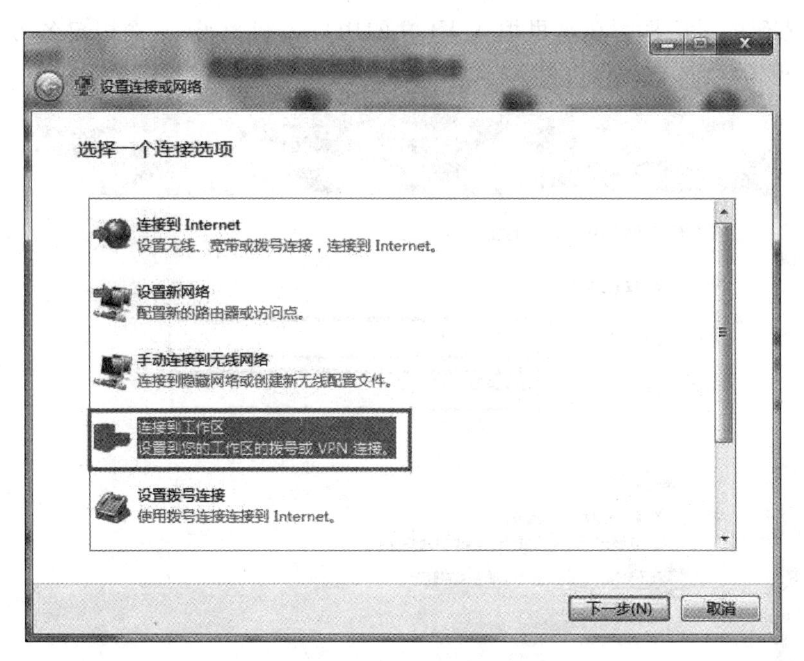

图 14-5　“设置连接或网络”对话框

(4) 选择“连接到工作区”，单击“下一步”按钮，出现图 14-6 所示的对话框。

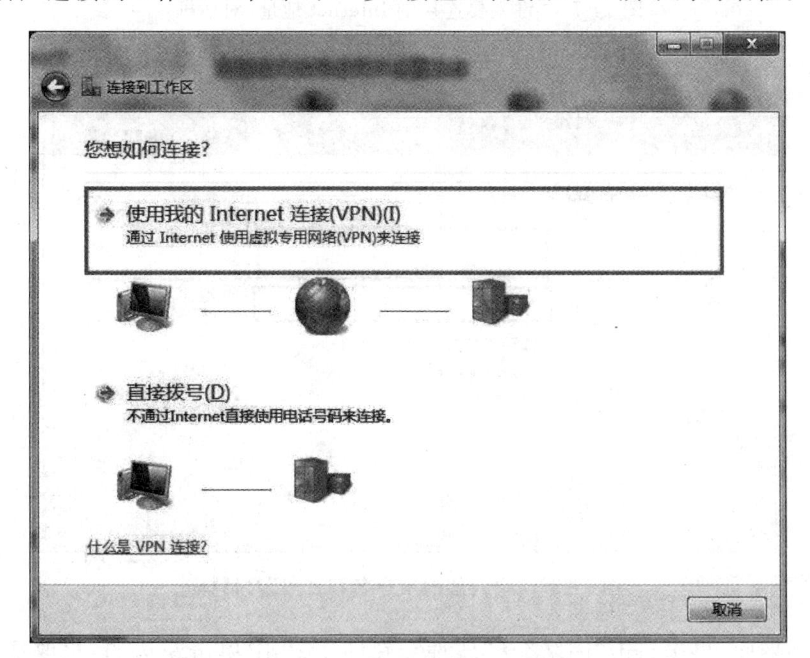

图 14-6　“连接到工作区”对话框

(5) 单击“使用我的 Internet 连接(VPN)”，出现图 14-7 所示的输入连接的 Internet 地址的对话框。

(6) 在“Internet 地址”文本框中填上 VPN 提供的 IP 地址，本例为 200.200.200.1；在“目标名称”文本框输入一个名称，如 VPN 连接。单击“下一步”按钮，出现图 14-8 所示的输入用户名和密码的对话框。在这里填入 VPN 的用户名和密码，本例用户名为 smile，密码为 123456。单击"连接"按钮，再单击"关闭"按钮，完成 VPN 客户端的设置。

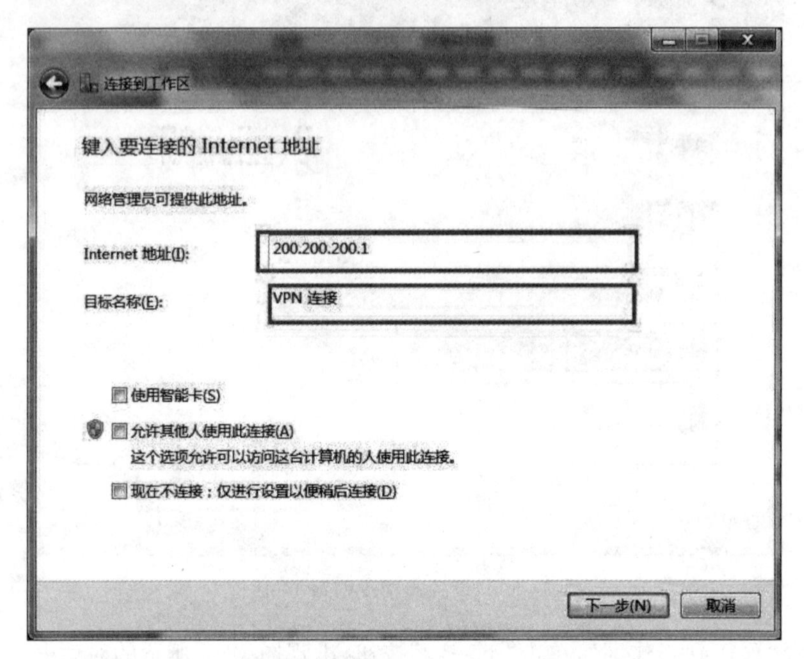

图 14-7 "键入要连接的 Internet 地址"对话框

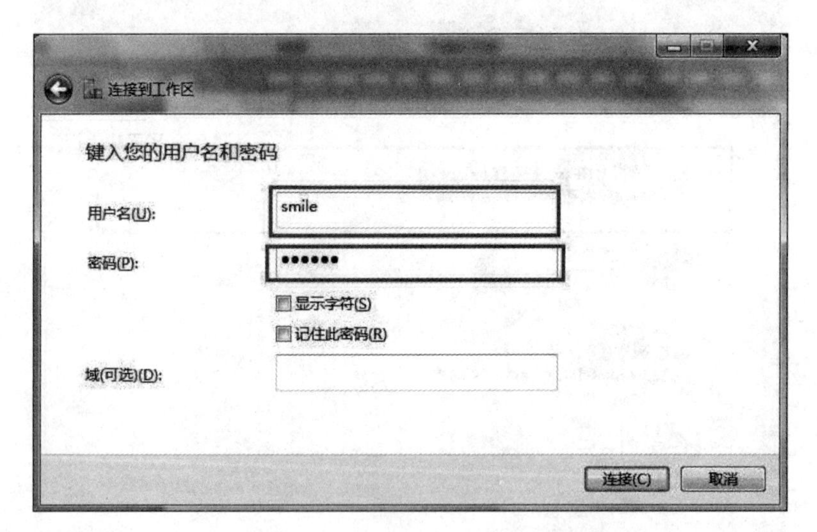

图 14-8 "键入您的用户名和密码"对话框

(7) 回到桌面，再次右击"网络"→"属性"，在图 14-9 中单击左边的"更改适配器设置"选项，出现"网络连接"对话框，如图 14-10 所示。找到我们刚才建好的"VPN 连接"并双击打开。

(8) 出现图 14-11 所示的对话框，输入 VPN 服务器提供的 VPN 用户名和密码，"域"选项可以不用填写。

至此，VPN 客户端设置完成。

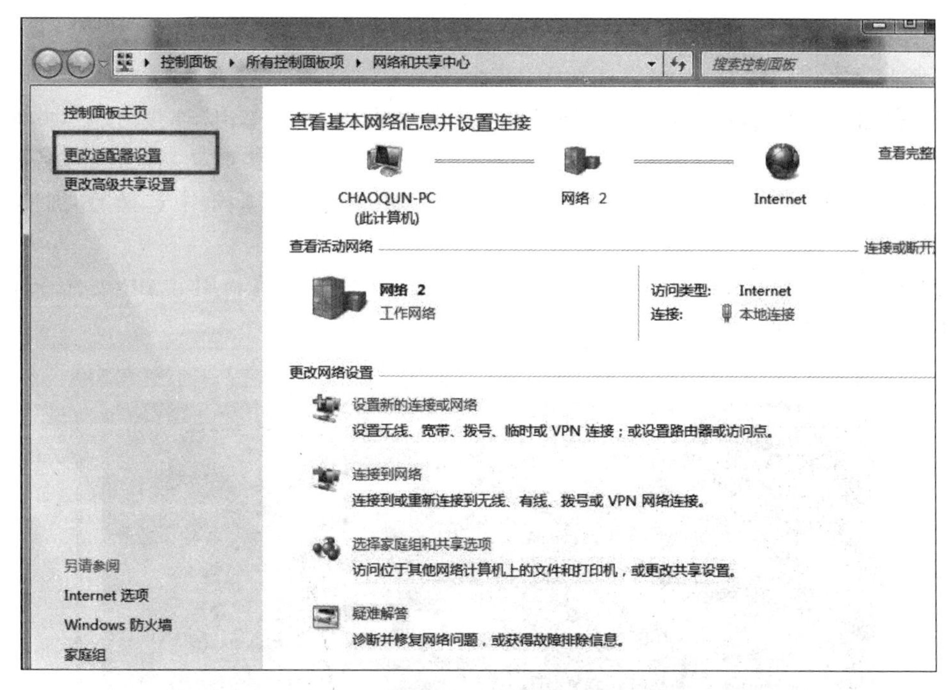

图 14-9　单击“更改适配器设置”选项

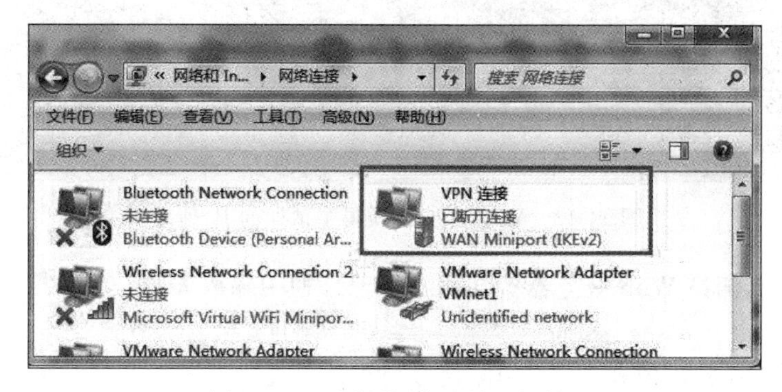

图 14-10　选择“网络连接”对话框

图 14-11　“连接 VPN 连接”对话框

2. 连接 VPN 服务器并测试

接着上面客户端的设置，继续连接 VPN 服务器，步骤如下。

(1) 在图 14-10 中，输入正确的 VPN 服务账号和密码，然后单击“连接”按钮，此时客户端便开始与 VPN 服务器进行连接，并核对账号和密码。如果连接成功，就会在任务栏的右下角增加一个网络连接图标。双击该网络连接图标，在打开的对话框中选择“详细信息”选项卡，即可查看 VPN 连接的详细信息。

(2) 在客户端以 smile 用户登录，连接成功后在 VPN 客户端利用 ipconfig 命令可以看到多了一个 ppp 连接，如图 14-12 所示。

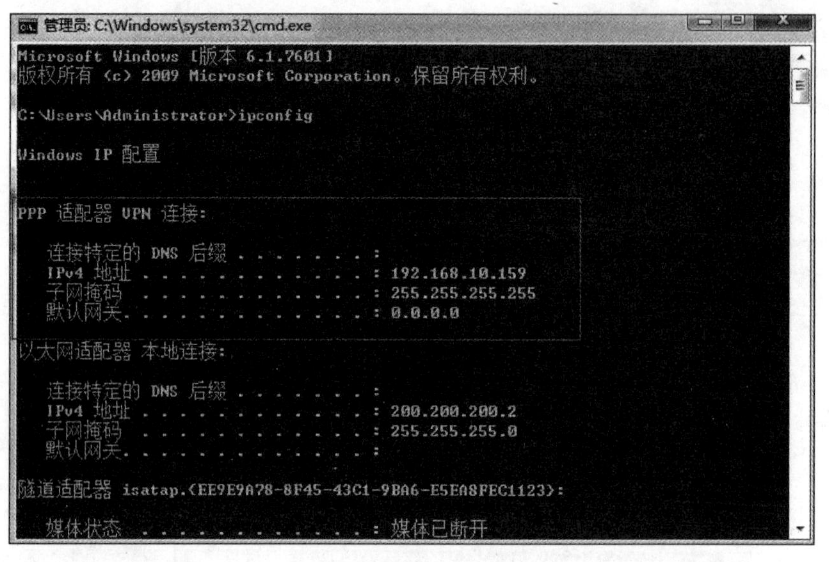

图 14-12　VPN 客户端获得了预期的 IP 地址

(3) 在客户端测试 Web 服务器。在浏览器地址栏中输入 http://192.168.10.20，结果如图 14-13 所示。

(4) 在 VPN 服务器端利用 ifconfig 命令可以看到多了一个 ppp0 连接，且 ppp0 的地址就是前面设置的 localip 地址 192.168.1.100，如图 14-14 所示。

提示：以用户 smile 和 public 分别登录，在 Windows 客户端将得到不同的 IP 地址。如果用 public 登录 VPN 服务器，客户端获得的 IP 地址应是主配置文件中设置的地址池中的 1 个，如 192.168.10.11。请读者试一试。

3. 不同网段 IP 地址小结

在 VPN 服务器的配置过程中用到了几个网段，下面逐一分析。

(1) VPN 服务器有两个网络接口，分别为 ens33 和 ens38。ens33 连接内部网络，IP 地址是 192.168.10.1/24；ens38 接入 Internet，IP 地址是 200.200.200.1/24。

(2) 内部局域网的网段为 192.168.10.0/24，其中内部网用作测试的一台计算机的 IP 地址是 192.168.10.20/24。

(3) VPN 客户端是 Internet 上的一台主机，IP 地址是 200.200.200.2/24。实际上客户端和 VPN 服务器通过 Internet 连接，为了实验方便，省略了其间的路由，这一点请读者注意。

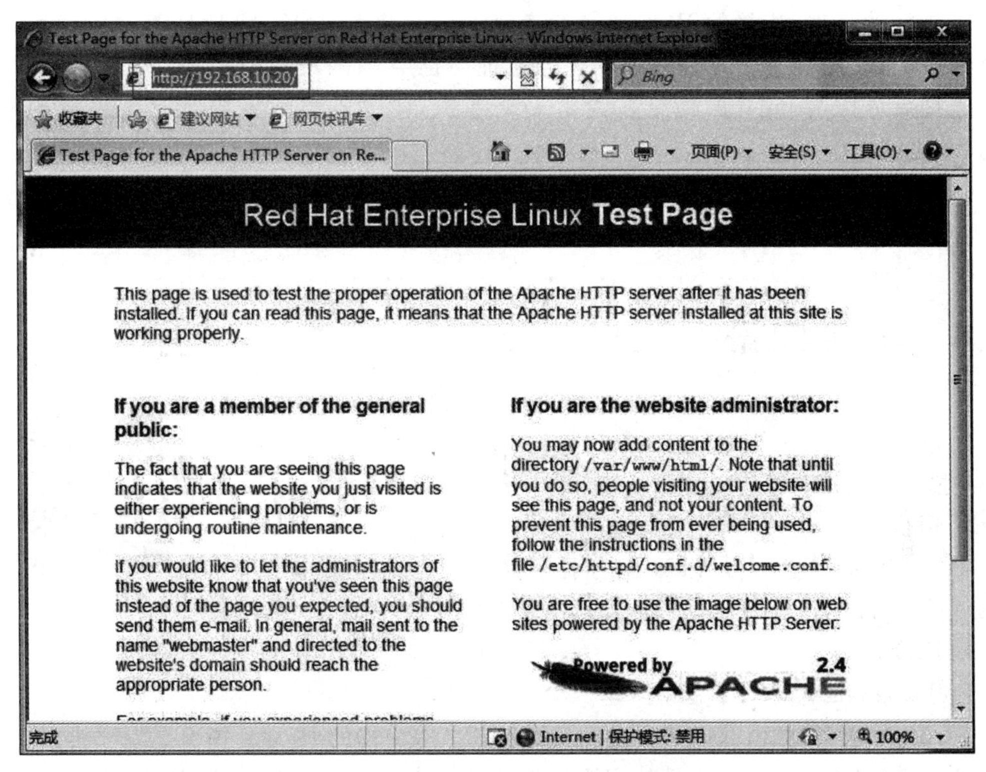

图 14-13　VPN 客户端成功访问 Web 服务器

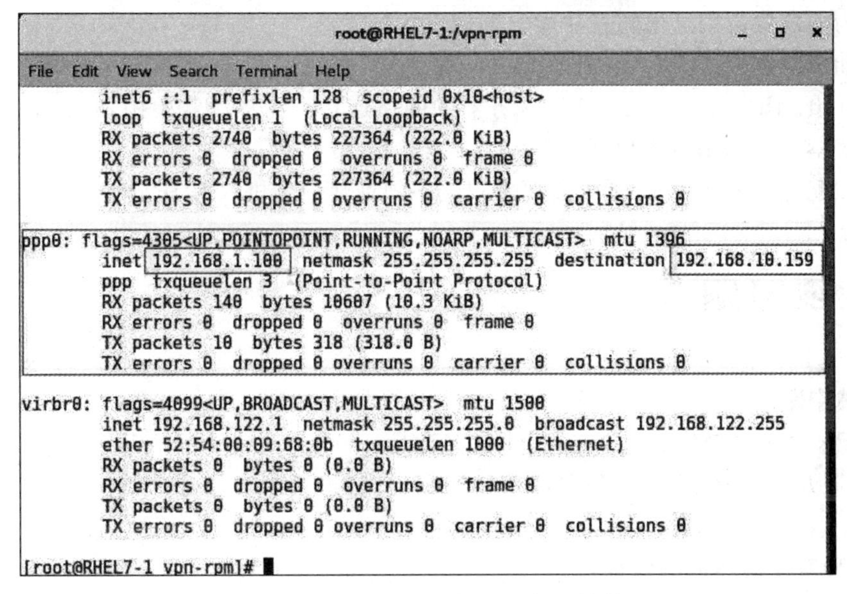

图 14-14　VPN 服务器端 ppp0 的连接情况

(4) 主配置文件/etc/pptpd.conf 的配置项 localip 192.168.1.100 定义了 VPN 服务器连接后的 ppp0 连接的 IP 地址。读者可能已经注意,这个 IP 地址不在上面所述的几个网段中,是单独的一个。其实,这个地址与已有的网段没有关系,它仅是 VPN 服务器连接后分配给 ppp0 的地址。为了安全考虑,建议不要配置成已有的局域网网段中的 IP 地址。

(5) 主配置文件/etc/pptpd.conf 的配置项 remoteip 192.168.10.11-19,192.168.10.101-180 是 VPN 客户端连接 VPN 服务器后获得 IP 地址的范围。

14.4 项目实录

1. 观看录像

扫描二维码观看视频。

2. 项目背景

某企业需要搭建一台 VPN 服务器。使公司的分支机构以及 SOHO 员工可以从 Internet 访问内部网络资源(访问时间为 09:00—17:00)。

3. 深度思考

在观看录像时思考以下几个问题。

(1) VPN 服务器、内部局域的主机、远程 VPN 客户端的 IP 地址情况是怎样的?

(2) 本次录像中主配置文件的配置与我们课上讲的有区别吗?(从网段上分析)

(3) 如果客户端能访问 192.168.0.5,但却不能访问 192.168.0.100,可能是什么原因?

(4) 为何需要启用路由转发功能? 如何设置?

(5) 如何设置 VPN 服务穿透 Linux 防火墙?

(6) eth0、eth1、ppp0 都是 VPN 服务器的网络连接。在本次实验中,它们的 IP 地址分别是多少? 客户端获取的 IP 地址是多少?

(7) 在配置账号文件时,如果需要客户端在地址池中随机取得 IP 地址,该如何操作?

14.5 练习题

一、填空题

1. VPN 的英文全称是________,中文名称是________。

2. 按照开放系统互联(OSI)参考模型的划分,隧道技术可以分为________和________隧道协议。

3. 几种常见的隧道协议有________、________和________。

4. 打开 Linux 内核路由功能,执行命令____。

5. VPN 服务连接成功之后,在 VPN 客户端会增加一个名为________的连接,在 VPN 服务器端会增加一个名为________的连接。

二、简述题

1. 简述 VPN 的工作原理。
2. 简述常用的 VPN 协议。
3. 简述 VPN 的特点及应用场合。

14.6　超链接

单击 http：//www.icourses.cn/scourse/course_2843.html，访问并学习国家精品资源共享课程网站中学习情境的相关内容。

项目十五　Linux 系统监视与进程管理

项目背景

程序被加载到内存中运行，在内存中的数据运行集合被称为进程(process)。进程是操作系统中非常重要的概念，系统运行的所有数据都会以进程的形式存在。那么系统的进程有哪些状态？不同的状态会如何影响系统的运行？进程之间是否可以互相管控呢？这些都是必须要知道的内容。本项目将带领读者详细了解进程管理与系统监视。

职业能力目标和要求

- 了解进程的概念。
- 了解作业的概念。
- 掌握作业管理。
- 掌握进程管理。
- 掌握常用系统监视。

15.1　项目知识准备

15.1.1　进程

Linux 所有的命令及能够进行的操作都与权限有关。那么系统如何判定用户的权限呢？答案就是前面提到的 UID/GID 以及文件的属性相关性。更进一步，在 Linux 系统当中："触发任何一个事件时，系统都会将它定义成为一个进程，并且赋予这个进程一个 ID，称为 PID，同时依据触发这个进程的使用者与相关属性关系，赋予这个 PID 一组有效的权限配置。"这个 PID 能够在系统上面进行的操作，就与这个 PID 的权限有关。

1. 进程与程序

那么如何产生一个进程(Process)呢？其实很简单，"运行一个程序或命令"就可以触发一个事件而取得一个 PID。不过，由于系统仅认识二进制文件，那么当我们让系统工作的时候，就需要启动一个二进制文件，这个二进制文件就是程序(program)。

众所周知，由于每个程序都有三组不同的权限(r/w/x)，所以不同的使用者身份运行这个程序时，系统赋予的权限也各不相同。举例来说，我们可以利用 touch 来创建一个空的文件，当 root 用户运行这个 touch 命令时，他取得的是 UID/GID=0/0 的权限，而当 dmtsai 用户（UID/GID=501/501）运行这个 touch 时，他的权限就跟 root 用户不同了。

如图 15-1 所示，程序一般放置在磁盘中，然后通过用户的运行来触发。触发后会加载到内存中成为一个实例，那就是进程。进程中有赋予执行者的权限/属性等参数，包括进程所需要的脚本数据或文件数据等。每个进程有一个 PID。系统就是通过这个 PID 来判断该进程（process）是否具有权限进行工作的。

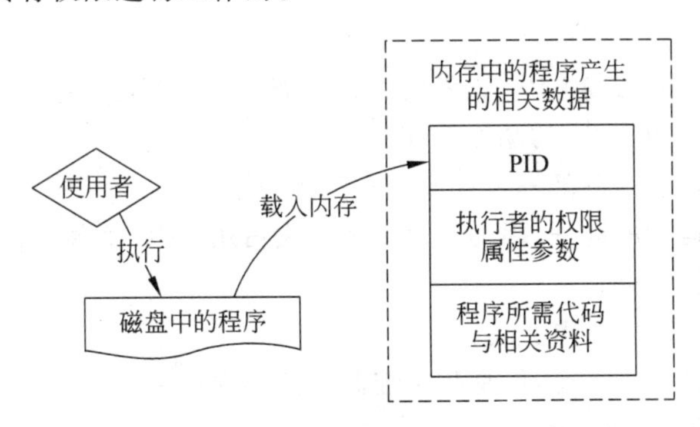

图 15-1　程序被加载成为进程以及相关数据的示意图

举个更常见的例子，当我们登录 Linux 系统后，首先取得我们的 shell，也即 bash。这个 bash 在/bin/bash 里面，需要注意的是同一时间的每个人登录都是执行/bin/bash，不过，每个人取得的权限不同，如图 15-2 所示。

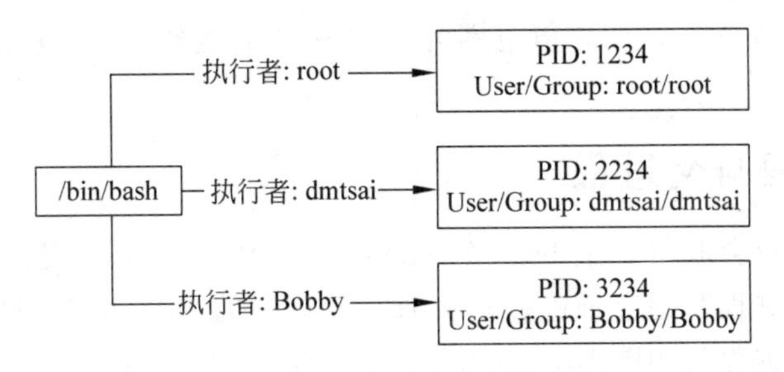

图 15-2　程序与进程之间的区别

登录并运行 bash 时，系统已经给我们一个 PID 了，其依据就是登录者的 UID/GID（/etc/passwd）。以图 15-2 为例，我们知道/bin/bash 是一个程序（program），当 dmtsai 登录后，取得一个 PID 号码为 2234 的进程，这个进程的 User/Group 都是 dmtsai，而当这个进程进行其他工作时，例如上面提到的“运行 touch”这个命令时，由这个进程衍生出来的其他进程在一般状态下也会沿用这个进程的相关权限。

下面对程序与进程进行总结。

(1) 程序（program）：通常为二进制的，存放在存储媒介中（如硬盘、光盘、软盘、磁带等），以物理文件的形式存在。

(2) 进程（process）：程序被触发后，执行者的权限与属性、程序的程序代码与所需数据等都会被加载到内存中，操作系统赋予这个内存内的单元一个识别码，即 PID。可以说，进程就是一个正在运行中的程序。

(3) 进程是具有独立功能的程序的一次运行过程，是系统资源分配和调度的基本单位。

(4) 进程不是程序，但由程序产生。进程与程序的区别如下。

- 程序是一系列指令的集合,是静态的概念;进程是程序的一次运行过程,是动态的概念。
- 程序可长期保存;而进程只能暂时存在:动态产生、变化和消亡。
- 进程与程序并不一一对应,一个程序可启动多个进程;而一个进程也可以调用多个程序。

2. 进程的状态

(1) 就绪:进程已获得除CPU以外的运行所需的全部资源。

(2) 运行:进程占用CPU的动作正在运行。

(3) 等待:进程正在等待某一事件或某一资源。

(4) 挂起:正在运行的进程,因为某个原因失去占用CPU而暂停运行。

(5) 终止:进程已结束。

(6) 休眠:进程主动暂时停止运行。

(7) 僵死:进程已停止运行,但是相关控制信息仍保留。

3. 进程的优先级

(1) Linux中所有进程根据其所处状态,按照时间顺序排列成不同的队列。系统按一定的策略进行调度就绪队列中的进程。

(2) 启动进程的用户或超级用户可以修改进程的优先级,但普通用户只能调低优先级,而超级用户既可调高也可调低优先级。

(3) Linux中进程优先级的取值范围为-20~19的整数,取值越低,优先级越高,默认为0。

15.1.2 子进程与父进程

登录系统后,用户会取得一个bash的shell,用户用这个bash提供的接口去执行另一个命令就会触发"子进程",每个子进程都会有一个单独的PID,而在用户原来的bash环境下的进程就称为"父进程",如图15-3所示。

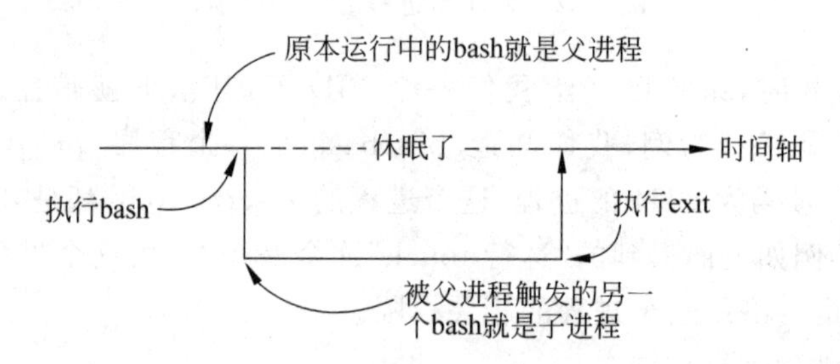

图15-3 进程间相互关系示意图

进程之间是有相关性的。从图15-3可以看出,连续执行两个bash后,第二个bash的父进程就是前一个bash。因为每个进程都有一个PID,那某个进程的父进程该如何判断呢?通过Parent PID(PPID)来判断。下面以一个实例来了解什么是子进程和父进程。

【例15-1】 请在当前的bash环境下,再触发一次bash,并通过执行"ps -l"命令观察进程相关的输出信息。

参考解答如下:直接运行bash,会进入子进程的环境中,然后输入ps -l。运行结果如下。

```
[root@RHEL7-1~]# bash
[root@RHEL7-1~]# ps -l
F S  UID  PID    PPID    C  PRI  NI  ADDR  SZ    WCHAN  TTY    TIME CMD
0 S  0    12103  4722    0  75   0   -     1195  wait   pts/2  00:00:00 bash
0 S  0    12119  12103   0  75   0   -     1195  wait   pts/2  00:00:00 bash
4 R  0    12132  12119   0  77   0   -     1114  -      pts/2  00:00:00 ps
```

第一个 bash 的 PID 与第二个 bash 的 PPID 都是 12103,因为第二个 bash 来自于第一个 bash。另外,每台主机的进程启动状态都不一样,所以在你的系统上面看到的 PID 与这里的显示一定不同,那是正常的。详细的 ps 命令稍后再讲。

15.1.3 系统或网络服务:常驻在内存的进程

前面讲过,可以使用 ls 显示文件,使用 touch 创建文件,使用 rm、mkdir、cp、mv 等命令管理文件,使用 chmod、chown、passwd 等命令来管理权限等。这些命令都是运行完就结束了。也就是说,这些命令被触发后所产生的 PID 很快就会终止。那么有没有一直在运行的进程呢?当然有,而且很多。下面举个简单的例子。

系统每分钟都会去扫描/etc/crontab 目录以及相关的配置文件,来进行工作调度。工作调度是 crond 这个进程所管理的,它启动后在后台一直持续不断地运行。

常驻内存当中的进程通常都是负责系统所提供的一些功能,用来服务用户的各项任务,因此这些常驻进程称为服务(daemon)。系统的服务非常多,一是系统本身所需要的服务,例如刚刚提到的 crond 及 atd,还有 syslog 等。还有一些是负责网络联机的服务,例如 apache、named、postfix、vsftpd 等。这些网络服务在相应进程被运行后,会启动一个可以负责网络监听的端口(port),以提供外部用户端(client)的连接请求。

15.1.4 Linux 的多用户、多任务环境

Linux 运行一个命令时,系统会将相关的权限、属性、程序码与数据等均加载到内存,并赋予这个单元一个程序识别码(PID),最终该命令可以进行的任务则与这个 PID 的权限有关。这是 Linux 多用户环境的基础。下面介绍一下 Linux 多用户多任务环境的特点。

1. 多用户环境

Linux 最优秀的地方就在于它的多用户、多任务环境。那么什么是"多用户、多任务"?Linux 系统具有多种不同的账号,每种账号都有其特殊的权限,只有 root(系统管理员)用户具有至高无上的权力。除 root 用户外,其他用户都要受一些限制。但由于每个用户登录后取得的 shell 的 PID 不同,所以每个用户登录 Linux 后的环境配置都可以根据个人的喜好来配置。

2. 多任务行为

当前的 CPU 速度可高达几个吉赫兹(GHz),即 CPU 每秒可以运行 10^9 次命令。Linux 可以让 CPU 在各个进程间进行切换,也就是说,每个进程仅占去 CPU 的几个命令次数,所以 CPU 每秒都能够在各个程序之间进行切换。

CPU 切换进程的工作,以及与这些进程进入 CPU 运行的调度(CPU 调度,非 crontab

调度)会影响系统的整体性能。当前 Linux 使用的多任务切换行为是一个很好的机制,几乎可以将 PC 的性能全部发挥出来。由于性能非常好,因此当多人同时登录系统时,其实会感受到整台主机就像为你个人服务一样,这就是多用户多任务环境的好处。

3. 多重登录环境的 7 个基本终端窗口

在 Linux 当中,默认提供了 6 个文本界面登录窗口和一个图形界面登录窗口。用户可以使用 Alt+F1~Alt+F7 组合键来切换不同的终端窗口,而且每个终端窗口的登录者还可以是不同用户。这一点在进程结束的情况下很有用。

Linux 默认会启动 6 个终端窗口环境的进程。

4. 特殊的进程管理行为

Linux 几乎不会死机,因为 Linux 可以在任何时候,使某个被困住的进程终止,然后再重新运行该程序而不用重新启动。举例来讲,如果在 Linux 下以文本界面(命令行)登录,在屏幕当中显示错误信息后死机了,该怎么办呢?这时默认的 7 个窗口就派上用场了。用户可以按 Alt+F1~Alt+F7 组合键切换到其他的终端窗口,用“ps -aux”找出刚刚发生的错误进程,然后将进程杀死(kill),重新回到前面的终端窗口,则计算机恢复正常。

为什么可以这样做呢?因为进程之间可能是独立的,也可能有依赖性,只要到独立的进程当中,删除有问题的那个进程就可以了。

5. bash 环境下的作业管理(job control)

前面提到“父进程、子进程”的关系,用户登录 bash 之后,取得一个名为 bash 的 PID,而在这个环境下面所运行的其他命令,几乎都是所谓的子进程了。那么,在这个单一的 bash 接口下,可不可以进行多个作业呢?当然可以。举例来说,可以这样做:

```
[root@RHEL7-1~]# cp file1 file2 &
```

在这一串命令中,重点在 & 的功能。其含义是将 file1 这个文件复制为 file2,且在后台运行。也就是说运行这一个命令之后,在这一个终端窗口仍然可以做其他的工作。而当这一个命令(cp file1 file2)运行完毕之后,系统将会在你的终端窗口中显示完成的消息。

15.1.5 什么是作业管理

1. 作业

正在执行的一个或多个相关进程可形成一个作业。一个作业可启动多个进程。

- 前台作业:运行于前台,用户正对其进行交互操作。
- 后台作业:不接收终端输入,向终端输出执行结果。

作业既可以在前台运行也可以在后台运行。但在同一时刻,每个用户只能有一个前台作业。

2. 作业管理

作业管理(job control)用在 bash 环境下,指用户登录系统取得 bash shell 之后,在单一终端窗口下同时进行多个工作的行为管理。举例来说,用户在登录 bash 后,通过作业管理,可以同时进行复制文件、数据搜寻、编译等工作。

提示: 用户可以重复登录 6 个命令行界面的终端环境来实现不同的作业,但需要明白这是在不同的 bash 下来完成的。如果想在一个 bash 内实现上述功能,只能使用作业管理

(job control)。

由此可以了解到：进行作业管理的行为中，其实每个工作都是当前 bash 的子进程，即彼此之间是有相关性的。我们无法以 job control 的方式由 tty1 的环境去管理 tty2 的 bash。

由于假设只有一个终端，因此在出现提示符让用户操作的环境就称为前台(foreground)，至于其他工作可以放到后台(background)去暂停或运行。

注意：放入后台的工作运行时，不能够与使用者互动。举例来说，vim 绝对不可能在后台运行(running)。因为用户没有输入数据。另外，放入后台的工作不可以使用 Ctrl+C 终止，但可使用 bg/fg 调用该工作。

进行 bash 的作业管理(job control)必须注意以下两个方面：

- 这些作业所触发的进程必须来自 shell 的子进程(只管理自己的 bash)；
- 后台中"运行"的进程不能等待 terminal/shell 的输入(input)。

15.2　项目实施

15.2.1　任务 1　使用系统监视

1. w 命令

w 命令用于显示登录到系统的用户情况。

w 命令的显示项目按以下顺序排列：当前时间，系统启动到现在的时间，登录用户的数目，系统在最近 1 秒、5 秒和 15 秒的平均负载。然后是每个用户的各项数据，项目显示顺序如下：登录账号、终端名称、远程主机名、登录时间、空闲时间、JCPU(JCPU 时间指的是和该终端连接的所有进程占用的时间)、PCPU(PCPU 时间则是指当前进程所占用的时间)、当前正在运行进程的命令行。

语法如下。

```
w -[husfV] [user]
```

- -h：不显示标题。
- -u：当列出当前进程和 CPU 时间时忽略用户名。这主要是用于执行 su 命令后的情况。
- -s：使用短模式。不显示登录时间、JCPU 和 PCPU 时间。
- -f：切换显示 FROM 项，也就是远程主机名项。默认值是不显示远程主机名，当然系统管理员可以对源文件做一些修改，使得显示该项成为默认值。
- -V：显示版本信息。
- user：只显示指定用户的相关情况。

2. who 命令

who 命令显示当前登录系统的用户信息。

语法如下。

```
who [-Himqsw][--help][--version][am i][记录文件]
```

- -H 或--heading：显示各栏位的标题信息列。
- -i、-u 或--idle：显示闲置时间。
- -m：此参数的效果和指定的“am i”字符串相同。
- -q 或-count：只显示登录系统的账号名称和总人数。
- -s：此参数将仅负责解决 who 指令其他版本的兼容性问题。
- -w、-T 或--mesg：显示用户的信息状态栏。
- --help：在线帮助。
- --version：显示版本信息。

例如，要显示登录、注销、系统启动和系统关闭的历史记录，请输入：

```
root@RHEL7-1~]# who /var/log/wtmp
root     :0         2014-02-24 01:13
root     :0         2014-02-24 01:13
root     pts/1      2014-02-24 01:13 (:0.0)
…
```

3. last 命令

列出当前与过去登录系统的用户相关信息。

语法如下。

```
last [-adRx][-f <记录文件>][-n <显示列数>][账号名称][终端编号]
```

- -a：把从何处登录系统的主机名称或 IP 地址显示在最后一行。
- -d：将 IP 地址转换成主机名称。
- -f ＜记录文件＞：指定记录文件。
- -n＜显示列数＞或-＜显示列数＞：设置列出名单的显示列数。
- -R：不显示登录系统的主机名称或 IP 地址。
- -x：显示系统关机、重新开机，以及执行等级的改变等信息。

说明：单独执行 last 指令，它会读取位于/var/log 目录下名称为 wtmp 的文件，并把该文件记录的登录系统的用户名单全部显示出来。

4. 系统监控命令 top

能显示实时的进程列表，而且能实时监视系统资源，包括内存、交换分区和 CPU 的使用率等。使用 top 命令，结果如图 15-4 所示。

第一行表示的项目依次为当前时间、系统启动时间、当前系统登录用户数目、平均负载。

第二行显示的是所有启动的进程、当前运行的、挂起(Sleeping)的和无用(Zombie)的进程。

第三行显示的是当前 CPU 的使用情况，包括系统占用的比例、用户使用比例、闲置(Idle)比例。

第四行显示物理内存的使用情况，包括总的可以使用的内存、已用内存、空闲内存、缓冲

```
root@RHEL7-1:~
File  Edit  View  Search  Terminal  Help
top - 06:52:27 up  5:44,  2 users,  load average: 0.00, 0.04, 0.05
Tasks: 298 total,   1 running, 297 sleeping,   0 stopped,   0 zombie
%Cpu(s):  2.0 us,  1.0 sy,  0.0 ni, 97.0 id,  0.0 wa,  0.0 hi,  0.0 si,  0.0 st
KiB Mem :  1867024 total,    91952 free,   855340 used,   919732 buff/cache
KiB Swap:  3907580 total,  3907540 free,       40 used.   733984 avail Mem

  PID USER      PR  NI    VIRT    RES    SHR S %CPU %MEM     TIME+ COMMAND
 1658 root      20   0  322592  26612  10920 S  1.0  1.4   0:33.78 X
 2153 root      20   0 1870888 128496  40908 S  1.0  6.9   1:12.44 gnome-shell
 2540 root      20   0  735008  28740  16012 S  0.7  1.5   0:20.81 gnome-term+
 2267 root      20   0 1298900  25324  16364 S  0.3  1.4   0:03.33 gnome-sett+
 2288 root      20   0 1007612  27044  17024 S  0.3  1.4   0:02.89 nautilus-d+
 2331 root      20   0  385644  19656  15240 S  0.3  1.1   0:23.38 vmtoolsd
89715 root      20   0  157848   2380   1540 R  0.3  0.1   0:00.23 top
    1 root      20   0  136360   6912   4084 S  0.0  0.4   0:07.35 systemd
    2 root      20   0       0      0      0 S  0.0  0.0   0:00.01 kthreadd
    3 root      20   0       0      0      0 S  0.0  0.0   0:02.00 ksoftirqd/0
    5 root       0 -20       0      0      0 S  0.0  0.0   0:00.00 kworker/0:+
    7 root      rt   0       0      0      0 S  0.0  0.0   0:00.00 migration/0
    8 root      20   0       0      0      0 S  0.0  0.0   0:00.00 rcu_bh
    9 root      20   0       0      0      0 S  0.0  0.0   0:02.81 rcu_sched
   10 root      rt   0       0      0      0 S  0.0  0.0   0:00.16 watchdog/0
   12 root      20   0       0      0      0 S  0.0  0.0   0:00.00 kdevtmpfs
   13 root       0 -20       0      0      0 S  0.0  0.0   0:00.00 netns
```

图 15-4　top 命令显示的结果

区占用的内存。

第五行显示交换分区使用情况，包括总的交换分区、使用的、空闲的和用于高速缓存的大小。

第六行是空行，是在 top 程序当中输入命令时，显示状态的地方。

第七行显示的项目最多，下面进行详细说明。

- PID(Process ID)：进程标示号。
- USER：进程所有者的用户名。
- PR：进程的优先级别。
- NI：进程的优先级别数值。
- VIRT：进程占用的虚拟内存值。
- RES：进程占用的物理内存值。
- SHR：进程使用的共享内存值。
- S/R/Z/N：进程的状态。其中 S 表示休眠，R 表示正在运行，Z 表示僵死状态，N 表示该进程优先值是负数。
- %CPU：该进程占用的 CPU 使用率。
- %MEM：该进程占用的物理内存和总内存的百分比。
- TIME+：该进程启动后占用的总的 CPU 时间。
- COMMAND：进程启动的启动命令名称。

top 命令使用过程中，还可以使用一些交互的命令来完成其他参数的功能。这些命令通过快捷键启动。

- <空格>：立刻刷新。
- P：根据使用 CPU 的大小进行排序。
- T：根据累计时间排序。
- q：退出 top 命令。
- m：切换显示内存的信息。

- t：切换显示进程和 CPU 状态的信息。
- c：切换显示命令名称和完整命令行。
- M：根据使用内存的大小进行排序。
- W：将当前设置写入～/.toprc 文件中。这是写 top 命令配置文件的推荐方法。
- top：动态观察程序的变化。

相对于 ps 命令选取一个时间点的程序状态，top 命令则可以持续侦测程序运行的状态。使用方式如下。

```
[root@RHEL7-1~]# top [-d 数字] | top [-bnp]
```

选项与参数含义如下。

- -d：后面可以接秒数，就是整个程序画面升级的秒数。默认是 5 秒。
- -b：以批量的方式运行 top，通常会搭配数据流重导向来将批量的结果输出成为文件。
- -n：与-b 搭配，表示需要进行几次 top 的输出结果。
- -p：指定某些 PID 来进行观察监测。

在 top 运行过程当中可以使用的按键命令如下。

- ?：显示在 top 当中可以输入的按键命令。
- P：以 CPU 的使用资源排序显示。
- M：以 Memory 的使用资源排序显示。
- N：以 PID 来排序。
- T：由该 Process 使用的 CPU 时间累计(TIME＋)排序。
- k：给某个 PID 一个信号(signal)。
- r：给某个 PID 重新制订一个 nice 值。
- q：离开 top 命令。

top 的功能非常多，可以用的按键也非常多，用户可以参考"man top"命令来查看 top 更详细的使用说明。本书也仅列出一些常用的选项。下面学习如何使用 top 命令。

【例 15-2】 每两秒钟升级一次 top 命令，观察整体信息。

```
[root@RHEL7-1~]# top -d 2
top-17:03:09 up 7 days, 16:16, 1 user, load average: 0.00, 0.00, 0.00
Tasks: 80 total, 1 running, 79 sleeping, 0 stopped, 0 zombie
Cpu(s): 0.5%us, 0.5%sy, 0.0%ni, 99.0%id, 0.0%wa, 0.0%hi, 0.0%si, 0.0%st
Mem: 742664k total, 681672k used, 60992k free, 125336k buffers
Swap: 1020088k total, 28k used, 1020060k free, 311156k cached
//如果 top 运行过程中按下 k 或 r 键时,就会出现"PID to kill"或者"PID to renice"的文字提
  示。请读者试一试
PID     USER  PR  NI  VIRT  RES   SHR S  %CPU  %MEM  TIME+     COMMAND
14398   root  15  0   2188  1012  816 R  0.5   0.1   0:00.05   top
1       root  15  0   2064  616   528 S  0.0   0.1   0:01.38   init
2       root  RT  -5  0     0     0 S    0.0   0.0   0:00.00   migration/0
3       root  34  19  0     0     0 S    0.0   0.0   0:00.00   ksoftirqd/0
```

top 命令是很优秀的程序观察工具，ps 是静态的结果输出，而 top 可以持续地监测整

个系统的程序的工作状态。在默认的情况下，每次升级程序资源的时间为 5 秒，不过，可以使用-d 来进行修改。以上的 top 命令显示的内容可分成两部分，上面为整个系统的资源使用状态，总共有 6 行，显示的内容如下。

- 第一行(top...)：这一行显示的信息如下。
  - 当前的时间，即 17:03:09。
  - 启动到当前为止所经过的时间，即"up 7days，16:16"。
  - 已经登录系统的使用者人数，即 1 user。
  - 系统在 1、5、15 分钟的平均工作负载。代表的是 1、5、15 分钟，系统平均要负责运行几个程序(工作)。值越小代表系统越闲置，若高于 1 就要注意系统程序是否太繁复。
- 第二行(Tasks...)：显示的是当前程序的总量与个别程序在什么状态(running、sleeping、stopped、zombie)。需要注意的是最后的 zombie 数值。
- 第三行(Cpu(s)...)：显示的是 CPU 的整体负载，每个项目均可使用"?"查阅。需要特别注意%wa，它代表 I/O wait，系统变慢通常都是 I/O 的问题引起的，因此要注意这个项目耗用 CPU 的资源情况。另外，如果是多核心的设备，可以按下数字键"1"来查看不同 CPU 的负载率。
- 第四行与第五行：表示当前的实体内存与虚拟内存(mem/swap)的使用情况。再次重申，swap 的使用量要尽量少。如果 swap 被占用率很高，则表示系统的实体内存不足。
- 第六行：在 top 程序中输入命令时显示状态的地方。

至于 top 下半部分的内容，则是每个进程使用资源的情况。

- PID：每个进程的 ID。
- USER：该进程所属的使用者。
- PR：Priority 的简写，指程序的优先运行顺序，越小的程序越优先被运行。
- NI：Nice 的简写，与 Priority 有关，也是越小的程序越优先被运行。
- %CPU：CPU 的使用率。
- %MEM：内存的使用率。
- TIME+：CPU 使用时间的累加。

如果想要离开 top 命令，则按下 q 键。如果想将 top 命令的结果输出成为文件时，可以参考以下实例。

【例 15-3】 将 top 命令的信息显示 2 次，然后将结果输出到/tmp/top.txt。

```
[root@RHEL7-1~]# top -b -n 2 >/tmp/top.txt
# 这样就可以将 top 命令的信息保存到/tmp/top.txt 文件中了
```

【例 15-4】 用户自己的 bash PID 可由 $$ 变量取得，请使用 top 命令持续查看该 PID。

```
[root@RHEL7-1~]# echo $$
8684  <==这就是用户 bash 的 PID
[root@localhost~]# top -d 2 -p 8684
```

```
top-17:31:56 up 7 days, 16:45, 1 user, load average: 0.00, 0.00, 0.00
Tasks: 1 total, 0 running, 1 sleeping, 0 stopped, 0 zombie
Cpu(s): 0.0%us, 0.0%sy, 0.0%ni,100.0%id, 0.0%wa, 0.0%hi, 0.0%si, 0.0%st
Mem: 742664k total, 682540k used, 60124k free, 126548k buffers
Swap: 1020088k total, 28k used, 1020060k free, 311276k cached

PID    USER  PR  NI  VIRT  RES   SHR S  %CPU  %MEM  TIME+    COMMAND
13639  root  15  0   5148  1508  1220 S 0.0   0.2   0:00.18  bash
```

如果想要在 top 命令运行时进行一些操作,比如修改 NI 这个数值,可参考例 15-5。

【例 15-5】 承例 15-4,上面的 NI 值是 0,如果要改成 10,可按以下方法操作。

① 在例 15-4 的 top 命令执行过程中直接按下 r 键,会出现如下内容。

```
top-17:34:24 up 7 days, 16:47, 1 user, load average: 0.00, 0.00, 0.00
Tasks: 1 total, 0 running, 1 sleeping, 0 stopped, 0 zombie
Cpu(s): 0.0%us, 0.0%sy, 0.0%ni, 99.5%id, 0.0%wa, 0.0%hi, 0.5%si, 0.0%st
Mem: 742664k total, 682540k used,  60124k free, 126636k buffers
Swap: 1020088k total, 28k used, 1020060k free, 311276k cached
PID to renice: 8684  //按下 r 键,然后输入这个 PID 号码
PID    USER  PR  NI  VIRT  RES   SHR S  %CPU  %MEM  TIME+    COMMAND
13639  root  15  0   5148  1508  1220 S 0.0   0.2   0:00.18  bash
```

② 完成上面的操作后,在状态列会出现如下信息。

```
Renice PID 8684 to value: 10  //这是 nice 的值
  PID USER  PR  NI  VIRT  RES  SHR S %CPU %MEM  TIME+  COMMAND
```

③ 接下来会看到如下内容。

```
top-17:38:58 up 7 days, 16:52, 1 user, load average: 0.00, 0.00, 0.00
Tasks: 1 total, 0 running, 1 sleeping, 0 stopped, 0 zombie
Cpu(s): 0.0%us, 0.0%sy, 0.0%ni,100.0%id, 0.0%wa, 0.0%hi, 0.0%si, 0.0%st
Mem: 742664k total, 682540k used, 60124k free, 126648k buffers
Swap: 1020088k total, 28k used, 1020060k free, 311276k cached

PID    USER  PR  NI  VIRT  RES   SHR S  %CPU  %MEM  TIME+    COMMAND
13639  root  26  10  5148  1508  1220 S 0.0   0.2   0:00.18  bash
```

这就是修改之后产生的效果。一般而言,如果想要找出损耗 CPU 资源最大的进程,大多使用 top 命令。然后强制以使用的 CPU 资源来排序(在 top 命令执行过程中按下 p 键即可),这样就可以很快知道损耗 CPU 资源最大的进程了。

15.2.2 任务 2 作业管理

1. 作业的后台管理

(1) 直接将命令放到后台中"运行"的命令——"&"

【例 15-6】 将/etc/整个备份成为/tmp/etc.tar.gz,且不打算等待运行结束,可以按以下方法操作。

```
[root@RHEL7-1~]# tar -zpcf /tmp/etc.tar.gz /etc &
[1] 8400  <==[job number] PID
[root@RHEL7-1~]# tar: 从成员名中删除开头的"/"
//在中括号内的号码为作业号码 (job number),该号码与 bash 的控制有关
//后续的 8400 则是这个作业在系统中的 PID。至于后续出现的数据则是 tar 运行的数据流,由于
  没有加上数据流重导向,所以会影响画面,不过不会影响前台的操作
```

bash 会给这个命令一个"作业号码(job number)",就是"[1]"。后面的 8400 是该命令所触发的 PID。如果输入几个命令后,突然出现以下数据。

```
[1]+ done tar -zpcf /tmp/etc.tar.gz /etc
```

就代表"[1]"这个作业已经完成(done),该作业的命令则是接在后面的一串命令里。

这种方式最大的好处是:不怕被 Ctrl+C 组合键中断。此外,将作业放到后台当中要特别注意数据的流向。上面的信息就有错误信息出现,导致用户的前台受到影响。

如果将作业命令改为如下所示,情况又会怎样呢?

```
[root@RHEL7-1~]# tar -zpcvf /tmp/etc.tar.gz /etc &
```

在后台当中运行的命令,如果有 stdout 及 stderr 时,数据依旧是输出到屏幕上面,致使我们无法看到提示字符,当然也就无法完好地掌握前台工作。同时由于是后台工作的 tar,此时即使按下 Ctrl+C 组合键也无法停止屏幕上的输出。所以最佳的状况就是利用数据流重导向,将输出数据传送至某个文件中。举例来说,可用以下命令。

```
[root@RHEL7-1~]# tar -zpcvf /tmp/etc.tar.gz /etc >/tmp/log.txt 2>&1 &
[1] 8429
[root@RHEL7-1~]#
```

这样输出的信息都传送到/tmp/log. txt 当中,当然不会影响到当前的作业了。

(2) 将"当前"的作业放到后台中"暂停",用 Ctrl+Z 组合键

设想一下:如果用户正在使用 vim,却发现有个文件不知道放到哪里了,需要到 bash 环境下进行搜寻,此时是否必须结束 vim 呢?当然不是必须。只要暂时将 vim 放到后台当中等待即可。请看以下的案例。

```
[root@RHEL7-1~]# vim~/.bashrc
//在 vim 的编辑模式(一般模式)下,按下 Ctrl+Z 组合键
[1]+  Stopped                 vim~/.bashrc
[root@RHEL7-1~]#   //顺利取得了前台的操控权
[root@RHEL7-1~]# find / -print
…
//此时屏幕会非常忙碌,因为屏幕上会显示所有的文件名。可按下 Ctrl+Z 组合键暂停
[2]+ Stopped find / -print
```

在 vim 的一般模式下,按下 Ctrl+Z 组合键,屏幕上会出现[1]+,表示这是第一个作

业,而那个"+"则代表最近一个被放进后台的作业,并且是当前在后台默认会被取用的作业(与 fg 这个命令有关)。而那个 Stopped 则代表当前这个作业的状态。在默认的情况下,使用 Ctrl+Z 组合键放到后台当中的工作都是"暂停"的状态。

(3) 查看当前的后台工作状态——jobs

```
[root@RHEL7-1~]# jobs [-lrs]
```

选项与参数作用如下。

-l:除了列出 job number 与命令之外,同时列出 PID。

-r:仅列出正在后台运行的作业。

-s:仅列出正在后台暂停(stop)的作业。

【例 15-7】 观察当前的 bash 中所有的作业与对应的 PID。

```
[root@RHEL7-1~]# jobs -l
[1]-10314 Stopped                vim~/.bashrc
[2]+10833 Stopped                find / -print
```

"+"代表最近被放到后台的作业号码,"-"代表最近倒数第二个被放到后台中的作业号码。而超过倒数第三个以后的作业,就不会有"+/-"符号存在了。

(4) 将后台作业放到前台来处理——fg

前面提到的都是将作业放到后台去运行,那么如何将后台作业拿到前台来处理呢?这就需要用到 fg(foreground)命令。举例来说,如果用户要将例 15-7 中的作业拿到前台处理,可以使用如下命令。

```
[root@RHEL7-1~]# fg %jobnumber
```

选项与参数作用如下。

%jobnumber:jobnumber 为工作号码(数字),而%是可选的。

【例 15-8】 先以 jobs 观察作业,再将作业取出。命令如下。

```
[root@RHEL7-1~]# jobs
[1]-10314 Stopped vim~/.bashrc
[2]+10833 Stopped find / -print
[root@RHEL7-1~]# fg      //默认取出"+"的工作,亦即 [2]。立即按下 Ctrl+Z
[root@RHEL7-1~]# fg %1   //直接指定取出的工作号码。再按下 Ctrl+Z 组合键
[root@RHEL7-1~]# jobs
[1]+ Stopped vim~/.bashrc
[2]- Stopped find / -print
```

如果输入"fg -",则代表将"-"号的作业放到前台运行,本例中就是[2]-那个作业(find/ -print)。

(5) 让作业在后台的状态变成运行中——bg

刚刚提到,Ctrl+Z 组合键可以将当前的作业放到后台暂停,那么如何让一个作业在后

台重新运行(Run)呢？可以使用下面的案例来测试。

注意：下面的测试要进行得快一点。

【例 15-9】 运行 find / -perm＋7000＞/tmp/text. txt 后，立刻放到后台暂停。

```
[root@RHEL7-1~]# find / -perm +7000 >/tmp/text.txt
//此时,请立刻按下 Ctrl+Z 组合键暂停
[3]+  Stopped find / -perm +7000 >/tmp/text.txt
```

【例 15-10】 让该工作在后台下进行，并且查看它。

```
[root@RHEL7-1~]# jobs ; bg %3 ; jobs
[1]-  Stopped vim~/.bashrc
[2]   Stopped find / -print
[3]+  Stopped find / -perm +7000 >/tmp/text.txt
[3]+  find / -perm +7000 >/tmp/text.txt &        //使用"bg  %3"的情况
[1]+  Stopped vim~/.bashrc
[2]   Stopped find / -print
[3]-  Running find / -perm +7000 >/tmp/text.txt &
```

状态列已经由 Stopped 变成了 Running。命令列最后多了一个“&”符号，代表该作业在后台启动运行。

(6) 管理后台作业——kill

有没有办法将后台中的作业直接移除呢？有没有办法将该作业重新启动呢？答案是肯定的。这就需要给该作业一个信号(signal)，让它知道该怎么做。kill 命令可以完成该操作。

```
[root@RHEL7-1~]# kill -signal %jobnumber
[root@RHEL7-1~]# kill -l
```

选项与参数作用如下。

- -l：这是 L 的小写，列出当前 kill 能够使用的信号(signal)。
- signal：代表下达给后面作业的指令。用 man 7 signal 命令可了解详细信息。
- -1 ：重新读取一次参数的配置文件(类似 reload)。
- -2：与按 Ctrl＋C 组合键作用相同。
- -9：立刻强制删除一个作业。
- -15：以正常的程序方式终止一项作业。与-9 是不一样的。

【例 15-11】 找出当前的 bash 环境下的后台作业，并将该作业强制删除。

```
[root@RHEL7-1~]# jobs
[1]+  Stopped vim~/.bashrc
[2]   Stopped find / -print
[root@RHEL7-1~]# kill -9  %2; jobs
[1]+  Stopped vim~/.bashrc
[2]   Killed find / -print
//过几秒再下达 jobs 命令一次,就会发现 2 号作业显示被杀死了
```

【例 15-12】 找出当前的 bash 环境下的后台作业，并将该作业“正常终止”。

```
[root@RHEL7-1~]# jobs
[1]+  Stopped vim~/.bashrc
[root@RHEL7-1~]# kill -SIGTERM %1
//-SIGTERM 与-15 是一样的。可以使用 kill -l 来查阅
```

注意：“-9”信号(signal)通常用在“强制删除一个不正常的作业”时使用，而“-15”则是以正常步骤结束一项作业(15 也是默认值)，两者之间并不相同。

举例来说，当使用 vim 的时候，会产生一个. filename. swp 文件。那么，当使用“-15”信号(signal)时，vim 会尝试以正常的步骤来结束该 vim 作业，所以. filename. swp 会主动被移除。但若是使用“-9”信号(signal)时，由于该 vim 作业会被强制移除，因此，. filename. swp 就会继续存在文件系统中。

其实，kill 的作用还不止如此。kill 搭配 signal 所列出的信息(用 man 7 signal 去查阅相关数据)，可以让用户有效地管理作业与进程(Process)。

killall 也有同样的用法。至于常用的 signal，读者至少需要了解 1、9、15 这三个 signal 的意义。此外，signal 除了用数值来表示，也可以使用信号名称。例如，例 15-12 就是一个很好的范例。至于 signal number 与名称的对应，请使用 kill -l 查询。

最后需要说明，kill 后面接的数字默认表示 PID。如果想要管理 bash 的作业，就要加上“%数字”，这点请特别留意。

2. 脱机管理问题

需要注意的是，在作业管理中提到的“后台”指的是在终端模式下可以避免使用 Ctrl+C 组合键中断的一个情形，并不是真正地放到系统的后台中。所以，作业管理的后台依旧与终端有关。在这样的情况下，如果以远程连接方式连接到用户的 Linux 主机，并且将作业以 & 的方式放到后台去运行，请思考这样一个问题，在作业尚未结束的情况下用户离线了，该作业还会继续进行吗？答案是否定的，即不会继续进行，而是会被中断。

如果该项作业的运行时间很长，并且不能放到后台运行，那么该如何处理呢？可以尝试使用 nohup 命令来处理。nohup 可以让用户在离线或注销系统后使作业继续进行。语法格式如下。

```
[root@RHEL7-1~]# nohup [命令与参数]      //在终端机前台中工作
[root@RHEL7-1~]# nohup [命令与参数] &    //在终端机后台中工作
```

看下面的例子。

```
//先编辑一个会"睡着 500 秒"的程序
[root@RHEL7-1~]# vim sleep500.sh
#!/bin/bash
/bin/sleep 500s
/bin/echo "I have slept 500 seconds."

//放到后台中去运行,并且立刻注销系统
[root@RHEL7-1~]# chmod a+x sleep500.sh
[root@RHEL7-1~]# nohup ./sleep500.sh &
```

```
[1] 5074
[root@RHEL7-1~]# nohup: appending output to 'nohup.out'     //会告知这个信息
[root@RHEL7-1~]# exit
```

如果再次登录,并使用 pstree 命令去查阅程序,会发现 sleep500. sh 还在运行中,并不会被中断。

程序最后要输出一个信息,但由于 nohup 与终端已经无关了,因此这个信息的输出就会被导向"～/nohup. out"。用户会看到在上述命令中当输入 nohup 后,出现提示信息:"nohup: appending output to 'nohup. out'"。

如果要让在后台的作业在用户注销后还能够继续运行,那么使用"nohup"搭配"&"是不错的选择。

15.2.3 任务3 进程管理

1. 进程的查看

可利用静态的 ps 命令或者是动态的 top 命令查看进程,同时还能用 pstree 来查阅进程树之间的关系。

(1) ps 命令可将某个时间点的程序运行情况选取下来。

```
[root@RHEL7-1~]# ps aux      //查看系统所有的进程数据
[root@RHEL7-1~]# ps -lA      //也能够查看所有系统的数据
[root@RHEL7-1~]# ps axjf     //还能查看部分进程树的状态
```

选项与参数作用如下。

-A: 所有的进程均显示出来,与-e 作用相同。

-a: 与 terminal 无关的所有进程。

-u: 有效使用者(effective user)相关的进程。

x: 通常与 a 这个参数一起使用,可列出较完整的信息。

输出格式规划如下。

l: 以长格式详细地将该 PID 的信息列出。

j: 作业的格式(jobs format)。

-f: 做一个更为完整的输出。

" ps -l "只能查阅用户自己的 bash 程序,而"ps aux"则可以查阅所有系统运行的程序。

(2) 仅观察自己的 bash 相关程序可用"ps -l"命令。

【例 15-13】 将当前属于用户自己登录的 PID 与相关信息显示出来(只与自己的 bash 有关)。

```
[root@RHEL7-1~]# ps -l
F S  UID   PID    PPID   C  PRI  NI  ADDR  SZ    WCHAN  TTY    TIME      CMD
4 S  0     13639  13637  0  75   0   -     1287  wait   pts/1  00:00:00  bash
4 R  0     13700  13639  0  77   0   -     1101  -      pts/1  00:00:00  ps
```

- F: 代表进程标志(process flags),说明这个进程的权限,常见号码如下。若为 4 表示此进程的权限为 root;若为 1 则表示此子进程仅进行复制(fork),而没有实际运行(exec)的权限。

- S:代表这个进程的状态(STAT),主要的状态如下。
  - R(Running):该进程正在运行中。
  - S(Sleep):该进程当前正处于睡眠状态(idle),但可以被唤醒(signal)。
  - D:不可被唤醒的睡眠状态,通常这个进程可能在等待 I/O 的情况。
  - T:停止状态(stop),可能是在作业控制(后台暂停)或除错(traced)状态。
  - Z(Zombie):僵尸状态,进程已经终止但却无法被移除至内存外。
- UID/PID/PPID:代表"此进程被该 UID 所拥有"/"进程的 PID 号码"/"此进程的父进程 PID 号码"。
- C:代表 CPU 使用率,单位为百分比。
- PRI/NI:Priority/Nice 的缩写,代表此进程被 CPU 所运行的优先顺序,数值越小代表该进程越优先运行。详细的 PRI 与 NI 将在后面说明。
- ADDR/SZ/WCHAN:都与内存有关,ADDR 是一种内核功能,指出该进程在内存的哪个部分,如果是正在运行的程序,一般就会显示"-"。/SZ 代表此进程用掉多少内存;/WCHAN 表示当前进程是否正在运行中,若为"-"表示正在运行中。
- TTY:登录者的终端机位置,若为远程登录,则使用动态终端接口(pts/n)。
- TIME:使用掉的 CPU 时间。注意,是此进程实际花费 CPU 运行的时间,而不是系统时间。
- CMD:是 command 的缩写,说明造成此进程的触发程序的命令。

例 15-13 命令显示的信息说明:"bash 的进程属于 UID 为 0 的使用者,状态为睡眠(Sleep),之所以为睡眠因为触发了 ps(状态为 run)。此进程的 PID 为 13639,优先运行顺序为 75,执行 bash 所取得的终端接口为 pts/1,运行状态为等待(wait)。"

接下来使用 ps 命令来查看一下系统中所有程序的状态。

(3) 查看系统所有的程序——ps aux。

【例 15-14】 列出当前内存中的所有程序。

```
[root@RHEL7-1~]# ps aux
USER  PID    %CPU  %MEM  VSZ   RSS   TTY    STAT  START  TIME  COMMAND
root  1      0.0   0.0   2064  616   ?      Ss    Mar11  0:01  init [5]
root  2      0.0   0.0   0     0     ?      S<    Mar11  0:00  [migration/0]
root  3      0.0   0.0   0     0     ?      SN    Mar11  0:00  [ksoftirqd/0]
…
root  13639  0.0   0.2   5148  1508  pts/1  Ss    11:44  0:00  -bash
root  14232  0.0   0.1   4452  876   pts/1  R+    15:52  0:00  ps aux
root  18593  0.0   0.0   2240  476   ?      Ss    Mar14  0:00  /usr/sbin/atd
```

你会发现 ps -l 命令与 ps aux 命令显示的项目并不相同。在 ps aux 命令显示的项目中,各字段的意义如下。

USER:该命令所属的用户账号。

PID:该进程的识别码。

%CPU：该进程耗费 CPU 资源的百分比。

%MEM：该进程所占用的实体内存百分比。

VSZ：该进程耗费的虚拟内存量(KB)。

RSS：该进程占用的固定的内存量(KB)。

TTY：该进程在哪个终端机上面运行。若与终端机无关则显示“?”。另外，tty1～tty6是本机上面的登录者程序，若为 pts/0 等，则表示由网络连接进入主机的程序。

STAT：该进程当前的状态，状态显示与 ps -l 命令的 S 标识相同(R/S/T/Z)。

START：该进程被触发启动的时间。

TIME：该进程实际使用 CPU 运行的时间。

COMMAND：该程序的实际命令。

一般来说，ps aux 会依照 PID 的顺序来排序显示。下面仍以 13639 中 PID 所在行说明。该行的意义为“roo 用户运行的 bash PID 为 13639，占用了 0.2%的内存，状态为休眠(S)，该程序启动的时间为 11:44，且取得的终端机环境为 pts/1”。

下面继续使用 ps 命令来查看一下其他的信息。

【例 15-15】 与例 15-13 对照，显示所有的程序。

```
[root@RHEL7-1~]# ps -lA
F S  UID   PID  PPID  C  PRI  NI  ADDR  SZ WCHAN  TTY  TIME      CMD
4 S  0     1    0     0  76   0   -     435-      ?    00:00:01  init
1 S  0     2    1     0  94   19  -     0 ksofti  ?    00:00:00  ksoftirqd/0
1 S  0     3    1     0  70   -5  -     0 worker  ?    00:00:00  events/0
...
//你会发现每个字段与 ps -l 命令的输出情况相同,但显示的进程则包括系统所有的进程
```

【例 15-16】 类似进程树的形式，列出了所有的程序。

```
[root@RHEL7-1~]# ps axjf
PPID   PID    PGID   SID    TTY    TPGID  STAT  UID  TIME  COMMAND
0      1      1      1      ?      -1     Ss    0    0:01  init [5]
...
1      4586   4586   4586   ?      -1     Ss    0    0:00  /usr/sbin/sshd
4586   13637  13637  13637  ?      -1     Ss    0    0:00  \_ sshd: root@pts/1
13637  13639  13639  13639  pts/1  14266  Ss    0    0:00  \_ -bash
13639  14266  14266  13639  pts/1  14266  R+    0    0:00  \_ ps axjf
...
```

【例 15-17】 找出与 cron 与 syslog 这两个服务有关的 PID 号码。

```
[root@RHEL7-1~]# ps aux | egrep  '(cron|syslog)'
root 4286   0.0  0.0  1720  572 ?      Ss  Mar11  0:00 syslogd -m 0
root 4661   0.0  0.1  5500  1192 ?     Ss  Mar11  0:00 crond
root 14286  0.0  0.0  4116  592 pts/1  R+  16:15  0:00 egrep (cron|syslog)
# 所以号码是 4286 及 4661
```

除此之外，我们还必须知道“僵尸”(Zombie)进程是什么。通常，造成僵尸进程的成因

是该进程应该已经运行完毕，或者是因故应该要终止了，但是该进程的父进程却无法完整地将该进程结束，从而造成那个进程一直存于内存当中。如果发现在某个进程的 CMD 后面存在"＜defunct＞"时，就代表该进程是僵尸进程，例如：

```
apache 8683 0.0 0.9 83384 9992 ? Z 14:33 0:00 /usr/sbin/httpd <defunct>
```

当系统不稳定的时候就容易造成"僵尸"进程。因为程序写得不好，或者是用户的操作习惯不良等，都可能造成"僵尸"进程。如果产生了"僵尸"进程，而系统过一段时间仍没有办法通过特殊处理来将该程序删除时，用户只好通过重启系统的方式来将该进程杀死。

(4) pstree 命令。

```
[root@RHEL7-1~]# pstree [-A|U] [-up]
```

选项与参数如下。

-A：各进程树之间以 ASCII 字符来连接。

-U：各进程树之间以 utf8 字符来连接。在某些终端接口下可能会有错误。

-u：同时列出每个进程的所属账号名称。

-p：同时列出每个进程的 PID。

【例 15-18】 列出当前系统所有的进程树的相关性。

```
[root@RHEL7-1~]# pstree -A
init-+-acpid
   |-atd
   |-auditd-+-audispd---{audispd}     //该行及下面一行为 auditd 分出来的子进程
   |        '-{auditd}
   |-automount---4*[{automount}]      //默认情况下,相似的进程会以数字显示
…
   |-sshd---sshd---bash---pstree      //这就是命令执行的依赖性
…
```

【例 15-19】 在例 15-18 的基础上，同时显示 PID 与 users。

```
[root@RHEL7-1~]# pstree -Aup
init(1)-+-acpid(4555)
      |-atd(18593)
      |-auditd(4256)-+-audispd(4258)---{audispd}(4261)
      |              '-{auditd}(4257)
      |-automount(4536)-+-{automount}(4537) //进程相似但 PID 不同
      |                 |-{automount}  (4538)
      |                 |-{automount}  (4541)
      |                 '-{automount}  (4544)
…
      |-sshd(4586)---sshd(16903)---bash(16905)---pstree(16967)
…
      |-xfs(4692,xfs)    //因为此进程拥有者并非执行 pstree 命令的人,所以列出了账号
…
```

```
//在括号内的即是 PID 以及该进程的属主。不过,由于使用 root 的身份执行此命令,所以属于
root 的进程不会显示出来
```

如果寻找进程之间的相关性,pstree 命令非常好用。直接输入 pstree 命令可以查询进程的相关性。

也可以使用线段将相关性进程连接起来。一般连接符号可以使用 ASCII 码,但有时会默认以 Unicode 的符号来连接。这种情况下,如果终端机无法支持该编码,则会造成乱码。因此建议加上-A 选项来克服此类乱码问题。

由 pstree 命令的输出可以很清楚地知道,所有的程序都是依附在 init 程序下面。仔细查看,发现 init 程序的 PID 是 1。这是因为 init 是由 Linux 核心所主动调用的第一个进程,所以 PID 就是 1 了。这也是发生"僵尸"进程需要重新启动的原因：init 需要重新启动。

如果还想知道 PID 与所属用户,则加上-u 及-p 两个参数即可。前面已经提到,如果总是无法结束子进程,则可以用 pstree 命令。

2. 进程的管理

程序之间是可以互相控制的。举例来说,服务器软件本身是一个程序,你可以关闭、重新启动服务器软件。既然可以让它关闭或启动,当然可以控制该程序。那么程序是如何互相管理的呢？其实是通过该进程的信号(signal)去告知该进程的目标。那么到底有多少信号呢？用户可以使用 kill -l(L 的小写)命令或者 man 7 signal 进行查询。主要的信号代号、名称及内容如表 15-1 所示。

表 15-1　signal(信号)代号、名称及内容

代号	名　称	内　　容
1	SIGHUP	启动被终止的进程,可以让该 PID 重新读取自己的配置文件,类似于重新启动
2	SIGINT	相当于按 Ctrl+C 组合键来中断一个程序
9	SIGKILL	代表强制中断一个进程的进行,如果该进程进行到一半,那么尚未完成的部分可能会有"半成品"产生,比如：vim 中会有. filename. swp 保留下来
15	SIGTERM	以正常结束进程的方式来终止该进程。由于是正常的终止,所以后续的动作会继续完成。不过,如果该进程已经发生问题,无法使用正常的方法终止时,输入这个信号也没有用
17	SIGSTOP	相当于用 Ctrl+Z 组合键来暂停一个进程

上面仅是常见的信号,更多的信号信息请使用"man 7 signal"查询。一般来说,只要记得 1、9、15 这三个号码的意义即可。那么如何传送一个信号给某个进程呢？可以通过 kill 或 killall 命令。

(1) kill -signal PID

kill 可以将信号传送给某个作业(%jobnumber)或者是某个 PID(直接输入数字)。需要再次强调的是：kill 后面直接加数字与加上%jobnumber 的情况是不一样的。因为作业控制中有 1 号作业,但是 PID 1 号则是专指"init"程序。

【例 15-20】 用 ps 命令找出 syslog 进程的 PID 后,再使用 kill 命令传送信息,使得 syslog 可以重新读取配置文件。

解决方案:

① 由于需要重新读取配置文件,因此信号是 1 号。下面的命令可以找出 syslog 的 PID。

```
ps aux | grep 'syslog' | grep -v 'grep'| awk '{print $2}'
```

② 使用 kill -l PID。

```
kill -SIGHUP $(ps aux|grep 'syslog'|grep -v 'grep'|awk '{print $2}')
```

③ 如果要确认是否重新启动了 syslog,则需要参考登录文件的内容。可以使用如下命令。

```
tail -5 /var/log/messages
```

如果看到类似"Nov 4 13:22:00 www syslogd 1.4.1: restart"的字样,就表示 syslogd 在 11 月 4 日重新启动(restart)过了。

如果想要将某个可疑的登录者的连接删除,就可以通过使用 pstree -p 命令找到相关进程,然后再用"kill -9 PID"命令将该进程删除,该连接也被删除。

(2) killall -signal 命令

由于 kill 后面跟 PID(或者是 job number),所以,通常 kill 都会配合 ps、pstree 等命令找到相对应程序的 ID,这样做很麻烦。是否可以利用"执行命令的名称"来赋予信号呢?举例来说,能不能直接将 syslog 这个进程赋予一个 SIGHUP 的信号呢?当然可以,那就需要用到 killall 命令了。

```
[root@RHEL7-1~]# killall [-iIe] [command name]
```

选项与参数的作用如下。

-i: interactive 的意思,即互动式的。若需要删除时,会提示用户。

-I: 命令名称(可能含参数)忽略大小写。

-e: exact 的意思,后面接的 command name 要一致,但整个命令不能超过 15 个字符。

【例 15-21】 赋予 syslogd 命令启动的 PID 一个 SIGHUP 的信号。

```
[root@RHEL7-1~]# killall -1 syslogd
```

【例 15-22】 强制终止所有以 httpd 启动的程序。

```
[root@RHEL7-1~]# killall -9 httpd
```

【例 15-23】 依次询问每个 bash 程序是否需要被终止运行。

```
[root@RHEL7-1~]# killall -i -9 bash
Kill bash(16905) ? (y/N) n        //不终止运行
Kill bash(17351) ? (y/N) y        //终止运行
//具有互动功能。可以询问是否要删除 bash 进程。要注意,若没有 -i 的参数,所有的 bash 都
  会被 root 用户终止,也包括 root 用户自己的 bash
```

总之，要删除某个进程，用户可以使用 PID 或者是启动该进程的命令名称。如果要删除某个服务呢？最简单的方法就是利用 killall 命令。因为用户可以将系统中所有以某个命令名称启动的进程全部删除。比如例 15-22 中，系统内所有以 httpd 启动的进程全部被删除。

3. 管理进程优先级

从 top 命令的输出结果可以发现，系统同时有很多的进程在运行，不过绝大部分的进程都处于休眠(sleeping)状态。

提示：如果所有的进程同时被唤醒，那么 CPU 应该先处理哪个进程呢？也就是说，哪个进程的优先级比较高呢？显然这就要考虑进程的优先级(Priority)与 CPU 调度。

(1) Priority 与 Nice 值

CPU 一秒钟可以运行多达数吉字节的微命令，通过内核的 CPU 调度可以让各进程轮流使用 CPU。如果进程都集中在一个队列中等待 CPU，而不具有优先顺序之分，就会出现紧急任务无法优先执行的问题。

举例来说，假设 pro1、pro2 是紧急程序，pro3、pro4 是一般程序，在这样的环境中，由于不具有优先顺序，pro1、pro2 还需要等待 pro3、pro4 进程执行完后才能使用 CPU。如果 pro3、pro4 的工作耗时较长，那么紧急的 pro1、pro2 就要等待较长时间才能够完成。因此，进程要分优先级。如果优先级较高则执行次数可以较多，而不需要与优先级低的进程抢位置。图 15-5 说明进程的优先级与 CPU 调度的关系。

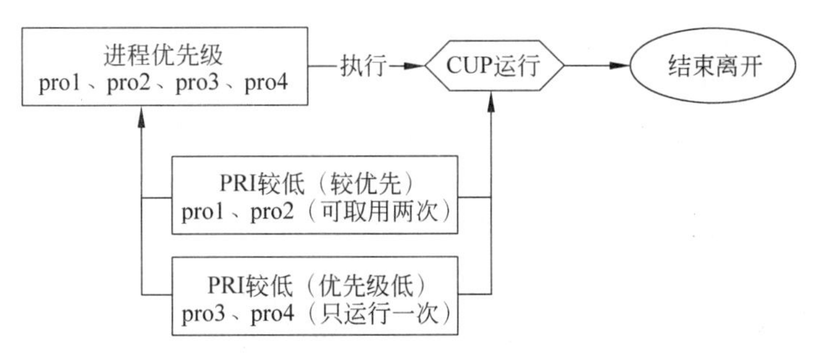

图 15-5　具有优先级的进程队列示意图

可见，具有高优先级的 pro1、pro2 可以被调用两次，而不重要的 pro3、pro4 则运行次数较少，这样 pro1、pro2 就可以较快地完成。需要注意的是，图 15-5 仅是示意图，并非较优先者一定会被运行两次。为了达到上述功能，Linux 赋予进程一个“优先运行序号”(priority，PRI)，这个 PRI 值越低代表优先级越高。不过 PRI 值是由内核动态调整的，用户无法直接调整 PRI 值，但可以用 ps 命令查询 PRI 值。

```
[root@RHEL7-1~]# ps  -l
F S   UID    PID     PPID   C PRI   NI ADDR   SZ     WCHAN   TTY        TIME CMD
4 S   0      18625   18623  2 75    0  -      1514   wait    pts/1      00:00:00 bash
4 R   0      18653   18625  0 77    0  -      1102   -       pts/1      00:00:00 ps
```

由于 PRI 是内核动态调整的，用户无权干涉 PRI 值。如果想调整进程的优先级时，需要通过 nice。nice 值就是上述命令中的 NI。一般来说，PRI 与 NI 的相关性如下。

```
PRI(new) =PRI(old) +nice
```

提示：如果原来的 PRI 是 50，令 nice=5，并不一定就使 PRI 变成 55。因为 PRI 是由系统"动态"决定的，所以，虽然 nice 值可以影响 PRI，但最终的 PRI 仍要经过系统分析后才能决定。另外，nice 值有正有负，当 nice 值为负值时，就会降低 PRI 的值，亦即提高 PRI 的优先级。

此外，还要注意以下几点。

- nice 值可调整的范围为－20～19。
- root 可随意调整自己或其他用户进程的 nice 值，且范围为－20～19。
- 一般用户仅可调整用户自己进程的 nice 值，且范围仅为 0～19(避免一般用户抢占系统资源)。
- 一般用户仅可将 nice 值调高，例如 nice 原始值为 5，则用户仅能调整到大于 5。

如何赋予某个程序的 nice 值呢？有以下两种方式：

- 一开始执行程序就立即赋予一个特定的 nice 值，即用 nice 命令；
- 调整某个已经存在的 PID 的 nice 值，即用 renice 命令。

(2) 新执行 nice 命令时即赋予新的 nice 值

```
[root@RHEL7-1 ~]# nice [-n 数字] command
```

选项与参数作用如下。

-n：后面接一个数值，数值的范围－20～19。

【例 15-24】 用 root 给 nice 赋值为－5，用于运行 vim，并查看该进程。

```
[root@RHEL7-1~]# nice -n -5 vim &
[1] 18676
[root@RHEL7-1~]# ps -l
F  S  UID  PID    PPID   C  PRI  NI  ADDR  SZ    WCHAN   TTY    TIME      CMD
4  S  0    18625  18623  0  75   0   -     1514  wait    pts/1  00:00:00  bash
4  T  0    18676  18625  0  72   -5  -     1242  finish  pts/1  00:00:00  vim
4  R  0    18678  18625  0  77   0   -     1101  -       pts/1  00:00:00  ps
//原来的 bash PRI 为 75，所以 vim 默认应为 75。不过由于赋予 nice 值为 -5，因此 vim 的 PRI
  降低了。但并非降低到 70，因为内核还会动态调整
[root@RHEL7-1~]# kill -9  %1     //测试完毕后将 vim 关闭
```

那么什么时候要将 nice 值调大呢？举例来说，在系统的后台工作中，某些不重要的进程在进行备份等工作时非常消耗系统资源，这个时候就可以将备份命令的 nice 值调大一些，以使系统的资源分配更为公平。

(3) renice 命令可对已存在进程的 nice 重新调整

```
[root@RHEL7-1~]# renice [number] PID
```

选项与参数作用如下。

PID：某个进程的 ID。

【例 15-25】 找出自己的 bash PID,并将该 PID 的 nice 值调整到 10。

```
[root@RHEL7-1~]# ps -l
F S  UID  PID    PPID   C  PRI  NI  ADDR  SZ    WCHAN  TTY    TIME      CMD
4 S  0    18625  18623  0  75   0   -     1514  wait   pts/1  00:00:00  bash
4 R  0    18712  18625  0  77   0   -     1102  -      pts/1  00:00:00  ps
[root@RHEL7-1~]# renice 10 18625
18625: old priority 0, new priority 10
[root@RHEL7-1~]# ps -l
F S  UID  PID    PPID   C  PRI  NI  ADDR  SZ    WCHAN  TTY    TIME      CMD
4 S  0    18625  18623  0  85   10  -     1514  wait   pts/1  00:00:00  bash
4 R  0    18715  18625  0  87   10  -     1102  -      pts/1  00:00:00  ps
```

如果要调整的是已经存在的进程,那么就要使用 renice。方法很简单,renice 后面接上数值及 PID 即可。因为后面接的是 PID,所以前提是用 ps 或者其他查看命令查找出 PID。

从例 15-25 题中也可以看出,虽然修改的是 bash 进程,但是该进程触发的 ps 命令的 nice 也会继承父进程而改为 10。整个 nice 值可以在父进程到子进程之间传递。另外,除了 renice 之外,top 同样也可以调整 nice 值(请读者复习前面所学内容)。

15.2.4　任务 4　查看系统资源

(1) free 命令可观察内存的使用情况。

```
[root@RHEL7-1~]# free [-b|-k|-m|-g] [-t]
```

选项与参数的作用如下。

-b: 直接输入 free 时,显示的单位是 Kbytes,用户可以使用 b(bytes)、m(Mbytes)、k(Kbytes)及 g(Gbytes)来定制显示单位。

-t: 输出的最终结果,显示物理内存与 swap 的总量。

【例 15-26】 显示当前系统的内存容量。

```
[root@RHEL7-1~]# free -m
                    total    used    free    shared   buffers    cached
Mem:                725      666     59      0        132        287
-/+buffers/cache:            245     479
Swap:               996      0       996
```

例 15-26 显示,系统中有 725MB 左右的物理内存,Swap 有 1GB 左右,使用 free -m 以 Mbytes 来显示时,就会出现上面的信息。Mem 那一行显示的是物理内存的容量,Swap 则是虚拟内存的容量。total 是总量,used 是已被使用的容量,free 则是剩余可用的容量,shared/buffers/cached 则是在已被使用的容量中用来作为缓冲及缓存的容量。

(2) uname 命令可以查看系统与内核的相关信息。

```
[root@RHEL7-1~]# uname [-asrmpi]
```

选项与参数作用如下。

-a：所有系统相关的信息，包括下面的数据都会被列出来。

-s：系统内核的名称。

-r：内核的版本。

-m：本系统的硬件名称，例如 i686 或 x86_64 等。

-p：CPU 的类型，与-m 类似，只是显示的是 CPU 的类型。

-i：硬件的平台(ix86)。

【例 15-27】 输出系统的基本信息。

```
[root@RHEL7-1~]# uname -a
Linux localhost.localdomain 2.6.18-155.el5 #1 SMP Fri Jun 19 17:06:47 EDT 2009
i686 i686 i386 GNU/Linux
```

uname 可以列出当前系统的内核版本、主要硬件平台以及 CPU 类型等信息。例 15-27 显示主机使用的内核名称为 Linux，主机名称为 localhost. localdomain。内核的版本为 2.6.18-155. el5，该内核版本创建的日期为 2009/6/19，适用的硬件平台为 i386 以上等级的硬件平台。

(3) uptime 命令用于查看系统的启动时间与工作负载。显示当前系统已经启动了多长时间，以及 1 分钟、5 分钟、15 分钟的平均负载。uptime 可以显示出 top 命令的最上面一行。

```
[root@RHEL7-1~]# uptime
15:39:13 up 8 days, 14:52, 1 user, load average: 0.00, 0.00, 0.00
```

(4) netstat 命令用于跟踪网络。这个命令尽管经常用在网络的监控方面，但在程序管理方面也需要了解。netstat 的输出分为两大部分，分别是网络与系统的进程相关性部分。

```
[root@RHEL7-1~]# netstat -[atunlp]
```

选项与参数作用如下。

-a：将当前系统上所有的连接、监听、Socket 数据都列出来。

-t：列出 TCP 网络封包的数据。

-u：列出 UDP 网络封包的数据。

-n：不列出进程的服务名称，以端口号来显示。

-l：列出当前正在网络监听的服务。

-p：列出该网络服务的进程 PID。

【例 15-28】 列出当前系统已经创建的网络连接与 UNIX Socket 的状态。

```
[root@RHEL7-1~]# netstat
Active Internet connections (w/o servers)          //与网络较相关的部分
Proto Recv-Q Send-Q Local Address           Foreign Address      State
tcp        0    132 192.168.201.110:ssh  192.168.:vrtl-vmf-sa ESTABLISHED
```

```
Active UNIX domain sockets (w/o servers)        //与本机进程的相关性(非网络)
Proto  RefCnt  Flags  Type      State      I-Node  Path
unix   20      [ ]    DGRAM                9153    /dev/log
unix   3       [ ]    STREAM    CONNECTED  13317   /tmp/.X11-unix/X0
unix   3       [ ]    STREAM    CONNECTED  13233   /tmp/.X11-unix/X0
unix   3       [ ]    STREAM    CONNECTED  13208   /tmp/.font-unix/fs7100
...
```

在上面的结果中,显示了两个部分,分别是网络的连接以及 Linux 的 Socket 程序相关性部分。下面先介绍网络连接部分。

- Proto：网络的封包协议,主要分为 TCP 与 UDP 封包。
- Recv-Q：非由用户进程连接到此套接字的复制的总字节数。
- Send-Q：非由远程主机传送过来的应答(acknowledged)的总字节数。
- Local Address：本地端的 IP 端口情况。
- Foreign Address：远程主机的 IP 端口情况。
- State：连接状态。主要有创建(ESTABLISED)及监听(LISTEN)。

除了网络连接之外,Linux 系统的进程还可以接收不同进程所发送来的信息,即 Linux 的 Socket 文件。例题中的 Socket 文件的输出字段如下。

- Proto：一般是 UNIX。
- RefCnt：连接到此 Socket 的进程数量。
- Flags：连接的标识。
- Type：Socket 的访问类型。主要有需要确认连接的 STREAM 与不需确认连接的 DGRAM 两种。
- State：若为 CONNECTED,表示多个进程之间已经创建连接。
- Path：连接到此 Socket 的相关进程的路径,或者是相关数据输出的路径。

利用 netstat 命令还可以查看有哪些程序启动了哪些网络的“后门”。

【例 15-29】 找出当前系统上已在监听的网络连接及其 PID。

```
[root@RHEL7-1~]# netstat -tlnp
Active Internet connections (only servers)
Proto Recv-Q  Send-Q  Local Address    Foreign Address  State    PID/Program name
tcp   0       0       127.0.0.1:2208   0.0.0.0:*        LISTEN   4566/hpiod
tcp   0       0       0.0.0.0:111      0.0.0.0:*        LISTEN   4328/portmap
tcp   0       0       127.0.0.1:631    0.0.0.0:*        LISTEN   4597/cupsd
tcp   0       0       0.0.0.0:728      0.0.0.0:*        LISTEN   4362/rpc.statd
tcp   0       0       127.0.0.1:25     0.0.0.0:*        LISTEN   4629/sendmail:
tcp   0       0       127.0.0.1:2207   0.0.0.0:*        LISTEN   4571/python
tcp   0       0       :::22            :::*             LISTEN   4586/sshd
//除了可以列出监听网络的端口与状态之外,最后一个字段还能够显示此服务的 PID 号码以及进
  程的命令名称。例如最后一行的 4586 就是该 PID
```

【例 15-30】 将上述的本地端 127.0.0.1:631 网络服务关闭。

```
[root@RHEL7-1~]# kill -9 4597
[root@RHEL7-1~]# killall -9 cupsd
```

(5) dmesg 命令用于分析内核产生的信息。系统在启动的时候,内核会检测系统的硬件,某些硬件有没有被识别,与这时的检测有关。但是,这些检测的过程要么不显示,要么显示时间很短。如果要把内核检测的信息单独列出来,可以使用 dmesg 命令。

dmesg 命令显示的信息实在太多,所以运行时可以加入管道命令"| more"来使画面暂停。

【例 15-31】 搜寻启动时硬盘的相关信息。

```
[root@RHEL7-1~]# dmesg | grep -i hd
    ide0: BM-DMA at 0xd800-0xd807, BIOS settings: hda:DMA, hdb:DMA
    ide1: BM-DMA at 0xd808-0xd80f, BIOS settings: hdc:pio, hdd:pio
hda: IC35L040AVER08-0, ATA DISK drive
hdb: ASUS DRW-2014S1, ATAPI CD/DVD-ROM drive
hda: max request size: 128KiB
…
```

由例 15-31 可以详细知道主机的硬盘格式。

提示:用户还可以试一试能不能找到网卡。网卡的代号是 eth,直接输入"dmesg|grep -i eth"命令,查看结果是什么。

(6) vmstat 命令用于检测系统资源的变化。vmstat 命令是查看虚拟内存(Virtual Memory)使用状况的工具,使用 vmstat 命令可以得到关于进程、内存、内存分页、堵塞 I/O、traps 及 CPU 活动的信息。下面是常见的选项与参数说明。

```
[root@RHEL7-1~]# vmstat [-a] [延迟 [总计检测次数]]   //CPU/内存等信息
[root@RHEL7-1~]# vmstat [-fs]                       //内存相关
[root@RHEL7-1~]# vmstat [-S 单位]                    //配置显示数据的单位
[root@RHEL7-1~]# vmstat [-d]                        //与磁盘有关
[root@RHEL7-1~]# vmstat [-p 分区]                    //与磁盘有关
```

选项与参数作用如下。

-a:使用 inactive/active(活跃与否)取代 buffer/cache 的内存输出信息。

-f:从启动到当前为止,系统复制(fork)的进程数。

-s:将一些事件(从启动至当前为止)导致的内存变化情况进行列表说明。

-S:后面可以接单位,让显示的数据有单位。例如 K/M 取代 bytes 的容量。

-d:列出磁盘的读写总量统计表。

-p:后面列出分区,可显示该分区的读写总量统计表。

【例 15-32】 统计当前主机的 CPU 状态,每秒一次,共计三次。

```
[root@RHEL7-1~]# vmstat 1 3
procs ------memory----------swap-------io------system-------CPU----
r  b  swpd  free   buff    cache   si  so  bi  bo  in    cs  us  sy  id   wa  st
0  0  28    61540  137000  291960  0   0   4   5   38    55  0   0   100  0   0
0  0  28    61540  137000  291960  0   0   0   0   1004  50  0   0   100  0   0
0  0  28    61540  137000  291964  0   0   0   0   1022  65  0   0   100  0   0
```

上面的各项字段的意义说明如下。

内存进程(process)的项目如下。

- r：等待执行中的进程数量。
- b：不可被唤醒的进程数量。

这两个项目越多，代表系统越忙碌(因为系统太忙，所以很多进程就无法被执行或一直在等待而无法被唤醒)。

内存字段(memory)的项目如下。

- swpd：虚拟内存使用的容量。
- free：未被使用的内存容量。
- buff：用作缓冲的内存大小。
- cache：用作缓存的内存大小。

内存交换空间(swap)的项目如下。

- si：每秒从交换区写到内存的大小。
- so：每秒写入交换区的内存大小。如果 si/so 的数值太大，表示内存内的数据常常需要在磁盘与内存之间传送，系统性能会很差。

磁盘读写(io)的项目如下。

- bi：每秒读取的块数。
- bo：每秒写入的块数。这部分的值越高，代表系统的 I/O 越忙碌。

系统(system)的项目如下。

- in：每秒程序被中断的次数。
- cs：每秒进行的事件切换次数。

这两个数值越大，代表系统与周边设备的通信越频繁。周边设备包括磁盘、网卡、时钟等。

CPU 的项目如下。

- us：非核心层的 CPU 使用状态。
- sy：核心层的 CPU 使用状态。
- id：闲置的状态。
- wa：等待 I/O 所耗费的 CPU 状态。
- st：被虚拟机器(virtual machine)所占用的 CPU 使用状态(Linux 2.6.11 版本以后才支持)。

【例 15-33】 显示系统所有的磁盘的读写状态。

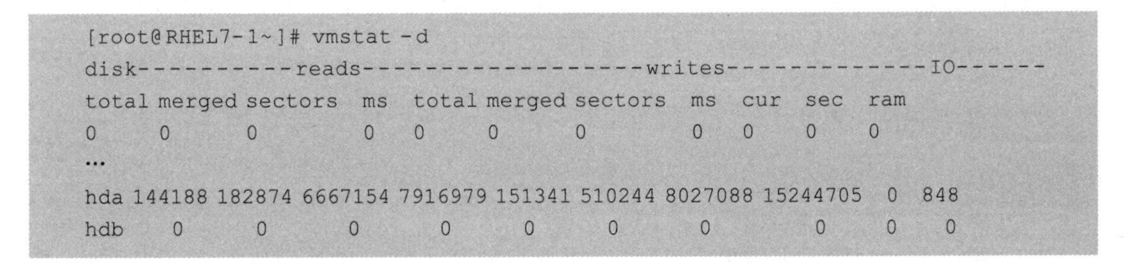

```
[root@RHEL7-1~]# vmstat -d
disk-----------reads--------------------writes--------------IO------
total merged sectors  ms  total merged sectors  ms  cur  sec  ram
0     0      0        0   0     0      0        0   0    0    0
...
hda 144188 182874 6667154 7916979 151341 510244 8027088 15244705  0  848
hdb      0      0       0       0      0      0       0        0  0    0
```

详细的各字段的作用请查阅 man vmstat。

15.3 项目实训 Linux 进程管理和系统监视

1. 实训目的

了解软件、程序、进程、优先级、网络程序与 SELinux 的相关性。

2. 实训内容

安装 vsftpd 服务，了解 vsftpd 与 SELinux 的相关限制行为。

3. 实训练习

(1) 先查看是否安装了 vsftpd 软件。

```
[root@RHEL7-1~]# rpm -q vsftpd
vsftpd-2.0.8-12.el5     //出现这个结果正常，若没有出现，就表示没有安装
```

(2) 如果没有安装，那么请使用 yum 命令进行安装。

① 挂载 ISO 安装镜像。

```
//挂载光盘到/iso 目录下
[root@RHEL7-1 ~]# mkdir /iso
[root@RHEL7-1 ~]# mount /dev/cdrom /iso
```

② 制作用于安装的 yum 源文件。

```
[root@RHEL7-1 ~]# vim /etc/yum.repos.d/dvd.repo
```

dvd.repo 文件的内容如下。

```
# /etc/yum.repos.d/dvd.repo
# or for ONLY the media repo, do this:
# yum --disablerepo=\* --enablerepo=c8-media [command]
[dvd]
name=dvd
baseurl=file:///iso               //应注意本地源文件的表示，有 3 个"/"
gpgcheck=0
enabled=1
```

③ 安装 vsftpd。

```
[root@RHEL7-1~]# yum install vsftpd -y
```

(3) 启动 vsftpd 服务。

```
[root@RHEL7-1~]# /etc/init.d/vsftpd start
```

(4) 假设 vsftpd 服务不是很重要，可在服务启动期间将 vsftpd 的优先级改为 10，操作方法如下。

```
[root@RHEL7-1~]# pstree -p | grep vsftpd
|-vsftpd(6539)                    //找到了 PID 为 6539。这个数值与系统相关,不一定相同
[root@RHEL7-1~]# renice 10 6539
[root@RHEL7-1~]# top -p 6539   //重点观察,按 q 键退出
```

(5) vsftpd 是一个网络服务,到底启动了哪个端口呢? 可以用如下命令查看。

```
[root@RHEL7-1~]# netstat -tlunp | grep vsftpd
tcp  0 0 0.0.0.0:21     0.0.0.0:*   LISTEN   6539/vsftpd
```

(6) vsftpd 提供网络的 FTP 功能,用户 bobby 无法登录自己的账号。这是什么原因呢? 由于 RHEL 默认 vsftpd 能够允许一般用户登录自己的家目录,因此无法登录的原因可能是权限或者 SELinux。可以用如下方法进行测试。

① 先用 bobby 的身份登录 vsftpd 看看。

```
[root@RHEL7-1~]# ftp localhost //如果没有安装 ftp,请先运行"yum install ftp -y"命令
Connected to localhost.localdomain.
220 (vsFTPd 2.0.5) .
Name (localhost:root): bobby
331 Please specify the password.
Password:                         //这里输入了用户 bobby 的口令
500 OOPS: cannot change directory:/home/bobby
Login failed.                     //S 竟然无法登录自己的家目录 /home/bobby
ftp>bye
[root@RHEL7-1~]# ls -ld /home/bobby
drwx------4 bobby bobby 4096  8月 18 18:22 /home/bobby
//权限是对的,为什么无法切换呢?
```

② 看看登录文件是否有重要的信息说明。

```
[root@RHEL7-1~]# tail /var/log/messages
Jun 4 16:57:31 RHEL6 setroubleshoot: SELinux is preventing the ftp daemon from
reading users home directories (/). For complete SELinux messages. run sealert -
l b8bdaf2d-b088-4e28-9468-91fae8df63b1
```

③ 照着做一下(可以直接跳到④)。

```
[root@RHEL7-1~]# sealert -l b8bdaf2d-b088-4e28-9468-91fae8df63b1
                                                          //不同系统不一样
Summary:
SELinux is preventing the ftp daemon from reading users home directories (/).
…
The following command will allow this access:
setsebool -P ftp_home_dir=1
…
```

④ 根据上面的提示,现在处理一下上面的 vsftpd 相关规则,因为规则挡住了用户的登录。

```
[root@RHEL7-1~]# setsebool -P ftp_home_dir=1

[root@RHEL7-1~]# ftp localhost
Connected to localhost.localdomain.
Name (localhost:root): bobby
331 Please specify the password.
Password:
230 Login successful.          //顺利登录
Remote system type is UNIX.
Using binary mode to transfer files.
ftp>bye
```

15.4 练习题

简答题

1. 简单说明什么是程序(program),什么是进程(process)。
2. 如何进行线上查询/etc/crontab与crontab程序?
3. 如何查询crond守护进程(daemon,实现服务的程序)的PID与PRI值?
4. 如何修改crond的PID优先级?
5. 如果读者是一般用户,是否可以调整不属于用户的程序的nice值?如果用户调整了自己程序的nice值到10,是否可以再将它调回到5呢?
6. 用户怎么知道网卡在启动的过程中是否被捕获到?

15.5 超链接

单击http://www.icourses.cn/scourse/course_2843.html,http://linux.sdp.edu.cn/kcweb,访问并学习国家精品资源共享课程网站和国家精品课程网站的相关内容。

第五部分

网络服务器配置与管理

项目十六　配置与管理 NFS 服务器

项目背景

在 Windows 主机之间可以通过共享文件夹来实现存储远程主机上的文件，而在 Linux 系统中通过 NFS 实现类似的功能。

职业能力目标和要求

- 了解 NFS 服务的基本原理。
- 掌握 NFS 服务器的配置与调试方法。
- 掌握 NFS 客户端的配置方法。
- 掌握 NFS 故障排除的技巧。

16.1　NFS 相关知识

16.1.1　NFS 服务概述

Linux 和 Windows 之间可以通过 Samba 进行文件共享，那么 Linux 之间怎么进行资源共享呢？这就要说到 NFS(Network File System，网络文件系统)，它最早是 UNIX 操作系统之间共享文件和操作系统的一种方法，后来被 Linux 操作系统完美继承。NFS 与 Windows 下的“网上邻居”十分相似，它允许用户连接到一个共享位置，然后像对待本地硬盘一样操作。

NFS 最早是由 Sun 公司于 1984 年开发出来的，其目的是让不同计算机、不同操作系统之间可以共享文件。由于 NFS 使用起来非常方便，因此很快得到了大多数 UNIX/Linux 系统的广泛支持，而且被 IETE(国际互联网工程组)指定为 RFC1904、RFC1813 和 RFC3010 标准。

1. 使用 NFS 的好处

(1) 本地工作站可以使用更少的磁盘空间，因为通常的数据可以存放在一台机器上，而且可以通过网络访问。

(2) 用户不必在网络上每台机器中都设一个 home 目录，home 目录可以放在 NFS 服务器上，并且在网络上处处可用。

比如，Linux 系统计算机每次启动时就自动挂载到服务器的/exports/nfs 目录上，这个共享目录在本地计算机上被共享到每个用户的 home 目

录中,如图 16-1 所示。具体命令如下:

```
[root@client1 ~]#mount server:/exports/nfs /home/client1/nfs
[root@client2 ~]#mount server:/exports/nfs /home/client2/nfs
```

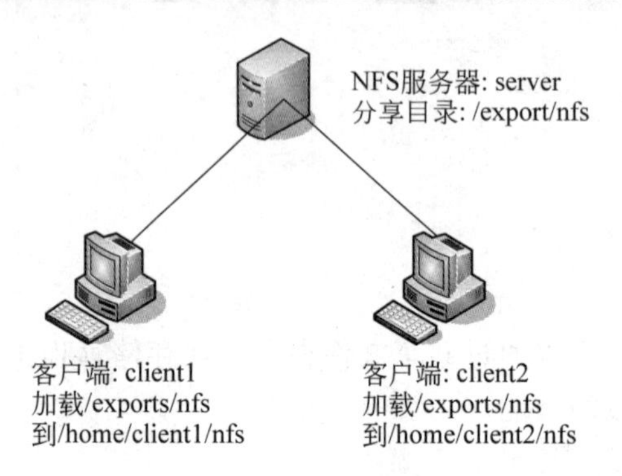

图 16-1 客户端可以将服务器上的分享目录直接加载到本地

这样,Linux 系统计算机上的这两个用户都可以把"/home/用户名/nfs"当作本地硬盘,从而不用考虑网络访问问题。

(3) 诸如 CD-ROM、DVD-ROM 之类的存储设备可以在网络上被其他机器使用,这可以减少整个网络上可移动介质设备的数量。

2. NFS 和 RPC

我们知道,绝大部分的网络服务器都有固定的端口,比如 Web 服务器的 80 端口、FTP 服务器的 21 端口、Windows 下 NetBIOS 服务器的 137～139 端口、DHCP 服务器的 67 端口……客户端访问服务器上相应的端口,服务器通过该端口提供服务。但是,NFS 服务器的工作端口未确定。这是因为 NFS 是一个很复杂的组件,它涉及文件传输、身份验证等方面的需求,每个功能都会占用一个端口。为了防止 NFS 服务器占用过多的固定端口,它采用动态端口的方式来工作,每个功能提供服务时都会随机取用一个小于 1024 的端口来提供服务。但这样一来又会对客户端造成困扰,客户端到底访问哪个端口才能获得 NFS 提供的服务呢?

此时就需要 RPC(Remote Procedure Call,远程进程调用)服务了。RPC 最主要的功能就是记录每个 NFS 功能所对应的端口,它工作在固定端口 111,当客户端需求 NFS 服务时,就会访问服务器的 111 端口(RPC),RPC 会将 NFS 工作端口返回给客户端,如图 16-2 所示。NFS 启动时,会自动向 RPC 服务器注册,并告诉它自己各个功能使用的端口。

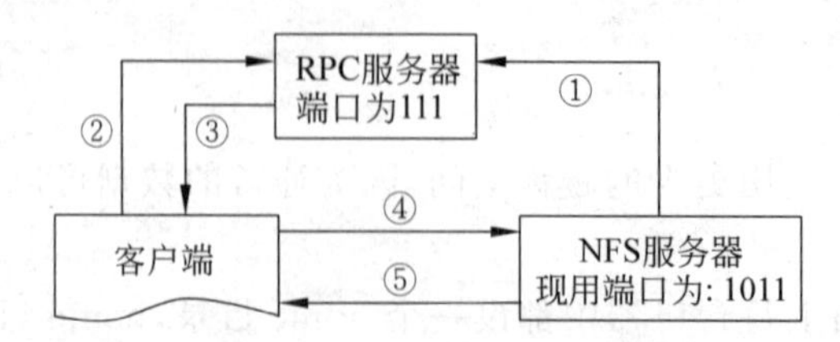

图 16-2 NFS 和 RPC 合作为客户端提供服务

如图 16-2 所示,常规的 NFS 服务是按照如下流程进行的。

① NFS启动时,自动选择工作端口小于1024的1011端口,并向RPC(工作于111端口)汇报,RPC记录在案。

② 客户端需要NFS提供服务时,首先向111端口的RPC查询NFS工作在哪个端口。

③ RPC回答客户端,它工作在1011端口。

④ 于是,客户端直接访问NFS服务器的1011端口,请求服务。

⑤ NFS服务经过权限认证,允许客户端访问自己的数据。

注意:因为NFS需要向RPC服务器注册,所以RPC服务必须优先启用NFS服务。并且RPC服务重新启动后,要重新启动NFS服务,让它重新向RPC服务器注册,这样NFS服务才能正常工作。

16.1.2 NFS服务的组件

Linux下的NFS服务主要由以下6个守护进程组成。其中,只有前面3个守护进程是必需的,后面3个守护进程是可选的。

1. rpc.nfsd

rpc.nfsd守护进程的主要作用就是判断、检查客户端是否具备登录主机的权限,负责处理NFS请求。

2. rpc.mounted

rpc.mounted守护进程的主要作用就是管理NFS的文件系统。当客户端顺利地通过rpc.nfsd登录主机后,在开始使用NFS主机提供的文件之前,它会去检查客户端的权限(根据/etc/exports来对比客户端的权限)。通过这一关之后,客户端才可以顺利地访问NFS服务器上的资源。

3. rpcbind

rpcbind进程的主要功能是进行端口映射工作。当客户端尝试连接并使用RPC服务器提供的服务(如NFS服务)时,rpcbind会将所管理的与服务对应的端口号提供给客户端,从而使客户端可以通过该端口向服务器请求服务。在RHEL 7.4中rpcbind默认已安装并且已经正常启动。

注意:虽然rpcbind只用于RPC,但它对NFS服务来说是必不可少的。如果rpcbind没有运行,NFS客户端就无法查找从NFS服务器中共享的目录。

4. rpc.locked

rpc.stated守护进程使用rpc.locked进程来处理崩溃系统的锁定恢复。为什么要锁定文件呢?因为既然NFS文件可以让众多的用户同时使用,那么客户端同时使用一个文件时,有可能造成一些问题。此时,rpc.locked就可以帮助解决这个难题。

5. rpc.stated

rpc.stated守护进程负责处理客户与服务器之间的文件锁定问题,确定文件的一致性(与rpc.locked有关)。当因为多个客户端同时使用一个文件造成文件破坏时,rpc.stated可以用来检测该文件并尝试恢复。

6. rpc.quotad

rpc.quotad守护进程提供了NFS和配额管理程序之间的接口。不管客户端是否通过NFS对它们的数据进行处理,都会受配额限制。

16.2 项目设计及准备

在 VMWare 虚拟机中启动两台 Linux 系统，一台作为 NFS 服务器，主机名为 RHEL7-1，规划好 IP 地址，比如 192.168.10.1；一台作为 NFS 客户端，主机名为 client，同样规划好 IP 地址，比如 192.168.10.20。配置 NFS 服务器，使得客户机 client 可以浏览 NFS 服务器中特定目录下的内容。nfs 服务器和客户端的 IP 地址可以根据表 16-1 来设置。

表 16-1 nfs 服务器和 Windows 客户端使用的操作系统以及 IP 地址

主机名称	操作系统	IP 地址	网络连接方式
nfs 共享服务器为 RHEL7-1	RHEL 7	192.168.10.1	VMnet1
Linux 客户端为 client	RHEL 7	192.168.10.20	VMnet1

16.3 项目实施

16.3.1 任务 1 安装、启动和停止 NFS 服务器

要使用 NFS 服务，首先需要安装 NFS 服务组件，在 Red Hat Enterprise Linux 7 中，在默认情况下，NFS 服务会被自动安装到计算机中。

如果不确定是否安装了 NFS 服务，那就先检查计算机中是否已经安装了 NFS 支持套件。如果没有安装，再安装相应的组件。

1. 所需要的套件

对于 Red Hat Enterprise Linux 7 来说，要启用 NFS 服务器，我们至少需要以下两个套件。

(1) rpcbind

NFS 服务要正常运行，就必须借助 RPC 服务的帮助，做好端口映射工作，而这个工作就是由 rpcbind 负责的。

(2) nfs-utils

nfs-utils 是提供 rpc.nfsd 和 rpc.mounted 这两个守护进程与其他相关文档、执行文件的套件。这是 NFS 服务的主要套件。

2. 安装 NFS 服务

建议在安装 NFS 服务之前，使用如下命令检测系统是否安装了 NFS 相关性软件包：

```
[root@RHEL7-1 ~]#rpm -qa|grep nfs-utils
[root@RHEL7-1 ~]#rpm -qa|grep rpcbind
```

如果系统还没有安装 NFS 软件包，可以使用 yum 命令安装所需软件包。

(1) 使用 yum 命令安装 NFS 服务。

```
[root@RHEL7-1 ~]#yum clean all                          //安装前先清除缓存
[root@RHEL7-1 ~]#yum install rpcbind -y
[root@RHEL7-1 ~]#yum install nfs-utils -y
```

(2) 所有软件包安装完毕之后,可以使用 rpm 命令再一次进行查询。

```
[root@RHEL7-1 ~]#rpm -qa|grep nfs
nfs-utils-1.3.0-0.48.el7.x86_64
libnfsidmap-0.25-17.el7.x86_64
[root@RHEL7-1 ~]#rpm -qa|grep rpc
rpcbind-0.2.0-42.el7.x86_64
xmlrpc-c-1.32.5-1905.svn2451.el7.x86_64
xmlrpc-c-client-1.32.5-1905.svn2451.el7.x86_64
libtirpc-0.2.4-0.10.el7.x86_64
```

3. 启动 NFS 服务

查询一下 NFS 的各个程序是否在正常运行,命令如下。

```
[root@RHEL7-1 ~]#rpcinfo -p
```

如果没有看到 nfs 和 mounted 选项,则说明 NFS 没有运行,需要启动它。使用以下命令可以启动。

```
[root@RHEL7-1 ~]#systemctl start rpcbind
[root@RHEL7-1 ~]#systemctl start nfs
[root@RHEL7-1 ~]#systemctl start nfs-server
[root@RHEL7-1 ~]#systemctl enable nfs-server
Created symlink from /etc/systemd/system/multi-user.target.wants/nfs-server.
service to /usr/lib/systemd/system/nfs-server.service.
[root@RHEL7-1 ~]#systemctl enable rpcbind
```

16.3.2　任务 2　配置 NFS 服务

NFS 服务的配置,主要就是创建并维护/etc/exports 文件,这个文件定义了服务器上的哪几个部分与网络上的其他计算机共享,以及共享的规则都有哪些等。

1. exports 文件的格式

现在来看看应该如何设定/etc/exports 文件。某些 Linux 发行套件并不会主动提供/etc/exports 文件(比如 Red Hat Enterprise Linux 7 就没有),此时就需要自己手动创建。

```
[root@RHEL7-1 ~]#mkdir /tmp1
[root@RHEL7-1 ~]#vim /etc/exports
/tmp1          192.168.10.20/24(ro)          localhost(rw)          *(ro,sync)
#共享目录       [第一台主机(权限)]             [可用主机名]            [其他主机(可用通配符)]
```

说明:①/tmp 分别共享给 3 个不同的主机或域。②主机后面以小括号"( )"设置权限参数。若权限参数多于一个时,则以逗号","分开,且主机名与小括号是连在一起的。

③#开始的一行表示注释。

在设置/etc/exports 文件时需要特别注意“空格”的使用,因为在此配置文件中,除了分开共享目录和共享主机以及分隔多台共享主机外,其余的情形下都不可使用空格。例如,以下的两个范例就分别表示不同的意义:

```
/home client(rw)
/home client(rw)
```

在以上的第一行中,客户端 client 对/home 目录具有读取和写入权限,而第二行中 client 对/home 目录只具有读取权限(这是系统对所有客户端的默认值)。而除 client 之外的其他客户端对/home 目录具有读取和写入权限。

2. 主机名规则

这个文件设置很简单,每一行最前面是要共享出来的目录,然后这个目录可以依照不同的权限共享给不同的主机。

至于主机名称的设定,主要有以下两种方式。

(1) 可以使用完整的 IP 地址或者网段,例如 192.168.0.3、192.168.0.0/24 或 192.168.0.0/255.255.255.0 都可以接受。

(2) 可以使用主机名称,这个主机名称要在/etc/hosts 内或者使用 DNS,只要能被找到就可以(重点是可以找到 IP 地址)。如果是主机名称,那么它可以支持通配符,例如“*”或“?”均可以接受。

3. 权限规则

至于权限方面(就是小括号内的参数),常见的参数则有以下几种。

- rw: read-write,可读/写的权限。
- ro: read-only,只读权限。
- sync: 数据同步写入内存与硬盘中。
- async: 数据会先暂存于内存中,而非直接写入硬盘。
- no_root_squash: 登录 NFS 主机使用共享目录的用户,如果是 root,那么对于这个共享的目录来说,它就具有 root 的权限。这个设置“极不安全”,不建议使用。
- root_squash: 在登录 NFS 主机使用共享目录的用户如果是 root,那么这个用户的权限将被压缩成匿名用户,通常它的 UID 与 GID 都会变成 nobody(nfsnobody)这个系统账号的身份。
- all_squash: 不论登录 NFS 的用户身份如何,它的身份都会被压缩成匿名用户,即 nobody(nfsnobody)。
- anonuid: anon 是指 anonymous(匿名者),前面关于术语 squash 提到的匿名用户的 UID 设定值通常为 nobody(nfsnobody),但是可以自行设定这个 UID 值。当然,这个 UID 必须要存在/etc/passwd 目录中。
- anongid: 同 anonuid,但是变成 Group ID 就可以了。

16.3.3 任务 3 了解 NFS 服务的文件存取权限

由于 NFS 服务本身并不具备用户身份验证功能,那么当客户端访问时,服务器该如何识别用户呢？主要有以下标准。

1. root 账户

如果客户端是以 root 账户去访问 NFS 服务器资源，基于安全方面的考虑，服务器会主动将客户端改成匿名用户。所以，root 账户只能访问服务器上的匿名资源。

2. NFS 服务器上有客户端账号

客户端根据用户和组(UID、GID)来访问 NFS 服务器资源时，如果 NFS 服务器上有对应的用户名和组，就访问与客户端同名的资源。

3. NFS 服务器上没有客户端账号

此时，客户端只能访问匿名资源。

16.3.4　任务 4　在客户端挂载 NFS 文件系统

Linux 下有多个好用的命令行工具，用于查看、连接、卸载、使用 NFS 服务器上的共享资源。

1. 配置 NFS 客户端

配置 NFS 客户端的一般步骤如下。

(1) 安装 nfs-utils 软件包。

(2) 识别要访问的远程共享。

```
showmount -e NFS 服务器 IP
```

(3) 确定挂载点。

```
mkdir /mnt/nfstest
```

(4) 使用命令挂载 NFS 共享。

```
mount -t nfs NFS 服务器 IP:/gongxiang /mnt/nfstest
```

(5) 修改 fstab 文件实现 NFS 共享永久挂载。

```
vim /etc/fstab
```

2. 查看 NFS 服务器信息

在 Red Hat Enterprise Linux 7 下查看 NFS 服务器上的共享资源使用的命令为 showmount，它的语法格式如下：

```
[root@RHEL7-1 ~]#showmount [-adehv] [ServerName]
```

参数说明如下。

-a：查看服务器上的输出目录和所有连接客户端信息。显示格式为"host：dir"。

-d：只显示被客户端使用的输出目录信息。

-e：显示服务器上所有的输出目录(共享资源)。

比如，如果服务器的 IP 地址为 192.168.10.1，如果想查看该服务器上的 NFS 共享资

源,则可以执行以下命令:

```
[root@RHEL7-1 ~]#showmount -e 192.168.10.1
```

思考:如果出现以下错误信息,应该如何处理?

```
[root@RHEL7-1 mnt]#showmount 192.168.10.1 -e
clnt_create: RPC: Port mapper failure - Unable to receive: errno 113 (No route to host)
```

注意:出现错误的原因使 NFS 服务器的防火墙阻止了客户端访问 NFS 服务器。由于 NFS 使用许多端口,即使开放了 NFS4 服务,仍然可能有问题,读者可以禁用防火墙。

禁用防火墙的命令如下:

```
[root@RHEL7-1 ~]#systemctl stop firewalld
```

3. 在客户端加载 NFS 服务器共享目录

在 Red Hat Enterprise Linux 7 中加载 NFS 服务器上的共享目录的命令为 mount(即可以加载其他文件系统的 mount)。

```
[root@client ~]#mount -t nfs 服务器名称或地址:输出目录 挂载目录
```

比如,要加载 192.168.0.3 这台服务器上的/share1 目录,则需要依次执行以下操作。

(1) 创建本地目录。

首先在客户端创建一个本地目录,用来加载 NFS 服务器上的输出目录。

```
[root@client ~]#mkdir /mnt/nfs
```

(2) 加载服务器目录。

再使用相应的 mount 命令加载。

```
[root@client ~]#mount -t nfs 192.168.10.1:/temp1 /mnt/nfs
```

4. 卸载 NFS 服务器共享目录

要卸载刚才加载的 NFS 共享目录,则执行以下命令:

```
[root@client ~]#umount /mnt/nfs
```

5. 在客户端启动时自动挂载 NFS

Red Hat Enterprise Linux 7 下的自动加载文件系统都是在/etc/fstab 中定义的,NFS 文件系统也支持自动加载。

(1) 编辑 fstab。

用文本编辑器打开/etc/fstab,在其中添加如下一行:

```
192.168.10.1:/tmp1 /mnt/nfs nfs default 0 0
```

(2) 使设置生效。

执行以下命令重新加载 fstab 文件中定义的文件系统。

```
[root@client ~]#mount -a
```

16.4 企业 NFS 服务器实用案例

16.4.1 企业环境及需求

下面将剖析一个企业 NFS 服务器的真实案例，提出解决方案，以便读者能够对前面的知识有更深刻的理解。

1. 企业 NFS 服务器拓扑图

企业 NFS 服务器拓扑如图 16-3 所示，NFS 服务器 RHEL7-1 的地址是 192.168.8.188，一个客户端 client1 的 IP 地址是 192.168.8.186，另一个客户端 client2 的 IP 地址是 192.168.8.88。其他客户端 IP 地址不再罗列。在本例中有 3 个域：team1.smile.com、team2.smile.com 和 team3.smile.com。

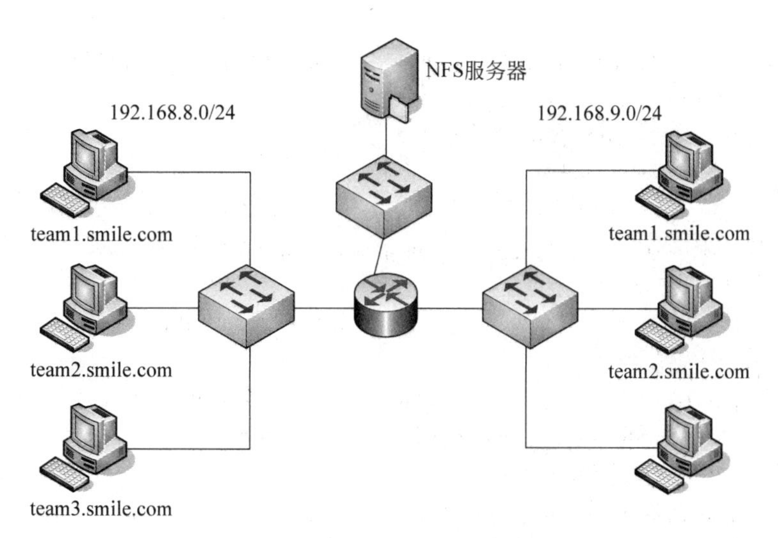

图 16-3　企业 NFS 服务器拓扑图

2. 企业需求

(1) 共享/media 目录，允许所有客户端访问该目录并只有只读权限。

(2) 共享/nfs/public 目录，允许 192.168.8.0/24 和 192.168.9.0/24 网段的客户端访问，并且对此目录只有只读权限。

(3) 共享/nfs/team1、/nfs/team2、/nfs/team3 目录，并且/nfs/team1 只有 team1.smile.com 域成员可以访问并有读写权限，/nfs/team2、/nfs/team3 目录同理。

(4) 共享/nfs/works 目录，192.168.8.0/24 网段的客户端具有只读权限，并且将 root 用户映射成匿名用户。

(5) 共享/nfs/test 目录，所有人都具有读写权限，但当用户使用该共享目录时都将账号映射成匿名用户,并且指定匿名用户的 UID 和 GID 都为 65534。

(6) 共享/nfs/security 目录,仅允许 192.168.8.88 客户端访问并具有读写权限。

16.4.2 解决方案

首先将三台计算机(RHEL7-1、client1 和 client2)的 IP 地址等信息利用系统菜单进行设置,同时注意三台计算机的网络连接方式都是 VMnet1。保证三台计算机通信畅通。

(1) 在 NFS 服务器上创建相应目录。

```
[root@RHEL7-1 ~]#mkdir /media
[root@RHEL7-1 ~]#mkdir /nfs
[root@RHEL7-1 ~]#mkdir /nfs/public
[root@RHEL7-1 ~]#mkdir /nfs/team1
[root@RHEL7-1 ~]#mkdir /nfs/team2
[root@RHEL7-1 ~]#mkdir /nfs/team3
[root@RHEL7-1 ~]#mkdir /nfs/works
[root@RHEL7-1 ~]#mkdir /nfs/test
[root@RHEL7-1 ~]#mkdir /nfs/security
```

(2) 安装 nfs-utils 及 rpcbind 软件包。

(3) 编辑/etc/exports 配置文件。

使用 vim 编辑/etc/exports 主配置文件。主配置文件的主要内容如下。

```
/media * (ro)
/nfs/public 192.168.8.0/24(ro) 192.168.9.0/24(ro)
/nfs/team1 *.team1.smile.com(rw)
/nfs/team2 *.team2.smile.com(rw)
/nfs/team3 *.team3.smile.com(rw)
/nfs/works 192.168.8.0/24(ro,root_squash)
/nfs/test * (rw,all_squash,anonuid=65534,anongid=65534)
/nfs/security 192.168.8.88(rw)
```

注意:在发布共享目录的格式中除了共享目录是必跟参数外,其他参数都是可选的。并且共享目录与客户端之间及客户端与客户端之间需要使用空格符号,但是客户端与参数之间不能有空格。

(4) 配置 NFS 固定端口。

使用 vim /etc/sysconfig/nfs 编辑 NFS 主配置文件,自定义以下端口,要保证不和其他端口冲突。

```
RQUOTAD_PORT=5001
LOCKD_TCPPORT=5002
LOCKD_UDPPORT=5002
MOUNTD_PORT=5003
STATD_PORT=5004
```

(5) 关闭防火墙。

请参考前面关闭防火墙部分的内容。如果 NFS 客户端无法访问一般是防火墙的问题。

请读者切记，在处理其他服务器的问题时也把本地系统权限、防火墙设置放到首位。

```
[root@RHEL7-1 ~]#systemctl stop firewalld
```

(6) 设置共享文件权限属性。

```
[root@RHEL7-1 ~]#chmod 777 /media
[root@RHEL7-1 ~]#chmod 777 /nfs
[root@RHEL7-1 ~]#chmod 777 /nfs/public
[root@RHEL7-1 ~]#chmod 777 /nfs/team1
[root@RHEL7-1 ~]#chmod 777 /nfs/team2
[root@RHEL7-1 ~]#chmod 777 /nfs/team3
[root@RHEL7-1 ~]#chmod 777 /nfs/works
[root@RHEL7-1 ~]#chmod 777 /nfs/test
[root@RHEL7-1 ~]#chmod 777 /nfs/security
```

(7) 启动 rpcbind 和 NFS 服务。

(8) NFS 服务器本机测试。

① 使用 rpcinfo 命令检测 NFS 是否使用了固定端口。

```
[root@RHEL7-1 ~]#rpcinfo -p
```

② 检测 NFS 的 RPC 注册状态。

语法格式为

```
rpcinfo -u 主机名或 IP 地址 进程
```

例如：

```
[root@RHEL7-1 ~]#rpcinfo -u 192.168.8.188  nfs
```

③ 查看共享目录和参数设置。

```
[root@RHEL7-1 ~]#cat /var/lib/nfs/etab
```

(9) Linux 客户端测试(192.168.8.186)。

```
[root@client ~]#ifconfig eth0
```

① 查看 NFS 服务器共享目录。命令如下：

showmount -e IP 地址(显示 NFS 服务器的所有共享目录)，或 showmount -d IP 地址(仅显示被客户端挂载的共享目录)。

```
[root@RHEL7-1 ~]#showmount -e 192.168.8.188
[root@RHEL7-1 ~]#showmount -d 192.168.8.188
```

② 挂载及卸载 NFS 文件系统。

语法格式为

```
mount -t nfs NFS服务器 IP 地址或主机名:共享名 本地挂载点
```

例如：

```
[root@client1 ~]#mkdir -p /mnt/media
[root@client1 ~]#mkdir -p /mnt/nfs
[root@client1 ~]#mkdir -p /mnt/test
[root@client1 ~]#mount -t nfs 192.168.8.188:/media /mnt/media
[root@client1 ~]#mount -t nfs 192.168.8.188:/nfs/works /mnt/nfs
[root@client1 ~]#mount -t nfs 192.168.8.188:/nfs/test /mnt/test
[root@client1 ~]#cd /mnt/media
[root@client media]#ls
[root@client1 media]#mkdir df
mkdir: cannot create directory 'df': Read-only file system  //只读系统
[root@client1 media]#cd /mnt/nfs
[root@client1 nfs]#mkdir df
mkdir: cannot create directory 'df': Read-only file system  //不能写入目录
[root@client1 nfs]#cd /mnt/test
[root@client1 test]#mkdir df
[root@client1 test]#
```

注意：本地挂载点应该事先建好。另外如果想挂载一个没有权限访问的 NFS 共享目录就会报错。如下所示的命令会报错。

```
[root@client ~]#mount -t nfs 192.168.8.188:/nfs/security /mnt/nfs
```

③ 启动自动挂载 NFS 文件系统。

使用 vim 编辑/etc/fstab,增加一行。

```
192.168.8.188:/nfs/test /mnt/test nfs default 0 0
```

(10) 保存并退出,再重启 Linux 系统。

(11) 在 NFS 服务器/nfs/test 目录中新建文件和文件夹供测试用。

(12) 在 Linux 客户端查看/nfs/test 是否已经挂载成功,如图 16-4 所示。

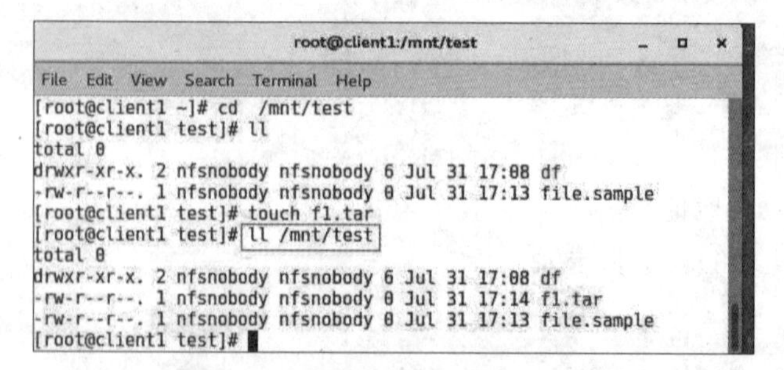

图 16-4 在客户端挂载成功

16.5　排除NFS故障

与其他网络服务一样，运行NFS的计算机同样可能出现问题。当NFS服务无法正常工作时，需要根据NFS相关的错误消息选择适当的解决方案。NFS采用C/S结构，并通过网络通信，因此，可以将常见的故障点划分为3个：网络、客户端或者服务器。

1．网络

对于网络的故障，主要有两个方面的常见问题。

（1）网络无法连通

使用ping命令检测网络是否连通。如果出现异常，请检查物理线路、交换机等网络设备，或者计算机的防火墙设置。

（2）无法解析主机名

对于客户端而言，无法解析服务器的主机名，可能会导致使用mount命令挂载时失败，并且服务器如果无法解析客户端的主机名，所以需要在/etc/hosts文件中添加相应的主机记录。

2．客户端

客户端在访问NFS服务器时多使用mount命令。下面将列出常见的错误信息以供参考。

（1）服务器无响应：端口映射失败-RPC超时

NFS服务器已经关机，或者其RPC端口映射进程（portmap）已关闭。重新启动服务器的portmap程序，更正该错误。

（2）服务器无响应：程序未注册

mount命令发送请求到达NFS服务器端口映射进程，但是NFS相关守护程序没有注册。具体解决方法在服务器设定中有详细介绍。

（3）拒绝访问

客户端不具备访问NFS服务器共享文件的权限。

（4）不被允许

执行mount命令的用户权限过低，必须具有root身份或是系统组的成员才可以运行mount命令，也就是说只有root用户和系统组的成员才能够进行NFS安装、卸装操作。

3．服务器

（1）NFS服务进程状态

为了NFS服务器正常工作，首先要保证所有相关的NFS服务进程为开启状态。

使用rpcinfo命令，可以查看RPC的相应信息，语法格式为

```
rpcinfo -p 主机名或 IP 地址
```

登录NFS服务器后，使用rpcinfo命令检查NFS相关进程的启动情况。

如果NFS相关进程并没有启动，使用service命令启动NFS服务，再次使用rpcinfo进行测试，直到NFS服务工作正常。

(2) 注册 NFS 服务

虽然 NFS 服务正常开启,但是如果没有进行 RPC 的注册,客户端依然不能正常访问 NFS 共享资源,所以需要确认 NFS 服务已经进行注册。rpcinfo 命令能够提供检测功能,命令格式如下所示。

语法格式为

```
rpcinfo -u 主机名或 IP 进程
```

假设在 NFS 服务器上需要检测 rpc.nfsd 是否注册,可以使用以下命令:

```
[root@RHEL7-1 ~]#rpcinfo -u 192.168.8.188 nfs
rpcinfo:RPC:Program not registered
Program 100003 is not available
```

出现该提示表明 rpc.nfsd 进程没有注册,那么需要在开启 RPC 以后,再启动 NFS 服务进行注册操作。

```
[root@RHEL7-1 ~]#systemctl start rpcbind
[root@RHEL7-1 ~]#systemctl restart nfs
```

执行注册以后,再次使用 rpcinfo 命令进行检测。

```
[root@RHEL7-1 ~]#rpcinfo -u 192.168.8.188 nfs
[root@RHEL7-1 ~]#rpcinfo -u 192.168.8.188 mount
```

如果一切正常,会发现 NFS 相关进程的 v2、v3 以及 v4 版本均注册完毕,NFS 服务器可以正常工作。

(3) 检测共享目录输出

客户端如果无法访问服务器的共享目录,可以登录服务器,进行配置文件的检查。确保/etc/exports 文件设定共享目录,并且客户端拥有相应权限。通常情况下,使用 showmount 命令能够检测 NFS 服务器的共享目录输出情况。

```
[root@RHEL7-1 ~]#showmount -e 192.168.8.188
```

16.6 项目实录

1. 观看录像

实训前请扫描二维码观看录像。

2. 项目背景

某企业的销售部有一个局域网,域名为 xs.mq.cn。网络拓扑如图 16-5 所示。网内有一台 Linux 的共享资源服务器 Share Server,域名为 Shareserver.xs.mq.cn。现要在 Share Server 上配置 NFS 服务器,使销售部内的所有主机都可以访问Share Server服务器中的/share共享目录中的内容，但不允许客户机更改共享资源的内容。同时，让主机china在每次系统启动时自动挂载Share Server的/share目录中的内容到china3的/share1目录下。

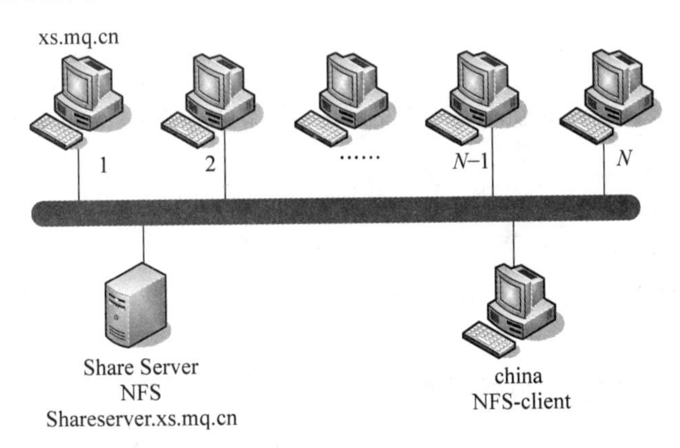

图16-5　samba服务器搭建网络拓扑

3. 深度思考

在观看录像时思考以下几个问题。

(1) hostname的作用是什么？其他为主机命名的方法还有哪些？哪些是临时生效的？

(2) 配置共享目录时使用了什么通配符？

(3) 同步与异步选项如何应用？作用是什么？

(4) 在录像中为了给其他用户赋予读写权限，使用了什么命令？

(5) showmount与mount命令在什么情况下使用？本项目使用它完成什么功能？

(6) 如何实现NFS共享目录的自动挂载？本项目是如何实现自动挂载的？

4. 做一做

根据项目要求及录像内容，将项目完整无缺地完成。

16.7　练习题

一、填空题

1. Linux和Windows之间可以通过________进行文件共享，UNIX/Linux操作系统之间通过________进行文件共享。

2. NFS的英文全称是________，中文名称是________。

3. RPC的英文全称是________，中文名称是________。RPC最主要的功能就是记录每个NFS功能所对应的端口，它工作在固定端口________。

4. Linux下的NFS服务主要由6部分组成，其中________、________、________是NFS必需的。

5. ________守护进程的主要作用就是判断、检查客户端是否具备登录主机的权限，负责处理NFS请求。

6. ________是提供rpc.nfsd和rpc.mounted这两个守护进程与其他相关文档、执行文件的套件。

7. 在 Red Hat Enterprise Linux 7 下查看 NFS 服务器上的共享资源使用的命令为________，它的语法格式是________。

8. Red Hat Enterprise Linux 7 下的自动加载文件系统是在________中定义的。

二、选择题

1. NFS 工作站要用 mount 命令检查远程 NFS 服务器上的一个目录的时候，以下(   )是服务器端必需的条件。

A. rpcbind 必须启动

B. NFS 服务必须启动

C. 共享目录必须加在/etc/exports 文件里

D. 以上全部都需要

2. 下面的命令，完成加载 NFS 服务器 svr. jnrp. edu. cn 的/home/nfs 共享目录到本机/home2 正确的是(   )。

A. mount -t nfs svr. jnrp. edu. cn：/home/nfs /home2

B. mount -t -s nfs svr. jnrp. edu. cn. /home/nfs /home2

C. nfsmount svr. jnrp. edu. cn：/home/nfs /home2

D. nfsmount -s svr. jnrp. edu. cn /home/nfs /home2

3. 下面用来通过 NFS 使磁盘资源被其他系统使用的命令是(   )。

A. share　　B. mount　　C. export　　D. exportfs

4. 以下 NFS 系统中关于用户 ID 映射正确的描述是(   )。

A. 服务器上的 root 用户默认值和客户端的一样

B. root 被映射到 nfsnobody 用户

C. root 不被映射到 nfsnobody 用户

D. 默认情况下，anonuid 不需要密码

5. 一家公司有 10 台 Linux 服务器。如果想用 NFS 在 Linux 服务器之间共享文件，应该修改的文件是(   )。

A. /etc/exports　　B. /etc/crontab

C. /etc/named. conf　　D. /etc/smb. conf

6. 查看 NFS 服务器 192. 168. 12. 1 中的共享目录的命令是(   )。

A. show -e 192. 168. 12. 1

B. show //192. 168. 12. 1

C. showmount -e 192. 168. 12. 1

D. showmount -l 192. 168. 12. 1

7. 装载 NFS 服务器 192. 168. 12. 1 的共享目录/tmp 到本地目录/mnt/shere 的命令是(   )。

A. mount 192. 168. 12. 1/tmp /mnt/shere

B. mount -t nfs 192. 168. 12. 1/tmp /mnt/shere

C. mount -t nfs 192. 168. 12. 1：/tmp /mnt/shere

D. mount -t nfs //192. 168. 12. 1/tmp /mnt/shere

三、简答题

1. 简述 NFS 服务的工作流程。
2. 简述 NFS 服务的好处。
3. 简述 NFS 服务各组件及其功能。
4. 简述如何排除 NFS 故障。

16.8　实践习题

1. 建立 NFS 服务器，并完成以下任务。

(1) 共享/share1 目录，允许所有的客户端访问该目录，但仅具有只读权限。

(2) 共享/share2 目录，允许 192.168.8.0/24 网段的客户端访问，并且对该目录具有只读权限。

(3) 共享/share3 目录，只有来自.smile.com 域的成员可以访问并具有读写权限。

(4) 共享/share4 目录，192.168.9.0/24 网段的客户端具有只读权限，并且将 root 用户映射成为匿名用户。

(5) 共享/share5 目录，所有人都具有读写权限，但当用户使用该共享目录的时候将账号映射成为匿名用户，并且指定匿名用户的 UID 和 GID 均为 527。

2. 客户端设置练习。

(1) 使用 showmount 命令查看 NFS 服务器发布的共享目录。

(2) 挂载 NFS 服务器上的/share1 目录到本地/share1 目录下。

(3) 卸载/share1 目录。

(4) 自动挂载 NFS 服务器上的/share1 目录到本地/share1 目录下。

3. 完成 16.4 节中的 NFS 服务器及客户端的设置。

16.9　超链接

单击 http://www.icourses.cn/scourse/course_2843.html，访问并学习国家精品资源共享课程网站中学习情境的相关内容。

项目十七　配置与管理 samba 服务器

项目背景

是谁最先搭起 Linux 和 Windows 沟通的桥梁，并且提供不同系统间的共享服务，还能拥有强大的打印服务功能？答案就是 samba。samba 的应用环境非常广泛。

职业能力目标和要求

- 了解 samba 环境及协议。
- 掌握 samba 的工作原理。
- 掌握主配置文件 samba.conf 的主要配置方法。
- 掌握 samba 服务密码文件。
- 掌握 samba 文件和打印共享的设置。
- 掌握 Linux 和 Windows 客户端共享 samba 服务器资源的方法。

17.1　相关知识

对于接触 Linux 的用户来说，听得最多的就是 samba 服务，原因是 samba 最先在 Linux 和 Windows 两个平台之间架起了一座桥梁，正是由于 Samba 的出现，可以在 Linux 系统和 Windows 系统之间互相通信，比如复制文件、实现不同操作系统之间的资源共享等；可以将其架设成一个功能非常强大的文件服务器；也可以将其架设成打印服务器提供本地和远程联机打印；甚至可以使用 samba 服务器完全取代 Windows 多个版本服务器中的域控制器做域管理工作，使用也非常方便。

17.1.1　samba 应用环境

- 文件和打印机共享：文件和打印机共享是 samba 的主要功能，SMB 进程实现资源共享，将文件和打印机发布到网络中，供用户访问。
- 身份验证和权限设置：samba 服务支持用户模式和域名模式等身份验证和权限设置模式，通过加密方式可以保护共享的文件和打印机。
- 名称解析：samba 通过 nmbd 服务可以搭建 NBNS(NetBIOS Name Service)服务器，提供名称解析，将计算机的 NetBIOS 名解析为 IP 地址。

- 浏览服务：在局域网中，samba 服务器可以成为本地主浏览服务器(LMB)，保存可用资源列表。当使用客户端访问 Windows 网上邻居时，会提供浏览列表，显示共享目录、打印机等资源。

17.1.2　SMB 协议

SMB(Server Message Block)通信协议可以看作局域网上共享文件和打印机的一种协议。它是 Microsoft 和 Intel 在 1987 年制定的协议，主要是作为 Microsoft 网络的通信协议，而 samba 则是将 SMB 协议搬到 UNIX 系统上来使用。通过基于 TCP/IP 协议的 NetBIOS，使用 samba 不但能与局域网络主机共享资源，也能与全世界的计算机共享资源。因为互联网上千千万万的主机所使用的通信协议就是 TCP/IP。SMB 是在会话层和表示层以及小部分的应用层的协议，SMB 使用了 NetBIOS 的应用程序接口(API)。另外，它是一个开放性的协议，允许协议扩展，这使得它变得庞大而复杂，大约有 65 个最上层的作业，而每个作业都超过 120 个函数。

17.1.3　samba 工作原理

samba 服务功能强大，这与其通信基于 SMB 协议有关。SMB 不仅提供目录和打印机共享，还支持认证、权限设置。在早期，SMB 运行于 NBT 协议上，使用 UDP 协议的 137 端口、138 端口及 TCP 协议的 139 端口。后期 SMB 经过开发，可以直接运行于 TCP/IP 协议上，没有额外的 NBT 层，使用 TCP 协议的 445 端口。

(1) samba 工作流程

当客户端访问服务器时，信息通过 SMB 协议进行传输，其工作过程可以分成 4 个步骤。

① 协议协商。客户端在访问 samba 服务器时，发送 negprot 指令数据包，告知目标计算机其支持的 SMB 类型。samba 服务器根据客户端的情况，选择最优的 SMB 类型并做出回应，如图 17-1 所示。

② 建立连接。当 SMB 类型确认后，客户端会发送 session setup 指令数据包，提交账号和密码，请求与 samba 服务器建立连接。如果客户端通过身份验证，samba 服务器会对 session setup 报文做出回应，并为用户分配唯一的 UID，在客户端与其通信时使用。如图 17-2 所示。

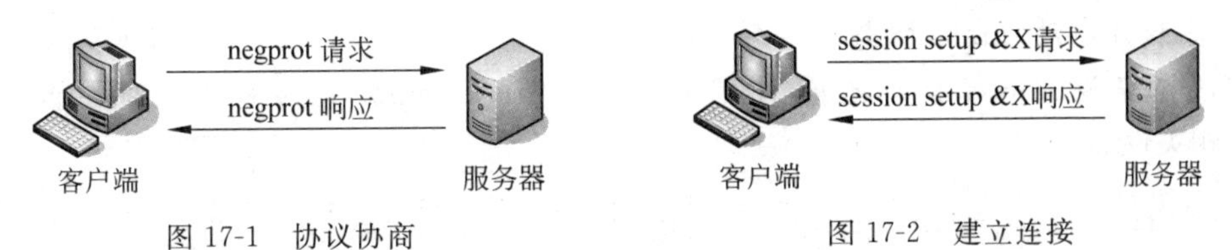

图 17-1　协议协商　　　　图 17-2　建立连接

③ 访问共享资源。客户端访问 samba 共享资源时，发送 tree connect 指令数据包，通知服务器需要访问的共享资源名。如果设置允许，samba 服务器会为每个客户端与共享资源链接分配 TID，客户端即可访问需要的共享资源，如图 17-3 所示。

④ 断开连接。共享使用完毕，客户端向服务器发送 tree disconnect 报文来关闭共享，与服务器断开连接，如图 17-4 所示。

图 17-3　访问共享资源　　　　图 17-4　断开连接

(2) samba 相关进程

samba 服务是由两个进程组成,分别是 nmbd 和 smbd。

- nmbd:其功能是进行 NetBIOS 名解析,并提供浏览服务显示网络上的共享资源列表。
- smbd:其主要功能就是用来管理 samba 服务器上的共享目录、打印机等,主要是针对网络上的共享资源进行管理的服务。当要访问服务器时,要查找共享文件,这时就要依靠 smbd 这个进程来管理数据传输。

17.2 项目设计与准备

利用 samba 服务可以实现 Linux 系统之间,以及和 Windows 系统之间的资源共享。

在进行本节的教学与实验前,需要做好如下准备。

(1) 已经安装好 Red Hat Enterprise 7.4。

(2) Red Hat Enterprise 7.4 安装光盘或 ISO 镜像文件。

(3) Linux 客户端。

(4) Windows 客户端。

(5) VMware 10 及以上虚拟机软件。

以上环境可以用虚拟机实现。

17.3 项目实施

17.3.1 任务 1 配置 samba 服务

1. 安装并启动 samba 服务

建议在安装 samba 服务之前,使用 rpm -qa |grep samba 命令检测系统是否安装了 samba 相关性软件包。

```
[root@RHEL7-1 ~]#rpm -qa |grep samba
```

如果系统还没有安装 samba 软件包,可以使用 yum 命令安装所需软件包。

(1) 挂载 ISO 安装镜像。

```
[root@RHEL7-1 ~]#mkdir /iso
[root@RHEL7-1 ~]#mount /dev/cdrom /iso
mount: /dev/sr0 is write-protected, mounting read-only
```

(2) 制作用于安装的 yum 源文件(请查看项目三相关内容)。

dvd. repo 文件的内容如下：

```
#/etc/yum.repos.d/dvd.repo
#or for ONLY the media repo, do this:
#yum --disablerepo=\* --enablerepo=c6-media [command]
[dvd]
name=dvd
baseurl=file:///iso                    //特别注意本地源文件的表示中有 3 个"/"。
gpgcheck=0
enabled=1
```

(3) 使用 yum 命令查看 samba 软件包的信息。

```
[root@RHEL7-1 ~]#yum info samba
```

(4) 使用 yum 命令安装 samba 服务。

```
[root@RHEL7-1 ~]#yum clean all                              //安装前先清除缓存
[root@RHEL7-1 ~]#yum install samba -y
```

(5) 所有软件包安装完毕之后,可以使用 rpm 命令再一次进行查询。

```
[root@RHEL7-1 ~]#rpm -qa | grep samba
samba-common-tools-4.6.2-8.el7.x86_64
samba-common-4.6.2-8.el7.noarch
samba-common-libs-4.6.2-8.el7.x86_64
samba-client-libs-4.6.2-8.el7.x86_64
samba-libs-4.6.2-8.el7.x86_64
samba-4.6.2-8.el7.x86_64
```

(6) 启动与停止 samba 服务,设置开机启动

```
[root@RHEL7-1 ~]#systemctl start smb
[root@RHEL7-1 ~]#systemctl enable smb
Created symlink from /etc/systemd/system/multi-user.target.wants/smb.service
to /usr/lib/systemd/system/smb.service.
[root@RHEL7-1 ~]#systemctl restart smb
[root@RHEL7-1 ~]#systemctl stop smb
[root@RHEL7-1 ~]#systemctl start smb
```

注意：Linux 服务中当更改配置文件后,一定要记得重启服务,让服务重新加载配置文件,这样新的配置才可以生效。(start/restart/reload)

2. 了解 samba 服务器配置的工作流程

在 samba 服务器安装完毕之后,并不是直接可以使用 Windows 或 Linux 的客户端访问 samba 服务器,还必须对服务器进行设置,告诉 samba 服务器将哪些目录共享给客户端进行访问,并根据需要设置其他选项,比如添加对共享目录内容的简单描述信息和访问权限等

具体设置。

基本的 samba 服务器的搭建流程主要分为 5 个步骤。

(1) 编辑主配置文件 smb.conf,指定需要共享的目录,并为共享目录设置共享权限。

(2) 在 smb.conf 文件中指定日志文件名称和存放路径。

(3) 设置共享目录的本地系统权限。

(4) 重新加载配置文件或重新启动 SMB 服务,使配置生效。

(5) 配置防火墙,同时设置 SELinux 为允许。

samba 工作流程如图 17-5 所示。

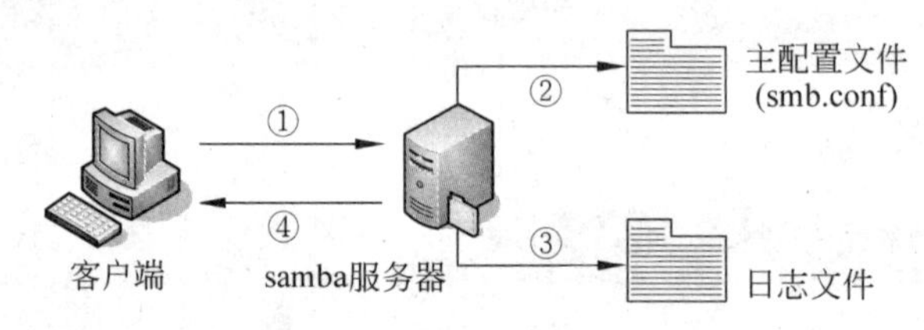

图 17-5　samba 工作流程示意图

① 客户端请求访问 samba 服务器上的 Share 共享目录。

② samba 服务器接收到请求后,会查询主配置文件 smb.conf,查看是否共享了 Share 目录。如果共享了这个目录,则查看客户端是否有权限访问。

③ samba 服务器会将本次访问信息记录在日志文件中,日志文件的名称和路径都需要设置。

④ 如果客户端满足访问权限设置,则允许客户端进行访问。

3. 主要配置文件 smb.conf

samba 的配置文件一般就放在/etc/samba 目录中,主配置文件名为 smb.conf。

(1) samba 服务程序中的参数以及作用

使用 ll 命令查看 smb.conf 文件属性,并使用命令 vim /etc/samba/smb.conf 查看文件的详细内容,如图 17-6 所示。

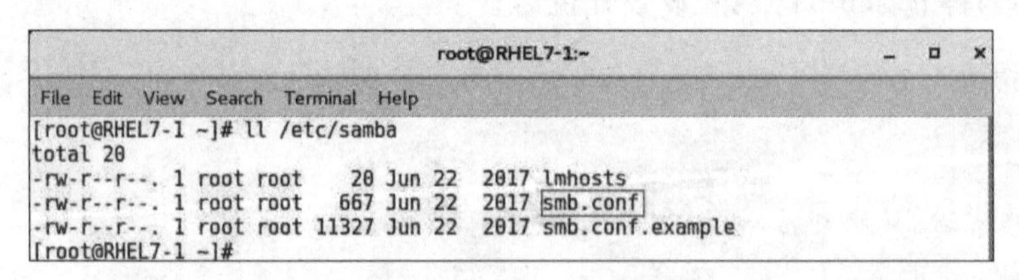

图 17-6　查看 smb.conf 配置文件

RHEL 7 的 smb.conf 配置文件很简略,只有 36 行左右。为了更清楚地了解配置文件,建议研读 smb.smf.example 文件。samba 开发组按照功能不同,对 smb.conf 文件进行了分段划分,条理非常清楚。表 17-1 罗列了主配置文件的参数以及相应的注释说明。

技巧:为了方便配置,建议先备份 smb.conf,一旦发现错误,可以随时从备份文件中恢复主配置文件。另外,强烈建议每开始下个新实训时,使用备份的主配置文件制作干净的主配置文件,并进行重新配置,避免上一个实训的配置影响下一个实训的结果。备份操作如下。

表 17-1 samba 服务程序中的参数以及作用

段落	参数	作用
[global]	workgroup = MYGROUP	工作组名称，比如 workgroup=SmileGroup
	server string = samba server version %v	服务器描述，参数%v 可以显示 SMB 版本号
	log file = /var/log/samba/log. %m	定义日志文件的存放位置与名称，参数%m 为来访的主机名
	max log size = 50	定义日志文件的最大容量为 50KB
	security = user	安全验证的方式，总共有 4 种，如 security=user
	# share	来访主机无须验证口令。比较方便，但安全性很差
	# user	需验证来访主机提供的口令后才可以访问；提升了安全性，为系统的默认方式
	# server	使用独立的远程主机验证来访主机提供的口令(集中管理账户)
	# domain	使用域控制器进行身份验证
	passdb backend = tdbsam	定义用户后台的类型，共有 3 种
	# smbpasswd	使用 smbpasswd 命令为系统用户设置 samba 服务程序的密码
	# tdbsam	创建数据库文件并使用 pdbedit 命令建立 samba 服务程序的用户
	# ldapsam	基于 LDAP 服务进行账户验证
	load printers = yes	设置在 samba 服务启动时是否共享打印机设备
	cups options = raw	打印机的选项
[homes]	无	共享参数
	comment = Home Directories	描述信息
	browseable = no	指定共享信息是否在“网上邻居”中可见
	writable = yes	定义是否可以执行写入操作，与 read only(只读)相反
[printers]		打印机共享参数

```
[root@RHEL7-1 ~]#cd /etc/samba
[root@RHEL7-1 samba]#ls
[root@RHEL7-1 samba]#cp smb.conf smb.conf.bak
```

(2) Share Definitions(共享服务的定义)

Share Definitions 设置对象为共享目录和打印机，如果想发布共享资源，需要对 Share Definitions 部分进行配置。Share Definitions 字段非常丰富，设置灵活。

下面先来看几个最常用的字段。

① 设置共享名。共享资源发布后，必须为每个共享目录或打印机设置不同的共享名，供网络用户访问时使用，并且共享名可以与原目录名不同。

共享名设置非常简单，格式为

```
[共享名]
```

② 共享资源描述。网络中存在各种共享资源,为了方便用户识别,可以为其添加备注信息,以方便用户查看时知道共享资源的内容是什么。格式为

```
comment =备注信息
```

③ 共享路径。共享资源的原始完整路径可以使用 path 字段进行发布,务必正确指定。格式为

```
path =绝对地址路径
```

④ 设置匿名访问。设置是否允许对共享资源进行匿名访问,可以更改 public 字段。格式为

```
public =yes      //允许匿名访问
public =no       //禁止匿名访问
```

【例 17-1】 samba 服务器中有个目录为/share,需要发布该目录成为共享目录,定义共享名为 public,要求:允许浏览,允许只读,允许匿名访问。设置如下所示:

```
[public]
    comment =public
    path =/share
    browseable =yes
    read only =yes
    public =yes
```

⑤ 设置访问用户。如果共享资源存在重要数据,需要对访问用户审核,可以使用 valid users 字段进行设置。格式为

```
valid users =用户名
valid users =@组名
```

【例 17-2】 samba 服务器的/share/tech 目录中存放了公司技术部数据,只允许技术部员工和经理访问,技术部所在组为 tech,经理账号为 manger。

```
[tech]
    comment=tech
    path=/share/tech
    valid users=@tech,manger
```

⑥ 设置目录为只读。共享目录如果限制用户的读写操作,可以通过 read only 实现。格式为

```
read only =yes     //只读
read only =no      //读写
```

⑦ 设置过滤主机。格式为

```
hosts allow =192.168.10. server.abc.com
//表示允许来自 192.168.10.0 或 server.abc.com 的主机访问 samba 服务器资源
hosts deny =192.168.2.
//表示不允许来自 192.168.2.0 网络的主机访问当前的 samba 服务器资源
```

【例 17-3】 samba 服务器公共目录/public 下存放了大量的共享数据,为保证目录安全,仅允许 192.168.10.0 网络的主机访问,并且只允许读取,禁止写入。

```
[public]
    comment=public
    path=/public
    public=yes
    read only=yes
    hosts allow =192.168.10.
```

⑧ 设置目录为可写。如果共享目录允许用户写操作,可以使用 writable 或 write list 两个字段进行设置。格式为

```
writable =yes        //读写
writable =no         //只读
```

write list 格式:

```
write list =用户名
write list =@组名
```

注意:[homes]为特殊共享目录,表示用户的主目录。[printers]表示共享打印机。

4. samba 服务日志文件

日志文件对于 samba 非常重要,它存储着客户端访问 samba 服务器的信息,以及 samba 服务的错误提示信息等,可以通过分析日志,帮助解决客户端访问和服务器维护等问题。

在/etc/samba/smb. conf 文件中,log file 为设置 samba 日志的字段。如下所示:

```
log file =/var/log/samba/log.%m
```

samba 服务的日志文件默认存放在/var/log/samba/中,其中 samba 会为每个连接到 samba 服务器的计算机分别建立日志文件。使用 ls -a/var/log/samba 命令查看日志的所有文件。

当客户端通过网络访问 samba 服务器后,会自动添加客户端的相关日志。所以,Linux 管理员可以根据这些文件来查看用户的访问情况和服务器的运行情况。另外,当 samba 服务器工作异常时,也可以通过/var/log/samba/下的日志进行分析。

5. samba 服务密码文件

samba 服务器发布共享资源后,客户端访问 samba 服务器,需要提交用户名和密码进

行身份验证，验证合格后才可以登录。samba 服务为了实现客户身份验证功能，将用户名和密码信息存放在/etc/samba/smbpasswd 中，在客户端访问时，将用户提交的资料与 smbpasswd 存放的信息进行对比，如果相同，并且 samba 服务器其他安全设置允许，客户端与 samba 服务器连接才能建立成功。

那么如何建立 samba 账号呢？首先，samba 账号并不能直接建立，需要先建立 Linux 同名的系统账号。例如，如果要建立一个名为 yy 的 samba 账号，那么 Linux 系统中必须提前存在一个同名的 yy 系统账号。

samba 中添加账号的命令为 smbpasswd，命令格式如下：

```
smbpasswd  -a  用户名
```

【例 17-4】 在 samba 服务器中添加 samba 账号 reading。

(1) 建立 Linux 系统账号 reading。

```
[root@RHEL7-1 ~]#useradd reading
[root@RHEL7-1 ~]#passwd reading
```

(2) 添加 reading 用户的 samba 账户。

```
[root@RHEL7-1 ~]#smbpasswd -a reading
```

至此，samba 账号添加完毕。如果添加 samba 账号时输入完两次密码后出现的错误信息为 Failed to modify password entry for user amy，是因为 Linux 本地用户里没有 reading 这个用户，在 Linux 系统里面添加一下就可以了。

提示：在建立 samba 账号之前一定要先建立一个与 samba 账号同名的系统账号。

经过上面的设置，再次访问 samba 共享文件时就可以使用 reading 账号访问了。

17.3.2 任务 2 user 服务器实例解析

在 RHEL 7 系统中，samba 服务程序默认使用的是用户口令认证模式(user)。这种认证模式可以确保仅让有密码且受信任的用户访问共享资源，而且验证过程十分简单。

【例 17-5】 如果公司有多个部门，因工作需要，就必须分门别类地建立相应部门的目录。要求将销售部的资料存放在 samba 服务器的/companydata/sales/目录下集中管理，以便销售人员浏览，并且该目录只允许销售部员工访问。samba 共享服务器和客户端的 IP 地址可以根据表 17-2 来设置。

表 17-2 samba 服务器和 Windows 客户端使用的操作系统以及 IP 地址

主 机 名 称	操作系统	IP 地址	网络连接方式
Samba 共享服务器：RHEL7-1	RHEL 7	192.168.10.1	VMnet1
Linux 客户端：RHEL7-2	RHEL 7	192.168.10.20	VMnet1
Windows 客户端：Win7-1	Windows 7	192.168.10.30	VMnet1

分析：在/companydata/sales/目录中存放了销售部的重要数据，为了保证其他部门无法查看其内容，需要将全局配置中的 security 设置为 user 安全级别，这样就启用了 samba

服务器的身份验证机制。然后在共享目录/companydata/sales 下设置 valid users 字段，配置只允许销售部员工能够访问这个共享目录。

1. 在 RHEL7-1 上配置 samba 共享服务器，前面已安装 samba 服务器并启动

(1) 建立共享目录，并在其下建立测试文件。

```
[root@RHEL7-1 ~]#mkdir /companydata
[root@RHEL7-1 ~]#mkdir /companydata/sales
[root@RHEL7-1 ~]#touch /companydata/sales/test_share.tar
```

(2) 添加销售部用户和组并添加相应 samba 账号。

① 使用 groupadd 命令添加 sales 组，然后执行 useradd 命令和 passwd 命令来添加销售部员工的账号及密码。此处单独增加一个 test_user1 账号，不属于 sales 组，供测试用。

```
[root@RHEL7-1 ~]#groupadd sales                 //建立销售组 sales
[root@RHEL7-1 ~]#useradd -g sales sale1         //建立用户 sale1 并添加到 sales 组
[root@RHEL7-1 ~]#useradd -g sales sale2         //建立用户 sale2 并添加到 sales 组
[root@RHEL7-1 ~]#useradd test_user1             //供测试用
[root@RHEL7-1 ~]#passwd sale1                   //设置用户 sale1 的密码
[root@RHEL7-1 ~]#passwd sale2                   //设置用户 sale2 的密码
[root@RHEL7-1 ~]#passwd test_user1              //设置用户 test_user1 的密码
```

② 接下来为销售部成员添加相应的 samba 账号。

```
[root@RHEL7-1 ~]#smbpasswd  -a  sale1
[root@RHEL7-1 ~]#smbpasswd  -a  sale2
```

(3) 修改 samba 主配置文件 smb.conf，即命名为 vim /etc/samba/smb.conf。

```
[global]
        workgroup =Workgroup
        server string =File Server
        security =user                          //设置 user 安全级别模式，默认值
        passdb backend =tdbsam
        printing =cups
        printcap name =cups
        load printers =yes
        cups options =raw
[sales]                                         //设置共享目录的共享名为 sales
        comment=sales
        path=/companydata/sales                 //设置共享目录的绝对路径
        writable =yes
        browseable =yes
        valid users =@sales                     //设置可以访问的用户为 sales 组
```

(4) 设置共享目录的本地系统权限。将属主、属组分别改为 sale1 和 sales。

```
[root@RHEL7-1 ~]#chmod 777 /companydata/sales -R
[root@RHEL7-1 ~]#chown sale1:sales /companydata/sales -R
[root@RHEL7-1 ~]#chown sale2:sales /companydata/sales -R
//-R参数是用于递归的,一定要加上。请读者再次复习前面学习权限的相关内容,特别是chown、
chmod等命令
```

(5) 更改共享目录的context值或者禁掉SELinux。

```
[root@RHEL7-1 ~]#chcon -t samba_share_t /companydata/sales -R
```

或者

```
[root@RHEL7-1 ~]#getenforce
Enforcing
[root@RHEL7-1 ~]#setenforce Permissive
```

(6) 让防火墙放行,这一步很重要。

```
[root@RHEL7-1 ~]#systemctl restart firewalld
[root@RHEL7-1 ~]#systemctl enable firewalld
[root@RHEL7-1 ~]#firewall-cmd --permanent --add-service=samba
[root@RHEL7-1 ~]#firewall-cmd -reload              //重新加载防火墙
[root@RHEL7-1 ~]#firewall-cmd --list-all
public (active)
  target: default
  icmp-block-inversion: no
  interfaces: ens33
  sources:
  services: ssh dhcpv6-client http squid samba     //已经加入到防火墙的允许服务
  ports:
  protocols:
  masquerade: no
  forward-ports:
  source-ports:
  icmp-blocks:
  rich rules:
```

(7) 重新加载samba服务。

```
[root@RHEL7-1 ~]#systemctl restart smb
//或者
[root@RHEL7-1 ~]#systemctl reload smb
```

(8) 测试。一是在Windows 7中利用资源管理器进行测试,二是利用Linux客户端。

提示: ①samba服务器在将本地文件系统共享给samba客户端时,涉及本地文件的系统权限和samba共享权限。当客户端访问共享资源时,最终的权限取这两种权限中最严格的那一种。②后面的实例中不再单独设置本地权限。如果对权限不熟悉,请参考相关内容。

2. 在 Windows 客户端访问 samba 共享

无论 samba 共享服务是部署在 Windows 系统上还是部署在 Linux 系统上，通过 Windows 系统进行访问时，其步骤和方法都是一样的。下面假设 samba 共享服务部署在 Linux 系统上，并通过 Windows 系统来访问 samba 服务。

(1) 依次选择“开始”→“运行”命令，使用 UNC 路径直接进行访问。例如：\\192.168.10.1。打开“Windows 安全”对话框，如图 17-7 所示，输入 sale1 或 sale2 及其密码，登录后可以正常访问。

图 17-7　“Windows 安全”对话框

思考：注销 Windows 7 客户端，使用 test_user 用户和密码登录时会出现什么情况？

(2) 映射网络驱动器访问 samba 服务器共享目录。双击打开“我的电脑”，依次选择“工具”→“映射网络驱动器”命令，在“映射网络驱动器”对话框中选择 Z 驱动器，并输入 tech 共享目录的地址，如\\192.168.10.1\sales。单击“完成”按钮，在接下来的对话框中输入可以访问 sales 共享目录的 samba 账号和密码。

(3) 再次打开“我的电脑”，驱动器 Z 就是共享目录 sales，可以很方便地访问。

3. Linux 客户端访问 samba 共享

samba 服务程序当然还可以实现 Linux 系统之间的文件共享。按照表 10-4 的参数来设置 samba 服务程序所在主机(即 samba 共享服务器)和 Linux 客户端使用的 IP 地址，然后在客户端安装 samba 服务和支持文件共享服务的软件包(cifs-utils)。

(1) 在 RHEL7-2 上安装 samba-client 和 cifs-utils。

```
[root@RHEL7-2 ~]#mount /dev/cdrom /iso
mount: /dev/sr0 is write-protected, mounting read-only
[root@RHEL7-2 ~]#vim /etc/yum.repos.d/dvd.repo
[root@RHEL7-2 ~]#yum install samba-client -y
[root@RHEL7-2 ~]#yum install cifs-utils -y
```

(2) Linux 客户端使用 smbclient 命令访问服务器。

① smbclient 可以列出目标主机共享目录列表。smbclient 命令格式如下：

```
smbclient -L 目标 IP 地址或主机名 -U 登录用户名%密码
```

当查看 RHEL7-1(192.168.10.1)主机的共享目录列表时,提示输入密码,这时候可以不输入密码,而直接按 Enter 键,这样表示匿名登录,然后就会显示匿名用户可以看到的共享目录列表。

```
[root@RHEL7-2 ~]#smbclient -L 192.168.10.1
```

若想使用 samba 账号查看 samba 服务器端共享的目录,可以加上-U 参数,后面跟上"用户名%密码"。下面的命令显示只有 sale1 账号(其密码为 12345678)才有权限浏览和访问的 sales 共享目录:

```
[root@RHEL7-2 ~]#smbclient -L 192.168.10.1 -U sale2%12345678
```

注意:不同用户使用 smbclient 浏览的结果可能不一样,这要根据服务器设置的访问控制权限而定。

② 还可以使用 smbclient 命令行共享访问模式浏览共享的资料。

smbclient 命令行共享访问模式命令格式如下:

```
smbclient                    //目标 IP 地址或主机名/共享目录 -U 用户名%密码
```

下面命令运行后,将进入交互式界面(输入"?"号可以查看具体命令)。

```
[root@RHEL7-2 ~]#smbclient  //192.168.10.1/sales -U sale2%12345678
Domain=[RHEL7-1] OS=[Windows 6.1] Server=[Samba 4.6.2]
smb: \>ls
    .                                  D        0  Mon Jul 16 21:14:52 2018
    ..                                 D        0  Mon Jul 16 18:38:40 2018
    test_share.tar                     A        0  Mon Jul 16 18:39:03 2018

        9754624 blocks of size 1024. 9647416 blocks available
smb: \>mkdir testdir              //新建一个目录并进行测试
smb: \>ls
    .                                  D        0  Mon Jul 16 21:15:13 2018
    ..                                 D        0  Mon Jul 16 18:38:40 2018
    test_share.tar                     A        0  Mon Jul 16 18:39:03 2018
    testdir                            D        0  Mon Jul 16 21:15:13 2018

        9754624 blocks of size 1024. 9647416 blocks available
smb: \>exit
[root@RHEL7-2 ~]#
```

使用 test_user1 登录会是什么结果?请试一试。另外,smbclient 登录 samba 服务器后,可以使用 help 查询所支持的命令。

(3) Linux 客户端使用 mount 命令挂载共享目录。

mount 命令挂载共享目录格式如下:

```
mount -t cifs          //目标 IP 地址或主机名/共享目录名称 挂载点 -o username=用户名
```

下面的命令结果为挂载 192.168.10.1 主机上的共享目录 sales 到/mnt/sambadata 目录下，cifs 是 samba 所使用的文件系统。

```
[root@RHEL7-2 ~]#mkdir -p /mnt/sambadata
[root@RHEL7-2 ~]#mount -t cifs //192.168.10.1/sales /mnt/sambadata/ -o username=
sale1
Password for sale1@//192.168.10.1/sales: ********
//输入 sale1 的 samba 用户密码,不是系统用户密码
[root@RHEL7-2 sambadata]#cd /mnt/sambadata
[root@RHEL7-2 sambadata]#touch testf1;ls
testdir testf1 test_share.tar
```

提示：如果配置匿名访问，则需要配置 samba 的全局参数，添加 map to guest ＝ bad user 一行，RHEL 7 里 smb 版本包不再支持"security ＝ share"语句。

17.3.3　任务 3　share 服务器实例解析

17.3.2 小节已经对 samba 的相关配置文件简单介绍，现在通过一个实例来掌握如何搭建 samba 服务器。

【例 17-6】　某公司需要添加 samba 服务器作为文件服务器，工作组名为 Workgroup，发布共享目录 share，共享名为 public，这个共享目录允许所有公司员工访问。

分析：这个案例属于 samba 的基本配置，可以使用 share 安全级别模式。既然允许所有员工访问，则需要为每个用户建立一个 samba 账号，那么如果公司拥有大量用户呢？一个个设置会非常麻烦，可以通过配置 security＝share 来让所有用户登录时采用匿名账户 nobody 访问，这样实现起来非常简单。

（1）在 RHEL7-1 上建立 share 目录，并在其下建立测试文件。

```
[root@RHEL7-1 ~]#mkdir /share
[root@RHEL7-1 ~]#touch /share/test_share.tar
```

（2）修改 samba 主配置文件 smb.conf。

```
[root@RHEL7-1 ~]#vim/etc/samba/smb.conf
```

修改配置文件，并保存结果。

```
[global]
    workgroup =Workgroup                //设置 samba 服务器工作组名为 Workgroup
    server string =File Server          //添加 samba 服务器注释信息为 File Server
    security =user
    map to guest =bad user              //允许用户匿名访问
    passdb backend =tdbsam
[public]                                //设置共享目录的共享名为 public
    comment=public
    path=/share                         //设置共享目录的绝对路径为/share
    guest ok=yes                        //允许匿名用户访问
```

```
    browseable=yes              //在客户端显示共享的目录
    public=yes                  //最后设置允许匿名访问
    read only =yes
```

(3) 让防火墙放行 samba 服务。在 17.3.2 小节中已详细设置,不再赘述。

注意:以下的实例不再考虑防火墙和 SELinux 的设置,但不意味着防火墙和 SELinux 不用设置。

(4) 更改共享目录的 context 值:

```
[root@RHEL7-1 ~]#chcon -t samba_share_t /share
```

提示:可以使用 getenforce 命令查看 SELinux 防火墙是否被强制实施(默认是这样),如果不被强制实施,步骤(3)和(4)可以省略。使用命令 setenforce 1 可以设置强制实施防火墙,使用命令 setenforce 0 可以取消强制实施防火墙。(注意是数字 1 和 0)。

(5) 重新加载配置。

Linux 为了使新配置生效,需要重新加载配置,可以使用 restart 重新启动服务或者使用 reload 重新加载配置。

```
[root@RHEL7-1 ~]#systemctl restart smb
```

或者

```
[root@RHEL7-1 ~]#systemctl reload smb
```

注意:重启 samba 服务虽然可以让配置生效,但是 restart 是先关闭 samba 服务再开启该服务,这样如果在公司网络运营过程中肯定会对客户端员工的访问造成影响,建议使用 reload 命令重新加载配置文件使其生效,这样不需要中断服务就可以重新加载配置。

samba 服务器经过以上设置,用户就可以不输入账号和密码直接登录 samba 服务器并访问 public 共享目录。在 Windows 客户端可以用 UNC 路径测试,方法是在 Win7-1 资源管理器地址栏输入:\\192.168.10.1。

注意:完成实训后记得恢复到正常默认,即删除或注释 map to guest = bad user。

17.3.4 任务 4 samba 高级服务器配置

samba 高级服务器配置使我们搭建的 samba 服务器功能更强大,管理更灵活,数据也更安全。

1. 用户账号映射

samba 的用户账号信息保存在 smbpasswd 文件中,而且可以访问 samba 服务器的账号也必须对应一个同名的系统账号。基于这一点,对于一些黑客来说,只要知道 samba 服务器的 samba 账号,就等于知道了 Linux 系统账号,只要暴力破解其 samba 账号和密码加以利用就可以攻击 samba 服务器。为了保障 samba 服务器的安全,使用了用户账号映射。那么什么是账号映射呢?

用户账号映射这个功能需要建立一个账号映射关系表,里面记录了 samba 账号和虚拟账号的对应关系，客户端访问 samba 服务器时就使用虚拟账号来登录。

【例 17-7】 将例 17-5 的 sale1 账号分别映射为 suser1 和 myuser1，将 sale2 账号映射为 suser2。（仅对与例 17-6 中不同的地方进行设置，相同的设置不再赘述，比如权限、防火墙等。）

（1）编辑主配置文件/etc/samba/smb. conf。在[global]下添加一行内容 username map = /etc/samba/smbusers，开启用户账号映射功能。

（2）编辑/etc/samba/smbusers。smbusers 文件保存了账号的映射关系，其固定格式如下：

```
Samba 账号 =虚拟账号(映射账号)
```

就本例，应加入下面的行：

```
sale1=suser1 myuser1
sale2=suser2
```

账号 sale1 就是上面建立的 samba 账号（同时也是 Linux 系统账号），suser1 及 myuser1 就是映射账号名（虚拟账号），访问共享目录时只要输入 suser1 或 myuser1 就可以成功访问了，但是实际上访问 samba 服务器的还是 sale1 账号，这样就解决了安全问题。同样，suser2 是 sale2 的虚拟账号。

（3）重启 samba 服务。

```
[root@RHEL7-1 ~]#systemctl restart smb
```

（4）验证效果。先注销 Windows 7，然后在 Windows 7 客户端的资源管理器地址栏输入\\192.168.10.1（samba 服务器的地址是 192.168.10.1），在弹出的对话框中输入定义的映射账号 myuser1，注意不是输入账号 sale1，如图 17-8 和图 17-9 所示。测试结果说明：映射账号 myuser1 的密码和 sale1 账号一样，并且可以通过映射账号浏览共享目录。

图 17-8　输入映射账号及密码

注意：强烈建议不要将 samba 用户的密码与本地系统用户的密码设置成一样，这样可以避免非法用户使用 samba 账号登录 Linux 系统。

完成实训后要恢复到默认设置，即删除或注释 username map = /etc/samba/smbusers。

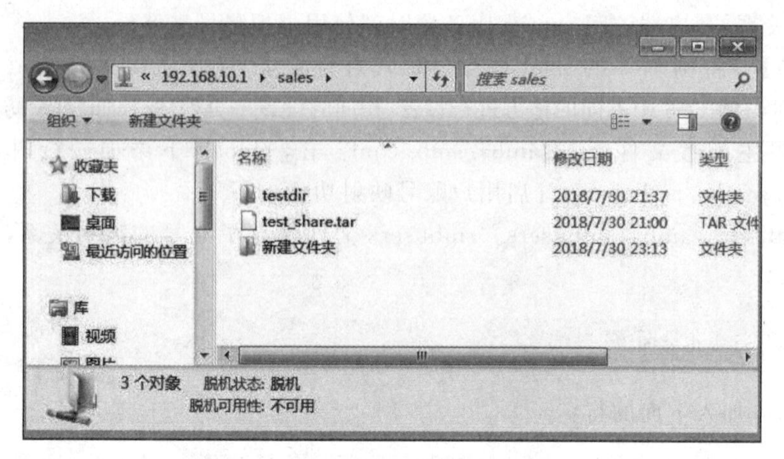

图 17-9　访问 samba 服务器上的共享资源

2. 客户端访问控制

对于 samba 服务器的安全性,可以使用 valid users 字段去实现用户访问控制,但是如果企业庞大且存在大量用户,这种方法操作起来就显得比较麻烦。比如 samba 服务器共享出一个目录来访问。但是要禁止某个 IP 子网或某个域的客户端访问此资源,这样的情况使用 valid users 字段就无法实现客户端访问控制,而使用 hosts allow 和 hosts deny 两个字段则可以实现该功能。

(1) hosts allow 和 hosts deny 字段的使用。

```
hosts allow     //字段定义允许访问的客户端
hosts deny      //字段定义禁止访问的客户端
```

(2) 使用 IP 地址进行限制。

【例 17-8】 仍以例 17-5 为例。公司内部 samba 服务器上的共享目录/companydata/sales 是存放销售部的共享目录,公司规定 192.168.10.0/24 这个网段的 IP 地址禁止访问此 sales 共享目录,但是 192.168.10.20 这个 IP 地址可以访问。

① 修改配置文件 smb.conf。在配置文件 smb.conf 中添加 hosts deny 和 hosts allow 字段。

```
[sales]                            //设置共享目录的共享名为 sales
    comment=sales
    path=/companydata/sales        //设置共享目录的绝对路径
    hosts deny =192.168.10.        //禁止所有来自 192.168.10.0/24 网段的 IP 地址访问
    hosts allow =192.168.10.30     //允许 192.168.10.30 这个 IP 地址访问
```

注意:当 hosts deny 和 hosts allow 字段同时出现并定义的内容相互冲突时,hosts allow 优先。现在设置的意思就是禁止 C 类地址 192.168.10.0/24 网段主机访问,但是允许 192.168.10.30 主机访问。

提示:在表示 24 位子网掩码的子网时可以使用 192.168.10.0/24、192.168.10. 或 192.168.10.0/255.255.255.0。

② 重新加载配置。

```
systemctl restart smb
```

③ 测试。请读者测试一下效果。当 IP 为 192.168.10.30 时正常访问，否则无法访问。如果想同时禁止多个网段的 IP 地址访问此服务器，则设置如下。

- "hosts deny = 192.168.1.172.16."表示拒绝所有 192.168.1.0 网段和 172.16.0.0 网段的 IP 地址访问 sales 这个共享目录。
- "hosts allow = 10."表示允许 10.0.0.0 网段的 IP 地址访问 sales 这个共享目录。

注意：完成实训后记得恢复到默认设置，即删除或注释"hosts deny = 192.168.10. hosts allow = 192.168.10.30"。另外，当需要输入多个网段 IP 地址的时候，需要使用空格符号隔开。

(3) 使用域名进行限制

【例 17-9】 公司 samba 服务器上共享了一个目录 public，公司规定.sale.com 域和.net 域的客户端不能访问，并且主机名为 client1 的客户端也不能访问。

修改配置文件 smb.conf 的相关内容即可。

```
[public]
        comment=public's share
        path=/public
        hosts deny =.sale.com .net client1
```

hosts deny = .sale.com .net client1 表示禁止.sale.com 域和.net 域及主机名为 client1 的客户端访问 public 这个共享目录。

注意：域名和域名之间或域名和主机名之间需要使用空格符号隔开。

(4) 使用通配符进行访问控制

【例 17-10】 samba 服务器共享了一个目录 security，规定除主机 boss 外的其他人不允许访问。

修改 smb.conf 配置文件，使用通配符 ALL 来简化配置。(常用的通配符还有"*""?"、LOCAL 等。)

```
[security]
        comment=security
        path=/security
        writable=yes
        hosts deny =ALL
        hosts allow =boss
```

【例 17-11】 samba 服务器共享了一个目录 security，只允许 192.168.0.0 网段的 IP 地址访问，但是 192.168.0.100 及 192.168.0.200 的主机禁止访问 security。

分析：可以使用 hosts deny 禁止所有用户访问，再设置 hosts allow 允许 192.168.0.0 网段主机访问，但当 hosts deny 和 hosts allow 同时出现而且有冲突时，hosts allow 生效，如果这样，则允许 192.168.0.0 网段的 IP 地址可以访问，但是 192.168.0.100 及 192.168.0.200

的主机禁止访问就无法生效了。此时有一种方法，就是使用 EXCEPT 进行设置。

hosts allow = 192.168.0. EXCEPT 192.168.0.100 192.168.0.200 表示允许 192.168.0.0 网段 IP 地址访问，但是 192.168.0.100 和 192.168.0.200 除外。修改的配置文件如下。

```
[security]
        comment=security
        path=/security
        writable=yes
        hosts deny =ALL
        hosts allow =192.168.0. EXCEPT 192.168.0.100 192.168.0.200
```

(5) hosts allow 和 hosts deny 的作用范围

hosts allow 和 hosts deny 如果设置在不同的位置上，它们的作用范围就不一样。如果设置在[global]里面，表示对 samba 服务器全局生效；如果设置在目录下面，则表示只对这个目录生效。

```
[global]
        hosts deny =ALL
        hosts allow =192.168.0.66         //只有 192.168.0.66 才可以访问 samba 服务器
```

这样设置表示只有 192.168.0.66 才可以访问 samba 服务器，全局生效。

```
[security]
        hosts deny =ALL
        hosts allow =192.168.0.66        //只有 192.168.0.66 才可以访问 security 目录
```

这样设置就表示只对单一目录 security 生效，只有 192.168.0.66 才可以访问 security 目录里面的资料。

3. 设置 samba 的权限

除了对客户端访问进行有效的控制外，还需要控制客户端访问共享资源的权限，比如 boss 或 manger 这样的账号可以对某个共享目录具有完全控制权限，其他账号只有只读权限，使用 write list 字段可以实现该功能。

【例 17-12】 公司 samba 服务器上有个共享目录 tech，公司规定只有 boss 账号和 tech 组的账号可以完全控制，其他人只有只读权限。

分析：如果只用 writable 字段，则无法满足这个实例的要求，因为当 writable = yes 时，表示所有人都可以写入；而当 writable = no 时，表示所有人都不可以写入。这时就需要用到 write list 字段。修改后的配置文件如下。

```
[tech]
        comment=tech's data
        path=/tech
        write list =boss, @tech
```

write list ＝ boss，@tech 表示只有 boss 账号和 tech 组成员才可以对 tech 共享目录有写入权限(其中@tech 就表示 tech 组)。

writable 和 write list 之间的区别如表 17-3 所示。

表 17-3　writable 和 write list 的区别

字　段	值	描　述
writable	yes	所有账号都允许写入
writable	no	所有账号都禁止写入
write list	写入权限账号列表	列表中的账号允许写入

4. samba 的隐藏共享

(1) 使用 browseable 字段实现隐藏共享

【例 17-13】 把 samba 服务器上的技术部共享目录 tech 隐藏。

browseable ＝ no 表示隐藏该目录，修改配置文件如下。

```
[tech]
        comment=tech's data
        path=/tech
        write list =boss, @tech
        browseable =no
```

提示：设置完成并重启 SMB 生效后，如果在 Windows 客户端使用\\192.168.10.1，将无法显示 tech 共享目录。但如果直接输入\\192.168.10.1\tech，则仍然可以访问共享目录 tech。

(2) 使用独立配置文件

【例 17-14】 samba 服务器上有个 tech 目录，此目录只有 boss 用户可以浏览访问，其他人都不可以浏览和访问。

分析：因为 samba 的主配置文件只有一个，所有账号访问都要遵守该配置文件的规则，如果隐藏了该目录(browseable＝no)，那么所有人就都看不到该目录了，也包括 boss 用户。但如果将 browseable 改为 yes，则所有人都能浏览到共享目录，还是不能满足要求。

之所以无法满足要求，就在于 samba 服务器的主配置文件只有一个。既然单一配置文件无法实现要求，那么我们可以考虑为不同需求的用户或组分别建立相应的配置文件并单独配置后实现其隐藏目录的功能。现在为 boss 账号建立一个配置文件，并且让其访问的时候能够读取这个单独的配置文件。

① 建立 samba 账户 boss 和 test1。

```
[root@RHEL7-1 ~]#mkdir /tech
[root@RHEL7-1 ~]#groupadd tech
[root@RHEL7-1 ~]#useradd boss
[root@RHEL7-1 ~]#useradd test1
[root@RHEL7-1 ~]#passwd boss
[root@RHEL7-1 ~]#passwd test1
[root@RHEL7-1 ~]#smbpasswd -a boss
[root@RHEL7-1 ~]#smbpasswd -a test1
```

② 建立独立配置文件。先为 boss 账号创建一个单独的配置文件，可以直接复制/etc/samba/smb. conf 这个文件并改名就可以了。如果为单个用户建立配置文件，命名时一定要包含用户名。

使用 cp 命令复制主配置文件，为 boss 账号建立独立的配置文件。

```
[root@RHEL7-1 ~]#cd /etc/samba/
[root@RHEL7-1 ~]#cp smb.conf smb.conf.boss
```

③ 编辑 smb. conf 主配置文件。在[global]中加入 config file = /etc/samba/smb. conf. %U，表示 samba 服务器读取/etc/samba/smb. conf. %U 文件，其中%U 代表当前登录用户。命名规范与独立配置文件匹配。

```
[global]
        config file =/etc/samba/smb.conf.%U
[tech]
        comment=tech's data
        path=/tech
        write list =boss, @tech
        browseable =no
```

④ 编辑 smb. conf. boss 独立配置文件。编辑 boss 账号的独立配置文件 smb. conf. boss，将 tech 目录里面的 browseable = no 删除，这样当 boss 账号访问 samba 时，tech 共享目录对 boss 账号访问就是可见的。主配置文件 smb. conf 和 boss 账号的独立配置文件相搭配，实现了其他用户访问 tech 共享目录是隐藏的，而 boss 账号访问时就是可见的。

```
[tech]
    comment=tech's data
    path=/tech
    write list =boss, @tech
```

⑤ 设置共享目录的本地系统权限。赋予属主属组 rwx 的权限，同时将 boss 账号改为/tech 的所有者(tech 群组提前建立)。

```
[root@RHEL7-1 ~]#chmod 777 /tech
[root@RHEL7-1 ~]#chown boss:tech /tech
```

提示：如果设置正确仍然无法访问 samba 服务器的共享，可能由以下两种情况引起。①SELinux 防火墙。②本地系统权限。samba 服务器在将本地文件系统共享给 samba 客户端时，涉及本地文件系统权限和 samba 共享权限。

⑥ 更改共享目录的 context 值。(防火墙问题)

```
[root@RHEL7-1 ~]#chcon -t samba_share_t /share
```

⑦ 重新启动 samba 服务：

```
systemctl restart smb
```

⑧ 测试效果。提前建好共享目录 tech。先以普通账号 test1 登录 samba 服务器，发现看不到 tech 共享目录，证明 tech 共享目录对除 boss 账号以外的人是隐藏的。以 boss 账号登录，则发现 tech 共享目录自动显示并能按设置访问。

这样以独立配置文件的方法来实现隐藏共享，能够实现不同账号对共享目录可见性的要求。

注意：目录隐藏了并不是不共享了，只要知道共享名，并且有相应权限，就可以通过输入“\\IP 地址\共享名”的方法访问隐藏共享。

17.3.5　任务 5　samba 的打印共享

默认情况下，samba 的打印服务是开放的，只要把打印机安装好，客户端的用户就可以使用打印机了。

1. 设置 global 配置项

修改 smb.conf 全局配置，开启打印共享功能。

```
[global]
    load printers =yes
    cups options =raw
    printcap name =/etc/printcap
    printing =cups
```

2. 设置 printers 配置项

```
[printers]
    comment =All printers
    path =/usr/spool/samba
    browseable =no
    guest ok =no
    writable =yes
    printable =yes
```

使用默认设置就可以让客户端正常使用打印机了。需要注意的是，printable 一定要设置成 yes；path 字段定义打印机队列，可以根据需要自己定制。另外共享打印和共享目录不一样，安装完打印机后必须重新启动 samba 服务，否则客户端可能无法看到共享的打印机。如果设置只允许部分员工使用打印机，则可以使用 valid users、hosts allow 或 hosts deny 字段来实现。

17.4　企业 samba 服务器实用案例

17.4.1　企业环境及需求

1. samba 服务器目录

公共目录/share，销售部/sales，技术部/tech。

2. 企业员工情况

主管：总经理 master；销售部：销售部经理 mike，员工 sky，员工 jane；技术部：技术部经理 tom，员工 sunny，员工 bill。

公司使用 samba 搭建文件服务器，需要建立公共共享目录，允许所有人访问，权限为只读。为销售部和技术部分别建立单独的目录，只允许总经理和对应部门员工访问，并且公司员工无法在网络邻居查看到非本部门的共享目录。企业网络拓扑如图 17-10 所示。

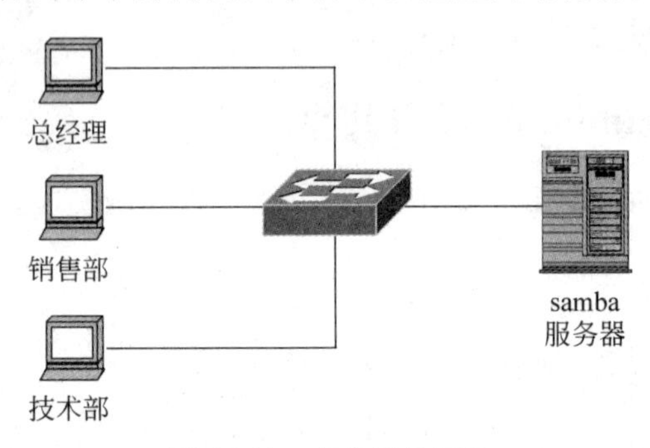

图 17-10　企业网络拓扑

17.4.2　需求分析

对于建立公共的共享目录，使用 public 字段很容易实现匿名访问。但是，注意后面公司的需求，只允许本部门访问自己的目录，其他部门的目录不可见。这就需要设置目录共享字段"browseable＝no"，以实现隐藏功能，但是这样设置，所有用户都无法查看该共享。因为对同一共享目录有多种需求，一个配置文件无法完成这项工作，这时需要考虑建立独立的配置文件，以满足不同员工访问的需要。但是为每个用户建立一个配置文件显然操作太烦琐了。可以为每个部门建立一个组，并为每个组建立配置文件，实现隔离用户的目标。

17.4.3　解决方案

(1) 在 RHEL7-1 上建立各部门专用目录。使用 mkdir 命令，分别建立各部门存储资料的目录。

```
[root@RHEL7-1 ~]#mkdir /share
[root@RHEL7-1 ~]#mkdir /sales
[root@RHEL7-1 ~]#mkdir /tech
```

(2) 添加用户和组。先建立销售组 sales 和技术组 tech，然后使用 useradd 命令添加经理账号 master，并将员工账号加入不同的用户组。

```
[root@RHEL7-1 ~]#groupadd sales
[root@RHEL7-1 ~]#groupadd tech
[root@RHEL7-1 ~]#useradd master
[root@RHEL7-1 ~]#useradd -g sales mike
[root@RHEL7-1 ~]#useradd -g sales sky
[root@RHEL7-1 ~]#useradd -g sales jane
```

```
[root@RHEL7-1 ~]#useradd -g tech tom
[root@RHEL7-1 ~]#useradd -g tech sunny
[root@RHEL7-1 ~]#useradd -g tech bill
[root@RHEL7-1 ~]#passwd master
[root@RHEL7-1 ~]#passwd mike
[root@RHEL7-1 ~]#passwd sky
[root@RHEL7-1 ~]#passwd jane
[root@RHEL7-1 ~]#passwd tom
[root@RHEL7-1 ~]#passwd sunny
[root@RHEL7-1 ~]#passwd bill
```

(3) 添加相应 samba 账号。

使用 smbpasswd-a 命令添加 samba 用户，具体操作参照前面的相关内容。

(4) 设置共享目录的本地系统权限。

```
[root@RHEL7-1 ~]#chmod 777 /share
[root@RHEL7-1 ~]#chmod 777 /sales
[root@RHEL7-1 ~]#chmod 777 /tech
```

(5) 更改共享目录的 context 值(防火墙问题)。

```
[root@RHEL7-1 ~]#chcon -t samba_share_t /share
[root@RHEL7-1 ~]#chcon -t samba_share_t /sales
[root@RHEL7-1 ~]#chcon -t samba_share_t /tech
```

(6) 建立独立的配置文件。

```
[root@RHEL7-1 ~]#cd /etc/samba
[root@RHEL7-1 samba]#cp smb.conf master.smb.conf
[root@RHEL7-1 samba]#cp smb.conf sales.smb.conf
[root@RHEL7-1 samba]#cp smb.conf tech.smb.conf
```

(7) 设置主配置文件 smb。首先使用 vim 编辑器打开 smb.conf。

```
[root@RHEL7-1 ~]#vim /etc/samba/smb.conf
```

编辑主配置文件，添加相应字段，确保 samba 服务器会调用独立的用户配置文件以及组配置文件。

```
[global]
    workgroup=Workgroup
    server string =file server
    security =user
    include=/etc/samba/%U.smb.conf                          ①
    include=/etc/samba/%G.smb.conf                          ②
[public]
        comment=public
        path=/share
        guest ok=yes
```

```
        browseable=yes
        public=yes
        read only =yes
[sales]
        comment=sales
        path=/sales
        browseable =yes
[tech]
        comment=tech's data
        path=/tech
        browseable =yes
```

有标号代码的作用如下。

① 使 samba 服务器加载/etc/samba 目录下格式为“用户名. smb. conf”的配置文件。

② 保证 samba 服务器加载格式为“组名. smb. conf”的配置文件。

(8) 设置总经理 master 的配置文件。使用 vim 编辑器修改 master 账号的配置文件 master. smb. conf,如下所示。

```
[global]
    workgroup=Workgroup
    server string =file server
    security =user
[public]
    comment=public
    path=/share
    public=yes
[sales]                                                    ①
    comment=sales
    path=/sales
    writable=yes
    valid users=master
[tech]                                                     ②
    comment=tech
    path=/tech
    writable=yes
    valid users=master
```

上面有标号代码的作用如下。

① 添加共享目录 sales,指定 samba 服务器存放路径,并添加 valid users 字段,设置访问用户为 master 账号。

② 为了使 master 账号访问技术部的目录 tech,还需要添加 tech 目录共享,并设置 valid users 字段,允许 master 访问。

(9) 设置销售组 sales 的配置文件。编辑配置文件 sales. smb. conf,注意 global 全局配置以及共享目录 public 的设置保持和 master 一样,因为销售组仅允许访问 sales 目录,所以只添加 sales 共享目录设置即可,如下所示。

```
[sales]
    comment=sales
    path=/sales
    writable=yes
    valid users=@sales, master
```

(10) 设置技术组 tech 的配置文件。编辑 tech. smb. conf 文件,全局配置和 public 配置与 sales 对应字段相同。添加 tech 共享设置,如下所示。

```
[tech]
    comment=tech
    path=/tech
    writable=yes
        valid users=@tech, master
```

(11) 测试。在 Windows 7 客户端上分别使用 master、bill、sky 等用户登录 samba 服务器,验证配置是否正确。(需要多次注销客户端 Windows)

注意:最好禁用 RHEL 7 中的 SELinux 功能,否则会出现些莫名其妙的错误。初学者关闭 SELinux 也是一种不错的方法:打开 SELinux 配置文件/etc/selinux/config,设置 SELinux = disabled 后,保存、退出并重启系统。默认设置 SELinux=enforceing。

samba 排错总结:一般情况下处理好以下几个问题,错误就会解决。

- 解决 SELinux 的问题;
- 解决防火墙的问题;
- 解决本地权限的问题;
- 消除前后实训的相互影响。

还要注意下面的两个命令:(查看日志文件,检查主配置文件语法)

```
[root@RHEL7-1 ~]#tail -F /var/log/messages
[root@RHEL7-1 ~]#testparm /etc/samba/smb.conf
```

17.5 项目实录

1. 观看录像

实训前请扫描二维码观看录像。

2. 项目背景

某公司有 system、develop、productdesign 和 test 4 个小组,个人办公用计算机的操作系统为 Windows 7/8,少数开发人员采用 Linux 操作系统,服务器操作系统为 RHEL 7,需要设计一套建立在 RHEL 7 之上的安全文件共享方案。每个用户都有自己的网络磁盘,develop 组到 test 组有共用的网络硬盘,所有用户(包括匿名用户)有一个只读共享资料库;所有用户(包括匿名用

户)都要有一个存放临时文件的文件夹。网络拓扑如图 17-11 所示。

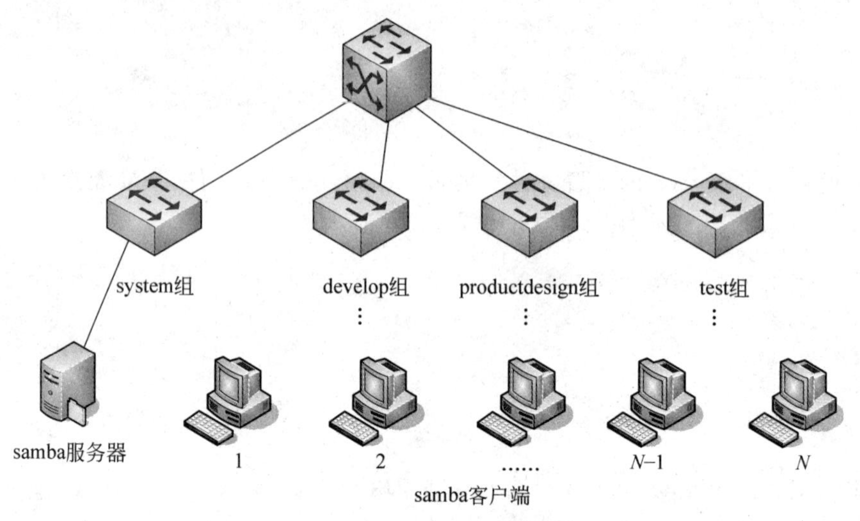

图 17-11　samba 服务器搭建网络拓扑

3. 项目目标

(1) system 组具有管理所有 samba 空间的权限。

(2) 各部门的私有空间：各小组拥有自己的空间，除了小组成员及 system 组有权限以外，其他用户不可访问(包括列表、读和写)。

(3) 资料库：所有用户(包括匿名用户)都具有读权限而不具有写入数据的权限。

(4) develop 组与 test 组之外的用户不能访问 develop 组与 test 组的共享空间。

(5) 公共临时空间：让所有用户可以读取、写入、删除。

4. 深度思考

在观看录像时思考以下几个问题。

(1) 用 mkdir 命令建立共享目录，可以同时建立多少个目录?

(2) chown、chmod、setfacl 这些命令如何熟练应用?

(3) 组账户、用户账户、samba 账户等的建立过程是怎样的?

(4) useradd 中选项-g、-G、-d、-s、-M 的含义分别是什么?

(5) 权限 700 和 755 是什么含义? 请查找相关权限表示的资料，也可以参见"文件权限管理"的录像。

(6) 注意不同用户登录后权限的变化。

5. 做一做

根据项目要求及录像内容，将项目完整地完成。

17.6　练习题

一、填空题

1. samba 服务功能强大，使用________协议，英文全称是________。

2. SMB经过开发,可以直接运行于TCP/IP上,使用TCP的________端口。

3. samba服务是由两个进程组成,分别是________和________。

4. samba服务软件包包括________、________、________和________(不要求版本号)。

5. samba的配置文件一般就放在________目录中,主配置文件名为________。

6. samba服务器有________、________、________、________和________五种安全模式,默认级别是________。

二、选择题

1. 用samba共享了目录,但是在Windows网络邻居中却看不到它,应该在/etc/samba/ smb.conf中添加语句( )才能正确工作。

A. AllowWindowsClients=yes　　B. Hidden=no

C. Browseable=yes　　D. 以上都不是

2. 卸载samba-3.0.33-3.7.el5.i386.rpm的命令是( )。

A. rpm -D samba-3.0.33-3.7.el5

B. rpm -i samba-3.0.33-3.7.el5

C. rpm -e samba-3.0.33-3.7.el5

D. rpm -d samba-3.0.33-3.7.el5

3. 可以允许198.168.0.0/24访问samba服务器的命令是( )。

A. hosts enable = 198.168.0.

B. hosts allow = 198.168.0.

C. hosts accept = 198.168.0.

D. hosts accept = 198.168.0.0/24

4. 启动samba服务,必须运行的端口监控程序是( )。

A. nmbd　　B. lmbd　　C. mmbd　　D. smbd

5. 可以使用户在异构网络操作系统之间进行文件系统共享的服务器类型是( )。

A. FTP　　B. samba　　C. DHCP　　D. Squid

6. samba服务密码文件是( )。

A. smb.conf　　B. samba.conf　　C. smbpasswd　　D. smbclient

7. 利用( )命令可以对samba的配置文件进行语法测试。

A. smbclient　　B. smbpasswd　　C. testparm　　D. smbmount

8. 可以通过设置( )语句来控制访问samba共享服务器的合法主机名。

A. allow hosts　　B. valid hosts　　C. allow　　D. publics

9. samba的主配置文件中不包括( )。

A. global参数　　B. directory shares部分

C. printers shares部分　　D. applications shares部分

三、简答题

1. 简述samba服务器的应用环境。

2. 简述samba的工作流程。

3. 简述基本的samba服务器搭建流程的四个主要步骤。

4. 简述samba服务故障排除的方法。

17.7 实践习题

1. 公司需要配置一台 samba 服务器。工作组名为 smile,共享目录为/share,共享名为 public,该共享目录只允许 192.168.0.0/24 网段员工访问。请给出实现方案并上机调试。

2. 如果公司有多个部门,因工作需要,必须分门别类地建立相应部门的目录。要求将技术部的资料存放在 samba 服务器的/companydata/tech/目录下集中管理,以便技术人员浏览,并且该目录只允许技术部员工访问。请给出实现方案并上机调试。

3. 配置 samba 服务器,要求如下:samba 服务器上有个 tech1 目录,此目录只有 boy 用户可以浏览访问,其他人都不可以浏览和访问。请灵活使用独立配置文件,给出实现方案并上机调试。

4. 上机完成企业实战案例的 samba 服务器配置及调试工作。

17.8 超链接

单击 http://www.icourses.cn/scourse/course_2843.html,访问并学习国家精品资源共享课程网站中学习情境的相关内容。

项目十八　配置与管理 DHCP 服务器

项目背景

在一个计算机终端比较多的网络中，如果要为整个企业每个部门的上百台机器逐一进行 IP 地址的配置绝不是一件轻松的工作。为了更方便、更简捷地完成这些工作，很多时候会采用动态主机配置协议（Dynamic Host Configuration Protocol，DHCP）来自动为客户端配置 IP 地址、默认网关等信息。

在完成该项目之前，首先应当对整个网络进行规划，确定网段的划分以及每个网段可能的主机数量等信息。

职业能力目标和要求

- 了解 DHCP 服务器在网络中的作用。
- 理解 DHCP 的工作过程。
- 掌握 DHCP 服务器的基本配置。
- 掌握 DHCP 客户端的配置和测试。
- 掌握在网络中部署 DHCP 服务器的解决方案。
- 掌握 DHCP 服务器中继代理的配置。

18.1　DHCP 相关知识

18.1.1　DHCP 服务概述

DHCP 基于客户/服务器模式，当 DHCP 客户端启动时，它会自动与 DHCP 服务器通信，要求提供自动分配 IP 地址的服务，而安装了 DHCP 服务软件的服务器则会响应要求。

DHCP 是一个简化主机 IP 地址分配管理的 TCP/IP 标准协议，用户可以利用 DHCP 服务器管理动态的 IP 地址分配及其他相关的环境配置工作，如 DNS 服务器、WINS 服务器、Gateway（网关）的设置。

在 DHCP 机制中可以分为服务器和客户端两个部分，服务器使用固定的 IP 地址，在局域网中扮演着给客户端提供动态 IP 地址、DNS 配置和网管配置的角色。客户端与 IP 地址相关的配置，都在启动时由服务器自动分配。

18.1.2 DHCP 工作过程

DHCP 客户端和服务器端申请 IP 地址、获得 IP 地址的过程一般分为 4 个阶段，如图 18-1 所示。

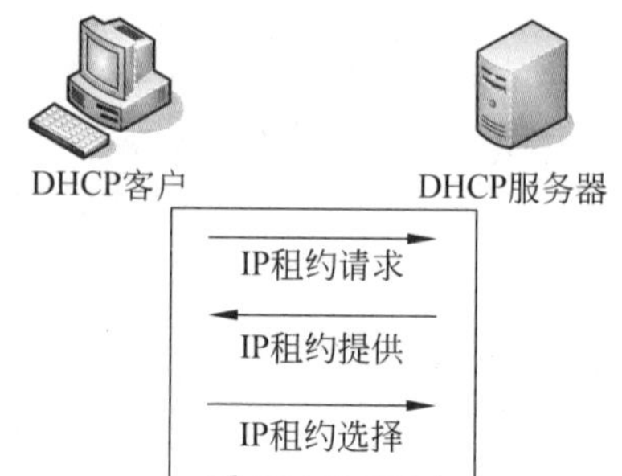

图 18-1 DHCP 的工作过程

1. DHCP 客户机发送 IP 租约请求

当客户端启动网络时，由于在 IP 网络中的每台机器都需要有一个地址，因此，此时的计算机 TCP/IP 地址与 0.0.0.0 绑定在一起。它会发送一个 DHCP Discover (DHCP 发现)广播信息包到本地子网，该信息包发送给 UDP 端口 67，即 DHCP/BOOTP 服务器端口的广播信息包。

2. DHCP 服务器提供 IP 地址

本地子网的每一个 DHCP 服务器都会接收 DHCP Discover 信息包。每个接收到请求的 DHCP 服务器都会检查它是否有提供给请求客户端的有效空闲地址，如果有，则以 DHCP Offer(DHCP 提供)信息包作为响应，该信息包包括有效的 IP 地址、子网掩码、DHCP 服务器的 IP 地址、租用期限，以及其他的有关 DHCP 范围的详细配置。所有发送 DHCP Offer 信息包的服务器将保留它们提供的这个 IP 地址(该地址暂时不能分配给其他的客户端)。DHCP Offer 信息包广播发送到 UDP 端口 68，即 DHCP/BOOTP 客户端端口。响应是以广播的方式发送的，因为客户端没有能直接寻址的 IP 地址。

3. DHCP 客户机进行 IP 租用选择

客户端通常对第一个提议产生响应，并以广播的方式发送 DHCP Request(DHCP 请求)信息包作为回应。该信息包告诉服务器"是的，我想让你给我提供服务。我接收你给我的租用期限"。而且，一旦信息包以广播方式发送以后，网络中所有的 DHCP 服务器都可以看到该信息包，那些提议没有被客户端承认的 DHCP 服务器将保留的 IP 地址返回给它的可用地址池。客户端还可以利用 DHCP Request 询问服务器其他的配置选项，如 DNS 服务器或网关地址。

4. DHCP 服务器 IP 租用认可

当服务器接收到 DHCP Request 信息包时，它以一个 DHCP Acknowledge(DHCP 确认)信息包作为响应，该信息包提供了客户端请求的任何其他信息，并且是以广播方式发送的。该信息包告诉客户端"一切准备好。记住你只能在有限时间内租用该地址，而不能永久占据！好了，以下是你询问的其他信息"。

注意：客户端发送 DHCP Discover 信息后，如果没有 DHCP 服务器响应客户端的请求，客户端会随机使用 169.254.0.0/16 网段中的一个 IP 地址配置本机地址。

18.1.3 DHCP 服务器分配给客户端的 IP 地址类型

在客户端向 DHCP 服务器申请 IP 地址时，服务器并不是总给它一个动态的 IP 地址，而是根据实际情况决定。

1. 动态IP地址

客户端从DHCP服务器那里取得的IP地址一般都不是固定的，而是每次都可能不一样。在IP地址有限的单位内，动态IP地址可以最大化地达到资源的有效利用。它利用并不是每个员工都会同时上线的原理，优先为上线的员工提供IP地址，离线之后再收回。

2. 静态IP地址

客户端从DHCP服务器那里取得的IP地址也并不总是动态的。比如，有的单位除了员工用计算机外，还有数量不少的服务器，这些服务器如果也使用动态IP地址，不但不利于管理，而且客户端访问起来也不方便。该怎么办呢？可以设置DHCP服务器记录特定计算机的MAC地址，然后为每个MAC地址分配一个固定的IP地址。

至于如何查询网卡的MAC地址，根据网卡是本机还是远程计算机，采用的方法也有所不同。

小资料：什么是MAC地址？MAC地址也叫作物理地址或硬件地址，是由网络设备制造商生产时写在硬件内部的（网络设备的MAC地址都是唯一的）。在TCP/IP网络中，表面上看来是通过IP地址进行数据的传输，实际上最终是通过MAC地址来区分不同的节点的。

（1）查询本机网卡的MAC地址。这个很简单，使用ifconfig命令。

（2）查询远程计算机网卡的MAC地址。既然TCP/IP网络通信最终要用到MAC地址，那么使用ping命令当然也可以获取对方的MAC地址信息，只不过它不会显示出来，我们要借助其他的工具来完成。

```
[root@RHEL7-1 ~]#ifconfig
[root@RHEL7-1 ~]#ping -c 1 192.168.1.20 //ping 远程计算机 192.168.1.20 一次
[root@RHEL7-1 ~]#arp -n                 //查询缓存在本地的远程计算机中的 MAC 地址
```

18.2 项目设计及准备

18.2.1 项目设计

部署DHCP之前应该先进行规划，明确哪些IP地址用于自动分配给客户端（即作用域中应包含的IP地址），哪些IP地址用于手工指定给特定的服务器。比如，在项目中IP地址要求如下。

（1）适用的网络是192.168.10.0/24，网关为192.168.10.254。

（2）192.168.10.1～192.168.10.30网段地址是服务器的固定地址。

（3）客户端可以使用的地址段为192.168.10.31～192.168.10.200，但192.168.10.105、192.168.10.107为保留地址。

注意：用于手工配置的IP地址一定要排除保留地址或者采用地址池之外的可用IP地址，否则会造成IP地址冲突。

18.2.2 项目需求准备

部署DHCP服务应满足下列需求。

(1) 安装 Linux 企业服务器版，用作 DHCP 服务器。

(2) DHCP 服务器的 IP 地址、子网掩码、DNS 服务器等 TCP/IP 参数必须手工指定，否则将不能为客户端分配 IP 地址。

(3) DHCP 服务器必须拥有一组有效的 IP 地址，以便自动分配给客户端。

(4) 如果不特别指出，所有 Linux 的虚拟机网络连接方式都选择：自定义，VMnet1(仅主机模式)，如图 18-2 所示。请读者一定要特别留意！

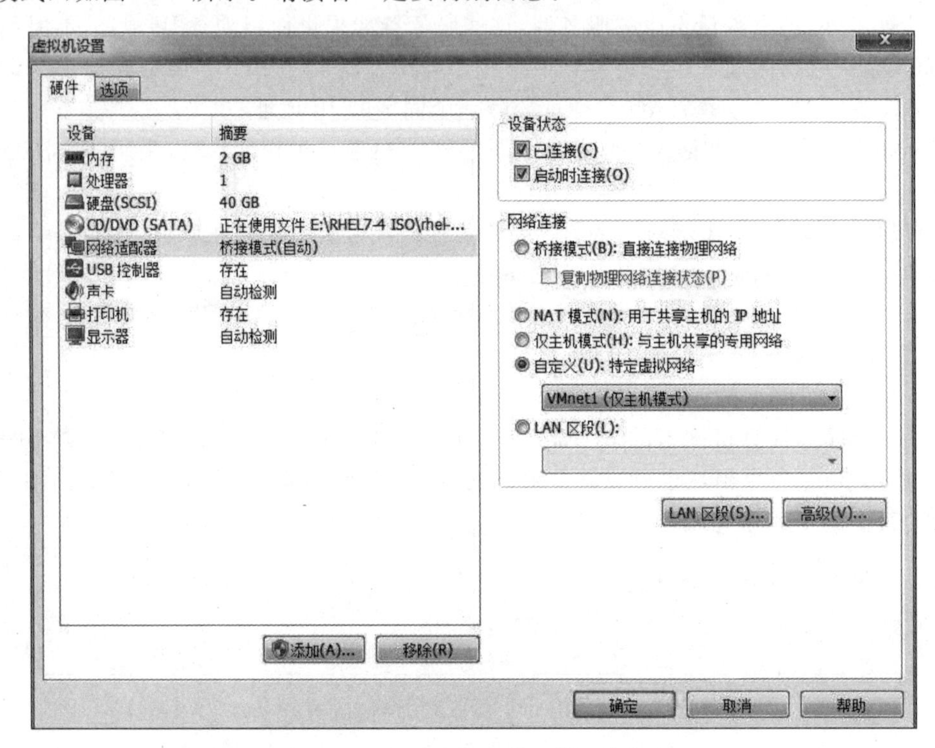

图 18-2　Linux 虚拟机的网络连接方式

18.3　项目实施

18.3.1　任务 1　在服务器 RHEL7-1 上安装 DHCP 服务器

(1) 首先检测一下系统是否已经安装了 DHCP 相关软件。

```
[root@RHEL7-1 ~]#rpm -qa | grep dhcp
```

(2) 如果系统还没有安装 DHCP 软件包，可以使用 yum 命令安装所需软件包。

① 挂载 ISO 安装镜像。

```
//挂载光盘到 /iso 下
[root@RHEL7-1 ~]#mkdir /iso
[root@RHEL7-1 ~]#mount /dev/cdrom /iso
```

② 制作用于安装的 yum 源文件。

```
[root@RHEL7-1 ~]#vim /etc/yum.repos.d/dvd.repo
```

③ 使用 yum 命令查看 DHCP 软件包的信息。

```
[root@RHEL7-1 ~]#yum info dhcp
```

④ 使用 yum 命令安装 DHCP 服务。

```
[root@RHEL7-1 ~]#yum clean all                          //安装前先清除缓存
[root@RHEL7-1 ~]#yum install dhcp -y
```

软件包安装完毕之后，可以使用 rpm 命令再一次进行查询，结果如下。

```
[root@RHEL7-1 iso]#rpm -qa | grep dhcp
dhcp-4.1.1-34.P1.el6.x86_64
dhcp-common-4.1.1-34.P1.el6.x86_64
```

18.3.2　任务 2　熟悉 DHCP 主配置文件

基本的 DHCP 服务器搭建流程如下。

(1) 编辑主配置文件/etc/dhcp/dhcpd.conf，指定 IP 作用域（指定一个或多个 IP 地址范围）。

(2) 建立租约数据库文件。

(3) 重新加载配置文件或重新启动 dhcpd 服务，使配置生效。

DHCP 工作流程如图 18-3 所示。

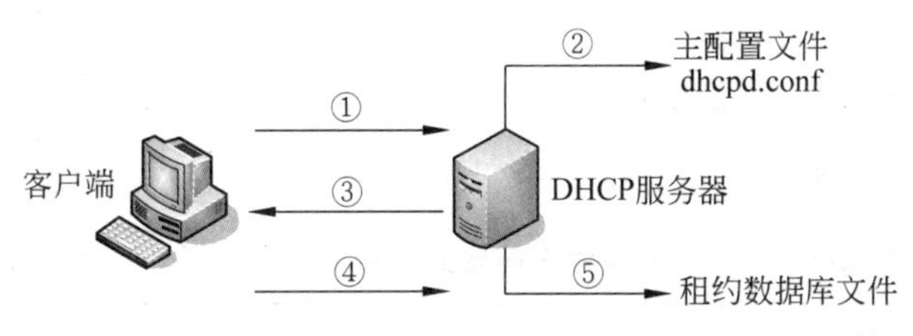

图 18-3　DHCP 工作流程

① 客户端发送广播向服务器申请 IP 地址。

② 服务器收到请求后查看主配置文件 dhcpd.conf，先根据客户端的 MAC 地址查看是否为客户端设置了固定 IP 地址。

③ 如果为客户端设置了固定 IP 地址，则将该 IP 地址发送给客户端。如果没有设置固定 IP 地址，则将地址池中的 IP 地址发送给客户端。

④ 客户端收到服务器回应后，客户端给予服务器回应，告诉服务器已经使用了分配的 IP 地址。

⑤ 服务器将相关租约信息存入数据库。

1. 主配置文件 dhcpd. conf

(1) 复制样例文件到主配置文件

默认情况下,主配置文件(/etc/dhcp/dhcpd. conf)没有任何实质内容。打开查阅,发现里面有一行内容"see/usr/share/doc/dhcp * /dhcpd. conf. example"。下面以样例文件为例讲解主配置文件。

(2) dhcpd. conf 主配置文件的组成部分

- parameters(参数);
- declarations(声明);
- option(选项)。

(3) dhcpd. conf 主配置文件整体框架

dhcpd. conf 包括全局配置和局部配置。全局配置可以包含参数或选项,该部分对整个 DHCP 服务器生效。局部配置通常由声明部分来表示,该部分仅对局部生效,比如只对某个 IP 作用域生效。dhcpd. conf 文件格式为

```
#全局配置
参数或选项;                    //全局生效
#局部配置
声明 {
    参数或选项;                //局部生效
}
```

dhcp 范本配置文件内容包含了部分参数、声明以及选项的用法,其中注释部分可以放在任何位置,并以"#"号开头;当一行内容结束时,以";"号结束。大括号所在行除外。

可以看出整个配置文件分成全局和局部两个部分。但是并不容易看出哪些属于参数,哪些属于声明和选项。

2. 常用参数介绍

参数主要用于设置服务器和客户端的动作或者是否执行某些任务,比如设置 IP 地址租约时间、是否检查客户端所用的 IP 地址等,如表 18-1 所示。

表 18-1 dhcpd 服务程序配置文件中常用的参数以及作用

参　　数	作　　用
ddns-update-style [类型]	定义 DNS 服务动态更新的类型,类型包括 none(不支持动态更新)、interim(互动更新模式)与 ad-hoc(特殊更新模式)
[allow | ignore] client-updates	允许/忽略客户端更新 DNS 记录
default-lease-time 600	默认超时时间,单位是秒
max-lease-time 7200	最大超时时间,单位是秒
option domain-name-servers 192. 168. 10. 1	定义 DNS 服务器地址
option domain-name "domain. org"	定义 DNS 域名
range 192. 168. 10. 10　192. 168. 10. 100	定义用于分配的 IP 地址池

续表

参　　数	作　　用
option subnet-mask 255.255.255.0	定义客户端的子网掩码
option routers 192.168.10.254	定义客户端的网关地址
broadcase-address 192.168.10.255	定义客户端的广播地址
ntp-server 192.168.10.1	定义客户端的网络时间服务器(NTP)
nis-servers 192.168.10.1	定义客户端的 NIS 域服务器的地址
Hardware 00：0c：29：03：34：02	指定网卡接口的类型与 MAC 地址
server-name mydhcp.smile.com	向 DHCP 客户端通知 DHCP 服务器的主机名
fixed-address 192.168.10.105	将某个固定的 IP 地址分配给指定主机
time-offset [偏移误差]	指定客户端与格林威治时间的偏移差

3. 常用声明介绍

声明一般用来指定 IP 作用域、定义为客户端分配的 IP 地址池等。声明格式如下。

```
声明 {
    选项或参数;
}
```

常见声明的使用方法如下。

(1) subnet 网络号 netmask 子网掩码 {...}

作用：定义作用域，指定子网。

```
subnet 192.168.10.0 netmask 255.255.255.0{
                        ...
}
```

注意：网络号必须至少与 DHCP 服务器的一个网络号相同。

(2) range dynamic-bootp 起始 IP 地址 结束 IP 地址

作用：指定动态 IP 地址范围。

```
range dynamic-bootp 192.168.10.100 192.168.10.200
```

注意：可以在 subnet 声明中指定多个 range，但多个 range 所定义的 IP 范围不能重复。

4. 常用选项介绍

选项通常用来配置 DHCP 客户端的可选参数，比如定义客户端的 DNS 地址、默认网关等。选项内容都是以 option 关键字开始的。

常见选项用法如下。

(1) option routers IP 地址

作用：为客户端指定默认网关。

```
option routers 192.168.10.254
```

(2) option subnet-mask 子网掩码

作用：设置客户端的子网掩码。

```
option subnet-mask 255.255.255.0
```

(3) option domain-name-servers IP 地址

作用：为客户端指定 DNS 服务器地址。

```
option domain-name-servers 192.168.10.1
```

注意：常用选项中的这些选项可以用在全局配置中，也可以用在局部配置中。

5. IP 地址绑定

在 DHCP 中的 IP 地址绑定用于给客户端分配固定 IP 地址。比如服务器需要使用固定 IP 地址就可以使用 IP 地址绑定，通过 MAC 地址与 IP 地址的对应关系为指定的物理地址计算机分配固定 IP 地址。

整个配置过程需要用到 host 声明和 hardware、fixed-address 参数。

(1) host 主机名 {...}

作用：用于定义保留地址。例如：

```
host computer1
```

注意：该项通常搭配 subnet 声明使用。

(2) hardware 类型硬件地址

作用：定义网络接口类型和硬件地址。常用类型为以太网(ethernet)，地址为 MAC 地址。例如：

```
hardware ethernet 3a:b5:cd:32:65:12
```

(3) fixed-address IP 地址

作用：定义 DHCP 客户端指定的 IP 地址。

```
fixed-address 192.168.10.105
```

注意：IP 地址绑定中介绍的后面两项只能应用于 host 声明中。

6. 租约数据库文件

租约数据库文件用于保存一系列的租约声明，其中包含客户端的主机名、MAC 地址、分配到的 IP 地址，以及 IP 地址的有效期等相关信息。这个数据库文件是可编辑的 ASCII 格式文本文件。每当发生租约变化的时候，都会在文件结尾添加新的租约记录。

DHCP 刚安装好后，租约数据库文件 dhcpd. leases 是个空文件。

当 DHCP 服务正常运行后就可以使用 cat 命令查看租约数据库文件的内容了。

```
cat /var/lib/dhcpd/dhcpd.leases
```

18.3.3 任务3 配置DHCP应用案例

现在完成一个简单的应用案例。

1. 案例需求

某单位技术部有60台计算机，各计算机终端的IP地址要求如下。

(1) DHCP服务器和DNS服务器的地址都是192.168.10.1/24，有效IP地址段为192.168.10.1～192.168.10.254，子网掩码是255.255.255.0，网关为192.168.10.254。

(2) 192.168.10.1～192.168.10.30网段地址是服务器的固定地址。

(3) 客户端可以使用的地址段为192.168.10.31～192.168.10.200，但192.168.10.105、192.168.10.107为保留地址。其中192.168.10.105保留给client2。

(4) 客户端client1模拟所有的其他客户端，采用自动获取方式配置IP等地址信息。

2. 网络环境搭建

Linux服务器和客户端的地址及MAC信息如表18-2所示(可以使用VM的克隆技术快速安装需要的Linux客户端)。

表18-2 Linux服务器和客户端的地址及MAC信息

主机名称	操作系统	IP地址	MAC地址
DHCP服务器：RHEL7-1	RHEL 7	192.168.10.1	00：0c：29：2b：88：d8
Linux客户端：client1	RHEL 7	自动获取	00：0c：29：64：08：86
Linux客户端：client2	RHEL 7	保留地址	00：0c：29：03：34：02

三台安装好RHEL 7.4的计算机的联网方式都设为host only(VMnet1)，一台作为服务器，两台作为客户端使用。

3. 服务器端配置

(1) 定制全局配置和局部配置，局部配置需要把192.168.10.0/24网段声明出来，然后在该声明中指定一个IP地址池，范围为192.168.10.31～192.168.10.200，但要去掉192.168.10.105和192.168.10.107，其他IP地址分配给客户端使用。应注意range的写法。

(2) 要保证使用固定IP地址，就要在subnet声明中嵌套host声明，目的是要单独为client2设置固定IP地址，并在host声明中加入IP地址和MAC地址绑定的选项以申请固定IP地址。全部配置文件内容如下。

```
ddns-update-style none;
log-facility local7;
subnet 192.168.10.0 netmask 255.255.255.0 {
    range 192.168.10.31 192.168.10.104;
    range 192.168.10.106 192.168.10.106;
```

```
    range 192.168.10.108 192.168.10.200;
    option domain-name-servers 192.168.10.1;
    option domain-name "myDHCP.smile.com";
    option routers 192.168.10.254;
    option broadcast-address 192.168.10.255;
    default-lease-time 600;
    max-lease-time 7200;
}
host client2{
        hardware ethernet 00:0c:29:03:34:02;
        fixed-address 192.168.10.105;
}
```

(3) 配置完成,保存文件并退出。重启 dhcpd 服务,并设置为开机时自动启动。

```
[root@RHEL7-1 ~]#systemctl restart dhcpd
[root@RHEL7-1 ~]#systemctl enable dhcpd
Created symlink from /etc/systemd/system/multi - user. target. wants/dhcpd.
service to /usr/lib/systemd/system/dhcpd.service.
```

注意:如果 DHCP 启动失败,可以使用 dhcpd 命令进行排错。一般启动失败的原因如下。

① 配置文件有问题。

- 内容不符合语法结构,例如少一个分号。
- 声明的子网和子网掩码不符合。

② 主机 IP 地址和声明的子网不在同一网段。

③ 主机没有配置 IP 地址。

④ 配置文件路径出问题。比如在 RHEL 6 以下的版本中,配置文件保存为/etc/dhcpd. conf,但是在 RHEL 6 及以上版本中,却保存为/etc/dhcp/dhcpd. conf。

4. 在客户端 client1 上进行测试

如果在真实网络中,以上配置应该不会出问题。但如果用的是 VMWare 12 或其他类似版本,虚拟机中的 Windows 客户端可能会获取到 192. 168. 79. 0 网络中的一个地址,与我们的预期目标相背。这种情况下需要关闭 VMnet8 和 VMnet1 的 DHCP 服务功能。解决方法如下(本处的服务器和客户机的网络连接都使用 VMnet1)。

(1) 在 VMWare 主窗口中依次选择"编辑"→"虚拟网络编辑器"命令,打开"虚拟网络编辑器"对话框,选中 VMnet1 或 VMnet8,禁用对应的 DHCP 服务启用选项,如图 18-4 所示。

(2) 以 root 用户身份登录名为 client1 的 Linux 计算机,依次选择 Applications→System Tools→Settings→Network 命令,打开 Network 对话框,如图 18-5 所示。

(3) 单击"齿轮"图标,在弹出的 Wired 对话框中单击 IPv4,并将 Addresses 选项配置为 Automatic(DHCP),最后单击 Apply 按钮,如图 18-6 所示。

(4) 在图 18-7 中先选择 OFF 关闭 Wired,再选择 ON 打开 Wired。这时会看到 client1 成功获取到了 DHCP 服务器地址池的一个地址。

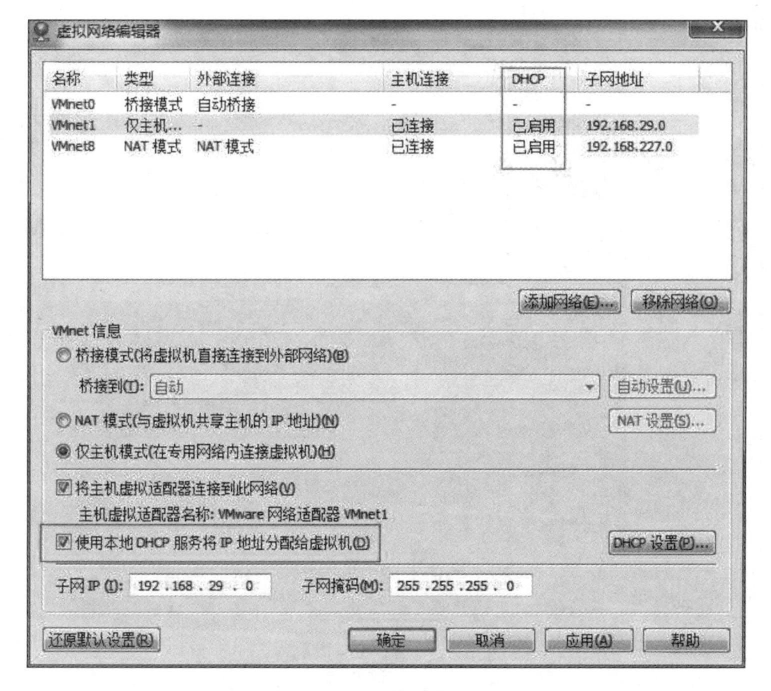

图 18-4 “虚拟网络编辑器”对话框

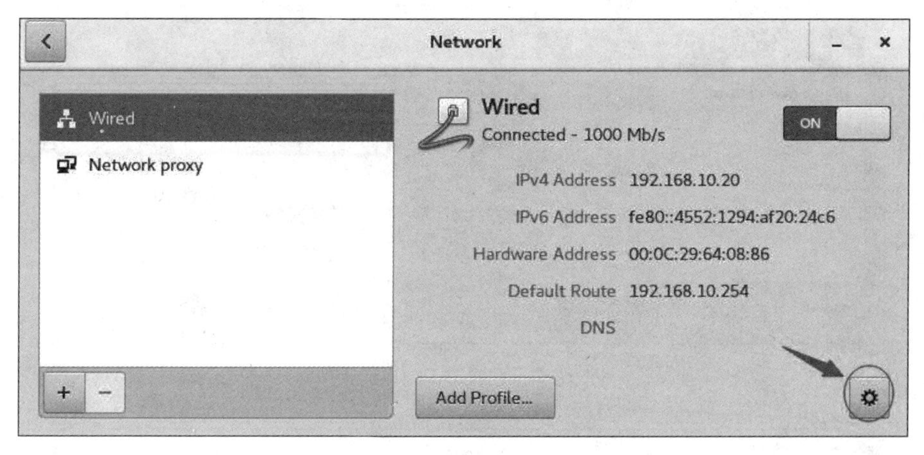

图 18-5 Network 对话框

5. 在客户端 client2 上进行测试

同样以 root 用户身份登录名为 client2 的 Linux 计算机，按上面“在客户端 client1 上进行测试”的方法，设置 client 自动获取 IP 地址，最后的结果如图 18-8 所示。

注意：利用网络卡配置文件也可设置使用 DHCP 服务器获取 IP 地址。在该配置文件中，将“IPADDR＝192. 168. 1. 1、PREFIX＝24、NETMASK＝255. 255. 255. 0、HWADDR＝00：0C：29：A2：BA：98”等内容删除，将“BOOTPROTO＝none”改为“BOOTPROTO＝dhcp”。设置完成，一定要重启 NetworkManager 服务。

6. Windows 客户端配置

(1) Windows 客户端配置比较简单，在 TCP/IP 协议属性中设置自动获取就可以。

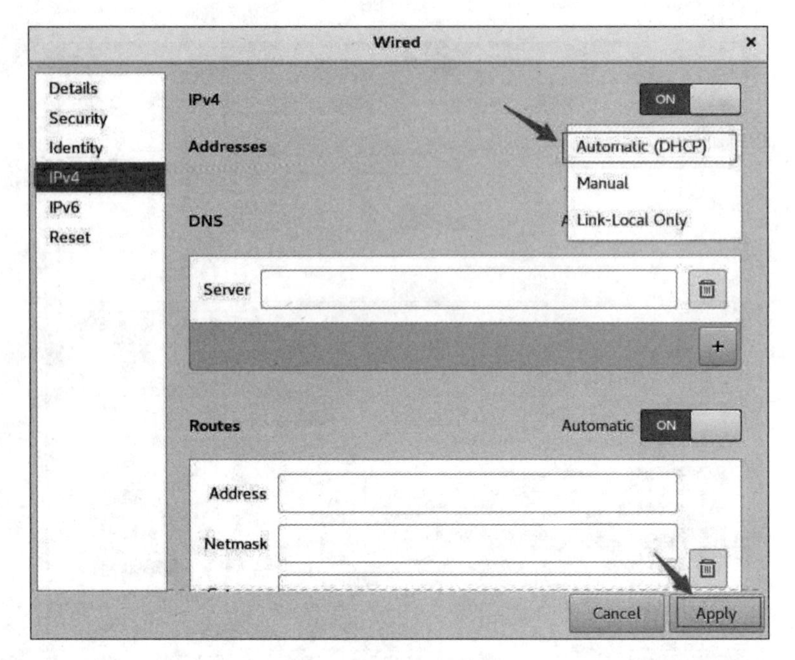

图 18-6　Wired 对话框

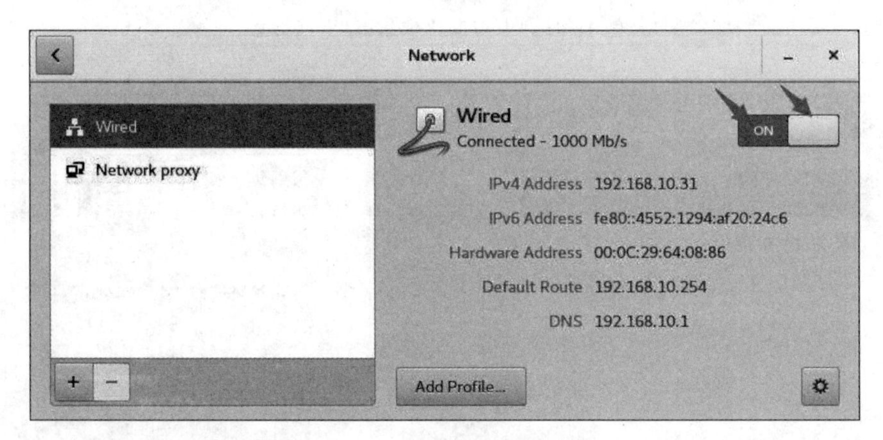

图 18-7　成功获取 IP 地址

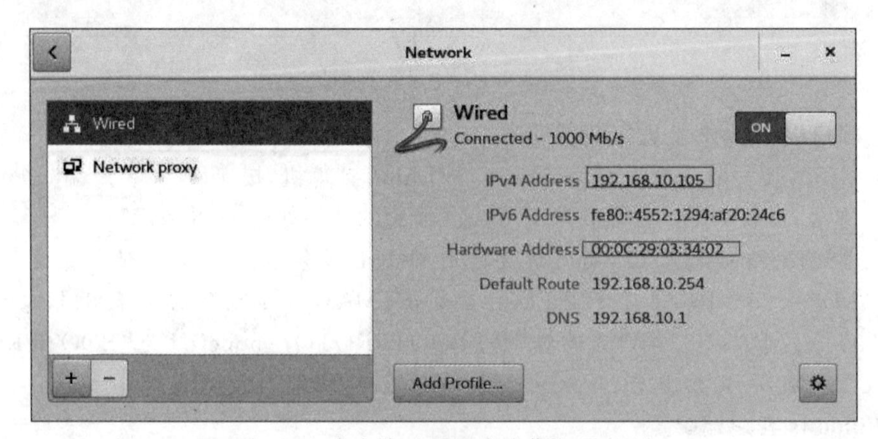

图 18-8　客户端 client2 成功获取 IP 地址

(2) 在 Windows 命令提示符下，利用 ipconfig 命令释放 IP 地址后，可以重新获取 IP 地址。释放 IP 地址如下。

```
ipconfig /release
```

重新申请 IP 地址如下。

```
ipconfig /renew
```

7. 在服务器 RHEL7-1 端查看租约数据库文件

```
[root@RHEL7-1 ~]#cat /var/lib/dhcpd/dhcpd.leases
```

18.4　企业案例｜多网卡实现 DHCP 多作用域配置

DHCP 服务器使用单一的作用域，大部分时间能够满足网络的需求，但是有些特殊情况下，按照网络规划需要配置多作用域。

18.4.1　企业环境及需求

网络中如果计算机和其他设备数量增加，IP 地址需要进行扩容才能满足需求。小型网络可以对所有设备重新分配 IP 地址，其网络内部客户机和服务器数量较少，实现起来比较简单。但如果是一个大型网络，重新配置整个网络的 IP 地址是不明智的，如果操作不当，可能会造成通信暂时中断以及其他网络故障。我们可以通过多作用域的设置，即 DHCP 服务器发布多个作用域实现 IP 地址增容的目的。

1. 任务需求

公司 IP 地址规划为 192.168.10.0/24 网段，可以容纳 254 台设备，使用 DHCP 服务器建立一个 192.168.10.0 网段的作用域，动态管理网络 IP 地址，但网络规模扩大到 400 台机器，显然一个 C 类网的地址无法满足要求了。这时，可以再为 DHCP 服务器添加一个新作用域，管理分配 192.168.100.0/24 网段的 IP 地址，为网络增加 254 个新的 IP 地址，这样既可以保持原有 IP 地址的规划，又可以扩容现有的网络 IP 地址。

2. 网络拓扑

采用双网卡实现两个作用域，如图 18-9 所示。

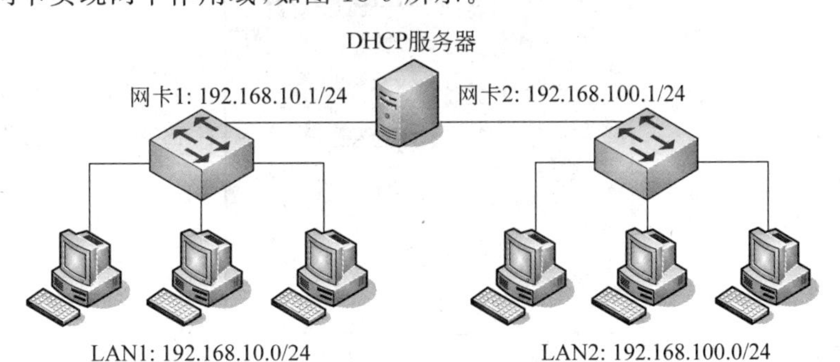

图 18-9　多作用域配置网络拓扑图

3. 需求分析

对于多作用域的配置，必须保证 DHCP 服务器能够侦听所有子网客户机的请求信息。下面将讲解配置多作用域的基本方法，为 DHCP 添加多个网卡连接每个子网，并发布多个作用域的声明。

注意：划分子网时，如果选择直接配置多作用域实现动态 IP 分配的任务，则必须要为 DHCP 服务器添加多块网卡，并配置多个 IP 地址，否则 DHCP 服务器只能分配与其现有网卡 IP 地址对应网段的作用域。

18.4.2 解决方案

1. 使用 VMware 部署该网络环境

(1) VMware 联网方式采用自定义。

(2) 3 台安装好 RHEL 7.4 的计算机。1 台服务器(RHEL7-1)有 2 块网卡，一块连接 VMnet1，IP 地址是 192.168.10.1；一块网卡连接 VMnet8，IP 地址是 192.168.100.1。

(3) 第 1 台客户机(Clinet1)的网卡连接 VMnet1，第 2 台客户机(Client2)的网卡连接 VMnet8。

注意：利用 VMware 的自定义网络连接方式，将 2 个客户端分别设置到了 LAN1 和 LAN2。后面还有类似的应用，希望读者在实践中认真体会。

2. 配置 DHCP 服务器网卡 IP 地址

DHCP 服务器有多块网卡时，需要使用 ifconfig 命令为每块网卡配置独立的 IP 地址，但要注意，IP 地址配置的网段要与 DHCP 服务器发布的作用域对应。

```
[root@RHEL7-1 ~]#ifconfig ens33 192.168.10.1 netmask 255.255.255.0
[root@RHEL7-1~]#ifconfig ens38 192.168.100.1 netmask 255.255.255.0
```

思考：使用命令方式配置网卡，重启后配置将无效。有没有其他方法使配置永久生效？

提示：首选使用系统菜单配置网络。因为从 RHEL 7 开始，图形界面已经非常完善。在 Linux 系统桌面，依次选择 Applications→System Tools→Settings→Network 命令同样可以打开网络配置界面。使用系统菜单配置网卡 IP 地址等信息的效果如图 18-10 所示(以配置 ens33 网卡为例)。

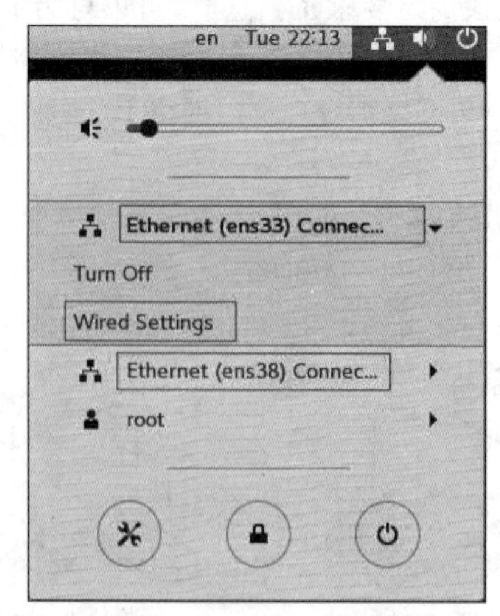

图 18-10 配置 IP 等信息

3. 编辑 dhcpd.conf 主配置文件

当 DHCP 服务器网络环境搭建完毕后，可以编辑 dhcpd.conf 主配置文件完成多作用域的设置。保存文件并退出。

```
[root@RHEL7-1 ~]#vim /etc/dhcp/dhcpd.conf
ddns-update-style none;
ignore client-updates;
subnet 192.168.10.0 netmask 255.255.255.0 {
    option routers                                    192.168.10.1;
    option subnet-mask                                255.255.255.0;
    option nis-domain                                 "test.org";
    option domain-name                                "test.org";
    option domain-name-servers                        192.168.10.2;
    option time-offset              -18000;           #Eastern Standard Time
    range dynamic-bootp             192.168.10.5      192.168.10.254;
    default-lease-time              21600;
    max-lease-time                  43200;
}
subnet 192.168.100.0 netmask 255.255.255.0 {
    option routers                                    192.168.100.1;
    option subnet-mask                                255.255.255.0;
    option nis-domain                                 "test.org";
    option domain-name                                "test.org";
    option domain-name-servers                        192.168.100.2;
    option time-offset              -18000;           #Eastern Standard Time
    range dynamic-bootp             192.168.100.5     192.168.100.254;
    default-lease-time              21600;
    max-lease-time                  43200;
}
```

4. 在客户端上测试验证

经过设置，对于 DHCP 服务器将通过 ens33 和 ens38 两块网卡侦听客户机的请求，并发送相应的回应。验证时将客户端计算机 client1 和 client2 的网卡设置为自动获取。在 Linux 系统桌面依次选择 Applications→System Tools→Settings→Network→IPv4 命令，打开网络配置界面，设置 IP 地址获取方式为 Automatic(自动)，如图 18-11 所示。设置完成后单击 Apply 按钮。最后单击两次 OFF 和 ON 使设置立即生效，应该马上可以获取到预料中的 IP 等信息。

5. 检查服务器的日志文件

重启 DHCP 服务后检查系统日志，检测配置是否成功，使用 tail 命令动态显示日志信息。可以看到 2 台客户机获取 IP 地址以及这 2 台客户机的 MAC 地址等。

```
[root@RHEL7-1 ~]#tail -F /var/log/messages
```

提示： 对于实训来讲，虚拟机越少越好做。在本次实训中，客户机只有 1 台也可以。依次设置这台客户机的虚拟机网络连接方式是 VMnet1、VMnet2 并分别测试，会发现客户机在两种设置下分别获取了 192.168.10.0/24 网络和 192.168.100.0/24 地址池内的地址。实训成功。

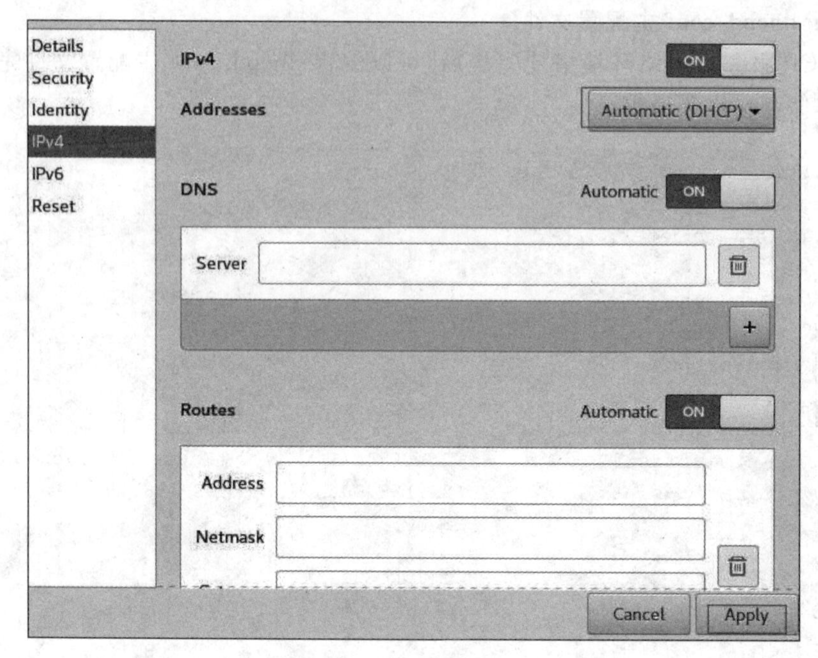

图 18-11 设置 IP 地址获取方式为 Automatic(自动)

18.5 企业案例Ⅱ 配置 DHCP 超级作用域

对于多作用域的设置,使用多网卡的方式虽然可以达到扩展可用 IP 地址范围的目的,但会增加网络拓扑的复杂性,并加大维护的难度。而如果想保持现有网络的结构,并实现网络扩容,可以选择采用超级作用域。

18.5.1 超级作用域的功能与实现

超级作用域是 DHCP 服务器的一种管理功能,使用超级作用域可以将多个作用域组合为单个管理实体,进行统一的管理操作。

1. 超级作用域的功能

使用超级作用域,DHCP 服务器能够具备以下功能。

- 通过这种方式,DHCP 服务器可为单个物理网络上的客户机提供多个作用域的租约。
- 支持 DHCP 和 BOOTP 中继代理,能够为远程 DHCP 客户端分配 TCP/IP 信息。搭建 DHCP 服务器时,可以根据网络部署需求,选择使用超级作用域。
- 现有网络 IP 地址有限,而且需要向网络添加更多的计算机,最初的作用域无法满足要求,需要使用新的 IP 地址范围扩展地址空间。
- 客户端需要从原有作用域迁移到新作用域;当前网络对 IP 地址进行重新规划,使客户端变更使用的地址,使用新作用域声明的 IP 地址。

2. 配置格式

关于超级作用域的配置，在 dhcpd.conf 配置文件中有固定格式。

```
shared-network  超级作用域名称 {                  //作用域名称,表示超级作用域
    [参数]                                        //该参数对所有子作用域有效,可以不配置
    subnet 子网编号 netmask 子网掩码 {
        [参数]
        [声明]
    }
}
```

18.5.2　DHCP超级作用域配置案例

1. 企业环境及要求

企业内部建立 DHCP 服务器，网络规划采用单作用域的结构，使用 192.168.10.0/24 网段的 IP 地址。随着公司规模扩大、设备数量增多，现有的 IP 地址无法满足网络的需求，需要添加可用的 IP 地址。这时可以使用超级作用域完成增加 IP 地址的目的，在 DHCP 服务器上添加新的作用域，使用 192.168.100.0/24 网段扩展网络地址的范围，如图 18-12 所示。

2. 企业 DHCP 超级作用域网络拓扑（本次实训需要 4 台 RHEL 7 虚拟机）

企业 DHCP 超级作用域网络拓扑如图 18-12 所示。

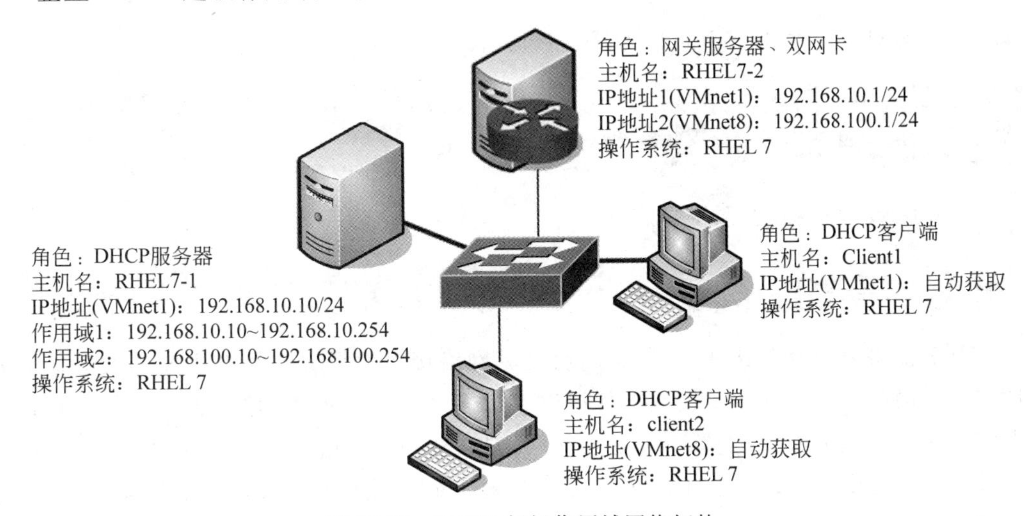

图 18-12　DHCP 超级作用域网络拓扑

3. 解决方案

(1) 搭建好各台虚拟机的网络环境。

① 一定要设置好网络连接方式。本次用到自定义(也是我们一直建议用的)的 VMnet1 和 VMnet8。

② 设置好网关服务器的双网卡的 IP 地址。修改计算机名请使用"hostnamectl set-hostname 要修改的计算机名"命令。

③ 设置好 DHCP 服务器的 IP 地址等信息。

④ 保证 RHEL7-1 和 RHEL7-2 通信畅通。

思考:为了提高效率,RHEL7-1 和 RHEL7-2 能否合为一台计算机?

(2) 修改 dhcpd.conf 配置文件,建立超级作用域并添加新作用域。

```
[root@RHEL7-1 ~]#vim /etc/dhcp/dhcpd.conf
ddns-update-style none;
ignore client-updates;
shared-network  superscope {                        //超级作用域命名为 superscope
    option  domain-name    "test.org";              //超级作用域中的参数设置为全局生效
    default-lease-time           21600;
    max-lease-time               43200;
    subnet 192.168.10.0 netmask 255.255.255.0 {
        option routers                 192.168.10.1;
        option domain-name-servers     192.168.10.1;
        range dynamic-bootp            192.168.10.10        192.168.10.254;
    }

    subnet 192.168.100.0 netmask 255.255.255.0 { //新添加的作用域
        option routers                 192.168.100.1;
        option domain-name-servers     192.168.100.1;
        range dynamic-bootp            192.168.100.10        192.168.100.254;
    }
}
```

(3) 检测配置文件 dhcpd,重启 DHCPD 服务。

```
[root@RHEL7-1 ~]#dhcpd
[root@RHEL7-1 ~]#systenctl restart dhcpd
```

(4) 使用 cat 命令查看系统日志。

```
[root@RHEL7-1 ~]#tail -F /var/log/messages
```

DHCP 服务器启用超级作用域后,将会在其网络接口上根据超级作用域的设置侦听并发送多个子网的信息。使用单块网卡就可以完成多个作用域的 IP 地址管理工作。相比多网卡实现多作用域的设置,能够不改变当前网络拓扑结构,轻松完成 IP 地址的扩容。

技巧:超级作用域的环境可以使用企业案例 Ⅰ 的环境,但 DHCP 的配置文件要更改。为了实现超级作用域的效果,可以将 192.168.10.0/24 的地址池的 IP 数量设为 1,即“range dynamic-bootp 192.168.10.10 192.168.10.10;”,这样 2 台客户机将获得不同的子网 IP 地址,读者不妨一试。测试结果如图 18-13 和图 18-14 所示。

注意:DHCP 服务器启用超级作用域能够方便地为网络中的客户机提供分配 IP 地址的服务,但是超级作用域可能由多个作用域组成,那么分配给客户机的 IP 地址也可以不在同一个网段,这个时候,这些客户机互相访问以及访问外网就成了问题,我们可以对网关配置多个 IP 地址,并在每个作用域中设置对应的网关 IP 地址,就可以使客户机通过网关与其他不在同一网段的计算机进行通信。

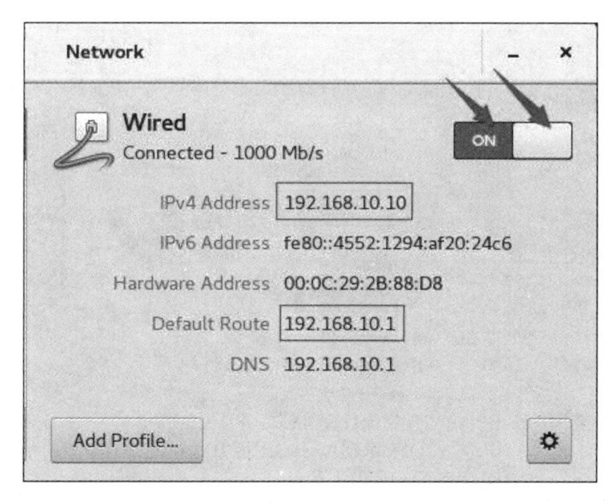

图 18-13　client1 上的测试结果

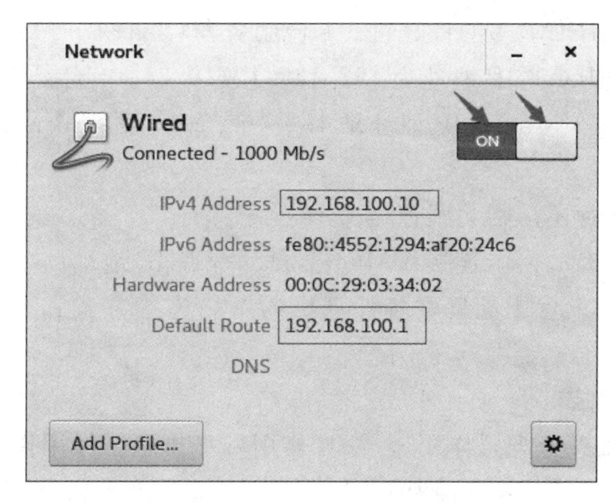

图 18-14　client2 上的测试结果

18.6　企业案例Ⅲ　配置 DHCP 中继代理

在 ISC DHCP 软件中提供的中继代理程序为 dhcrelay，通过简单的配置就可以完成 DHCP 的中继设置，启动 dhcrelay 的方式为将 DHCP 请求中继到指定的 DHCP 服务器。

18.6.1　企业环境与网络拓扑

公司内部存在两个子网，分别为 192.168.10.1/24 和 192.168.100.1/24，现在需要使用一台 DHCP 服务器为这两个子网客户机分配 IP 地址，如图 18-15 所示。

18.6.2　解决方案

1. 使用 VMware 部署该网络环境

(1) VMware 联网方式采用自定义方式。

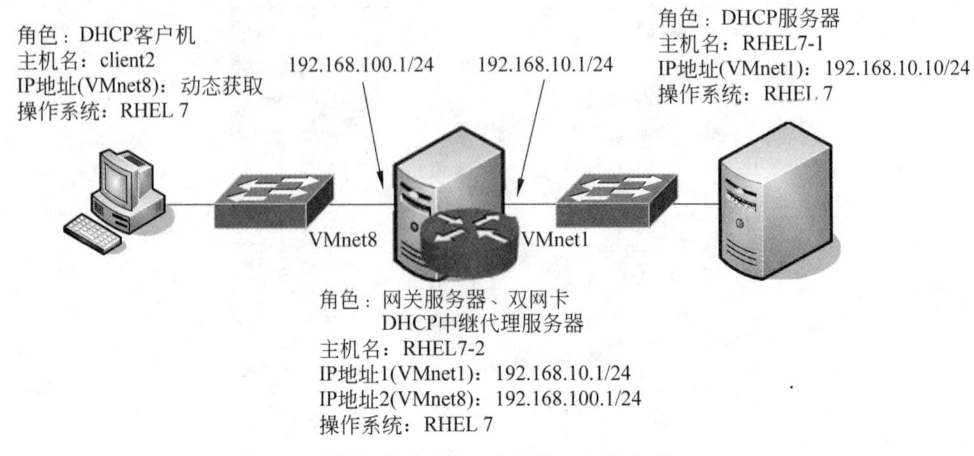

图 18-15　DHCP 中断代理网络拓扑

(2) 3 台安装好 RHEL 7.4 的计算机。1 台服务器(RHEL7-1)作为 DHCP 服务器，其上有一块网卡，连接 VMnet1，IP 地址为 192.168.10.10/24。1 台是 DHCP 中继服务器，有 2 块网卡，其中一块连接 VMnet1，IP 地址是 192.168.10.1；另一块网卡连接 VMnet8，IP 地址是 192.168.100.1。

(3) 中继服务器同时还是网关服务器。

(4) 客户机(Clinet2)的网卡连接 VMnet8，自动获取 IP 地址。

首先在 VMware 的设置中配置好各计算机的网络连接方式和 IP 地址等信息，这是成功的第一步。

2. 配置 DHCP 服务器

(1) 安装 DHCP 服务并配置作用域(注意作用域里排除已经用作固定地址的 IP)

DHCP 服务器位于 LAN1，需要为 LAN1 和 LAN2 的客户机分配 IP 地址，也就是声明两个网段，这里可以建立两个作用域，声明 192.168.10.0/24 和 192.168.100.0/24 网段。请注意网关的设置。

```
[root@RHEL6 ~]#vim /etc/dhcp/dhcpd.conf

ddns-update-style none;
default-lease-time          21600;
max-lease-time              43200;
subnet 192.168.10.0 netmask    255.255.255.0 {
    option routers              192.168.10.1;
    option subnet-mask          255.255.255.0;
    option domain-name-servers192.168.10.1;
    range dynamic-bootp         192.168.10.20            192.168.10.254;
}

subnet 192.168.100.0 netmask   255.255.255.0 {
    option routers              192.168.100.1;
    option subnet-mask          255.255.255.0;
    option domain-name-servers192.168.100.1;
```

```
    range dynamic-bootp          192.168.100.20          192.168.100.254;
}
```

(2) 重启 DHCP 服务 RHEL7-1。

(3) 设置 DHCP 服务器,返回中继客户端的路由。

```
[root@RHEL7-1 ~]#ip route add 192.168.10.0/24 via 192.168.10.1
```

思考：如果利用系统菜单设置 DHCP 服务器的网关是 192.168.10.1 可以吗？请试一试。

3. 配置 DHCP 中继代理和网关服务器 RHEL7-2

(1) 配置网卡的 IP 地址。

(2) 启用 IPv4 的转发功能,设置 net.ipv4.ip_forward 数值为 1。

```
[root@RHEL7-2 ~]#vim /etc/sysctl.conf
net.ipv4.ip_forward =1                                    //由 0 改为 1
[root@RHEL7-2 ~]#sysctl -p                                //启用转发功能
[root@RHEL7-2 ~]#cat /proc/sys/net/ipv4/ip_forward
1
```

(3) 安装 DHCP 服务。

(4) 配置中继代理。中继代理计算机默认不转发 DHCP 客户机的请求,需要使用 dhcrelay 指定 DHCP 服务器的位置。

```
[root@RHEL7-2 ~]#cp /lib/systemd/system/dhcrelay.service /etc/systemd/system/
[root@RHEL7-2 ~]#cd /etc/systemd/system/
[root@RHEL7-2 system]#vim dhcrelay.service
[Service]
ExecStart=/usr/sbin/dhcrelay -d --no-pid 192.168.10.10
[root@RHEL7-2 system]# systemctl --system  daemon-reload //修改配置的原始文件
                                                           后,重载配置信息
[root@RHEL7-2 ~]#systemctl restart dhcrelay               //启动 DHCP 中继
[root@RHEL7-2 ~]#systemctl enable dhcrelay                //设置随系统启动
```

4. 客户端测试验证

(1) 在客户机 client2 上测试能否正常获取 DHCP 服务器的 IP 地址。修改客户机 client2 的 IP 地址为自动获取,然后使用 ifconfig 会查看到正确的结果。

(2) 在 DHCP 服务器和代理服务器上查看日志信息：tail -n 10 /var/log/messages。

提示：从 RHEL 7.4 开始,需要修改配置的原始信息才能启动 dhcrelay 服务。

注意：当有多台 DHCP 服务器时,把 DHCP 服务器放在不同子网上能够取得一定的容错能力,而不是把所有 DHCP 服务器都放在同一子网上。这些服务器在它们的作用域中不应有公共的 IP 地址(每台服务器都有独立唯一的地址池)。当本地的 DHCP 服务器崩溃时,请求就转发到远程子网。远程子网中的 DHCP 服务器如果有所请求子网的 IP 地址作用域(每台 DHCP 服务器都有每个子网的地址池,但 IP 范围不重复),它就响应 DHCP 请求,为所请求子网提供 IP 地址。

18.7 DHCP 服务器配置排错

通常配置 DHCP 服务器很容易,下面有一些技巧可以帮助避免出现问题。对服务器而言要确保正常工作并具备广播功能;对客户端而言,要确保网卡正常工作;最后,要考虑网络的拓扑,检查客户端向 DHCP 服务器发出的广播消息是否会受到阻碍。另外,如果 dhcpd 进程没有启动,浏览 syslog 消息文件来确定是哪里出了问题,这个消息文件通常是/var/log/messages。

18.7.1 客户端无法获取 IP 地址

如果 DHCP 服务器配置完成且没有语法错误,但是网络中的客户端却无法取得 IP 地址。这通常是由于 Linux DHCP 服务器无法接收来自 255.255.255.255 的 DHCP 客户端的 request 封包造成的。具体地讲,是由于 DHCP 服务器的网卡没有设置 MULTICAST(多点传送)功能。为了保证 dhcpd(dhcp 程序的守护进程)和 DHCP 客户端沟通,dhcpd 必须传送封包到 255.255.255.255 这个 IP 地址。但是在有些 Linux 系统中,255.255.255.255 这个 IP 地址被用来作为监听区域子网域(local subnet)广播的 IP 地址。所以,必须在路由表(routing table)中加入 255.255.255.255 以激活 MULTICAST 功能,执行命令如下。

```
[root@RHEL7-1 ~]#route add -host 255.255.255.255 dev ens33
```

上述命令创建了一个到地址 255.255.255.255 的路由。

如果显示 255.255.255.255 是未知主机,那么需要修改/etc/hosts 文件,并添加一条主机记录。

```
255.255.255.255 dhcp-server
```

提示: 255.255.255.255 后面为主机名,主机名没有特别约束,只要是合法的主机名就可以。另外,可以编辑/etc/rc.d/rc.local 文件,添加 route add -host 255.255.255.255 dev ens33 条目使多点传送功能长久生效。

18.7.2 提供备份的 DHCP 设置

在中型网络中,数百台计算机的 IP 地址的管理是一个大问题。为了解决该问题,使用 DHCP 来动态地为客户端分配 IP 地址。但是这同样意味着如果某些原因致使服务器瘫痪,DHCP 服务自然就无法使用,客户端也就无法获得正确的 IP 地址。为解决这个问题,配置两台以上的 DHCP 服务器即可。如果其中的一台服务器出了问题,则另外一台 DHCP 服务器就会自动承担分配 IP 地址的任务。对于用户来说,无须知道哪台服务器提供了 DHCP 服务。

解决方法如下。

可以同时设置多台 DHCP 服务器来提供冗余，然而 Linux 的 DHCP 服务器本身不提供备份。为避免发生客户端 IP 地址冲突的现象，多台 DHCP 服务器提供的 IP 地址资源也不能重叠。提供容错能力，即通过分割可用的 IP 地址到不同的 DHCP 服务器上，多台 DHCP 服务器同时为一个网络服务，从而使得一台 DHCP 服务器出现故障而仍能正常提供 IP 地址资源供客户端使用。通常为了进一步增强可靠性，还可以将不同的 DHCP 服务器放置在不同的子网中，互相使用中转提供 DHCP 服务。

例如，在两个子网中各有一台 DHCP 服务器，标准的做法是可以不使用 DHCP 中转，各子网中的 DHCP 服务器为各子网服务。然而，为了达到容错的目的，可以互相为另一个子网提供服务，通过设置中转路由器转发广播以达到互为服务的目的。

例如，位于 192.168.2.0 网络上的 DHCP 服务器 srv1 上的配置文件片段如下。

```
[root@RHEL6 ~]#vim /etc/dhcp/dhcpd.conf

ddns-update-style none;
subnet 192.168.2.0 netmask 255.255.255.0 {
    range dynamic-bootp              192.168.2.10          192.168.2.199;
}
subnet 192.168.3.0 netmask 255.255.255.0 {
    range dynamic-bootp              192.168.3.200         192.168.3.220;
}
```

位于 192.168.3.0 网络上的 DHCP 服务器 srv2 上的配置文件片段如下。

```
[root@RHEL6 ~]#vim /etc/dhcp/dhcpd.conf

ddns-update-style none;
ignore client-updates;
subnet 192.168.2.0 netmask 255.255.255.0 {
    range dynamic-bootp              192.168.2.200         192.168.2.220;
}
subnet 192.168.3.0 netmask 255.255.255.0 {
    range dynamic-bootp              192.168.3.10          192.168.3.199;
}
```

18.7.3 利用命令及租约文件排除故障

1. dhcpd

如果遇到 DHCP 无法启动的情况，可以使用如下命令进行检测。根据提示信息内容进行修改或调试。

```
[root@RHEL7-1 ~]#dhcpd
```

配置文件错误并不是唯一导致 dhcpd 服务无法启动的原因，网卡接口配置错误也可能导致服务启动失败。例如，网卡(ens33)的 IP 地址为 10.0.0.1，而配置文件中声明的子网为 192.168.20.0/24。通过 dhcpd 命令也可以排除错误。

```
[root@RHEL7-1 ~]#dhcpd
...
No subnet declaration for ens33 ( 10.0.0.1 )
**  Ignoring requests on eth0. If this not what
    you want, please write a subnet declaration
    in your dhcpd.conf file for the network segment
    to which interface eth0 is attached. **

Not configured to listen on any interfaces!
...
```

根据信息提示,很容易就可以完成错误更正。

2. 租约文件

一定要确保租约文件存在,否则无法启动 dhcpd 服务。如果租约文件不存在,可以手动建立一个。

```
[root@RHEL6 ~]#vim /var/lib/dhcpd/dhcpd.leases
```

3. ping

DHCP 设置完后,重启 dhcp 服务使配置生效。如果客户端仍然无法连接 DHCP 服务器,可以使用 ping 命令测试网络的连通性。

18.7.4 网络故障排除的要点

通过前段时间的学习,有以下几点请读者谨记。

(1) 如果出现问题,请查看防火墙和 SELinux。实在不行就关闭防火墙,特别是 samba 和 NFS。

(2) 网卡 IP 地址配置是否正确至关重要。配置完成,一定要测试。

(3) 在 samba 和 NFS 等服务器配置中要特别注意本地系统权限的配合设置。

(4) 在任何时候,对虚拟机的网络连接方式都要特别清醒。

18.8 项目实录

1. 观看录像

实训前请扫描二维码观看录像。

2. 项目背景

(1) 某企业计划构建一台 DHCP 服务器来解决 IP 地址动态分配的问题,要求能够分配 IP 地址以及网关、DNS 等其他网络属性信息。同时要求 DHCP 服务器为 DNS、Web、Samba 服务器分配固定 IP 地址。该公司网络拓扑如图 18-16 所示。

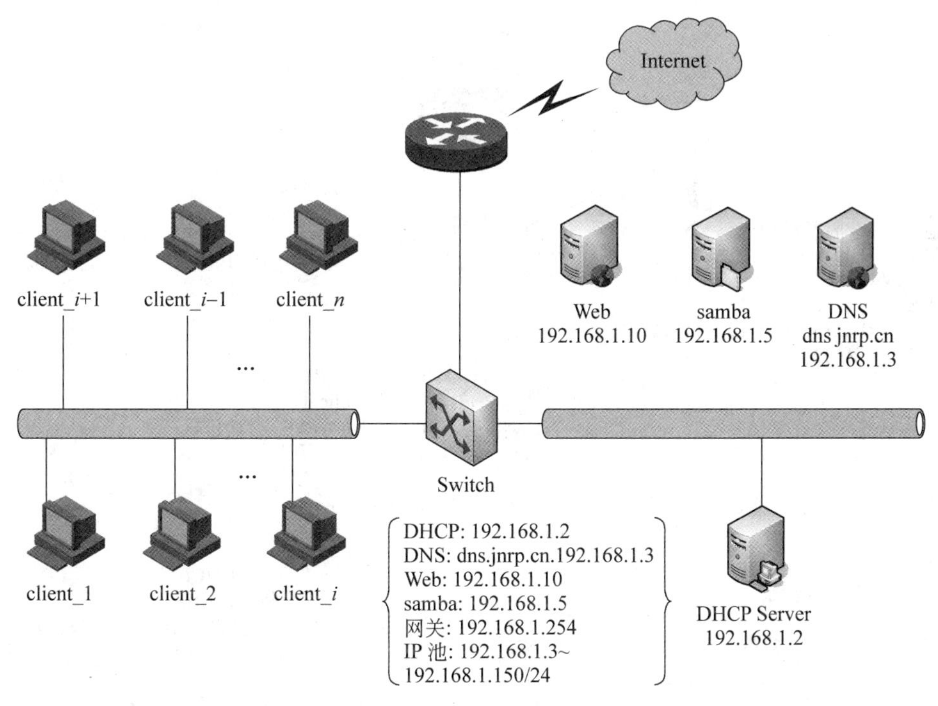

图 18-16 DHCP 服务器搭建网络拓扑

企业 DHCP 服务器 IP 地址为 192.168.1.2。DNS 服务器的域名为 dns.jnrp.cn，IP 地址为 192.168.1.3；Web 服务器 IP 地址为 192.168.1.10；samba 服务器 IP 地址为 192.168.1.5；网关地址为 192.168.1.254；地址范围为 192.168.1.3 到 192.168.1.150，掩码为 255.255.255.0。

（2）配置 DHCP 超级作用域。企业内部建立 DHCP 服务器，网络规划采用单作用域的结构，使用 192.168.1.0/24 网段的 IP 地址。随着公司规模的扩大和设备数量的增多，现有的 IP 地址无法满足网络的需求，需要添加可用的 IP 地址。这时可以使用超级作用域完成增加 IP 地址的目的，在 DHCP 服务器上添加新的作用域，使用 192.168.8.0/24 网段扩展网络地址的范围。

该公司网络拓扑如图 18-17 所示（注意各虚拟机网卡的不同网络连接方式）。

（3）配置 DHCP 中继代理。公司内部存在两个子网，分别为 192.168.1.0/24 和 192.168.3.0/24，现在需要使用一台 DHCP 服务器为这两个子网客户机分配 IP 地址。该公司网络拓扑如图 18-18 所示。

3. 深度思考

在观看录像时思考以下问题。

（1）DHCP 软件包中哪些是必需的？哪些是可选的？

（2）DHCP 服务器的范本文件如何获得？

（3）如何设置保留地址？进行 host 声明的设置时有何要求？

（4）超级作用域的作用是什么？

（5）配置中继代理要注意哪些问题？视频中的版本是 7.0，我们现在用的是 7.4，在配置 DHCP 中继时有哪些区别？请认真总结思考。

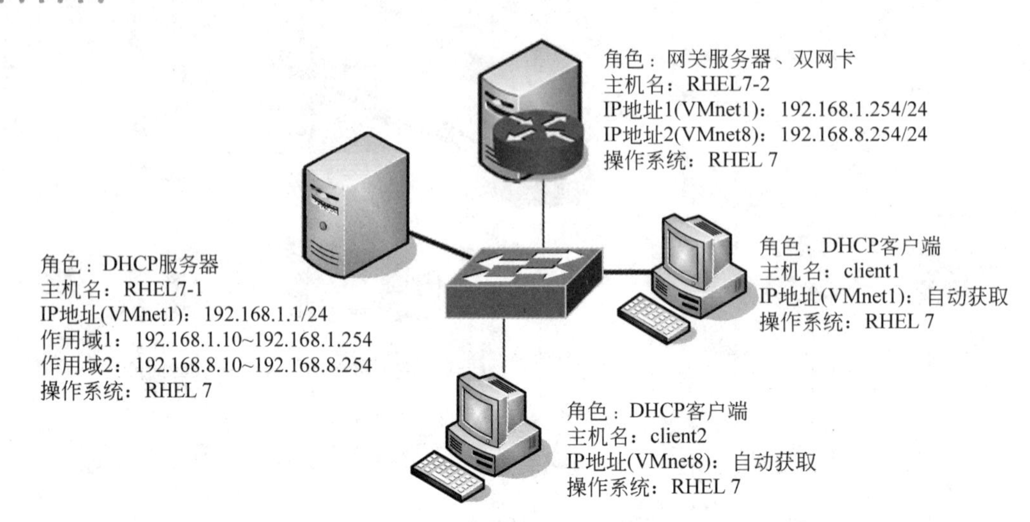

图 18-17　配置超级作用域网络拓扑

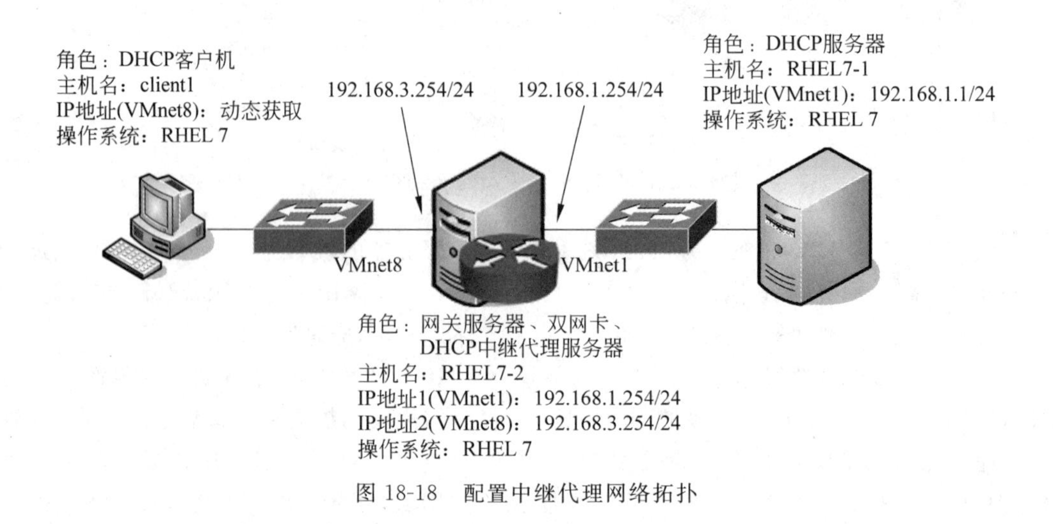

图 18-18　配置中继代理网络拓扑

4. 做一做

根据项目要求及录像内容将项目完整无误地完成。

18.9 练习题

一、填空题

1. DHCP 工作过程包括________、________、________、________4 种报文。

2. 如果 DHCP 客户端无法获得 IP 地址，将自动从________地址段中选择一个作为自己的地址。

3. 在 Windows 环境下，使用________命令可以查看 IP 地址配置，释放 IP 地址使用________命令，续租 IP 地址使用________命令。

4. DHCP 是一个简化主机 IP 地址分配管理的 TCP/IP 标准协议，英文全称是________，中文名称为________。

5. 当客户端注意到它的租用期到了________以上时，就要更新该租用期。这时它发送一个________信息包给它所获得原始信息的服务器。

6. 当租用期达到期满时间的近________时，客户端如果在前一次请求中没能更新租用期，它会再次试图更新租用期。

7. 配置 Linux 客户端需要修改网卡配置文件，将 BOOTPROTO 项设置为________。

二、选择题

1. TCP/IP 中用来进行 IP 地址自动分配的协议是(　　)。

A. ARP　　B. NFS　　C. DHCP　　D. DNS

2. DHCP 租约文件默认保存在(　　)目录中。

A. /etc/dhcp　　B. /etc　　C. /var/log/dhcp　　D. /var/lib/dhcpd

3. 配置完 DHCP 服务器，运行(　　)命令可以启动 DHCP 服务。

A. systemctl start dhcpd. service　　B. systemctl start dhcpd

C. start dhcpd　　D. dhcpd on

三、简答题

1. 动态 IP 地址方案有什么优点和缺点？简述 DHCP 服务器的工作过程。

2. 简述 IP 地址租约和更新的全过程。

3. 简述 DHCP 服务器分配给客户端的 IP 地址类型。

18.10　实践习题

1. 建立 DHCP 服务器，为子网 A 内的客户机提供 DHCP 服务。具体参数如下。

- IP 地址段：192.168.11.101～192.168.11.200；子网掩码：255.255.255.0。
- 网关地址：192.168.11.254。
- 域名服务器：192.168.10.1。
- 子网所属域的名称：smile. com。
- 默认租约有效期：1 天；最大租约有效期：3 天。

请写出详细解决方案并上机实现。

2. DHCP 服务器超级作用域配置习题。

企业内部建立 DHCP 服务器，网络规划采用单作用域的结构，使用 192.168.8.0/24 网段的 IP 地址。随着公司规模的扩大，设备数量增多，现有的 IP 地址无法满足网络的需求，需要添加可用的 IP 地址。这时可以使用超级作用域完成增加 IP 地址的目的，在 DHCP 服务器上添加新的作用域，使用 192.168.9.0/24 网段扩展网络地址的范围。

请写出详细解决方案并上机实现。

18.11　超链接

单击 http：//www. icourses. cn/scourse/course_2843. html，访问并学习国家精品资源共享课程网站中学习情境的相关内容。

项目十九　配置与管理DNS服务器

项目背景

某高校组建了校园网，为了使校园网中的计算机可以简单快捷地访问本地网络及Internet上的资源，需要在校园网中架设DNS服务器，用来提供域名转换成IP地址的功能。

在完成该项目之前，首先应当确定网络中DNS服务器的部署环境，明确DNS服务器的各种角色及其作用。

职业能力目标和要求

- 了解DNS服务器的作用及其在网络中的重要性。
- 理解DNS的域名空间结构。
- 掌握DNS查询模式。
- 掌握DNS域名解析过程。
- 掌握常规DNS服务器的安装与配置。
- 掌握辅助DNS服务器的配置。
- 掌握子域概念及区域委派配置过程。
- 掌握转发服务器和缓存服务器的配置。
- 理解并掌握DNS客户机的配置。
- 掌握DNS服务的测试。

19.1　相关知识

DNS(Domain Name Service，域名服务)是Internet/Intranet中最基础也是非常重要的一项服务，它提供了网络访问中域名和IP地址的相互转换。

19.1.1　认识域名空间

DNS是一个分布式数据库，命名系统采用层次的逻辑结构，如同一棵倒置的树，这个逻辑的树形结构称为域名空间。由于DNS划分了域名空间，所以各机构可以使用自己的域名空间创建DNS信息，如图19-1所示。

注意：在DNS域名空间中，树的最大深度不得超过127层，树中每个节点最长可以存储63个字符。

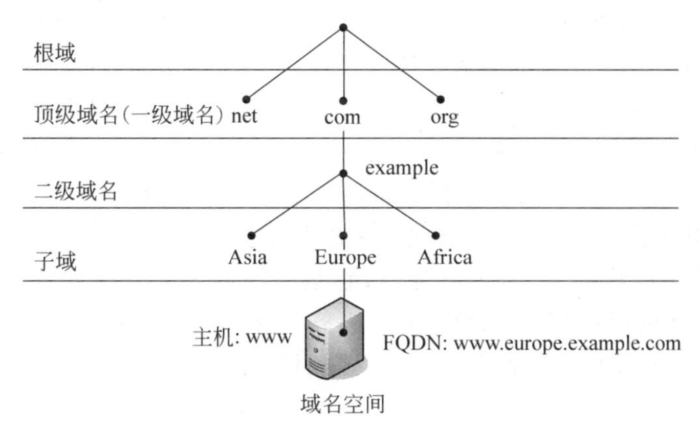

图 19-1　Internet 域名空间结构

1. 域和域名

DNS 树的每个节点代表一个域，通过这些节点，对整个域名空间进行划分，成为一个层次结构。域名空间的每个域的名字通过域名进行表示。域名通常由一个完全正式域名(FQDN)标识。FQDN 能准确表示出其相对于 DNS 域树根的位置，也就是节点到 DNS 树根的完整表述方式，从节点到树根采用反向书写，并将每个节点用"."分隔。对于 DNS 域 163 来说，其完全正式域名(FQDN)为 163.com。

一个 DNS 域可以包括主机和其他域(子域)，每个机构都拥有名称空间的某一部分的授权，负责该部分名称空间的管理和划分，并用它来命名 DNS 域和计算机。例如，163 为 com 域的子域，其表示方法为 163.com。而 www 为 163 域中的 Web 主机，可以使用 www.163.com 表示。

注意：通常，FQDN 有严格的命名限制，长度不能超过 256 字节，只允许使用字符 a～z、0～9、A～Z 和减号(—)。点号(.)只允许在域名标志之间(例如"163.com")或者 FQDN 的结尾使用。域名不区分大小。

2. Internet 域名空间

Internet 域名空间结构为一棵倒置的树，并进行层次划分。由树根到树枝，也就是从 DNS 根到下面的节点，按照不同的层次进行了统一的命名。域名空间最顶层，DNS 根称为根域(root)。根域的下一层为顶级域，又称为一级域。其下层为二级域，再下层为二级域的子域，按照需要进行规划，可以为多级。所以对域名空间整体进行划分，由最顶层到最下层，可以分成根域、顶级域、二级域、子域，并且域中能够包含主机和子域。主机 www 的 FQDN 从最下层到最顶层根域进行反写，表示为 www.europe.example.com。

Internet 域名空间的最顶层是根域(root)，其记录着 Internet 的重要 DNS 信息，由 Internet 域名注册授权机构管理，该机构把域名空间各部分的管理责任分配给连接到 Internet 的各个组织。

DNS 根域下面是顶级域，也由 Internet 域名注册授权机构管理。共有 3 种类型的顶级域。

- 组织域：采用 3 个字符的代号，表示 DNS 域中所包含的组织的主要功能或活动。比如 com 为商业机构组织，edu 为教育机构组织，gov 为政府机构组织，mil 为军事机构组织,net为网络机构组织,org为非营利机构组织,int为国际机构组织。

- 地址域:采用两个字符的国家或地区代号。如cn为中国,kr为韩国,us为美国。
- 反向域:这是个特殊域,名字为in-addr.arpa,用于将IP地址映射到名字(反向查询)。

对于顶级域的下级域,Internet域名注册授权机构授权给Internet的各种组织。当一个组织获得了对域名空间某一部分的授权后,该组织就负责命名所分配的域及其子域,包括域中的计算机和其他设备,并管理分配的域中主机名与IP地址的映射信息。

组成DNS系统的核心是DNS服务器,它是回答域名服务查询的计算机,它为连接Intranet和Internet的用户提供并管理DNS服务,维护DNS名字数据并处理DNS客户端主机名的查询。DNS服务器保存了包含主机名和相应IP地址的数据库。

3. 区

区(Zone)是DNS名称空间的一个连续部分,其包含了一组存储在DNS服务器上的资源记录。每个区都位于一个特殊的域节点,但区并不是域。DNS域是名称空间的一个分支,而区一般是存储在文件中的DNS名称空间的某一部分,可以包括多个域。一个域可以再分成几部分,每个部分或区可以由一台DNS服务器控制。使用区的概念,DNS服务器可负责关于自己区中主机的查询,以及该区的授权服务器问题。

19.1.2 DNS服务器分类

DNS服务器分为4类。

1. 主DNS服务器

主DNS服务器(Master或Primary)负责维护所管辖域的域名服务信息。它从域管理员构造的本地磁盘文件中加载域信息,该文件(区文件)包含着该服务器具有管理权的一部分域结构的最精确信息。配置主域服务器需要一整套的配置文件,包括主配置文件(/etc/named.conf)、正向域的区文件、反向域的区文件、高速缓存初始化文件(/var/named/named.ca)和回送文件(/var/named/named.local)。

2. 辅助DNS服务器

辅助DNS服务器(Slave或Secondary)用于分担主DNS服务器的查询负载。区文件是从主服务器中转移出来的,并作为本地磁盘文件存储在辅助服务器中,这种转移称为"区文件转移"。在辅助DNS服务器中有一个所有域信息的完整复制,可以有权威地回答对该域的查询请求。配置辅助DNS服务器不需要生成本地区文件,因为可以从主服务器下载该区文件。因而,只需配置主配置文件、高速缓存文件和回送文件就可以了。

3. 转发DNS服务器

转发DNS服务器(Forwarder Name Server)可以向其他DNS转发解析请求。当DNS服务器收到客户端的解析请求后,它首先会尝试从其本地数据库中查找;若未能找到,则需要向其他指定的DNS服务器转发解析请求;其他DNS服务器完成解析后会返回解析结果,转发DNS服务器将该解析结果缓存在自己的DNS缓存中,并向客户端返回解析结果。在缓存期内,如果客户端请求解析相同的名称,则转发DNS服务器会立即回应客户端;否则,将会再次发生转发解析的过程。

目前网络中所有的DNS服务器均被配置为转发DNS服务器,向指定的其他DNS服务器或根域服务器转发自己无法完成的解析请求。

4. 唯高速缓存DNS服务器

供本地网络上的客户机用来进行域名转换。它通过查询其他DNS服务器并将获得的信息存放在它的高速缓存中，为客户机查询信息提供服务。唯高速缓存DNS服务器(Caching-only DNS Server)不是权威性的服务器，因为它提供的所有信息都是间接信息。

19.1.3　DNS查询模式

1. 递归查询

当收到DNS工作站的查询请求后，DNS服务器在自己的缓存或区域数据库中查找。如果DNS服务器本地没有存储查询的DNS信息，那么该服务器会询问其他服务器，并将返回的查询结果提交给客户机。

2. 转寄查询(又称迭代查询)

当收到DNS工作站的查询请求后，如果在DNS服务器中没有查到所需数据，该DNS服务器便会告诉DNS工作站另外一台DNS服务器的IP地址，然后再由DNS工作站自行向此DNS服务器查询，以此类推直到查到所需数据为止。如果到最后一台DNS服务器都没有查到所需数据，则通知DNS工作站查询失败。“转寄”的意思就是，若在某地查不到，该地就会告诉你其他地方的地址，让你转到其他地方去查。一般在DNS服务器之间的查询请求便属于转寄查询(DNS服务器也可以充当DNS工作站的角色)。

19.1.4　域名解析过程

1. DNS域名解析的工作原理

DNS域名解析的工作过程如图19-2所示。

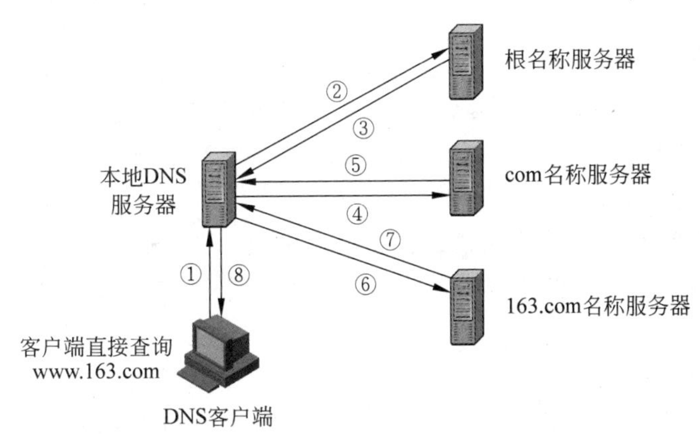

图19-2　DNS域名解析的工作过程

假设客户机使用电信ADSL接入Internet，电信为其分配的DNS服务器地址为210.111.110.10，域名解析过程如下。

① 客户端向本地DNS服务器210.111.110.10直接查询www.163.com的域名。

② 本地DNS无法解析此域名，它先向根域服务器发出请求，查询.com的DNS地址。

③ 根域DNS管理.com、.net、.org等顶级域名的地址解析，它收到请求后把解析结果返回给本地的DNS。

④ 本地 DNS 服务器 210.111.110.10 得到查询结果后，接着向管理.com 域的 DNS 服务器发出进一步的查询请求，要求得到 163.com 的 DNS 地址。

⑤ .com 域把解析结果返回给本地 DNS 服务器 210.111.110.10。

⑥ 本地 DNS 服务器 210.111.110.10 得到查询结果后接着向管理 163.com 域的 DNS 服务器发出查询具体主机 IP 地址的请求(www)，要求获得需要的主机 IP 地址。

⑦ 163.com 把解析结果返回给本地 DNS 服务器 210.111.110.10。

⑧ 本地 DNS 服务器得到了最终的查询结果，它把这个结果返回给客户端，从而使客户端能够和远程主机通信。

2. 正向解析与反向解析

(1) 正向解析。正向解析是指域名到 IP 地址的解析过程。

(2) 反向解析。反向解析是从 IP 地址到域名的解析过程。反向解析的作用为服务器的身份验证。

DNS(Domain Name Service，域名服务)是 Internet/Intranet 中最基础也是非常重要的一项服务，它提供了网络访问中域名和 IP 地址的相互转换。

19.1.5 资源记录

为了将名字解析为 IP 地址，服务器查询它们的区(又叫 DNS 数据库文件或简单数据库文件)。区中包含组成相关 DNS 域资源信息的资源记录(RR)。例如，某些资源记录把友好名字映射成 IP 地址，另一些则把 IP 地址映射到友好名字。

某些资源记录不仅包括 DNS 域中服务器的信息，还可以用于定义域，即指定每台服务器授权了哪些域，这些资源记录就是 SOA 和 NS 资源记录。

1. SOA 资源记录

每个区在区的开始处都包含了一个起始授权记录(Start of Authority Record)，简称 SOA 记录。SOA 定义了域的全局参数，进行整个域的管理设置。一个区域文件只允许存在唯一的 SOA 记录。

2. NS 资源记录

NS(名称服务器)资源记录表示该区的授权服务器，它们表示 SOA 资源记录中指定的该区的主服务器和辅助服务器，也表示了任何授权区的服务器。每个区在区根处至少包含一个 NS 记录。

3. A 资源记录

A(地址)资源记录把 FQDN 映射到 IP 地址，因而解析器能查询 FQDN 对应的 IP 地址。

4. PTR 资源记录

相对于 A 资源记录，PTR(指针)资源记录把 IP 地址映射到 FQDN。

5. CNAME 资源记录

CNAME(规范名字)资源记录创建特定 FQDN 的别名。用户可以使用 CNAME 记录来隐藏用户网络的实现细节，使连接的客户机无法知道。

6. MX 资源记录

MX(邮件交换)资源记录为 DNS 域名指定邮件交换服务器。邮件交换服务器是为

DNS域名处理或转发邮件的主机。

- 处理邮件是指把邮件投递到目的地或转交另一个不同类型的邮件传送者。
- 转发邮件是指把邮件发送到最终目的服务器。转发邮件时，直接使用简单邮件传输协议(SMTP)把邮件发送到离最终目的服务器最近的邮件交换服务器。需要注意的是，有的邮件需要经过一定时间的排队才能达到目的。

19.1.6 /etc /hosts 文件

hosts文件是Linux系统中一个负责IP地址与域名快速解析的文件，以ASCII格式保存在/etc目录下，文件名为hosts。hosts文件包含了IP地址和主机名之间的映射，还包括主机名的别名。在没有域名服务器的情况下，系统中的所有网络程序都通过查询该文件来解析对应于某个主机名的IP地址，否则就需要使用DNS服务程序来解决。通常可以将常用的域名和IP地址映射加入hosts文件中，实现快速方便地访问。hosts文件的格式如下。

```
IP地址 主机名/域名
```

【例 19-1】 假设要添加的域名为www.smile.com，IP地址为192.168.0.1；域名为www.long.com，IP地址为192.168.1.1。则可在hosts文件中添加如下记录。

```
192.168.0.1 www.smile.com
192.168.1.1 www.long.com
```

19.2 项目设计及准备

19.2.1 项目设计

为了保证校园网中的计算机能够安全可靠地通过域名访问本地网络以及Internet资源，需要在网络中部署主DNS服务器、辅助DNS服务器、缓存DNS服务器。

19.2.2 项目准备

一共需要4台计算机，其中3台是Linux计算机，1台是Windows 7计算机，如表19-1所示。

表 19-1 Linux服务器和客户端信息

主机名称	操作系统	IP	角　色
RHEL7-1	RHEL 7	192.168.10.1/24	主DNS服务器，VMnet1
RHEL7-2	RHEL 7	192.68.10.2/24	辅助DNS、缓存DNS、转发DNS等，VMnet1
client1	RHEL 7	192.168.10.20/24	Linux客户端，VMnet1
Win7-1	Windows 7	192.168.10.40/24	Windows客户端，VMnet1

注意：DNS服务器的IP地址必须是静态的。

19.3 项目实施

19.3.1 任务 1 安装、启动 DNS 服务

Linux 下架设 DNS 服务器通常使用 BIND(Berkeley Internet Name Domain)程序来实现,其守护进程是 named。下面在 RHEL7-1 和 RHEL7-2 上进行。

1. BIND 软件包简介

BIND 是一款实现 DNS 服务器的开放源码软件。BIND 原本是美国 DARPA 资助研究伯克里大学(Berkeley)开设的一个研究生课题,后来经过多年的变化发展已经成为世界上使用最为广泛的 DNS 服务器软件,目前 Internet 上绝大多数的 DNS 服务器都是用 BIND 来架设的。

BIND 经历了第 4 版、第 8 版和最新的第 9 版。第 9 版修正了以前版本的许多错误,并提升了执行时的效果,BIND 能够运行在当前大多数的操作系统平台之上。目前 BIND 软件由 Internet 软件联合会(Internet Software Consortium,ISC)这个非营利性机构负责开发和维护。

2. 安装 bind 软件包

(1) 使用 yum 命令安装 bind 服务(光盘挂载、yum 源的制作请参考前面相关的内容)。

```
[root@RHEL7-1 ~]#ymount /dev/cdrom /iso
[root@RHEL7-1 ~]#yum clean all                          //安装前先清除缓存
[root@RHEL7-1 ~]#yum install bind bind-chroot -y
```

(2) 安装完后再次查询,发现已安装成功。

```
[root@RHEL7-1 ~]#rpm -qa|grep bind
```

3. DNS 服务的启动、停止与重启,加入开机自启动

```
[root@RHEL7-1 ~]#systemctl start/stop/restart named
[root@RHEL7-1 ~]#systemctl enable named
```

19.3.2 任务 2 掌握 BIND 配置文件

1. DNS 服务器配置流程

一个比较简单的 DNS 服务器设置流程主要分为以下 3 步。

- 建立配置文件 named.conf。该文件的最主要目的是设置 DNS 服务器能够管理哪些区域(Zone)以及这些区域所对应的区域文件名和存放路径。
- 建立区域文件。按照 named.conf 文件中指定的路径建立区域文件,该文件主要记录该区域内的资源记录。例如,www.51cto.com 对应的 IP 地址为 211.103.156.229。
- 重新加载配置文件或重新启动 named 服务使用配置生效。

下面来看一个具体实例,如图 19-3 所示。

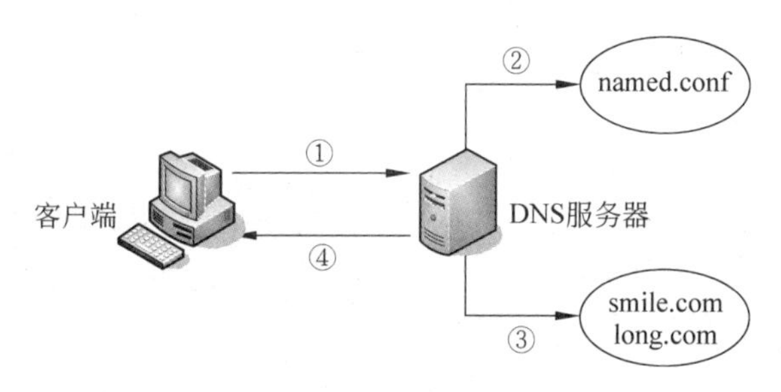

图 19-3　配置 DNS 服务器工作流程

① 客户端需要获得 www. smile. com 这台主机所对应的 IP 地址,将查询请求发送给 DNS 服务器。

② 服务器接收到请求后,查询主配置文件 named. conf,检查是否能够管理 smile. com 区域。而 named. conf 中记录着能够解析 smile. com 区域的信息,并提供 smile. com 区域文件所在路径及文件名。

③ 服务器则根据 named. conf 文件中提供的路径和文件名找到 smile. com 区域所对应的配置文件,并从中找到 www. smile. com 主机所对应的 IP 地址。

④ 将查询结果反馈给客户端,完成整个查询过程。

一般的 DNS 配置文件分为全局配置文件、主配置文件和正反向解析区域声明文件。下面介绍各配置文件的配置方法。

2. 认识全局配置文件

全局配置文件位于/etc 目录下。

```
[root@RHEL7-1 ~]#cat /etc/named.conf
…
options {
    //指定 BIND 侦听的 DNS 查询请求的本机 IP 地址及端口
    listen-on port 53 {127.0.0.1;};
    listen-on-v6 port 53 {::1;};          //限于 IPv6
    directory "/var/named";               //指定区域配置文件所在的路径
    dump-file "/var/named/data/cache_dump.db";
    statistics-file "/var/named/data/named_stats.txt";
    memstatistics-file "/var/named/data/named_mem_stats.txt";
    allow-query {localhost;};             //指定接收 DNS 查询请求的客户端
    recursion yes;
    dnssec-enable yes;
    dnssec-validation yes;                //改为 no,可以忽略 SELinux 的影响
    dnssec-lookaside auto;
…
};
//以下用于指定 BIND 服务的日志参数
logging {
    channel default_debug {
```

```
        file "data/named.run";
        severity dynamic;
    };
};

zone "." IN {                                   //用于指定根服务器的配置信息,一般不能改动
    type hint;
    file "named.ca";
};

include "/etc/named.zones";                     //指定主配置文件,一定根据实际修改
include "/etc/named.root.key";
```

options 配置段属于全局性的设置,常用配置项命令及功能如下。

- directory:用于指定 named 守护进程的工作目录,各区域正反向搜索解析文件和 DNS 根服务器地址列表文件(named.ca)应放在该配置项指定的目录中。
- allow-query{}:与 allow-query{localhost;}功能相同。另外,还可使用地址匹配符来表达允许的主机。例如,any 可匹配所有的 IP 地址,none 不匹配任何 IP 地址,localhost 匹配本地主机使用的所有 IP 地址,localnets 匹配同本地主机相连的网络中的所有主机。例如,若仅允许 127.0.0.1 和 192.168.1.0/24 网段的主机查询该 DNS 服务器,则命令为"allow-query {127.0.0.1;192.168.1.0/24}"。
- listen-on:设置 named 守护进程监听的 IP 地址和端口。若未指定,默认监听 DNS 服务器的所有 IP 地址的 53 号端口。当服务器安装有多块网卡和有多个 IP 地址时,可通过该配置命令指定所要监听的 IP 地址。对于只有一个地址的服务器,不必设置。例如,若要设置 DNS 服务器监听 192.168.1.2 这个 IP 地址,端口使用标准的 5353 号,则配置命令为"listen-on port 5353 {192.168.1.2;};"。
- forwarders{}:用于定义 DNS 转发器。当设置了转发器后,所有非本域的和在缓存中无法找到的域名查询可由指定的 DNS 转发器来完成解析工作并做缓存。forward 用于指定转发方式,仅在 forwarders 转发器列表不为空时有效,其用法为"forward first | only;"。forward first 为默认方式,DNS 服务器会将用户的域名查询请求先转发给 forwarders 设置的转发器,由转发器来完成域名的解析工作。若指定的转发器无法完成解析或无响应,则再由 DNS 服务器自身来完成域名的解析。若设置为"forward only;",则 DNS 服务器仅将用户的域名查询请求转发给转发器。若指定的转发器无法完成域名解析或无响应,DNS 服务器自身也不会试着对其进行域名解析。例如,某地区的 DNS 服务器为 61.128.192.68 和 61.128.128.68,若要将其设置为 DNS 服务器的转发器,则配置命令如下。

```
options{
    forwarders {61.128.192.68;61.128.128.68;};
    forward first;
};
```

3. 认识主配置文件

主配置文件位于/etc目录下，可将named.rfc1912.zones复制为全局配置文件中指定的主配置文件，本书中是/etc/named.zones。

```
[root@RHEL7-1 ~]#cp -p /etc/named.rfc1912.zones /etc/named.zones
[root@RHEL7-1 ~]#cat /etc/named.rfc1912.zones

zone "localhost.localdomain" IN {
    type master;                              //主要区域
    file "named.localhost";                   //指定正向查询区域配置文件
    allow-update {none;};
};
…

zone "1.0.0.127.in-addr.arpa" IN {            //反向解析区域
    type master;
    file "named.loopback";                    //指定反向解析区域配置文件
    allow-update {none;};
};
…
```

(1) Zone区域声明

① 主域名服务器的正向解析区域声明格式如下(样本文件为named.localhost)。

```
zone "区域名称" IN {
    type master;
    file "实现正向解析的区域文件名";
    allow-update {none;};
};
```

② 从域名服务器的正向解析区域声明格式如下。

```
zone "区域名称" IN {
    type slave;
    file "实现正向解析的区域文件名";
    masters {主域名服务器的IP地址;};
};
```

反向解析区域的声明格式与正向相同，只是file所指定要读的文件不同，另外就是区域的名称不同。若要反向解析x.y.z网段的主机，则反向解析的区域名称应设置为z.y.x.in-addr.arpa。(反向解析区域样本文件为named.loopback)

(2) 根区域文件/var/named/named.ca

/var/named/named.ca是一个非常重要的文件，该文件包含了Internet的顶级域名服务器的名字和地址。利用该文件可以让DNS服务器找到根DNS服务器，并初始化DNS的缓冲区。当DNS服务器接到客户端主机的查询请求时，如果在缓冲区中找不到相应的数据，就会通过根服务器进行逐级查询。/var/named/named.ca文件的主要内容如图19-4所示。

```
root@RHEL7-1:~
File  Edit  View  Search  Terminal  Help
; <<>> DiG 9.9.4-RedHat-9.9.4-38.el7_3.2 <<>> +bufsize=1200 +norec @a.root-servers.net
; (2 servers found)
;; global options: +cmd
;; Got answer:
;; ->>HEADER<<- opcode: QUERY, status: NOERROR, id: 17380
;; flags: qr aa; QUERY: 1, ANSWER: 13, AUTHORITY: 0, ADDITIONAL: 27

;; OPT PSEUDOSECTION:
; EDNS: version: 0, flags:; udp: 1472
;; QUESTION SECTION:
;.                            IN      NS

;; ANSWER SECTION:
.                     518400  IN      NS      a.root-servers.net.
.                     518400  IN      NS      b.root-servers.net.
.                     518400  IN      NS      c.root-servers.net.
.                     518400  IN      NS      d.root-servers.net.
.                     518400  IN      NS      e.root-servers.net.
.                     518400  IN      NS      f.root-servers.net.
.                     518400  IN      NS      g.root-servers.net.
.                     518400  IN      NS      h.root-servers.net.
.                     518400  IN      NS      i.root-servers.net.
.                     518400  IN      NS      j.root-servers.net.
.                     518400  IN      NS      k.root-servers.net.
.                     518400  IN      NS      l.root-servers.net.
.                     518400  IN      NS      m.root-servers.net.

;; ADDITIONAL SECTION:
a.root-servers.net.   3600000 IN      A       198.41.0.4
a.root-servers.net.   3600000 IN      AAAA    2001:503:ba3e::2:30
b.root-servers.net.   3600000 IN      A       192.228.79.201
b.root-servers.net.   3600000 IN      AAAA    2001:500:84::b
c.root-servers.net.   3600000 IN      A       192.33.4.12
                                                        1,1           Top
```

图 19-4　named.ca 文件

说明：① 以“;”开始的行都是注释行。

② 其他每两行都和某个域名服务器有关，分别是 NS 和 A 资源记录。

行“. 518400 IN NS A. ROOT-SERVERS. NET.”的含义是：“.”表示根域；518400 是资源记录的存活期；IN 是资源记录的网络类型，表示 Internet 类型；NS 是资源记录类型；“A. ROOT-SERVERS. NET.”是主机域名。

行“A. ROOT-SERVERS. NET. 3600000 IN A 198.41.0.4”的含义是：A 资源记录用于指定根域服务器的 IP 地址。A. ROOT-SERVERS. NET. 是主机名；3600000 是资源记录的存活期；A 是资源记录类型；最后对应的是 IP 地址。

③ 其他各行的含义与上面两项基本相同。

由于 named.ca 文件经常会随着根服务器的变化而发生变化，所以建议最好从国际互联网络信息中心（InterNIC）的 FTP 服务器下载最新的版本，下载地址为 ftp://ftp.internic.net/domain/，文件名为 named.root。

19.3.3　任务3　配置主 DNS 服务器实例

本节将结合具体实例介绍缓存 DNS、主 DNS、辅助 DNS 等各种 DNS 服务器的配置。

1. 案例环境及需求

某校园网要架设一台 DNS 服务器负责 long.com 域的域名解析工作。DNS 服务器的 FQDN 为 dns.long.com，IP 地址为 192.168.10.1。要求为以下域名实现正反向域名解析服务。

dns. long. com　　　　　　　　192. 168. 10. 1
mail. long. com　　MX 记录　　192. 168. 10. 2
slave. long. com　←——→　　192. 168. 10. 2
www. long. com　　　　　　　　192. 168. 10. 20
ftp. long. com　　　　　　　　192. 168. 10. 40

另外,为 www. long. com 设置别名为 web. long. com。

2. 配置过程

配置过程包括全局配置文件、主配置文件和正反向区域解析文件的配置。

(1) 编辑全局配置文件/etc/named. conf 文件

该文件在/etc 目录下,把 options 选项中的侦听 IP 127. 0. 0. 1 改成 any,把 dnssec-validation yes 改为 no,把允许查询网段 allow-query 后面的 localhost 改成 any。在 include 语句中指定主配置文件为 named. zones。修改后相关内容如下。

```
[root@RHEL7-1 ~]#cp -p /etc/named.rfc1912.zones /etc/named.zones
[root@RHEL7-1 ~]#vim /var/named/chroot/etc/named.conf

    listen-on port 53 {any;};
        listen-on-v6 port 53 {::1;};
        directory "/var/named";
        dump-file "/var/named/data/cache_dump.db";
        statistics-file "/var/named/data/named_stats.txt";
        memstatistics-file "/var/named/data/named_mem_stats.txt";
        allow-query {any;};
        recursion yes;
    dnssec-enable yes;
        dnssec-validation no;
    dnssec-lookaside auto;
        …
include "/etc/named.zones";                          //必须更改
include "/etc/named.root.key";
```

(2) 配置主配置文件 named. zones

使用 vim /etc/named. zones 编辑增加以下内容。

```
[root@RHEL7-1 ~]#vim /etc/named.zones

zone "long.com" IN {
    type master;
    file "long.com.zone";
    allow-update {none;};
};

zone "10.168.192.in-addr.arpa" IN {
    type master;
    file "1.10.168.192.zone";
    allow-update {none;};
};
```

技巧：直接将 named.zones 的内容代替 named.conf 文件中的"include "/etc/named.zones";"语句，可以简化设置过程，不需要再单独编辑 name.zones。请读者试一下。

type 字段指定区域的类型，对于区域的管理至关重要，一共分为 6 种，如表 19-2 所示。

表 19-2 指定区域类型

区域的类型	作　用
master	主 DNS 服务器，拥有区域数据文件，并对此区域提供管理数据
slave	辅助 DNS 服务器，拥有主 DNS 服务器的区域数据文件的副本，辅助 DNS 服务器会从主 DNS 服务器同步所有区域数据
stub	stub 区域和 slave 类似，但其只复制主 DNS 服务器上的 NS 记录，而不像辅助 DNS 服务器会复制所有区域数据
forward	一个 forward zone 是每个域的配置转发的主要部分。一个 zone 语句中的 type forward 可以包括一个 forward 和/或 forwarders 子句，它会在区域名称给定的域中查询。如果没有 forwarders 语句或者 forwarders 是空表，那么这个域就不会有转发，消除了 options 语句中有关转发的配置
hint	根域名服务器的初始化组指定使用线索区域 hint zone，当服务器启动时，它使用根线索来查找根域名服务器，并找到最近的根域名服务器列表。如果没有指定 class IN 的线索区域，服务器使用编译时默认的根服务器线索。不是 IN 的类别没有内置的默认线索服务器
legation-only	用于强制区域的 delegation. ly 状态

(3) 修改 bind 的区域配置文件

① 创建 long. com. zone 正向区域文件。位于/var/named 目录下，为编辑方便，可先将样本文件 named. localhost 复制到 long. com. zone，再对 long. com. zone 编辑修改。

```
[root@RHEL7-1 ~]#cd /var/named
[root@RHEL7-1 named]#cp -p named.localhost long.com.zone
[root@RHEL7-1 named]#vim /var/named/long.com.zone

$TTL 1D
@        IN    SOA    @   root.long.com. (
                                   0       ; serial
                                   1D      ; refresh
                                   1H      ; retry
                                   1W      ; expire
                                   3H )    ; minimum


@        IN    NS         dns.long.com.
@        IN    MX     10  mail.long.com.


dns      IN    A          192.168.10.1
mail     IN    A          192.168.10.2
slave    IN    A          192.168.10.2
www      IN    A          192.168.10.20
ftp      IN    A          192.168.10.40
web      IN    CNAME      www.long.com.
```

② 创建 1.10.168.192.zone 反向区域文件。该文件位于/var/named 目录，为编辑方便，可先将样本文件 named.loopback 复制到 1.10.168.192.zone，再对 1.10.168.192.zone 编辑修改，编辑修改如下。

```
[root@RHEL7-1 named]#cp -p named.loopback 1.10.168.192.zone
[root@RHEL7-1 named]#vim /var/named/1.10.168.192.zone

$TTL 1D
@     IN    SOA  @   root.long.com. (
                                   0       ; serial
                                   1D      ; refresh
                                   1H      ; retry
                                   1W      ; expire
                                   3H )    ; minimum


@     IN    NS       dns.long.com.
@     IN    MX   10  mail.long.com.


1     IN    PTR      dns.long.com.
2     IN    PTR      mail.long.com.
2     IN    PTR      slave.long.com.
20    IN    PTR      www.long.com.
40    IN    PTR      ftp.long.com.
```

(4) 在 RHEL7-1 上的设置

在 RHEL7-1 上配置防火墙，设置主配置文件和区域文件的属组为 named，然后重启 DNS 服务，加入开机启动。

```
[root@RHEL7-1 ~]#firewall-cmd --permanent --add-service=dns
[root@RHEL7-1 ~]#firewall-cmd --reload
[root@RHEL7-1 ~]#chgrp named /etc/named.conf
[root@RHEL7-1 ~]#systemctl restart named
[root@RHEL7-1 ~]#systemctl enable named
```

① 主配置文件的名称一定要与/etc/named.conf 文件中指定的文件名一致。本书中是 named.zones。

② 正反向区域文件的名称一定要与/etc/named.zones 文件中 zone 区域声明中指定的文件名一致。

③ 正反向区域文件的所有记录行都要顶头写，前面不要留空格，否则可导致 DNS 服务不能正常工作。

④ 第一个有效行为 SOA 资源记录。该记录的格式如下。

```
@    IN SOA  origin. contact.(
                  1997022700          ; serial
                  28800               ; refresh
                  14400               ; retry
```

```
                    3600000            ; expiry
                    86400              ; minimum
)
```

- @是该域的替代符,例如 long. com. zone 文件中的@代表 long. com,所以上面例子中 SOA 有效行"(@ IN SOA @ root. long. com.)"可以改为"(@ IN SOA long. com. root. long. com.)"。
- IN 表示网络类型。
- SOA 表示资源记录类型。
- origin 表示该域的主域名服务器的 FQDN,用"."结尾表示这是个绝对名称。例如,long. com. zone 文件中的 origin 为 dns. long. com. 。
- contact 表示该域的管理员的电子邮件地址。它是正常 E-mail 地址的变通,将@变为"."。例如,long. com. zone 文件中的 contact 为 mail. long. com. 。
- serial 为该文件的版本号,该数据是辅助域名服务器和主域名服务器进行时间同步的,每次修改数据库文件后,都应更新该序列号。习惯上用 yyyymmddnn,即年月日后加两位数字,表示一日之中第几次修改。
- refresh 为更新时间间隔。辅助 DNS 服务器根据此时间间隔周期性地检查主 DNS 服务器的序列号是否改变,如果改变则更新自己的数据库文件。
- retry 为重试时间间隔。当辅助 DNS 服务器没有能够从主 DNS 服务器更新数据库文件时,在定义的重试时间间隔后重新尝试。
- expiry 为过期时间。如果辅助 DNS 服务器在所定义的时间间隔内没有能够与主 DNS 服务器或另一台 DNS 服务器取得联系,则该辅助 DNS 服务器上的数据库文件被认为无效,不再响应查询请求。

⑤ TTL 为最小时间间隔,单位是秒。对于没有特别指定存活周期的资源记录,默认取 minimum 的值为 1 天,即 86400 秒。1D 表示一天。

⑥ 行"@ IN NS dns. long. com. "说明该域的域名服务器,至少应该定义一个。

⑦ 行"@ IN MX 10 mail. long. com. "用于定义邮件交换器,其中 10 表示优先级别,数字越小,优先级别越高。

⑧ 类似于行"www IN A 192. 168. 10. 4"是一系列的主机资源记录,表示主机名和 IP 地址的对应关系。

⑨ 行"web IN CNAME www. long. com. "定义的是别名资源记录,表示 web. long. com. 是 www. long. com. 的别名。

⑩ 类似于行"2 IN PTR mail. long. com. "是指针资源记录,表示 IP 地址与主机名称的对应关系。其中,PTR 使用相对域名,如 2 表示 2. 10. 168. 192. in-addr. arpa,它表示 IP 地址为 192. 168. 10. 2。

3. 配置 DNS 客户端

DNS 客户端的配置非常简单,假设本地首选 DNS 服务器的 IP 地址为 192. 168. 10. 1,备用 DNS 服务器的 IP 地址为 192. 168. 10. 2,DNS 客户端的设置如下。

(1) 配置 Windows 客户端

打开"Internet 协议版本 4(TCP/IPv4)属性"对话框,如图 19-5 所示,输入首选和备用

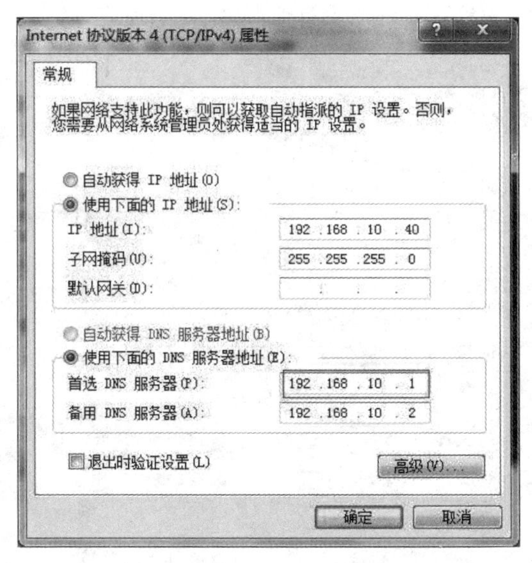

图 19-5　Windows 系统中 DNS 客户端配置

DNS 服务器的 IP 地址即可。

(2) 配置 Linux 客户端

在 Linux 系统中可以通过修改/etc/resolv. conf 文件来设置 DNS 客户端，如下所示。

```
[root@client2 ~]#vim /etc/resolv.conf
    nameserver 192.168.10.1
    nameserver 192.168.10.2
    search  long.com
```

其中，nameserver 指明域名服务器的 IP 地址，可以设置多个 DNS 服务器，查询时按照文件中指定的顺序进行域名解析，只有当第一个 DNS 服务器没有响应时才向下面的 DNS 服务器发出域名解析请求。search 用于指明域名搜索顺序，当查询没有域名后缀的主机名时，将会自动附加由 search 指定的域名。

在 Linux 系统中还可以通过系统菜单设置 DNS，相关内容前面已多次介绍，不再赘述。

4. 使用 nslookup 测试 DNS

BIND 软件包提供了 3 个 DNS 测试工具：nslookup、dig 和 host。其中 dig 和 host 是命令行工具，而 nslookup 命令既可以使用命令行模式，也可以使用交互模式。下面在客户端 client1(192. 168. 10. 20)上进行测试，前提是必须保证与 RHEL7-1 服务器的通信畅通。

```
[root@client1 ~]#vim /etc/resolv.conf
    nameserver 192.168.10.1
    nameserver 192.168.10.2
    search long.com
[root@client1 ~]#nslookup          //运行 nslookup 命令
>server
Default server: 192.168.10.1
Address: 192.168.10.1#53
```

```
>www.long.com                       //正向查询,查询域名 www.long.com 所对应的 IP 地址
Server: 192.168.10.1
Address: 192.168.10.1#53

Name: www.long.com
Address: 192.168.10.20
>192.168.10.2                       //反向查询,查询 IP 地址 192.168.1.2 所对应的域名
Server: 192.168.10.1
Address: 192.168.10.1#53

2.10.168.192.in-addr.arpa    name =slave.long.com.
2.10.168.192.in-addr.arpa    name =mail.long.com.
>set all                            //显示当前设置的所有值
Default server: 192.168.10.1
Address: 192.168.10.1#53

Set options:
    novc nodebug nod2
    search recurse
    timeout =0 retry =3 port =53
    querytype =A class =IN
    srchlist =long.com
//查询 long.com 域的 NS 资源记录配置
>set type=NS                 //此行中 type 的取值还可以为 SOA、MX、CNAME、A、PTR 及 any 等
>long.com
Server: 192.168.10.1
Address: 192.168.10.1#53

long.com nameserver =dns.long.com.
>exit
[root@client1 ~]#
```

5. 特别说明

如果要求所有员工均可以访问外网地址,还需要设置根区域,并建立根区域所对应的区域文件,这样才可以访问外网地址。

下载 ftp://rs.internic.net/domain/named.root,这是域名解析根服务器的最新版本。下载完毕后,将该文件改名为 named.ca,然后复制到/var/named 下。

19.3.4 任务 4 配置辅助 DNS 服务器

1. 辅助域名服务器

DNS 划分若干区域进行管理,每个区域由一个或多个域名服务器负责解析。如果采用单独的 DNS 服务器,而该服务器又没有响应,那么该区域的域名解析就会失败。因此每个区域建议使用多个 DNS 服务器,可以提供域名解析容错功能。对于存在多个域名服务器的区域,必须选择一台主域名服务器(master)保存并管理整个区域的信息,其他服务器称为辅助域名服务器(slave)。

管理区域时,使用辅助域名服务器有如下几点好处。

(1) 辅助 DNS 服务器提供区域冗余,能够在该区域的主服务器停止响应时为客户端解析该区域的 DNS 名称。

(2) 创建辅助 DNS 服务器可以减少 DNS 网络通信量。采用分布式结构,在低速广域网链路中添加 DNS 服务器能有效地管理和减少网络通信量。

(3) 辅助服务器可以用于减少区域的主服务器的负载。

2. 区域传输

为了保证 DNS 数据相同,所有服务器必须进行数据同步,辅助域名服务器从主域名服务器获得区域副本,这个过程称为区域传输。区域传输存在两种方式:完全区域传输(AXFR)和增量区域传输(IXFR)。当新的 DNS 服务器添加到区域中并且配置为新的辅助服务器时,它会执行完全区域传输(AXFR),从主服务器获取一份完整的资源记录副本。主服务器上区域文件再次变动后,辅助服务器则会执行增量区域传输(IXFR),完整资源记录的更新,始终保持 DNS 数据同步。

满足发生区域传输的条件时,辅助域名服务器向主服务器发送查询请求,更新其区域文件,如图 19-6 所示。

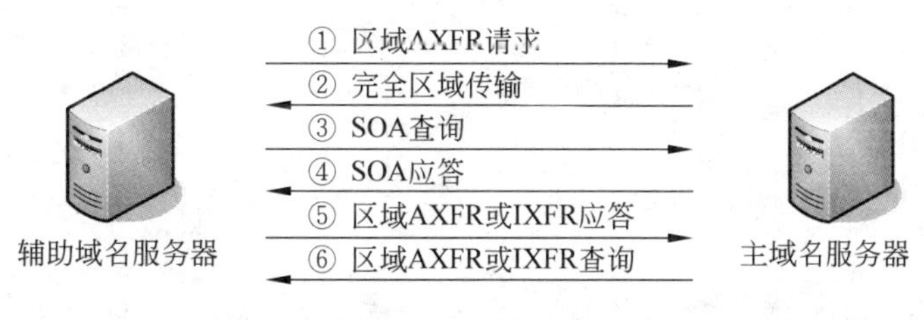

图 19-6　区域传输

① 区域传输初始阶段,辅助服务器向主 DNS 服务器发送完全区域传输(AXFR)请求。

② 主服务器做出响应,并将此区域完全传输到辅助服务器。

该区域传输时会一并发送 SOA 资源记录。SOA 中"序列号"(serial)字段表示区域数据的版本,"刷新时间"(refresh)指出辅助服务器下一次发送查询请求的时间间隔。

③ 刷新间隔到期时,辅助服务器使用 SOA 查询来请求从主服务器续订此区域。

④ 主域名服务器应答其 SOA 记录的查询。

该响应包括主服务器中该区域的当前序列号版本。

⑤ 辅助服务器检查响应中的 SOA 记录的序列号,并确定续订该区域的方法。如果辅助服务器确认区域文件已经更改,则它会把 IXFR 查询发送到主服务器。

若 SOA 响应中的序列号等于其当前的本地序列号,那么两个服务器区域数据都相同,并且不需要区域传输。然后,辅助服务器根据主服务器 SOA 响应中的该字段值重新设置其刷新时间,续订该区域。如果 SOA 响应中的序列号值比其当前本地序列号要高,则可以确定此区域已更新并需要传输。

⑥ 主服务器通过区域的增量传输或完全传输做出响应。

如果主服务器可以保存修改的资源记录的历史记录,则它可以通过增量区域传输(IXFR)做出应答。如果主服务器不支持增量传输或没有区域变化的历史记录,则它可以通过完全区域传输(AXFR)做出应答。

3. 配置辅助域名服务器

【例 19-2】 续接任务 19-3，主域名服务器的 IP 地址是 192.168.10.1，辅助域名服务器的地址是 192.168.10.2，区域是 long.com，测试客户端是 client1(192.168.10.20)。请给出配置过程。

(1) 配置主域名服务器。具体过程参见任务 19-3。

(2) 配置辅助域名服务器。在服务器 192.168.10.2 上安装 DNS，修改主配置文件 named.conf 属组及内容，关闭防火墙。添加 long.com 区域的内容如下(注释内容不要写到配置文件里)。

```
[root@RHEL7-2 ~]#vim /etc/named.conf
options {
    listen-on port 53 {any;};
    directory "/var/named";
    allow-query{any;};
    recursion yes;

    dnssec-enable no;
zone "." {
    type hint;
    file "name.ca";
}

zone "long.com" {
    type slave;                              //区域的类型为 slave
    file "slaves/long.com.zone";             //区域文件在/var/named/slaves 下
    masters{192.168.10.1;} ;                 //主 DNS 服务器地址
};

zone "10.168.192.in-addr.arpa" {
    type slave;                              //区域的类型为 slave
    file "slaves/2.10.168.192.zone";         //区域文件在/var/named/slaves 下
    masters {192.168.10.1;};                 //主 DNS 服务器地址
};
```

说明：辅助 DNS 服务器只需要设置主配置文件，正反向区域解析文件会在辅助 DNS 服务器设置完成主配置文件重启 DNS 服务时，由主 DNS 服务器同步到辅助 DNS 服务器，只不过路径是/var/named/slaves 而已。

(3) 数据同步测试。

① 开放防火墙，重启辅助服务器 named 服务，使其与主域名服务器数据同步。

```
[root@RHEL7-2 ~]#firewall-cmd --permanent --add-service=dns
[root@RHEL7-2 ~]#firewall-cmd --reload
[root@RHEL7-2 ~]#systemctl restart named
[root@RHEL7-2 ~]#systemctl enable named
```

② 在主域名服务器上执行 tail 命令，查看系统日志，辅助域名服务器通过完整无缺区域复制(AXFR)获取 long.com 区域数据。

```
[root@RHEL7-1 ~]#tail /var/log/messages
```

③ 查看辅助域名服务器系统日志，通过 ls 命令查看辅助域名服务器/var/named/slaves 目录和区域文件 long.com.zone。

```
[root@RHEL7-2 ~]#ll /var/named/slaves/
```

注意：配置区域复制时一定关闭防火墙。

④ 在客户端测试辅助 DNS 服务器。将客户端计算机的首要 DNS 服务器地址设为 192.168.0.200，然后利用 nslookup 命令测试，应该会成功。

```
[root@client1 ~]#nslookup
>server
Default server: 192.168.10.2
Address: 192.168.10.2#53
>www.long.com
Server: 192.168.10.2
Address: 192.168.10.2#53

Name: www.long.com
Address: 192.168.10.20
>dns.long.com
Server: 192.168.10.2
Address: 192.168.10.2#53

Name: dns.long.com
Address: 192.168.10.1
>192.168.10.40
Server: 192.168.10.2
Address: 192.168.10.2#53

40.10.168.192.in-addr.arpaname =ftp.long.com.
>
```

19.3.5　任务 5　建立子域并进行区域委派

域名空间由多个域构成，DNS 提供了将域名空间划分为一个或多个区域的方法，这样使管理更加方便。而对于域来说，随着域的规模和功能的不断扩展，为了保证 DNS 管理维护以及查询速度，可以为一个域添加附加域，上级域为父域，下级域为子域。父域为 long.com，子域为 submain.long.com。

1. 子域应用环境

当要为一个域附加子域时，请检查是否属于以下 3 种情况。

(1) 域中增加了新的分支或站点，需要添加子域扩展域名空间。

(2) 域中规模不断扩大,记录条目不断增多,该域的 DNS 数据库变得过于庞大,用户检索 DNS 信息的时间增加。

(3) 需要将 DNS 域名空间的部分管理工作分散到其他部门或地理位置。

2. 管理子域

如果根据需要决定添加子域,有两种方法进行子域的管理。

(1) 区域委派。父域建立子域并将子域的解析工作委派到额外的域名服务器,并在父域的权威 DNS 服务器中登记相应的委派记录,建立这个操作的过程称为区域委派。任何情况下,创建子域都可以进行区域委派。

(2) 虚拟子域。建立子域时,子域管理工作并不委派给其他服务器,而是与父域信息一起存放在相同的域名服务器的区域文件中。如果只是为域添加分支或子站,不考虑分散管理,选择虚拟子域的方式可以降低硬件成本。

注意:执行区域委派时,仅仅创建子域无法使子域信息得到正常的解析。在父域的权威域名服务器的区域文件中务必添加子域域名服务器的记录,建立子域与父域的关联,否则,子域域名解析无法完成。

3. 配置区域委派

【例 19-3】 公司提供虚拟主机服务,所有主机后缀域名为龙 long.com。随着虚拟主机注册量大幅增加,DNS 查询速度明显变慢,并且域名的管理维护工作非常困难。

分析:对于 DNS 的一系列问题,查询速度过慢,管理维护工作繁重,均是域名服务器中记录条目过多造成的。管理员可以为 long.com 新建子域 test.long.com 并配置区域委派,将子域的维护工作交付其他的 DNS 服务器,新的虚拟主机注册域名为 test.long.com,减少 long.com 域名服务器负荷,提高查询速度。父域名服务器地址为 192.168.10.1,子域名服务器地址为 192.168.10.2。

(1) 父域设置区域委派。设置父域名服务器 named.conf 文件,编辑/etc/named.conf 并添加 long.com 区域记录。参考任务 19-3,设置 named.conf 文件并添加 long.com 区域,指定正向解析区域文件名为 long.com.zone,反向解析区域文件名为 1.10.168.192.zone。

(2) 添加 long.com 区域文件。父域的区域文件中,务必要添加子域的委派记录及管理子域的权威服务器的 IP 地址。(增加后面两行,不要把标号或注释写到配置文件里。)

```
[root@RHEL7-1 ~]#vim /var/named/long.com.zone
$TTL 1D
@       IN    SOA  @   root.long.com. (
                                    0       ; serial
                                    1D      ; refresh
                                    1H      ; retry
                                    1W      ; expire
                                    3H )    ; minimum


@       IN    NS       dns.long.com.
@       IN    MX   10  mail.long.com.


dns     IN    A        192.168.10.1
```

```
mail                IN      A           192.168.10.2
slave               IN      A           192.168.10.2
www                 IN      A           192.168.10.20
ftp                 IN      A           192.168.10.40
web                 IN      CNAME       www.long.com.
test.long.com.      IN      NS          dns1.test.long.com.    ①
dns1.test.long.com. IN      A           192.168.10.2           ②
```

① 指定委派区域 test.long.com 管理工作由域名服务器 dns1.test.long.com 负责。

② 添加 dns1.test.long.com 的 A 记录信息,定位子域 test.long.com 的权威服务器。

(3) 在父域服务器上添加 long.com 反向区域文件。(保证黑体字的 3 行,最后 2 行是新增加的。)

```
[root@RHEL7-1 ~]#vim /var/named/1.10.168.192.zone

$TTL 1D
@     IN    SOA  @    root.long.com. (
                                    0      ; serial
                                    1D     ; refresh
                                    1H     ; retry
                                    1W     ; expire
                                    3H )   ; minimum


@     IN    NS        dns.long.com.
@     IN    MX   10   mail.long.com.


1     IN    PTR       dns.long.com.
2     IN    PTR       mail.long.com.
2     IN    PTR       slave.long.com.
20    IN    PTR       www.long.com.
40    IN    PTR       ftp.long.com.


1     IN    PTR       dns.long.com.
2     IN    PTR       dns1.test.long.com.
```

(4) 在 RHEL7-1 上配置防火墙,设置主配置文件和区域文件的属组为 named,然后重启 DNS 服务。

```
[root@RHEL7-1 ~]#firewall-cmd --permanent --add-service=dns
[root@RHEL7-1 ~]#firewall-cmd --reload
[root@RHEL7-1 ~]#chgrp named /etc/named.conf
[root@RHEL7-1 ~]#systemctl restart named
[root@RHEL7-1 ~]#systemctl enable named
```

(5) 在子域服务器 192.168.10.2 上进行子域设置。编辑/etc/named.conf 并添加 test.long.com 区域记录。(注意清除或注释掉原来的辅助 DNS 信息。)

```
[root@RHEL7-2 ~]#vim /etc/named.conf
options {
    directory "/var/named";
};
zone "." IN {
    type hint;
    file "named.ca";
};

zone "test.long.com" {
    type master;
    file "test.long.com.zone";
};

zone "10.168.192.in-addr.arpa"  {
    type master;
    file "2.10.168.192.zone";
};
```

(6) 在子域服务器 192.168.10.2 上进行子域设置，添加 test.long.com 域的正向解析区域文件。

```
[root@RHEL7-2 ~]#vim /var/named/test.long.com.zone
$TTL 1D
@             IN    SOA    test.long.com.  root.test.long.com. (
                           2013120800 ; serial
                           86400      ; refresh (1 day)
                           3600       ; retry (1 hour)
                           604800     ; expire (1 week)
                           10800      ; minimum (3 hours)
                           )
@             IN    NS     dns1.test.long.com.
dns1          IN    A      192.168.10.2
computer1     IN    A      192.168.10.40  //为方便后面的测试,增加一条 A 记录
```

(7) 在子域服务器 192.168.10.2 上进行子域设置，添加 test.long.com 域的反向解析区域文件。

```
[root@RHEL7-2 ~]#vim /var/named/2.10.168.192.zone
$TTL    86400
@       IN      SOA     0.168.192.in-addr.arpa. root.test.long.com.(
                        2013120800            ; Serial
                        28800                 ; Refresh
                        14400                 ; Retry
                        3600000               ; Expire
                        86400 )               ; Minimum
@       IN      NS              dns1.test.long.com.
200     IN      PTR             dns1.test.long.com.
40      IN      PTR             computer1.test.long.com.
```

(8) RHEL7-2 上配置防火墙，设置主配置文件和区域文件的属组为 named，然后重启 DNS 服务。

```
[root@RHEL7-2 ~]#firewall-cmd --permanent --add-service=dns
[root@RHEL7-2 ~]#firewall-cmd --reload
[root@RHEL7-2 ~]#chgrp named /etc/named.conf
[root@RHEL7-2 ~]#systemctl restart named
[root@RHEL7-2 ~]#systemctl enable named
```

(9) 测试。

方法：将客户端 client1 的 DNS 服务器设为 192.168.10.1。由于 192.168.10.1 这台计算机上没有 computer1.test.long.com 的主机记录，但 192.168.10.2 计算机上有，如果委派成功，客户端将能正确解析 computer1.test.long.com。测试结果如下。

```
[root@client1 ~]#nslookup
>server
Default server: 192.168.10.1
Address: 192.168.10.1#53
>www.long.com
Server: 192.168.10.1
Address: 192.168.10.1#53

Name: www.long.com
Address: 192.168.10.20
>192.168.10.20
Server: 192.168.10.1
Address: 192.168.10.1#53

20.10.168.192.in-addr.arpaname =www.long.com.
>exit

[root@client1 ~]#
```

4. 关于配置文件的总结

从任务 19-5 的例子我们能看出什么？在 RHEL7-1 和 RHEL7-2 上的配置文件的配置方法有什么不同吗？

在 RHEL7-1 上使用了 named.conf、named.zones、long.com.zone、1.10.168.192.zone 等 4 个配置文件，而在 RHEL7-2 上只使用了 3 个配置文件(named.conf、test.long.com.zone、2.10.168.192.zone)，这就是最大的区别。实际上，在 RHEL7-2 上配置 DNS 时，将 named.zones 的内容直接写到了 named.conf 文件中，从而省略了 named.zones，反而使内容更简洁。

19.3.6　任务 6　配置转发服务器

转发服务器(Forwarding Server)接收查询请求，但不直接提供 DNS 解析，而是将所有查询请求发送到另外的 DNS 服务器，查询结果返回后保存到缓存中。如果没有指定转发服务器,则 DNS 服务器会使用根区域记录,向根服务器发送查询,这样许多非常重要的 DNS 信息会暴露在 Internet 上。除了安全和隐私问题,直接解析会导致使用大量外部通信,对于慢速接入 Internet 的网络或 Internet 服务成本很高的公司提高通信效率来说非常不利,而转发服务器可以存储 DNS 缓存,内部的客户端能够直接从缓存中获取信息,不必向外部 DNS 服务器发送请求。这样可以减少网络流量并加速查询速度。

按照转发类型的区别,转发服务器可分为以下两种类型。

1. 完全转发服务器

DNS 服务器配置为完全转发会将所有区域的 DNS 查询请求发送到其他 DNS 服务器。可以通过设置 named.conf 文件的 options 字段实现该功能。

```
[root@RHEL7-2 ~]#vim /etc/named.conf
options {
    directory "/var/named";
    recursion yes;                          //允许递归查询
    dnssec-validation no;                   //必须设置为 no
        forwarders {192.168.10.1;};         //指定转发查询请求 DNS 服务器列表
    forward only;                           //仅执行转发操作
};
```

2. 条件转发服务器

该服务器类型只能转发指定域的 DNS 查询请求,需要修改 named.conf 文件并添加转发区域的设置。

【例 19-4】 在 RHEL7-2 上对域 long.com 设置转发服务器 192.168.10.1 和 192.168.10.100。

```
[root@RHEL7-2 ~]#vim  /etc/named.conf
options {
    directory "/var/named";
    recursion yes;                                          //允许递归查询
    dnssec-validation no;                                   //必须设置为 no
};
zone "." {
    type hint;
    file "name.ca";
}

zone "long.com" {
    type forward;                                           //指定该区域为条件转发类型
    forwarders {192.168.10.1; 192.168.10.100;};             //设置转发服务器列表
};
```

设置转发服务器的注意事项如下。

- 转发服务器的查询模式必须允许递归查询,否则无法正确完成转发。
- 转发服务器列表如果为多个 DNS 服务器,则会依次尝试,直到获得查询信息为止。
- 配置区域委派时如果使用转发服务器,有可能会产生区域引用的错误。

搭建转发服务器的过程并不复杂，为了更有效地发挥转发效率，需要掌握以下操作技巧。

（1）转发列表配置精简。对于配置有转发器的DNS服务器，可将查询发送到多个不同的位置，如果配置转发服务器过多，则会增加查询的时间。根据需要使用转发器，例如将本地无法解析的DNS信息转发到其他DNS服务器。

（2）避免链接转发器。如果配置了DNS服务器，server1将查询请求转发给DNS服务器server2，则不要再为server2配置其他转发服务器，将server1的请求再次进行转发，这样会降低解析的效率。如果其他转发服务器进行了错误配置，将查询转发给server1，那么可能会导致错误。

（3）减少转发器负荷。如果DNS服务器向转发器发送查询请求，那么转发器会通过递归查询解析该DNS信息，需要大量时间来应答。如果大量DNS服务器使用这些转发器进行域名信息查询，则会增加转发器的工作量，降低解析的效率，所以建议使用一个以上的转发器实现负载。

（4）避免转发器配置错误。如果配置多个转发器，那么DNS服务器将尝试按照配置文件设置的顺序来转发域名。如果国内的域名服务器错误地将第一个转发器配置为美国的DNS服务器地址，则所有本地无法解析的查询均会发送到指定的美国DNS服务器，这会降低网络上的名称解析效率。

3. 测试转发服务器是否成功

在RHEL7-2上设置完成并配置防火墙启动后，在client1上进行测试，配置client的DNS服务器为192.168.10.2本身，看能否转发到192.168.10.1进行DNS解析。

19.3.7 任务7　配置缓存服务器

对于所有的DNS服务器都会完成指定的查询工作，然后存储已经解析的结果。缓存服务器(Caching-only Name Server)是一种特殊的域名服务器类型，其本地区并不设置DNS信息，仅执行查询和缓存操作。客户端发送查询请求，如果缓存服务器保存有该查询信息，则直接返回结果，提高了DNS的解析速度。

如果网络与外部网络连接带宽较低，则可以使用缓存服务器，一旦建立了缓存，通信量便会减少。另外，缓存服务器不执行区域传输，这样可以减少网络通信流量。

注意：*缓存服务器第一次启动时没有缓存任何信息，通过执行客户端的查询请求才可以构建缓存数据库，达到减少网络流量及提速的目的。*

【例19-5】　公司网络中为了提高客户端访问外部Web站点的速度并减少网络流量，需要在内部建立缓存服务器(RHEL7-2)。

分析：因为公司内部没有其他Web站点，所以不需要DNS服务器建立专门的区域，只需要能够接受用户的请求，然后发送到根服务器，通过迭代查询获得相应的DNS信息，然后将查询结果保存到缓存中，保存信息的TTL值过期后将会清空。

缓存服务器不需要建立独立的区域，可以直接对named.conf文件进行设置，实现缓存的功能。

```
[root@RHEL7-2 ~]#vim /etc/named.conf
options {
```

```
            directory "/var/named";
            datasize 100M;                //DNS 服务器缓存设置为 100MB
            recursion yes;                //允许递归查询
};
zone "." {
        type hint;
        file "name.ca";                   //根区域文件,保证存取正确的根服务器记录
}
```

19.4 企业 DNS 服务器实用案例

19.4.1 企业环境与需求

DNS 主机(双网卡)的完整域名是 server. smile. com 和 server. long. com,IP 地址是 192. 168. 0. 1 和 192. 168. 1. 1,系统管理员的 E-mail 地址是 root@RHEL7-1. smile. com。一般常规服务器属于 smile. com 域,技术部属于 long. com 域。要求所有员工均可以访问外网地址。域中需要注册的主机分别说明如下。

- server. smile. com(IP 地址为 192. 168. 0. 1),别名为 fsserver. smile. com,正式名称为 mail. smile. com、www. smile. com,要提供 DNS、E-mail、WWW 和 samba 服务。
- ftp. smile. com(IP 地址为 192. 168. 0. 2),主要提供 ftp 和 proxy 服务。
- asp. smile. com(IP 地址为 192. 168. 0. 3),是一台 Windows Server 2003 主机,主要提供 ASP 服务。
- RHEL7-1. smile. com(IP 地址为 192. 168. 0. 4),主要提供 E-mail 和 News 服务。
- server. long. com(IP 地址为 192. 168. 1. 1),提供 DNS 服务。
- computer1. long. com(IP 地址为 192. 168. 1. 5),技术部的一台主机。
- computer2. long. com(IP 地址为 192. 168. 1. 6),技术部的一台主机。

19.4.2 需求分析

单纯去配置两个区域并不困难,但是实际环境要求可以完成内网所有域的正/反向解析,所以还需要在主配置文件中建立这两个域的反向区域,并建立这些反向区域所对应的区域文件。反向区域文件中会用到 PTR 记录。如果要求所有员工均可以访问外网地址,还需要设置根区域,并建立根区域所对应的区域文件,这样才可以访问外网地址。

注意:整个过程需要在主配置文件中设置可以解析的两个区域,并建立这两个区域所对应的区域文件(实际案例中域的数量可能还要多,比如售销部可能属于 sales. com 域,其他人员属于 freedom. com 域等,以此类推)。

19.4.3 解决方案

1. 确认 named. ca

下载 ftp://rs. internic. net/domain/named. root,这是域名解析根服务器的最新版本。下载完毕后,将该文件改名为 named. ca,然后复制到/var/named 下。

2. 编辑主配置文件，添加根服务器信息(安装等工作已完成)

```
[root@RHEL7-1 ~]#vim /etc/named.conf
options {
    directory "/var/named";
};
zone "." IN {
    type hint;
    file "name.ca";
}
```

3. 添加 smile.com 和 long.com 域信息

```
[root@RHEL7-1 ~]#vim /etc/named.conf
...

zone "smile.com" {
    type master;
    file "smile.com.zone";
};

zone "0.168.192.in-addr.arpa"{
    type master;
    file "1.0.168.192.zone";
};

zone "long.com" {
    type master;
    file "long.com.zone";
};

zone "1.168.192.in-addr.arpa"{
    type master;
    file "1.1.168.192.zone";
};
```

4. 将/etc/named.conf 属组由 root 改为 named

```
[root@RHEL7-1 ~]#cd /etc
[root@RHEL7-1 ~]#chgrp named named.conf
```

5. 建立两个区域所对应的区域文件，并更改属组为 named

```
[root@RHEL7-1 ~]#touch /var/named/smile.com.zone
[root@RHEL7-1 ~]#chgrp named /var/named/smile.com.zone
[root@RHEL7-1 ~]#touch /var/named/long.com.zone
[root@RHEL7-1 ~]#chgrp named /var/named/long.com.zone
```

6. 配置区域文件并添加相应的资源记录

(1) 配置 smile.com 正向解析区域。

```
[root@RHEL7-1 ~]#vim /var/named/smile.com.zone
$TTL 1D

@           IN      SOA         smile.com.      root.smile.com.(
                    2013121400                  ; Serial
                    28800                       ; Refresh
                    14400                       ; Retry
                    3600000                     ; Expire
                    86400 )                     ; Minimum
@           IN      NS                          server.smile.com.
server      IN      A                           192.168.0.1
@           IN      MX          10              server.smile.com.
@           IN      MX          11              server.smile.com.
ftp         IN      A                           192.168.0.2
asp         IN      A                           192.168.0.3
RHEL7-1     IN      A                           192.168.0.4
mail        IN      CNAME                       server.smile.com.
mail1       IN      CNAME                       RHEL7-1.smile.com.
fsserver    IN      CNAME                       server.smile.com.
news        IN      CNAME                       RHEL7-1.smile.com.
proxy       IN      CNAME                       ftp.smile.com.
www         IN      CNAME                       server.smile.com.
samba       IN      CNAME                       server.smile.com.
ftp         IN      A                           192.168.0.2
ftp         IN      A                           192.168.0.12
ftp         IN      A                           192.168.0.13
```

(2) 配置 smile.com 反向解析区域。

```
[root@RHEL7-1 ~]#vim /var/named/1.0.168.192.zone
$TTL    86400
@       IN      SOA         0.168.192.in-addr.arpa. root.smile.com.(
                2013120800  ; Serial
                28800       ; Refresh
                14400       ; Retry
                3600000     ; Expire
                86400 )     ; Minimum

@       IN      NS          server.smile.com.
1       IN      PTR         server.smile.com.
2       IN      PTR         ftp.smile.com.
3       IN      PTR         asp.smile.com.
4       IN      PTR         mail.smile.com.
```

(3) 配置 long.com 正向解析区域文件。

```
[root@RHEL7-1 ~]#vim /var/named/long.com.zone
$ORIGIN long.com.
$TTL 86400
```

```
@           IN    SOA        long.com.      root.long.com.(
                  2010021400       ; Serial
                  28800            ; Refresh
                  14400            ; Retry
                  3600000          ; Expire
                  86400 )          ; Minimum
@           IN    NS               server.long.com.
server      IN    A                192.168.1.1
computer1   IN    A                192.168.1.5
computer2   IN    A                192.168.1.6
```

(4) 配置 long. com 反向解析区域文件。

```
[root@RHEL7-1 ~]#vim /var/named/1.1.168.192.zone
$ORIGIN 1.168.192.in-addr.arpa.
$TTL 86400
@        IN       SOA       1.168.192.in-addr.arpa.    root.long.com.(
                  2010021400   ; Serial
                  28800        ; Refresh
                  14400        ; Retry
                  3600000      ; Expire
                  86400 )      ; Minimum
@        IN       NS        server.long.com.
1        IN       PTR       server.long.com.
5        IN       PTR       computer1.long.com.
6        IN       PTR       computer2.long.com.
```

(5) 实现负载均衡功能。FTP 服务器本来的 IP 地址是 192. 168. 0. 2,但由于性能有限,不能满足客户端大流量的并发访问,所以新添加了两台服务器 192. 168. 0. 12 和 192. 168. 0. 13,采用 DNS 服务器的负载均衡功能来提供更加可靠的 FTP 功能。

在 DNS 服务器的正向解析区域主配置文件中添加如下信息。

```
ftp                IN      A             192.168.0.2
ftp                IN      A             192.168.0.12
ftp                IN      A             192.168.0.13
```

(6) 在 RHEL7-1 上配置防火墙,设置主配置文件和区域文件的属组为 named,然后重启 DNS 服务。

```
[root@RHEL7-1 ~]#firewall-cmd --permanent --add-service=dns
[root@RHEL7-1 ~]#firewall-cmd --reload
[root@RHEL7-1 ~]#chgrp named /etc/named.conf
[root@RHEL7-1 ~]#systemctl restart named
[root@RHEL7-1 ~]#systemctl enable named
```

(7) 在 client1 上进行 DNS 测试。

① client1 的 IP 地址设置为 192. 168. 0. 20/24,DNS 设置为 192. 168. 0. 1。

② 保证 client1 与 RHEL7-1 通信畅通。

③ 使用 nslookup 测试。

19.5 DNS 故障排除

19.5.1 使用工具排除 DNS 服务器配置

1. nslookup

nslookup 工具可以查询互联网域名信息,检测 DNS 服务器的设置,如查询域名所对应的 IP 地址等。nslookup 支持两种模式:非交互式模式和交互式模式。

(1) 非交互式模式

非交互式模式仅仅可以查询主机和域名信息。在命令行下直接输入 nslookup 命令,查询域名信息。

命令格式为

```
nslookup 域名或 IP 地址
```

注意:通常访问互联网时,输入的网址实际上对应着互联网上的一台主机。

(2) 交互模式

交互模式允许用户通过域名服务器查询主机和域名信息或者显示一个域的主机列表。用户可以按照需要,输入指令进行交互式的操作。

交互模式下,nslookup 可以自由查询主机或者域名信息。下面举例说明 nslookup 命令的使用方法。见前面相关内容,不再赘述。

2. dig 命令

dig(domain information groper)是一个灵活的命令行方式的域名查询工具,常用于从域名服务器获取特定的信息。例如,通过 dig 命令查看域名 www.long.com 的信息。

```
[root@client1 ~]#dig www.long.com
<<>>DiG 9.9.4-Red Hat-9.9.4-50.el7 <<>>www.long.com
;; global options: +cmd
;; Got answer:
;; ->>HEADER<<-opcode: QUERY, status: NOERROR, id: 21845
;; flags: qr aa rd ra; QUERY: 1, ANSWER: 1, AUTHORITY: 1, ADDITIONAL: 2

;; OPT PSEUDOSECTION:
; EDNS: version: 0, flags:; udp: 4096
;; QUESTION SECTION:
;www.long.com.                IN   A


;; ANSWER SECTION:
www.long.com.         86400   IN   A    192.168.10.20


;; AUTHORITY SECTION:
long.com.             86400   IN   NS   dns.long.com.
```

```
;; ADDITIONAL SECTION:
dns.long.com.        86400    IN    A    192.168.10.1

;; Query time: 1 msec
;; SERVER: 192.168.10.1#53(192.168.10.1)
;; WHEN: Wed Aug 01 22:12:46 CST 2018
;; MSG SIZE rcvd: 91
```

3. host 命令

host 命令用来做简单的主机名的信息查询，在默认情况下，host 只在主机名和 IP 地址之间进行转换。下面是一些常见的 host 命令的使用方法。

```
//正向查询主机地址
[root@client1 ~]#host dns.long.com
//反向查询 IP 地址对应的域名
[root@client1 ~]#host 192.168.10.2
//查询不同类型的资源记录配置，-t 参数后可以为 SOA、MX、CNAME、A、PTR 等
[root@client1 ~]#host -t NS long.com
//列出整个 long.com 域的信息
[root@client1 ~]#host -l long.com
//列出与指定的主机资源记录相关的详细信息
[root@client1 ~]#host -a web.long.com
```

4. 查看启动信息及端口

systemctl restart named 命令中，如果 named 服务无法正常启动，可以查看提示信息，根据提示信息更改配置文件。

如果服务正常工作，则会开启 TCP 和 UDP 的 53 端口，可以使用 netstat -an 命令检测 53 端口是否正常工作。

```
netstat -an|grep :53
```

19.5.2　防火墙及 SELinux 对 DNS 服务器的影响

本小节说明防火墙及 SELinux 对 DNS 服务器的影响。

1. firewalls

如果使用 firewall 防火墙，注意开放 dns 服务。

```
[root@RHEL7-2 ~]#firewall-cmd --permanent --add-service=dns
[root@RHEL7-2 ~]#firewall-cmd --reload
```

2. SELinux

SELinux（增强安全性的 Linux）是美国安全部的一个研发项目，其目的在于增强开发代码的 Linux 内核，以提供更强的保护措施，防止一些关于安全方面的应用程序走弯路并且减轻恶意软件带来的灾难。SELinux 提供一种严格的细分程序和文件的访问权限，以及防止

非法访问的 OS 安全功能;设定了监视并保护容易受到攻击的功能(服务)的策略。具体而言,主要目标是 Web 服务器 httpd、DNS 服务器 named,以及 dhcpd、nscd、ntpd、portmap、snmpd、squid 和 syslogd。SELinux 把所有的拒绝信息输出到/var/log/messages 中。如果某台服务器,如 bind 不能正常启动,应查询 messages 文件来确认是否是 SELinux 造成服务不能运行。安装配置 BIND DNS 服务器时应先关闭 SELinux。

使用命令行方式编辑修改/etc/sysconfig/selinux 配置文件。

```
SELINUX=0
```

重新启动后该配置生效。

思考:SELinux 的其他值有哪些?各有什么作用?

19.5.3 检查 DNS 服务器配置中的常见错误

- 配置文件名写错。在这种情况下,运行 nslookup 命令不会出现命令提示符">"。
- 主机域名后面没有小点".",这是最常犯的错误。
- /etc/resolv.conf 文件中的域名服务器的 IP 地址不正确。在这种情况下,nslookup 命令不出现命令提示符。

注意:网卡配置文件、/etc/resolv.conf 文件和命令 setup 都可以设置 DNS 服务器地址,这三处一定要一致,如果没有按设置的方式运行,不妨看看这两个文件是否冲突。

- 回送地址的数据库文件有问题。同样,nslookup 命令不出现命令提示符。
- 在/etc/named.conf 文件中的 zone 区域声明中定义的文件名与/var/named 目录下的区域数据库文件名不一致。

19.6 项目实录

1. 观看录像

实训前请扫描二维码观看录像。

2. 项目背景

某企业有一个局域网(192.168.1.0/24),网络拓扑如图 19-7 所示。该企业中已经有自己的网页,员工希望通过域名来进行访问,同时员工也需要访问 Internet 上的网站。该企业已经申请了域名 jnrplinux.com,公司需要 Internet 上的用户通过域名访问公司的网页。为了保证可靠,不能因为 DNS 的故障导致网页不能访问。

要求在企业内部构建一台 DNS 服务器,为局域网中的计算机提供域名解析服务。DNS 服务器管理 jnrplinux.com 域的域名解析,DNS 服务器的域名为 dns.jnrplinux.com,IP 地址为 192.168.1.2。辅助 DNS 服务器的 IP 地址为 192.168.1.3。同时,还必须为客户提供 Internet 上的主机的域名解析。要求分别能解析以下域名:财务部(cw.jnrplinux.com,192.168.1.11),销售部(xs.jnrplinux.com,192.168.1.12),经理部(jl.jnrplinux.com,192.168.1.13),OA 系统(oa.jnrplinux.com,192.168.1.13)。

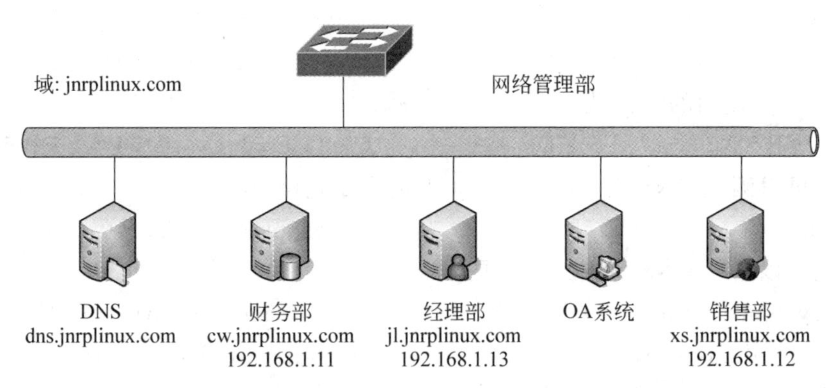

图 19-7 DNS服务器搭建网络拓扑

3. 做一做

根据项目要求及录像内容将项目完整无缺地完成。

19.7 练习题

一、填空题

1. 在Internet中计算机之间直接利用IP地址进行寻址,因而需要将用户提供的主机名转换成IP地址,这个过程称为________。

2. DNS提供了一个________的命名方案。

3. DNS顶级域名中表示商业组织的是________。

4. ________表示主机的资源记录,________表示别名的资源记录。

5. 写出可以用来检测DNS资源创建的是否正确的两个工具________、________。

6. DNS服务器的查询模式有:________、________。

7. DNS服务器分为四类:________、________、________、________。

8. 一般在DNS服务器之间的查询请求属于________查询。

二、选择题

1. 在Linux环境下,能实现域名解析的功能软件模块是(　　)。

   A. apache　　B. dhcpd　　C. BIND　　D. SQUID

2. www.163.com是Internet中主机的(　　)。

   A. 用户名　　B. 密码　　C. 别名
   D. IP地址　　E. FQDN

3. 在DNS服务器配置文件中,A类资源记录的意思是(　　)。

   A. 官方信息　　B. IP地址到名字的映射
   C. 名字到IP地址的映射　　D. 一个name server的规范

4. 在Linux DNS系统中,根服务器提示文件是(　　)。

   A. /etc/named.ca　　B. /var/named/named.ca
   C. /var/named/named.local　　D. /etc/named.local

5. DNS指针记录的标志是(　　)。

A. A　　B. PTR　　C. CNAME　　D. NS

6. DNS服务使用的端口是(　　)。

A. TCP 53　　B. UDP 53　　C. TCP 54　　D. UDP 54

7. 以下可以测试DNS服务器的工作情况的命令是(　　)。

A. dig　　B. host　　C. nslookup　　D. named-checkzone

8. 下列可以启动DNS服务的命令是(　　)。

A. systemctl start named　　B. systemctl restart named

C. service dns start　　D. /etc/init.d/dns start

9. 指定域名服务器位置的文件是(　　)。

A. /etc/hosts　　B. /etc/networks

C. /etc/resolv.conf　　D. /.profile

三、简答题

1. 描述一下域名空间的有关内容。
2. 简述DNS域名解析的工作过程。
3. 简述常用的资源记录有哪些。
4. 简述如何排除DNS故障。

19.8 实践习题

1. 企业采用多个区域管理各部门网络,技术部属于tech.org域,市场部属于mart.org域,其他人员属于freedom.org域。技术部门共有200人,采用的IP地址为192.168.1.1～192.168.1.200。市场部门共有100人,采用的IP地址为192.168.2.1～192.168.2.100。其他人员只有50人,采用的IP地址为192.168.3.1～192.168.3.50。现采用一台RHEL 5主机搭建DNS服务器,其IP地址为192.168.1.254,要求这台DNS服务器可以完成内网所有区域的正/反向解析,并且所有员工均可以访问外网地址。

请写出详细解决方案并上机实现。

2. 建立辅助DNS服务器并让主DNS服务器与辅助DNS服务器数据同步。

3. 参见任务19-5的子域及区域委派中的例题进行区域委派配置并上机测试。

19.9 超链接

单击http://www.icourses.cn/scourse/course_2843.html,访问并学习国家精品资源共享课程网站中学习情境的相关内容。

项目二十　配置与管理 Apache 服务器

项目背景

某学院组建了校园网，建设了学院网站。现需要架设 Web 服务器来为学院网站安家，同时在网站上传和更新时，需要用到文件上传和下载，因此还要架设 FTP 服务器，为学院内部和互联网用户提供 WWW、FTP 等服务。本项目先实践配置与管理 Apache 服务器。

职业能力目标和要求

- 认识 Apache。
- 掌握 Apache 服务的安装与启动。
- 掌握 Apache 服务的主配置文件。
- 掌握各种 Apache 服务器的配置。
- 学会创建 Web 网站和虚拟主机。

20.1　相关知识

由于能够提供图形、声音等多媒体数据，再加上可以交互的动态 Web 语言的广泛普及，WWW(World Wide Web)早已成为 Internet 用户所最喜欢的访问方式。一个最重要的证明就是，当前的绝大部分 Internet 流量都是由 WWW 浏览产生的。

20.1.1　Web 服务概述

WWW 服务是解决应用程序之间相互通信的一项技术。严格地说，WWW 服务是描述一系列操作的接口，它使用标准的、规范的 XML 描述接口。这一描述中包括与服务进行交互所需要的全部细节，包括消息格式、传输协议和服务位置。而在对外的接口中隐藏了服务实现的细节，仅提供一系列可执行的操作，这些操作独立于软、硬件平台和编写服务所用的编程语言。WWW 服务既可单独使用，又可同其他 WWW 服务一起使用，实现复杂的商业功能。

1. Web 服务简介

WWW 是 Internet 上被广泛应用的一种信息服务技术。WWW 采用的是客户/服务器结构，整理和存储各种 WWW 资源，并响应客户端软件的请求，把所需的信息资源通过浏览器传送给用户。

Web 服务通常可以分为两种：静态 Web 服务和动态 Web 服务。

2. HTTP

HTTP(Hypertext Transfer Protocol，超文本传输协议)可以算得上是目前互联网基础上的一个重要组成部分。而 Apache、IIS 服务器是 HTTP 协议的服务器软件，微软的 Internet Explorer 和 Mozilla 的 Firefox 则是 HTTP 协议的客户端实现。

(1) 客户端访问 Web 服务器的过程

一般客户端访问 Web 内容要经过 3 个阶段：在客户端和 Web 服务器间建立连接、传输相关内容、关闭连接。

① Web 浏览器使用 HTTP 命令向服务器发出 Web 请求(一般是使用 GET 命令要求返回一个页面，但也有 POST 等命令)。

② 服务器接收到 Web 页面请求后，就发送一个应答并在客户端和服务器之间建立连接。图 20-1 所示为建立连接示意图。

③ 服务器 Web 查找客户端所需文档，若 Web 服务器查找到所请求的文档，就会将所请求的文档传送给 Web 浏览器。若该文档不存在，则服务器会发送一个相应的错误提示文档给客户端。

④ Web 浏览器接收到文档后，就将它解释并显示在屏幕上。图 20-2 所示为传输相关内容示意图。

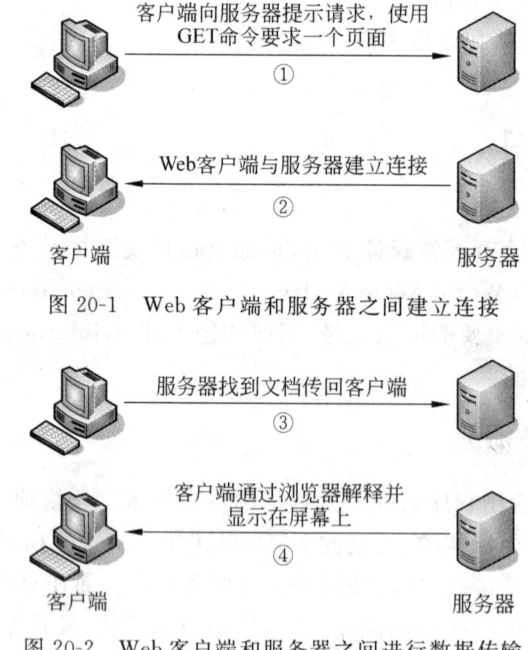

图 20-1　Web 客户端和服务器之间建立连接

图 20-2　Web 客户端和服务器之间进行数据传输

⑤ 当客户端浏览完成后，就断开与服务器的连接。图 20-3 所示为关闭连接示意图。

(2) 端口

HTTP 请求的默认端口是 80，但是也可以配置某个 Web 服务器使用另外一个端口(比如 8080)。这就能让同一台服务器上运行多个 Web 服务器，每个服务器监听不同的端口。

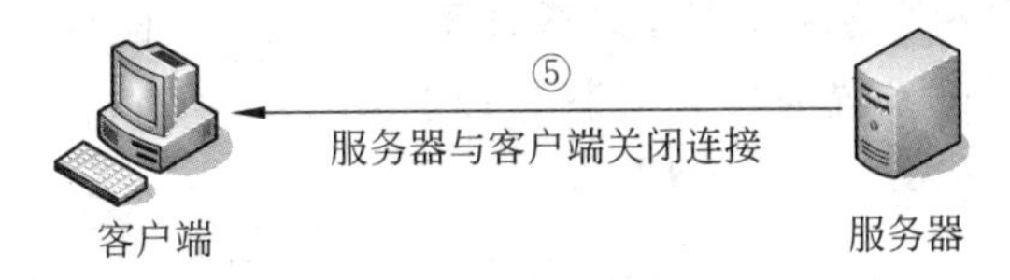

图 20-3 Web 客户端和服务器之间关闭连接

但是要注意，访问端口是 80 的服务器，由于是默认设置，所以不需要写明端口号。如果访问的一个服务器是 8080 端口，那么端口号就不能省略，它的访问方式就变成了：

```
http://www.smile.com:8080/
```

20.1.2 LAMP 模型

在互联网中，动态网站是最流行的 Web 服务器类型。在 Linux 平台下搭建动态网站的组合，采用最广泛的为 LAMP，即 Linux、Apache、MySQL 以及 PHP 4 个开源软件构建，取英文第一个字母的缩写命名。

Linux 是基于 GPL 协议的操作系统，具有稳定、免费、多用户、多进程的特点。Linux 的应用非常广泛，是服务器操作系统的理想选择。

Apache 为 Web 服务器软件，与微软公司的 IIS 相比，Apache 具有快速、廉价、易维护、安全可靠等优势，并且开放源代码。

MySQL 是关系数据库系统软件。由于它的强大功能、灵活性、良好的兼容性，以及精巧的系统结构，作为 Web 服务器的后台数据库，应用极为广泛。

PHP 是一种基于服务端来创建动态网站的脚本语言。PHP 开放源码，支持多个操作平台，可以运行在 Windows 和多种版本的 UNIX 上。它不需要任何预先处理而快速反馈结果，并且 PHP 消耗的资源较少，当 PHP 作为 Apache 服务器的一部分时，运行代码不需要调用外部程序，服务器不需要承担任何额外的负担。

PHP 应用程序通过请求的 URL 或者其他信息，确定应该执行什么操作。如有需要，服务器会从 MySQL 数据库中获得信息，将这些信息通过 HTML 进行组合，形成相应网页，并将结果返回给客户机。当用户在浏览器中操作时，这个过程重复进行，多个用户访问 LAMP 系统时，服务器会进行并发处理。

20.1.3 流行的 WWW 服务器软件

目前网络上流行着各种各样的 WWW 服务器软件，其中最有名的莫过于微软的 IIS 和免费的 Apache。到底哪个才更适合我们呢？

（1）免费与收费

首先，我们知道 IIS 是 Windows 服务器操作系统中的内置组件，所以要想使用它，就必须购买正版的 Windows。反观 Apache，软件本身是完全免费的，而且可以跨平台用在 Linux、UNIX 和 Windows 操作系统下。

（2）稳定性

WWW 服务需要长时间接受用户的访问，所以稳定性至关重要。使用过 IIS 的用户都知道,它的500内部错误着实令人讨厌,时不时要重新启动才能保持高效率;而Apache虽然配置起来稍嫌复杂,不过设置完毕之后就可以长期工作了。对于稳定性,Apache比IIS优越是显而易见的。

(3) 扩展性

一般来说,扩展性是指WWW服务提供工具是否可以应用于多种场合、多种网络情况和多种操作系统。IIS只能在微软公司的Windows操作系统下使用,而Apache显然是一个多面手,它不仅可用于Windows平台,对于Linux、UNIX、FreeBSD等操作系统来说也完全可以胜任。

另外,扩展性也是指WWW服务器软件对于各种插件的支持,在这方面,IIS和Apache表现不相上下,对于Perl、CGI、PHP和Java等都能够完美支持。

20.1.4 Apache服务器简介

Apache HTTP Server(简称Apache)是Apache软件基金会维护开发的一个开放源代码的网页服务器,可以在大多数计算机操作系统中运行,由于其多平台和安全性被广泛使用,是最流行的Web服务器端软件之一。它快速、可靠并且可通过简单的API扩展,将Perl/Python等解释器编译到服务器中。

1. Apache的历史

Apache起初是由伊利诺伊大学香槟分校的国家超级计算机应用中心(NCSA)开发的,此后,Apache被开放源代码团体的成员不断地发展和加强。Apache服务器拥有牢靠、可信的美誉,已用在超过半数的Internet网站中,几乎包含了所有的最热门和访问量最大的网站。

Apache开始只是Netscape网页服务器(现在是Sun ONE)之外的开放源代码选择,渐渐地,它开始在功能和速度上超越其他的基于UNIX的HTTP服务器。1996年4月以来,Apache一直是Internet上最流行的HTTP服务器。

小资料:当Apache在1995年年初开发的时候,它是由当时最流行的HTTP服务器NCSA HTTPd 1.3的代码修改而成的,因此是"一个修补的"服务器。然而在服务器官方网站的问题解答中是这样解释的:"Apache这个名字是为了纪念名为Apache(印地语)的美洲印第安人土著的一支,众所周知,他们拥有高超的作战策略和无穷的耐性"。

读者如果有兴趣,可以登录http://www.netcraft.com查看Apache最新的市场份额占有率,还可以在这个网站查询某个站点使用的服务器情况。

2. Apache的特性

Apache支持众多功能,这些功能绝大部分都是通过编译模块实现的。这些特性从服务器端的编程语言支持到身份认证方案。

一些通用的语言接口支持Perl、Python和PHP,流行的认证模块包括mod_access、rood_auth和rood_digest,还有SSL和TLS支持(mod_ssl)、代理服务器(proxy)模块、很有用的URL重写(由rood_rewrite实现)、定制日志文件(mod_log_config),以及过滤支持(mod_include和mod_ext_filter)。

Apache日志可以通过网页浏览器使用免费的脚本AWStats或Visitors来进行分析。

20.2 项目设计及准备

20.2.1 项目设计

利用 Apache 服务建立普通 Web 站点，以及基于主机和用户认证的访问控制。

20.2.2 项目准备

安装有企业服务器版 Linux 的 PC 一台、测试用计算机两台（Windows 7、Linux）。并且两台计算机都联入局域网。该环境也可以用虚拟机实现。规划好各台主机的 IP 地址，如表 20-1 所示。

表 20-1 Linux 服务器和客户端信息

主机名称	操作系统	IP	角 色
RHEL7-1	RHEL 7	192.168.10.1/24	Web 服务器；VMnet1
client1	RHEL 7	192.168.10.20/24	Linux 客户端；VMnet1
Win7-1	Windows 7	192.168.10.40/24	Windows 客户端；VMnet1

20.3 项目实施

20.3.1 任务 1 安装、启动与停止 Apache 服务

1. 安装 Apache 相关软件

```
[root@RHEL7-1 ~]#rpm -q httpd
[root@RHEL7-1 ~]#mkdir /iso
[root@RHEL7-1 ~]#mount /dev/cdrom /iso
[root@RHEL7-1~]#yum clean all                    //安装前先清除缓存
[root@RHEL7-1 ~]#yum install httpd -y
[root@RHEL7-1 ~]#yum install firefox -y          //安装浏览器
[root@RHEL7-1 ~]#rpm -qa|grep httpd              //检查安装组件是否成功
```

注意：一般情况下，firefox 默认已经安装，需要根据情况而定。

2. 让防火墙放行，并设置 SELinux 为允许

需要注意的是，Red Hat Enterprise Linux 7 采用了 SELinux 这种增强的安全模式，在默认的配置下，只有 SSH 服务可以通过。像 Apache 这种服务，在安装、配置、启动完毕后，还需要为它放行。

使用防火墙命令放行 http 服务，命令如下。

```
[root@RHEL7-1 ~]#firewall-cmd --list-all
[root@RHEL7-1 ~]#firewall-cmd --permanent --add-service=http
success
```

```
[root@RHEL7-1 ~]#firewall-cmd --reload
success
[root@RHEL7-1 ~]#firewall-cmd --list-all
public (active)
  target: default
  icmp-block-inversion: no
  interfaces: ens33
  sources:
  services: ssh dhcpv6-client samba dns http
  ...
```

3. 测试 httpd 服务是否安装成功

安装完 Apache 服务器后,启动它,并设置开机自动加载 Apache 服务。

```
[root@RHEL7-1 ~]#systemctl start httpd
[root@RHEL7-1 ~]#systemctl enable httpd
[root@RHEL7-1 ~]#firefox http://127.0.0.1
```

如果看到如图 20-4 所示的提示信息,则表示 Apache 服务器已安装成功。也可以在 Applications 菜单中直接启动 firefox,然后在地址栏输入 http://127.0.0.1,测试是否成功安装。

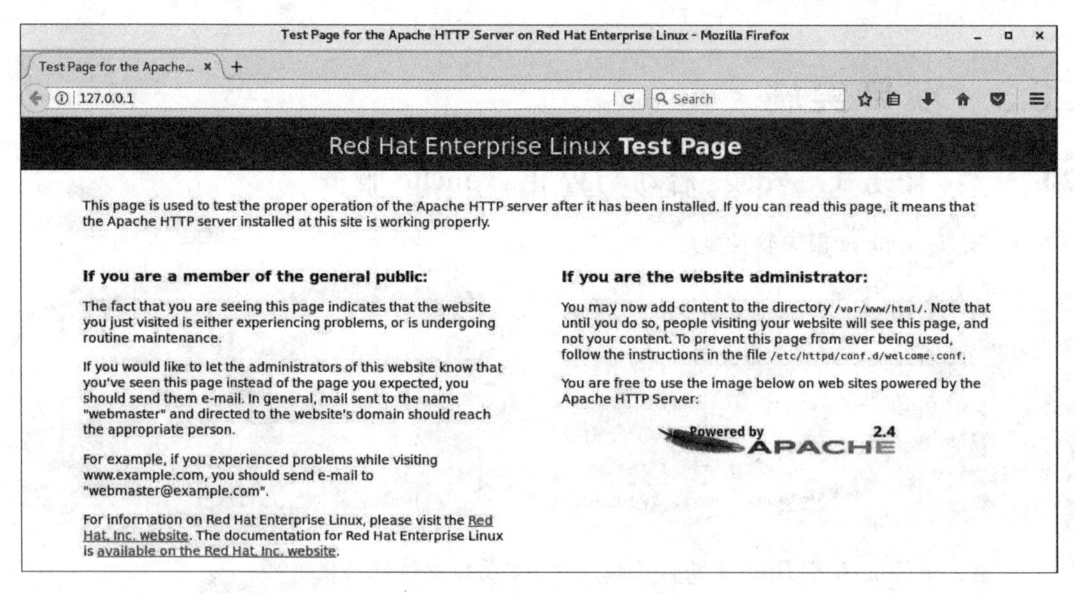

图 20-4 Apache 服务器运行正常

启动或重新启动、停止 Apache 服务的命令为

```
[root@RHEL7-1 ~]#systemctl start/restart/stop httpd
```

20.3.2 任务 2 认识 Apache 服务器的配置文件

在 Linux 系统中配置服务,其实就是修改服务的配置文件,httpd 服务程序的主要配置文件及存放位置如表 20-2 所示。

表 20-2　Linux 系统中的配置文件

配置文件的名称	存 放 位 置
服务目录	/etc/httpd
主配置文件	/etc/httpd/conf/httpd. conf
网站数据目录	/var/www/html
访问日志	/var/log/httpd/access_log
错误日志	/var/log/httpd/error_log

Apache 服务器的主配置文件是 httpd. conf，该文件通常存放在/etc/httpd/conf 目录下。文件看起来很复杂，其实很多是注释内容。本节先作大略介绍，后面的章节将给出实例，非常容易理解。

httpd. conf 文件不区分大小写，在该文件中以“#”开始的行为注释行。除了注释和空行外，服务器把其他的行认为是完整的或部分的指令。指令又分为类似于 shell 的命令和伪 HTML 标记。指令的语法为“配置参数名称 参数值”。伪 HTML 标记的语法格式如下。

```
<Directory />
    Options FollowSymLinks
    AllowOverride None
</Directory>
```

在 httpd 服务程序的主配置文件中存在三种类型的信息：注释行信息、全局配置、区域配置。在 httpd 服务程序主配置文件中，最为常用的参数如表 20-3 所示。

表 20-3　配置 httpd 服务程序时最常用的参数以及用途描述

参　　数	用　　途
ServerRoot	服务目录
ServerAdmin	管理员邮箱
User	运行服务的用户
Group	运行服务的用户组
ServerName	网站服务器的域名
DocumentRoot	文档根目录(网站数据目录)
Directory	网站数据目录的权限
Listen	监听的 IP 地址与端口号
DirectoryIndex	默认的索引页页面
ErrorLog	错误日志文件
CustomLog	访问日志文件
Timeout	网页超时时间，默认为 300 秒

从表 20-3 中可知，DocumentRoot 参数用于定义网站数据的保存路径，其参数的默认值是把网站数据存放到/var/www/html 目录中；而当前网站普遍的首页面名称是 index. html，因此可以向/var/www/html 目录中写入一个文件，替换 httpd 服务程序的默认首页面，该操作会立即生效(在本机上测试)。

```
[root@RHEL7-1 ~]#echo "Welcome To MyWeb" >/var/www/html/index.html
[root@RHEL7-1 ~]#firefox http://127.0.0.1
```

程序的首页面内容已经发生了改变,如图 20-5 所示。

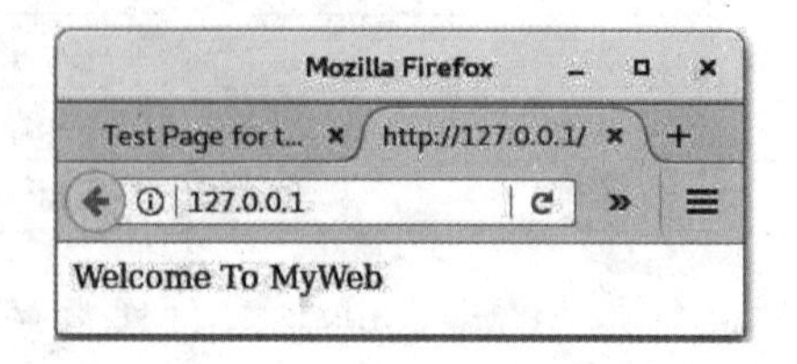

图 20-5　首页内容已发生改变

提示:如果没有出现希望的画面,而是仍回到默认页面,那一定是 SELinux 的问题。请在终端命令行运行 setenforce 0 后再测试。

20.3.3　任务 3　常规设置 Apache 服务器实例

1. 设置文档根目录和首页文件实例

【例 20-1】 默认情况下,网站的文档根目录保存在/var/www/html 中。如果想把保存网站文档的根目录修改为/home/wwwroot,并且将首页文件修改为 myweb. html,管理员 E-mail 地址为 root@long. com,网页的编码类型采用 GB2312,那么该如何操作呢?

(1) 分析。文档根目录是一个较为重要的设置,一般来说,网站上的内容都保存在文档根目录中。在默认情形下,所有的请求都从这里开始,除了记号和别名将改指它处以外。而打开网站时所显示的页面即该网站的首页(主页)。首页的文件名是由 DirectoryIndex 字段来定义的。默认情况下,Apache 默认的首页名称为 index. html。当然也可以根据实际情况进行更改。

(2) 解决方案如下。

① 在 RHEL7-1 上修改文档的根据目录为/home/www,并创建首页文件 myweb . html。

```
[root@RHEL7-1 ~]#mkdir /home/www
[root@RHEL7-1 ~]#echo "The Web's DocumentRoot Test" >/home/www/myweb.html
```

② 在 RHEL7-1 上,打开 httpd 服务程序的主配置文件,将第 119 行用于定义网站数据保存路径的参数 DocumentRoot 修改为/home/www,同时还需要将第 124 行用于定义目录权限的参数 Directory 后面的路径也修改为/home/www,将第 164 行修改为 DirectoryIndex myweb. html index. html。配置文件修改完毕后即可保存并退出。

```
[root@RHEL7-1 ~]#vim /etc/httpd/conf/httpd.conf
...
86 ServerAdmin root@long.com
119 DocumentRoot "/home/www"
...
124 <Directory "/home/www">
```

```
125 AllowOverride None
126 #Allow open access:
127 Require all granted
128 </Directory>
...

163 <IfModule dir_module>
164     DirectoryIndex index.html myweb.html
165 </IfModule>
...
```

注意：更改了网站的主目录，一定要修改相对应的目录权限，否则会出现灾难性后果。

③ 让防火墙放行 http 服务，重启 httpd 服务。

```
[root@RHEL7-1 ~]#firewall-cmd --permanent --add-service=http
[root@RHEL7-1 ~]#firewall-cmd --reload
[root@RHEL7-1 ~]#firewall-cmd --list-all
```

④ 在 client1 上测试(RHEL7-1 和 client1 都是 VMnet1 连接，保证互相通信)，结果显示了默认首页面。

```
[root@client1 ~]#firefox http://192.168.10.1
```

⑤ 故障排除。为什么看到了 httpd 服务程序的默认首页面？一般情况下，只有在网站的首页面文件不存在或者用户权限不足时，才显示 httpd 服务程序的默认首页面。更奇怪的是，在尝试访问 http://192.168.10.1/myweb.html 页面时，竟然发现页面显示"Forbidden，You don't have permission to access /myweb.html on this server."，如图 20-6 所示。这是什么原因呢？是 SELinux 的问题。解决方法是在服务器端运行 setenforce 0，设置 SELinux 为允许。

图 20-6　在客户端测试失败

```
[root@RHEL7-1 ~]#getenforce
Enforcing
[root@RHEL7-1 ~]#setenforce 0
[root@RHEL7-1 ~]#getenforce
Permissive
```

(3) 更改当前的 SELinux 值，后面可以跟 Enforcing、Permissive 或者 1、0。

```
[root@RHEL7-1 ~]#setenforce 0
[root@RHEL7-1 ~]#getenforce
Permissive
```

注意：①利用 setenforce 命令设置 SELinux 的值，重启系统后失效。如果再次使用

httpd,则仍需重新设置 SELinux,否则客户端无法访问 Web 服务器。②如果想长期有效,请编辑修改/etc/sysconfig/selinux 文件,按需要赋予 SELinux 相应的值(Enforcing|Permissive,或者 0|1)。③本书多次提到防火墙和 SELinux,请读者一定注意,许多问题可能是防火墙和 SELinux 引起的,而对于系统重启后失效的情况也要了如指掌。

提示:设置完成后再一次测试的结果如图 20-7 所示。设置这个环节的目的是强调 SELinux 的问题十分重要!强烈建议如果暂时不能很好地掌握 SELinux 的细节,在做实训时一定运行命令 setenforce 0。

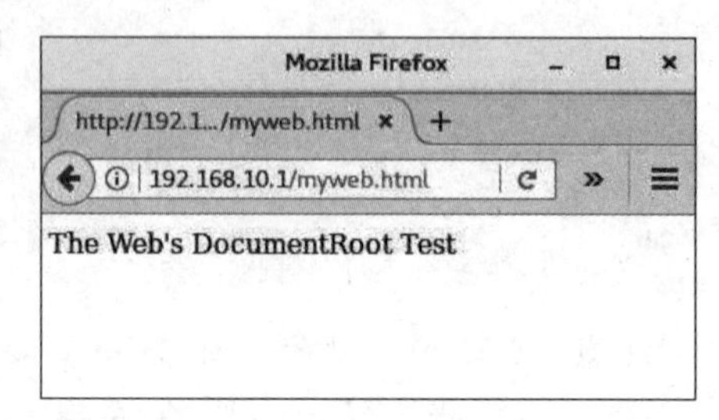

图 20-7 在客户端测试成功

2. 用户个人主页实例

现在许多网站(例如 www.163.com)都允许用户拥有自己的主页空间,而用户可以很容易地管理自己的主页空间。Apache 可以实现用户的个人主页。客户端在浏览器中浏览个人主页的 URL 地址格式为

```
http://域名/~username
```

其中,"～username"在利用 Linux 系统中的 Apache 服务器来实现时,是 Linux 系统的合法用户名(该用户必须在 Linux 系统中存在)。

【例 20-2】 在 IP 地址为 192.168.10.1 的 Apache 服务器中,为系统中的 long 用户设置个人主页空间。该用户的家目录为/home/long,个人主页空间所在的目录为 public_html。

实现步骤如下。

(1) 修改用户的家目录权限,使其他用户具有读取和执行的权限。

```
[root@RHEL7-1 ~]#useradd long
[root@RHEL7-1 ~]#passwd long
[root@RHEL7-1 ~]#chmod 705 /home/long
```

(2) 创建存放用户个人主页空间的目录。

```
[root@RHEL7-1 ~]#mkdir /home/long/public_html
```

(3) 创建个人主页空间的默认首页文件。

```
[root@RHEL7-1 ~]#cd /home/long/public_html
[root@RHEL7-1 public_html]#echo "this is long's web.">>index.html
[root@RHEL7-1 public_html]#cd
```

(4) 在 httpd 服务程序中,默认没有开启个人用户主页功能。为此,需要编辑配置文件/etc/httpd/conf.d/userdir.conf ,然后在第 17 行的 UserDir disabled 参数前面加上井号(#),表示让 httpd 服务程序开启个人用户主页功能;同时再把第 24 行的 UserDir public_html 参数前面的井号(#)去掉(UserDir 参数表示网站数据在用户家目录中的保存目录名

称，即 public_html 目录）。修改完毕后保存退出。（在 vim 编辑状态记得使用"：set nu"命令显示行号。）

```
[root@RHEL7-1 ~]#vim /etc/httpd/conf.d/userdir.conf
…
17 #UserDir disabled
…
24   UserDir public_html
…
```

（5）SELnux 设置为允许，让防火墙放行 httpd 服务，重启 httpd 服务。

```
[root@RHEL7-1 ~]#setenforce 0
[root@RHEL7-1 ~]#firewall-cmd --permanent --add-service=http
[root@RHEL7-1 ~]#firewall-cmd --reload
[root@RHEL7-1 ~]#firewall-cmd --list-allt
[root@RHEL7-1 ~]#systemctl restart httpd
```

（6）在客户端的浏览器中输入 http：//192.168.10.1/～long/，看到的个人空间的访问效果如图 20-8 所示。

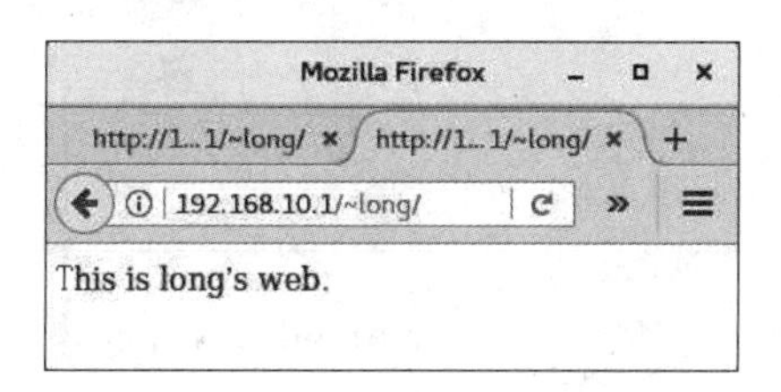

图 20-8　用户个人空间的访问效果

思考：如果运行如下命令再在客户端测试，结果又会如何呢？试一试并思考原因。

```
[root@RHEL7-1 ~]#setenforce 1
[root@RHEL7-1 ~]#setsebool -P httpd_enable_homedirs=on
```

3. 虚拟目录实例

要从 Web 站点主目录以外的其他目录发布站点，可以使用虚拟目录实现。虚拟目录是一个位于 Apache 服务器主目录之外的目录，它不包含在 Apache 服务器的主目录中，但在访问 Web 站点的用户看来，它与位于主目录中的子目录是一样的。每一个虚拟目录都有一个别名，客户端可以通过此别名来访问虚拟目录。

由于每个虚拟目录都可以分别设置不同的访问权限，因此非常适合于不同用户对不同目录拥有不同权限的情况。另外，只有知道虚拟目录名的用户才可以访问此虚拟目录，除此之外的其他用户将无法访问此虚拟目录。

在 Apache 服务器的主配置文件 httpd.conf 中，通过 Alias 指令设置虚拟目录。

【例 20-3】　在 IP 地址为 192.168.10.1 的 Apache 服务器中创建名为/test/的虚拟目录，它对应的物理路径是/virdir/，并在客户端测试。

(1) 创建物理目录/virdir/。

```
[root@RHEL7-1 ~]#mkdir -p /virdir/
```

(2) 创建虚拟目录中的默认首页文件。

```
[root@RHEL7-1 ~]#cd /virdir/
[root@RHEL7-1 virdir]#echo "This is Virtual Directory sample.">>index.html
```

(3) 修改默认文件的权限,使其他用户具有读和执行权限。

```
[root@RHEL7-1 virdir]#chmod 705 /virdir/index.html
```

或者

```
[root@RHEL7-1 virdir]#chmod 705 /virdir -R
[root@RHEL7-1 virdir]#cd
```

(4) 修改/etc/httpd/conf/httpd.conf 文件,添加下面的语句。

```
Alias /test "/virdir"
<Directory "/virdir">
  AllowOverride None
  Require all granted
</Directory>
```

(5) SELinux 设置为允许,让防火墙放行 httpd 服务,重启 httpd 服务。

```
[root@RHEL7-1 ~]#setenforce 0
[root@RHEL7-1 ~]#firewall-cmd --permanent --add-service=http
[root@RHEL7-1 ~]#firewall-cmd --reload
[root@RHEL7-1 ~]#firewall-cmd --list-allt
[root@RHEL7-1 ~]#systemctl restart httpd
```

(6) 在客户端 client1 的浏览器中输入 http://192.168.10.1/test 后,看到的虚拟目录的访问效果如图 20-9 所示。

20.3.4 任务4 其他常规设置

1. 根目录设置(ServerRoot)

配置文件中的 ServerRoot 字段用来设置 Apache 的配置文件、错误文件和日志文件的存放目录。并且该目录是整个目录树的根节点,如果下面的字段设置中出现相对路径,那么就是相对于这个路径的。默认情况下根路径为/etc/httpd,可以根据需要进行修改。

【例 20-4】 设置根目录为/usr/local/httpd。

```
ServerRoot "/usr/local/httpd"
```

2. 超时设置

Timeout 字段用于设置接收和发送数据时的超时设置。默认时间单位是秒。如果超过限定的时间后客户端仍然无法连接上服务器，则予以断线处理。默认时间为 120 秒，可以根据环境需要适当调整。

【例 20-5】 设置超时时间为 300 秒。

```
Timeout 300
```

3. 客户端连接数限制

客户端连接数限制就是指在某一时刻内，www 服务器允许多少客户端同时进行访问。允许同时访问的最大数值就是客户端连接数限制。

(1) 为什么要设置连接数限制？网站本来就是提供给别人访问的，为什么要限制访问数量，将人拒之门外呢？如果搭建的网站为一个小型的网站，访问量较小，则对服务器响应速度没有影响；如果网站访问用户突然过多，一时间单击率猛增，一旦超过某一数值，很可能导致服务器瘫痪。而且即使是门户级网站，例如百度、新浪、搜狐等大型网站，它们所使用的服务器硬件实力相当雄厚，可以承受同一时刻成千甚至上万的单击量，但是，硬件资源还是有限的，如果遇到大规模的分布式拒绝服务攻击（DDoS），仍然可能导致服务器因过载而瘫痪。作为企业内部的网络管理者应该尽量避免类似的情况发生，所以限制客户端连接数是非常有必要的。

(2) 实现客户端连接数限制。在配置文件中，MaxClients 字段用于设置同一时刻内最大的客户端访问数量，默认数值是 256。对于小型的网站来说已经够用了。如果是大型网站，可以根据实际情况进行修改。

【例 20-6】 设置客户端连接数为 500。

```
<IfModule prefork.c>
  StartServers             8
  MinSpareServers          5
  MaxSpareServers          20
  ServerLimit              500
  MaxClients               500
  MaxRequestSPerChild      4000
</IfModule>
```

注意：MaxClients 字段出现的频率可能不止一次，请注意这里的 MaxClients 是包含在 <IfModule prefork. c> </IfModule>这个容器中的。

4. 设置管理员邮件地址

当客户端访问服务器发生错误时，服务器通常会将带有错误提示信息的网页反馈给客户端，并且上面包含管理员的 E-mail 地址，以便解决出现的错误。

如果需要设置管理员的 E-mail 地址，可以使用 ServerAdmin 字段来设置。

【例 20-7】 设置管理员的 E-mail 地址为 root@smile. com。

```
ServerAdmin root@smile.com
```

5. 设置主机名称

ServerName 字段定义了服务器名称和端口号,用以标明自己的身份。如果没有注册 DNS 名称,可以输入 IP 地址。当然,可以在任何情况下输入 IP 地址,这也可以完成重定向工作。

【例 20-8】 设置服务器主机名称及端口号。

```
ServerName www.example.com:80
```

技巧: 正确使用 ServerName 字段设置服务器的主机名称或 IP 地址后,在启动服务时则不会出现 Could not reliably determine the server's fully qualified domain name, using 127.0.0.1 for ServerName 的错误提示。

6. 网页编码设置

由于地域的不同,中国和外国,或者说亚洲地区和欧美地区所采用的网页编码也不同,如果出现服务器端的网页编码和客户端的网页编码不一致,就会导致看到的是乱码,这样会带来交流的障碍。如果想正常显示网页的内容,则必须使用正确的编码。

httpd.conf 中使用 AddDefaultCharset 字段来设置服务器的默认编码,默认情况下服务器编码采用 UTF-8。而汉字的编码一般是 GB2312,国家强制标准是 GB18030。具体使用哪种编码要根据网页文件里的编码来决定,保持和这些文件所采用的编码一致,就可以正常显示。

【例 20-9】 设置服务器默认编码为 GB2312。

```
AddDefaultCharset GB2312
```

技巧: 若知道该使用哪种编码,则可以把 AddDefaultCharset 字段注释掉,表示不使用任何编码,这样让浏览器自动去检测当前网页所采用的编码是什么,然后自动进行调整。对于多语言的网站搭建,最好采用注释掉 AddDefaultCharset 字段的这种方法。

7. 目录设置

目录设置就是为服务器上的某个目录设置权限。通常在访问某个网站的时候,真正所访问的仅仅是那台 Web 服务器里某个目录下的某个网页文件而已。而整个网站也是由这些林林总总的目录和文件组成。作为网站的管理人员,可能经常需要只对某个目录做出设置,而不是对整个网站做设置。例如,拒绝 192.168.0.100 的客户端访问某个目录内的文件。这时,可以使用<Directory> </Directory>容器来设置。这是一对容器语句,需要成对出现。在每个容器中有 Options、AllowOverride、Limit 等指令,它们都是和访问控制相关的。各参数如表 20-4 所示。

表 20-4 Apache 目录访问控制选项

访问控制选项	描 述
Options	设置特定目录中的服务器特性
AllowOverride	设置如何使用访问控制文件.htaccess
Order	设置 Apache 默认的访问权限及 Allow 和 Deny 语句的处理顺序

续表

访问控制选项	描　　述
Allow	设置允许访问 Apache 服务器的主机，可以是主机名，也可以是 IP 地址
Deny	设置拒绝访问 Apache 服务器的主机，可以是主机名，也可以是 IP 地址

(1) 根目录默认设置

```
<Directory/>
    Options FollowSymLinks                              ①
    AllowOverride None                                  ②
</Directory>
```

以上代码中带有序号的两行说明如下。

① Options 字段用来定义目录使用哪些特性，后面的 FollowSymLinks 指令表示可以在该目录中使用符号链接。Options 还可以设置很多功能，常见功能请参考表 20-5 所示。

② AllowOverride 用于设置. htaccess 文件中的指令类型。None 表示禁止使用. htaccess。

表 20-5　Options 选项的取值

值	描　　述
Indexes	允许目录浏览。当访问的目录中没有 DirectoryIndex 参数指定的网页文件时，会列出目录的清单
Multiviews	允许内容协商的多重视图
All	支持除 Multiviews 以外的所有选项。如果没有 Options 语句，默认为 All
ExecCGI	允许在该目录下执行 CGI 脚本
FollowSysmLinks	可以在该目录中使用符号链接，以访问其他目录
Includes	允许服务器端使用 SSI(服务器包含)技术
IncludesNoExec	允许服务器端使用 SSI(服务器包含)技术，但禁止执行 CGI 脚本
SymLinksIfOwnerMatch	目录文件与目录属于同一用户时支持符号链接

注意：可以使用"+"或"-"号在 Options 选项中添加或取消某个选项的值。如果不使用这两个符号，那么在容器中的 Options 选项的取值将完全覆盖以前的 Options 指令的取值。

(2) 文档目录的默认设置

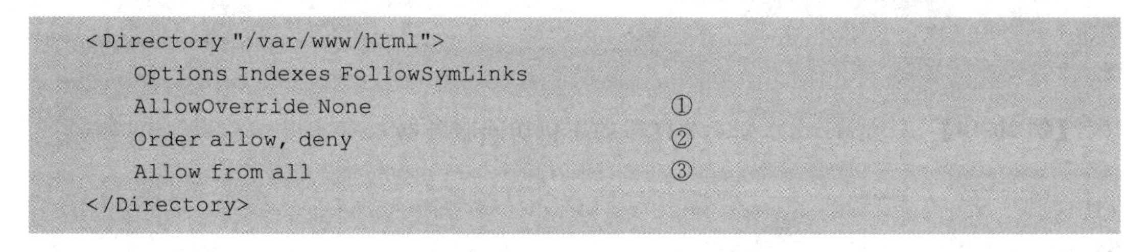

```
<Directory "/var/www/html">
    Options Indexes FollowSymLinks
    AllowOverride None                          ①
    Order allow, deny                           ②
    Allow from all                              ③
</Directory>
```

以上代码中带有序号的三行说明如下。

① AllowOverride 所使用的指令组此处不使用认证。

② 设置默认的访问权限与 Allow 和 Deny 字段的处理顺序。

③ Allow 字段用来设置哪些客户端可以访问服务器。与之对应的 Deny 字段则用来限制哪些客户端不能访问服务器。

Allow 和 Deny 字段的处理顺序非常重要,需要详细了解它们的意思和使用技巧。

情况一：Order allow, deny

表示默认情况下禁止所有客户端访问,且 Allow 字段在 Deny 字段之前被匹配。如果既匹配 Allow 字段又匹配 Deny 字段,则 Deny 字段最终生效。也就是说 Deny 会覆盖 Allow。

情况二：Order deny, allow

表示默认情况下允许所有客户端访问,且 Deny 字段在 Allow 语句之前被匹配。如果既匹配 Allow 字段又匹配 Deny 字段,则 Allow 字段最终生效。也就是说 Allow 会覆盖 Deny。

下面举例来说明 Allow 和 Deny 字段的用法。

【例 20-10】 允许所有客户端访问(先允许后拒绝)。

```
Order allow, deny
Allow from all
```

【例 20-11】 拒绝 IP 地址为 192.168.100.100 和来自.bad.com 域的客户端访问。其他客户端都可以正常访问。

```
Order deny,allow
Deny from 192.168.100.100
Deny from .bad.com
```

【例 20-12】 仅允许 192.168.0.0/24 网段的客户端访问,但其中 192.168.0.100 不能访问。

```
Order allow,deny
Allow from 192.168.0.0/24
Deny from 192.168.0.100
```

为了说明允许和拒绝条目的使用,对照看一下下面的两个例子。

【例 20-13】 除了 www.test.com 的主机,允许其他所有人访问 Apache 服务器。

```
Order allow,deny
Allow from all
Deny from www.test.com
```

【例 20-14】 只允许 10.0.0.0/8 网段的主机访问服务器。

```
Order deny,allow
Deny from all
Allow from 10.0.0.0/255.255.0.0
```

注意：Over、Allow from 和 Deny from 关键词，它们大小写不敏感，但 allow 和 deny 之间以“,”分隔，二者之间不能有空格。

如果仅仅想对某个文件做权限设置，可以使用<Files 文件名></Files>容器语句实现，方法和使用<Directory 目录></Directory>几乎一样。例如：

```
<Files "/var/www/html/f1.txt">
    Order allow, deny
    Allow from all
</Files>
```

20.3.5　任务 5　配置虚拟主机

虚拟主机是在一台 Web 服务器上可以为多个独立的 IP 地址、域名或端口号提供不同的 Web 站点。对于访问量不大的站点来说，这样做可以降低单个站点的运营成本。

1. 配置基于 IP 地址的虚拟主机

基于 IP 地址的虚拟主机的配置需要在服务器上绑定多个 IP 地址，然后配置 Apache，把多个网站绑定在不同的 IP 地址上，访问服务器上不同的 IP 地址，就可以看到不同的网站。

【例 20-15】　假设 Apache 服务器具有 192.168.10.1 和 192.168.10.2 两个 IP 地址（提前在服务器中配置这两个 IP 地址）。现需要利用这两个 IP 地址分别创建两个基于 IP 地址的虚拟主机，要求不同的虚拟主机对应的主目录不同，默认文档的内容也不同。配置步骤如下。

（1）依次选择 Applications→System Tools→Settings→Network 命令，单击 Setting 按钮，打开如图 20-9 所示的配置对话框，可以直接单击“+”按钮添加 IP 地址，完成后单击 Apply 按钮。这样可以在一块网卡上配置多个 IP 地址，当然也可以直接在多块网卡上配置多个 IP 地址。

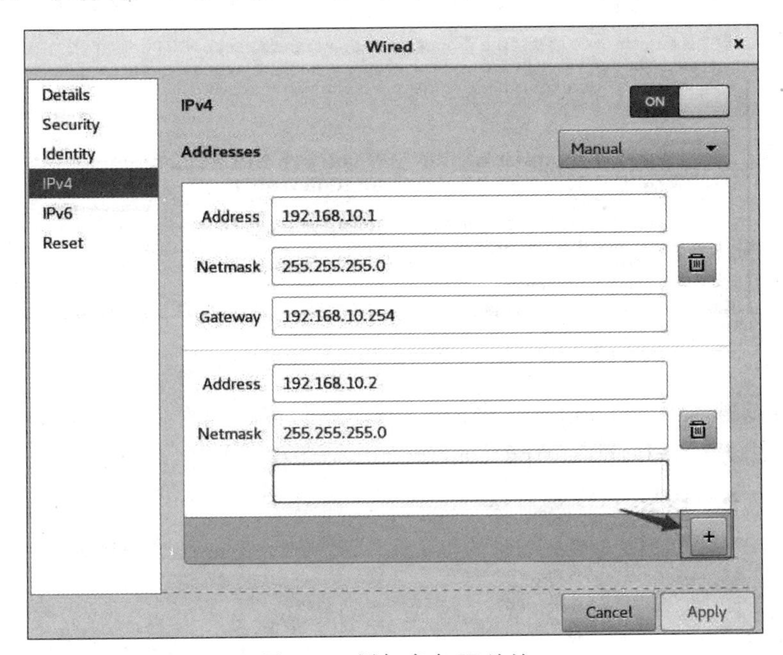

图 20-9　添加多个 IP 地址

(2) 分别创建/var/www/ip1 和/var/www/ip2 两个主目录和默认文件。

```
[root@RHEL7-1 ~]#mkdir /var/www/ip1 /var/www/ip2
[root@RHEL7-1 ~]#echo "this is 192.168.10.1's web.">/var/www/ip1/index.html
[root@RHEL7-1 ~]#echo "this is 192.168.10.2's web.">/var/www/ip2/index.html
```

(3) 添加/etc/httpd/conf.d/vhost.conf 文件。该文件的内容如下:

```
#设置基于 IP 地址为 192.168.10.1 的虚拟主机
<Virtualhost 192.168.10.1>
    DocumentRoot /var/www/ip1
</Virtualhost>

#设置基于 IP 地址为 192.168.10.2 的虚拟主机
<Virtualhost 192.168.10.2>
    DocumentRoot /var/www/ip2
</Virtualhost>
```

(4) SELinux 设置为允许,让防火墙放行 httpd 服务,重启 httpd 服务(见前面的操作)。

(5) 在客户端浏览器中可以看到 http://192.168.10.1 和 http://192.168.10.2 两个网站的浏览效果,如图 20-10 所示。

图 20-10 测试时出现默认页面

此处之所以看到了 httpd 服务程序的默认首页面,都是因为主配置文件里没设置目录权限所致。解决方法是在/etc/httpd/conf/httpd.conf 中添加有关两个网站目录权限的内容(只设置/var/www 目录权限也可以)。

```
<Directory "/var/www/ip1">
    AllowOverride None
    Require all granted
</Directory>
```

```
<Directory "/var/www/ip2">
    AllowOverride None
    Require all granted
</Directory>
```

注意：为了不使后面的实训受到前面虚拟主机设置的影响，做完一个实训后，请将配置文件中添加的内容删除，然后再继续下一个实训。

如果直接修改/etc/httpd/conf.d/vhost.conf 文件，在原来的基础上增加下面的内容，是否可以？请试一下。

```
#设置目录的访问权限,这一点特别容易忽视
<Directory /var/www>
    AllowOverride None
    Require all granted
</Directory>
```

2. 配置基于域名的虚拟主机

基于域名的虚拟主机的配置只需服务器有一个 IP 地址即可，所有的虚拟主机共享同一个 IP，各虚拟主机之间通过域名进行区分。

要建立基于域名的虚拟主机，DNS 服务器中应建立多个主机资源记录，使它们解析到同一个 IP 地址。例如：

```
www.smile.com. IN A 192.168.10.1
www.long.com. IN A 192.168.10.1
```

【例 20-16】 假设 Apache 服务器 IP 地址为 192.168.10.1。在本地 DNS 服务器中该 IP 地址对应的域名分别为 www1.long.com 和 www2.long.com。现需要创建基于域名的虚拟主机，要求不同的虚拟主机对应的主目录不同，默认文档的内容也不同。配置步骤如下。

(1) 分别创建/var/www/smile 和/var/www/long 两个主目录和默认文件。

```
[root@RHEL7-1 ~]#mkdir /var/www/www1 /var/www/www2
[root@RHEL7-1 ~]#echo "www1.long.com's web.">/var/www/www1/index.html
[root@RHEL7-1 ~]#echo "www2.long.com's web.">/var/www/www2/index.html
```

(2) 修改 httpd.conf 文件。添加目录权限内容如下。

```
<Directory "/var/www">
    AllowOverride None
    Require all granted
</Directory>
```

(3) 修改/etc/httpd/conf.d/vhost.conf 文件。该文件的内容如下(原来的内容已清空)。

```
<Virtualhost 192.168.10.1>
    DocumentRoot /var/www/www1
    ServerName www1.long.com
</Virtualhost>

<Virtualhost 192.168.10.1>
    DocumentRoot /var/www/www2
    ServerName www2.long.com
</Virtualhost>
```

(4) SELinux 设置为允许,让防火墙放行 httpd 服务,重启 httpd 服务。在客户端 client1 上测试。要确保 DNS 服务器解析正确,确保给 client1 设置正确的 DNS 服务器地址(etc/resolv.conf)。

注意:*在本例的配置中,DNS 的正确配置至关重要,一定要确保 long.com 域名及主机的正确解析,否则无法成功。正向区域配置文件如下。*

```
[root@RHEL7-1 long]#vim /var/named/long.com.zone
$TTL 1D
@       IN  SOA  dns.long.com.  mail.long.com. (
                                          0       ; serial
                                          1D      ; refresh
                                          1H      ; retry
                                          1W      ; expire
                                          3H )    ; minimum


@       IN  NS                  dns.long.com.
@       IN  MX   10             mail.long.com.

dns     IN  A                   192.168.10.1
www1    IN  A                   192.168.10.1
www2    IN  A                   192.168.10.1
```

思考:为了测试方便,在 client1 上直接设置/etc/hosts 为如下的内容,是否可代替 DNS 服务器?

```
192.168.10.1 www1.long.com
192.168.10.1 www2.long.com
```

3. 基于端口号的虚拟主机的配置

基于端口号的虚拟主机的配置只需服务器有一个 IP 地址即可,所有的虚拟主机共享同一个 IP,各虚拟主机之间通过不同的端口号进行区分。在设置基于端口号的虚拟主机的配置时,需要利用 Listen 语句设置所监听的端口。

【例 20-17】 假设 Apache 服务器 IP 地址为 192.168.10.1。现需要创建基于 8088 和 8089 两个不同端口号的虚拟主机,要求不同的虚拟主机对应的主目录不同,默认文档的内容也不同,应该如何配置?配置步骤如下。

(1) 分别创建/var/www/8088和/var/www/8089两个主目录和默认文件。

```
[root@RHEL7-1 ~]#mkdir /var/www/8088 /var/www/8089
[root@RHEL7-1 ~]#echo "8088 port's web.">/var/www/8088/index.html
[root@RHEL7-1 ~]#echo "8089 port's web.">/var/www/8089/index.html
```

(2) 修改/etc/httpd/conf/httpd.conf文件。该文件的修改内容如下。

```
Listen 8088
Listen 8089
<Directory "/var/www">
    AllowOverride None
    Require all granted
</Directory>
```

(3) 修改/etc/httpd/conf.d/vhost.conf文件。该文件的内容如下(原来内容清空)。

```
<Virtualhost 192.168.10.1:8088>
    DocumentRoot /var/www/8088
</Virtualhost>

<Virtualhost 192.168.10.1:8089>
    DocumentRoot /var/www/8089
</Virtualhost>
```

(4) 关闭防火墙和允许SELinux,重启httpd服务。然后在客户端client1上测试。测试结果出现错误,如图20-11所示。

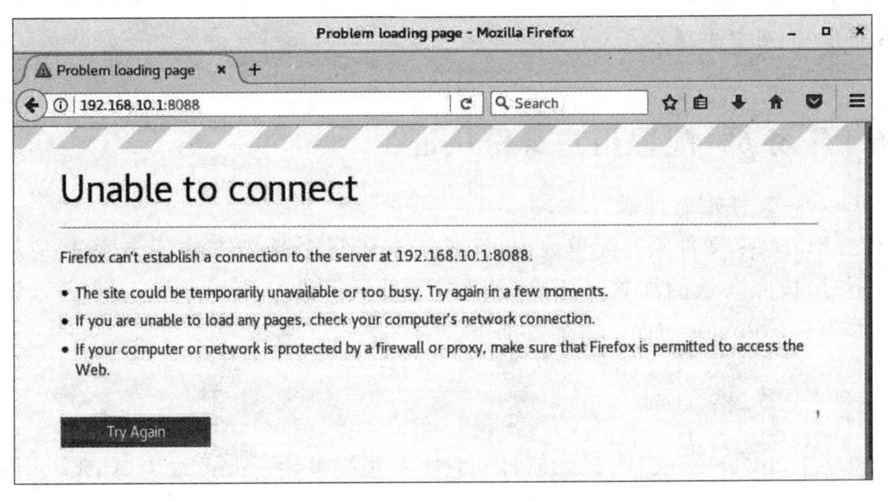

图20-11　访问192.168.10.1:8088时报错

(5) 处理故障。这是因为防火墙检测到8088和8089端口原本不属于Apache服务应该需要的资源,现在却以httpd服务程序的名义监听使用了,所以防火墙会拒绝Apache服务使用这两个端口。可以使用firewall-cmd命令永久添加需要的端口到public区域,并重启防火墙。

```
[root@RHEL7-1 ~]#firewall-cmd --list-all
public (active)  …
  services: ssh dhcpv6-client samba dns http
  ports:
  …
[root@RHEL7-1 ~]#firewall-cmd --zone=public --add-port=8088/tcp
success
[root@RHEL7-1 ~]#firewall-cmd --permanent --zone=public --add-port=8089/tcp
[root@RHEL7-1 ~]#firewall-cmd --permanent --zone=public --add-port=8088/tcp
[root@RHEL7-1 ~]#firewall-cmd --reload
[root@RHEL7-1 ~]#firewall-cmd --list-all
public (active)
  …
  services: ssh dhcpv6-client samba dns http
  ports: 8089/tcp 8088/tcp
  …
```

（6）再次在 client1 上测试，结果如图 20-12 所示。

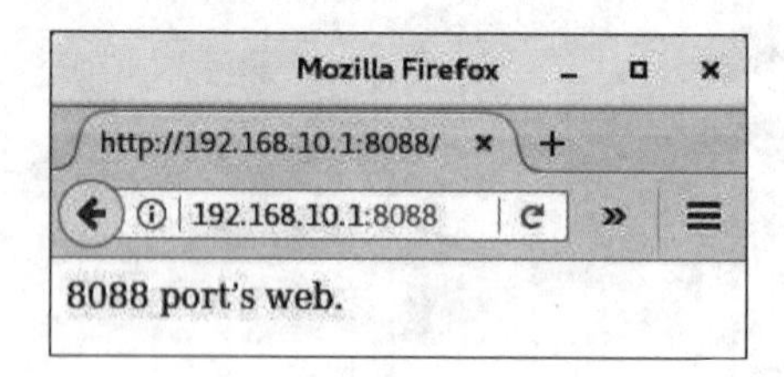

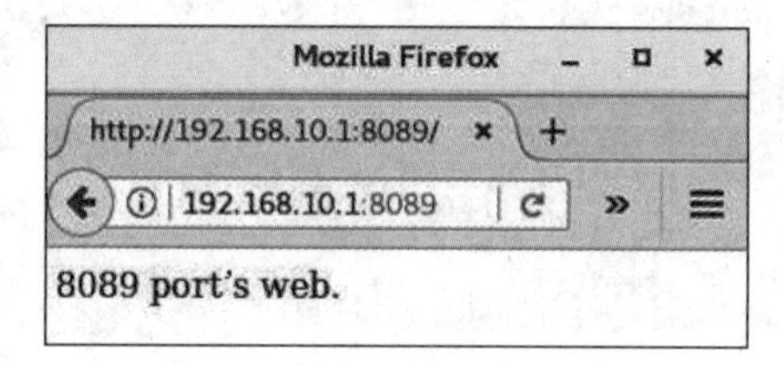

图 20-12　不同端口虚拟主机的测试结果

技巧：依次选择 Applications→Sundry→Firewall 命令，打开防火墙配置窗口，可以详尽地配置防火墙，包括配置公共(public)区域的端口(port)等，读者不妨多操作试试，定会有收获。

20.3.6　任务 6　配置用户身份认证

1. .htaccess 文件控制存取

什么是.htaccess 文件呢？简单地说，它是一个访问控制文件，用来配置相应目录的访问方法。不过，按照默认的配置是不会读取相应目录下的.htaccess 文件来进行访问控制的。这是因为在 AllowOverride 中配置如下。

```
AllowOverride none
```

完全忽略了.htaccess 文件，该如何打开它呢？很简单，将 none 改为 AuthConfig。

```
<Directory />
    Options FollowSymLinks
    AllowOverride AuthConfig
</Directory>
```

现在就可以在需要进行访问控制的目录下创建一个.htaccess 文件了。需要注意的是，文件前有一个“.”，说明这是一个隐藏文件(该文件名也可以采用其他的文件名，只需要在 httpd.conf 中进行设置就可以了)。

另外，在 httpd.conf 的相应目录中的 AllowOverride 主要用于控制。htaccess 中允许进行的设置，其 Override 不止一项，详细参数请参考表 20-6。

表 20-6 AllowOverride 指令所使用的指令组

指令组	可用指令	说明
AuthConfig	AuthDBMGroupFile、AuthDBMUserFile、AuthGroupFile、AuthName、AuthType、AuthUserFile、Require	进行认证、授权以及安全的相关指令
FileInfo	DefaultType、ErrorDocument、ForceType、LanguagePriority、SetHandler、SetInputFilter、SetOutputFilter	控制文件处理方式的相关指令
Indexes	AddDescription、AddIcon、AddIconByEncoding、DefaultIcon、AddIconByType、DirectoryIndex、ReadmeName FancyIndexing、HeaderName、IndexIgnore、IndexOptions	控制目录列表方式的相关指令
Limit	Allow、Deny、Order	进行目录访问控制的相关指令
Options	Options、XBitHack	启用不能在主配置文件中使用的各种选项
All	全部指令组	可以使用以上所有指令
None	禁止使用所有指令	禁止处理.htaccess 文件

假设在用户 clinuxer 的 Web 目录(public_html)下新建了一个.htaccess 文件，该文件的绝对路径为/home/clinuxer/public_html/.htaccess。其实 Apache 服务器并不会直接读取这个文件，而是从根目录下开始搜索.htaccess 文件。

```
/.htaccess
/home/.htaccess
/home/clinuxer/.htaccess
/home/clinuxer/public_html/.htaccess
```

如果这个路径中有一个.htaccess 文件，比如/home/clinuxer/.htaccess，则 Apache 并不会去读/home/clinuxer/public_html/.htaccess，而是读/home/clinuxer/.htaccess。

2. 用户身份认证

Apache 中的用户身份认证也可以采取“整体存取控制”或者“分布式存取控制”方式，其中用得最广泛的就是通过.htaccess 来进行。

(1) 创建用户名和密码

在/usr/local/httpd/bin 目录下有一个 htpasswd 可执行文件，它就是用来创建.htaccess 文件身份认证所使用的密码的。它的语法格式如下：

```
[root@RHEL7-1 ~]#htpasswd [-bcD] [-mdps] 密码文件名字 用户名
```

参数说明如下。

- -b：用批处理方式创建用户。htpasswd 不会提示你输入用户密码，不过由于要在命令行输入可见的密码，因此并不是很安全。

- -c：新创建(create)一个密码文件。
- -D：删除一个用户。
- -m：采用 MD5 编码加密。
- -d：采用 CRYPT 编码加密，这是预设的方式。
- -p：采用明文格式的密码。因为安全的原因，目前不推荐使用。
- -s：采用 SHA 编码加密。

【例 20-18】 创建一个用于.htaccess 密码认证的用户 yy1。

```
[root@RHEL7-1 ~]#htpasswd  -c  -mb  .htpasswd  yy1  P@ssw0rd
```

在当前目录下创建一个.htpasswd 文件，并添加一个用户 yy1，密码为 P@ssw0rd。

(2) 实例

【例 20-19】 设置一个虚拟目录/httest，让用户必须输入用户名和密码才能访问。

① 创建一个新用户 smile，应该输入以下命令。

```
[root@RHEL7-1 ~]#mkdir /virdir/test
[root@RHEL7-1 ~]#echo "Require valid_users's web.>/virdir/test/index.html
[root@RHEL7-1 ~]#cd /virdir/test
[root@RHEL7-1 test]#/usr/bin/htpasswd -c /usr/local/.htpasswd smile
```

之后会要求输入该用户的密码并确认，成功后会提示 Adding password for user smile。如果还要在.htpasswd 文件中添加其他用户，则直接使用以下命令(不带参数-c)。

```
[root@RHEL7-1 test]#/usr/bin/htpasswd /usr/local/.htpasswd user2
```

② 在 httpd.conf 文件中设置该目录允许采用.htaccess 进行用户身份认证。加入如下内容(不要把注释写到配置文件中，下同)。

```
Alias /httest "/virdir/test"
<Directory "/virdir/test">
    Options Indexes MultiViews FollowSymLinks        //允许列目录
    AllowOverride AuthConfig                         //启用用户身份认证
    Order deny,allow
    Allow from all                                   //允许所有用户访问
    AuthName Test_Zone                //定义的认证名称，与后面的.htpasswd 文件中的一致
</Directory>
```

如果修改了 Apache 的主配置文件 httpd.conf，则必须重启 Apache 才会使新配置生效。可以执行 systemctl restart httpd 命令重新启动它。

③ 在/virdir/test 目录下新建一个.htaccess 文件，内容如下。

```
[root@RHEL7-1 test]#cd /virdir/test
[root@RHEL7-1 test]#touch  .htaccess            //创建.htaccess 文件
[root@RHEL7-1 test]#vim .htaccess               //编辑.htaccess 文件并加入以下内容
AuthName "Test Zone"
```

```
AuthType Basic
AuthUserFile  /usr/local/.htpasswd       //指明存放授权访问的密码文件
require  valid-user                      //指明只有密码文件的用户才是有效用户
```

注意：如果.htpasswd 文件不在默认的搜索路径中，则应该在 AuthUserFile 中指定该文件的绝对路径。

④ 在客户端输入用户名和密码，再打开浏览器并输入 http：//192.168.10.1/httest，如图 20-13 和图 20-14 所示。访问 Apache 服务器上访问权限受限的目录时，就会出现认证窗口，只有输入正确的用户名和密码才能打开。

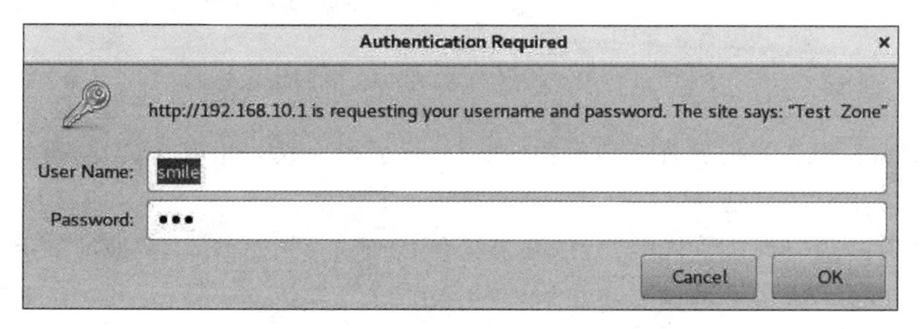

图 20-13　输入用户名和密码才能访问

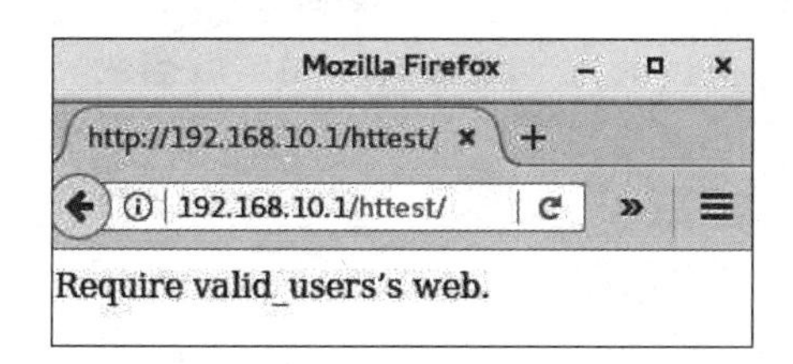

图 20-14　正确输入后能够访问受限内容

20.4　项目实录

1. 观看录像

实训前请扫描二维码观看录像。

2. 项目背景

假如你是某学校的网络管理员，学校的域名为 www.king.com，学校计划为每位教师开通个人主页服务，为教师与学生之间建立沟通的平台。该学校网络拓扑如图 20-15 所示。

学校计划为每位教师开通个人主页服务，要求实现如下功能。

(1) 网页文件上传完成后立即自动发布，URL 为“http：//www.king.com/～用户名”。

(2) 在 Web 服务器中建立一个名为 private 的虚拟目录，其对应的物理路径是/data/private，并配置 Web 服务器对该虚拟目录启用用户认证，只允许 kingma 用户访问。

(3) 在 Web 服务器中建立一个名为 private 的虚拟目录，其对应的物理路径是/dir1/

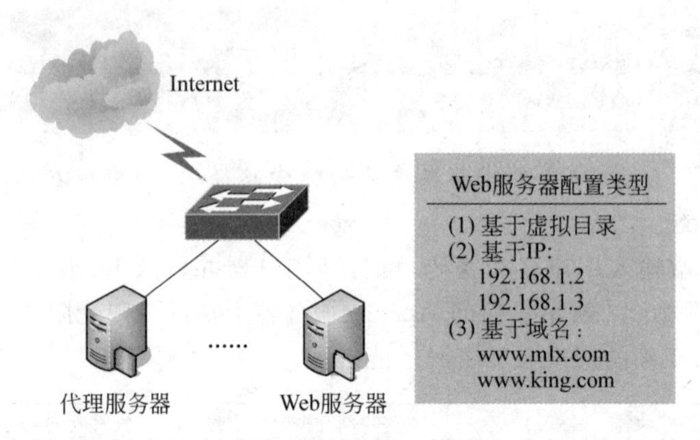

图 20-15　Web 服务器搭建与配置网络拓扑

test，并配置 Web 服务器仅允许来自网络 jnrp.net 域和 192.168.1.0/24 网段的客户机访问该虚拟目录。

(4) 使用 192.168.1.2 和 192.168.1.3 两个 IP 地址，创建基于 IP 地址的虚拟主机。其中 IP 地址为 192.168.1.2 的虚拟主机对应的主目录为/var/www/ip2，IP 地址为 192.168.1.3 的虚拟主机对应的主目录为/var/www/ip3。

(5) 创建基于 www.mlx.com 和 www.king.com 两个域名的虚拟主机，域名为 www.mlx.com 的虚拟主机对应的主目录为/var/www/mlx，域名为 www.king.com 的虚拟主机对应的主目录为/var/www/king。

3. 深度思考

在观看录像时思考以下几个问题。

(1) 使用虚拟目录有什么好处?

(2) 基于域名的虚拟主机的配置要注意什么?

(3) 如何启用用户身份认证?

4. 做一做

根据项目要求及录像内容将项目完整无缺地完成。

20.5　练习题

一、填空题

1. Web 服务器使用的协议是________，英文全称是________，中文名称是________。

2. HTTP 请求的默认端口是________。

3. Red Hat Enterprise Linux 6 采用了 SELinux 这种增强的安全模式，在默认的配置下，只有________服务可以通过。

4. 在命令行控制台窗口，输入________命令打开 Linux 配置工具选择窗口。

二、选择题

1. 可以用于配置 Red Hat Linux 在启动时自动启动的 httpd 服务的命令是(　　)。

A. service　　B. ntsysv　　C. useradd　　D. startx

2. 在 Red Hat Linux 中手工安装 Apache 服务器时，默认的 Web 站点的目录为(　　)。

A. /etc/httpd　　B. /var/www/html

C. /etc/home　　D. /home/httpd

3. 对于 Apache 服务器，提供的子进程的默认用户是(　　)。

A. root　　B. apached　　C. httpd　　D. nobody

4. 世界上应用最广泛的 Web 服务器是(　　)。

A. Apache　　B. IIS　　C. SunONE　　D. NCSA

5. Apache 服务器默认的工作方式是(　　)。

A. inetd　　B. xinetd　　C. standby　　D. standalone

6. 用户的主页存放的目录由文件 httpd. conf 的(　　)参数设定。

A. UserDir　　B. Directory　　C. public_html　　D. DocumentRoot

7. 设置 Apache 服务器时，一般将服务的端口绑定到系统的(　　)端口上。

A. 10000　　B. 23　　C. 80　　D. 53

8. 下面(　　)不是 Apahce 基于主机的访问控制指令。

A. allow　　B. deny　　C. order　　D. all

9. 当服务器产生错误时，用来设定显示在浏览器上的管理员的 E-mail 地址的命令是(　　)。

A. Servername　　B. ServerAdmin

C. ServerRoot　　D. DocumentRoot

10. 在 Apache 基于用户名的访问控制中，生成用户密码文件的命令是(　　)。

A. smbpasswd　　B. htpasswd　　C. passwd　　D. password

20.6　实践习题

1. 建立 Web 服务器，同时建立一个名为/mytest 的虚拟目录，并完成以下设置。

(1) 设置 Apache 根目录为/etc/httpd。

(2) 设置首页名称为 test. html。

(3) 设置超时时间为 240 秒。

(4) 设置客户端连接数为 500。

(5) 设置管理员 E-mail 地址为 root@smile. com。

(6) 虚拟目录对应的实际目录为/linux/apache。

(7) 将虚拟目录设置为仅允许 192. 168. 0. 0/24 网段的客户端访问。

分别测试 Web 服务器和虚拟目录。

2. 在文档目录中建立 security 目录，并完成以下设置。

(1) 对该目录启用用户认证功能。

(2) 仅允许 user1 和 user2 账号访问。

(3) 更改 Apache 默认监听的端口，将其设置为 8080。

(4) 将允许 Apache 服务的用户和组设置为 nobody。

(5) 禁止使用目录浏览功能。

(6) 使用 chroot 机制改变 Apache 服务的根目录。

3. 建立虚拟主机,并完成以下设置。

(1) 建立 IP 地址为 192.168.0.1 的虚拟主机 1,对应的文档目录为/usr/local/www/web1。

(2) 仅允许来自.smile.com.域的客户端可以访问虚拟主机 1。

(3) 建立 IP 地址为 192.168.0.2 的虚拟主机 2,对应的文档目录为/usr/local/www/web2。

(4) 仅允许来自.long.com.域的客户端可以访问虚拟主机 2。

4. 配置用户身份认证。

20.7 超链接

单击 http://www.icourses.cn/scourse/course_2843.html,访问并学习国家精品资源共享课程网站中学习情境的相关内容。

项目二十一　配置与管理 FTP 服务器

项目背景

某学院组建了校园网，建设了学院网站，架设了 Web 服务器来为学院网站安家，但在网站上传和更新时，需要用到文件上传和下载功能，因此还要架设 FTP 服务器来为学院内部和互联网用户提供 FTP 等服务。本项目先介绍如何配置与管理 FTP 服务器。

职业能力目标和要求

- 掌握 FTP 服务的工作原理。
- 学会配置 vsftpd 服务器。
- 掌握配置基于虚拟用户的 FTP 服务器。
- 实践典型的 FTP 服务器配置案例。

21.1　相关知识

以 HTTP 为基础的 WWW 服务功能虽然强大，但对于文件传输来说却略显不足。一种专门用于文件传输的服务 FTP 服务应运而生。

FTP 服务就是文件传输服务，FTP 的全称是 File Transfer Protocol，顾名思义，就是文件传输协议，具备更强的文件传输可靠性和更高的效率。

21.1.1　FTP 工作原理

FTP 大大简化了文件传输的复杂性，它能够使文件通过网络从一台主机传送到另外一台计算机上，却不受计算机和操作系统类型的限制。无论是 PC、服务器、大型机，还是 IOS、Linux、Windows 操作系统，只要双方都支持协议 FTP，就可以方便、可靠地进行文件的传送。

FTP 服务的具体工作过程如图 21-1 所示，分析如下。

（1）客户端向服务器发出连接请求，同时客户端系统动态地打开一个大于 1024 的端口，等候服务器连接（比如 1031 端口）。

（2）若 FTP 服务器在端口 21 侦听到该请求，则会在客户端 1031 端口和服务器的 21 端口之间建立起一个 FTP 会话连接。

（3）当需要传输数据时，FTP 客户端再动态地打开一个大于 1024 的端口（比如 1032 端

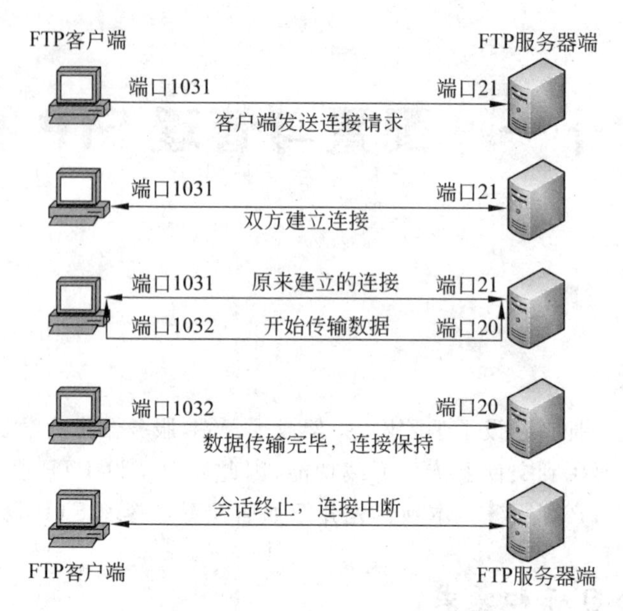

图 21-1　FTP 服务的工作过程

口)连接到服务器的 20 端口,并在这两个端口之间进行数据的传输。当数据传输完毕后,这两个端口会自动关闭。

(4) 当 FTP 客户端断开与 FTP 服务器的连接时,客户端上动态分配的端口将自动释放。

FTP 服务有两种工作模式:主动传输模式(Active FTP)和被动传输模式(Passive FTP)。

21.1.2　匿名用户

FTP 服务不同于 WWW,它首先要求登录到服务器上,然后再进行文件的传输,这对于很多公开提供软件下载的服务器来说十分不便,于是匿名用户访问就诞生了。通过使用一个共同的用户名 anonymous,密码不限的管理策略(一般使用用户的邮箱作为密码即可)让任何用户都可以很方便地从这些服务器上下载软件。

21.2　项目设计与准备

3 台安装好 RHEL 7.4 的计算机,联网方式都设为 host only(VMnet1),一台作为服务器,两台作为客户端使用。计算机的配置信息如表 21-1 所示(可以使用 VM 的克隆技术快速安装需要的 Linux 客户端)。

表 21-1　Linux 服务器和客户端的配置信息

主机名称	操作系统	IP 地址	角色及其他
DHCP 服务器：RHEL7-1	RHEL 7	192.168.10.1	FTP 服务器,VMnet1
Linux 客户端：client1	RHEL 7	192.168.10.20	FTP 客户端,VMnet1
Windows 客户端：Win7-1	Windows 7	192.168.10.30	FTP 客户端,VMnet1

21.3 项目实施

21.3.1 任务 1　安装、启动与停止 vsftpd 服务

1. 安装 vsftpd 服务

```
[root@RHEL7-1 ~]#rpm -q vsftpd
[root@RHEL7-1 ~]#mkdir /iso
[root@RHEL7-1 ~]#mount /dev/cdrom /iso
[root@RHEL7-1 ~]#yum clean all                    //安装前先清除缓存
[root@RHEL7-1 ~]#yum install vsftpd -y
[root@RHEL7-1 ~]#yum install ftp -y               //同时安装 ftp 软件包
[root@RHEL7-1 ~]#rpm -qa|grep vsftpd              //检查安装组件是否成功
```

2. vsftpd 服务启动、重启、随系统启动、停止

安装完 vsftpd 服务后，下一步就是启动了。vsftpd 服务可以以独立或被动方式启动。在 Red Hat Enterprise Linux 7 中，默认以独立方式启动。

在此提醒各位读者，在生产环境中或者在 RHCSA、RHCE、RHCA 认证考试中一定要把配置过的服务程序加入开机启动项中，以保证服务器在重启后依然能够正常提供传输服务。

重新启动 vsftpd 服务、随系统启动，开放防火墙，开放 SELinux，可以输入下面的命令。

```
[root@RHEL7-1 ~]#systemctl restart vsftpd
[root@RHEL7-1 ~]#systemctl enable vsftpd
[root@RHEL7-1 ~]#firewall-cmd --permanent --add-service=ftp
[root@RHEL7-1 ~]#firewall-cmd --reload
[root@RHEL7-1 ~]#setsebool -P ftpd_full_access=on
```

21.3.2 任务 2　认识 vsftpd 的配置文件

vsftpd 的配置主要通过以下几个文件来完成。

1. 主配置文件

vsftpd 服务程序的主配置文件(/etc/vsftpd/vsftpd.conf)内容总长度达到 127 行，但其中大多数参数在开头都添加了 #，从而成为注释信息，读者没有必要在注释信息上花费太多的时间。可以使用 grep 命令添加-v 参数，过滤并反选出没有包含 # 的参数行(即过滤掉所有的注释信息)，然后将过滤后的参数行通过输出重定向符写回原始的主配置文件中(为了安全起见，请先备份主配置文件)。

```
[root@RHEL7-1 ~]#mv /etc/vsftpd/vsftpd.conf /etc/vsftpd/vsftpd.conf.bak
[root@RHEL7-1 ~]#grep -v "#" /etc/vsftpd/vsftpd.conf.bak > /etc/vsftpd/
vsftpd.conf
[root@RHEL7-1 ~]#cat /etc/vsftpd/vsftpd.conf -n
```

```
 1  anonymous_enable=YES
 2  local_enable=YES
 3  write_enable=YES
 4  local_umask=022
 5  dirmessage_enable=YES
 6  xferlog_enable=YES
 7  connect_from_port_20=YES
 8  xferlog_std_format=YES
 9  listen=NO
10  listen_ipv6=YES
11
12  pam_service_name=vsftpd
13  userlist_enable=YES
14  tcp_wrappers=YES
```

表 21-2 中列举了 vsftpd 服务程序主配置文件中常用的参数及其作用。在后续的实验中将演示重要参数的用法，以帮助大家熟悉并掌握。

表 21-2　vsftpd 服务程序常用的参数及其作用

参　　数	作　　用
listen=[YES|NO]	确定是否以独立运行的方式监听服务
listen_address=IP 地址	设置要监听的 IP 地址
listen_port=21	设置 FTP 服务的监听端口
download_enable=[YES|NO]	确定是否允许下载文件
userlist_enable=[YES|NO] userlist_deny=[YES|NO]	设置用户列表为“允许”还是“禁止”操作
max_clients=0	最大客户端连接数，0 为不限制
max_per_ip=0	同一 IP 地址的最大连接数，0 为不限制
anonymous_enable=[YES|NO]	确定是否允许匿名用户访问
anon_upload_enable=[YES|NO]	确定是否允许匿名用户上传文件
anon_umask=022	匿名用户上传文件的 umask 值
anon_root=/var/ftp	匿名用户的 FTP 根目录
anon_mkdir_write_enable=[YES|NO]	确定是否允许匿名用户创建目录
anon_other_write_enable=[YES|NO]	确定是否开放匿名用户的其他写入权限(包括重命名、删除等操作权限)
anon_max_rate=0	匿名用户的最大传输速率(字节/秒)，0 为不限制
local_enable=[YES|NO]	确定是否允许本地用户登录 FTP
local_umask=022	本地用户上传文件的 umask 值
local_root=/var/ftp	本地用户的 FTP 根目录
chroot_local_user=[YES|NO]	确定是否将用户权限禁锢在 FTP 目录，以确保安全
local_max_rate=0	本地用户最大传输速率(字节/秒)，0 为不限制

2. /etc/pam.d/vsftpd

vsftpd 的 Pluggable Authentication Modules(PAM)配置文件主要用来加强 vsftpd 服

务器的用户认证。

3. /etc/vsftpd/ftpusers

所有位于此文件内的用户都不能访问 vsftpd 服务。当然，为了安全起见，这个文件中默认已经包括了 root、bin 和 daemon 等系统账号。

4. /etc/vsftpd/user_list

这个文件中包括的用户有可能是被拒绝访问 vsftpd 服务的，也可能是允许访问的，这主要取决于 vsftpd 的主配置文件/etc/vsftpd/vsftpd.conf 中的 userlist_deny 参数是设置为 YES(默认值)还是 NO。

- 当 userlist_deny 为 NO 时，仅允许文件列表中的用户访问 FTP 服务器。
- 当 userlist_deny 为 YES 时，这也是默认值，拒绝文件列表中的用户访问 FTP 服务器。

5. /var/ftp 文件夹

vsftpd 提供服务的文件集散地，它包括一个 pub 子目录。在默认配置下，所有的目录都是只读的，不过只有 root 用户有写的权限。

21.3.3　任务 3　配置匿名用户 FTP 实例

1. vsftpd 的认证模式

vsftpd 允许用户以三种认证模式登录到 FTP 服务器上。

- 匿名开放模式：这是一种最不安全的认证模式，任何人都可以无须密码验证而直接登录到 FTP 服务器。
- 本地用户模式：这是通过 Linux 系统本地的账户密码信息进行认证的模式，相较于匿名开放模式更安全，而且配置起来很简单。但是如果被黑客破解了账户的信息，就可以畅通无阻地登录 FTP 服务器，从而完全控制整台服务器。
- 虚拟用户模式：这是这三种模式中最安全的一种认证模式，它需要为 FTP 服务单独建立用户数据库文件，虚拟映射用来进行口令验证的账户信息，而这些账户信息在服务器系统中实际上是不存在的，仅供 FTP 服务程序进行认证使用。这样，即使黑客破解了账户信息也无法登录服务器，从而有效降低了破坏范围和影响。

2. 匿名用户登录的参数说明

表 21-3 列举了可以向匿名用户开放的权限参数及其作用。

表 21-3　可以向匿名用户开放的权限参数及其作用

参　　数	作　　用
anonymous_enable=YES	允许匿名访问模式
anon_umask=022	匿名用户上传文件的 umask 值
anon_upload_enable=YES	允许匿名用户上传文件
anon_mkdir_write_enable=YES	允许匿名用户创建目录
anon_other_write_enable=YES	允许匿名用户修改目录名称或删除目录

3. 配置匿名用户登录 FTP 服务器实例

【例 21-1】　搭建一台 FTP 服务器，允许匿名用户上传和下载文件，匿名用户的根目录设置为/var/ftp。

(1) 新建测试文件,编辑/etc/vsftpd/vsftpd.conf。

```
[root@RHEL7-1 ~]#touch /var/ftp/pub/sample.tar
[root@RHEL7-1 ~]#vim /etc/vsftpd/vsftpd.conf
```

(2) 在文件后面添加如下 4 行。(语句前后和等号左右一定不要带空格。若有重复的语句,请删除或直接在其上更改,切莫把注释放进去,下同。)

```
anonymous_enable=YES                //允许匿名用户登录
anon_root=/var/ftp                  //设置匿名用户的根目录为/var/ftp
anon_upload_enable=YES              //允许匿名用户上传文件
anon_mkdir_write_enable=YES         //允许匿名用户创建文件夹
```

提示:anon_other_write_enable=YES 表示允许匿名用户删除文件。

(3) 允许 SELinux,让防火墙放行 ftp 服务,重启 vsftpd 服务。

```
[root@RHEL7-1 ~]#setenforce 0
[root@RHEL7-1 ~]#firewall-cmd --permanent --add-service=ftp
[root@RHEL7-1 ~]#firewall-cmd --reload
[root@RHEL7-1 ~]#firewall-cmd --list-all
[root@RHEL7-1 ~]#systemctl restart vsftpd
```

在 Windows 7 客户端的资源管理器中输入 ftp://192.168.10.1,打开 pub 目录,新建一个文件夹,结果出错了,如图 21-2 所示。

图 21-2 测试 FTP 服务器 192.168.1.30 出错

这是什么原因引起的呢?原因是系统的本地权限没有设置。

(4) 设置本地系统权限,将属主设为 ftp,或者对 pub 目录赋予其他用户写的权限。

```
[root@RHEL7-1 ~]#ll -ld /var/ftp/pub
drwxr-xr-x. 2 root root 6 Mar 23 2017 /var/ftp/pub     //其他用户没有写入权限
```

```
[root@RHEL7-1 ~]#chown ftp /var/ftp/pub              //将属主改为匿名用户 ftp
[root@RHEL7-1 ~]#chmod o+w /var/ftp/pub
[root@RHEL7-1 ~]#ll -ld /var/ftp/pub
drwxr-xr-x. 2 ftp root 6 Mar 23 2017 /var/ftp/pub    //已将属主改为匿名用户 ftp
[root@RHEL7-1 ~]#systemctl restart vsftpd
```

(5) 在 Windows 7 客户端再次测试,在 pub 目录下能够建立新文件夹。

提示:如果在 Linux 上测试,"用户名"处输入 ftp,"密码"处直接按 Enter 键即可。

```
[root@client1 ~]#ftp 192.168.10.1
Connected to 192.168.10.1 (192.168.10.1).
220 (vsFTPd 3.0.2)
Name (192.168.10.1:root): ftp
331 Please specify the password.
Password:
230 Login successful.
Remote system type is UNIX.
Using binary mode to transfer files.
ftp>ls
227 Entering Passive Mode (192,168,10,1,176,188).
150 Here comes the directory listing.
drwxr-xrwx 3 14 0 44 Aug 03 04:10 pub
226 Directory send OK.
ftp>cd pub
250 Directory successfully changed.
```

注意:如果要实现匿名用户创建文件等功能,仅仅在配置文件中开启这些功能是不够的,还需要注意开放本地文件系统权限,使匿名用户拥有写权限才行,或者改变属主为 ftp。在项目实录中有针对此问题的解决方案。另外,也要特别注意防火墙和 SELinux 设置,否则一样会出问题。

21.3.4　任务 4　配置本地模式的常规 FTP 服务器案例

1. FTP 服务器配置要求

公司内部现在有一台 FTP 服务器和 Web 服务器,FTP 主要用于维护公司的网站内容,包括上传文件、创建目录、更新网页等。公司现有两个部门负责维护任务,两者分别使用 team1 和 team2 账号进行管理。先要求仅允许 team1 和 team2 账号登录 FTP 服务器,但不能登录本地系统,并将这两个账号的根目录限制为/web/www/html,不能进入该目录以外的任何目录。

2. 需求分析

将 FTP 服务器和 Web 服务器放在一起是企业经常采用的方法,这样方便实现对网站的维护。为了增强安全性,首先需要使用仅允许本地用户访问,并禁止匿名用户登录。其次,使用 chroot 功能将 team1 和 team2 锁定在/web/www/html 目录下。如果需要删除文件,则还需要注意本地权限。

3. 解决方案

(1) 建立维护网站内容的 FTP 账号 team1、team2 和 user1 并禁止本地登录,然后为其设置密码。

```
[root@RHEL7-1 ~]#useradd -s /sbin/nologin team1
[root@RHEL7-1 ~]#useradd -s /sbin/nologin team2
[root@RHEL7-1 ~]#useradd -s /sbin/nologin user1
[root@RHEL7-1 ~]#passwd team1
[root@RHEL7-1 ~]#passwd team2
[root@RHEL7-1 ~]#passwd user1
```

(2) 配置 vsftpd.conf 主配置文件增加或修改相应内容。(写入配置文件时,注释一定要去掉,切记语句前后不要加空格! 另外,要把任务 21-3 的配置文件恢复到最初状态,免得各实训之间互相影响。)

```
[root@RHEL7-1 ~]#vim /etc/vsftpd/vsftpd.conf
anonymous_enable=NO                          //禁止匿名用户登录
local_enable=YES                             //允许本地用户登录
local_root=/web/www/html                     //设置本地用户的根目录为/web/www/html
chroot_local_user=NO                         //确定是否限制本地用户,这也是默认值,可以省略
chroot_list_enable=YES                       //激活 chroot 功能
chroot_list_file=/etc/vsftpd/chroot_list   //设置锁定用户在根目录中的列表文件
allow_writeable_chroot=YES
//只要启用 chroot 就一定加入"允许 chroot 限制"的内容,否则会出现连接错误
write_enable=YES
pam_service_name=vsftpd                      //认证模块一定要加上
```

提示: chroot_local_user=NO 是默认设置,即如果不做任何 chroot 设置,则 FTP 登录目录是不做限制的。另外,只要启用 chroot,一定要增加 allow_writeable_chroot=YES 语句。因为从版本 2.3.5 开始,vsftpd 增强了安全检查,如果用户被限定在了其主目录下,则该用户的主目录不能再具有写权限了! 如果检查发现还有写权限,就会报该错误"500 OOPS: vsftpd: refusing to run with writable root inside chroot()"。

要修复这个错误,可以用命令 chmod a-w /web/www/html 去除用户主目录的写权限,注意把目录替换成你所需要的,本例是/web/www/html。不过这样就无法写入了。还有一种方法,就是可以在 vsftpd 的配置文件中增加"allow_writeable_chroot=YES"一项。

注意: chroot 是靠例外列表来实现的,列表内用户即是例外的用户。所以根据是否启用本地用户转换,可设置不同目的的例外列表,从而实现 chroot 功能。因此实现锁定目录有两种实现方法。第一种是除列表内的用户外,其他用户都被限定在固定目录内,即列表内用户自由,列表外用户受限制。(这时启用 chroot_local_user=YES。)

```
chroot_local_user=YES
chroot_list_enable=YES
chroot_list_file=/etc/vsftpd/chroot_list
allow_writeable_chroot=YES
```

第二种是除列表内的用户外,其他用户都可自由转换目录。即列表内用户受限制,列表外用户自由(这时启用 chroot_local_user=NO)。为了安全,建议使用第一种。

```
chroot_local_user=NO
chroot_list_enable=YES
chroot_list_file=/etc/vsftpd/chroot_list
```

(3) 建立/etc/vsftpd/chroot_list 文件，添加 team1 和 team2 账号。

```
[root@RHEL7-1 ~]#vim /etc/vsftpd/chroot_list
team1
team2
```

(4) 防火墙放行和 SELinux 允许，重启 FTP 服务。

```
[root@RHEL7-1 ~]#firewall-cmd --permanent --add-service=ftp
[root@RHEL7-1 ~]#firewall-cmd --reload
[root@RHEL7-1 ~]#firewall-cmd --list-all
[root@RHEL7-1 ~]#setenforce 0
[root@RHEL7-1 ~]#systemctl restart vsftpd
```

思考： 如果设置 setenforce 1（可使用 getenforce 命令查看），那么必须执行命令 setsebool -P ftpd_full_access=on。要保证目录的正常写入和删除等操作。

(5) 修改本地权限。

```
[root@RHEL7-1 ~]#mkdir /web/www/html -p
[root@RHEL7-1 ~]#touch /web/www/html/test.sample
[root@RHEL7-1 ~]#ll -d /web/www/html
[root@RHEL7-1 ~]#chmod -R o+w /web/www/html        //其他用户可以写入
[root@RHEL7-1 ~]#ll -d /web/www/html
```

(6) 在 Linux 客户端 client1 上先安装 ftp 工具，然后测试。

```
[root@client1 ~]#mount /dev/cdrom /iso
[root@client1 ~]#yum clean all
[root@client1 ~]#yum install ftp -y
```

① 使用 team1 和 team2 用户不能转换目录，但能建立新文件夹，显示的目录是“/”，其实是/web/www/html 文件夹。

```
[root@client1 ~]#ftp 192.168.10.1
Connected to 192.168.10.1 (192.168.10.1).
220 (vsFTPd 3.0.2)
Name (192.168.10.1:root): team1                    //锁定用户测试
331 Please specify the password.
Password:
230 Login successful.
Remote system type is UNIX.
Using binary mode to transfer files.
ftp>pwd
257 "/"  //显示是“/”，其实是/web/www/html，从列出的文件中就可知道
```

```
ftp>mkdir testteam1
257 "/testteam1" created
ftp>ls
227 Entering Passive Mode (192,168,10,1,46,226).
150 Here comes the directory listing.
-rw-r--r--    1 0        0            0 Jul 21 01:25 test.sample
drwxr-xr-x    2 1001     1001         6 Jul 21 01:48 testteam1
226 Directory send OK.
ftp>cd /etc
550 Failed to change directory.                          //不允许更改目录
ftp>exit
221 Goodbye.
```

② 使用 user1 用户能自由转换目录，可以将/etc/passwd 文件下载到主目录，这样风险很高。

```
[root@client1 ~]#ftp 192.168.10.1
Connected to 192.168.10.1 (192.168.10.1).
220 (vsFTPd 3.0.2)
Name (192.168.10.1:root): user1  //列表外的用户是自由的
331 Please specify the password.
Password:
230 Login successful.
Remote system type is UNIX.
Using binary mode to transfer files.
ftp>pwd
257 "/web/www/html"
ftp>mkdir testuser1
257 "/web/www/html/testuser1" created
ftp>cd /etc                        //成功转换到/etc 目录
250 Directory successfully changed.
ftp>get passwd                      //成功下载密码文件 passwd 到/root 中,可以退出后
查看
local: passwd remote: passwd
227 Entering Passive Mode (192,168,10,1,80,179).
150 Opening BINARY mode data connection for passwd (2203 bytes).
226 Transfer complete.
2203 bytes received in 9e-05 secs (24477.78 Kbytes/sec)
ftp>cd /web/www/html
250 Directory successfully changed.
ftp>ls
227 Entering Passive Mode (192,168,10,1,182,144).
150 Here comes the directory listing.
-rw-r--r--    1 0        0                    0 Jul 21 01:25 test.sample
drwxr-xr-x    2 1001     1001                 6 Jul 21 01:48 testteam1
drwxr-xr-x    2 1003     1003                 6 Jul 21 01:50 testuser1
226 Directory send OK.
```

21.3.5 任务5 设置vsftpd虚拟账号

FTP服务器的搭建工作并不复杂，但需要按照服务器的用途合理规划相关配置。如果FTP服务器并不对互联网上的所有用户开放，则可以关闭匿名访问，而开启实体账户或者虚拟账户的验证机制。但实际操作中，如果使用实体账户访问，FTP用户在拥有服务器真实用户名和密码的情况下，会对服务器产生潜在的危害，FTP服务器如果设置不当，则用户有可能使用实体账号进行非法操作。所以，为了FTP服务器的安全，可以使用虚拟用户验证方式，也就是将虚拟的账号映射为服务器的实体账号，客户端使用虚拟账号访问FTP服务器。

要求：使用虚拟用户user2、user3登录FTP服务器，访问主目录是/var/ftp/vuser，用户只允许查看文件，不允许上传、修改等操作。

对于vsftp虚拟账号的配置主要有以下几个步骤。

1. 创建用户数据库

(1) 创建用户文本文件

首先，建立保存虚拟账号和密码的文本文件，格式如下：

```
虚拟账号 1
密码
虚拟账号 2
密码
```

使用vim编辑器建立用户文件vuser.txt，添加虚拟账号user2和user3，如下所示。

```
[root@RHEL7-1 ~]#mkdir /vftp
[root@RHEL7-1 ~]#vim /vftp/vuser.txt
user2
12345678
user3
12345678
```

(2) 生成数据库

保存虚拟账号及密码的文本文件无法被系统账号直接调用，需要使用db_load命令生成db数据库文件。

```
[root@RHEL7-1 ~]#db_load -T -t hash -f /vftp/vuser.txt /vftp/vuser.db
[root@RHEL7-1 ~]#ls /vftp
vuser.db vuser.txt
```

(3) 修改数据库文件访问权限

数据库文件中保存着虚拟账号和密码信息，为了防止非法用户盗取，可以修改该文件的访问权限。

```
[root@RHEL7-1 ~]#chmod 700 /vftp/vuser.db
[root@RHEL7-1 ~]#ll /vftp
```

2. 配置 PAM 文件

为了使服务器能够使用数据库文件,对客户端进行身份验证,需要调用系统的 PAM 模块。PAM(Plugable Authentication Module)为可插拔认证模块,不必重新安装应用程序,通过修改指定的配置文件,调整对该程序的认证方式。PAM 模块配置文件路径为/etc/pam.d,该目录下保存着大量与认证有关的配置文件,并以服务名称命名。

下面修改 vsftp 对应的 PAM 配置文件/etc/pam.d/vsftpd,将默认配置使用"#"全部注释,添加相应字段,如下所示。

```
[root@RHEL7-1 ~]#vim /etc/pam.d/vsftpd
#PAM-1.0
#session        optional        pam_keyinit.so        force        revoke
#auth           required        pam_listfile.so       item=user    sense=deny
#file=/etc/vsftpd/ftpusers      onerr=succeed
#auth           required        pam_shells.so
auth            required        pam_userdb.so         db=/vftp/vuser
account         required        pam_userdb.so         db=/vftp/vuser
```

3. 创建虚拟账户对应系统用户

```
[root@RHEL7-1 ~]#useradd -d /var/ftp/vuser vuser                    ①
[root@RHEL7-1 ~]#chown vuser.vuser /var/ftp/vuser                   ②
[root@RHEL7-1 ~]#chmod 555 /var/ftp/vuser                           ③
[root@RHEL7-1 ~]#ls -ld /var/ftp/vuser                              ④
dr-xr-xr-x. 6 vuser vuser 127 Jul 21 14:28 /var/ftp/vuser
```

以上代码中其后带序号的各行功能说明如下。

(1) 用 useradd 命令添加系统账户 vuser,并将其/home 目录指定为/var/ftp 下的 vuser。

(2) 变更 vuser 目录的所属用户和组,设定为 vuser 用户、vuser 组。

(3) 当匿名账户登录时会映射为系统账户,并登录/var/ftp/vuser 目录,但其并没有访问该目录的权限,需要为 vuser 目录的属主、属组和其他用户和组添加读和执行权限。

(4) 使用 ls 命令查看 vuser 目录的详细信息,系统账号主目录设置完毕。

4. 修改/etc/vsftpd/vsftpd.conf

```
anonymous_enable=NO                                ①
anon_upload_enable=NO
anon_mkdir_write_enable=NO
anon_other_write_enable=NO
local_enable=YES                                   ②
chroot_local_user=YES                              ③
allow_writeable_chroot=YES
write_enable=NO                                    ④
guest_enable=YES                                   ⑤
guest_username=vuser                               ⑥
listen=YES                                         ⑦
pam_service_name=vsftpd                            ⑧
```

注意："＝"号两边不要加空格，语句前后也不要加空格。

以上代码中其后带序号的各行功能说明如下。

(1) 为了保证服务器的安全，关闭匿名访问，以及其他匿名相关设置。

(2) 虚拟账号会映射为服务器的系统账号，所以需要开启本地账号的支持。

(3) 锁定账户的根目录。

(4) 关闭用户的写权限。

(5) 开启虚拟账号访问功能。

(6) 设置虚拟账号对应的系统账号为 vuser。

(7) 设置 FTP 服务器为独立运行。

(8) 配置 vsftp 使用的 PAM 模块为 vsftpd。

5. 进行设置

设置防火墙放行和 SELinux 允许，重启 vsftpd 服务。(详见前面相关)

6. 在 client1 上测试

使用虚拟账号 user2、user3 登录 FTP 服务器进行测试，会发现虚拟账号登录成功，并显示 FTP 服务器目录信息。

```
[root@client1 ~]#ftp 192.168.10.1
Connected to 192.168.10.1 (192.168.10.1).
220 (vsFTPd 3.0.2)
Name (192.168.10.1:root): user2
331 Please specify the password.
Password:
230 Login successful.
Remote system type is UNIX.
Using binary mode to transfer files.
ftp>ls                          //可以列示目录信息
227 Entering Passive Mode (192,168,10,1,31,79).
150 Here comes the directory listing.
-rwx---rwx    1 0        0              0 Jul 21 05:40 test.sample
226 Directory send OK.
ftp>cd /etc                     //不能更改主目录
550 Failed to change directory.
ftp>mkdir testuser1             //仅能查看,不能写入
550 Permission denied.
ftp>quit
221 Goodbye.
```

提示：匿名开放模式、本地用户模式和虚拟用户模式的配置文件请向作者索要。

7. 补充服务器端 vsftp 的主被动模式配置

(1) 主动模式配置

Port_enable＝YES：开启主动模式。

Connect_from_port_20＝YES：当主动模式开启的时候确定是否启用默认的 20 端口的监听。

Ftp_date_port＝%portnumber%：上一选项使用 NO 参数时指定数据传输端口。

(2) 被动模式配置

connect_from_port_20=NO：当被动模式开启的时候，确定是否关闭默认的 20 端口的监听。

PASV_enable=YES：开启被动模式。

PASV_min_port=%number%：被动模式下的最低端口。

PASV_max_port=%number%：被动模式下的最高端口。

21.4 企业实战与应用

21.4.1 企业环境

某公司为了宣传最新的产品信息，计划搭建 FTP 服务器，为客户提供相关文档的下载。对所有互联网用户开放共享目录，允许下载产品信息，禁止上传。公司的合作单位能够使用 FTP 服务器进行上传和下载，但不可删除数据。并且为保证服务器的稳定性，需要进行适当的优化设置。

21.4.2 需求分析

根据企业的需求，对于不同用户进行不同的权限限制，FTP 服务器需要实现用户的审核。而考虑服务器的安全性，所以关闭实体用户登录，使用虚拟账户验证机制，并对不同虚拟账号设置不同的权限。为了保证服务器的性能，要根据用户的等级，限制客户端的连接数以及下载速度。

21.4.3 解决方案

1. 创建用户数据库

(1) 创建用户文本文件

首先建立用户文本文件 ftptestuser.txt，添加 2 个虚拟账户，再添加公共账户 ftptest 及客户账户 vip，如下所示。

```
[root@RHEL7-1 ~]#mkdir /ftptestuser
[root@RHEL7-1 ~]#vim /ftptestuser/ftptestuser.txt
ftptest
123
vip
nihao123
```

(2) 生成数据库

使用 db_load 命令生成 db 数据库文件，如下所示。

```
[root@RHEL7-1 ~]#db_load -T -t hash -f /ftptestuser/ftptestuser.txt/
ftptestuser/ftptestuser.db
```

(3) 修改数据库文件的访问权限

为了保证数据库文件的安全，需要修改该文件的访问权限，如下所示。

```
[root@RHEL7-1 ~]#chmod 700 /ftptestuser/ftptestuser.db
[root@RHEL7-1 ~]#ll /ftptestuser
total 16
-rwx------. 1 root root 12288 Aug  3 18:33 ftptestuser.db
-rw-r--r--. 1 root root 26 Aug  3 18:32 ftptestuser.txt
```

2. 配置 PAM 文件

修改 vsftp 对应的 PAM 配置文件/etc/pam.d/vsftpd，如下所示。

```
#%PAM-1.0
#session    optional      pam_keyinit.so    force       revoke
#auth       required      pam_listfile.so   item=user   sense=deny
#file =/etc/vsftpd/ftptestusers             onerr =succeed
#auth       required      pam_shells.so
#auth       include       system-auth
#account    include       system-auth
#session    include       svstem-auth
#session    required      pam_loginuid.so
auth        required      pam_userdb.so     db=/ftptestuser/ftptestuser
account     required      pam_userdb.so     db=/ftptestuser/ftptestuser
```

3. 创建虚拟账户对应的系统账户

对于公共账户和客户账户，因为需要配置不同的权限，所以可以将两个账户的目录进行隔离，控制用户的文件访问。公共账户 ftptest 对应系统账户 ftptestuser，并指定其主目录为/var/ftptest/share，而客户账户 vip 对应系统账户 ftpvip，指定主目录为/var/ftptest/vip。

```
[root@RHEL7-1 ~]#mkdir /var/ftptest
[root@RHEL7-1 ~]#useradd -d /var/ftptest/share ftptestuser
[root@RHEL7-1 ~]#chown ftptestuser:ftptestuser /var/ftptest/share
[root@RHEL7-1 ~]#chmod o=r /var/ftptest/share                          ①
[root@RHEL7-1 ~]#useradd -d /var/ftptest/vip ftpvip
[root@RHEL7-1 ~]#chown ftpvip:ftpvip /var/ftptest/vip
[root@RHEL7-1 ~]#chmod o=rw /var/ftptest/vip                           ②
[root@RHEL7-1 ~]#mkdir /var/ftptest/share/testdir
[root@RHEL7-1 ~]#touch /var/ftptest/share/testfile
[root@RHEL7-1 ~]#mkdir /var/ftptest/vip/vipdir
[root@RHEL7-1 ~]#touch /var/ftptest/vip/vipfile
```

其后有序号的两行命令功能说明如下。

(1) 公共账户 ftptest 只允许下载，修改 share 目录其他用户权限为 read(只读)。

(2) 客户账户 vip 允许上传和下载，所以对 vip 目录权限设置为 read 和 write(可读写)。

4. 建立配置文件

设置多个虚拟账户的不同权限。若使用一个配置文件无法实现该功能，这时需要为每个虚拟账户建立独立的配置文件，并根据需要进行相应的设置。

(1) 修改 vsftpd.conf 文件

配置主配置文件/etc/vsftpd/vsftpd.conf，添加虚拟账号的共同设置，并添加 user_

config_dir 字段,定义虚拟账户的配置文件目录,如下所示。

```
anonymous_enable=NO
anon_upload_enable=NO
anon_mkdir_write_enable=NO
anon_other_write_enable=NO
local_enable=YES
chroot_local_user=YES
listen=YES
pam_service_name=vsftpd                    ①
user_config_dir=/ftpconfig                 ②
max_clients=300                            ③
max_per_ip=10                              ④
```

以上文件中其后带序号的几行代码的功能说明如下。

① 配置 vsftp 使用的 PAM 模块为 vsftpd。

② 设置虚拟账户的主目录为/ftpconfig。

③ 设置 FTP 服务器最大接入客户端数量为 300。

④ 每个 IP 地址最大连接数为 10。

(2) 建立虚拟账号配置文件

设置多个虚拟账户的不同权限。若使用一个配置文件无法实现此功能,需要为每个虚拟账户建立独立的配置文件,并根据需要进行相应的设置。

在 user_config_dir 指定路径下建立与虚拟账户同名的配置文件,并添加相应的配置字段。首先创建公共账户 ftptest 的配置文件,如下所示。

```
[root@RHEL7-1 ~]#mkdir /ftpconfig
[root@RHEL7-1 ~]#vim /ftpconfig/ftptest
guest_enable=yes                           ①
guest_username=ftptestuser                 ②
anon_world_readable_only=yes               ③
anon_max_rate=30000                        ④
```

以上文件中其后带序号的几行代码的功能说明如下。

① 开启虚拟账户登录。

② 设置 ftptest 对应的系统账号为 ftptestuser。

③ 配置虚拟账户全局可读,允许其下载数据。

④ 限定传输速率为 30KB/s。

同理,设置 ftpvip 的配置文件。

```
[root@RHEL7-1 ~]#vim /ftpconfig/vip
guest_enable=yes
guest_username=ftpvip                      ①
anon_world_readable_only=no                ②
write_enable=yes                           ③
anon_upload_enable=yes                     ④
```

```
anon_mkdir_write_enable=yes
anon_max_rate=60000                                                    ⑤
allow_writeable_chroot=YES                                             ⑥
```

以上文件中其后带序号的几行代码的功能说明如下。

① 设置 vip 账户对应的系统账户为 ftpvip。

② 关闭匿名账户的只读功能。

③ 允许在文件系统中使用 ftp 命令进行操作。

④ 开启匿名账户的上传功能。

⑤ 限定传输速率为 60KB/s。

⑥ 允许用户的主目录具有写权限而不报错。

5. 进行配置

配置防火墙和 SELinux，启动 vsftpd 并开机生效。

```
[root@RHEL7-1 ~]#firewall-cmd --permanent --add-service=ftp
[root@RHEL7-1 ~]#firewall-cmd --reload
[root@RHEL7-1 ~]#firewall-cmd --list-all
[root@RHEL7-1 ~]#setsebool -P ftpd_full_access=on
[root@RHEL7-1 ~]#systemctl restart vsftpd
[root@RHEL7-1 ~]#systemctl enable  vsftpd
```

6. 测试

(1) 首先使用公共账户 ftptest 登录服务器，可以浏览下载文件。但是当尝试上传文件时，会提示错误信息。

(2) 接着使用客户账户 vip 登录测试，vip 账户具备上传权限，使用 put 上传“×××文件”，使用 mkdir 创建文件夹，都是成功的。

(3) 但是该账户删除文件时会返回 550 错误提示，表明无法删除文件。vip 账户的测试过程如下。

```
[root@client1 ~]#ftp 192.168.10.1
Connected to 192.168.10.1 (192.168.10.1).
220 (vsFTPd 3.0.2)
Name (192.168.10.1:root): vip
331 Please specify the password.
Password:
230 Login successful.
Remote system type is UNIX.
Using binary mode to transfer files.
ftp>ls
227 Entering Passive Mode (192,168,10,1,45,236).
150 Here comes the directory listing.
drwxr-xr-x    2 0        0                 6 Aug 03 13:15 vipdir
-rw-r--r--    1 0        0                 0 Aug 03 13:15 vipfile
226 Directory send OK.
ftp>mkdir testdir1
```

```
257 "/testdir1" created
ftp>put /f1.conf
local: /f1.conf remote: /f1.conf
227 Entering Passive Mode (192,168,10,1,60,176).
150 Ok to send data.
226 Transfer complete.
1100 bytes sent in 7.1e-05 secs (15492.96 Kbytes/sec)
ftp>rm f1.conf
550 Permission denied.
ftp>
```

21.5 FTP 排错

相比其他的服务而言，vsftp 配置操作并不复杂，但因为管理员的疏忽，也会造成客户端无法正常访问 FTP 服务器。本节将通过几个常见错误讲解 vsftp 的排错方法。

1. 拒绝账户登录（错误提示：OOPS 无法改变目录）

当客户端使用 ftp 账户登录服务器时，提示“500 OOPS”错误。

接收到该错误信息，其实并不是 vsftpd.conf 配置文件设置有问题，而重点是无法更改目录。造成这个错误主要有以下两个原因。

（1）目录权限设置错误

目录权限设置错误一般在本地账户登录时发生，如果管理员在设置该账户主目录权限时忘记添加执行权限(X)，就会收到该错误信息。FTP 中的本地账户需要拥有目录的执行权限，请使用 chmod 命令添加 X 权限，保证用户能够浏览目录信息，否则拒绝登录。对于 FTP 的虚拟账户，即使不具备目录的执行权限，也可以登录 FTP 服务器，但会有其他错误提示。为了保证 FTP 用户的正常访问，请开启目录的执行权限。

（2）SELinux

FTP 服务器开启了 SELinux 针对 FTP 数据传输的策略，也会造成“无法切换目录”的错误提示。如果目录权限设置正确，那么需要检查 SELinux 的配置。用户可以通过 setsebool 命令禁用 SELinux 的 FTP 传输审核功能。

```
[root@RHEL7-1 ~]#setsebool -P ftpd_disable_trans 1
```

重新启动 vsftpd 服务，用户能够成功登录 FTP 服务器。

2. 客户端连接 FTP 服务器超时

造成客户端访问服务器超时的原因主要有以下几种情况。

（1）线路不通

使用 ping 命令测试网络连通性，如果出现 Request Timed Out，说明客户端与服务器的网络连接存在问题，检查线路的故障。

（2）防火墙设置

如果防火墙屏蔽了 FTP 服务器控制端口 21 以及其他的数据端口，则会造成客户端无法连接服务器,形成“超时”的错误提示。需要设置防火墙开放21端口,并且应该开启主动模式的20端口,以及被动模式使用的端口范围,防止数据的连接错误。

3. 账户登录失败

客户端登录FTP服务器时还有可能会收到“登录失败”的错误提示。

登录失败,实际上牵扯到身份验证以及其他一些登录的设置。

(1) 密码错误

请保证登录密码的正确性,如果FTP服务器更新了密码设置,则使用新密码重新登录。

(2) PAM验证模块

当输入密码无误,但仍然无法登录FTP服务器时,很有可能是PAM模块中vsftpd的配置文件设置错误造成的。PAM的配置比较复杂,其中auth字段主要是接收用户名和密码,进而对该用户的密码进行认证,account字段主要是检查账户是否被允许登录系统,账号是否已经过期,账号的登录是否有时间段的限制等,保证这两个字段配置的正确性,否则FTP账号将无法登录服务器。事实上,大部分账户登录失败都是由这个错误造成的。

(3) 用户目录权限

FTP账号对于主目录没有任何权限时,也会收到“登录失败”的错误提示,根据该账户的用户身份,重新设置其主目录权限,重启vsftpd服务,使配置生效。

4. 处理错误

从版本2.3.5之后,vsftpd增强了安全检查,如果用户被限定在了其主目录下,则该用户的主目录不能再具有写权限了。如果检查发现还有写权限,就会报错误“500 OOPS: vsftpd: refusing to run with writable root inside chroot()”。

要修复这个错误,可以用命令chmod a-w /web/www/html去除用户主目录的写权限,注意把目录替换成你所需要的,本例是/web/www/html。不过,这样就无法写入了。还有一种方法,就是可以在vsftpd的配置文件中增加下列项:allow_writeable_chroot=YES。

21.6 项目实录

1. 观看录像

实训前请扫描二维码观看录像。

2. 项目背景

某企业网络拓扑如图21-3所示,该企业想构建一台FTP服务器,为企业局域网中的计算机提供文件传送任务,为财务部门、销售部门和OA系统提供异地数据备份。要求能够对FTP服务器设置连接限制、日志记录、消息、验证客户端身份等属性,并能创建用户隔离的FTP站点。

3. 深度思考

在观看录像时思考以下几个问题。

(1) 如何使用service vsftpd status命令检查vsftp的安装状态?

(2) FTP权限和文件系统权限有何不同?如何进行设置?

(3) 为何不建议对根目录设置写权限?

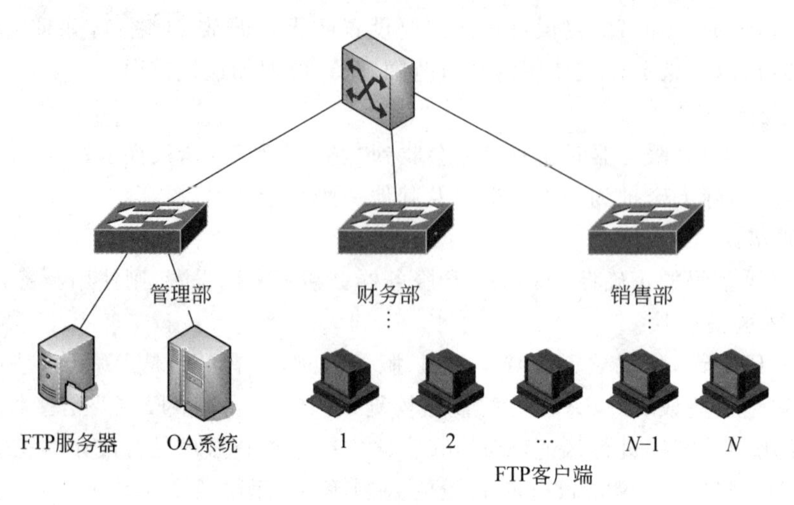

图 21-3 FTP 服务器搭建与配置网络拓扑

(4) 如何设置进入目录后的欢迎信息?

(5) 如何锁定 FTP 用户在其宿主目录中?

(6) user_list 和 ftpusers 文件都存有用户名列表,如果一个用户同时存在两个文件中,最终的执行结果是怎样的?

4. 做一做

根据项目要求及录像内容将项目完整无缺地完成。

21.7 练习题

一、填空题

1. FTP 服务就是________服务,FTP 的英文全称是________。

2. FTP 服务通过使用一个共同的用户名________,密码不限的管理策略,让任何用户都可以很方便地从这些服务器上下载软件。

3. FTP 服务有两种工作模式:________和________。

4. ftp 命令的格式如下:________。

二、选择题

1. ftp 命令可以与指定的机器建立连接的参数是(　　)。

A. connect　　B. close　　C. cdup　　D. open

2. FTP 服务使用的端口是(　　)。

A. 21　　B. 23　　C. 25　　D. 53

3. 从 Internet 上获得软件最常采用的是(　　)。

A. WWW　　B. telnet　　C. FTP　　D. DNS

4. 一次可以下载多个文件用(　　)命令。

A. mget　　B. get　　C. put　　D. mput

5. 下面(　　)不是 FTP 用户的类别。

A. real　　B. anonymous　　C. guest　　D. users

6. 修改文件 vsftpd.conf 的(　　)可以实现 vsftpd 服务独立启动。

A. listen=YES　　B. listen=NO

C. boot=standalone　　D. #listen=YES

7. 将用户加入以下(　　)文件中可能会阻止用户访问 FTP 服务器。

A. vsftpd/ftpusers　B. vsftpd/user_list　C. ftpd/ftpusers　D. ftpd/userlist

三、简答题

1. 简述 FTP 的工作原理。
2. 简述 FTP 服务的传输模式。
3. 简述常用的 FTP 软件。

21.8　实践习题

1. 在 VMware 虚拟机中启动一台 Linux 服务器作为 vsftpd 服务器，在该系统中添加用户 user1 和 user2。

(1) 确保系统安装了 vsftpd 软件包。

(2) 设置匿名账户具有上传、创建目录的权限。

(3) 利用/etc/vsftpd/ftpusers 文件设置禁止本地 user1 用户登录 FTP 服务器。

(4) 设置本地用户 user2 登录 FTP 服务器之后，在进入 dir 目录时显示提示信息"Welcome to user's dir!"。

(5) 设置将所有本地用户都锁定在/home 目录中。

(6) 设置只有在/etc/vsftpd/user_list 文件中指定的本地用户 user1 和 user2 可以访问 FTP 服务器，其他用户都不可以。

(7) 配置基于主机的访问控制，实现以下功能。

- 拒绝 192.168.6.0/24 访问。
- 对域 jnrp.net 和 192.168.2.0/24 内的主机不做连接数和最大传输速率限制。
- 对其他主机的访问限制每 IP 的连接数为 2，最大传输速率为 500KB/s。

2. 建立仅允许本地用户访问的 vsftp 服务器，并完成以下任务。

(1) 禁止匿名用户访问。

(2) 建立 s1 和 s2 账号，并具有读/写权限。

(3) 使用 chroot 限制 s1 和 s2 账号在/home 目录中。

21.9　超链接

单击 http://www.icourses.cn/scourse/course_2843.html，访问并学习国家精品资源共享课程网站中学习情境的相关内容。

项目二十二　配置与管理 Postfix 邮件服务器

项目背景

某高校组建了校园网，现需要在校园网中部署一台电子邮件服务器，用于公文发送和工作交流。利用基于 Linux 平台的 sendmail 邮件服务器既能满足需要，又能节省资金。

在完成该项目之前，首先应当规划好电子邮件服务器的存放位置、所属网段、IP 地址和域名等信息；其次，要确定每个用户的用户名，以便为其创建账号等。

职业能力目标和要求

- 了解电子邮件服务的工作原理。
- 掌握 sendmail 和 POP3 邮件服务器的配置。
- 掌握电子邮件服务器的测试。

22.1　相关知识

22.1.1　电子邮件服务概述

电子邮件(Electronic Mail，E-mail)服务是 Internet 最基本也是最重要的服务之一。

与传统邮件相比，电子邮件服务的诱人之处在于传递迅速。如果采用传统的方式发送信件，发一封特快专递也需要至少一天的时间，而发一封电子邮件给远方的用户，通常来说，对方几秒钟之内就能收到。和最常用的日常通信手段——电话系统相比，电子邮件在速度上虽然不占优势，但它不要求通信双方同时在场。由于电子邮件采用存储转发的方式发送邮件，发送邮件时并不需要收件人处于在线状态，收件人可以根据实际需要随时上网从邮件服务器上收取邮件，方便了信息的交流。

与现实生活中的邮件传递类似，每个人必须有一个唯一的电子邮件地址。电子邮件地址的格式是 USER@SERVER.COM，由 3 部分组成。第一部分 USER 代表用户邮箱账号，对于同一个邮件接收服务器来说，这个账号必须是唯一的；第二部分@是分隔符；第三部分 SERVER.COM 是用户信箱的邮件接收服务器域名，用以标志其所在的位置。这样的一个电子邮件地址表明该用户在指定的计算机(邮件服务器)上有一块存储空间。Linux 邮件服务器上的邮件存储空间通常是位于/var/spool/mail 目录下的文件。

与常用的网络通信方式不同，电子邮件系统采用缓冲池(spooling)技术处理传递的延迟。用户发送邮件时，邮件服务器将完整的邮件信息存放到缓冲区队列中，系统后台进程会在适当的时候将队列中的邮件发送出去。RFC822 定义了电子邮件的标准格式，它将一封电子邮件分成头部(head)和正文(body)两部分。邮件的头部包含了邮件的发送方、接收方、发送日期、邮件主题等内容，而正文通常是要发送的信息。

22.1.2　电子邮件系统的组成

Linux 系统中的电子邮件系统包括 3 个组件：MUA(Mail User Agent，邮件用户代理)、MTA(Mail Transfer Agent，邮件传送代理)和 MDA(Mail Dilivery Agent，邮件投递代理)。

1. MUA

MUA 是电子邮件系统的客户端程序，它是用户与电子邮件系统的接口，主要负责邮件的发送和接收以及邮件的撰写、阅读等工作。目前主流的用户代理软件有基于 Windows 平台的 Outlook、Foxmail 和基于 Linux 平台的 mail、elm、pine、Evolution 等。

2. MTA

MTA 是电子邮件系统的服务器端程序，它主要负责邮件的存储和转发。最常用的 MTA 软件有基于 Windows 平台的 Exchange 和基于 Linux 平台的 postfix、qmail 和 postfix 等。

3. MDA

MDA 有时也称为 LDA(Local Dilivery Agent，本地投递代理)。MTA 把邮件投递到邮件接收者所在的邮件服务器，MDA 则负责把邮件按照接收者的用户名投递到邮箱中。

4. MUA、MTA 和 MDA 协同工作

总的来说，当使用 MUA 程序写信(例如 elm、pine 或 mail)时，应用程序把信件传给 Postfix 或 Postfix 这样的 MTA 程序。如果信件是寄给局域网或本地主机的，那么 MTA 程序应该从地址上就可以确定这个信息。如果信件是发给远程系统用户的，那么 MTA 程序必须能够选择路由，与远程邮件服务器建立连接并发送邮件。MTA 程序还必须能够处理发送邮件时产生的问题，并且能向发信人报告出错信息。例如，当邮件没有填写地址或收信人不存在时，MTA 程序要向发信人报错。MTA 程序还支持别名机制，使得用户能够方便地用不同的名字与其他用户、主机或网络通信。而 MDA 的作用主要是把接收者 MTA 收到的邮件信息投递到相应的邮箱中。

22.1.3　电子邮件传输过程

电子邮件与普通邮件有类似的地方，发信者注明收件人的姓名与地址(即邮件地址)，发送方服务器把邮件传到收件方服务器，收件方服务器再把邮件发到收件人的邮箱中。图 22-1 解释了由新浪邮箱发往谷歌邮箱的过程。

以一封邮件的传输过程为例，下面是邮件发送的基本过程，如图 22-2 所示。

(1) 邮件用户在客户机使用 MUA 撰写邮件，并将写好的邮件提交给本地 MTA 上的缓冲区。

(2) MTA 每隔一定时间发送一次缓冲区中的邮件队列。MTA 根据邮件的接收者地址，使用 DNS 服务器的 MX(邮件交换器资源记录)解析邮件地址的域名部分，从而决定将邮件投递到哪一个目标主机。

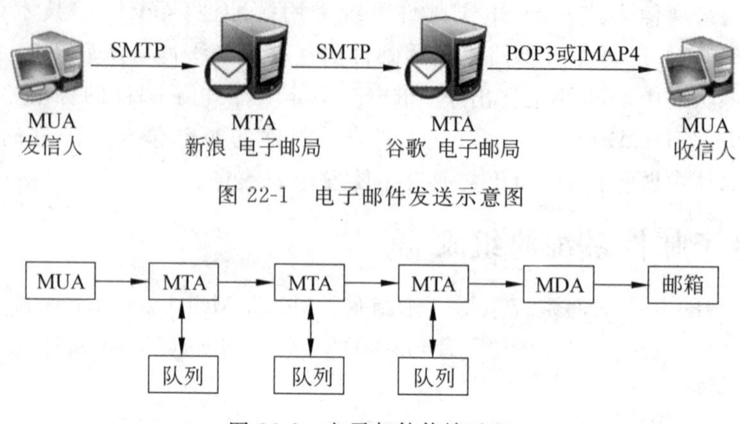

图 22-1　电子邮件发送示意图

图 22-2　电子邮件传输过程

(3) 目标主机上的 MTA 收到邮件以后,根据邮件地址中的用户名部分判断用户的邮箱,并使用 MDA 将邮件投递到该用户的邮箱中。

(4) 该邮件的接收者可以使用常用的 MUA 软件登录邮箱查阅新邮件,并根据自己的需要作相应的处理。

22.1.4　与电子邮件相关的协议

常用的与电子邮件相关的协议有 SMTP、POP3 和 IMAP4。

1. SMTP

SMTP(Simple Mail Transfer Protocol)即简单邮件传输协议,该协议默认工作在 TCP 的 25 端口。SMTP 属于客户/服务器模型,它是一组用于由源地址到目的地址传送邮件的规则,由它来控制信件的中转方式。SMTP 属于 TCP/IP 协议簇,它帮助每台计算机在发送或中转信件时找到下一个目的地。通过 SMTP 所指定的服务器,就可以把电子邮件寄到收件人的服务器上了。SMTP 服务器则是遵循 SMTP 的发送邮件服务器,用来发送或中转发出的电子邮件。SMTP 仅能用来传输基本的文本信息,不支持字体、颜色、声音、图像等信息的传输。为了传输这些内容,目前在 Internet 网络中广为使用的是 MIME(Multipurpose Internet Mail Extension,多用途 Internet 邮件扩展)协议。MIME 弥补了 SMTP 的不足,解决了 SMTP 仅能传送 ASCII 码文本的限制。目前,SMTP 和 MIME 协议已经广泛应用于各种电子邮件系统中。

2. POP3

POP3(Post Office Protocol 3)即邮局协议的第 3 个版本,该协议默认工作在 TCP 的 110 端口。POP3 同样也属于客户/服务器模型,它是规定怎样将个人计算机连接到 Internet 的邮件服务器和下载电子邮件的协议。它是 Internet 电子邮件的第一个离线协议标准,POP3 允许从服务器上把邮件存储到本地主机即自己的计算机上,同时删除保存在邮件服务器上的邮件。遵循 POP3 来接收电子邮件的服务器是 POP3 服务器。

3. IMAP4

IMAP4(Internet Message Access Protocol 4)即 Internet 信息访问协议的第 4 个版本,该协议默认工作在 TCP 的 143 端口。它是用于从本地服务器上访问电子邮件的协议,也是一个客户/服务器模型协议,用户的电子邮件由服务器负责接收保存,用户可以通过浏览信件头来决定是否要下载此信件。用户也可以在服务器上创建或更改文件夹或邮箱,删除信件或检索信件的特定部分。

注意: 虽然POP3和IMAP4都用于处理电子邮件的接收,但二者在机制上却有所不同。在用户访问电子邮件时,IMAP4需要持续访问邮件服务器,而POP3则是将信件保存在服务器上,当用户阅读信件时,所有内容都会被立即下载到用户的机器上。

22.1.5 邮件中继

前面讲解了整个邮件转发的流程,实际上邮件服务器在接收到邮件以后,会根据邮件的目的地址判断该邮件是发送至本域还是外部,然后再分别进行不同的操作,常见的处理方法有以下两种。

1. 本地邮件发送

当邮件服务器检测到邮件发往本地邮箱时,如 yun@smile.com 发送至 ph@smile.com,处理方法比较简单,会直接将邮件发往指定的邮箱。

2. 邮件中继

中继是指你的服务器向其他服务器传递邮件的一种请求。一个服务器处理的邮件类型有两类:一类是发送邮件;一类是接收邮件,前者是本域用户通过服务器向外部转发的邮件,后者是接收发给本域用户邮件。

一个服务器不应该处理过路的邮件,就是既不是你的用户发送的,也不是发给你的用户的,而是一个外部用户发给另一个外部用户的。这一行为称为第三方中继。如果是不需要经过验证就可以中继邮件到组织外,称为OPEN RELAY(开放中继),"第三方中继"和"开放中继"是要禁止的,但中继是不能关闭的。这里需要了解几个概念。

(1) 中继

用户通过服务器将邮件传递到组织外。

(2) OPEN RELAY

不受限制的组织外中继,即无验证的用户也可提交中继请求。

(3) 第三方中继

由服务器提交的OPEN RELAY不是从客户端直接提交的。比如李明的域是A,李明通过服务器B(属于B域)中转邮件到C域。这时在服务器B上看到的是连接请求来源于A域的服务器(不是客户),而邮件既不是服务器B所在域用户提交的,也不是发往B域的,这就属于第三方中继,这是垃圾邮件的根本。如果用户通过直接连接你的服务器发送邮件,这是无法阻止的,比如群发软件。但如果关闭了OPEN RELAY,那么他只能发信到你的组织内用户,无法将邮件中继出组织。

3. 邮件认证机制

如果关闭了OPEN RELAY,那么必须是该组织成员通过验证后才可以提交中继请求。也就是说,你的用户要发邮件到组织外,一定要经过验证。需要注意的是不能关闭中继,否则邮件系统只能在组织内使用。邮件认证机制要求用户在发送邮件时必须提交账号及密码,邮件服务器验证该用户属于该域合法用户后才允许转发邮件。

22.2 项目设计及准备

22.2.1 项目设计

本项目选择企业版 Linux 网络操作系统提供的电子邮件系统 Postfix 来部署电子邮件服务,利用 Windows 7 的 Outlook 程序来收发邮件(如果没安装,请从网上下载后安装)。

22.2.2 项目准备

部署电子邮件服务应满足下列需求。

(1) 安装好企业版 Linux 网络操作系统,并且必须保证 Apache 服务器和 Perl 语言解释器正常工作。客户端使用 Linux 和 Windows 网络操作系统,服务器和客户端能够通过网络进行通信。

(2) 电子邮件服务器的 IP 地址、子网掩码等 TCP/IP 参数应手工配置。

(3) 电子邮件服务器应拥有一个友好的 DNS 名称,并且应能够被正常解析,且具有电子邮件服务所需要的 MX 资源记录。

(4) 创建任何电子邮件域之前,规划并设置好 POP3 服务器的身份验证方法。

计算机的配置信息如表 22-1 所示(可以使用 VM 的克隆技术快速安装需要的 Linux 客户端)。

表 22-1 Linux 服务器和客户端的配置信息

主机名称	操作系统	IP 地址	角色及其他
邮件服务器：RHEL7-1	RHEL 7	192.168.10.1	DNS 服务器、Postfix 邮件服务器、VMnet1
Linux 客户端：client1	RHEL 7	IP：192.168.10.20 DNS：192.168.10.1	邮件测试客户端、VMnet1
Windows 客户端：Win7-1	Windows 7	IP：192.168.10.50 DNS：192.168.10.1	邮件测试客户端、VMnet1

22.3 项目实施

22.3.1 任务 1 配置 Postfix 常规服务器

在 RHEL 5、RHEL 6 以及诸多早期的 Linux 系统中,默认使用的发件服务是由 Postfix 服务程序提供的,而在 RHEL 7 系统中已经替换为 Postfix 服务程序。相较于 Postfix 服务程序,Postfix 服务程序减少了很多不必要的配置步骤,而且在稳定性、并发性方面有很大改进。

如果想要成功地架设 Postfix 服务器,除了需要理解其工作原理外,还需要清楚整个设定流程,以及在整个流程中每一步的作用。一个简易 Postfix 服务器设定流程主要包含以下几个步骤。

(1) 配置好DNS。

(2) 配置Postfix服务程序。

(3) 配置Dovecot服务程序。

(4) 创建电子邮件系统的登录账户。

(5) 启动Postfix服务器。

(6) 测试电子邮件系统。

1. 安装bind和Postfix服务

```
[root@RHEL7-1 ~]#rpm -q postfix
[root@RHEL7-1 ~]#mkdir /iso
[root@RHEL7-1 ~]#mount /dev/cdrom /iso
[root@RHEL7-1 ~]#yum clean all                        //安装前先清除缓存
[root@RHEL7-1 ~]#yum install bind postfix -y
[root@RHEL7-1 ~]#rpm -qa|grep postfix                 //检查安装组件是否成功
```

2. 进行相关配置

打开SELinux有关的布尔值,在防火墙中开放DNS、SMTP服务。重启服务,并设置开机重启生效。

```
[root@RHEL7-1 ~]#setsebool -P allow_postfix_local_write_mail_spool on
[root@RHEL7-1 ~]#systemctl restart postfix
[root@RHEL7-1 ~]#systemctl restart named
[root@RHEL7-1 ~]#systemctl enable named
[root@RHEL7-1 ~]#systemctl enable postfix
[root@RHEL7-1 ~]#firewall-cmd --permanent --add-service=dns
[root@RHEL7-1 ~]#firewall-cmd --permanent --add-service=smtp
[root@RHEL7-1 ~]#firewall-cmd --reload
```

3. Postfix服务程序主配置文件(/etc/postfix/main.cf)

Postfix服务程序主配置文件(/etc/ postfix/main.cf)有679行左右的内容,主要的配置参数如表22-2所示。

表22-2　Postfix服务程序主配置文件中的重要参数

参　数	作　用
myhostname	邮局系统的主机名
mydomain	邮局系统的域名
myorigin	从本机发出邮件的域名名称
inet_interfaces	监听的网卡接口
mydestination	可接收邮件的主机名或域名
mynetworks	设置可转发哪些主机的邮件
relay_domains	设置可转发哪些网域的邮件

在Postfix服务程序的主配置文件中,总计需要修改5处。

(1) 首先是在第76行定义一个名为myhostname的变量,用来保存服务器的主机名称。还要记住下边的参数需要调用它。

```
myhostname =mail.long.com
```

(2) 在第 83 行定义一个名为 mydomain 的变量,用来保存邮件域的名称。后面也要调用这个变量。

```
mydomain =long.com
```

(3) 在第 99 行调用前面的 mydomain 变量,用来定义发出邮件的域。调用变量的好处是避免重复写入信息,以及便于日后统一修改。

```
myorigin =$mydomain
```

(4) 第 4 处修改是在第 116 行定义网卡监听地址。可以指定要使用服务器的哪些 IP 地址对外提供电子邮件服务;也可以直接写成 all,代表所有 IP 地址都能提供电子邮件服务。

```
inet_interfaces =all
```

(5) 最后一处修改是在第 164 行定义可接收邮件的主机名或域名列表。这里可以直接调用前面定义好的 myhostname 和 mydomain 变量(如果不想调用变量,也可以直接调用变量中的值)。

```
mydestination =$myhostname , $mydomain,localhost
```

4. 别名和群发设置

用户别名是经常用到的一个功能。顾名思义,别名就是给用户另外起一个名字。例如,给用户 A 起个别名为 B,则以后发给 B 的邮件实际是 A 用户来接收。为什么说这是一个经常用到的功能呢?第一,root 用户无法收发邮件,如果有发给 root 用户的信件,则必须为 root 用户建立别名。第二,群发设置需要用到这个功能。企业内部在使用邮件服务的时候,经常会按照部门群发信件,发给财务部门的信件只有财务部的人才会收到,其他部门的则无法收到。

如果要使用别名设置功能,首先需要在/etc 目录下建立文件 aliases,然后编辑文件内容,其格式如下。

```
alias: recipient[,recipient,...]
```

其中,alias 为邮件地址中的用户名(别名),而 recipient 是实际接收该邮件的用户。下面通过几个例子来说明用户别名的设置方法。

【例 22-1】 为 user1 账号设置别名为 zhangsan,为 user2 账号设置别名为 lisi。方法如下。

```
[root@RHEL7-1 ~]#vim /etc/aliases
//添加下面两行
zhangsan: user1
lisi: user2
```

【例 22-2】 假设网络组的每位成员在本地 Linux 系统中都拥有一个真实的电子邮件账号，现在要给网络组的所有成员发送一封相同内容的电子邮件。可以使用用户别名机制中的邮件列表功能实现。方法如下。

```
[root@RHEL7-1 ~]#vim /etc/aliases
network_group: net1,net2,net3,net4
```

这样，通过给 network_group 发送信件就可以给网络组中的 net1、net2、net3 和 net4 都发送一封同样的信件。

最后，在设置过 aliases 文件后，还要使用 newaliases 命令生成 aliases. db 数据库文件。

```
[root@RHEL7-1 ~]#newaliases
```

5. 利用 Access 文件设置邮件中继

Access 文件用于控制邮件中继（RELAY）和邮件的进出管理。可以利用 Access 文件来限制哪些客户端可以使用此邮件服务器来转发邮件。例如限制某个域的客户端拒绝转发邮件，也可以限制某个网段的客户端可以转发邮件。Access 文件的内容会以列表形式体现出来。其格式如下。

```
对象 处理方式
```

对象和处理方式的表现形式并不单一，每一行都包含对象和对它们的处理方式。下面对常见的对象和处理方式的类型做简单介绍。

Access 文件中的每一行都具有一个对象和一种处理方式，需要根据环境需要进行二者的组合。来看一个现成的示例，使用 vim 命令来查看默认的 Access 文件。

默认的设置表示来自本地的客户端允许使用邮件服务器收发邮件。通过修改 Access 文件，可以设置邮件服务器对 E-mail 的转发行为，但是配置后必须使用 postmap 建立新的 access. db 数据库。

【例 22-3】 允许 192. 168. 0. 0/24 网段和 long. com 自由发送邮件，但拒绝客户端 clm. long. com 及除 192. 168. 2. 100 以外的 192. 168. 2. 0/24 网段的所有主机。

```
[root@RHEL7-1 ~]#vim /etc/postfix/access
192.168.0                                   OK
.long.com                                   OK
clm.long.com                                REJECT
192.168.2.100                               OK
192.168.2                                   OK
```

还需要在/etc/postfix/main. cf 中增加以下内容：

```
smtpd_client_restrictions =check_client_access hash:/etc/postfix/access
```

注意： 只有增加这一行访问控制的过滤规则(access)才生效。

最后使用 postmap 生成新的 access. db 数据库。

```
[root@RHEL7-1 postfix]#postmap hash:/etc/postfix/access
[root@RHEL7-1 postfix]#ls -l /etc/postfix/access*
-rw-r--r--. 1 root root 20986 Aug  4 18:53 /etc/postfix/access
-rw-r--r--. 1 root root 12288 Aug  4 18:55 /etc/postfix/access.db
```

6. 设置邮箱容量

(1) 设置用户邮件的大小限制

编辑/etc/postfix/main.cf 配置文件，限制发送的邮件大小最大为 5MB，添加以下内容：

```
message_size_limit=5000000
```

(2) 通过磁盘配额限制用户邮箱空间

① 使用 df -hT 命令查看邮件目录挂载信息，如图 22-3 所示。

```
root@RHEL7-1:~
File  Edit  View  Search  Terminal  Help
[root@RHEL7-1 ~]# df -hT
Filesystem     Type      Size  Used Avail Use% Mounted on
/dev/sda2      xfs       9.4G  123M  9.2G   2% /
devtmpfs       devtmpfs  897M     0  897M   0% /dev
tmpfs          tmpfs     912M   12K  912M   1% /dev/shm
tmpfs          tmpfs     912M  9.1M  903M   1% /run
tmpfs          tmpfs     912M     0  912M   0% /sys/fs/cgroup
/dev/sda5      xfs       7.5G  3.1G  4.5G  41% /usr
/dev/sda6      xfs       7.5G  233M  7.3G   4% /var
/dev/sda3      xfs       7.5G   39M  7.5G   1% /home
/dev/sda8      xfs       4.4G   33M  4.3G   1% /tmp
/dev/sda1      xfs       283M  163M  121M  58% /boot
tmpfs          tmpfs     183M   20K  183M   1% /run/user/0
/dev/sr0       iso9660   3.8G  3.8G     0 100% /run/media/root/RHEL-7.4 Server.x86_64
[root@RHEL7-1 ~]#
```

图 22-3 查看邮件目录挂载信息

② 首先使用 vim 编辑器修改/etc/fstab 文件，如图 22-4 所示(一定保证/var 是单独的 xfs 分区)。

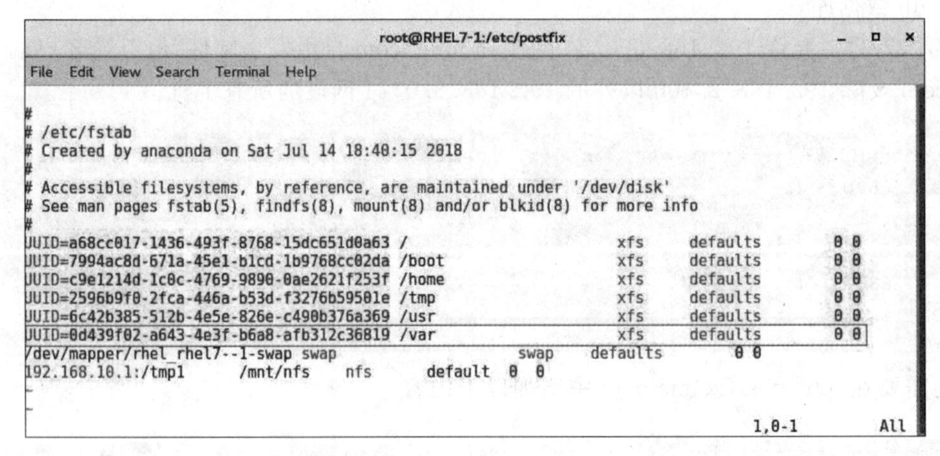

图 22-4 /etc/fstab 文件

在项目 1 中的硬盘分区中已经考虑了独立分区的问题，这样保证了该实训的正常进行。

从图 22-3 可以看出，/var 已经自动挂载了。

③ 由于 sda2 分区格式为 xfs，默认自动开启磁盘配额功能，使用 usrquota 及 grpquota 参数。usrquota 为用户的配额参数，grpquota 为组的配额参数。

保存文件并退出，重新启动计算机，使操作系统按照新的参数挂载文件系统。

```
[root@RHEL7-1 ~]# mount
…
debugfs on /sys/kernel/debug type debugfs (rw,relatime)
nfsd on /proc/fs/nfsd type nfsd (rw,relatime)
/dev/sda6 on /var type xfs (rw, relatime, seclabel, attr2, inode64, usrquota, grpquota)
/dev/sda3 on /home type xfs (rw,relatime,seclabel,attr2,inode64,noquota)
/dev/sda8 on /tmp type xfs (rw,relatime,seclabel,attr2,inode64,noquota)
/dev/sda1 on /boot type xfs (rw,relatime,seclabel,attr2,inode64,noquota)
…
[root@RHEL7-1 ~]#quotaon -p /var
group quota on /var (/dev/sda6) is on
user quota on /var (/dev/sda6) is on
```

④ 设置磁盘配额。下面为用户和组配置详细的配额限制，使用 edquota 命令进行磁盘配额的设置，命令格式如下。

```
edquota -u 用户名
```

或

```
edquota -g 组名
```

为用户 bob 配置磁盘配额限制，执行了 edquota 命令，打开用户配额编辑文件，如下所示（bob 用户一定是存在的 Linux 系统用户）。

```
[root@RHEL7-1 ~]#edquota -u bob
Disk quotas for user bob (uid 1015):
  filesystem        blocks     soft     hard     inodes     soft     hard
   /dev/sda6           0         0        0         1         0        0
```

磁盘配额参数含义如表 22-3 所示。

表 22-3　磁盘配额参数

列　　名	解　　释
filesystem	文件系统的名称
blocks	用户当前使用的块数（磁盘空间），单位为 KB
soft	可以使用的最大磁盘空间；可以在一段时期内超过软限制的规定
hard	可以使用的磁盘空间的绝对最大值。达到了该限制后，操作系统将不再为用户或组分配磁盘空间

续表

列　名	解　释
inodes	用户当前使用的 inode 节点数量(文件数)
soft	可以使用的最大文件数;可以在一段时期内超过软限制的规定
hard	可以使用的文件数的绝对最大值。达到了该限制后,用户或组将不能再建立文件

设置磁盘空间或者文件数的限制,需要修改对应的 soft、hard 值,而不要修改 blocks 和 inodes 值,根据当前磁盘的使用状态,操作系统会自动设置这两个字段的值。

注意:如果 soft 或者 hard 值设置为 0,则表示没有限制。

这里将磁盘空间的硬限制设置为 100MB。

```
[root@RHEL7-1 ~]#edquota -u bob
Disk quotas for user bob (uid 1015):
  filesystem         blocks     soft      hard      inodes     soft     hard
   /dev/sda6            0          0      100000       1          0        0
```

⑤ 编辑/etc/postfix/main.cf 配置文件,删除以下语句,将邮件发送时的大小限制去掉。

```
message_size_limit=5000000
```

22.3.2　任务 2　配置 Dovecot 服务程序

在 Postfix 服务器 RHEL7-1 上进行基本配置以后,邮件服务器就可以完成 E-mail 的发送工作,但是如果需要使用 POP3 和 IMAP 协议接收邮件,还需要安装 Dovecot 软件包。

1. 安装 Dovecot 服务程序软件包

(1) 安装 POP3 和 IMAP。

```
[root@RHEL7-1 ~]#yum install dovecot -y
[root@RHEL7-1 ~]#rpm -qa |grep dovecot
dovecot-2.2.10-8.el7.x86_64
```

(2) 启动 POP3 服务,同时开放 POP3 和 IMAP 对应的 TCP 端口 110 和 143。

```
[root@RHEL7-1 ~]#systemctl restart  dovecot
[root@RHEL7-1 ~]#systemctl enable  dovecot
[root@RHEL7-1 ~]#firewall-cmd --permanent --add-port=110/tcp
[root@RHEL7-1 ~]#firewall-cmd --permanent --add-port=25/tcp
[root@RHEL7-1 ~]#firewall-cmd --permanent --add-port=143/tcp
[root@RHEL7-1 ~]#firewall-cmd --reload
```

(3) 测试。使用 netstat 命令测试是否开启 POP3 的 110 端口和 IMAP 的 143 端口,如下所示。

```
[root@RHEL7-1 ~]#netstat -an|grep :110
tcp        0      0 0.0.0.0:110             0.0.0.0:*               LISTEN
tcp6       0      0 :::110                  :::*                    LISTEN
udp        0      0 0.0.0.0:41100           0.0.0.0:*
[root@RHEL7-1 ~]#netstat -an|grep :143
tcp        0      0 0.0.0.0:143             0.0.0.0:*               LISTEN
tcp6       0      0 :::143                  :::*                    LISTEN
```

如果显示110和143端口开启，则表示POP3以及IMAP服务已经可以正常工作。

2. 配置部署Dovecot服务程序

(1) 在Dovecot服务程序的主配置文件中进行如下修改。首先是在第24行把Dovecot服务程序支持的电子邮件协议修改为imap、pop3和lmtp。不修改也可以，默认就是这些协议。

```
[root@RHEL7-1 ~]#vim /etc/dovecot/dovecot.conf
protocols =imap pop3 lmtp
```

(2) 在主配置文件中的第48行设置允许登录的网段地址。也就是说，可以在这里限制只有来自某个网段的用户才能使用电子邮件系统。如果想允许所有人都能使用，修改本参数为

```
login_trusted_networks =0.0.0.0/0
```

也可修改为某网段，如：192.168.10.0/24。

注意：本字段一定要启用，否则在连接telnet并使用25号端口接收邮件时出现的错误信息为"-ERR [AUTH] Plaintext authentication disallowed on non-secure (SSL/TLS) connections."。

3. 配置邮件格式与存储路径

在Dovecot服务程序单独的子配置文件中定义一个路径，用于指定要将收到的邮件存放到服务器本地的哪个位置。这个路径默认已经定义好了，只需要将该配置文件中第24行前面的#删除即可。

```
[root@RHEL7-1 ~]#vim /etc/dovecot/conf.d/10-mail.conf
mail_location =mbox:~/mail:INBOX=/var/mail/%u
```

4. 创建用户，建立保存邮件的目录

以创建user1和user2为例。创建用户完成后，必须建立相应用户的保存邮件的目录，否则出错。至此，对Dovecot服务程序配置的步骤全部结束。

```
[root@RHEL7-1 ~]#useradd user1
[root@RHEL7-1 ~]#useradd user2
[root@RHEL7-1 ~]#passwd user1
[root@RHEL7-1 ~]#passwd user2
[root@RHEL7-1 ~]#mkdir -p /home/user1/mail/.imap/INBOX
[root@RHEL7-1 ~]#mkdir -p /home/user2/mail/.imap/INBOX
```

22.3.3 任务3 配置一个完整的收发邮件服务器并测试

【例 22-4】 Postfix 电子邮件服务器和 DNS 服务器的地址为 192.168.10.1,利用 Telnet 命令完成邮件地址为 user1@long.com 的用户向邮件地址为 user2@long.com 的用户发送主题为"The first mail: user1 TO user2"的邮件,同时使用 telnet 命令从 IP 地址为 192.168.10.1 的 POP3 服务器接收电子邮件。具体过程如下。

1. 使用 telnet 命令登录服务器并发送邮件

当 Postfix 服务器搭建好之后,应该尽可能快地保证服务器的正常使用,一种快速有效的测试方法是使用 telnet 命令直接登录服务器的 25 端口,并收发信件以及对 Sendmail 进行测试。

在测试之前,我们先要确保 telnet 的服务器端软件和客户端软件已经安装。(分别在 RHEL7-1 和 client1 上安装,此处不再一一描述。)

(1) 依次安装 telnet 所需软件包。

```
[root@client1 ~]#rpm -qa|grep telnet
[root@client1 ~]#yum install telnet-server -y                    //安装 telnet 服务器软件
[root@client1 ~]#yum install telnet -y                           //安装 telnet 客户端软件
[root@client1 ~]#rpm -qa|grep telnet                             //检查安装组件是否成功
telnet-server-0.17-64.el7.x86_64
telnet-0.17-64.el7.x86_64
```

(2) 让防火墙放行。

```
[root@client1 ~]#firewall-cmd --permanent --add-service=telnet
[root@client1 ~]#firewall-cmd -reload
```

(3) 创建用户(前面已创建 user1 和 user2)。

(4) 配置 DNS 服务器,并设置虚拟域的 MX 资源记录。具体步骤如下。

① 编辑并修改 DNS 服务的主配置文件,添加 long.com 域的区域声明(options 部分省略,按常规配置即可,完全的配置文件可向作者索要)。

```
[root@RHEL7-1 ~]#vim /etc/named.conf
zone "long.com" IN {
    type master;
    file "long.com.zone";
};
//注释掉该语句,免得受影响,因本例在 named.conf 中直接写入域的声明,即将 named.conf 和
  named.zones 合并
#include "/etc/named.zones";
zone "10.168.192.in-addr.arpa" IN {
    type master;
    file "1.10.168.192.zone";
};
```

② 编辑 long.com 区域的正向解析数据库文件。

```
[root@RHEL7-1 ~]#vim /var/named/long.com.zone
$TTL 1D
@       IN   SOA   long.com.   root.long.com. (
                                       2013120800   ; serial
                                       1D           ; refresh
                                       1H           ; retry
                                       1W           ; expire
                                       3H )         ; minimum

@       IN   NS                dns.long.com.
@       IN   MX    10          mail.long.com.
dns     IN   A                 192.168.10.1
mail    IN   A                 192.168.10.1
smtp    IN   A                 192.168.10.1
pop3    IN   A                 192.168.10.1
```

③ 编辑 long.com 区域的反向解析数据库文件。

```
$TTL 1D
@          IN          SOA          @          root.long.com. (
                                               0 ; serial
                                               1D ; refresh
                                               1H ; retry
                                               1W ; expire
                                               3H ) ; minimum

@          IN          NS                      dns.long.com.
@          IN          MX           10         mail.long.com.

1          IN          PTR                     dns.long.com.
1          IN          PTR                     mail.long.com.
1          IN          PTR                     smtp.long.com.
1          IN          PTR                     pop3.long.com.
```

④ 利用下面的命令重新启动 DNS 服务，使配置生效。

```
[root@RHEL7-1 ~]#systemctl restart named
[root@RHEL7-1 ~]#systemctl enable named
```

(5) 在 client1 上测试 DNS 是否正常，这一步至关重要。

```
[root@client1 ~]#vim /etc/resolv.conf
nameserver 192.168.10.1
[root@client1 ~]#nslookup
>set type=MX
>long.com
Server: 192.168.10.1
Address: 192.168.10.1#53
```

```
long.com mail exchanger =10 mail.long.com.
>exit
```

(6) 配置/etc/postfix/main.cf。(同时配置 Dovecot 服务程序,详见任务 22-2,此处简略。)

① 配置/etc/postfix/main.cf。

```
[root@RHEL7-1 ~]#vim /etc/postfix/main.cf
myhostname =mail.long.com
mydomain =long.com
myorigin =$mydomain
inet_interfaces =all
mydestination =$myhostname , $mydomain,localhost
```

② 配置 dovecot.conf。

```
[root@RHEL7-1 ~]#vim /etc/dovecot/dovecot.conf
protocols =imap pop3 lmtp
login_trusted_networks =0.0.0.0/0
```

③ 配置邮件格式和路径,建立邮件目录(极易出错)。

```
[root@RHEL7-1 ~]#vim /etc/dovecot/conf.d/10-mail.conf
mail_location =mbox:~/mail:INBOX=/var/mail/%u
[root@RHEL7-1 ~]#useradd user1
[root@RHEL7-1 ~]#useradd user2
[root@RHEL7-1 ~]#passwd user1
[root@RHEL7-1 ~]#passwd user2
[root@RHEL7-1 ~]#mkdir -p /home/user1/mail/.imap/INBOX
[root@RHEL7-1 ~]#mkdir -p /home/user2/mail/.imap/INBOX
```

(7) 启动服务,配置防火墙等。保证开放了 TCP 的 25\110\143 端口(见任务 22-2)。

```
[root@RHEL7-1 ~]#setsebool -P allow_postfix_local_write_mail_spool on
[root@RHEL7-1 ~]#systemctl restart postfix
[root@RHEL7-1 ~]#systemctl enable postfix
[root@RHEL7-1 ~]#firewall-cmd --permanent --add-service=dns
[root@RHEL7-1 ~]#firewall-cmd --permanent --add-service=smtp
```

(8) 使用 telnet 发送邮件(在 client1 客户端测试,确保 DNS 服务器设为 192.168.10.1)。

```
[root@client1 ~]#mount /dev/cdrom /iso
[root@client1 ~]#yum install telnet -y
[root@client1 ~]#telnet 192.168.10.1 25   //利用 telnet 命令连接邮件服务器的 25 端口
Trying 192.168.10.1...
Connected to 192.168.10.1.
Escape character is '^]'.
220 mail.long.com ESMTP Postfix
```

```
helo long.com                              //利用 helo 命令向邮件服务器表明身份,不是 hello
250 mail.long.com
mail from:"test"<user1@long.com>           //设置信件标题以及发信人地址。其中信件标题
                                             为 test,发信人地址为 client1@smile.com
250 2.1.0 Ok
rcpt to:user2@long.com                     //利用 rcpt to 命令输入收件人的邮件地址
250 2.1.5 Ok
data                                       //data 表示要写信件内容了。当输入完 data 指令
                                             后,会以一个单行的"."结束信件
354 End data with <CR><LF>.<CR><LF>
The first mail:user1 TO user2              //信件内容
.                                          //"."表示结束信件内容。千万不要忘记输入
250 2.0.0 Ok: queued as 456EF25F

quit                                       //退出 telnet 命令
221 2.0.0 Bye
Connection closed by foreign host.
```

每当输入完指令后,服务器总会回应一个数字代码。熟知这些代码的含义对于判断服务器的错误很有帮助。下面介绍常见的回应代码以及相关含义,如表 22-4 所示。

表 22-4　邮件回应代码

回应代码	说　明
220	表示 SMTP 服务器开始提供服务
250	表示命令指定完毕,回应正确
354	可以开始输入信件内容,并以"."结束
500	表示 SMTP 语法错误,无法执行指令
501	表示指令参数或引述的语法错误
502	表示不支持该指令

2. 利用 telnet 命令接收电子邮件

```
[root@client11 ~]#telnet 192.168.10.1 110 //利用 telnet 命令连接邮件服务器的 110 端口
Trying 192.168.10.1...
Connected to 192.168.10.1.
Escape character is '^]'.
+OK Dovecot ready.
user user2                          //利用 user 命令输入用户的用户名为 user2
+OK
pass 123                            //利用 pass 命令输入 user2 账户的密码为 123
+OK Logged in.
list                                //利用 list 命令获得 user2 账户邮箱中各邮件的编号
+OK 1 messages:
1 291
.
retr 1                              //利用 retr 命令收取邮件编号为 1 的邮件信息,下面各行
                                      为邮件信息
+OK 291 octets
```

```
Return-Path: <user1@long.com>
X-Original-To: user2@long.com
Delivered-To: user2@long.com
Received: from long.com (unknown [192.168.10.20])
    by mail.long.com (Postfix) with SMTP id EF4AD25F
    for <user2@long.com>; Sat,  4 Aug 2018 22:33:23 +0800 (CST)

The first mail:user1 TO user2
.
quit                    //退出 telnet 命令
+OK Logging out.
Connection closed by foreign host.
```

telnet 命令有以下子命令可以使用,其命令格式及参数说明如下。

- stat 命令格式：stat(无参数)。
- list 命令格式：list [n](参数 n 可选,n 为邮件编号)。
- uidl 命令格式：uidl [n](同上)。
- retr 命令格式：retr n(参数 n 不可省,n 为邮件编号)。
- dele 命令格式：dele n(同上)。
- top 命令格式：top n m(参数 n、m 不可省,n 为邮件编号,m 为行数)。
- noop 命令格式：noop(无参数)。
- quit 命令格式：quit(无参数)。

各命令的详细功能见下面的说明。

(1) stat 命令不带参数。对于此命令,POP3 服务器会响应一个正确应答,此响应为一个单行的信息提示,它以"+OK"开头,接着是两个数字,第一个是邮件数目,第二个是邮件的大小,如"+OK 4 1603"。

(2) list 命令的参数为可选,是一个数字,表示的是邮件在邮箱中的编号。可以利用不带参数的 list 命令获得各邮件的编号,并且每一封邮件均占用一行显示,前面的数为邮件的编号,后面的数为邮件的大小。

(3) uidl 命令与 list 命令用途差不多,只不过 uidl 命令显示邮件的信息比 list 命令更详细、更具体。

(4) retr 命令是收邮件中最重要的一条命令,它的作用是查看邮件的内容,它必须带参数运行。该命令执行之后,服务器应答的信息比较长,其中包括发件人的电子邮箱地址、发件时间、邮件主题等,这些信息统称为邮件头,紧接在邮件头之后的信息便是邮件正文。

(5) dele 命令用来删除指定的邮件(注意,dele n 命令只是给邮件做上删除标记,只有在执行 quit 命令之后,邮件才会真正删除)。

(6) top 命令有两个参数,形如 top n m。其中 n 为邮件编号;m 是要读出邮件正文的行数,如果 m=0,则只读出邮件的邮件头部分。

(7) noop 命令发出后,POP3 服务器不做任何事情,仅返回一个正确的响应"+OK"。

(8) quit 命令发出后,telnet 断开与服务器的连接,系统进入更新状态。

3. 用户邮件目录/var/spool/mail

可以在邮件服务器 RHEL7-1 上进行用户邮件的查看，这样可以确保邮件服务器已经在正常工作了。Postfix 在/var/spool/mail 目录中为每个用户分别建立单独的文件，用于存放每个用户的邮件，这些文件的名字和用户名是相同的。例如，邮件用户 user1@long.com 的文件是 user1。

```
[root@RHEL7-1 ~]#ls /var/spool/mail
user1 user2 root
```

4. 邮件队列

邮件服务器配置成功后，就能够为用户提供 E-mail 的发送服务了。但如果接收这些邮件的服务器出现问题，或者因为其他原因导致邮件无法安全地到达目的地，而发送的 SMTP 服务器又没有保存邮件，这样这封邮件就可能会失踪。所以 Postfix 采用了邮件队列来保存这些发送不成功的信件，而且服务器会每隔一段时间重新发送这些邮件。通过 mailq 命令来查看邮件队列的内容。

```
[root@RHEL7-1 ~]#mailq
```

其中各列说明如下。

- Q-ID：表示此封邮件队列的编号(ID)。
- Size：表示邮件的大小。
- Q-Time：邮件进入/var/spool/mqueue 目录的时间，并且说明无法立即传送出去的原因。
- Sender/Recipient：发信人和收信人的邮件地址。

如果邮件队列中有大量的邮件，那么请检查邮件服务器是否设置不当，或者是被当作转发邮件服务器了。

22.3.4　任务 4　使用 Cyrus-SASL 实现 SMTP 认证

无论是本地域内的不同用户还是本地域与远程域的用户，要实现邮件通信，都会要求邮件服务器开启邮件的转发功能。为了避免邮件服务器成为各类广告与垃圾信件的中转站和集结地，对转发邮件的客户端进行身份认证(用户名和密码验证)是非常必要的。SMTP 认证机制常用的是通过 Cryus SASL 包来实现的。

实例：建立一个能够实现 SMTP 认证的服务器，邮件服务器和 DNS 服务器的 IP 地址是 192.168.10.1，客户端 client1 的 IP 地址是 192.168.10.20，系统用户是 user1 和 user2，DNS 服务器的配置沿用例 22-4。其具体配置步骤如下。

1. 编辑认证配置文件

(1) 安装 cyrus-sasl 软件。

```
[root@RHEL7-1 ~]#yum install cyrus-sasl -y
```

(2) 查看、选择、启动和测试所选的密码验证方式。

```
[root@RHEL7-1 ~]#saslauthd  -v                    //查看支持的密码验证方法
saslauthd 2.1.26
authentication mechanisms: getpwent kerberos5 pam rimap shadow ldap httpform
[root@mail ~]#vim /etc/sysconfig/saslauthd      //将密码认证机制修改为 shadow
...
MECH=shadow  //第 7 行:指定对用户及密码的验证方式,由 pam 改为 shadow,即进行本地用户认证
...
[root@RHEL7-1 ~]#ps aux | grep saslauthd          //查看 saslauthd 进程是否已经运行
root   5253   0.0   0.0 112664    972 pts/0     S+    16:15    0:00 grep --color=
auto saslauthd
//开启 SELinux,允许 saslauthd 程序读取/etc/shadow 文件
[root@RHEL7-1 ~]#setsebool -P allow_saslauthd_read_shadow on
[root@RHEL7-1 ~]#testsaslauthd -u user1 -p '123'           //测试 saslauthd 的认证功能
0:OK "Success."                                   //表示 saslauthd 的认证功能已起作用
```

(3) 编辑 smtpd. conf 文件,使 Cyrus-SASL 支持 SMTP 认证。

```
[root@RHEL7-1 ~]#vim /etc/sasl2/smtpd.conf
pwcheck_method: saslauthd
mech_list: plain login
log_level: 3                              //记录 log 的模式
saslauthd_path:/run/saslauthd/mux         //设置 smtp 寻找 cyrus-sasl 的路径
```

2. 编辑 main. cf 文件并使 Postfix 支持 SMTP 认证

(1) 默认情况下,Postfix 并没有启用 SMTP 认证机制。要让 Postfix 启用 SMTP 认证,就必须在 main. cf 文件中添加如下配置行。

```
[root@RHEL7-1 ~]#vim /etc/postfix/main.cf
smtpd_sasl_auth_enable =yes                     //启用 SASL 作为 SMTP 认证
smtpd_sasl_security_options =noanonymous        //禁止采用匿名登录方式
broken_sasl_auth_clients =yes                   //兼容早期非标准的 SMTP 认证协议(如 OE4.x)
smtpd_recipient_restrictions =  permit_sasl_authenticated, reject_unauth_
destination                                     //允许认证网络,没有认证的则被拒绝
```

最后一行设置基于收件人地址的过滤规则,允许通过 SASL 认证的用户向外发送邮件,拒绝不是发往默认转发和默认接收的连接。

(2) 重新载入 Postfix 服务,使配置文件生效(防火墙、端口、SELinux 设置同任务 22-1)。

```
[root@RHEL7-1 ~]#postfix check
[root@RHEL7-1 ~]#postfix reload
[root@RHEL7-1 ~]#systemctl restart saslauthd
[root@RHEL7-1 ~]#systemctl enable saslauthd
```

3. 测试普通发信验证

```
[root@client1 ~]#telnet mail.long.com 25
```

```
Trying 192.168.10.1...
Connected to mail.long.com.
Escape character is '^]'.
helo long.com
220 mail.long.com ESMTP Postfix
250 mail.long.com
mail from:user1@long.com
250 2.1.0 Ok
rcpt to:68433059@qq.com
554 5.7.1 <68433059@qq.com>: Relay access denied  //未认证,所以拒绝访问,发送失败
```

4. 字符终端测试 Postfix 的 SMTP 认证(使用域名来测试)

(1) 由于前面采用的用户身份认证方式不是明文方式,所以首先要通过 printf 命令计算出用户名和密码的相应编码。

```
[root@RHEL7-1 ~]#printf "user1" | openssl base64
dXNlcjE=                                          //用户名 user1 的 BASE64 编码
[root@RHEL7-1 ~]#printf "123" | openssl base64
MTIz                                              //密码 123 的 BASE64 编码
```

(2) 字符终端测试认证发信。

```
[root@client1 ~]#telnet 192.168.10.1 25
Trying 192.168.10.1...
Connected to 192.168.10.1.
Escape character is '^]'.
220 mail.long.com ESMTP Postfix
ehlo localhost                                //告知客户端地址
250-mail.long.com
250-PIPELINING
250-SIZE 10240000
250-VRFY
250-ETRN
250-AUTH PLAIN LOGIN
250-AUTH=PLAIN LOGIN
250-ENHANCEDSTATUSCODES
250-8BITMIME
250 DSN
auth login                                    //声明开始进行 SMTP 认证登录
334 VXNlcm5hbWU6                              //"Username:"的 BASE64 编码
dXNlcjE=                                      //输入 user1 用户名对应的 BASE64 编码
334 UGFzc3dvcmQ6
MTIz                                          //用户密码 123 的 BASE64 编码
235 2.7.0 Authentication successful           //通过了身份认证
mail from:user1@long.com
250 2.1.0 Ok
rcpt to:68433059@qq.com
250 2.1.5 Ok
data
```

```
354 End data with <CR><LF>.<CR><LF>
This a test mail!
.
250 2.0.0 Ok: queued as 5D1F9911                //经过身份认证后的发信成功
quit
221 2.0.0 Bye
Connection closed by foreign host.
```

5. 在客户端启用认证支持

当服务器启用认证机制后，客户端也需要启用认证支持。以 Outlook 2010 为例，在图 22-5 所示的窗口中一定要选中“我的发送服务器(SMTP)要求验证”，否则不能向其他邮件域的用户发送邮件，而只能够给本域内的其他用户发送邮件。

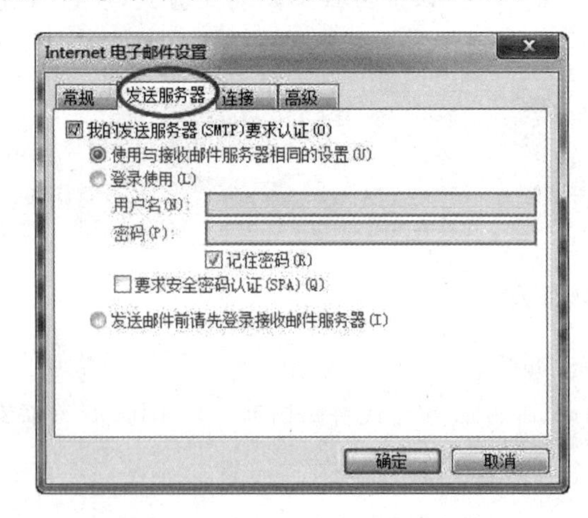

图 22-5　在客户端启用认证支持

22.4　Postfix 服务企业实战与应用

22.4.1　企业环境

公司采用两个网段和两个域来分别管理内部员工，team1. smile. com 域采用 192. 168. 10. 0/24 网段，team2. smile. com 域采用 192. 168. 20. 0/24 网段，DNS 及 Postfix 服务器地址是 192. 168. 30. 3。网络拓扑如图 22-6 所示。

要求如下。

(1) 员工可以自由收发内部邮件并且能够通过邮件服务器往外网发信。

(2) 设置两个邮件群组 team1 和 team2，确保发送给 team1 的邮件 team1. smile. com 都可以被域成员收到，同理，发送给 team2 的邮件 team2. smile. com 都可以被域成员收到。

(3) 禁止主机 192. 168. 10. 88 使用 Postfix 服务器。

22.4.2　需求分析

(1) 设置员工自由收发内部邮件可以参考前面的 Postfix 应用案例去设置。如果需要

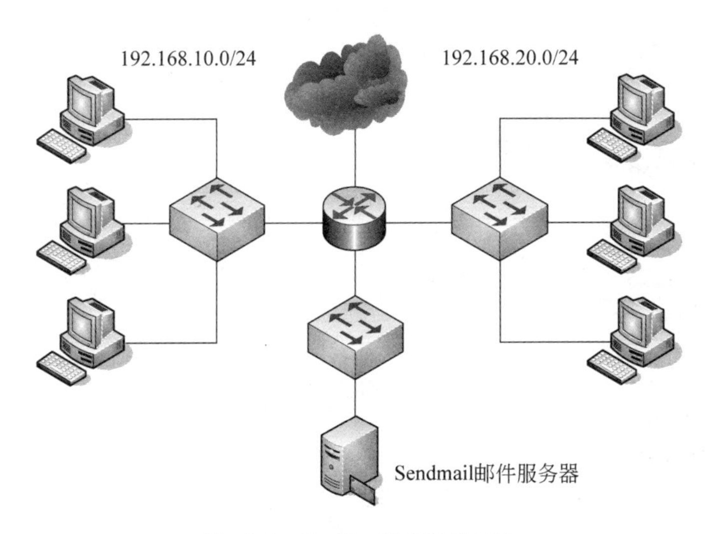

图 22-6　Postfix 应用案例拓扑

邮件服务器把邮件发到外网,需要设置 Access 文件。

(2) 需要别名设置来实现群发功能。

(3) 需要在 Access 文件中拒绝 192.168.10.88。

22.4.3　解决方案

由于实验原因,Postfix 邮件服务器代替路由器。Postfix 服务器安装 3 块网卡:ens33、ens38 和 ens39,IP 地址分别为 192.168.10.3、192.168.20.3 和 192.168.30.3。同时还必须在 Postfix 服务器上设置路由,并开启路由转发可能。(3 块网卡的连接方式可以都使用 VMnet1。)

1. 配置路由器

(1) 增加两个网络接口(在虚拟机中添加硬件—网络适配器),并设置 IP 地址、子网掩码和 DNS 服务器(192.168.30.3)。

(2) 增加 IP 转发功能。

```
//启动 IP 转发
[root@RHEL7-1 ~]#vim /etc/sysctl.conf
net.ipv4.ip_forward =1
//找到上述的设定值,将默认值 0 改为上述的 1 即可,存储后离开
[root@RHEL7-1 ~]#sysctl -p
[root@RHEL7-1 ~]#cat /proc/sys/net/ipv4/ip_forward
1  //这就是重点!
```

2. 配置 DNS 服务器

(1) 先配置 DNS 主配置文件 named.conf(options 部分省略,按常规配置即可)。

```
[root@RHEL7-1 ~]#vim /etc/named.conf
…
zone "smile.com" IN {
```

```
        type master;
        file "smile.com.zone";
};
zone "30.168.192.in-addr.arpa" IN {
        type master;
        file "3.30.168.192.zone";
};
zone "team1.smile.com" IN {
        type master;
        file "team1.smile.com.zone";
};
zone "10.168.192.in-addr.arpa" IN {
        type master;
        file "3.10.168.192.zone";
};
zone "team2.smile.com" IN {
        type master;
        file "team2.smile.com.zone";
};
zone "20.168.192.in-addr.arpa" IN {
        type master;
        file "3.20.168.192.zone";
};
```

(2) 配置/var/named/smile.com.zone 区域文件(只显示必需的部分)。

```
$TTL 1D

@       IN      SOA             smile.com. root.smile.com.(
                2013121400      ; Serial
                28800           ; Refresh
                14400           ; Retry
                3600000         ; Expire
                86400 )         ; Minimum
@       IN      NS              dns.smile.com.
dns     IN      A               192.168.30.3
@       IN      MX 5            mail.smile.com.
mail    IN      A               192.168.30.3
```

(3) 配置/var/named/3.30.168.192.zone 反向区域文件。

```
$TTL    86400
@       IN      SOA     30.168.192.in-addr.arpa. root.smile.com.(
                2013120800                      ; Serial
                28800                           ; Refresh
                14400                           ; Retry
                3600000                         ; Expire
                86400 )                         ; Minimum
```

```
@       IN      NS          dns.smile.com.
3       IN      PTR         dns.smile.com.
@       IN      MX 5        mail.smile.com.
3       IN      PTR         mail.smile.com.
```

（4）配置/var/named/team1. smile. com. zone 区域文件。

```
$TTL 1D

@       IN      SOA     team1.smile.com. root.team1.smile.com.(
                        2013121400                ; Serial
                        28800                     ; Refresh
                        14400                     ; Retry
                        3600000                   ; Expire
                        86400 )                   ; Minimum
@       IN      NS                                dns.team1.smile.com.
dns     IN      A                                 192.168.10.3
@       IN      MX 5                              mail.team1.smile.com.
mail    IN      A                                 192.168.10.3
```

（5）配置/var/named/3. 10. 168. 192. zone 反向区域文件。

```
$TTL    86400
@       IN      SOA     10.168.192.in-addr.arpa. root.team1.smile.com.(
                        2013120800                      ; Serial
                        28800                           ; Refresh
                        14400                           ; Retry
                        3600000                         ; Expire
                        86400 )                         ; Minimum
@       IN      NS                                      dns.team1.smile.com.
3       IN      PTR                                     dns.team1.smile.com.
@       IN      MX 5                                    mail.team1.smile.com.
3       IN      PTR                                     mail.team1.smile.com.
```

（6）配置/var/named/team2. smile. com. zone 区域文件。

```
$TTL 1D

@       IN      SOA     team2.smile.com. root.team2.smile.com.(
                        2013121400                ; Serial
                        28800                     ; Refresh
                        14400                     ; Retry
                        3600000                   ; Expire
                        86400 )                   ; Minimum
@       IN      NS                                dns.team2.smile.com.
dns     IN      A                                 192.168.20.3
@       IN      MX 5                              mail.team2.smile.com.
mail    IN      A                                 192.168.20.3
```

(7) 配置/var/named/3.20.168.192.zone 反向区域文件。

```
$TTL    86400
@       IN          SOA     20.168.192.in-addr.arpa. root.team2.smile.com.(
                    2013120800                  ; Serial
                    28800                       ; Refresh
                    14400                       ; Retry
                    3600000                     ; Expire
                    86400 )                     ; Minimum
@       IN          NS                          dns.team2.smile.com.
3       IN          PTR                         dns.team2.smile.com.
@       IN          MX 5                        mail.team2.smile.com.
3       IN          PTR                         mail.team2.smile.com.
```

(8) 修改 DNS 域名解析的配置文件。

使用 vim 编辑/etc/resolv.conf,将 nameserver 的值改为 192.168.30.3。

(9) 重启 named 服务,使配置生效。

3. 安装 Postfix 软件包并配置/etc/postfix/main.cf(其他同任务 22-1)

```
myhostname =mail.smile.com
mydomain =smile.com
smtpd_client_restrictions =check_client_access hash:/etc/postfix/access
//注意,只有增加上面这一行,访问控制的过滤规则才生效,配合/etc/postfix/access 才有效
```

将任务 22-4 中支持 smtp 认证的四条语句删除或注释掉。

```
#smtpd_sasl_auth_enable =no
#smtpd_sasl_security_options =noanonymous
#broken_sasl_auth_clients =yes
#smtpd_recipient_restrictions = permit_sasl_authenticated, reject_unauth
_destination
```

4. 群发邮件设置

(1) 设置别名。

aliases 文件语法格式为

```
真实用户账号:别名 1,别名 2
```

```
[root@RHEL7-1 ~]#vim /etc/aliases
team1:client1,client2,client3
team2:clienta,clientb,clientc
```

(2) 使用 newaliases 命令生成 aliases.db 数据库文件。

```
[root@RHEL7-1 ~]#newaliases
```

5. 配置访问控制的 Access 文件

(1) 编辑并修改/etc/postfix/access 文件。

在 RHEL 7 中，默认 Postfix 服务器所在的主机的用户可以任意发送邮件，而不需要任何身份验证。修改/etc/postfix/access 文件的内容。

(2) 生成 Access 数据库文件(地址的前面不能有空格，中间使用 Tab 键隔开 IP 地址与 OK)。

```
[root@RHEL7-1 ~]#vim /etc/postfix/access
127.0.0.1               OK
192.168.10              OK
192.168.20              OK
192.168.30              OK
192.168.10.88           REJECT
[root@RHEL7-1 ~]#postmap hash:/etc/postfix/access
```

6. 配置 dovecot 软件包(POP3 和 IMAP)

(请参见任务 22-2)

略。

7. 创建用户并建立保存邮件的目录

```
[root@RHEL7-1 ~]#groupadd team1
[root@RHEL7-1 ~]#groupadd team2
[root@RHEL7-1 ~]#useradd -g team1 -s /sbin/nologin client1
[root@RHEL7-1 ~]#useradd -g team1 -s /sbin/nologin client2
[root@RHEL7-1 ~]#useradd -g team1 -s /sbin/nologin client3
[root@RHEL7-1 ~]#useradd -g team2 -s /sbin/nologin clienta
[root@RHEL7-1 ~]#useradd -g team2 -s /sbin/nologin clientb
[root@RHEL7-1 ~]#useradd -g team2 -s /sbin/nologin clientc
[root@RHEL7-1 ~]#passwd client1
[root@RHEL7-1 ~]#passwd client2
[root@RHEL7-1 ~]#passwd client3
[root@RHEL7-1 ~]#passwd clienta
[root@RHEL7-1 ~]#passwd clientb
[root@RHEL7-1 ~]#passwd clientc
[root@RHEL7-1 ~]#mkdir -p /home/client1/mail/.imap/INBOX
[root@RHEL7-1 ~]#mkdir -p /home/client2/mail/.imap/INBOX
[root@RHEL7-1 ~]#mkdir -p /home/client3/mail/.imap/INBOX
[root@RHEL7-1 ~]#mkdir -p /home/clienta/mail/.imap/INBOX
[root@RHEL7-1 ~]#mkdir -p /home/clientb/mail/.imap/INBOX
[root@RHEL7-1 ~]#mkdir -p /home/clientc/mail/.imap/INBOX
```

8. 启动 Postfix 服务并设置防火墙、开放端口及 SELinux 等

```
[root@RHEL7-1 ~]#systemctl restart postfix
[root@RHEL7-1 ~]#systemctl restart dovecot
[root@RHEL7-1 ~]#setsebool -P allow_postfix_local_write_mail_spool on
[root@RHEL7-1 ~]#firewall-cmd --permanent --add-service=dns
[root@RHEL7-1 ~]#firewall-cmd --permanent --add-service=smtp
[root@RHEL7-1 ~]#firewall-cmd --permanent --add-service=telnet
[root@RHEL7-1 ~]#firewall-cmd --permanent --add-port=110/tcp
```

```
[root@RHEL7-1 ~]#firewall-cmd --permanent --add-port=143/tcp
[root@RHEL7-1 ~]#firewall-cmd --permanent --add-port=25/tcp
[root@RHEL7-1 ~]#firewall-cmd --reload
```

9. 测试端口

使用 netstat -ntla 命令测试是否开启 SMTP 的 25 端口、POP3 的 110 端口及 IMAP 的 143 端口。

```
[root@RHEL7-1 ~]#netstat -ntla
```

10. 在客户端 192.168.30.0/24 网段测试

测试客户端的网络设置如下。

IP 地址：192.168.30.110/24；默认网关：192.168.30.3；DNS 服务器：192.168.30.3。

(1) 邮件的发送与接收的测试。在 Linux 客户端(192.168.30.111)使用 telnet，分别用 client1 和 clienta 进行邮件的发送与接收测试。测试过程如下。(发件人：client1@smile.com；收件人：clienta@smile.com)

```
[root@client1 ~]#telnet 192.168.30.3 25   //利用 telnet 命令连接邮件服务器的 25 端口
Trying 192.168.30.3...
Connected to 192.168.30.3.
Escape character is '^]'.
220 mail.smile.com ESMTP Postfix
helo smile.com                          //利用 helo 命令向邮件服务器表明身份，不是 hello
250 mail.smile.com
//下一行设置信件标题以及发信人地址。其中信件标题为 client1，发信人地址为 client1@
 smile.com
mail from:"client1"<client1@smile.com>
250 2.1.0 Ok
rcpt to:client2@smile.com               //利用 rcpt to 命令输入收件人的邮件地址
250 2.1.5 Ok
data  //表示开始写信件内容了。当输入完 data 指令并按 Enter 键后，会以一个单行的"."结束
        信件
354 End data with <CR><LF>.<CR><LF>
client1 to client2! A test mail!
.                                       //"."表示结束信件的内容。千万不要忘记输入"."
250 2.0.0 Ok: queued as 71B1990E
quit                                    //退出 telnet 命令
221 2.0.0 Bye
Connection closed by foreign host.
```

(2) 在服务器端检查 client2 的收件箱。在服务器端利用 mail 命令检查 clienta 的收件箱。本地登录服务器在 Linux 命令行下使用 mail 命令可以发送、收取用户的邮件。

```
[root@RHEL7-1 ~]#mail -u client2
Heirloom Mail version 12.5 7/5/10. Type ? for help.
```

```
"/var/mail/client2": 1 message 1 new
>N 1 client1@smile.com Sun Aug 5 22:08 10/349
& 1                                        //如果要阅读邮件,选择邮件编号,按 Enter 键确认
Message 1:                                 //选择了 1
From client1@smile.com Sun Aug 5 22:08:24 2018
Return-Path: <client1@smile.com>
X-Original-To: client2@smile.com
Delivered-To: client2@smile.com
Status: R

Client1 to client2! A test mail!           //查看到的信件内容

& quit
Held 1 message in /var/mail/client2& 1
```

(3) 群发测试。

① 发件人：client1@smile.com;收件人：team1@smile.com。

在客户端使用 telnet 进行测试。

```
[root@client1 ~]#telnet mail.smile.com 25
Trying 192.168.30.3...
Connected to 192.168.30.3.
Escape character is '^]'.
220 mail.smile.com ESMTP Postfix
helo smile.com
250 mail.smile.com
mail from:client1                 //省略域名
250 2.1.0 Ok
rcpt to:team1                     //群发地址,同样省略域名
250 2.1.5 Ok
data
354 End data with <CR><LF>.<CR><LF>
发件人:client1@smile.com;收件人:team1@smile.com.
.
250 2.0.0 Ok: queued as 1178C90E
quit
221 2.0.0 Bye
Connection closed by foreign host.
```

② 相应客户端检查 client1、client2 和 client3 的收件箱。在客户端 client1 上查看 client3 用户。

```
[root@client1 ~]#telnet mail.smile.com 110
Trying 192.168.30.3...
Connected to mail.smile.com.
Escape character is '^]'.
+OK [XCLIENT] Dovecot ready.
user client3
+OK
```

```
pass 123
+OK Logged in.
list
+OK 2 messages:
1 289
2 311
.
retr 2
+OK 311 octets
Return-Path: <client1@smile.com>
X-Original-To: team1
Delivered-To: team1@smile.com
Received: from smile.com (unknown [192.168.30.111])
    by mail.smile.com (Postfix) with SMTP id 1178C90E
    for <team1>; Mon, 6 Aug 2018 18:42:51 +0800 (CST)

发件人:client1@smile.com;收件人:team1@smile.com.
.
quit
+OK Logging out.
Connection closed by foreign host.
[root@client1 ~]#
```

(4) 服务器端进行测试。client2 和 client3 用户类似。在服务器端可以看到 team1 组成员邮箱已经收到 192.168.30.0/24 网段中 client1 用户发的邮件。检查命令如下(team1 包含 client1、client2、client3)。

```
[root@RHEL7-1 ~]#mail -u client1
[root@RHEL7-1 ~]#mail -u client2
[root@RHEL7-1 ~]#mail -u client3
```

11. 在 192.168.10.0/24 网段进行接收测试

(1) 测试客户端的网络设置。IP 地址：192.168.10.110/24;默认网关：192.168.10.3;DNS 服务器：192.168.30.3。

将客户端的 IP 地址信息按题目要求进行更改,默认的网关及 DNS 服务器地址等一定设置正确。保证客户端与 192.168.30.3、192.168.10.3 和 192.168.20.3 的通信畅通。

(2) 邮件接收测试(在客户端 client1 上)。分别用 client2 和 client3 进行邮件的接收,测试成功。以 client2 为例说明。

```
[root@client1 ~]#telnet mail.smile.com 110
Trying 192.168.30.3...
Connected to mail.smile.com.
Escape character is '^]'.
+OK [XCLIENT] Dovecot ready.
user client2
+OK
```

```
pass 123
+OK Logged in.
list
+OK 4 messages:
1 307
2 289
3 320
4 311
.
retr 4
+OK 311 octets
Return-Path: <client1@smile.com>
X-Original-To: team1
Delivered-To: team1@smile.com
Received: from smile.com (unknown [192.168.30.111])
    by mail.smile.com (Postfix) with SMTP id 1178C90E
    for <team1>; Mon,  6 Aug 2018 18:42:51 +0800 (CST)

发件人:client1@smile.com;收件人:team1@smile.com.
.
```

(3) 邮件群发测试。下面由 team1. smile. com 区域向 team2. smile. com 用户成员群发。

发件人：client1@smile. com;收件人：team2@smile. com。

① 在客户端利用 telnet 命令的发信过程如图 22-7 所示。

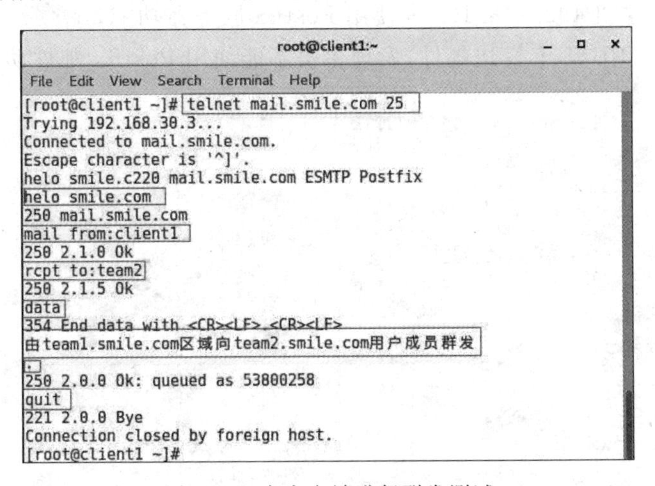

图 22-7　在客户端进行群发测试

② 在服务器端测试的命令如下，team2 成员用户应该收到 3 封邮件，如图 22-8 所示。

```
[root@RHEL7-1 ~]#mail -u clienta
[root@RHEL7-1 ~]#mail -u clientb
[root@RHEL7-1 ~]#mail -u clientc
```

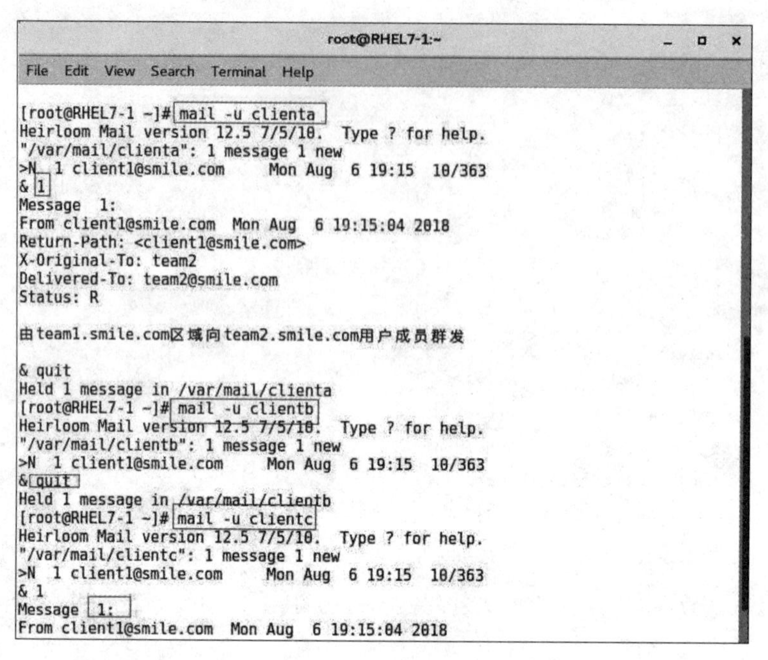

图 22-8　在服务器端查看用户收件箱

12. 在 192.168.20.0/24 网段测试

(1) 分别在相应客户端利用 Outlook 进行接收邮件的测试,此处不再详述。

(2) 在主机 192.168.10.88 上进行测试(DNS: 192.168.30.3;默认网关: 192.168.10.3)。最后测试禁止主机 192.168.10.88 使用 Postfix 服务器功能。

① 在 192.168.10.88 上发送邮件,发现主机不能使用 Postfix 邮件功能。

```
[root@client1 ~]#telnet 192.168.10.3 25
Trying 192.168.10.3...
Connected to 192.168.10.3.
Escape character is '^]'.
220 mail.smile.com ESMTP Postfix
helo smile.com
250 mail.smile.com
mail from:client1
250 2.1.0 Ok
rcpt to:client2
554 5.7.1 <unknown[192.168.10.88]>: Client host rejected: Access denied //拒绝!
421 4.4.2 mail.smile.com Error: timeout exceeded
Connection closed by foreign host.
```

② 在 192.168.10.99 上(DNS: 192.168.30.3;默认网关: 192.168.10.3)发送邮件,成功。

```
[root@client1 ~]#telnet 192.168.10.3 25
Trying 192.168.10.3...
Connected to 192.168.10.3.
```

```
Escape character is '^]'.
220 mail.smile.com ESMTP Postfix
helo smile.com
250 mail.smile.com
mail from:team1
250 2.1.0 Ok
rcpt to:team2
250 2.1.5 Ok
data
354 End data with <CR><LF>.<CR><LF>
Team1 TO team2!!
.
250 2.0.0 Ok: queued as 5FC0E25F
quit
221 2.0.0 Bye
Connection closed by foreign host.
```

22.5　Postfix 排错

Postfix 功能强大，但其程序代码非常庞大，配置也相对复杂，而且与 DNS 服务等组件有密切的关联，一旦某一环节出现问题，就可能导致邮件服务器的意外错误。

1. 无法定位邮件服务器

客户端使用 MUA 发送邮件时，如果收到无法找到邮件服务器的信息，表明客户端没有连接到邮件服务器，这很有可能是因为 DNS 解析失败造成的。如果出现该问题，可以在客户端和 DNS 服务器中分别寻找问题的原因。

(1) 客户端

检查客户端配置的 DNS 服务器 IP 地址是否正确、可用，Linux 检查/etc/reslov. conf 文件，Windows 用户查看网卡的 TCP/IP 协议属性，再使用 host 命令尝试解析邮件服务器的域名。

(2) DNS 服务器

打开 DNS 服务器的 named. conf 文件，检查邮件服务器的区域配置是否完整，并查看其对应的区域文件 MX 记录。一切确认无误，重新进行测试。

2. 身份验证失败

对于开启了邮件认证的服务器，saslauthd 服务如果出现问题未正常运行，会导致邮件服务器认证的失败。在收发邮件时若频繁提示输入用户名及密码，这时请检查 saslauthd 是否开启，排除该错误。

3. 邮箱配额限制

客户端使用 MUA 向其他用户发送邮件时，如果收到信息为 Disk quota exceeded 且系统退信，则表明接收方的邮件空间已经达到磁盘配额限制。

这时，接收方必须删除垃圾邮件，或者由管理员增加使用空间，才可以正常接收 E-mail。

4. 邮件服务器配置应记住的几件事

第一,一定把 DNS 服务器配置好。保证 DNS 服务器和 postfix 服务器、客户端通信畅通。

第二,关闭防火墙或者让防火墙放行(服务或端口)。

第三,建议将 SELinux 关闭(设为 disables),所需配置文件是/etc/sysconfig/selinux,或者使用如下命令。

```
setsebool -P allow_postfix_local_write_mail_spool on
setsebool -P allow_saslauthd_read_shadow on
```

第四,注意各网卡在虚拟机中的网络连接方式,这也是在通信中最易出错的地方。先保证通信畅通,再去做配置。

第五,注意几个配置文件之间的关联以及各实例前后的联系。为了不让实训间互相影响,可以恢复到初始值再配置另一个实例,这个对全书都适用。

22.6 项目实录

1. 观看录像

实训前请扫二维码观看录像。

2. 项目实训目的

- 能熟练完成企业 POP3 邮件服务器的安装与配置。
- 能熟练完成企业邮件服务器的安装与配置。
- 能熟练进行邮件服务器的测试。

3. 项目背景与任务

企业需求:企业需要构建自己的邮件服务器供员工使用;本企业已经申请了域名 long.com,要求企业内部员工的邮件地址为 username@long.com 格式。员工可以通过浏览器或者专门的客户端软件收发邮件。

任务:假设邮件服务器的 IP 地址为 192.168.1.2,域名为 mail.long.com。请构建 POP3 和 SMTP 服务器,为局域网中的用户提供电子邮件;邮件要能发送到 Internet 上,同时 Internet 上的用户也能把邮件发到企业内部用户的邮箱。

4. 项目实训内容

(1) 复习 DNS 在邮件中的使用。

(2) 练习 Linux 系统下邮件服务器的配置方法。

(3) 使用 telnet 进行邮件的发送和接收测试。

5. 做一做

根据项目录像进行项目的实训,检查学习效果。

22.7 练习题

一、填空题

1. 电子邮件地址的格式是 user@RHEL6. com。一个完整的电子邮件由 3 部分组成，第 1 部分代表________，第 2 部分________是分隔符，第 3 部分是________。

2. Linux 系统中的电子邮件系统包括 3 个组件：________、________和________。

3. 常用的、与电子邮件相关的协议有________、________和________。

4. SMTP 工作在 TCP 协议上的默认端口为________，POP3 默认工作在 TCP 协议的________端口。

二、选择题

1. 以下的(　　)协议用来将电子邮件下载到客户机。

A. SMTP　　B. IMAP4　　C. POP3　　D. MIME

2. 利用 Access 文件设置邮件中继需要转换 access. db 数据库，需要使用(　　)命令。

A. postmap　　B. m4　　C. access　　D. macro

3. 用来控制 Postfix 服务器邮件中继的文件是(　　)。

A. main. cf　　B. postfix. cf　　C. postfix. conf　　D. access. db

4. 邮件转发代理也称邮件转发服务器，可以使用 SMTP，也可以使用(　　)。

A. FTP　　B. TCP　　C. UUCP　　D. POP

5. (　　)不是邮件系统的组成部分。

A. 用户代理　　B. 代理服务器　　C. 传输代理　　D. 投递代理

6. Linux 下可用的 MTA 服务器是(　　)。

A. Postfix　　B. qmail　　C. imap　　D. sendmail

7. Postfix 常用的 MTA 软件有(　　)。

A. sendmail　　B. postfix　　C. qmail　　D. exchange

8. Postfix 的主配置文件是(　　)。

A. postfix. cf　　B. main. cf　　C. access　　D. local-host-name

9. Access 数据库中访问控制操作有(　　)。

A. OK　　B. REJECT　　C. DISCARD　　D. RELAY

10. 默认的邮件别名数据库文件是(　　)。

A. /etc/names　　B. /etc/aliases

C. /etc/postfix/aliases　　D. /etc/hosts

三、简述题

1. 简述电子邮件系统的构成。

2. 简述电子邮件的传输过程。

3. 电子邮件服务与 HTTP、FTP、NFS 等程序的服务模式的最大区别是什么？

4. 电子邮件系统中 MUA、MTA、MDA 三种服务角色的用途分别是什么？

5. 能否让 Dovecot 服务程序限制允许连接的主机范围？

6. 如何定义用户别名信箱以及让其立即生效？如何设置群发邮件？

22.8 实践习题

1. 实际做一下任务22-2中的Postfix应用案例。

2. 假设邮件服务器的IP地址为192.168.0.3,域名为mail.smile.com。请构建POP3和SMTP服务器,为局域网中的用户提供电子邮件;邮件要能发送到Internet上,同时Internet上的用户也能把邮件发到企业内部用户的邮箱。要设置邮箱的最大容量为100MB,收发邮件最大为20MB,并提供反垃圾邮件功能。

22.9 超链接

单击http://www.icourses.cn/scourse/course_2843.html,访问并学习国家精品资源共享课程网站中学习情境的相关内容。

参 考 文 献

[1] 杨云. Linux 网络操作系统项目教程(RHEL 6.4/CentOS 6.4)[M]. 2 版. 北京：人民邮电出版社,2016.

[2] 杨云. Red Hat Enterprise Linux 6.4 网络操作系统详解[M]. 北京：清华大学出版社,2017.

[3] 杨云. 网络服务器搭建、配置与管理——Linux 版[M]. 2 版. 北京：人民邮电出版社,2015.

[4] 杨云. Linux 网络操作系统与实训[M]. 3 版. 北京：中国铁道出版社,2016.

[5] 杨云. Linux 网络服务器配置管理项目实训教程[M]. 2 版. 北京：中国水利水电出版社,2014.

[6] 刘遄. Linux 就该这么学[M]. 北京：人民邮电出版社,2016.

[7] 刘晓辉,等. 网络服务搭建、配置与管理大全(Linux 版)[M]. 北京：电子工业出版社,2009.

[8] 陈涛,等. 企业级 Linux 服务攻略[M]. 北京：清华大学出版社,2008.

[9] 曹江华. Red Hat Enterprise Linux 5.0 服务器构建与故障排除[M]. 北京：电子工业出版社,2008.

[10] 鸟哥. 鸟哥的 Linux 私房菜基础学习篇[M]. 3 版. 北京：人民邮电出版社,2010.

参考文献